Nach Lucas Kranach gez. v. H. Müller. *gest. v. [illegible]*

Dr. Luther

Dr. Martin Luthers

Briefe,

Sendschreiben und Bedenken,

vollständig

aus den verschiedenen Ausgaben seiner Werke und Briefe, aus andern Büchern und noch unbenutzten Handschriften gesammelt, kritisch und historisch bearbeitet

von

Dr. Wilhelm Martin Leberecht de Wette,
Professor der Theologie zu Basel.

Erster Theil.

Luthers Briefe bis zu seinem Aufenthalt auf Wartburg.

Nebst Luthers Bildniß.

Berlin,
bey G. Reimer.
1825.

Sr. Königl. Hohheit

Carl August,

Großherzog von Sachsen-Weimar und Eisenach.

Durchlauchtigster Großherzog,
Gnädigster Fürst und Herr!

Wenn die Ehre, Ewr. Königl. Hohheit leuchtenden Namen dieser Ausgabe der Briefe Dr. Martin Luthers vorzusetzen, ein wichtiger Gegenstand des Nachsuchens für mich war: so bestimmte mich dazu eines Theils die dankbare Erinnerung an die hohen, unvergeßlichen Verdienste, welche die Fürsten des erhabenen sächsischen Hauses Ernestinischer Linie sich um die evangelische Kirche erworben haben, und die freudige Bewunderung des gleichen hochherzigen Sinnes, mit welchem Ewe. Königl. Hohheit, obschon in andern Zeitverhältnissen und andern Beziehungen, stets der Pfleger und Beschützer der Freyheit und Bildung des Geistes gewesen sind: andern Theils der Wunsch, mich für die Unterstützung, welche mir durch die erlaubte Benutzung der Schätze der Archive und der

Bibliothek zu Weimar zu Theil geworden ist, und für alles, was ich meinem Vaterlande schuldig bin, öffentlich dankbar zu zeigen.

Mögen Ewe. Königl. Hohheit die Gabe, die ich zu Dero Füßen niederlege, mit einigem Wohlwollen aufnehmen, und zugleich den Ausdruck einer bewunderungs- und ehrfurchtsvollen Ergebenheit genehmigen, die schon mein kindliches Herz empfunden, als ich in der goldenen Zeit Weimars und Deutschlands heranwuchs, und die im Herzen des gereiften

Mannes zum klaren, festen Bewußtseyn gediehen ist, mit welcher ich ewig verharren werde

Ewr. Königl. Hohheit

Basel
den 26 September 1825.

unterthänigster Diener

Dr. Wilhelm Martin Leberecht de Wette.

Vorrede.

Indem ich hiermit den 1. Thl. der längst angekündigten Ausgabe der Briefe, Sendschreiben und Bedenken Dr. Martin Luthers ans Licht treten lasse, lege ich den Plan des Werkes nochmals dar, über welchen ich mich schon in einer früheren Ankündigung erklärt habe.

I. Diese Ausgabe ist die erste umfassende und vollständige. Keine der bisherigen Sammlungen der Briefe Luthers war vollständig. Walch hat zwar in seiner Ausgabe der Werke Luthers alle Briefe, welche in den früheren Ausgaben und in Aurifabers und Buddeus Briefsammlungen enthalten sind, auch mehrere, welche in andern Büchern und Zeitschriften zerstreut erschienen waren, gesammelt, und mehrere aus handschriftlichen Quellen hinzugefügt; aber nach ihm haben Schütze, Strobel und Faber eine so reiche Nachlese geliefert, daß man schon daraus sieht, wie wenig er sich die Vollständigkeit seiner Sammlung hat angelegen seyn lassen. Er hat nicht nur viele Briefe, die damals schon gedruckt waren, übergangen, sondern auch handschriftliche Schätze, die ihm wahrscheinlich zu Gebote standen, namentlich die der Weimarischen Archive, unbenutzt gelassen. Aber auch seine Nachfolger haben bey weitem nicht alles erschöpft, und nicht einmal die gedruckten Briefe vollständig gesammelt.

Für die Herstellung einer vollständigen Sammlung aller irgendwo vorhandenen Lutherschen Briefe habe ich gethan, was mir möglich war. Nicht nur habe ich alle, gesammelt oder einzeln, im Druck erschienenen Briefe aufgenommen, sondern auch soviel ungedruckte, als ich auffinden konnte, gesammelt. Ich habe die Schätze der Weimarischen Archive und der Bibliotheken zu Jena, Erfurt, Gotha, Wolfenbüttel, Frankfurt a. M., Heidelberg, Basel, theils selbst, theils durch einen eigens zum Gehülfen angenommenen jungen Gelehrten benutzt, und zufolge einer erlassenen öffentlichen Aufforderung und auf meine besondern Bitten habe ich von mehrern Orten her, von Breslau, Riga, Strasburg, München, Zofingen, Zürich u. a., schätzbare Beyträge aus öffentlichen- und Privat-Sammlungen erhalten, davon man an ihrem Orte Erwähnung gethan finden wird. Wenn mir noch ungedruckte Briefe entgangen seyn sollten, so muß ich bitten, mich von der Schuld frey zu sprechen, indem ich mir nicht bewußt bin, etwas unterlassen zu haben. Immer sind die Früchte meiner Bemühungen sehr erfreulich. Ich bereichere die Sammlung mit mehr als hundert ungedruckten Briefen und Aufsätzen, die ich theils aus Luthers eigenhändigen Urschriften selbst, theils aus alten Handschriften geschöpft habe. In diesem Theil erscheint freylich nur ein einziger ungedruckter Brief. Die Zahl der vorher einzeln gedruckten, von mir gesammelten Briefe beläuft sich ebenfalls über hundert, und schon in diesem Bande erscheinen mehrere. Gute Dienste hat mir bey dem letztern Geschäft eine handschriftliche Arbeit vom sel. Uckert, die ich der Gefälligkeit des Hrn. Prof.

Uckert in Gotha verdanke, geleistet. Auf der andern Seite habe ich freylich eine bedeutende Anzahl von Briefen, welche von den, die früheren Sammlungen nicht gehörig vergleichenden Herausgebern theils in derselben Sprache, theils in Uebersetzungen, ja von einem und demselben Herausgeber (Walch) wiederholt geliefert waren, wieder vereinfacht, auch einige unter die Briefe gestellte fremdartige Stücke, als Vorreden u. dgl. weggelassen, und dadurch die Masse des Vorhandenen verringert. Ueber die Ausdehnung der Sammlung bin ich lange und selbst bis nach der Erscheinung der Ankündigung schwankend geblieben. Anfangs wollte ich auch diejenigen größeren Sendschreiben, welche nur wenig Briefliches an sich haben, mit aufnehmen; aber die Betrachtung, daß dadurch die Sammlung gar zu bändereich werden möchte, hat mich zur Weglassung solcher Stücke, zumal wenn sie lateinisch sind, bestimmt, und ich werde sie nur mit ihrem Titel, Inhalt und Datum aufführen. Auch die größeren schon gedruckten Bedenken werde ich bloß auf diese Weise namhaft machen, hingegen die kleineren und ungedruckten mittheilen.

II. Genauigkeit in Benutzung und Angabe der Quellen habe ich mir streng zur Pflicht gemacht, was keiner der früheren Herausgeber gethan hat. Mein Bestreben ging dahin, alles aus den ältesten Quellen, aus den Handschriften Luthers und den von ihm besorgten ersten Drucken, oder, in Ermangelung derselben, wenigstens aus den ältesten handschriftlichen und gedruckten Sammlungen zu liefern; und nur wo mir jede alte Quelle fehlte, habe ich mich an neuere, wie die Leipz. Ausg., Schütz u. a., gehalten. Zugleich habe ich es mir zum Gesetz gemacht, diese Quellen und überhaupt alle mir bekannt gewordenen Fundörter und Abdrücke der Briefe anzugeben, so daß man dadurch, so zu sagen, die Litterargeschichte eines jeden Briefes kennen lernen wird.

III. Gleiche Genauigkeit schrieb ich mir vor in Ansehung der Grundsprache der Briefe, auf welche die bisherigen Herausgeber keinen Werth gelegt haben. Die Sammler lateinischer Briefe, wie Aurifaber, haben mehrere Briefe in dieser Sprache geliefert, welche ursprünglich deutsch geschrieben sind. Walch hingegen, welcher eine deutsche Ausgabe veranstaltete, gab nicht nur die schon gedruckten lateinischen Briefe in deutscher Uebersetzung, sondern auch diejenigen, welche er zuerst aus Handschriften lieferte; wenigstens hat er uns über mehrere ungewiß gelassen, in welcher Sprache sie zuerst geschrieben sind. Ich habe es mir zur Pflicht gemacht, durch Zurückgehen auf die erste Quelle auszumitteln, welches die ursprüngliche Sprache eines jeden Briefes sey, und ihn nur in dieser zu liefern. Bin ich damit nicht immer zum Ziel gekommen, weil ich nicht so glücklich war, die ersten Quellen aufzufinden: so muß ich mich damit trösten, daß vielleicht die ersten Quellen verloren gegangen sind. Indem ich jedesmal die benutzte Quelle angebe, zeige ich, wie weit mir die Untersuchung gelungen ist.

So erscheint nun freylich der größte Theil der Lutherschen Briefe in lateinischer Sprache, wodurch das Werk für Ungelehrte nicht ganz genießbar wird. Allein den Gedanken, von den lateinischen Briefen eine deutsche Uebersetzung zu geben, mußte ich als unausführbar aufgeben, indem das Werk dadurch allzu kostspielig geworden wäre. Auch kann ich den des Lateinischen Unkundigen die ermunternde Versicherung geben, daß die späteren Bände weit mehr deutsche Briefe enthalten werden, als dieser erste.

IV. Eben so sorgfältig suchte ich den Text der Briefe in ursprünglicher Richtigkeit herzustellen. Auch darin haben die früheren Herausgeber die größte Nachlässigkeit und Willkür bewiesen. Der Text der deutschen Briefe ist in den meisten Abdrücken, zumal in der Walchischen Ausgabe, der neueren deutschen Sprache angepaßt und seiner alterthümlichen Farbe beraubt worden; auch der lateinische Text ist nicht immer von willkürlichen Veränderungen frey geblieben. Eine meiner vornehmsten Aufgaben war daher, durch Vergleichung der ältesten Quellen den alten reinen Text wieder herzustellen. Ungefähr 150 Briefe sind mit den Urschriften verglichen und ganz ächt hergestellt; über sehr viele andere sind alte Handschriften, oft mehrere, und über die von Luther in Druck gegebenen die alten Ausgaben verglichen, und die wichtigsten Verschiedenheiten der Lesart angemerkt. Von den übrigen aber, von welchen sich keine so alten Quellen vorfanden, gebe ich den Text aus derjenigen Quelle, welche nach allen angestellten Untersuchungen für mich die älteste geblieben ist.

Bey der Wiederherstellung der ächten deutschen Sprache Luthers schien es mir nicht rathsam, dessen Rechtschreibung beyzubehalten, wodurch den meisten Lesern das Verständniß erschwert worden wäre: ich stelle daher die Eigenthümlichkeiten seiner Sprache nur in sofern dar, als sie für das Ohr gelten. Ich gestehe freylich, daß die Uebertragung der Lutherschen Rechtschreibung in die unsrige mit mancher Unsicherheit und Ungenauigkeit verbunden gewesen ist; denn nicht immer ließ sich bestimmen, was der für das Ohr vernehmlichen Sprachform und was bloß der noch unbehülflichen Rechtschreibung der damaligen Zeit, oder der Ungeschicktheit des Setzers und der Mangelhaftigkeit der Schriftformen angehört. Dieß ist besonders in Ansehung der Umlaute ö und ü der Fall, statt derer sich oft die Vocale o und u finden. Ich möchte nicht mit Sicherheit behaupten, daß man wirklich Furst statt Fürst, fur statt für oder vor, wurde statt würde, frohlich statt fröhlich gesprochen habe, zumal da sich auch schon die heutigen Formen neben jenen finden. Allein daß beyderley Formen neben einander können üblich gewesen seyn, wie noch jetzt im Allemannischen wurde neben dem hochdeutschen würde und Aehnliches gesagt wird, kann niemand geradezu leugnen; und ich hielt es für das sicherste, die Verschiedenheit, wie sie sich in den Quellen findet, wieder zu geben. In Ansehung des Umlauts ä ist kein Schwanken bemerklich, indem er beständig mit e geschrieben wird. Die Aussprache zu Luthers Zeit hatte noch manche Eigenthümlichkeiten, welche ich in der Rechtschreibung nicht für nöthig hielt anzudeuten, zumal da sie auch nicht beständig vorkommen. Man sprach Selickeit st. Seligkeit, Bluet, Liecht, gutt, nach allemannischer Mundart; statt befehlen sprach man befelhen, wie es scheint mit starkhauchendem h, u. dgl. m.

Da mir nicht immer die ersten Quellen zu Gebote standen, so habe ich freylich oft den späteren Herausgebern, welche die Luthersche Sprache verneut haben, folgen müssen: und so wird man in dieser Ausgabe Luthern bald in seiner eigenen alterthümlichen Sprache, bald in der der späteren Jahrzehende des sechszehnten, bald in der des siebzehnten und selbst des achtzehnten Jahrhunderts lesen; aber dieser Uebelstand schien mir nicht ohne Willkür entfernt werden zu können, und ich glaubte, in keinem Punkt von dem Grundsatz der Treue abgehen zu dürfen.

V. Nach meinem Plan sollte diese Ausgabe der Briefe Luthers gleichsam ein Tagebuch seines Lebens seyn, und so mußte ich in der Anordnung derselben lediglich der Zeitordnung folgen, und mithin die deutschen und lateinischen Briefe vermischt liefern. Keine der andern Anordnungsarten, weder die nach der Sprache, noch die nach den Personen, bietet die Bequemlichkeit dar, welche jene gewährt. Indessen soll ein Register aller Personen, an welche Luther geschrieben, am Ende des Werkes nachfolgen. Um Ruhepunkte zu gewinnen, und die Uebersicht zu erleichtern, stelle ich die Briefe nach den geschichtlichen Abschnitten im Leben Luthers massenweise zusammen, und richte auch die Theile des Werkes nach diesen Abschnitten ein. Dieser erste Theil enthält die Briefe aus dem Zeitraume vor dem Anschlag der Streitsätze und von da bis zu Luthers Aufenthalt auf Wartburg.

VI. Schon diese geschichtliche Anordnung, verbunden mit einer vorgesetzten Inhaltsanzeige, wird ein gewisses Licht auf die Briefe, auf deren Veranlassung und Zweck werfen; ausserdem aber bringe ich diejenigen geschichtlichen Erläuterungen über die in Frage kommenden Personen und Sachen bey, welche zum Verständniß unumgänglich nothwendig sind. Da mir bey diesem Geschäft der große Kenner der Lutherschen Zeitgeschichte, Hr. Prof. Veesenmeyer in Ulm, als freundlicher Gehülfe zur Seite steht: so wird man mir die etwannigen Mängel in diesen Erläuterungen gern zu gute halten. Ueberdieß soll jedem Zeitabschnitt und Theile die dahin gehörige Chronik des Lebens Luthers vorangestellt werden, damit man sich schnell über die geschichtlichen Umstände unterrichten könne.

In mehr als einer Beziehung hätte ich ohne edelmüthige, freundliche Unterstützung das, was ich geleistet habe, wie unvollkommen es auch seyn mag, nicht leisten können, und ich fühle mich gedrungen, dafür öffentlich meinen Dank auszusprechen. Vor allen Dingen hat mich der Freysin

Hrn. Reimers, meines lieben Freundes, der den Verlag des Werkes übernahm, in Stand gesetzt, die zum Theil kostspieligen Vorbereitungen zu machen, ohne welche das Werk nicht hätte unternommen werden können. Hr. Dr. Fr. Franke, aus dem Meklenburgischen, hatte die Freundschaft für mich, dem Werke zwey Jahre zu widmen, und in Weimar, Jena, Wolfenbüttel mühsame Vergleichungen zu machen: ihm gebührt ein großer Theil des Verdienstes, wenn man ein solches dem Werke zuerkennen will. Den freysinnigen, wissenschaftliebenden Regierungen von Weimar und Gotha, den Vorstehern der Archive und Bibliotheken von diesen Orten, dann von Jena, Wolfenbüttel u. a. m. verdanke ich die Benutzung handschriftlicher Urkunden und alter Drucke, und von einigen Bibliothekaren und vielen Privatbesitzern und gelehrten Freunden habe ich sogar die Gefälligkeit zu rühmen, daß sie sich selbst der Mühe unterzogen haben, Abschriften für mich zu fertigen und Vergleichungen zu machen. Für alles dieses sey hiermit mein wärmster Dank dargebracht.

Das Werk ist in der Handschrift bis auf die Durchführung der geschichtlichen Anordnung und Erläuterung fertig, und der Druck wird, wenn mir Gott Leben und Gesundheit schenkt, ununterbrochen fortgesetzt, so daß ungefähr jährlich 2 Bände erscheinen werden. Das Volumen des Ganzen läßt sich nicht genau bestimmen, aber über 8 Bände, ungefähr von der Bogenzahl, wie der gegenwärtige, wird es nicht betragen. Möge nur das Unternehmen durch den Beyfall und die Theilnahme der Freunde Luthers, der evangelischen Kirche und des deutschen Vaterlandes unterstützt und gefördert werden, und Gott dazu sein Gedeihen geben.

Basel im September 1825.

Der Herausgeber.

Verzeichniß

der in dieser Ausgabe benutzten älteren Ausgaben von Luthers Briefen und Werken und anderer häufig benutzter Sammlungen, auch einiger Handschriften, nebst Erklärung der gebrauchten Abkürzungen.

Aurifaber — — Epistolarum Rev. Patris Dom. D. *Martini Lutheri* Tom. I. continens scripta (sic) viri Dei ab anno MDXVII. usque ad ann. XXII. a *Joh. Aurifabro*, aulæ Vinariensis concionatore, collectus. Anno MDLVI. Jenæ. Excud. Christian. Rhodius. in 4°. Sec. Tom. Epistolarum Rev. Patr. Dom. D. *Mart. Lutheri* continens scriptas ab a MDXXII usque in ann. XXVIII. a *J. Aurifabro* collectus. Eisleb. Excud. Andr. Petri, ann. MDLXV. in 4°.

Buddeus — — Supplementum Epistolarum *Mart. Lutheri*, continens epp. CCLX, partim hactenus ineditas, partim editas quidem, sed hinc inde dispersas et in Tomis, quos Jo. Aurifaber edidit, non extantes, nunc autem collectas. Accedit *Jo. Franc. Buddei* dissertatio præliminaris. Halæ typis et impensis Orphanotrophei. MDCCIII. in 4°.

Der Titel der 2. Ausg. Collectio nova Epistolarum Martini Lutheri, occasione Jubilei evangelici in lucem edita etc. 1717. 4°.

Schütze — — Dr. Martin Luthers bisher ungedruckte Briefe. Erster Band, welcher Briefe aus dem Zeitraume von 1541 bis 1546. einige deutsche Urkunden und statt einer

Einleitung drey Schutzreden für Luther in sich fasset. Aus Handschriften auf der öffentlichen Stadtbibliothek zu Hamburg mitgetheilt von D. Gottfried Schütze, Professor u. s. w. Leipzig 1780. 8. Zweyter Band, welcher lat. Br. und Urkunden aus dem Zeitraume von 1512 bis 1535 und einige deutsche Briefe und Nachrichten in sich fasset. 1781. Dritter und letzter Band, welcher Briefe aus dem Zeitraume von 1536 bis 1540, eine Nachlese von ungedruckten Briefen, Briefe ohne Bestimmung der Zeit, wenn sie geschrieben worden, und statt eines Anhangs ein Verzeichniß von Autographis Lutheri — — in sich fasset ꝛc. 1781.

Strobel-Ranner — — Dr. *Martini Lutheri* Epistolæ, studio et opera b. *G. Th. Strobelii*, Past. olim Wœhrdensis, conlectæ, quas non sine brevi præfamine edidit *Godofr. Christoph. Runner*. Norimb. 1814. 8.

Opsopoeus — — *Mart. Lutheri* Epistolarum Farrago, pietatis et eruditionis plena, cum Psalmorum aliquot interpretatione, in quibus multa Christianæ vitæ præcepta ceu symbola quædam indicantur. Hagenoæ excudebat J. Secer. ann. MDXXV. 8. (Herausgeber *Vincent. Opsopoeus*, Schulmann in Anspach.)

Flacius — — Aliquot epistolæ Rev. Patr. p. m. D. *Mart. Lutheri* quibusdam theologis ad Augustana comitia anno 1530 scriptæ etc. 1549. s. l. 8°. Deutsch: Etliche Briefe des Ehrwürdigen Herrn D. Martin Luthers sel. Gedächtniß an die Theologos auf dem Reichstag zu Augsburg geschrieben ꝛc. Ohne J. und O. 4°. 8 Bogen. Eine andere mit andern Briefen vermehrte Ausgabe gedruckt zu Magdeburg 1549. 4°. 15 Bogen. Vgl. Veesenmeyer Litterargesch. der Briefsammlungen Luthers S. 70.

Faber — — D. Martin Luthers Briefe an Albrecht, Herzog von Preußen. Von den Originalen im geheimen Archiv zu Königsberg mit erklärenden Anmerkungen herausgegeben von Karl Faber, Königl. Geh. Archivar. Nebst einer Vorlesung über den Geist und Styl D. Mart. Luthers, besonders aus seinen in Preußen aufbewahrten handschriftlichen Briefen von Ludwig Ernst Borowsky ꝛc. Königsberg 1811. 8.

Löscher — — Vollständige Reformations-Acta und Documenta, oder umständliche Vorstellung des evangelischen Reformations-Werks mit Einrückung der dazu dienlichen, theils noch nie gedruckten Nachrichten ꝛc. Von Valentin Ernst Löscher, 3 Theile. 1720—29. 4°.

Seckendorf — — *Viti Lodovici a Seckendorf* Comment. hist. et apolog. de Lutheranismo etc. Francofurt. et Lips. 1692. Fol.

Walch — — D. Martin Luthers sowohl in deutscher als lateinischer Sprache verfertigte und aus der letztern in die erstere übersetzte sämmtliche Schriften ꝛc. Herausgegeben von J. Georg Walch. Halle 1740 — 50. 24 Thle. 4°. Der 21. Thl. enthält die Briefsammlung.

Viteb. — — Die lateinische Wittenberger Ausgabe der Werke Luthers, 7 Bde. Fol. v. J. 1545—58.

Wittenb. — — Die deutsche Wittenberger Ausgabe, 12 Bde. Fol. v. 1539—59.

Jen. — — Die lateinische Jenaische Ausgabe der Werke Luthers, 4 Bde. Fol. v. 1556—58.

Jen. — — Die deutsche Jenaische Ausgabe, 8 Bde. Fol. v. 1555—58.

Eisl. — — Die Eisleber Sammlung mehrerer Werke Luthers, die sich in der Jen. Ausg. nicht finden, herausgeg. von Aurifaber, 2 Bde. Fol. 1565.

Altenb. — — Die zu Altenburg, in 10 Bdn. Fol. 1661—64. erschienene Ausgabe der deutschen Werke Luthers.

Leipz. — — Die zu Leipzig, in 22 Bdn. Fol. 1729—40. erschienene Ausgabe.

Cod. Jen. a. B. (Bos.) — — Handschriftliche Sammlungen von Luthers Briefen auf der Universitäts-Bibliothek zu Jena.

Aurif. III. oder Aurifabers ungedruckte Sammlung — — Eine handschriftliche Sammlung von Aurifaber, veranstaltet, als 3. Thl. seiner gedruckten Sammlung, auf der Bibliothek zu Wolfenbüttel aufbewahrt.

Cod. Clossii — — Eine einem Frankfurter Gelehrten gehörige, mir gefällig geliehene handschriftliche Sammlung.

Cod. Palat. 689. — — Eine solche Sammlung, welche zu der nach Heidelberg zum Theil zurückgekehrten Bibliotheca Palatina gehört.

Andere Handschriften sind deutlich genug bezeichnet.

Chronik des Lebens Luthers.

Erster Zeitraum
vor dem Anschlag der Sätze gegen den Ablaß.

1507.
May
2. Luther wird zum Priester geweiht.

1508.
October
(?) L. wird als Professor der Dialektik und Ethik in Wittenberg angestellt..

1509.
März
9. L. wird Baccalaureus ad Biblia, und hält theologische Vorlesungen.

1510. (Nach Andern im J. 1511. oder 12.) L.'s Reise nach Rom.

1512.
October
18. L. wird zum Doctor der Theologie promovirt.

1516.
May. L. reist als Stellvertreter des Staupitz im Generalvicariat des Augustiner Ordens.

Junius
8. L. ist nach Wittenberg zurückgekehrt.

October
27. L. fängt exegetische Vorlesungen über den Brief an die Galater an.

1517.
August
6. L. ist mit Staupitz im Kloster Himmelspforte.

Zweyter Zeitraum

vom Anschlag der Sätze wider den Ablaß bis zu L.'s Aufenthalt auf Wartburg.

1517.
October
31. L. schlägt die Sätze wider den Ablaß an.
November. Der Sermon von dem Ablaß und Gnade erscheint.
1518.
Januar
7. L. ist in Leipzig.
April
15. L. befindet sich auf der Reise nach Heidelberg in Coburg.
18. Ankunft in Würzburg.
26. Disputation in Heidelberg.
May
9. Luther auf der Rückkehr von Heidelberg in Erfurt.
15. Rückkehr nach Wittenberg.
22. L. übersendet dem Bischof von Brandenburg die Resolutiones disputationum de virtute indulgentiarum.
30. Er übersendet sie Staupitzen und dem Papste.
Junius
4. Die Resolutiones sind unter der Presse.
Julius
15. L. hat den Sermon vom Bann gehalten.
August
7. L. erhält die Citation nach Rom.
21. Er sendet an Spalatin die gedruckten Resolutiones.
23. Der Papst beauftragt den Cardinal Cajetan, Luthers Sache zu untersuchen.
31. L. sendet an Spalatin seine Antwort auf Silvester Prierias Dialog.
September
9. L.'s Antwort auf Silv. Prier. Dialog ist vergriffen.
October
7. L. kommt in Augsburg an.
13. Erscheint zum ersten Mal vor dem Legaten.
14. Erscheint zum zweyten Mal und legt eine Protestation ein.

1518.	
October 15.	Erscheint zum dritten Mal, und übergibt eine schriftliche Vertheidigung.
17.	Schreibt sehr demüthig an den Cardinal.
18.	Kündigt seine Abreise und Protestation an.
20.	Reist in der Stille von Augsburg ab.
25.	Der Cardinal schreibt an den Kurfürsten und beschwert sich über L.
31.	L. kommt nach Wittenberg zurück.
November 19.	L. schreibt an den Kurfürsten und vertheidigt sich gegen Cajetans Anklagen.
28.	Dessen Appellation an ein allgemeines Concilium.
December 2.	L. war im Begriff Wittenberg zu verlassen.
8.	Der Kurfürst antwortet dem Cardinal Cajetan.
9.	Die Acta Aug. sind edirt.
1519.	
Januar Anfang.	Anfang des Briefwechsels mit Hier. Düngersheim.
	L. hat in Altenburg eine Unterredung mit dem päpstlichen Gesandten Miltitz.
11.	L. kommt wieder in Wittenberg an.
Februar 12.	L. hat eine Unterredung mit dem Bischof zu Brandenburg in Wittenberg.
Ende.	Schrift: Unterricht auf etliche Artikel, so ihm von seinen Abgönnern aufgelegt und zugemessen worden.
März 3.	L.'s Brief an den Papst.
27.	Dedication der Operationes in Psalmos.
28.	Brief an Erasmus.
—	Offener Brief an Carlstadt, worin L. seine Theilnahme an der Leipziger Disputation erklärt.
April.	L. gibt 13 Thesen heraus, über welche in Leipzig disputirt werden soll.
—	Convent der Franciscaner in Jüterbock gegen L.
—	L. gibt seine Excusatio adv. criminationes Eccii heraus.
May Anfang.	Miltitz ladet L. nach Coblenz ein.
15.	L. schreibt an die Franciscaner in Jüterbock.

1519. May 17.	L. schreibt an Miltitz und lehnt die Reise nach Coblenz ab.
Junius 6.	L. ist mit der Resolutio seiner 13. Thesis beschäftigt.
24.	Die Wittenberger kommen zur Disputation in Leipzig an.
27.	Anfang der Disputation.
28.	Carl V. zum römischen Kaiser erwählt.
29.	L. predigt auf dem Schloß zu Leipzig.
Julius 16.	Beschluß der Leipziger Disputation.
August 15.	L. eignet seine Resolutt. super propositionibus Lipsiae disputatis dem Spalatin zu.
18.	L.'s und Carlstadts Entschuldigungsschreiben an den Kurfürsten gegen Eck.
Septemb. 3.	Der Commentar über den Galater-Brief ist fertig.
22.	L. sendet an Spalatin das Ms. der Tessaradecas consolatoria.
25.	Miltitz schreibt an den Kurfürsten und an Luther wegen der Zusammenkunft in Liebenwerth.
Ende.	Schrift L.'s gegen Emser: Ad Aegocerotem Emseranum.
—	Schrift gegen die Franciscaner in Jüterbock (contra malignum J. Eccii judicium etc.)
October Anfang.	Die Böhmischen Brüder schreiben an L.
8.	Convent in Liebenwerth.
15.	L. erklärt dem Kurfürsten, daß er Miltitzen die Reise nach Trier nicht versprochen.
November 1.	L. hat seine Epistola super expurgatione Ecciana in den Druck gegeben.
7.	Er sendet diese Schrift an Spalatin. Er geht an die Ausarbeitung der Postille.
8.	Eck schreibt an den Kurfürsten über die Leipziger Disputation.
20.	Emsers a venatione Luteriana ægocerotis assertio war erschienen.

1519.

November

29. L.'s Sermon vom hochw. Sacrament ist unter der Presse.

December. Der Sermon vom hochw. Sacrament erscheint.

8. Miltitz schreibt dringend an den Kurfürsten in Luthers Sache.

18. Die Tessaradecas ist im Druck.

27. Herzog Georg schreibt an den Kurfürsten wegen L.'s böhmischer Ketzerey.

1520.

Januar

15. 17. L. schreibt an den Kaiser Karl, und erläßt eine Protestation.

Erklärung etlicher Artikel in dem Sermon vom hochw. Sacrament erscheint.

24. Des Bischofs von Meissen Decret gegen L.'s Sermon vom hochw. Sacrament.

Februar

4. L. schreibt an den Erzbischof von Mainz und den Bischof von Merseburg.

7. Er schreibt die Antwort auf die Zettel, so unter des Officials zu Stolpen Siegel ist ausgegangen.

11. Er sendet die Tessaradecas gedruckt an Spalatin.

12. Die Antwort auf die Zettel rc. war unter der Presse.

24. Die Briefe an die Bischofe gehen ab.

März

21. Die Schrift gegen die Kölner und Löwener Theologen ist unter der Presse.

25. L. sendet an Spalatin die Ratio confitendi, und ist mit dem Sermon von den guten Werken beschäftigt.

26. Die Schrift gegen die Kölner und Löwener ist fertig.

April.

May

5. Alvelds Schrift Super apostolica sede, an videlicet divino juris sit etc. war erschienen.

13. L. empfängt vom Ritter Silv. v. Schaumburg die Versicherung seines Schutzes.

1520.
May
31. Lonicerus Schrift gegen Alveld ist fertig. L.'s Schrift gegen diesen vom Papstthum zu Rom rc. ist unter der Presse.

Junius. L. sendet an Spalatin des Silv. Prierias Epitome. Die Postille soll bald der Presse übergeben werden.

4. Ulrich v. Hutten schreibt an L.

11. Silv. v. Schaumburg schreibt an L.

13. Silvesters Epitome mit L.'s Antwort ist unter der Presse.

15. Datum der päpstlichen Bannbulle gegen Luther.

23. Datum der Zueignung der Schrift an den christl. Adel deutscher Nation.

26. Diese Schrift und die gegen Alveld wird fertig.

Julius
9. L. antwortet auf die ihm vom Hofe aus mitgetheilten Briefe aus Rom.

10. Er sendet Schaumburgs Brief an Spalatin.

August
3. L. sendet einem Freunde seinen Sermon von der Messe.

14. Er hat die Nachricht, daß Eck in Meissen sey.

18. Die Schrift an den christl. Adel deutscher Nation war schon längere Zeit ausgegeben.

23. Es war eine zweyte Auflage derselben nöthig geworden.

September
1. Miltitz hat nach gehaltenem Augustiner-Convent in Eisleben an L. geschrieben.
Staupitz hat in diesem Convent sein Amt niedergelegt.

11. L. meldet das Ergebniß der Verhandlungen auf diesem Convent und daß die an ihn abgesendeten Vicare des Ordens von ihm verlangt haben, daß er an den Papst schreiben solle.

28. L. will gegen die von Eck gebrachte Bulle schreiben.

October
3. Eck war mit der Bulle in Leipzig angekommen, und sandte sie an den Rector der Universität zu Wittenberg.

6. Die Schrift de captivitate Ecclesiæ Bab. wird fertig und ausgegeben.

12. Unterredung L.'s mit Miltitz zu Lichtenberg.
L. schreibt unter dem frühern Datum v. 6. Sept. an den Papst.

1520.
October
20. Die Schrift de captivitate Eccles. war verboten.
21. Krönung Kaiser Karls V. in Aachen.
November
4. Die Schrift Adversus execrabilem Antichristi bullam war erschienen, und die deutsche Wider die Bulle des Endchrists unter der Presse. Der Kurfürst gibt in Köln den päpstlichen Gesandten eine männliche Antwort, und verweigert die Vollziehung der Bulle.
13. Melanchthon schreibt wider den Thom. Rhadinus.
17. L. erneuert seine Appellation an ein freyes christl. Concilium.
28. L.'s Bücher sind zu Köln und Löwen verbrannt worden.
29. Er will eine Vertheidigung der in der Bulle verdammten Bücher schreiben.
December
1. L. eignet diese Schrift: Assertio omnium articulorum dem Fabian von Feilitzsch zu.
10. Verbrennung der päpstlichen Bulle, der Decretalen u. a. Bücher zu Wittenberg.
15. Alveld hat gegen Lonicerus und Luther geschrieben.
21. L. erklärt, daß er bereit sey nach Worms zu gehen.
1521.
Januar
16. Die Assertio ist ganz fertig, die Postille unter der Presse.
29. Grund und Ursach aller Artikel ꝛc. wird täglich mehr fertig.
In diesem Monat oder noch im vorigen Jahre erschienen L.'s beyde Schriften: An den Bock in Leipzig, und auf des Bocks zu Leipzig Antwort.
Februar
17. L. sendet an Spalatin den Unterricht der Beichtkinder.
März
2. Grund und Ursach aller Artikel ꝛc. ist fertig.
3. L. eignet dem Kurfürsten die Postille zu.
6. Er sendet an Spalatin eine Probe der Postille.
7. Er will gegen Ambrosius Catharinus schreiben.
— Kaiserliches Edikt wegen Einlieferung der Lutherischen Bücher.

1521.	
März	
10.	L. eignet dem Herzog Johann Friedrich das Magnificat zu.
24—26.	L. erhält die Citation nach Worms.
29.	L. sendet an Joh. Lange die Schrift: Auf das überchristliche, übergeistliche, überkünstliche Buch des Bocks Emser.
April	
1.	Datum der Zuschrift der Schrift wider Ambrosius Catharinus.
2.	L. reist von Wittenberg ab.
7.	Er predigt in Erfurt.
14.	Er kommt in Frankfurt a/M. an.
16.	Seine Ankunft in Worms.
17.	Erstes Verhör vor der Reichsversammlung.
18.	Zweytes Verhör.
24.	Privat-Verhandlung mit einigen Fürsten.
26.	Abreise von Worms.
27.	Ankunft in Frankfurt.
28.	Brief an Lukas Kranach, an den Kaiser und die Stände des Reichs.
May	
1.	L. predigt in Hersfeld.
2.	In Eisenach.
4.	L. wird bey Waltershausen gefangen und nach Wartburg geführt.
8.	Kais. Achtserklärung gegen Luther.

Erster Zeitraum.

Luthers Briefe aus der Zeit vor dem Anschlag der Sätze wider den Ablaß,

von 1507, 22. April bis 1517, Ende Octobers.

1507.

22. April.

N°. I.

An Johann Braun, Vicarius in Eisenach.

Luther ladet Braun ein, nach Erfurt zu kommen, um seiner auf den Sonntag Cantate angesetzten Priesterweihe und der ersten von ihm zu haltenden Messe beyzuwohnen, und in seinem Kloster Herberge zu nehmen. In einer Nachschrift äussert er den schüchternen Wunsch, daß auch die Mitglieder des Collegium Schalbense seinen Ehren-Tag mitfeyern möchten.

Bey Aurifaber Epistol. Lutheri. T. I. p. 1. Löscher Reformations-Acta. I. Thl. S. 796. Deutsch in Luthers Werken v. Walch. XXI. Thl. S. 512.

Sancto et venerabili Christi Mariæque Sacerdoti, Johanni Braun, Isenacensi Vicario, suo in Christo charissimo

S. D. in Christo Jesu Domino nostro. Vereor, homo humanissime, charitatem tuam importunis meis literis precibusque solicitare, nisi benigni tui et in me animati cordis affectum sincerum considerarem, quem tot argumentis beneficiisque habeo exploratissimum. Quare non dubitavi has ad te dare literulas, fretus mutuæ charitatis amicitia, exaudibiles apud te futuras exorabilemque te inventuras.

Cum itaque gloriosus Deus et sanctus in omnibus operibus suis infelicem me, quin et omnibus modis indignum peccatorem, tam magnifice exaltare, inque sublime suum ministerium sola et liberalissima sua misericordia vocare dignatus sit, ut tantæ divinæ bonitatis magnificentiæ (vel quantulumcunque poterit pulvis) gratus sim, creditum mihi officium implere omnino debeo.

Quamobrem ad decretum Patrum meorum die Dominica quarta, quam Cantate vocamus, futura, hoc ipsum, patrona Dei gratia, encæniare constitutum est. Is enim dies nostris primitiis Deo dicandis ob commoditatem patris mei addictus est. Ad quas tuam humanitatem humiliter, sed audacter fortassis, invito, non certe, quod ob mea in te bene merita (quæ nulla sunt) ad tanti itineris laborem inquietare, adque tantillam nostræ humilitatis paupertatem te adventare, dignum existimem; sed quod tuam benevolentiam in me et promtam facilitatem, cum nudius essem apud te, intellexerim, præterquam alias abundantius.

Tu ergo, charissime Pater, Domine, Frater (aliud enim ætatis et curæ, aliud meriti, hoc autem religionis nomen est) si quo modo per tempus perque ecclesiastica tua negotia, vel etiam familiaria licere poterit, huc adesse digneris, adiuturus grata præsentia precibusque tuis, ut acceptabile fiat sacrificium nostrum in conspectu Dei. Habebis vero Conradum affinem meum, quondam ædituum S. Nicolai, præter eum, quemcunque alias volueris, itineris socium, dummodo et ipsi per curas domesticas vacaverit et libuerit.

Admonendus es denique, ut recta ad monasterium nostrum ingrediaris, nobiscum tantisper commoraturus (quandoquidem habitaturum te hic non metuam) nec forinsecum per compita disquiras hospitium aliud. Oportebit enim te cellarium, hoc est, cellæ incolam fieri. Vale in Christo Jesu Domino nostro. Datæ ex cœnobio nostro Erfurdensi, 10. Calend. Maias, anno Domini MDVII.

Frater Martinus Lutherus ex Mansfeld.

Schalbense Collegium, optimos illos homines, de me certe quam optime meritos, importune onerare non audeo, quod mihi omnino persuaserim, eorum ordini et dignitati non pulchre congruere, ad tam humilis obsequii negotium accersiri, imo ad monachi, mundo nunc mortui, vota molestari: pendet præterea animus meus, et dubiusculus est, gratumne sit illis an molestum. Quare obmutescere mihi consului, gratitudinem tamen meam erga eos, dum locus postulaverit, declares velim. Vale.

1509.

17. März.

N°. II.

An Johann Braun.

L. war (im Spätjahr?) 1508 als Professor nach Wittenberg gegangen. Er entschuldigt sich, daß er, ohne von Br. Abschied zu nehmen, von Erfurt abgegangen sey, und äussert dabey, daß er lieber eine Lehrstelle der Theologie als der Philosophie angenommen hätte.

Bey Aurifaber I. 2. b. Löscher Reform. Act. I. 797. Deutsch bey Walch XXI. 514.

Venerabili ac Christo Mariæque sacro viro, Domino Johanni Braun, Sacerdoti Isenacensi, Domino et Patri suo dilecto

Salutem et Salvatorem ipsum, Jesum Christum, optat Frater Martinus Lutherus, Augustinianus. Desine tandem quæso, Domine mi et Pater amande, magis quam venerande, desine, inquam, admirari, jam satis admiratus, quomodo abierim ego abs te clanculo et silenter, aut saltem abire potuerim, quasi nulla unquam inter nos constiterit necessitudo, aut quasi ingratitudinis seminatrix oblivio omnem tuæ humanitatis memoriam ex corde meo deleverit, quasi denique frigidus aliquis et superbus aquilo omnem calorem charitatis extinxerit. Non est ita, nec feci ista, imo nec facere cogitavi, licet id fecerim (si modo fecerim et non potius passus fuerim), unde possit de me mali quid cogitari sine injuria.

Abii quidem, fateor, imo non abii, sed apud te majore semper et potiore mei parte relictus sum, semperque relinquar, quod ego haud facilius aut efficacius consequar apud te ita esse, quam ex fide mei, quam uti de me tuis meritis et beneficiis sola tua benignitate concepisti, ita sine mea culpa interire, vel etiam minui non patieris, sicut nunquam passus fuisti. Itaque recessi a te longius corpore, mente autem propius accessi, modo tu non nolis, sicut ne nolles quidem te nolle, nisi me spes mea fallat.

Et ut ad rem veniam, ne tuam charitatem diutius, de mea fide dubitantem, suspicari cogerer (atque utinam suspicio secundum naturam suam sit proxima falso), ecce quaqua potui violentia de tot tamque variis negotiis meis furatus sum particulam temporis, qua has ad te scriberem literas, maxime cum nuntii rari mihi sint, atque, si frequentes essent, ex ignorantia et distractione rari fierent. Et quid aliud his literis putas me postulare, nisi ut me commendatum ita teneas, ut suscepisti, atque de me id præsumas, quod me de te velles præsumere. Licet in nullis tibi par esse possim aut velim, quæ bona sunt, tamen magnus est in te animus meus, quando nihil aliud habeo, illum saltem non jam dedo, sed olim sæpius deditum proprium dico. Neque est quicquam, quod generosus tuus spiritus a me expectat (scio), quam quæ sunt spiritus, id est, unum sapere in Domino, et cor unum et anima una sit, sicut una fides in Domino.

Quod autem ita recessi tacitus tibi, non mireris. Tam enim fuit subitaneus meus abscessus, ut pene meos familiares lateret. Volui, sed non potui per temporis et otii penuriam ad te scribere, dolui autem, hoc enim potui, quia te insalutato abrumpere cogebar repente. Sum itaque nunc jubente vel permittente Deo Wittembergæ. Quod si statum meum nosse desideres, bene habeo Dei gratia, nisi quod violentum est studium, maxime philosophiæ, quam ego ab initio libentissime mutarim theologia, ea inquam theologia, quæ nucleum nucis et medullam tritiei et medullam ossium scrutatur. Sed Deus est Deus; homo sæpe, imo semper fallitur in suo judicio. Hic est Deus noster, ipse reget nos in suavitate et in secula.

Hæc dignanter suscipe, quæso, quæ festinanter et extemporaliter omnino sunt exarata: et si quando ad me nuntios habere commode poteris, participem me fac literarum tuarum. Quod et ego facere studebo. Vale in principio et in fine, et me talem habeto, qualem voluisti. Iterum vale. Wittembergæ, anno Domini MDIX. sabbatho post Oculi.

Frater Martinus Lutherus, Augustinianus.

1510. *)

N°. III.

An Georg Spalatin, Kursächsischen Hofprediger.

L. fällt auf Spalatins Auffoderung ein (günstiges) Urtheil über Reuchlin und dessen Handel mit den Kölner Theologen. Diese nämlich hatten im J. 1509 einen bekehrten Juden, Pfefferkorn mit Namen, dazu angestiftet, daß er sich vom Kaiser Marimilian eine Vollmacht geben ließ, alle jüdischen Schriften zu vertilgen, womit sie der von Reuchlin in Aufnahme gebrachten hebräischen Gelehrsamkeit einen Stoß versetzen wollten. Als aber Pf. Schwierigkeiten fand und vom Kaiser neue Befehle und Vollmachten verlangte, beauftragte dieser den Kurfürsten von Mainz, daß er von R. ein Gutachten über diese Sache verlangen sollte. Und dieser stellte es dahin aus, daß er das Vorhaben, alle jüdischen Schriften zu vertilgen, für unsinnig erklärte. Das ist das im Briefe erwähnte Consilium. Dasselbe griff Pf. in einer Schrift an, worauf R. antwortete. Der Handel ging noch weiter, worüber man Plank Gesch. d. prot. Lehrbegr. I. S. 29 nachlesen kann; unser Brief scheint sich aber auf den Anfang desselben zu beziehen, und allerdings ins J. 1510 oder 11 zu gehören.

Bey Aurifaber I. 8. Löscher Reform. Acta I. 799. Vgl. Tenzels curieus. Biblioth. I. 392. Cod. Jen. a. 3 u. 351, den wir verglichen haben. Deutsch bey Walch XXI. 518.

Jesus.

Pax tibi, venerande Domine Magister Georgi. Petiit a me frater meus Johannes Langius nomine tuo, quid sentiam

---

*) Nach Aurifaber 1514. Aber Löscher u. a. setzen den Brief ins J. 10. S. Tenzel Bericht vom Anf. u. Fortg. d. Reform. S. 165.

ego de causa innocentis et doctissimi Johannis Reuchlin, contra suos æmulos Colonienses, sitne in periculo fidei vel hæresis. Nosti autem, optime Magister, quod et ego hominem in magno habeam pretio et affectu, et judicium meum forte suspectum est, quia (ut dicitur) liber et neutralis non sum: tamen quia exigis, dico quod sentio: mihi prorsus nihil apparere, in omni ejus scripto consilio, quod periculosum sit.

Admiror autem vehementer Colonienses, ad quid tandem tam perplexum, ac plane (ut ipsis videtur) Gordio nodo perplexiorem, in tam plano scirpo quæritent, cum ipse tam solenni protestatione creberrime utatur, atque non articulos fidei, sed consilii opinionem ponat. Quæ duæ res apud me ita eum absolvunt a tanta superstitione, ut si omnium hæresium colluviem in suo consilio congregasset, integræ et puræ fidei eum crederem. Si enim protestationes tales et opiniones a periculo non sunt liberæ, timendum nobis erit, ne forte tandem pro libito isti inquisitores incipiant camelos glutire et culices colare, et orthodoxos, etiamsi omnia protestentur, pro hæreticis pronunciare.

Jam vere de hoc quid dicam, quod Beelzebub ejicere moliuntur, et non in digito Dei? Hoc est, quod sæpe plango et doleo. Quia nos Christiani incepimus foris sapere, et domi desipere. Centuplum pejores sunt blasphemiæ per omnes plateas Jerusalem, et omnia spiritualibus idolis plena. Quæ cum summo sint studio tollenda, tanquam intestini hostes, nos tamen relictis omnibus illis, quæ nos maxime urgent, ad exteras et peregrinas causas convertimur, suadente scilicet Diabolo, ut nostra deseramus, et aliena non emendemus.

Potestne obsecro isto zelo aliquid stultius et imprudentius cogitari? Itane non habent infelices Colonienses in Ecclesia feras et turbulentissimas causas, ubi exerceant scientiam, zelum, charitatem suam, ut necesse sit eos tam remotis a nobis mentibus illas exquirere.

Sed quid facio? plenum est cor meum harum cogitationum magis, quam lingua dicere possit. Hoc tandem concludo, cum per omnes prophetas prædictum sit, Judæos Deum et regem suum Christum maledicturos et blasphematuros, et qui hoc non legit vel intelligit, fateor eum nondum vidisse theologiam. Ideoque præsumo Colonienses non posse Scripturam solvere: quia sic oportet fieri, et Scripturam impleri. Et si tentaverint Judæos a blasphemiis purgare, hoc facient, ut Scriptura et Deus mendax appareat.

Sed confide Deum fore veracem etiam invitis et frustra sudantibus mille millibus Coloniensibus. Dei enim solius hoc opus erit, ab intra operantis, non hominum a foris tantummodo ludentium potius quam operantium. Si istæ ab eis tollantur, component pejores. Quia sic sunt in reprobum sensum per iram Dei traditi, ut sint secundum Ecclesiasten incorrigibiles: et omnis incorrigibilis correctione pejor fit, et nunquam emendatur. Vale in Domino, et parce verbis, ora autem pro anima mea peccatrice apud Dominum. Datum ex monasterio nostro hodie.

Frater tuus Martinus Luther.

1512. *)

22. September.

N°. IV.

Dem Convent der Augustiner zu Erfurt.

Er zeigt den Augustinern in Erfurt den Tag seiner Promotion zur theol. Doctorwürde an, und bittet um ihre Fürbitte, und wo möglich auch, daß sie dieser Feyerlichkeit beywohnen möchten.

Bey Aurifaber I. 4. Löscher I. 801. Deutsch bey Walch XXI. 529.

Reverendis, venerabilibus religiosisque Patribus, Priori, Magistro ac Senioribus Conventus Erfurdiensis Ordinis Eremitarum S. Augustini Episcopi, Patribus suis in Domino colendis.

Jesus.

Salutem in Domino, reverendi, venerabiles ac dilecti Patres. Ecce instat dies S. Lucæ, qua ex obedientia Patrum et

---

*) Nach Löscher, der sich fälschlich auf Tenzel S. 163 beruft, wo

reverendi Patris Vicarii mihi celebrabitur aula cathedralis in theologia, sicut credo ex literis reverendi Patris nostri Prioris Wittembergensis abunde intelligere Paternitates vestras. Omitto meam mei ipsius accusationem ac insufficientiam, ne etiam ex humilitate superbiam aut laudem quærere videar: Deus scit, scit et conscientia mea, quam dignus et quam gratus ad hoc ostentum gloriæ et honoris sim.

Proinde obsecro per misericordiam Christi, primum ante omnia, ut me communibus suffragiis Deo commendare velitis, sicut jure charitatis meos in hac parte debitores vos esse scitis, ut sit mecum voluntas ejus beneplacita et benedicta: deinde, si qua commoditate fieri potest, adesse et interesse huic pompæ meæ (ut verum fatear) pro decore et honore religionis et præcipue vicariatus nostri, dignemini. Non auderem ego Paternitates vestras solicitare ad tanti itineris molestiam ac expensarum fusionem, nisi quia et reverendissimus Pater Vicarius ita commisit, et quia indecorum, indignum quoque ac scandalosum visum fuit, vobis Erfurdensibus ignorantibus ac non vocatis, me ad tantum fastigium ascendere.

Quod si venerabilis Pater Lector *Georgius Leiffer* vobiscum aut velit aut possit venire, gratum quoque et hoc ipsum foret: sin autem etc. fiat voluntas Domini. In his igitur Paternitates vestræ sese exhibeant, oro, quales confidimus et confidere dignum est. Notabimus et memoria et gratitudine obsequium vestrum. Bene in Domino valete cum omnibus et singulis vestris, imo nostris fratribus: quibus nos nostrosque in orationem commendamus. Datæ Wittembergæ, die S. Mauritii, anno MDXII.

F. Martinus Lutherus Augustinianus.

...chts zu finden, soll dieser Brief ins J. 1513 gehören; aber die Promotion Luthers geschah im J. 1512 am 18. October (Lucä).

4. October.

N°. V.

Eine Quittung.

L. mußte das Geld, welches der Kurfürst zur Bestreitung der Promotionskosten hergab, in Leipzig abholen. Vgl. Marthesius Leben D. M. Luthers. S. 16. Darüber stellte er folgende Quittung aus.

Aus der Börnerischen Sammlung zu Leipzig bey Schütze. I. 385.

Ich Martinus, Bruder Einsiedlerordens zu Wittenberg, bekenne mit dieser meiner Handschrift, daß ich von wegen des Priors zu Wittenberg empfangen habe von dem Gestrengen und Vesten Pfeffinger a) und Johann Doltzigk b) meines gnädigsten Herrn Cammerier, 50 Gulden auf Sonnabend nach Micha. Francisci, an. Dom. 1512.

1514.

16. Junius.

N°. VI.

An den Prior Andreas Lohr und die Senioren des Erfurtischen Augustiner-Convents.

Ein Augustiner von Erfurt, M. Joh. Nathin, schrieb eine lästerliche Schrift gegen Luther, worin er ihn der Treulosigkeit gegen die Erfurter Universität anklagte, weil er in Wittenberg die theologische Doctorwürde angenommen: dagegen vertheidigt sich Luther.

Bey Aurifaber I. 6. b. Löscher Reform. Act. I. 803. Deutsch bey Walch XXI. 525.

---

a) Schütze: Pfuffinger.
b) Sch. Doltzne.

Reverendis et religiosis Patribus et Fratribus, Andreæ Lohr Priori, et Senioribus Conventus Erfurdiensis Ordinis Eremitarum S. Augustini, fratribus in Domino observandis.

Jesus.

Salutem in Domino, reverendi Patres. Licet multa et audierim et legerim, quæ de vobis, potissimum de me ab aliquibus ex vobis dicta sunt mala; novissime tamen ex literis P. Magistri Johannis Nathin, velut nomine omnium vestrum scribentis, ita fui mendaciis, aculeatis verbis, ac provocationibus amarulentis et illusoriis ipsius commotus, ut prope fuerit, ut Magistrum Paltz imitatus, super ipsum et totum Conventum effunderem phialam plenam iræ et indignationis.

Unde et binas ad vos direxi literas stupidas, nescio an pervenerint, et mox mysterium earum misissem, nisi ex convocatione primum obstructum esset os loquentis iniqua. Unde et multos, imo plures ex vobis jam habere cogor excusatos.

Quapropter rogo, si quid offensi sitis, vel sint aliqui vestrum in istis literis, parcite, et non nisi furentibus scriptis Magistri Nathin imputate, quod feci. Justa enim fuit mea nimis commotio.

Sed nunc pejora audio, quia idem ille homo passim me divulgat perjurum et infamem, nescio qua autoritate fretus. Rogo autem vos, ut qui ejus os obstruere (timeo) non potestis, saltem abstinete, et alios a verbis ejus abstinere doceatis. Non enim ideo sum perjurus, quia alibi promotus sum. Scit enim utraque Universitas, et vos omnes, quod a) principium in Bibliam, in quo solitum est jurare, Erfurdiæ non feci: nec sum mihi conscius ullius juramenti in toto cursu meo facti. Et principium b) sententiarum quidem Erfurdiæ feci, me jurasse, credo, quod non affirmabit ullus. Quid autem ad autoritatem præcipientis et requirentis obedientiam ex me auditurus sit Magister Nathin, suo tempore forte videbit.

Igitur optimi Patres, hæc ideo scribo, quod non me æstiment Erfurdienses Domini Theologi contemtorem

a) Aurif. † in, welches fehlerhaft ist.
b) Aurif. in principio, fehlerhaft.

Universitatis, cui ego omnia mea, ut matri accepta refero. Non contemsi eos, nec unquam contemnam, quanquam mea incorporatio et promotio fecerit me alienum loco ab eis, quam tamen utranque, si Conventus voluisset, uno verbo potuisset impedire: sed quod tunc potuit et noluit, nunc ecce, etiamsi velit, non potest. Sic enim placuit Deo interficere dissensiones et comminationes eorum, qui vindictam sperabant.

Sed hæc omnia facessant, ego enim sum optime quietus et pacatus animo erga vos omnes, quantumvis fuerim offensus. Deus enim indigno mihi singulariter benedicit, ut non habeam causam, nisi gaudendi et diligendi et benefaciendi, similiter iis, qui contraria de me meruerunt, sicut et ego contraria merui, quam accipio a Domino. Igitur et vos estote contenti rogo, et ponite amaritudinem, si qua est, et non moveat vos excorporatio mea, quia sic voluit Dominus, cui non est resistendum. Bene valete in Domino. Ex monasterio nostro Wittembergensi, 16. Junii, anno MDXIV.

Frater Martinus Lutherus.

---

5. August.

N°. VII.

An Georg Spalatin, Kursächsischen Hofprediger.

L. bezeugt seinen Unwillen über die unverschämten Angriffe, welche sich der Kölner Ortuinus Gratius gegen Reuchlin erlaubt hatte. Er war einer der Genossen Hoogstratens, und schrieb Apologiam adversus Joh. Reuchlinum.

Bey Aurifaber I. 5. Löscher I. 802. Deutsch bey Walch XXI. 522. Cod. Jen. a. f. 278. Wir haben das auf der Ministerialbibliothek zu Erfurt befindliche, wiewohl beschädigte Original verglichen.

Eruditissimo et sibi in Christo suspiciendo Sacerdoti, Georgio Spalatino suo charissimo.

Jesus.

S. D. Hactenus ego, doctissime Spalatine, Ortuinum istum Coloniensem poetistam asinum æstimavi. Sed vides, quia canis factus est, imo lupus rapax in vestimentis ovium, si non potius crocodilus, ut tu acutius sentis. Credo equidem, quod et ipsemet, indicante ei Johanne nostro Reuchlin, asinitatem (ut sic latine græcissem) suam etiam usque palpaverit tandem, sed meditatus eam exuere et leoninam majestatem induere, citra, infelici saltu, remanserit in lupo aut crocodilo, scilicet nimium ultra vires conatus facere metamorphosin.

Bone Deus, quid dicam? Vel hic in hoc uno obsecro discamus omnium, qui unquam scripserunt, dixerunt, scribunt, dicunt, scripturi, dicturive sunt, de invidia judicium, quam verissimum, æquissimum, sanissimum sit, de ea inquam potissimum omnium facile insanissima, quæ ardentissime vult, et tamen non potest nocere, cujus cum sit libertas sine timore, impotentia tum a) est mira cruce et inquietudine plenissima.

Ridicula quidem et sibi ipsis pugnantia stulte iste Ortuinus congerit et cogit, sed verius dolenda et miseranda, non tantum quod innocentissimi Capnionis verba et sensus vitiat per omnem temeritatem, verum etiam quia sibi damnum cæcitatis et obstinatiæ in corde per omnem furorem adauget, sicut Scriptura dicit: aggravat contra seipsum densum lutum.

Multa ex illis tecum per literas riderem, nisi magis dolere quam ridere oporteret, in tantis animarum perditionibus, quas jam et in futurum magis timeo. Det Dominus, ut cito finis fiat. Singulare tamen mihi gaudium est, ad urbem et apostolicam sedem potius pervenisse rem, quam in partibus latius illis æmulis datam esse licentiam judicandi........ Cum Roma doctissimos homines inter Cardinales habeat, saltem plus gratiæ......................... b) ab invitis Coloniensibus concedetur, quam isti alphabetarii grammatistæ habent, qui nec quid autor narret, nec quid asserat, discernere possunt, imo quid loquatur nec intelligere possunt, seu rectius dico, nolunt. Vale et ora pro me, et oremus pro Capnione nostro. Ex monasterio, die beatæ Virginis de nive, anno MDXIV.

Frater Martinus Augustinus.

---

a) Aurif. Lösch. tamen.

b) Hier ist eine Lücke wegen des zerrissenen Originals, wie schon Aurifaber bemerkte.

8. Februar.

N°. VIII.

An Johann Lange, Augustiner-Prior in Erfurt.

Er sendet an Lange ein Schreiben, worin er Aristoteles und die Schulphilosophie angreift, und bittet es an Jodocus von Eisenach zu senden, und sich zu erkundigen, welchen Eindruck es auf ihn gemacht habe.

Bey Aurifaber I. 10. Löscher I. 805. Deutsch bey Walch XVIII. 4.

Venerabili Patri Johanni Lango, Baccal. Theologiæ, Eremitarum Erfurdiensium Priori, sibi in Domino amabili.

Jesus.

Salutem. Mitto has literas, mi Pater, ad eximium D. Jodocum Isenacensem *), plenas quæstionum adversus logicam et philosophiam et theologiam, id est, blasphemiarum et maledictionum contra Aristotelem, Porphyrium, Sententiarios, perdita scilicet studia nostri seculi. Sic enim interpretabuntur, quibus decretum est, non quinquennio cum Pythagoricis, sed perpetuo et in æternum cum mortuis silentium tenere, omnia credere, semper auscultare, nec unquam, saltem levi præludio, contra Aristotelem et sententias velitari et mussitare. Quid enim non credant, qui Aristoteli crediderunt, vera esse, quæ ipse calumniosissimus calumniator aliis affingit et imponit tam absurda, ut asinus et lapis non possint tacere ad illa?

Tu ergo fac, ut diligenter porrigas eidem optimo viro, tum officiose cures olfacere, quidnam judicii de me ipse vel alii omnes super hac re fecerint, ac mihi significare. Nihil ita ardet animus, quam histrionem illum, qui tam vere Græca larva Ecclesiam lusit, multis revelare, ignominiamque ejus cunctis ostendere, si otium esset. Habeo in manibus commentariolos in primum Physicorum, quibus fabulam Aristæi denuo agere statui, in meum istum Protea, illusorem

*) L.'s Lehrer in Erfurt.

vaferrimum ingeniorum, ita ut nisi caro fuisset Aristoteles, vere diabolum eum fuisse non puderet asserere. Pars crucis meæ vel maxima est, quod videre cogor, fratrum optima ingenia bonis studiis nata in istis cœnis vitam agere et operam perdere: nec cessant Universitates bonos libros cremare et damnare, rursum malos dictare, imo somniare.

Vellem, quod et M. Usingen *), una cum Isenach abstinerent, imo continerent aliquando ab istis laboribus: plena sunt mihi omnia armaria contra eorum editiones, quas video esse prorsus inutiles: viderent et alii omnes, nisi silentii jure (ut dixi) perpetuo astricti essent. Vale et ora pro me. Ex Wittemberg, 8. Februarii die, anno MDXVI.

Frater Martinus Lutherus Augustinianus.

---

7. April.

N°. IX.

An Georg Spenlein, Augustiner in Memmingen.

Nach einer Nachricht, eine ökonomische Angelegenheit betreffend, legt Luther dem Sp. die Lehre von der Rechtfertigung im Glauben ans Herz, durch deren Verkündigung er später die Reformation bewirkte.

Bey Aurifaber. I. 11. Löscher. I. 806. Deutsch bey Walch. XXI. 528.

Religioso et sincero Fratri Georgio Spenlein, Augustiniano Eremitæ, in Conventu Memmingensi agenti, sibi in Domino amplectendo.

J e s u s C h r i s t u s.

Gratia et pax tibi a Deo Patre et Domino Jesu Christo. Frater charissime Georgi, scire te volo, quod ex rebus tuis venditis conflavi semitres florenos, puta 1. flor. pro Bruxellensi tunica, dimidium florenum pro opere majore Isenac. et 1. floren. pro cuculla et aliis quibusdam; supersunt adhuc

*) Ebenfalls L.'s Lehrer in Erfurt.

aliqua, ut Eclogæ Baptistæ et collecturæ tuæ, quas oportet ut patiaris in damnum tuum ire. Huc usque enim non potuimus ea distrahere. Assignavimus itaque semitres florenos rever. Pat. Vicario pro te: de reliquo dimidio floreno, quem ei debes, tu laborabis, ut vel satisfacias, vel remissionem debiti impetres. Sensi enim, reverendissimum Patrem, ut tibi inclinatum, non difficilem fore ad remittendum tibi, quod superest.

Cæterum quid agat anima tua, scire cupio, utrumne tandem suam pertæsa propriam justitiam discat in justitia Christi respirare atque confidere. Fervet enim nostra ætate tentatio præsumtionis in multis, et iis præcipue, qui justi et boni esse omnibus viribus student: ignorantes justitiam Dei, quæ in Christo est nobis effusissime et gratis donata, quærunt in se ipsis tam diu operari bene, donec habeant fiduciam standi coram Deo, veluti virtutibus et meritis ornati, quod est impossibile fieri. Fuisti tu apud nos in hac opinione, imo errore, fui et ego: sed et nunc quoque pugno contra istum errorem, sed nondum expugnavi.

Igitur, mi dulcis Frater, disce Christum et hunc crucifixum, disce ei cantare et de te ipso desperans dicere ei: tu, Domine Jesu, es justitia mea, ego autem sum peccatum tuum: tu assumsisti meum, et dedisti mihi tuum: assumsisti, quod non eras, et dedisti mihi, quod non eram. Cave, ne aliquando ad tantam puritatem aspires, ut peccator tibi videri nolis, imo esse. Christus enim non nisi in peccatoribus habitat. Ideo enim descendit de cœlo, ubi habitat in justis, ut etiam habitaret in peccatoribus. Istam charitatem ejus rumina, et videbis dulcissimam consolationem ejus. Si enim nostris laboribus et afflictionibus ad conscientiæ quietem peruenire oportet: ut quid ille mortuus est? Igitur non nisi in illo, per fiducialem desperationem tui et operum tuorum, pacem invenies: disces insuper ex ipso, ut sicut ipse suscepit te, et peccata tua fecit sua, et suam justitiam fecit tuam.

Si firmiter hoc credas, sicut debes (maledictus enim, qui hoc non credit) ita et tu fratres indisciplinatos et adhuc errantes suscipe, et patienter sustineas, atque ex eorum peccatis facies tua: et si quid boni habes, illorum esse sinas. Sicut docet Apostolus; *suscipite invicem, sicut et Christus suscepit vos in honorem Dei*: et iterum: *hoc sentite in vobis, quod et in Christo Jesu: qui cum in forma Dei esset, exinanivit semetipsum, etc.* Ita et tu, si tibi melior videris, non rapinam arbitreris, ac quasi tuum solius sit, sed exinanias te ipsum, et obliviscere qualis es, et esto quasi unus illorum, ut portes eos.

Infelix enim istius justitia, quæ alios sibi comparatos veluti pejores sustinere non vult, et fugam et desertum meditatur, qui patientia et oratione et exemplo præsenter eis prodesse debuit: hoc est talentum Domini abscondere, et conservis non tradere, quod debetur. Igitur si es lilium et rosa Christi, scito, quoniam inter spinas conversatio tua erit: tantum vide, ne per impatientiam et temerarium judicium vel occultam superbiam tu spina fias. In medio inimicorum regnum Christi est, ut Psalmus dicit.

Tu ergo quid fingis medium amicorum? Igitur quicquid tibi defuerit, coram Domino Jesu prostratus impetra. Ipse te docebit omnia: tantum inspice, quid ipse pro te et omnibus fecit, ut discas et tu, quid pro aliis facere debeas. Si ipse non nisi inter bonos vivere et pro amicis mori voluisset: pro quibus quæso mortuus esset, aut cum quo unquam vixisset? Sic age, mi Frater, et ora pro me, et Dominus sit tecum. Vale in Domino. Ex Wittemberg, feria 3. post Misericordia Domini, anno MDXVI.

Frater tuus Martinus Lutherus Augustinianus.

---

15. April.

N°. X.

An Georg Leiffer, Augustiner in Erfurt.

L. tröstet seinen Freund wegen der Anfechtungen, die er erleidet, und fodert ihn auf, sich ganz seinem Tröster, dem P. Bartholomäus, anzuvertrauen.

Bey Aurifaber I. 13. Löscher I. 808. Deutsch bey Walch XXI. 532.

Venerabili Patri religiosoque Viro, Georgio Leiffer, Eremitæ Augustiniano Erfurdiano, Patri suo in Domino.

J e s u s.

Salutem in Domino et paraclito ejus. Optime Pater et dulcis Frater in Domino, audio Fraternitatem tuam procellis tentatam agitari et variis fluctibus inquietari: sed benedictus Deus pater misericordiarum et Deus totius consolationis, qui providit tibi optimum, quantum in hominibus potest haberi, paraclitum et consolatorem, R. Patrem Magistrum Bartholomæum: tantum curæ tuæ fuerit. sensu et sentimento proprio abjecto illius verbis locum dare in corde tuo. Certus enim sum et ex mei et tui experientia doctus, imo et omnium, quos unquam vidi inquietos, scio, quod sola prudentia sensus nostri causa sit et radix universæ inquietudinis nostræ. Oculus enim noster nequam est valde, et ut de me loquar, hui! in quantis me miseriis vexavit, et usque modo vexat extreme.

Crux Christi divisa est per totum mundum: unicuique sua portio obvenit semper. Tu ergo ne abjicias eam, sed potius ut sacrosanctas reliquias suscipias, non in aureum vel argenteum ferculum, sed in aureum, id est, mansueta charitate imbutum cor. Si enim lignum crucis contactu carnis et sanguinis Christi ita consecratum est, ut reliquiæ nobilissime habeantur: quanto magis injuriæ, persequutiones, passiones, et odia hominum, sive justorum sive injustorum, sanctissimæ sunt reliquiæ, quæ non tactu carnis ejus, sed amarosissimi cordis sui et deificæ voluntatis suæ charitate amplexæ, osculatæ et benedictæ, nimiumque consecratæ sunt, quia maledictio conversa est in benedictionem, et injuria in æquitatem, et passio in gloriam, et crux in gaudium. Vale, dulcis Pater et Frater, et ora pro me. Ex Wittemberg, 15. die Aprilis, anno MDXVI.

F. Martinus Lutherus Augustin.

1. Mai.

N°. XI.

An Johann Bercken, Augustiner-Prior in Mainz.

L. fodert einen flüchtigen Mönch zurück. Der Brief ist von Dresden dadirt, wo sich L. damals als Vicarius befand.

Bey Aurifaber I. 48. b. Löscher I. 809. Deutsch bey Walch XXI. 533.

Reverendo et religioso Patri, F. Johanni Bercken, Eremitarum Augustinensium Moguntiæ Priori.

Jesus.

Salutem in Domino. Reverende et optime Pater Prior, auditu non bono audivi, apud Paternitatem tuam esse quendam fratrem meum Georgium Baumgartnerum, ex conventu nostro Dresdensi: qui ad Paternitatem tuam causis et modis, pro dolor, pudendis pervenit. Gratias autem ago fidei tuæ et officioso officio, quod illum suscepisti, ut finis fieret turpitudinis. Mea est ovis illa perdita, ad me pertinet: meum est quærere illam, et reducere errantem, si Domino Jesu ita placuerit.

Rogo itaque Pat. tuam per communem in Christo fidem et in S. Augustino professionem, si quoquo modo poterit officiosa charitas tua, eum ad me vel in Dresden, vel Wittembergam mittas, vel ire ei persuadeas, amice et benigniter inducas, ut sponte veniat. Obviis eum suscipiam manibus, tantummodo veniat: non est, quod metuat offensionem mei.

Scio, scio, quod necesse sit scandala venire: nec est miraculum hominem cadere: sed miraculum est hominem surgere et stare. Cecidit Petrus, ut hominem se sciret esse: cadunt hodie quoque cedri Libani, qui cœlos vertice stante attingunt: sed et Angelus (quod omnia stupenda superat) in cœlo cecidit, et Adam in Paradiso. Quid mirum igitur, si arundo agitetur turbine, et linum fumigans extinguatur? Dominus Jesus doceat te, et faciat tecum atque perficiat opus bonum. Amen. Vale. Ex Dresden nostro conventu, die Sanctorum Philippi et Jacobi, anno MDXVI.

F. Martinus Lutherus, sacræ Theologiæ Professor, et Vicarius per Misnam et Thuringiam Eremitarum S. Augustini.

---

29. Mai.

N°. XII.

An Conrad Mutianus Rufus, Canonikus in Gotha.

L. entschuldigt sich, daß er während seines Aufenthaltes zu Gotha M. nicht besucht, noch zu sich eingeladen habe. Er unterschreibt sich Decanus, nämlich der theol. Facultät in Wittenberg, und Vicarius, weil er für Staupitz vicarirte und die Klöster besuchte. S. No. XI.

Bey Aurifaber I. 15. Löscher I. 810. Deutsch bey Walch XXI. 534.

Eruditissimo et humanissimo Conrado Mutiano, Canonico Gothensi, Doctori Jurium, h. e. optimo Viro.

Jesus.

Salutem in Domino. Quod humanitatem tuam, eruditissime et humanissime Mutiane, non visitaverim neque ad me invitaverim, fecit alterum, festinantia itineris mei pariter et officii injuncti sedulitas, alterum vero, tui apud me grandis opinio et vera reverentia. Recentior enim est amicitia nostri mutua, quam ut humiliare auderem ad meam parvitatem visendam tuam in oculis meis et in re ipsa veram excellentiam.

Sed nunc eo, quo jubeor et debeo: nolui tamen te insalutato, etsi submussitaret meæ ignorantiæ, et (ut ita dixerim) illoquentiæ verecundia: sed vincit affectus in te meus, et salutat te doctissimum, te delicatissimæ eruditionis virum, rusticus iste Coridon, Martinus, inquam, barbarus, et semper inter anseres strepere solitus: sed scio, sed certus sum, sed vel præsumo, quod Mutianus cor præferat linguæ et calamo, cor mihi ideo satis eruditum, quia satis in te amicum est. Vale, vale, optime Pater in Domino Jesu, et memor esto mei. Ex nostro monasterio Gothensi, 29. Maji, anno MDXVI.

Frater Martinus Lutherus, Decanus, Vicarius.

Unum te scire volo: Pater Baccalaureus Johannes Lang, quem nosti et Græcum et Latinum, sed quod majus est, sinceri cordis hominem, institutus est recenter a me Prior conventus Erfurdiensis. Tu homini apud homines bene favebis, et apud Deum bene precaberis. Vale. Extemporaliter, ut vides.

---

29. Mai.

N°. XIII.

An Joh. Lange.

L., der sich als Stellvertreter Staupitzens im Generalvicariat des Augustiner-Ordens auf der Reise befindet, gibt dem J. L. eine Vorschrift über die bessere Führung der Haushaltung seines Klosters.

Bey Aurifaber I. 14. Löscher I. 811. Deutsch bey Walch XXI. 536.

Venerabili et religioso Patri, Joanni Lango, Baccalaureo theologico, Priori Eremitarum Erfurdensium August., sibi in Domino semper.

Jesus.

Gratia et pax tibi multiplicetur. Incidit mihi, optime Pater, et fidelis mihi in opere Domini cooperator, nunc absenti, quod præsens neque cogitarem, neque si cogitassem, tanti fecissem aut intellexissem: id autem est, quod domus hospitum (quam ego semper in conventibus ut rem periculosissimam æstimavi, si in abusum veniat, licet sit religiosissimum Dei obsequium, si in Domino fiat) non possit melius dignosci et moderari, nisi diligenti studio observetur, quid et quantum in ea expendatur. Idcirco in fiducia tui, qua confido te plura facturum, quam desiderem, non præcipio, sed moneo in Domino, ut registrum singulare subordines, in quo dietim consignes, quantum cerevisiæ, quantum vini, quantum panis, quantum carnium, quantum denique cujuscunque rei in illa consumtum sit, adjecto, quæ pro gradu tuo vel alterius consumta fuerint, non ibidem assignes, sed tantum quæ pro communibus hospitibus.

Cujus registri modum, si non melius inveneris, talem accipe, ut certis intervallis ita scribas: in die sancti hujus, vel feria tali, post tale festum, tantum est consumtum, scilicet, vini tantum, panis tantum etc., pro tali N. vel N. hospitibus. Non sit tibi hoc laboriosum, neque superfluum: æstima quæso, alioquin præciperem tibi: nescis forte cogitatum meum. Tali enim modo (nisi me omnis sensus fallit) videbis, an conventus sit plus monasterium, quam taberna vel hospitale. Quin isto modo non solum scire poteris, quantum sit consumtum, sed et quibus et quot diebus hospitalis fueris, denique quibus hospitibus fuerint exhibita opera reverentiæ: sed et murmuri fratrum objici potest et ratio reddi, vel accusari, et multa alia, quæ nunc non dico.

Velim etiam, ut pro Terminariis venientibus, exeuntibus, et hospites suos adducentibus singulariter et seorsim faceres signaturas, ut ita possit inquietis et insaturatis objici, quantum consumserint prodige, qui superbiunt de multitudine utilitatis et operæ suæ. Vale, et esto vir robustus, et Dominus erit tecum, memor, quod positus es in signum, cui contradicetur, aliis odor bonus in vitam, aliis vero odor in mortem, et ora pro me. Ex Salza, 8. die Corporis Christi, anno MDXVI.

Frater Martinus Lutherus.

Non inveni in districtu isto conventus similiter dispositos, per gratiam Dei, ut Gotten et Salzen: hunc una hora audivimus, illum forte duabus. Ideo celeriter sumus expediti et cras Deo propitio versus Northusen ibimus, quia Dominus, ut spero, sine nobis, in istis locis operatur. et regnat in spiritualibus et temporalibus, licet invito diabolo. Invasit me discrasia quædam, ad febres meme perductura, nisi Dominus prohibuerit. Tu ora pro me, ut fiat pulcherrima voluntas ejus in me semper benedicta, Amen.

8. Junius.

N°. XIV.

An Spalatin.

L., von seiner Reise zurückgekehrt, widerräth, in Antwort auf einen vorgefundenen Brief Sp.'s, das Vorhaben des Kurfürsten, Staupitzen zum Bischof zu machen.

Bey Aurifaber I. 16. Löscher I. 812. Vgl. Cod. Jen. a. f. 279. Deutsch bey Walch XXI. 539.

Servo Dei et Ministro Christi, hoc est, integerrimo Sacerdoti, Magistro Georgio Spalatino, Viro eruditissimo et amico vero,

Jesus.

Salutem. Ut mihi precatus es, optime Spalatine, ita reversus sum, gratia Dei, incolumis saltem corpore, Deus scit, an et mente. Gratias itaque ago charitati tuæ. Redditæ etiam sunt mihi statim literæ tuæ, quod nescirent fratres, ubi essem, ut ad me eas mitterent. Scribis etiam Principem nostrum illustrissimum nescio quid egregii cupere in præsentiarum fieri a reverendissimo Patre Vicario nostro, ideo et te quoque monitore ad id perficiendum utitur; et facis tu quidem, quod solet homo sine fictione amicus. Verum ego cupio, ut segnior fiat et languidior tua persuasio apud reverendum Patrem, quam sit arida stipula: et contraria tibi meis literis suadebo, vel saltem ita suadebo, ut persuasus hæreat, utro se vertat.

Miraris hæc? Non certe, quod tua consilia contemnam, quæ ex optimo corde procedere volens non possum non credere, imo quia vero te raptum amore video, ideo et vero te judicio captum intelligo. Nescit enim amor verus judicium verum, ut ait Chrysostomus. Sed hoc dico, quod beneplacitum Principis tete persuadere permovit. Nolo enim ego ullo modo reverendum Patrem eam rem subire, quam tua laborat persuasio, quia sic Principi tuo placet. Multa placent Principi tuo, et magna specie in oculis ejus fulgent, quæ Deo displicent et sordent. Non quod negem hominem in secularibus studiis esse omnium prudentissimum: sed quod in iis, quæ ad Deum pertinent et animarum salutem, pæne septies cæcum agnoscam, pariter cum tuo Pfeffingero.

Nec hoc dico in angulo, ut detractor: nec volo, quod tu abscondas ullo pacto: paratus sum, data ubi ubi oportunitate, utrique in faciem dicere. Si autem certum esset ex Deo esse, quod præ manibus est: opto persuasionem tuam ignem, et illum stipulam fieri. Ac ne putes adeo secretum esse, quod Princeps tecum molitur, audivi non brevi, antequam literas tuas viderem, reverendum Patrem desiderari in Episcopum (si recte memini) zu Kimsebe a). Id autem est, si non falso subolfeci, quod literæ tuæ et Pfeffingeri, imo et sororis ejus Abbatissæ, quas in Eisleben vidi, agunt.

Sed, optime Spalatine, non sunt hæc tempora ejus felicitatis, ut beatum, imo non miserrimum sit, præsulari, id est, pergræcari, sodomitari, romanari: quod ipse satis intelligis, si opera et studia episcoporum antiquorum studiis et operibus nostræ ætatis pontificum contuleris. Inter quos nunc sunt optimi, qui bella forensia totis machinarum omnium viribus gerunt, et rem familiarem, id est, avaritiæ infernum insaturabilem ædificant. Et quanquam homo iste sit alienissimus a vitiis istis: tu b) ne fide jubebis, data occasione, imo pellente (ut nunc passim fit et dicitur) necessitate, hominem non involutum iri turbinibus et tempestatibus istis fragosissimis curiarum episcopalium?

Sed de iis satis, ad tuam petitionem respondeo. Si est vere hæc res, quæ moram non patitur, mihi statim significa quæso, quod reverendus Pater modo in Antwerpia agit, ante autumnum vix reversurus: mittam autem ejus gratia libens proprium nuntium usque Coloniam. Hunc enim locum nobis deputavit pro literis ad se mittendis. Vale in Domino, et ora pro me. Ex monasterio Wittembergensi, octava Junii, anno MDXVI.

Martinus Luter August.

---

a) Walch: Kimsehe.
b) Cod. Jen. tamen.

22. Junius.

N°. XV.

An Michael Dressel, Augustiner-Prior in Neustadt.

Zuerst von Ordens-Angelegenheiten, dann von dem wahren Frieden mitten in Versuchungen, nach Phil. 4, 7.

Bey Aurifaber I. 18. b. Löscher I. 815. Vgl. Cod. Jen. B. 24. n. f. 177. Deutsch bey Walch XXI. 543.

Reverendo et religioso Patri Michaeli Tornatori, Priori Eremitarum Augustiniensium novæ Civitatis, sibi in Domino semper.

Jesus.

Salutem et pacem, sed non manifestam secundum hominum sensum, sed sub cruce absconditam et omnem sensum exsuperantem in Domino. Literis tuis et Domini Teutonici nostrum Ordinem postulantis breviter respondeo, optime ac venerabilis Pater. Primum, quod non est nostrum, aliquem impedire a proposito salutari, sed magis promovere et excitare, si cum Domino et in Domino fieri curetur. Fiet autem in Domino, si servetur, non cujuslibet opinio et sancta intentio, sed præscripta lex et constitutio majorum decretaque patrum: sine quibus frustra sibi sperat profectum et salutem, quantumlibet bona intentio.

Igitur neque consentio neque consentire possum ad receptionem illius Domini, nisi literas recte sigillatas a suo majore attulerit, et alia facere voluerit, quæ Cap. 16. nostrarum constitutionum fieri debere scribuntur a talibus, ne forte et sibi et nobis postea pœnitentiam faciat. Nullus enim unius testimonio tantum abstrahi debet a suo prælato. Res aliena est, donec legitime consentiat ille, qui facultatem illius habet. Quod si difficilis fuerit ejusmodi literas afferre: jam ecce probabitur, an spiritus ex Deo sit. Quia quod ex Deo est, stabile est, et omnia facit et patitur, ut perseveret.

Deinde de Henningo Fratre, quod scribis ei dedisse licentiam feria tertia post Viti, nondum vidi eum, neque venit ad me. Fratrem Petrum Hilperhausen ordinavi ad Sangerhausen, loco Andreæ Ilmen, quem propter infirmitatem passus sum ad Erfurdiam recipi. Habent Patres in Sangerhausen literas meas ad ipsum, quia præsumsi, quod proficisceretur in Mansfeld, sicut ex me petierat.

Pacem tu quidem quæris et affectas, sed præpostere. Quia quomodo mundus dat, tu quæris, non quomodo Christus. An ignoras, optime Pater *), quod Deus ideo est, mirabilis in populo suo, quod pacem suam posuit in medium nullius pacis, id est, omnium tentationum? sicut dicit: *Dominare in medio inimicorum tuorum.* Non ergo ille pacem habet, quem nemo perturbat, imo hæc est pax mundi: sed ille, quem omnes et omnia perturbant, et hæc omnia cum gaudio quietus sustinet. Tu dicis cum Israel: pax, pax, et non est pax: dic potius cum Christo: crux, crux, et non est crux. Tam cito enim crux cessat esse crux, quam cito lætus dixeris: crux benedicta, inter ligna nullum tale.

Vide ergo, quam pie te Dominus ad veram pacem provocet, qui tantis te crucibus circumvallat. Ista enim vocatur pax Dei, exsuperans omnem sensum, hoc est, quod non sentitur, nec percipitur, nec potest cogitari: omnis cogitatio non potest eam videre et intelligere: nisi, qui crucem libenter sustinet, in omnibus, quæ sentit, cogitat, intelligit, vexatus, ille postea experitur hanc pacem. Nam omnem sensum, omne opus, omnem cogitationem nostram infra hanc pacem suam constituit, et cruci affixit (hoc est, variis et inquietis perturbationibus): ideo est pax supra sensum et alia, quam nos fingimus et optamus, scilicet, multo melior incomparabiliter. Hanc quære et invenies; quæres autem non melius, quam perturbationes suscipiendo cum gaudio, velut sanctas reliquias, et non pacem quærendo et eligendo secundum tuam opinionem et sensum. Vale et ora pro me, optime Pater, et Dominus dirigat te. Ex Wittemberga, anno MDXVI. die decem millium Martyrum.

F. Martinus Luder, Vicarius districtus.

---

*) Cod. J. Frater.

30. Junius.

N°. XVI.

An Joh. Lange.

L. fodert J. L. auf, Brüder von unordentlichem Wandel zur Strafe nach Sangerhausen zu schicken, und meldet einiges Neue.

Bey Aurifaber I. 17. b. Löscher I. 814. Deutsch bey Walch XXI. 544.

Venerabili Patri Johanni Lango, Theologiæ Baccal., Priori Eremitarum Augustiniens. Erfurdiens., sibi in Domino.

Jesus.

Salutem in Domino. Dedi ad te ex Sangerhausen literas, opt. Pater, ut si quem fratrem haberes indigesti sensus, illuc mitteres in pœnam illius: do nunc alias ad te ex Wittemberg, et non tam jubeo, quam obsecro, ut vel Georgium Schleusingensem, vel Wilhelmum Tischer Eislebensibus, si non tradas, tamen interim concedas, donec reverendus Pater redierit. Sic enim necessitas prorsus modo cogit: dicasque eidem fratri et omnibus, quod non violento animo id fiat a me, sed honorem vicariatus, in primis reverendi P. Vicarii, nos omnes, præsertim ego, debitores sumus tueri, ut et ubi possumus.

Miserunt ad me iidem patres unum fratrem, qui prope fuit, ut insignem inureret maculam novellæ huic plantationi. Frater Caspar ibidem senior inunctus decumbit: Lector Antonius etiam decumbit: P. Baccalaureus in Leipsig est: duo alii sunt in terminis pro collectura structuræ, ut nosti, et iste jam apud me hic est. Quinque sacerdotes in summa sunt in conventus opere: tu ipse æstima, an non sit necessitati succurrendum.

Ne autem suspicio sit tibi vel aliis, non regnat ibi pestis. Vale, et valere Patres, Magistros, et Lectorem, aliosque jube, non meo nomine, sed in Dei nomine et virtute. Ex Wittemberg, die Commemorationis S. Pauli.

Frater Martinus Lutherus, Vicarius particularis.

Venerunt nobis adhuc duo Carmelitæ Fratres: Frater Johannes Kœnigsberg optime sanatus est: Prior Herzbergensis graviter laboravit tussi sputoque sanguinis: timeo, ne convaleat. Ora pro eo, et commenda eum tuis: nondum potuit respondere pro baccalaureatu. Tempestas et fulmina circa Dresden nostro conventui vineas ita contrivit pro majori parte, ut putetur 200 vel 300 florenis damnum vix superari posse, et alias multas contrivit. Hæc pro novitatibus.

---

30. August.

N°. XVII.

An Joh. Lange.

L. übersendet Joh. Lange seine im Capitel zu Gotten gehaltene Rede, und trägt ihm auf sie andern Freunden mitzutheilen. Das Uebrige betrifft Ordens-Angelegenheiten, namentlich den Zustand der Klosterschule (?) in Magdeburg.

Bey Aurifaber I. 20. Löscher I. 817. Deutsch bey Walch XXI. 547.

Venerabili et sinceræ Viro religionis, Johanni Lango, Eremitarum Augustin. Erfurdiensis Monasterii Priori, Theol. Baccal., suo in Domino fratri.

Jesus.

Salutem. Hanc orationem meam, quam in Gottensi nostro capitulo habui, ad te mitto, V. P., et tuæ fidei ita commendo, ut per eam meæ fidei satisfieri cupiam, hoc est, ut quantocius ipsam vel ad Dominum Johannem Braun, sacerdotem B. Virginis Isenacensis, vel ad D. Vigandum Guldennappensem, plebanum in Walthershausen, ferri procures. Promissi enim reus sum eidem: promitto tamen et ejus legendæ copiam facio P. Georgio Leyffer Lectori, aut si quibus ipse voluerit. Non quod lectione eam dignam æstimem, sed quod morem tantum gerere et obsequi debeo, votis alienis plusquam meis.

Cæterum in P. Magistrum Johannem Vogt*) acriter es

---

*) Augustiner in Magdeburg.

commotus: ego nihil scio, neque mysteria ulla intelligo: audivi autem Priorem Magdeburgensem, præsens præsentem, etiam tunc graviter ferentem, ac omnino talem, qualis in Eisleben fuit, id est, prorsus desperantem de sustinendo studio apud se, nec non et aliquot Seniores secum sentientes: deinde quantum ex P. Magistro cepi et credidi, sine opere et opera activa, sed tantum passiva, voluntate autem provincialium Patrum, ibidem relictum studium. Ac sic discessi credulus.

Tuum autem nunc erit, non tantum hanc percussionem in dexteram maxillam suscipere, sed etiam præbere et alteram. Non erit hæc maxima, sed nec novissima tui tentatio: ludit modo tecum sapientia Dei ac parat ad serium bellum, si vixeris. Fratres studentes, nihil est, ut ad me mittas, tum quod abundamus nimio, tum quod pestis circumfremit, et omni die irruere expectatur, ne, si venerint, mox recedere cogantur, quia certo certius pestis impetum omnes præsagiunt. Sustine, suffer, crede, spera omnia, sicut facit charitas.

Nescio, an reverendum Patrem in Monaco reperias: dedit ad me literas ex valle, cum ex Magdeburga rediissem, satis tristes et breves: de quibus putabam, te a me certiorem esse factum. Sed et Princeps eum, quin et Comites Mansfeldenses vocaverunt literis, et præsumtus fuit adventus ejus et adhuc præsumitur: sed forte ad Alsatiam proficiscitur. Scribit Magister Johannes Vogt, Magistrum Johannem Mechliniam ad se scripsisse, de reformatione conventus Dordracensis R. Patrem esse appetitum a Duce Carolo et senatu civitatis ejusdem: et ego nollem id fieri. Vale. Ex Wittemberg, die Felicis et Adaucti. Saluta omnes et me illis commenda.

F. Martinus Lutherus.

---

25. September.

N°. XVIII.

An Michael Dressel und das Augustiner-Capitel zu Neustadt.

Wegen der im Kloster, welchem D. vorstand, herrschenden Zwietracht setzt ihn L. von der Stelle des Priors ab und befiehlt einen neuen zu wählen.

Bey Aurifaber I. 21. Löscher I. 849. Vgl. Cod. Jen. B. 24. n. f. 177. Deutsch bey Walch XXI. 549.

Venerabilib. et religiosis Patribus, F. Michaeli Dressel, Priori Conventus Novæ Civitatis S. August. Eremitarum, simul cum Senioribus et Capitularibus ejusdem Conventus, sibi in Domino pie amplectendis.

Jesus.

Salutem in Domino. Audio cum dolore, sicut et dignus sum audire, optimi Patres et Fratres, quod sine pace et unitate vivitis, et in una domo existentes non estis unius moris, neque est secundum regulam vobis cor unum et anima una in Domino: quod vivendi miserabile et inutile genus venit vel ex infirmitate humilitatis vestræ, quia ubi humilitas, ibi pax, vel ex negligentia mea, aut certe ex vestra et mea culpa, quia non ploramus coram Domino, qui fecit nos, neque oramus, ut ipse dirigat viam nostram in conspectu suo, et deducat in justitia sua. Errat, errat, errat, qui suo consilio seipsum, nedum alios præsumit dirigere; sed humili oratione et devoto affectu hoc a Deo impetrari oportet, sicut Psalmus facit: *gressus meos dirige secundum eloquium tuum.* Sic docuit Tobias filium suum: *omni tempore benedic Dominum, et ora eum, ut vias tuas dirigat.* Hoc ergo, quia non fecistis vel non recte fecistis, non mirum, quod non estis directi, sed impediti. Quid igitur? periculum in a) vita sine pace, quia est sine Christo, ac potius mors quam vita.

Idcirco cogor facere absens, quod nolui præsens: et mira libentia vellem nunc esse præsens, sed non possum. Idcirco per obedientiam salutarem accipite hanc ordinationem meam, si forte Dominus pacis nobiscum operari dignetur. Tota enim vel potior causa turbationis vestræ est, quod cum capite et Priore discordatis: quæ est nocentior, quam si frater cum fratre discordet. Quare autoritate officii tibi Fratri

---

a) Cod. J. — in.

Michaeli Dressel præcipio, ut officium et sigillum resignes: qua etiam autoritate te ab officio prioratus absolvo in nomine Patris et Filii et Spiritus sancti, Amen. Et per literas has in absentem absens volo fecisse, quod præsens in præsentem.

Nec volo quod queruleris, quia te non auditum judicaverim, nec excusationes tuas perceperim. Credo sane quam optime, quod omnia, quæ fecisti, optima intentione fecisti: nec ullo modo possum cogitare, quod studiose et malitiose aliquid feceris, unde turbatio oriretur: tantum fecisti, quantum gratiæ habuisti. De quo ego tibi gratias ago, et omnes fratres tui, si non egerint tibi gratias, mihi vehementer displicent.

Sed hoc est, quod te consolari debet, quia non satis est, esse bonum et pium hominem in se ipso: sed etiam oportet, ut pax sit et concordia aliorum cum illo. Sæpius displicent, et merito damnantur optima opera, ut pax conservetur: quanto magis illa non sunt paci præferenda, quæ quisque bona intentione et toto studio perfecit: et tamen ad pacem per eadem non profecit.

Igitur absoluto Priore, rogo vos per misericordiam Christi, statim unanimiter cogitate, et elegite tres per ordinem secundum statuta: ita sane, ut non (sicut sæpius expertus sum inutiles electiones et vocum frustrationes) aliquem eligatis eorum, nec ullus vestrum vocem suam det alicui, qui non potest haberi, ut puta, qui jam in officio est, vel alias non haberi potest. Sic enim eligendo, perditur tempus et labor, et pereunt frustra voces. Quare ante electionem mihi placeret, ut palam enumerarentur omnes; qui non possent vobis dari, ut sciret quisque, cui non daret vocem. Nec est peccatum, si aliquos enumeretis, qui possunt vobis dari, propter eos, qui ignorant forte eligendos.

Quemcumque autem elegeritis, ei, optimi Fratres, hoc omni studio facite, ut non vestris viribus, sed assiduis orationibus petatis, sicut dixi, ut Dominus vos velit dirigere. Dicit enim Scriptura in Jeremia: *Scio, Domine, quia non est hominis via ejus, nec gressus viri, ut ambulet in eis.* Contestor enim vos ecce per præsentes, et prædico, nisi per preces a Deo obtinueritis regimen vestri: non habebitis pacem et prosperum successum, etiam si sanctus Johannes Baptista Prior vester esset: totum est in manu Domini, qui hoc non credit, tam diu sustinebit vexationem et inquietudinem, donec experiatur.

De institutione juvenum, obsecro, sitis diligentes et fideles, tanquam in eo, quod primum et maximum est totius conventus, sicut præsens vobis dixi et commendavi. Valete et orate pro me et nobis omnibus. In conventu Magdeburgensi defunctus est Frater Johannes de Busscha, Subdiaconus in Dresden: Pater senior, Joannnes Kunzel. Pestis undique circa nos fremit, et quotidie expectamus id, quod Magdeburgenses patiuntur. Ideo sitis memores nostri et Magdeburgensium, ut quos vocare vult, in misericordia vocet. Valete in Domino. Ex Wittemberg, feria 5. post Mauritii, anno MDXVI.

Frater Martinus Luder, Vicarius medius Augustiniensium.

Vor dem 5. October, wie es scheint. *)

N°. XIX.

An Johann Lange.

L. beklagt sich darüber, daß ihm J. L. zu viel Brüder zusende, erklärt sich dann über eine mit Feldkirch gemeinschaftlich herausgegebene Disputation (Proposition), besonders über den einen Satz von der Liebe (charitas), und beantwortet eine Frage über die Kleidung der Novizen.

Bey Aurifaber I 23. Löscher I. 821. Deutsch bey Walch XXI. 552.

Venerabili S. Theologiæ Baccal. P. Johanni Lango, Eremitarum Augustinensium Erfurdiens. Priori, sibi in Domino suspiciendo. a)

Jesus.

Salutem. Quasi vero nos adeo simus abundantes, ut quos tu ditior non sustentare potes, ego pauper possim. Ero enim

a) Aurif. wahrscheinlich durch einen Druckfehler: suscipiendo.

*) Man setzt diesen Brief richtig ins J. 1516. Denn noch war L. Staupitzens Stellvertreter.

ego per hiemem istam, ni pestis intercedat, tricesimus sextus, aut etiam quadragesimus, si venerint omnes, qui sunt signati. Videris mihi multum imbibere diffidentiæ et proprietatis Erfurdianæ, quasi Deus possit facere, ut non pascat etiam ingratos, et non servet etiam servari nolentes.

Deinde ita proprium tibi istud monasterium facis, ut alios nomines alienigenas, et suadeas mihi, ut tecum juvem matrem meam. Quæ est mater mea et tua? Vide itaque, quam sis iniqui zeli, ut detrimento tuo huic servire velis, illi vero nec lucro tuo. Cave itaque, ut juxta Taulerum tuum perseveres, segregatus utrinque, et communis homo ad omnia, sicut decet communis Dei, communis Ecclesiæ filium. Fratrem Johannem Metzeler dabo tibi, ubi intellexero carere posse illo Islebienses.

De positione mea, imo Bartholomæi Feldkirchen*), nihil est quod mirentur tui Gabrielistæ, cum et mei vehementer hucusque mirentur. Et quidem positio ipsa ex me non est facta, sed M. Bartholomæus eam sic conflavit, scilicet motus oblatratorum lectionum mearum garritu. Itaque fecit, ut etiam (præter ordinem, me præsidente) publice hæc discuterentur ad obstruendum ora garrientium, vel ad audiendum judicium aliorum. Ego sane gravius offendi omnes, quod negavi librum de vera et falsa pœnitentia esse B. Augustini. Est enim insulsissimus et ineptissimus, et nihil ab Augustini eruditione et sensu remotius. Quod enim Gratianus et Magister sententiarum plurima ex illo ceperint, et conscientiarum non medicinam, sed carnificinam conflaverint, sciebam. At illos implacabiliter offendit, præcipue Doctorem Carlstadium, quod hæc sciens negare audeam. Dicito ergo istis mirabundis aut potius mirabilibus theologis, mecum non esse disputandum, an Gabriel hæc, an Raphael ista, aut Michael ista dicat. Scio, quid Gabriel dicat, scilicet omnia bene, præterquam ubi de gratia, charitate, spe, fide, virtutibus dicit: ubi cum suo Scoto, quantum pelagisset, non est, ut per literas nunc proferam.

---

*) Barth. Bernh. von Feldkirchen, ein Schüler L's., nachher Probst zu Kemberg, der erste, der sich unter den evangelischen Geistlichen verheurathete.

De tertia conclusione, quam non capis, ut dicis, ea est Magistri Bartholomæi intelligentia: quod charitas, quæ expectat (secundum istos theologistas) extremam necessitatem, est iners, imo inertissima, id est, nulla prorsus. Cum enim charitas, sui oblita, quærat, quæ sunt aliorum: quomodo expectat extremam necessitatem, cum hominis, nec belluarum nec saxorum natura expectatur. Scilicet subtilissimi theologi illud Johannis: *si quis viderit fratrem suum necessitatem habere*, intelligunt de extrema necessitate, ut tum primum pecces mortaliter, si morituro ex fame non dederis cibum: cum ille hoc voluerit, si quis viderit fratrem suum aliquo opus habere, aut alicujus indigere, quo modo Dominus opus habuit asino et pullo, et quo modo in Actibus distribuebatur unicuique, sicut opus erat.

Contra istam ergo infidelem intelligentiam et totam charitatem extinguentem dixit inertissimam charitatem. Ex nullo doctore eam accepimus, nisi illo qui dicit: *quæcunque vultis, ut faciant vobis homines, et vos facite illis.* Sed nec illis dubium esse puto, quod si sitirent etiam non ad extremum anhelitum, velint tamen ab aliis potari, et lædi charitatem, si non potentur: se tamen non lædere charitatem, nisi præ siti alioquin morituro porrexerint. Quando ergo erit charitatis officium? Quis dictabit, quando adsit ea necessitas? Hæc sunt portenta, quæ movebant M. Bartholomæum, quod ex me talia audierat. Magister Amsdorf confitetur se misisse istam positionem ad vos præcisis titulis, et mirabatur ipse quoque: sed nunc non ita.

Non erat opus quæstione, an fratres novitii in albo habitu foras ministrarent: si enim intus ministrant, cur non et foris? An propter populum assumserunt et ferunt habitum? Igitur quoque licitum est eis ire et universis fratribus secundum statuta, utique cum vestibus suis licitum est. Quanquam in Italia (pro qua provincia hoc statutum potissimum est latum, aut saltem creditum, omnes alias similiter agere) semper etiam intus in cucullo nigro incedunt: ut sic ubique differentia sit inter novitios et professos. Sic sapio, salvo tamen superioris judicio.

Si responderit tibi R. Pater Vicarius, quantocius et me certiorem effice: tenebo hic istos fratres ad aliquot dies, ut videam, quid facere possim, aut quo proficiat pestis, quæ paulatim advenit et incipit. Invitus eos remitto, cum sint idonei ad studium: et tamen urgemur penuria: sed Dominus vivit et regnat.

Erga Priorem Nurmbergensem suavem animum indue: quia sic expedit, cum ille asperum induerit. Non enim asper asperum, id est, non diabolus diabolum, sed suavis asperum (id est, digitus Dei) ejicit dæmonia.

Ecce hac hora, cum hæc scribo, veniunt mihi duo fratres ex Colonia studentes. Nescio, quid cogitet R. Pater, ut me non interrogato, sic fratribus obruit: nec cellas nec alia jam sufficiunt præstare universæ nostræ substantiæ. Vale et orans commenda nos tuis, ut si Dominus nostrum aliquos vocare voluerit, præparatos vocare dignetur. Ex Wittemberg.

F. Martinus Luther, Vicarius.

D. Doctori Henningo volo scribere, sed exclusus sum angustia temporis. Vehementer doleo, quod magis potentia quam humilitate et mititate suis adversariis congreditur. Sequitur enim sensum Roboam, qui neglecto consilio sano, ut modeste ageret, quid fecerit, secutus suorum similium consilium. Valde velim hanc parabolam a Doctore Henningo ponderari. Non enim ei tantum timeo, sed timeo, ne frustra ad Erfurdiam venerit, et gaudium vertatur in luctum.

---

5. October.

N°. XX.

An Joh. Lange.

Nach einem ertheilten Auftrag erklärt er sich über eine ihm zugesendete Schrift wider die falschen Theologen, und ermahnt zur Geduld gegen gefallene Brüder.

Bey Aurifaber I. 25, b. Löscher I. 824. Deutsch bey Walch XXI. 557.

Venerabili et religionis sinceræ homini, Johanni Lango, S. Theologiæ Baccal. Eremitarum Erfurdens. Priori, sibi in Domino suspiciendo.

Jesus.

Salutem. Has literas, mi pater, ad Priorem Eschwegensem quaqua poteris industria perferri quæso cura, ac pecuniam, si quam ad te miserit, nullus item facilius, quam tu, ad nos pervenire faciet. Scis enim genios laresque et universos penates nostros quam sint moræ impatientissimi, quia pauperrimi. Eschwegensis siquidem frater eget ipse, et debet nobis, et ita eget et debet, ut cito adjuvari eum oporteat.

Ineptias illas, quas ad me misisti, de supplicationibus ad S. Pontificem contra theologastros, *) nimis apparet, a non modesto ingenio effictas, prorsusque candem olentes testam, quam Epistolæ obscurorum virorum. Vulgatæ autem sunt per me pæne omnibus opportune, cum essemus omnes simul in licentiatura (ut dicitur) quadam duorum medicorum invitati: et omnibus idem judicium in illas fuit.

Faveo D. Doctoris Henningi honoribus candide, sed non minus saluti ejus timeo trepide, ne forte tollatur in altum, ut lapsu graviore ruat: det ei Dominus modeste in cunctis sapere, seque ipsum liquide agnoscere.

Patrem R. Vicarium in Monaco recte quæsisses: inde enim literas ad me dedit Septembris 10. Nescio, an ad nos sit venturus, speratur tamen. Mihi sane scribit, se cogi manere, necessitate scilicet paupertatis.

Fratris tui, imo nostri apostatæ curam habe apud Dominum. Neque enim deseras, pietate aversus, qui te deseruit impietate subversus: non te cruciet, quod scandalum patimini: alter alterius onera portare vocati, baptisati, ordinati sumus: et inhonesta nostra abundantiore honore circumdamus. Einer muß des andern Schanddeckel seyn: quoniam talis Christus nobis fuit, est, erit in æternum, sicut scriptum est: *tu es sacerdos in æternum.*

---

*) Eine satyrische Schrift, betitelt: Tenor supplicationis Pasquillianæ in T. II. Pasquillorum, p. 196 sq., ähnlichen Geistes, wie die Epp. obscurorum virorum. Vgl. No. XXI.

Cave ergo, ne sis ita mundus, ut ab immundis tangi nolis, aut jam immunditiam ferre, tegere, tergere recuses. In honorem positus es, sed qui sit nihil aliud, nisi ignominiam aliorum portare. Sic enim in cruce et ignominia oportet nos gloriari.

Vale et ora pro me. Christophorum et Staurophorum, ipsum, inquam, Patrem Bartholomæum Usingensem, doceto, ut nomini suo et operi satis sit: et portet Christum in corpore suo, quia sic bonum est in conspectu Domini. Ex Cameraco,*) die 5. Octobris, anno MDXVI. Omnes saluta ex me.

F. Martinus Lutherus.

Ohne Tag. **)

N°. XXI.

An G. Spalatin.

L. sendet Sp. jene von J. Lange erhaltene Schrift, supplicatio contra theologastros, und gibt darüber sein Urtheil ab.

In Buddei supplem. epist. Luth. p. 16. Vgl. Cod. Jen. a. f. 235. Deutsch bey Walch XXI. 742.

Magistro Georgio Spalatino, Sacerdoti eruditissimo.

Jesus.

Salutem. Accepi et literas et fl. heri a te ad me missos. Fiet, quod faciendum est. Porro misit ad me Prior Erfordiensis Johan. Langus supplicationem contra theologastros †) quæ cum nihil gestæ veritatis contineant, eundem vel similem histrionem sui testantur autorem, quem et Epistolæ obscurorum virorum. Votum ejus probo, sed opus non probo, quod nec a conviciis et contumeliis sibi temperat. Denique

---

*) Kemberg.

**) Diesen Brief hat Buddeus ins J. 1521 gesetzt, er gehört aber augenscheinlich hieher wegen der angeführten Schrift.

†) Vgl. d. vor. Br.

statim deridebatur ab omnibus, quibus ego nuper cognitum feci, quicquid illud sit. Vide ergo et lege cum solita modestia tua. Vale.

Martinus Luther.

---

19. October.

N°. XXII.

An Spalatin.

L. erklärt sich gegen die Art, wie Erasmus die Gerechtigkeit des Gesetzes bey Paulus verstand: sie sey nicht bloß von Beobachtung der heil. Gebräuche, sondern von der Erfüllung des Gesetzes zu verstehen; man müsse hierin eher dem Augustinus, als dem Hieronymus folgen. Zuletzt bittet er Sp., den Erasmus auf diesen seinen Irrthum aufmerksam zu machen.

Bey Aurifaber I. 26. b. Hottinger Primit. Heidelb. p. 221, aber unrichtig; Seckendorf. Histor. Luther. I. p. 22. Löscher I. 825. Vgl. Cod. Jen. a. f. 16 u. 281. Deutsch bey Walch XVIII. Anh. S. 2488.

Servo Christi Sacerdotique Domini, Georgio Spalatino, Magistro eruditissimo, suo amico sincero ac integro fratri.

Jesus.

Salutem. Quæ me in Erasmo, homine eruditissimo, movent, hæc sunt, mi Spalatine, quod in Apostolo interpretando justitiam operum, seu legis, seu propriam (ita enim appellat Apostolus) intelligit ceremoniales illas et figurales observantias. Deinde de peccato originali (quod utique admittit) non plane velit Apostolum loqui, cap. V. ad Romanos. Qui si legerit Augustinum in eis libris, quos contra Pelagianos scripsit, præsertim de spiritu et litera, item de peccatorum meritis et remissione, item contra duas epistolas Pelagianorum, item contra Julianum, qui omnes in parte operum octava fere habentur, videritque quam nihil ex suo sensu, sed præstantissimorum patrum Cypriani, Nazianzeni, Rhaeticii, Irenæi, Hilarii, Olympii, Innocentii, Ambrosii, sensu sapiat: erit forte, ut non tantum recte Apostolum intelligat, sed majore etiam opinione dignum arbitraturus sit Augustinum, quam hucusque credidit.

Ego sane in hoc dissentire ab Erasmo non dubito, quod Augustino in Scripturis interpretandis tantum posthabeo Hieronymum, quantum ipse Augustinum in omnibus Hieronymo posthabet. Non quod professionis meæ studio ad B. Augustinum probandum trahar, qui apud me, antequam in libros ejus incidissem, ne tantillum quidem favoris habuit: sed quod videam B. Hieronymum velut dedita opera ad historicos sensus incedere: et quod mirius est, obiter sanius interpretatur Scripturas, ut puta in epistolis, quam ubi tractat eas de industria, ut in opusculis.

Nequaquam igitur justitia legis seu factorum tantum est in ceremoniis, sed rectius etiam in universi decalogi factis. Quæ quando fiunt extra fidem Christi, etiamsi faciant [a]) Fabricios, Regulos, et plane integerrimos viros apud hominem: non tamen plus sapiunt justitiam, quam sorba ficum. Non enim, ut Aristoteles putat, justa agendo justi efficimur, nisi simulatorie: sed justi (ut sic dixerim) fiendo et essendo operamur justa: prius necesse est personam esse mutatam, deinde opera: prior placet Abel, quam munera ejus: sed hæc alias.

Officium itaque et amici et Christiani facias precor, et Erasmum de iis certum face, cujus autoritatem, sicut spero et cupio futuram celeberrimam, ita metuo, ne per eandem multi sibi accipiant patrocinium defendendæ illius literalis, id est, mortuæ intelligentiæ, qua plenus est Lyranus commentarius, et ferme omnes post Augustinum. Nam et Stapulensi, viro alioquin (bone Deus) quam spirituali et sincerissimo, hæc intelligentia deest in interpretando alienas literas: quæ tamen plenissime adest in propria vita agendo, et aliena exhortando.

Temerarium me diceres, quod tantos viros sub Aristarchi virgam duxerim, nisi scires, quod pro re theologica et salute fratrum hæc facio. Vale, mi Spalatine, et ora pro me. Celeriter [b]) ex angulo monasterii nostri, die sequenti S. Lucæ festum, anno MDXVI.

F. Martinus Lutherus, Augustinianus.

---

a) Cod. Jen. faciunt.
b) Cod. Jen. celerrime.

26. October.

N°. XXIII.

An Joh. Lange.

L. klagt über seine vielen Geschäfte, über die Menge von Brüdern, welche seinem Kloster zur Last fallen, und über die herrschende Pest, vor welcher er doch nicht fliehen will. Zuletzt Nachrichten von Ordensbrüdern.

Bey Aurifaber I. 28. Löscher I. 827. Deutsch bey Walch XXI. 557.

Venerabili Patri Johanni Lango, Baccalaur. Priori Erfurdiensi, Augustin. suo.

Jesus.

Salutem. Opus est mihi prope duobus scribis seu cancellariis, pæne nihil per diem ago, quam literas scribo: idcirco nescio, an eadem semper repetens scribam: tu videris. Sum concionator conventualis, ecclesiastes mensæ, desideror quotidie et parochialis prædicator, sum regens studii, sum vicarius, id est, undecies prior, sum terminarius piscium in Litzkau, actor causarum Herzbergensium in Torgau, lector Pauli, collector Psalterii: et illud, quod jam dixi majorem partem occupare temporis mei, epistolarum scribendarum negotium. Raro mihi integrum tempus est horas persolvendi et celebrandi, præter proprias tentationes cum carne, mundo et Diabolo. Vide, quam sim otiosus homo.

De Fratre Johanne Metzel puto interim ad te pervenisse sententiam meam et responsionem: videbo tamen, quomodo faciam. Quomodo putas ego possum tuos Sardanapalos et Sybariticos locare? Si perdite eos educastis, perdite educatos sustinete. Sat mihi undique inutilium fratrum, si tamen ulli sunt inutiles patienti animæ. Ego persuasum mihi habeo, inutiles esse utiliores utilissimis, idcirco ad tempus sustine illos.

De fratribus ad me missis puto (nescio tamen) me nuper tibi scripsisse *). Conversum misi cum juniore ad M.

---

*) S. No. XIX.

Spangenburg ad sua loca, quæ petiverunt, ne in hoc aëre manerent parum eis vitali. Duos retinui alios cum duobus Coloniensibus, quorum habilitati adeo fui compassus, ut etiam cum damno expresso eos maluerim retinere, quam remittere. Viginti duo sacerdotes, 12 juvenes et in universum 41 personæ ex nostro penu plusquam pauperrimo victitant: sed Dominus providebit.

Scribis, te heri auspicatum secundum Sententiarum: at ego cras Epistolam ad Galatas, quanquam metuo, ut pestis præsentia permittat prosequi cœptam. Ad summum, tres aut duos (nondum tamen singulis diebus) rapit pestis apud nos: et Fabro vicino nostro ex opposito heri filius sanus hodie sepultus est, et alter infectus jacet. Quid dicam? præsens est et incipit, cruda satis et subita, præsertim in ætatem recentiorem. Et suades mihi et M. Bartholomæo tecum fugam [a]). Quo fugiam? spero quod non corruet orbis, ruente fratre Martino. Fratres quidem, si profecerit pestis, dispergam in omnem terram: ego sum positus huc, per obedientiam fugere mihi non licet, donec obedientia, quæ jussit, iterum jubeat. Non quod non timeam mortem (non enim sum Apostolus Paulus, sed tantum lector Apostoli Pauli), sed spero, Dominus eruet me a timore meo.

Scripsit mihi R. P. M. Johannes Husdensis, Prior Coloniensis, Patrem M. Spangenburg cum magna gloria et charitate susceptum a Dordraciensibus civibus, conventumque brevi futurum cæteris insigniorem, Prior est ibidem Lector Henricus, noster olim (ut illi dicunt) constudens, antea secundarius Coloniensis. Lector Phugius scribit, Reuchlini causam prospere habere, et mire gestit. De Præceptore seu Licentiatorio, rogo Sibyllam quoque simul mitte: ista folia non possum legere, quid teneant. Saluta salutandos omnes: et Patribus Magistris modo scribere non possum, scribam alias: lege ei has, si vis, literas.

Magister Wenceslaus est absolutus et concionator Monacensis: similiter et Baccal. Fladenstein in Culmbach absolutus. In nova Civitate Frater Michael est absolutus, et Frater Henricus Zwetzen Prior. Sed feci hoc ideo, quod

a) Aurif. vermuthet: ad te confugiam.

sperabam me ipsum illic ad medium annum regnaturum. Capite vehementer eget idem locus. Pater R. Vicarius octava Octobris iterum ad me dedit literas ex Alberkirchen, id est, ex domo Pfeffingeri, qui nunc Bavarum suem [a]) pascitur cum Sara sua: scribit se quiete per hiemem fruiturum in Monaco. Vale cursim, et estote memores nostri in hac die visitationis Domini, cui gloria, Amen. 26. Octobris, anno MDXVI.

F. Martinus Lutherus, Augustinianus.

---

28. October.

N°. XXIV.

An Joh. Lange.

L. beruft einige von Erfurt zu entlassende Mönche ins Kloster von Sangerhausen.

Bey Aurifaber I. 30. Löscher I. 829. Deutsch bey Walch XXI. 565.

Venerabili et religioso Baccalaureo, P. Johanni Lango, Priori Erfurdiensi, suo in Domino.

Jesus.

Salutem. Si adhuc est animus tuus et Patrum tuorum, V. P. de tribus fratribus emittendis, ut mihi secundo vel tertio etiam scripsisti, visum est mihi, ut non longius mittantur. Igitur autoritate et præcepto vocationeque mea voco eos omnes simul tres in Sangerhusen ad tempus, si forte velint resipiscere: et misissem eos jam diu illuc, opus etiam jam diu habuit ille conventus personis: sed timui, ne essent inutilissimi alienis, qui suis sunt inutiles.

Nunc autem scripsi Priori ibidem, ut eos suscipiat, et præcipue F. Jacobum Schlegel terminatum ire non sinat. Tentandum igitur est, quid ibi et ita velit in eis operari

---

a) Walch hat suum gelesen.

Dominus. Tuum itaque est, eis hoc præceptum meum statim ostendere, et eosdem ad iter promovere, sicut moris est. Vale et ora pro me. Ex Wittemberg, altera Simonis et Judæ, MDXVI.

F. Martinus Lutherus, Vicarius Augustinianus.

---

14. December.

N°. XXV.

An Spalatin.

Er dankt dem Kurfursten für ein ihm geschenktes Kleid, berichtet die Bemühungen Staupitzens, Reliquien zu sammeln, und die Schwierigkeiten, die er gefunden, lehnt das ihm vom Kurfürsten ertheilte Lob mit christlicher Demuth ab, sagt seine Meinung über Sp.'s Vorhaben, einige Schriften ins Deutsche zu übersetzen, und empfiehlt ihm Taulers Predigten, aus denen er ihm einen Auszug (wahrscheinlich die „deutsche Theologie") sendet.

Bey Aurifaber I. 30. b. Loscher I. 829. Vgl. Cod. Jen a. f. 14. Deutsch bey Walch XXI. 564.

Servo Christi Sacerdotique Domini, Georgio Spalatino, Magistro eruditissimo et amico sincero et integro fratri.

Jesus.

Salutem. Redditæ sunt mihi literæ tuæ, optime Spalatine, ipsa divæ Luciæ sacra feria, in quibus id inter cætera recte curasti ac monuisti, ut deductori Wittembergensi traderem, si quas ad te vel ad Hirsfeldium dare velim. Nihil enim desideravi impensius, quam certum latorem aut ferendarum fidum procuratorem.

Binas sane dedi literas ad venerabilem Patrem Jacobum Minoritam, eum qui est a Principis Friderici confessionibus, ut pro me simul et Principi gratias ageret, quod me liberaliter vestierit, et panno quidem meliore, quam forte cucullo conveniat, nisi Principis donum esset: atque ut eundem certum faceret de re sacrarum reliquiarum, quas reverendissimo Patri nostro Vicario curandas commiserat in regionibus

Rheni: sed nescio, an pervenerint, an adhuc perventuræ sint. Quocirca te quoque ejusdem causæ rationem volo scire. Impetravit reverendus Pater Vicarius apud Archiepiscopum Coloniensem pro Principe reliquias, ac mandatarium seu hujus rei (ut vocant) commissarium, officialem ejusdem Archiepiscopi: ac ex Principis ac Vicarii parte Subpriori nostri monasterii Coloniensis cura expostulandi et solicitandi commissa est. Post recessum autem R. Patris requisita per jam dictos mandatarios virgo maxima ad S. Ursulam allegavit prohibitionem Papæ, nec posse acquiescere sese per conscientiam, sine mandato et licentia Papæ. Quod etsi exhibitum fuerit exemplar licentiatorii, tamen, quod non esset authentica fide et signatura probatum, huc usque denegavit. Poteris itaque Principi nostro, si volueris, indicare, ut licentiatorium probatæ autoritatis illuc mittat, aut R. Patrem Vicarium excusatum habeat.

Quod autem scribis Principem illustrissimum mei frequenter et honorifice meminisse, non quidem ego gaudeo, oro tamen, ut humilitati ejus Dominus Deus reddat gloriam. Non enim sum dignus, ut memoriam mei ullus homo habeat, nedum Princeps, et talis tantusque Princeps: imo video et experior, quod ii mihi maxime prosunt [a]), qui mei pessime meminerint: tamen per te rogo, sinas me gratias agere et favori et beneficio ejusdem nostri Principis, quanquam nolim aut abs te, aut ullo homine laudari, quia vana laus hominis, sola Dei laus vera, sicut scriptum est: *non in homine, sed in Domino laudabitur anima mea*, et rursum: *non in nomine vestro, sed laudamini in nomine sancto ejus.* Non quod sint reprehendendi laudatores nostri, sed quod sunt laudatores hominum potius quam Dei, cui soli laus, honor et gloria, Amen.

Petis judicium meum super instituto tuo vertendorum opusculorum in vernaculum: ultra vires meas exigis. Quis ego sum, ut judicem, quid publice tum placeat, tum proficiat? cum solius sit gratiæ, ut placeant ac proficiant, quæcunque placent aut proficiunt. An ignoras, quod quo sunt

a) Cod. Jen. prosint.

aliqua salubriora, eo minus placent ac proficiunt? Quid Evangelio et Christo salubrius? At sordent et sunt odor mortis in mortem plurimis, paucissimisque in vitam odor vitæ. Dicis forte, publice te velle iis tantum prodesse, quibus bona placent. Hic jam meo judicio non opus habes: semper oves omnem vocem pastoris audiunt, nec repellunt aut fugiunt nisi alienorum vocem. Quicquid igitur operatus fueris, dummodo fuerit bonum et vox Christi, nihil dubites, placebit et proficiet, sed paucis atque rarissimis, quia oves sunt rarissimæ in hac luporum regione.

Ante omnia tamen Christi consilium et voluntatem humili oratiuncula require, cui etiam bona non placent, quæ sine jussu et voluntate ejus fiunt, sicut dicit Esajas XXX: *Væ filii desertores, ut faceretis consilium, et non ex me, et ordiremini telam, et non per spiritum meum.* Ne ita [b]) sequaris tuam bonam et piam intentionem (ut vulgus religiosorum et sacerdotum passim et pessime errat), sed licentiam, imo jussum tuum in hoc præcipue et in omni opere tuo require, nisi voles stipulam fieri opus tuum. Adde tamen et meum consilium. Si te delectat puram, solidam, antiquæ simillimam theologiam legere, in Germanica lingua effusam: sermones Johannis Tauleri, predicatoriæ professionis, tibi comparare potes, cujus totius velut epitomen ecce hic tibi mitto. Neque enim ego vel in Latina, vel in nostra lingua theologiam vidi salubriorem et cum Evangelio consonantiorem. Gusta ergo et vide, quam suavis est Dominus, ubi prius gustaris, et videbis [c]), quam amarum est, quicquid nos sumus. Vale et ora pro me. Ex monasterio nostro Wittembergensi, sequente Dominica Luciam, anno MDXVI.

F. Martinus Lutherus.

---

b) Cod. J. igitur.

c) Cod. J. videris.

26. December.

N°. XXVI.

An Spalatin.

L. meldet Sp., daß die zum Druck verlangten Dictate über die Psalmen noch nicht fertig seyen und in seiner Gegenwart gedruckt werden müßten.

Bey Aurifaber I. 9. b. Vgl. Cod. Jen. a. f. 279. Deutsch bey Walch XXI. S. 526.

Eruditissimo Viro, Georgio Spalatino, Sacerdoti Christi, sibi in Domino venerabili.

Jesus.

Salutem. Heri primum rediens literas tuas datas inveni sero diei, optime Spalatine: rogo te, ut pro me illi Martino Mercatori respondeas, ut scilicet non expectet dictata mea super Psalterium. Quæ quamvis mire cupiam nusquam et nunquam edi, tamen coactus præcepto nondum quidem a) satisfeci, nunc autem absoluta professione lectionis Paulinæ, huic uni me dedam operi assiduum.

Sed et ubi absoluta fuerint, non ita sunt collecta, ut me absente possint excudi: deinde placuit Dominis Magistris Artistis, ut nostri chalcographi cura imprimantur. Quod tamen ante quadragesimam ne incipi quidem b) potest. Hoc idem (si omnino edere oportet) et mihi placet, ut primum scilicet c) typis ignobilioribus excudantur: quod mihi non ea videantur, quæ dignis typis et officiis dignorum virorum laborentur, nugæ enim sunt et spongia dignissimæ. Vale. Cursim ex monasterio, altera Nativitatis, hora duodecima, anno MDXVI.

Frater Martinus Luder August.

a) Cod. Jen. — quidem.
b) Cod. J. — quidem.
c) Cod. J. — scilicet.

Ohne Tag. *)

N°. XXVII.

An Spalatin.

L. bittet Sp. um Mittheilung der Briefe des h. Hieronymus oder um den Auszug des Lebens vom Apostel Bartholomäus aus Hieronymus Cat. Viror. illustrium.

Bey Hottinger Hist. Eccl. T. VI. p. 756. aus der Handschrift Luthers; in Tenzels Bericht vom Anfang und Fortgang der Reform. S. 163. in Luth. epp. stud. et op. Strobelii coll. ed. Ranner, p. 33. Die Urschrift L.'s findet sich auf der Stiftsbibliothek zu Zurich, wo wir sie verglichen haben.

Suo Georgio Spalatino, servo Dei.

Jesus.

Salutem. Et charitatis et fidei officium abs te peto, dulcissime Spalatine, id est, ut vel epistolarum Divi Hieronymi ad horam mihi copiam facias, vel certe quanto potes breviter [a]) ex libello illustrium virorum (quod magis cupio) mihi exscribas ea, quæ ipse Sanctus de S. Bartholomæo Apostolo scripsit, ita ut ante horam duodecimam habeam: facturus enim ad populum sermonem. Nugis illis et mendaciis Catalogi et Legendæ . . . . [b]) miro modo offensus sum. Vale, optime frater. Ex monasterio nostro.

F. Martinus Luder, Augustinianus.

Nolo ut mireris, quod theologus sum, et Hieronymo vacuus sum. Exspecto enim Erasmianam [c]) editionem **), et eum, quo communiter utebar, Johannes Langus secum tulit [d]) . . . . vendidit [e]).

---

a) Es läßt sich zweifeln, ob es breviter heißt.

b) Hott. aureæ

c) Diese Worte haben die früheren Herausgeber nicht.

d) H las abstulit, was sicher falsch ist.

e) Vendidit haben die ersten Herausgeber nicht.

---

*) Nach dem Umstand, daß L. die Ausgabe des Hieronymus durch Erasmus erwartete, scheint dieser Brief ins J. 1516 zu gehören.

**) Diese Edition des Hieron. erschien 1516.

1517.

27. Januar.

N°. XXVIII.

An Christoph Scheurl, Rechtsgelehrten zu Nürnberg.

Scheurl hatte Staupitzen und L. in einem Briefe sehr gelobt. Wider das Staupitzen beygelegte Lob hat dieser nichts einzuwenden, weil er selbst in ihm ein auserwähltes Rüstzeug der göttlichen Gnade verehrt: allein das ihm selbst ertheilte Lob lehnt er bey dem Gefühl seiner Unwürdigkeit durchaus von sich ab, und bedrohet seinen Freund mit dem Verluste der Freundschaft, wenn er ihn nicht künftig mit Lobsprüchen verschonen wolle, weil er das wenige Gute, das man an ihm erkenne, blos der wirkenden göttlichen Gnade, und nicht seinen eigenen Kräften, zuschreiben müsse.

Aus dem Original in Chr. Gottl Schwarz Progr. Altorf. 1740, p. 3. Dann „aus der vormaligen Scheurlischen Sammlung zu Nürnberg" bey Schütze II. 10. und aus Schwarz bey Strobel-Ranner S. 34. Deutsch bey Walch XXI. S. 566.

Eximio et eruditissimo Viro Christophoro Scheurl, J. U. Doctori, inclytæ Norimbergæ Advocato, suo in Domino unice amico.

Jesus.

Salutem. Accepi literas tuas, eruditissime et humanissime Christophore, mihi sane et jucundissimas et tristissimas. Quid contrahis frontem? Quid enim jucundius scribere potuisti, quam quod reverendum Patrem, imo Christum in organo suo, Vicario nostro, tam dignis extulisti præconiis? Nihil enim mihi gratius narratur, quam vocem Christi prædicari, audiri, suscipi, imo magis et vivi [a]) et sentiri et intelligi. Rursum, quid potuisti amarius scribere, quam ut meam affectares amicitiam, et tot me vanissimis titulis honorares? Nolo te fieri amicum meum: non enim ad gloriam,

---

a) Schütze schaltet ein: h. e. vivam fieri.

sed ad periculum tuum cedet tibi mea amicitia, si modo verum est proverbium: *Amicorum omnia communia.* Quodsi mea tua per amicitiam istam fiant, nulla re locupletior fies, quam peccatis, insipientia pariter et ignominia. Hæ enim sunt res meæ, quas in me contrariis titulis (ut dixi) ornasti. Sed, scio, Christum sapis, et dices: non te, sed Christum in te, admiror. Hic ego: quomodo Christus justitia vera esse poterit in peccatis et insipientia? Imo id ipsum est summum [b]) arrogantiæ, præsumere de te, quod Christi habitaculum sis, nec nisi apostolico ordini facile permittenda ista gloriatio. Igitur gratulor quidem felicitati tuæ, quod hujus viri, patris nostri, amicitiæ et familiaritati jungeris: sed parce honori tuo, et, ne in mei amicitiam degeneres, rogo; quanquam ipse quoque idem reverendus Pater non sine timore et periculo meo me undique jactat et dicit: *Christum in te prædico, et credere cogor.* Sed dura ista fides. Ea enim est infelicitas hujus miserrimæ vitæ, ut laudatores et amici, quo fuerint plures et conjunctiores, eo sint nocentiores: sic scriptum est: *inimici hominis, domestici ejus*, et rursus: *qui me laudabant, adversum me jurabant*, et: *amici mei et proximi mei adversum me appropinquarunt, et steterunt.* Tantum enim recedit favor Dei, quantum accedit favor hominum. Deus enim aut solus aut nullus vult esse amicus. Huic malo etiam cumulus iste accedit, quod, si te dejeceris, laudemque et favorem recusaris, eo magis laus et favor (id est, periculum et perditio) insequitur. O multo salubrius odium et vituperium omnium laude et amore: quandoquidem odium semel periculum est, amor vero bis periculum est. Nihil similius amanti, imo amenti mulieri, quæ negata furiosius concupiscit, quam laus et gloria ista temporalis. Ab hac itaque muliere adultera et prava, vide, quanto studio me deterreat Salomon, Proverb. VII. et alibi, quam alienam, extraneam, et adolescentum seductricem describit.

Non haec scribo, mi optime Christophore, quod animum tuum integrum et benevolum contemnere velim; sed quod meo quoque animo timendum sit. Tu officium pii et christiani hominis præstas, qui nullum omnino contemnere debet,

---

b) Sch. summæ.

nisi tantum se ipsum: sed oportet et me niti, ut tui similis sim Christianus (si solida futura sit amicitia) id est, contemtor mei. Neque enim ille Christianus est, qui homines propter eruditionem, virtutem, sanctitatem, famam suspicit (hoc enim et ethnici atque nugaces poetæ faciunt, sicut et nostro sæculo nomina sua vocant): sed qui inopem, pauperem, stultum, peccatorem et miserum diligit, sicut ipse Psalmus dicit: *Beatus*, *qui intelligit*, non super doctum, eruditum, sanctum, firmatum, sed super egenum et pauperem [c]). Denique Christus sibi factum confitetur, quicquid impensum fuerit minimis suis, cum posset dicere: maximis et sublimibus suis; quoniam quod [d]) altum est apud homines, abominabile est apud Deum. Ad quam abominationem, obsecro te per Christum dominum nostrum, ne me adigas et cogas, si velis esse amicus. Facies autem id quam facillime, si neque in faciem meam, neque aliorum, me illa ex parte prædicaveris. Quod si omnino Christum in me putaris laudandum esse, exprime nomen ejus, et non meum. Ut quid res Christi nomine meo polluitur, imo suo fraudatur? Si de rebus nemo disserit, nisi propriis earum nominibus: cur res Christi sine nomine Christi prædicamus? Ecce verbosum amicum tuum: esto ergo patiens lector amicus. Vale in Christo. Ex eremitorio Wittembergensi, 27 Januar. 1517.

F. Martinus Luder,
Portio Eremitarum sectæ S. Augustini.

---

1. März.

N°. XXIX.

An Joh. Lange.

L. schickt einen Bruder nach Erfurt, und verlangt einen andern für ihn: von seiner Uebersetzung und Erklärung der Buß-Psalmen, welche gedruckt werden soll; von Erasmus falscher Richtung in der Theologie.

Bey Aurifaber I. 33. b. Löscher I. 832. Deutsch b. Walch XVIII. 2490.

---

c) Sch. † et cet.
d) Sch. quod quidem.

Venerabili et sinceræ religionis professori Johanni Lango, Baccal. Theologiæ, Eremitarum August. Erfurdiæ Priori, sibi in Domino suspiciendo.

Jesus.

Salutem. Mitto ad te Fratrem hunc nostrum Gabrielem*), V. P., secundum mandatum R. Patris Vicarii: tu quoque ejusdem mandato satis faciens cura, ut et ipse et alii quam optime, id est, christianiter græcissent. Placuit autem et expedit ei, ut conventualiter per omnia sese gerat. Scis enim, quod necdum ritus et mores ordinis viderit aut didicerit: deinde Fratrem, quem loco ejusdem nobis remittere promisisti, cum hoc Fratre Leonardo quam ocius absolvas. Patimur enim penuriam Vicarii Fratris pro Gabriele. Psalmi translati a me et explanati vernacula si nulli placerent, mihi optime placerent: attamen Johannes chalcographus **) expectat, ut absolvas eos, quos misi ad te.

Erasmum nostrum lego, et indies decrescit mihi animus erga eum: placet quidem, quod tam religiosos quam sacerdotes non minus constanter quam erudite arguit et damnat inveteratæ hujus et veternosæ inscitiæ: sed timeo, ne Christum et gratiam Dei non satis promoveat, in qua multo est quam Stapulensis ignorantior: humana prævalent in eo plus quam divina. Quanquam invitus eum judico, facio tamen, ut te præmoneam, ne omnia legas, imo accipias sine judicio. Tempora enim sunt periculosa hodie, et video, quod non ideo quispiam sit Christianus vere sapiens, quia Græcus sit et Hebræus, quando et beatus Hieronymus quinque linguis monoglosson Augustinum non adæquarit, licet Erasmo aliter sit longe visum. Sed aliud est judicium ejus, qui arbitrio hominis non nihil tribuit, aliud ejus, qui præter gratiam nihil novit.

Ego tamen hoc judicium vehementer celo, ne consensum æmulorum ejus confirmem: dabit ei Dominus intellectum suo forte tempore. Vale et Patres Magistros ac Lectorem saluta: et si D. Jodocus respondere mihi dignetur,

*) G. Didymus, der sich späterhin als ungestümen Neuerer auszeichnete.
**) Joh. Grunenberg, bey dem die Bußpsalmen gedruckt wurden.

perquire. Ex nostra eremo Wittemberg, Dominica Invocavit, anno MDXVII.

F. Martinus Lutherus, Vicarius August.

3. April.

N°. XXX.

An G. Spalatin.

Fürbitte für einen armen Jüngling, ihm aus einem Legat Kleidung zu geben.

Bey Buddeus p. 1, ohne Angabe der Quelle, wahrscheinlich aus Cod. Jen. a. f. 237. Bey Löscher I. 833. Deutsch bey Walch XXI. 571.

Suo Georgio Spalatino, imprimis amico in Domino.

Jesus.

Salutem. Suggerentibus bonis hominibus, optime Magister, intellexi fidei tuæ commissum esse, ut nomine pie defuncti Doctoris Reuther pro pauperibus dispenses amictum vel pannum. Rogatus itaque sum, ut rogem te pro adolescente Wolfgango, quem et nos propter Deum pascimus, honestus puer est et optimæ, fidei atque spei. Si itaque non es præventus ab aliis, et paupertatem illius, imo nostram voles adjuvare, vides opportunitatem tibi pulchram oblatam. Igitur non urgeo, certus, quod facies judicio tuo, quae digna sunt. Vale. Cursim, ex nostro monasterio, MDXVII, feria 6. post Judica.

F. Mart. Luder, Augustin.

9. April.

N°. XXXI.

An G. Spalatin.

Er gibt mehrere Bücher an, welche in der Osterwoche gelesen zu werden verdienen.

Bey Aurifaber I. 34. b. Löscher I. 833. Deutsch bey Walch XXI. 572.

Suo Spalatino optimo, Christi servo amicoque.

Jesus.

S. Gratias ago, mi Spalatine, animo tuo magnifico satis. Nam hunc ego specto solum, qui omnibus donis præfertur merito. Cæterum quod optas indicari tibi a me, quidnam legas potissimum iis diebus: meo judicio aut Augustinum de gratia novi Testamenti ad Honoratum, in quo simul tractat Psalmum XXII. *Deus, Deus meus, respice in me etc.*, hoc pro tempore idoneum: aut Hilarium super octonarium: nec Cyprianus in sermonibus suis ineptus est: aut Augustinum super Joannem a capitulo XIII., ubi incipiunt horum dierum negotia. Dabo operam, si possum, ut cras Christum in cruce quoque hominem videri doceam. Vale. Pridie parasceves.

Martinus Lutherus.

---

6. Mai.

N°. XXXII.

An Christ. Scheurl.

L. dankt für die von Scheurl zum Geschenk erhaltenen Opuscula Staupitiana und verbittet die Verbreitung einer eigenen unbedeutenden Arbeit (welcher?). Er übersendet ihm Carlstadt's Thesen, die er zwar für paradox, aber für wahr hält.

Aus dem Original in Chr. Gottl. Schwarz Progr. Alt. 1740. p. 6. Dann „aus der vormaligen Scheurlischen Sammlung zu Nürnberg" bey Schütze II. 13. und aus Schwarz bey Strobel-Ranner S. 36. Deutsch bey Walch XXI. 572.

Ornatiss. Viro Christophoro Scheurl, juris utriusque Doctori, Norimberg. civium Patrono, suo in Christo fideliter amico.

Jesus.

Salutem. Primum gratias ago, optime Vir, de muneribus tuis, opusculis Staupitianis, sed doleo, meas ineptias per reverendum Patrem apud vos divulgari. Non enim Norimbergensibus, id est, delicatissimis et emunctissimis animabus, sed rudibus, ut nosti, Saxonibus, quibus nulla verbositate satis mandi et præmandi potest eruditio Christiana, editæ sunt. Sed nec, si quam [a]) maxime vellem, aliquid possem efficere, quod Latinis autoribus tolerabile fieret, quanto minus vestris, cum dedita opera vulgi tarditati servire statuissem. Igitur te obsecro, ut e virorum eruditorum conspectu eas submoveas, quantum potes. Caeterum, quando hortaris, scripsi, quanta potui cura, ut familiariter scriberem Eccio nostro; si pervenerint, nescio.

Has sententias, quas vocant positiones, mitto ad te, et per te Patri Magistro Venceslao, et si qui alii sunt, quos hujus generis deliciæ delectant. Sunt, nisi fallor, haec jam non Ciceronis paradoxa, sed Carolstadii nostri, imo sancti Augustini, Ciceronianis tanto mirabiliora et digniora, quanto Augustinus, imo Christus, Cicerone dignior est. Arguent [b]) autem ista paradoxa omnium eorum vel negligentiam vel ignorantiam, quibuscunque fuerint visa magis paradoxa quam orthodoxa: ne dicam de iis, qui ea potius cacodoxa impudenti temeritate judicabunt: quoniam [c]) nec Augustinum, nec Paulum legunt, aut ita legunt, ut non intelligant, seque et alios secum negligant. Sunt igitur paradoxa modestis, et qui non ea cognoverint, sed eudoxa et calodoxa scientibus mihi vero aristodoxa. Benedictus Deus, qui rursum jubet de tenebris splendescere lumen.

Reverendum Patrem Vicarium suspicor non esse apud vos: expectamus adventum ejus ad nos. Doctor Chilianus Reuther *) defunctus est vita mortali: det Deus, ut fungatur æterna. Amen.

Salutat te Amsdorfius et omnis amica sodalitas. Salutamus vicissim per te omnes salutari meritos. Vale. Ex Wittemberga, sexta Maii, MDXVII.

F. Martinus Luder, Augustiniensis.

---

a) Schüße: quidem.
b) Sch. arguunt.
c) Sch. qui.

---

*) Vgl. No. XXX.

17. Mai.

N°. XXXIII.

An den Probst in Leitzken.

L. belehrt den Probst, wie er sich gegen einen gefallenen Mönch zu verhalten habe.

Bey Aurifaber II. 1. Löscher I. 835. Deutsch bey Walch XXI. 574.

Jesus.

Salutem. Condoleo et ego, R. P., misero fratris tui, imo nostri casu, sed ille heri, nos hodie, imo ille heri, nos heri et hodie, et semper Adami filii sumus, ideo Adæ opera facimus. Veruntamen non est desperandum de potenti manu Dei. Proinde mihi difficile est judicare et consulere tibi, quid cum illo agas, præsertim cum ignorem vim statutorum vestrorum. Si talia sint, ut non ad perpetuam captivitatem neque ad præsens vitæ periculum talem transgressionem puniant, omnino ei rigorem illorum imponendum mihi videtur. Non enim tu, sed justitia et lex, cujus tu non arbiter, sed minister es, sic puniunt, Non ergo te moveat, quod vel æqualis vel major sis peccator. Hoc Deo confessum satis est. Hic autem propter ædificationem oportet nos fere semper meliores nobis corrigere, doctiores docere, dignioribus præesse, ut rata sit sententia Domini, quod *principes gentium dominantur eorum, ut suorum inferiorum:* principes autem fidelium serviunt eis, ut majoribus suis: *qui major est vestrum*, inquit, *sit ministrator vester etc.* Igitur cordis serva in eum humilitatem et mititatem, sed manus et potestatis exhibe rigorem: quoniam potestas tua non tua, sed Dei est, humilitas autem non Dei, sed tua esse debet. Quis scit, si ideo permissus sit sui fœtorem peccati facere publicum, quia occultum sanari non potuit, quod sanari per publicum pudorem optime potest. Mirabilis Deus in consiliis super filios hominum. Multos per peccata sanat a peccatis, sicut venenum veneno pellitur. Quare non terrearis: Dominus est, qui operatur hæc omnia, quem lauda et ama, et pro illo paupere et pro me devotius ora.

Vale. Ex Wittemberg datæ Dominica Vocem jucunditatis, anno MDXVII.

Frater Martinus Lutherus, Augustinianus.

---

18. Mai. *)

N°. XXXIV.

An Joh. Lange.

L. rühmt es, daß in Wittenberg die ächte Theologie in Aufnahme und das Studium des Aristoteles in Abnahme komme.

Bey Aurifaber I. 35. Löscher I. 834. Deutsch bey Walch XVIII. 2486.

Suo Johanni Lango Patri, Priori Erfurdiensi, Eremitæ ad August.

Jesus.

Salutem. Non fuit modo mihi negotium ad te scribendi præter hoc solum, quod hunc Patrem visum est non inanem literarum et salutationis mittere. Sum Dei gratia consolatus, quia Johannes Gimman Frater salvus venit domum. R. Pater Vicarius scribit sese maturius ad nos venturum.

Theologia nostra et S. Augustinus prospere procedunt et regnant in nostra Universitate Deo operante: Aristoteles descendit paulatim, inclinatus ad ruinam prope futuram sempiternam: mire fastidiuntur lectiones sententiariæ: nec est, ut quis sibi auditores sperare possit, nisi theologiam hanc, id est, Bibliam, aut S. Augustinum aliumve ecclesiasticæ autoritatis doctorem velit profiteri. Vale et ora pro me. Feria secunda post Vocem jucunditatis, anno MDXVII.

F. Martinus Lutherus.

---

*) Bey Aurifaber durch einen Druckfehler 1516.

16. Julius.

N°. XXXV.

An Joh. Lange.

Empfehlung eines gewissen Ulrich Norlingen, nebst einigen Nachrichten.

Bey Aurifaber I. 35. b. Löscher I. 835. Deutsch bey Walch XVIII. 2486.

Suo fratri Johanni Lango, Priori Eremitar. Erfurdiens. in Christo amplectendo.

Jesus.

Salutem. Hunc hominem Udalricum Norlingen, optime Pater, fidei et pietati tuæ commendo diligenter. Scriba enim est manus expeditæ, eloquii nitidi, deinde ingenii non vulgaris, praeter morum etiam per se amabilium ornamenta. Petiit apud Principem famulatum, sed nosti desperatam illam parcitatem et prope plusquam rusticitatem, tenuitatem curiæ ducalis. Omnia enim sunt occupata. Habet præterea occultarum aliquid tentationum in spiritu, quarum ego præter te vix credo aliquem in tuo conventu conscium. Si eas tibi volens fuerit confessus, poteris consolari, sicut Dominus inspirarit.

Hoc ideo dico, ut hominis facilius miserearis, qui et ad mendicitatem usque tentationum hujusmodi procellis perductus est: venit ad nos satis bonis testimoniis bonorum virorum, scilicet literis et cognitoriis. Quid dicam? ipsa morum civilitas et honestas satis tibi persuadebit, ut facias quod rogo, id est, ut adjuves apud Dominum Præpositum Henningum, si possit uspiam apud Prælatum suæ artis negotium obtinere, donec paulo rursus pinguesceret. Totus enim pauper est. Quod si etiam hospitaveris eum in conventu paulisper, credo, quod Christum hospitabis. Vale.

Reverendum Patrem Vicarium jam tres septimanas expectavi, sed nunquam certius quam hodie, ex Herzberg venturum etiam praesumsi. Commenda me patribus et fratribus, ut pro me misero orent. Quia inter optimos fratres, de die in diem mire proficientibus, ego nunc deficio: ut verum sit, illos oportere crescere, me autem minui. Sex aut septem magistrandos paro ad futurum examen, inter quos et Hadrianus erit unus, si Dominus voluerit, non nisi ad ignominiam Aristotelis, cujus vellem hostes cito quam plurimos fieri. Vale et Patres et Magistros saluta. Ex nostro monasterio, 16. Julii, MDXVII.

F. Martinus Lutherus, Augustin.

---

6. August.

N°. XXXVI.

An Joh. Lange.

Empfehlung einiger Brüder; Auffoderung, die Licentiam Theologiæ anzunehmen, beydes im Namen Staupitzens, mit welchem L. in der Himmelspforte *) zusammen getroffen ist.

Bey Aurifaber I. 36. Löscher I. 816. Deutsch bey Walch XXI. 546.

Fratri suo Johanni Lango, Eremitarum Erfurdiensium S. Augustini Priori, Baccalaureo Theologo, sibi in Christo amantissimo.

Jesus.

Salutem. Hos Fratres studentes, venerabilis Pater, tibi commendat R. Pater Vicarius, imo Dominus Jesus in ipso. Tu ergo suscipe eos, et ut proficiant utrinque, cura, sicut de te confidit Dominus Jesus. Stata etiam atque firma voluntas est R. Patris Vicarii, ut quam primum fieri potest, et tempus permiserit, licentiam accipias theologiæ: quod idem tibi vocaliter præcepit in Isleben, et nunc scriptaliter commonefacit ex Porta cæli, ut scias, quoniam rem et non verba quærit R. Pater. Vale et ora pro me. Ex Porta cæli, sexta Augusti, anno MDXVII.

F. Martinus Lutherus, Augustinianus.

Habent ii Fratres 5 aureos: vide ut tibi præsentent, et ratio reddatur pro tunicis emendis. Et si quid amplius opus

---

*) Vielleicht Schulpforte bey Naumburg?

habuerint, tu pro eis expones, ob fidem R. Patris Vicarii, qui hoc jussit addi literis. Reddetur enim tibi fideliter. Vale.

---

4. September. *)

N°. XXXVII.

An Joh. Lange.

L. erbietet sich, die überschickten Propositiones gegen die scholastische Theologie (welche sich in den Ausg. Jen. I. p. 9. Witeb. I. p. 55. Walch XVIII. p. 6 befinden) in Erfurt zu vertheidigen. Die zugleich mit überschickten zehen Gebote empfiehlt er zum Gebrauch auf der Kanzel.

Bey Aurifaber I. 37. Löscher I. 819. Deutsch bey Walch XVIII. 15.

Fratri suo Johanni Lango, Erfurdiensium Eremitarum Priori, S. Theologiæ Licentiato novello.

Jesus.

Salutem. Misi ad te per M. Ottonem positiones nostras et præcepta ex me exposita**): nec fuit mihi tunc tantum temporis, ut et scriberem, quia repentinus mihi abcessus ejus nunciatus fuit. Cæterum expecto valde, nimis, granditer, anxieque, quidnam vos de istis paradoxis nostris statuatis. Vere enim illis vestris hæc paradoxa, imo cacodoxa videri suspicor, quæ nobis non nisi orthodoxa esse possunt.

Fac igitur me certum, quantocius poteris, idque meo voto Dominis meis atque in veritate reverendis Patribus theologicæ facultatis et aliis, quibuscunque tibi visum fuerit, certissime offeras et exhibeas, me scilicet esse paratissimum venire et publice seu in collegio, seu in monasterio,

---

*) Nach Löscher a. a. O. gehört der Brief ins J. 1516; aber die Ueberschrift Licentiato novello beweist für das J. 1517, (vgl. den vorigen Brief No. XXXVI), und die erwähnte Disputation gehört auch ins J. 1517.

**) Decem præcepta Wittembergensi populo prædicata. Sie erschienen im J. 1518: er sendet sie also im Ms. Rotermund führt jedoch eine Ausg. v. 1517 an.

de iis disputare: ut non putent me in angulum velle ista susurrare, si tamen nostra Universitas tam vilis est, ut angulus esse possit videri. Præcepta ideo tibi utraque lingua misi, ut si quando volueris, ad populum de iis prædicare (sic enim ego illa docui, ut mihi videor, ad evangelicum morem) haberes.

Credo te nosse D. Magistrum Johannem Antonitam præceptorem in Briga defunctum. M. Johannes Hessus hoc tibi, credo, retulit satis. Fratrem Nicolaum Antwerpiensem exspoliasti nimis pecunia: ideo repetundarum nobis tecum agetur. Non enim vobis tantum licebit, quantum nobis. Vale. Ex Wittemberga, quarta Septembris, anno MDXVII.

F. Martinus Lutherus.

---

11. September.

N°. XXXVIII.

An Christoph Scheurl.

Nach einer Vorrede voll Bescheidenheit berichtet er, daß er die übersandten Opuscula Staupitiana zum Theil verschenkt, zum Theil verkauft und das daraus gelösete, für die Armen bestimmte Geld für sich und seine Brüder behalten habe. Er verlangt noch mehrere Exemplare, die er bezahlen will, und übersendet seine Thesen, wahrscheinlich die gegen die scholastische Theologie.

Aus dem Original in Schwarz Progr. Alt. p. 7. Dann „aus der vormaligen Scheurlischen Sammlung zu Nürnberg" bey Schütze II. 15. und aus Schwarz b. Strobel-Ranner S. 39. Deutsch bey Walch XXI. 577.

Suo inprimis amico, eruditissimo Viro et humanissimo, Christophoro Scheurlo, utriusque juris Doctori, Dig. Norimberg. Advocato, sibi sinceriter venerabili.

Jesus.

Salutem. Etsi mihi nulla, dulcissime Christophore, ad te fuit scribendi occasio, quae digna videretur, ut ad te talemque virum scriberem, ea tamen fuit satis mihi magna, ut, sepositis interim dignitatum tuarum titulis, quibus dignissimis ornaris, ad amicum scriberem, ad eum sane amicum, qui est purus et integerrimus atque humanissimus, et, quod maxime ad rem pertinet, qui recenter et cognitus et inventus est. Igitur, si usquam silentium vitio vertendum est, amici ad amicum silentium potissimum tale arbitrandum: quandoquidem et ineptire et nugari non segnius, quam serio agere, amicitiam foveat, ne dicam, perficiat. Imo et id ipsum a suo amico extorquet divus Hieronymus, scribere scilicet, quod nihil scribendum habeat. Quare et mihi modo consilium fuit ineptire malle apud amicum, quam silere. Quanquam, bone Deus, quando unquam scribit frater ille Martinus, falso vocatus theologus, in quo non ineptiat, qui inter stridores et sartagines [a]) syllogismorum adeo nihil profecit) in his, quae ad cultum linguae pertinent, ut etiamsi quicquam unquam gustaverit eruditionis vel eloquentiae, totum id ad infantiam et balbutiem redegerit longissimus ille et assiduus scribendi usus. Sed jam satis superque praefationum [c]), ne volumen potius, quam epistolam scribere, hoc est, etiam ineptiendo ineptire et bis desipere videar, cum semel desipuisse nimium sit theologo. Finis epistolae est, ut intelligas, quam egregiam de te tuaque fide opinionem conceperim: non quod expostulem vicem in me tuam, quam certissimus mihi possidere videor, sed tantum, ut non minora tibi de me, quam tu de te ipso tibi polliceri possis, persuadeas.

At ecce interim mihi in mentem venit, quod mihi opuscula reverendi patris Vicarii per Udalricum istum Pindarum *) ferme pro 2 aureis misisti: quae ego sane partim vendidi, partim bonis amicis Reverendi Patris gratis dedi: de venditis vero pecuniam, quam conflavi, pauperibus, uti jussisti, id est, mihi ipsi et fratribus impendi: pauperiorem enim me ipso nondum satis cognovi. Ceterum rogo, si potest fieri, eodem tuo jussu mihi iidem libelli mittantur, pro floreno, quem illis venditis tibi rependam fideliter.

a) Schütze: farragines.
b) Sch. proficit.
c) Sch. præfationis.

*) Ulrich Norlingen, vgl. No. XXXV.

Sunt enim, qui expetant et expectent eosdem libellos. Mitto insuper positiones nostras, prorsus paradoxas, et prout multis videtur, κακιςοdoxas, quas poteris Eccio nostro, eruditissimo et ingeniosissimo viro, exhibere, ut audiam et videam, quid vocet illas. Salutant te et optime tui memores sunt multi [d]), inprimis Licentiatus Amsdorf, Doct. Hieronymus, et nonnulla pars amicitiae tuae, Petrus Barbitonsor ille. Vale, et ora pro me. Ex Wittemberga, MDXVII, undecima Septembris.

F. Martinus Luder, August. Wittemberg.

Ohne Tag. *)

N°. XXXIX.

An G. Spalatin.

Einladung zum Essen.

Bey Buddeus p. 2, ohne Angabe der Quelle. Vgl. Cod. Jen. a. f. 253. Bey Löscher I. 843. Deutsch bey Walch XXI. 585.

Suo Spalatino in arce.

Jesus.

Salutem. Tu et confessionator ille cum socio suo veni post horam nonam. Si Dominus Christophorus legatus tecum est, tecum veniat, alioquin vocandi ejus officium Ottoni nostro demandatum est. Vale: sed ut vinum quoque nobis impetres, vide, quia de castro ad monasterium, non de monasterio ad castrum scis tete venturum.

F. Martinus Luther.

---

d) Sch. optimi tui meliores sunt mihi, sinnlos.

*) Das Jahr ist ungewiß, nach Buddeus 1517.

Ohne Tag.

N°. XL.

An den Probst in Leitzken.

Ermahnung zur Geduld bey der überhandnehmenden Sittenverderbniß in dem Kloster.

Bey Aurifaber II. 2. Deutsch bey Walch XXI. 576.

Jesus.

Salutem. Quod ordo tuus deficit, credo quod omnes ordines deficiunt, et agunt segniter, ut qui positi sunt custodes, vigilanter agant. Si itaque cum pace et bono nihil poteris promovere, non consulo, ut cum viribus et pertinaciter cum majori parte tuorum contendas. Sed da locum iræ, et sine zizaniam cum tritico crescere: melius est modicos in pace salvare, quam universos propter multos turbare. Et melius est multos propter paucos tolerare, quam paucos propter multos pessundare, etc.

F. Martinus Lutherus.

Ohne Tag.

N°. XLI.

An den Probst in Leitzken. Bruchstück.

Trost wegen der Sterblichkeit und Bitte um Fürbitte.

Bey Aurifaber II. 2. Deutsch bey Walch XXI. 576.

Fortis autem esto in Christo, nec movearis, quod moriuntur pecora et corpora. Hæc enim sunt magis signa gratiæ quam iræ. Tunc enim magis irascitur, quando non irascitur, ut per Ezechielem dicit: *non ultra irascar tibi*, et, *zelus meus auferetur a te.* Quod est horrendum nimis, nec nisi reprobis dictum. In fine epistolæ te quam maxime rogo, ut pro me Dominum ores, confiteor enim tibi, quod vita mea indies appropinquet inferno, quia quotidie pejor fio et miserior. Vale. Ex Wittenberga.

Exul filius Adæ Martinus Lutherus, Augustinianus.

Zweyter Zeitraum.

Luthers Briefe aus der Zeit vom Anschlag der Sätze wider den Ablaß bis zu seinem Aufenthalt auf Wartburg.

Von 1517, 31. October bis 1521, 3. May.

1517.

31. October.

N°. XLII.

An den Erzbischof Albrecht von Mainz.

L. beschwert sich über den Unfug, der mit dem Ablaß getrieben werde, und die dabey ausgestreuten Irrthümer, und beschwört den Erzbischof dem Unwesen zu steuern. An diesem Tage schlug er die berühmten Theses wider den Ablaß an, deren er am Schlusse des Briefs erwähnt.

Bey Aurifaber I. 37. b. Sonst Opp. Jen. I. p. 1. Viteb. T. I. p. 92. in J. Fried. Mayer tr. de eccles. papaeo Luther. ref. patrona et cliente, p. 7. und zwar nach dem Original im Schwedischen Archiv, mit Varianten. Lat. und deutsch in Löscher Reform. Acten I. 476. Deutsch übersetzt v. Jonas Wittenb. IX. 8. Jen. I. 1. Altenb. I. 13. Leipz. XVII. 5. bey Walch XV. 479. Wir geben den Text nach J. F. Mayer.

Reverendissimo in Christo Patri, Illustrissimo Domino, Domino Alberto, Magdeburgensis ac Moguntinensis Ecclesiæ Archiepiscopo Primati, Marchioni Brandenburgensi etc. Domino suo et Pastori in Christo, venerabiliter metuendo, ac gratiosissimo.

Jesus.

Gratiam et misericordiam a) Dei et quicquid potest et est. Parce mihi, reverendissime in Christo Pater, Princeps

a) Aurif. — et mis.

illustrissime, quod ego fex hominum tantum habeo temeritatis, ut ad culmen tuæ Sublimitatis ausus fuerim cogitare epistolam. Testis est mihi Dominus Jesus, quod meæ parvitatis et turpitudinis mihi conscius diu jam distuli, quod nunc perfricta fronte perficio, permotus quam maxime officio fidelitatis meæ, quam tuae reverendissimæ Pat. in Christo debere me agnosco. Dignetur itaque tua interim Celsitudo oculum ad pulverem unum intendere, et votum meum pro tua et pontificali clementia intelligere.

Circumferuntur indulgentiæ papales sub tuo præclarissimo titulo ad fabricam S. Petri, in quibus non adeo accuso prædicatorum exclamationes, quas non audivi, sed doleo falsissimas intelligentias populi ex illis conceptas, quas vulgo undique jactant, videlicet, quod credunt infelices animæ, si literas indulgentiarum redemerint, quod securi sint b) de salute sua: item, quod animæ de purgatorio statim evolent, ubi contributionem in cistam coniecerint: deinde, tantas esse has gratias, ut nullum sit adeo magnum peccatum, etiam (ut ajunt) si per impossibile quis matrem Dei violasset, quin possit solvi: item, quod homo per istas indulgentias liber sit ab omni pœna et culpa.

O Deus optime, sic erudiuntur animæ tuis curis, optime Pater, commissæ ad mortem, et fit atque crescit durissima ratio tibi reddenda super omnibus istis. Idcirco tacere hæc amplius non potui. Non enim fit homo per ullum munus episcopi securus de salute, cum nec per gratiam Dei infusam fiat securus, sed semper in timore et tremore jubet nos operari salutem nostram Apostolus: et *justus* c) *vix salvabitur*: denique tam arcta est via, quæ ducit ad vitam, ut Dominus per Prophetas Amos et Zachariam salvandos appellet torres raptos de incendio, et ubique Dominus difficultatem salutis denunciet.

Quomodo d) ergo per illas falsas veniarum fabulas et promissiones e) faciunt populum securum et sine timore? cum indulgentiæ prorsus nihil boni conferant animabus ad

b) A. se securas esse.
c) A. + inquit Petrus.
d) A. cur.
e) A. prædicatores earum.

salutem aut sanctitatem, sed tantummodo pœnam externam, olim canonice imponi solitam, auferant.

Denique opera pietatis et charitatis sunt in infinitum meliora indulgentiis, et tamen hæc non tanta pompa, nec tanto studio prædicant: imo propter venias prædicandas illa tacent: cum tamen omnium Episcoporum hoc sit officium primum et solum, ut populus Evangelium discat, atque [f]) charitatem Christi. Nusquam etiam præcepit [g]) Christus indulgentias prædicari, sed Evangelium vehementer præcipit praedicari [h]). Quantus ergo horror est, quantum periculum Episcopi, si, tacito Evangelio, non nisi strepitus indulgentiarum permittat in populum suum [i]), et has plus curet, quam Evangelium? Nonne dicet illis Christus: *colantes culicem, et glutientes camelum* ?

Accedit ad hæc[k]), reverendissime Pater in Domino, quod in instructione illa Commissariorum, sub T. R. Paternitatis nomine edita, dicitur (utique sine T. P. reverendissimæ et scientia et consensu) unam principalium gratiarum esse donum illud Dei inæstimabile, quo reconcilietur homo Deo: et omnes pœnæ delentur [l]) purgatorii: item, quod non sit necessaria contritio iis [m]), qui animas vel confessionalia redimunt.

Sed quid faciam, optime Præsul et illustrissime Princeps, nisi quod per Dominum Jesum Christum T. R. Paternitatem orem, quatenus oculum paternæ curæ dignetur advertere, [n]) et eundem libellum penitus tollere, et prædicatoribus veniarum imponere aliam prædicandi formam: ne forte aliquis tandem exsurgat, qui editis libellis et illos et libellum illum confutet, ad vituperium summum illustrissimæ tuæ Sublimitatis. Quod ego vehementer quidem fieri abhorreo, et tamen futurum timeo, nisi cito succurratur.

Hæc meæ parvitatis fidelia officia, rogo, tua illustrissima Gratia dignetur accipere modo [o]) principali et episcopali,

---

f) A. et.
g) A. enim præcipit.
h) A. — sed etc.
i) A. + spargi.
k) A. hoc.
l) A. deleantur.
m) A. his.
n) A. admittere.
o) A. animo.

id est, clementissimo: sicut ego ea exhibeo corde fidelissimo, et T. P. R. deditissimo: sum enim et ego pars ovilis tui p). Dominus Jesus custodiat T. reverendissimam Paternitatem in æternum, Amen. Ex Wittemberga, in vigilia omnium Sanctorum, anno MDXVII.

Si tuæ reverendissimæ P. placet, poterit has meas disputationes videre, ut intelligat, quam dubia res sit indulgentiarum opinio, quam illi ut certissimam somniant q).

Indignus filius.

Martinus Luther, Augustin. Doctor S. Theol. vocatus.

Im November.

N°. XLIII.

An Spalatin.

Nach einer Bemerkung über die dem Spalatin ertheilte Vollmacht, von Gewissensfällen und Strafen zu absolviren, berichtet er, daß der Bischof zu Brandenburg ihn schriftlich und mündlich ersucht habe, die Herausgabe der Probationes thesium aufzuschieben, und den Sermon vom Ablaß nicht weiter ausgeben zu lassen, und daß er zu folgen versprochen. Jene Probationes oder Resolutiones erschienen im August des folgenden Jahres.

Bey Aurifaber I. 39. b. Löscher I. 839. Vgl. Cod. Jen. a. f. 9. Deutsch (c.) Walch XV. Anh. No. I.

Suo Spalatino in arce Wittembergensi.

Jesus.

Salutem. Quod accepisti facultates remissionis et absolutionis ab omnibus casibus, paucis exceptis, gratus esto largitori. Porro facultates casuum satis amplector: remissiones vero pœnarum, id est, indulgentias scis in quali soleam existimatione habere: licet nihil in his quoque statuam. Simile judicium de stationibus urbis Romæ mihi fuit, cum sint non

---

p) A. quando et ego — sum. q) A. seminant.

aliud nisi indulgentiæ. Meliores enim censeo orationes seu opera, quæ pro illarum acquisitione jubentur, quam ipsas acquisitas. Reliqua non intelligo, quæ de Geniis templorum patronis scribis.

Fuit heri apud me Dominus Abbas Leninensis, nomine et vice reverendi Domini Episcopi Brandenburgensis, cujus et literas ad me attulit, referens mihi mandato ejusdem Domini Episcopi nostri, optare se et petere, ut paululum differam editiones probationum mearum et quarumlibet lucubrationum, si quas haberem: de indulgentiis tum [a]) sermonem vulgarem editum valde nollet *), et deinceps non edendum nec vendendum rogavit.

Ego vero pudore confusus, quod tantum abbatem, deinde tantus pontifex tam humiliter ad me mitteret, et solius hujus rei gratia, dixi: bene sum contentus, malo obedire, quam miracula facere, etiam si possem, et reliqua, quæ meum studium excusarent. Licet enim nihil erroris in illis, sed omnia catholica esse censeret, ipseque damnaret illas indiscretas (ut vocant) proclamationes indulgentiarum: tamen propter scandalum judicaret aliquantulum tacendum et differendum. Vale in Domino. Anno MDXVII.

F. Martinus Lutherus, Augustinianus.

---

11. November.

N°. XLIV.

An Joh. Lange.

L. übersendet ihm seine Sätze wider den Ablaß und vertheidigt die früheren gegen die scholastische Theologie, welche den Erfurter Mönchen

---

a) Aurif. tamen.

*) Nach dieser Stelle scheint der Sermon vom Ablaß und Gnade damals schon erschienen zu seyn, während Andere dessen Erscheinung erst ins J. 1518 setzen. Wirklich ist auch keine Ausgabe vorhanden, welche ins J. 1517 gehörte. S. Walther Beweis, daß Luthers Sermon v. A. u. G. nicht 1517, sondern 1518 ausgegangen. Neustadt a. d. O. 1771. 4.

mißfallen hatten, indem er die größte Zuversicht in die Sache der Wahrheit ausspricht.

Bey Aurifaber I. 40. b. Löscher I. 837. Deutsch bey Walch XV. 484.

Integro et sinceræ religionis Viro, Johanni Lango, sacræ Theologiæ Licentiato, Eremitæ August. Erfurd. sibi in Christo amantissimo.

Jesus.

Salutem in Christo. Ecce alia denuo paradoxa mitto, reverendissime Pater mi in Christo. Quod si etiam in his tui theologi offenduntur, et dixerint (sicut passim de me omnes loquuntur) me nimis temere superbeque præcipitare judicium damnareque alienas sententias: respondeo per te et has literas: primum mihi vehementer placere maturam eorum modestiam cunctantemque diu gravitatem, si eam in opere exhiberent: sicut in me reprehendunt levitatem et præcipitem temeritatem. Facile enim in me, ut video, notant vitium ejusmodi.

Sed miror, quod eisdem oculis suum Aristotelem inspiciant, aut si inspiciunt, quomodo non vident, Aristotelem nihil aliud esse per singula paene cola et commata, quam Momum, imo Momorum Momum. Si ille itaque gentilis, nihil prohibente mordacissimae temeritatis vitio, adhuc placet, legitur, citatur: quid est, quod Christianus ego ita displiceo, præsertim cum gustum aliquem refero similem placidissimo illi Aristoteli? An displicet in me gutta vitii, cujus in Aristotele totum pelagus placet?

Deinde miror, cur nec seipsos pariter oderint et damnent Quid enim sunt invicem isti scholastici, quam meri critici, Aristarchi, mutuique Momi? Licet illis et placet judicare omnium sensus, mihi eidem prorsus interdictum est. Tandem id etiam queror, si displicet illis ita nimis mea sententia, et modestiam potius laudant: cur non et ipsi non temperant sibi judicio mei? cur non modestius expectant rei finem? Vides itaque quam sumus homines, id est, plane iniqui, ut semper festinemus festucas de oculo fratrum eruere, interim trabibus nostrorum oculorum etiam hujus vitae delectati: ita culicem in altero colamus tanquam vitium, quod in nobis camelus est, attamen glutimus tanquam summam virtutem.

Itaque scias, me eos Momorum lemures nihil majoris, quam lemures (et ejusmodi quidem sunt) facere: nec volo moveri, quid illis videatur aut non videatur. De temeritate mea, vel modestia, sciens certissimum, quod, sive modestus fuero, veritas mea modestia non fiet dignior, sive temerarius, non fiet indignior mea temeritate. Id solum cupio ex te tuisque theologis quam maximo voto, tacito interim autoris vitio, de ipsis editionibus meis vel conclusionibus quid sentiant, intelligere: imo multo magis erroris vitia, si qua in illis sunt, mihi significari. Quis enim ignorat, quin sine superbia, aut saltem sine specie superbiæ et contentionis suspicione possit quicquam novi produci? Finge enim ipsam humilitatem nova conari, statim superbiae vitio subjicietur ab iis, qui aliter sapiunt. Cur enim Christus et omnes martyres occisi sunt? cur doctores passi invidiam? nisi scilicet, quia superbi et contemtores veteris et inclytæ sapientiæ seu prudentiæ visi sunt: aut quod talia nova sine concilio illorum protulerint, qui vetera sapiebant.

Non itaque volo, eam ex me expectent humilitatem (id est, hypocrisin), ut prius eorum concilio et decreto mihi utendum esse credant, quam edam: nolo quod hominis industria aut consilio, sed Dei fiat, quod facio. Si enim fuerit opus ex Deo, quis prohibebit? Si non fuerit ex Deo, quis promovebit? fiat non mea, nec illorum, nec nostra, sed voluntas tua, Pater sancte, qui es in cœlis, Amen.

Ultimo memor esto, ut solicite pro me ores, sicut et ego pro te, ut Dominus noster Jesus adjuvet et portet nobiscum nostras tentationes, omni homini incognitas præter nos. Vale. Ex Wittemberg, nostro monasterio, die S. Martini Episcopi, anno MDXVII.

F. Martinus Eleutherius, imo dulos et captivus nimis August. Wittemberg.

Aesticampianus[a]) apud nos profitetur literas humanitatis publico et ducali salario.

---

a) Aurif. falsch: Aeschicampianus. Der Mann hieß Sommerfeld.

11. November.

N°. XLV.

An Spalatin.

Nach einer Danksagung für ein Geschenk des Kurfürsten, seine Meinung über die Unwissenheit, die vorsetzliche und unüberwindliche.

Bey Aurifaber I. 42. Löscher I. 840. Vgl. Cod. Jen. a. f. 17. Deutsch bey Walch XVIII. 16.

Suo Georgio Spalatino, a commentariis Principis Saxoniae Electoris, in Christo fratri.

Jesus.

Salutem. Corde meo et officio tuo, mi Spalatine, gratias ago Principi nostro illustrissimo: pannum enim accepi. Sed et tibi gratias ago: imo quid tibi non debeo? Cæterum quid illi acciderit, miror, illi, inquam, qui tibi dixit, Augustinum in libris de doctrina Christiana argumentum de ignorantia invincibili tractare: cum sanctus ille vir primam et ultimam partem *) rhetorices, id est, inventionem et pronunciationem, pro instituendis doctoribus Christiani populi, tractet in illis totis libris.

De ignorantia sic habet res: scholastici doctores huc usque docuerant, duplicem esse ignorantiam cujuscunque rei præsertim salutaris: alteram affectatam et crassam, quæ quis ita agit, ut studio et data opera videatur velle ignarus esse; alteram invincibilem, qua quis ita agit, ut per eum non stet, quo minus fiat gnarus, et illam ajunt augere peccatum, hanc vero excusare penitus.

Contra quos ego sic posui, ut vides, et sententia mea breviter est hæc. Omnis prorsus ignorantia est invincibilis nobis, et nulla ignorantia est invincibilis gratiæ Dei. Quia ex nobis nihil possumus, ex gratia Dei omnia possumus: et quanto magis conamur ex nobis ad sapientiam, tanto amplius appro-

*) Cod. J. partes.

pinquamus insipientiæ, sicut ait Salomon: *Dixi, sapiens efficiar, et ipsa longius recessit a me*, et sicut gentes fecisse scribit Apostolus Roman. I. Idcirco verum non est, quod invincibilis ignorantia excuset a peccato: alioquin nullum esset peccatum in mundo. Vale et ora pro me. Ex Wittemberga, undecima Novembris, anno MDXVII.

F. Martinus Lutherus August.

Im November.

N°. XLVI.

An Spalatin.

Antwort auf einen Brief Spalatins und Zusage dessen, was er verlangt hatte, und was sich zum Theil auf den Thesen-Streit bezogen zu haben scheint.

Bey Budd. p. 3, ohne Angabe der Quelle, wahrscheinlich aus Cod. Jen. a. f. 233. Bey Löscher I. 843. Deutsch bey Walch XXI. 585.

Suo Spalatino etc.

Jesus.

Salutem. Breviter omnia, quae scribis, faciam. Respondit enim D. rever. Episcopus, et liberum fecit promissionis meae. Nisi quod nescio, an tres istos dies sequentes concionari queam. Videbo tamen: sin minus, Amsdorfius accedet, coadjutor.

F. Martinus Eleutherius.

Im November.

N°. XLVII.

An Spalatin.

L. theilt Sp. einen Dialog des Erasmus mit, den er jedoch nicht verbreitet wünscht, weil er über kirchliche Verderbnisse scherze, welche man beklagen solle. Von seinen Thesen, daß er nicht wolle, daß man glaube, sie seyen auf Befehl oder mit Billigung des Kurfürsten herausgegeben worden. Erinnerung an ein Versprechen des Kurfürsten, ihm ein Kleid zu schenken.

Bey Buddeus, p. 2, ohne Angabe der Quelle, wahrscheinlich aus Cod. Jen. a f. 233. Bey Löscher I. 837. Deutsch bey Walch XV. Anh. XI.

Suo in Christo optimo et erudito Georgio Spalatino, ducali Hyperaspisti in arce.

Jesus.

Salutem. Dialogum, optime Spalatine, proposueram mihi [a]), nulli unquam me communicaturum. Non alia ratione utor, quam quod tam jucunde, tam erudite, tam denique ingeniose (id est, omnino Erasmice) textus est, ut ridere cogat et nugari in vitiis et miseriis Ecclesiae Christi, quae tamen summis gemitibus omni Christiano Deo sunt querendae. Attamen quia expostulas, ecce habes, lege et utere, et tandem redde.

Positiones nostras nolui in nostri Principis illustrissimi aut alicujus aulici prius venire manus, quam eas percepissent ii, qui sese in illis notari crederent, ne forte crederent eas vel jussu vel favore Principis in Episcopum Magdeburgensem a me fuisse editas, sicut jam audio a multis eorum somniari [b]). Sed salvum est nunc etiam jurare, quod sine scitu Ducis Friderici exierint. Alia alias, quia tempus occupatissimum habeo. Vale. Ex nostro monasterio.

F. Martinus Eleutherius, Augustin. Wittemberg.

Scripsisti mihi promissam vestem mihi a Principe: scire vellem, cuinam super hac re fecerit commissionem. *)

---

a) Cod. J. — mihi.

b) So, und nicht somniare, muß es wohl heißen.

---

*) Das Geschenk an Tuch, für welches L. in No. XLV dankt, scheint nicht dasjenige zu seyn, an welches er hier und im folgenden Brief erinnert; denn noch im J. 1519 war dasselbe nicht erfolgt. S. No. CXLVI.

Im November oder December.

N°. XLVIII.

An Friedrich, Kurfürsten von Sachsen.

L. erinnert den Kurfürsten an das Versprechen, ihm ein neues Kleid zu schenken (vgl. vor. Br.), sucht ein ungünstiges Vorurtheil gegen Staupitz zu widerlegen, und mahnt von der beabsichtigten neuen Auflage ab, welche wahrscheinlich Pfeffinger angerathen, gegen den L. nicht gut gestimmt zu seyn scheint.

Abgedruckt ist dieser Brief ex Copial. Archiv. Vinar. im Supplement zu der Leipzigischen Sammlung der Schriften Luthers, S. 27. bey Walch XXI. S. 2. Auch Seckendorf. L I. p. 67 hat ein Stück davon. Wir haben das Original von neuem verglichen.

Meinem gnädigsten und lieben Herrn, Herzog Friedrich, Kurfursten zu Sachsen, zu Sr. Gnaden Handen.

Gnädigster Herr und Furst. Als mir E. F. G. vor diesem die Zusagung thät durch den Hirsfelder, ein neu Kleid zu geben; so kome ich nue und bitt E. F. G. desselben eingedenken zu seyn.

Bitt aber, gnädiger Herr, wie vormals, so der Pfeffinger das ausrichten soll, daß er es mit der That und nit mit freundlicher Zusagung ausrichte; er kann fast gute Wort spinnen, wird aber nit gut Tuch daraus.

Es ist auch, gnädiger Herr, mir offenbart, nämlich durch den Prior zu Erfort, der es von E. F. G. Beichtvater verstanden, wie daß E. F. G. sollt Ungnade empfangen haben uber D. Staupitz, unsern wirdigen lieben Vatter, etlich Schreibens halben; hab ich dasselb, als er hie gewest und E. F. G. zu Torgau gesucht, mit seiner Wirde geredt, und furgehalten, daß mirs nit lieb wäre, E. F. G. Unglimpf uber seine Wirden, hab ich in der Wahrheit in vielen Worten nit anders erfunden, die wir den Abend von E. F. G. hätten, dann daß E. F. G. ihm aufs Beste in seinem Herzen, und ihm der Kurfurst von Sachsen ein lieber Furst ist, und verwahr gar sonderlich E. F. G. gunstig ist, also, daß er endlich sagt: ich meine nit, daß ich mein gnädigsten Herrn je erzurnet habe, ich hätt es dann damit than, daß ich S. G. zu viel gelieb gehabt. Derhalben bitt ich, gnädiger Herr, seinthalben, als er mirs auch etlichermaß empfohlen, E. F. G. wollt sich aller Gunst und Treu zu ihm versehen, wie dann ahn Zweifel E. F. G. dieselbe oft an ihm erfunden.

Auch, gnädigster Herr, daß ich mein Treu E. F. G. auch erzeige, und mein Hofekleid verdiene: ich hab gehört, wie daß E. F. G. nach Abgang dieses Auffatzes wollte eine andere und vielleicht schwerer aufsetzen. So E. F. G. nit wollt verachten eines armen Bettelers Gebet, bitt ich, wollts umb Gottes Willen nit lassen dahin kumen, dann mirs von Herzen leid ist und vielen E. F. G. Gunstigen, daß auch diese Schätzung E. F. G. letzten Tagen so viel gutes Geruchts, Namen und Gunst beraubt hat. Gott hat E. F. G. wohl mit hoher Vernunft begnadet, daß Sie in diesen Sachen weiter sieht, denn ich odder vielleicht alle E. F. G. Unterthanen; aber mag doch wohl seyn, ja Gott will es so haben, daß groß Vornunft zuweilen durch weniger Vernunft gewiesen werde, auf daß niemand auf sich selb sich verlasse, sundern alleine auf Gott unsern Herrn, welcher spar E. F. G. gesund uns zu Gute, und darnach E. F. G. Seelen zur Seligkeit, Amen.

E. F. G. unterthäniger Cappellan,

D. Martinus Luther, zu Wittenberg.

---

11. December.

N°. XLIX.

An Christ. Scheurl.

Scheurl hatte L. den Rath gegeben, daß er eine von seinen Schriften dem berühmten Nürnbergischen Rechtsgelehrten Hieron. Ebner zueignen solle. Darauf antwortete er, daß er in seinem ganzen Vorrathe auch nicht eine einzige Schrift gefunden habe, die er für würdig halte, einem solchen Manne vorgeleget zu werden.

Aus dem Originale in Chr. Gottl. Schwarz Progr. Altorf. 1740. p. 9. Dann „aus der vormaligen Scheurlischen Sammlung zu Nürnberg" bey Schütze II 17, und aus Schwarz bey Strobel-Ranner p. 41. Deutsch bey Walch XXI. 580.

Optimo et integro Viro, jurium Doctori doctissimo, Christophoro Scheurlo, Nurmbergensis Civitatis Advocato, suo unice amico.

Jesus.

Salutem. Literae tuae, quas III. Nonas Novemb. ad me dedisti, Vir eruditissime et humanissime, animum tuum erga nostros et meam parvitatem mirifice candidum et longe ultra merita benevolentissimum probaverunt. Sed et ipsae literae, animi tui certissima imago, nihil aliud erant, quam candor, nihil aliud nunciaverunt, quam candidum. Gaudeo et gratias ago Dno. Jesu, quod tui Nurnbergenses, inprimis optimates, rev. Vicarium, deinde felicem (ut scribis) ejus aemulum, Wenceslaum nostrum, adeo colunt adeoque observant, neque hoc ipsum faciunt ullo intuitu carnis aut respectu personarum, ut solet vulgus gregarium [a]), sed justo [b]) amore scientiae salutaris et studio verbi gratiae. Confirmet, oro, hoc opus suum Dominus, quod incepit, atque perficiat [c]) usque in finem. Amen.

Caeterum, quod secundo hortaris, ut studia mea honorem, et ad D. Hieron. Ebner, moderatorem inclytae urbis vestrae, aliquid ex officina mea producam, (siquidem non meis studiis nomen illius honestare possum, sed potius nomen ejus studia mea) nimium de me confidis atque praesumis. Non deest quidem mihi votum et studium summe illi obsequendi et tibi gratificandi, sed non opis est nostrae; nec tali me dignor honore. Tu quidem egregiam geris opinionem de studiis meis, sed ego abjectissimam. Et quanquam animi tui fidem integerrimam credere debeam, tamen multo magis vires meas ipse ponderare teneor. Imo ut tibi simpliciter confitear, coepi tuis monitis velle obsequi, et jam disquirebam, quidnam aggrederer potissimum. Et ecce in universa supellectile mea (quam nunquam tam curtam agnovi,) quicquid occurrebat, sordebat, et indignissimum apparebat, quod tali ac tanto viro a me tantillo dedicaretur. Non solum enim me prohibebat insignis inscitia,

---

a) Schütze: gregarius.

b) Sch. casto.

c) Sch. proficiat,

qua nihil mihi scire videbar, sed et altera, scilicet ineloquentia, qua non possem ea d), si qua etiam dignissima scirem, digne proferre; quanquam minoris facio illud damnum, si quis bonum vinum vili vasculo propinet, quam id, si quis pretiosissimo vasculo aquam turbidam propinet. Itaque te rogo, ut veniam mihi concedas vel meritissimo, atque deinceps tibi ac laudibus meis temperes. Narravit mihi familiaris tuus literarum portitor, te denuo humanitatis officio ad me per Erfordiam dedisse libellos de praedestinatione, quos nondum accepi; sed non dubito accepturum: idcirco gratias ago, et si qua potero, vicarius ero vel apud Deum. Vale, mi suavissime Christophore, in Domino. Ex Wittenberga, undecima Decembris MDXVII.

F. Martinus Luther, Augustinianus.

---

20. December.

N°. L.

An Spalatin.

L. beantwortet die Frage, ob noch andere Weiber als die Marien zum Grabe Christi gekommen, und wieviel Marien gewesen, und berührt eine andere Streitfrage über die Legende der heil. Anna.

Bey Aurifaber I. 43. Löscher I 841. Vgl. Cod. Jen. a. f. 283. Deutsch bey Walch XXI 582.

Suo Georgio Spalatino, Sacerdoti Christi integerrimo suo. a)

Jesus.

Salutem. Ad literas tuas, quas ex Lochensi arce ad me dederas, certe b) respondi, optime Spalatine: et per officium conductoris seu publicæ fidei ministrum ad te pervenisse credidi: in quibus te oravi, ut illustrissimo Principi

---

d) Sch. ac.

a) Die Ueberschrift fehlt im Cod. Jen.

b) Cod. J. certa.

pro panno gratias ageres pro me: deinde paradoxum meum de ignorantia invincibili, quoad potui, tibi declaravi.

Nunc quod quæris, primum, an et aliæ mulieres fuerint ad sepulchrum Domini, præter Marias illas: habes apertum textum Lucæ ultimo non longe a principio dicentis: *erat autem Maria Magdalene, et Johanna, et Maria Jacobi, et cæteræ, quæ cum eis erant, quæ dicebant ad Apostolos hæc* etc. Imo videntur fuisse multæ, præsertim eæ, quas octavo capite enumerat Dominum secutas: de quibus rursus in fine cap. XXIII. dixit: *subsecutæ autem mulieres, quæ cum eo venerant de Galilæa.* Et in principio ultimi capitis: *una autem sabbathi valde diluculo venerunt ad monumentum portantes aromata, quæ paraverant* (utique illæ eædem, de quibus proxime dixit eum subsecutas), et in Græco hic additur: *et quædam cum eis*, teste Laurentio Valla, et Erasmo: et illæ (quædam) mihi videntur aliæ esse a prædictis.

Alterum, quot fuerint Mariæ? Certum est ex Evangelio probari evidenter posse, tantum duas fuisse Marias, præter matrem Domini scilicet, Magdalenam et Mariam Jacobi. Perspicuus enim error est [c]), Mariam Salome nullam esse, nisi ipsam Salome. Salome enim mulieris nomen est, non viri, generis feminini illius masculini, quod est Salomon: unde et apud Josephum nota est illa Salome Herodis magni soror. Lege Matthæi XX., ubi mater filiorum Zebedaei accessit ad Christum: ubi Chrysostomus dicit: hæc est Salome. Et Marci X. eosdem filios Zebedaei nominat Johannem et Jacobum. Johannes autem XIX. Mariam Cleophæ vocat sororem matris Domini.

Eadem autem est Maria Jacobi. Nam Matth. XIII. et Marci VI. enumerantur Jacobus, Jose, Juda, Simon, fratres Christi, id est, matrueles Christi: quia filii sororis matris ejus. Igitur hanc Mariam Johannes Mariam Cleophae XIX., Marcus Mariam Jacobi cap. VI., hic a filio, ille a Maria appellat. Et id quoque vide, quod Johannes solam Mariam Magdalenam adducit ad sepulchrum: Matthaeus duas, scilicet Mariam

c) Cod. Jen. — est.

Magdalenam, et alteram, Mariam Cleophae vel Jacobi: Marcus tres, Mariam Magdalenam, Mariam Jacobi, et Salome: Lucas tandem plurimas. Nam et Matthaeus alteram dixit Mariam sine nomine, ut ostenderet unam et alteram, duas tantum fuisse.

Audio, quod D. Conradus Wimpina *) nescio quid moliatur adversus Ecclesiasten Zwickaviensem **) propter eandem causam, videlicet quod ille historiam S. Annæ confutat, et redarguit præsertim tres illas Marias. Mihi vero difficile videtur posse illum coargui, quanquam nollem contentione eam historiam tolli: sed potius propter populum paulatim in seipsa frigescere et cessare, maxime cum sit error ille de pietate descendens, non adeo damnandus, ut ille, quo propter pecunias Sancti coluntur. Vale, mi Spalatine, in Christo. Ex nostro monasterio, vigilia S. Thomæ, anno MDXVII.

F. Martinus Eleutherius [d]), Augustinensis.

---

d) So Cod. Jen. öfter; Aurif. Lutherus.

---

*) Professor in Frankfurt a. d. O.

**) J. Sylvius Egranus s. Br. v. 24. März No. LIX.

1518.

7. Januar.

N°. LI.

An Spalatin.

L. übersendet dem Sp. von Leipzig aus die Streitschrift des Silvester Prierias, und erbittet sie sich bald zurück, um sich mit seinen Freunden darüber zu berathen, ob er darauf antworten solle. Es ist der Dialogus in præsumtuosas M. L. conclusiones de potestate Papæ gemeint.

Bey Buddeus p. 3 ohne Angabe der Quelle. Löscher II. 597. Vgl. Cod. Jen. a. f. 233. Deutsch bey Walch XXI. 586.

Suo Spalatino, Christi Sacerdoti, Principi Saxoniæ a libellis.

Jesus.

Salutem. Schedula, quam petis, mi Spalatine, non est apud me; videbo, si Wittembergae sit, et mittam. Caeterum mitto novas larvas Silvestri ex urbe, jam per Nurmberg acceptas. Quas ubi legeris, statim remittas Wittembergam, ut consulibus amicis respondeam vel taceam. Non habeo nisi hoc unum exemplar. Vale. Lipsiae 7. Januar.

Martinus Eleutherius.

---

14. Januar.

N°. LII.

An Spalatin.

L. erzählt von einem Streite, den er bey einem Gelag, wozu ihn Emser in Dresden eingeladen, mit Leipziger Theologen über Thomas und Aristoteles gehabt, und berichtigt die deswegen ausgestreuten Gerüchte; auch eine von ihm gehaltene Predigt hatte man verdrehet. Er tröstet sich und seinen Freund wegen der Widerwärtigkeiten, die er erfährt, äussert sich über das wohlthätige Werk eines Freundes zum Besten eines Verstorbenen, und erwähnt zuletzt der Streitschrift des Silvester Prierias, auf welche er nicht zu antworten gedenkt, späterhin aber (im August) wirklich antwortete, vgl. d. Br. a. Sp. v. 8. Aug. No. LXXIV.

Bey Aurifaber I. 44. b. Löscher II. 597. Vgl. Cod. Jen. a. f. 20. Deutsch bey Walch XV. Anh. No. V.

Suo Georgio Spalatino, amico optimo. a)

Jesus.

Salutem. Quod me in Dresden aliquot asserant revictum in convivio, mi Spalatine, non mireris: dixerunt et alia jam diu, quæcunque etiam libuerat. Fui sane a Hieronymo Emser una cum Johanne Lango nostro et Priore Dresdensi nostro pæne coactus magis quam invitatus ad serotinam compotatiunculam. Hic ubi inter amicos me esse arbitrabar, mox intellexi inter medias me insidias conjectum. Erat unus Lipsensis Magisterculus Thomasterculus, sibi mire visus omnia nosse. Is, ut erat plenus in me odio, primum amice excepit, tandem suborta disputatione in me acriter et clamose invectus est. Interim foris stabat, me nescio, Frater Terminarius prædicatorum, auscultans omnia, qui (postea id audivi) mire se tortum fuisse jactavit, et ægre se continuisse, ne prodiret, et in faciem meam spueret, ac omnibus nominibus fœdaret. Adeo crucifixerat hominem, quod Thomam Magisterculo illi confutarem. Is est vir ille, qui ubique jactat usque hodie, me adeo fuisse convictum, ut nec Latinum verbum, nec vernaculum respondere potuerim. Nam quia mixtim (ut fit) vernacula lingua digladiabamur, omni fiducia pronunciavit, me nescire Latinum verbum. Cæterum disputatio erat super Aristotelis et Thomæ nugis: ostendi ego, nec Thomam nec omnes Thomistas simul vel unum in Aristotele intellexisse capitulum. In fine, cum gloriosus ille esset, petii, ut conflatis omnibus viribus

a) Cod. J. — amico optimo.

Thomisticæ eruditionis, definiret mihi, quidnam esset implere mandata Dei: scio, inquam, nullum esse Thomistam, qui id sciat. Hic homo ex trivio, adhuc memor ruditatis suæ, exclamavit: da pastum (sic enim vocatur pretium ludi magistrorum): quid enim aliud responderet, qui aliud nesciret? Hoc insulso responso in risum soluti, digressi sumus. Postea mihi Prior Dresdensis scripsit, quam jactitaverint, et in Principis aula quoque me fœdaverint, ut indoctum, superbum ac nescio quot nominibus, item quod sermonem, quem in castro feceram, in omnem (præter veritatem) faciem verterant. Adduxeram historiam de tribus quibusdam virginibus theologicissimam: has tres postea in aula Principis a me notatas garrierunt. Breviter, genimina serpentum expertus sum, qui et omnia vellent et nihil possent, gloriæ suæ detractum putantes, si quid in me irreprehensum relinquerent. Ego istas larvas contemnens rescripsi, ut quiesceret, sineret et mihi meum Cain et Judam vivere. Sed Hieronymus Emser tum enixe sese excusavit: idem et Lipsiæ novissime me accedens juravit, nullas insidias sese contra me machinatum: ego, sicut et hodie, contemsisse me dixi tam nihili furores. Si sunt docti adeo, sunt typi et chartæ: edant aliquid et ostendant gloriam magnificentiæ eruditionis suæ. Sermo erat de S. Jacobo majore, cujus tunc erat dies festus super evangelio: *nescitis quid petatis,* ubi stulta vota hominum Deo supplicantium taxavi, et quid Christiano petendum esset docui.

Episcopo Misnensi quid acciderit, satis miror, nisi illud Ecclesiastici verum patitur in se ipso: *honores mutant mores*, et vulgo adjectum: *sed raro in meliores.* Nec vidi unquam hominem, nisi quod antea Vicario nostro amicissimum fuisse scio. Sed non mireris, mi Spalatine, de me mala dici. Hæc sunt, quæ gaudens audio: nisi maledicerer, non crederem ex Deo esse, quæ tracto. Christus in signum contradictionis ponatur oportet, et in ruinam multorum, non gentium, sed Israel et electorum, egregiorumque virorum, ut Psalmus LXXVII dicit: *Et occidit pingues* (id est magnates et optimates) *eorum, et electos Israel impedivit.* Hæc inquam sunt opera Dei, occidere et impedire, non faeces Israel (sicut per Prophetam ait) sed capita conquassare, et reges et Pharaones, ut ostendat virtutem suam.

Scrupulosiolum illum, qui me in τὸ ἀνάθημα lapsum arbitratur, contemno cum fiducia. Nam adeo non metuo decreta b) ista, traditiones hominum (quas illi solas timent, Deum autem sine fine contemnunt), ut mihi contra illas etiam bellum aliquando suscipiendum c) confidam. Non ligat nec nocet ira decretalium, quando tuetur misericordia Christi Utinam divinam rem facturo hæc summa et sola sit trepidandi causa.

Miror Silvestres nugas non fuisse tibi redditas a Priore Grimmensi, cum tamen literæ meæ illis conjunctæ pervenerint. Addidi et dialogum Luciani, nuper a Mosellano transpositum in Latinum, ut lecto simul eo reciperem cum nugis. Præterea additi fuerunt fasciculi aliquot literarum aliunde allatarum, nomini tuo adscriptarum. Poteris ex Grimma sciscitari, si nondum accepisti. De Hebræo nostro alias.

Opus bonum, quod pro anima defuncti jam beata factum fuerit, obsecro, non nimio æstimet amicus ille, nec disputet, cuinam proficiat. Certum est, quod omne opus bonum primo factori ipsi prodest, et tanto magis, quanto pluribus fuerit impensum. Non enim spiritualia bona, sicut temporalia donantur. In his fit dator pauperior, in illis autem ditior: quo plus erogatur Spiritus, eo augescit magis; quo plus erogatur caro, eo decrescit magis. Ideoque non frustra fit opus, etiamsi anima eo non egeat. Omnia enim hic sunt communia nec est ullum opus bonum, quod non primo includat communitatis utilitatem et Dei voluntatem, hoc est, quod pro hac vel ista anima sic operandum est, si Deus velit illi id prodesse. Sin autem alteri, ante omnia tamen communitati totius Ecclesiæ. Hanc intentionem spiritus vitiat affectus ille carnis, quo pro una tantum anima velut reliquis exclusis operari soleat. Nostrum est operari, Dei applicare et exaudire. Reliqua alias.

---

b) Cod. Jen + Christi.
c) Aurif. suspiciendum.

Mitto quoque literas D. Sigismundi de Clumma, ut juxta pactum respondeas, quod ei reddam. Vale. Silvestro nostris non videtur respondendum, imo convenit inter nos, esse personatum aliquem Silvestrum ex obscuris viris, qui tantas ineptias in hominem luserit ad provocandum me adversus eum. Vale. Formam confessionis meditor. 14 Januarii, anno MDXVIII.

F. Martinus Eleutherius.

---

18. Januar.

N°. LIII.

An Spalatin.

Ueber die beste Weise die Schrift zu studiren, mit beygefügten Urtheilen über Augustinus, Ambrosius, Hieronymus, Erasmus.

Bey Aurifaber I. 47. Löscher II. 600. Vgl. Cod. Jen. a. f. 17. Deutsch im Hall. Th. S. 153. bey Walch X. 260 und XVIII. 2492.

Suo integerrimo Georgio Spalatino, Christi in veritate discipulo, et fratri. [a])

Jesus.

Salutem. Hucusque ea ex me postulasti, [aa]) optime Spalatine, quæ fuerunt vel meæ facultatis vel temeritatis: nunc vero cum postules dirigi in iis, quæ pertinent ad pernoscendas sacras literas, longe ultra meas vires negotium exigis, quippe cum nec ipsemet mihi ducem tantæ rei uspiam queam invenire. Hic certe diversi sentiunt diversa, et hi sane omnium eruditissimi et ingeniosissimi. Habes Erasmum, qui palam adserit D. Hieronymum talem esse in ecclesia theologum, ut solum velit videri. Huic si ego opposuero D. Augustinum, non solum propter professionis studium, sed etiam propter evulgatum jam diuque receptum

---

a) Die Ueberschrift ist nach dem Cod. Jen.
aa) Cod. J. + mi.

Erasmi judicium, videbor iniquior et suspectior arbiter, quando ille dixerit [b]) impudentissimum esse, si Augustinum Hieronymo quis comparaverit. Deinde aliorum alia sunt judicia. Ego pro paupertate et eruditionis et ingenii de tantis rebus inter tantos judices nihil ausim statuere. Ego denique apud eos (id est omnes), qui bonas literas vel oderunt studio, vel nesciunt ignavia, Erasmum summis laudibus semper effero, atque tueor quoad possum, omni industria cavens, ne evomam ea, in quibus dissentio, ne mea quoquo voce suam invidiam in illum confirment. Quanquam sunt [c]) quam multa in Erasmo, quæ mihi ad cognitionem Christi longe aliena videantur, si tamen, ut theologus, non ut grammaticus loqui debeo: alioquin nihil eruditius, nihil ingeniosius viderit vel ipse Hieronymus, tanto prædicatus ab Erasmo præconio. Atque hoc meum de Erasmo judicium, si alteri feceris notum, tum scias amicitiæ jura te violasse. Non imprudens te moneo. Multi sunt (ut scis) omni studio occasionem quærentes ad calumniam bonis literis. Secretum itaque tibi sit, quod dixi: imo mihi non credas, donec ipse [d]) probaveris legendo: si tamen vel meum extorques studii institutum, nihil te plane celabo, ut amicissimum, ita tamen ut me non nisi judicio sequaris.

Primum, id certissimum est, sacras literas non posse vel studio vel ingenio penetrari. Ideo primum officium est, ut ab oratione incipias, tali videlicet qua ores, si Domino placuerit, per te aliquid fieri in gloriam suam, non in tuam, non in ullius hominis, tibi concedat misericordissime verum suorum verborum intellectum. Nullus enim est divinorum verborum magister, præter ipsummet verbi sui autorem, sicut dicit: *erunt omnes docibiles Dei.* Igitur de tuo studio desperes oportet omnino, simul et ingenio: Deo autem soli confidas et influxui Spiritus [e]). Experto crede ista. Deinde statuta humili desperatione, Bibliam ab initio legas ordine usque in finem, ut simplicem primo historiam memoria

---

b) Cod. Jen. dixit.

c) Cod. J. sint.

d) Aurif. ipsos.

e) Cod. Jen. de solo vero confidas influxu spiritus.

capias (quod tamen te jam diu fecisse credo), ad quod eximie proderit D. Hieronymus in suis tum epistolis, tum commentariis: verum ad cognitionem Christi et gratiæ Dei (id est) ad secretiorem spiritus intelligentiam, longe mihi plus videtur conducibilior[f]) D. Augustinus et Ambrosius: maxime cum D. Hieronymus [g]) nimis origenizare, id est, allegorizare videatur. Hæc tamen salvo Erasmi judicio dixerim, quia non [h]) tu Erasmi, sed meum judicium postulasti.

Incipies autem (si mea tibi placent studia) B. Augustinum de spiritu et litera, quem jam noster Carolstadius homo studii incomparabilis explicavit miris explicationibus et edidit: deinde librum adversus Julianum; item adversus duas epistolas Pelagianorum. Adde B. Ambrosium de vocatione omnium gentium, licet et stylus et ingenium, sed et chronica alteri, quam Ambrosio, nuncupet eum librum, eruditissimum tamen. Cætera postea, cum hæc tibi placuerint: et meæ parces temeritati, quod in re tam ardua audeam ultra tantos viros meum studium[i]) proferre. Ultimo apologiam Erasmi mittam *); sed vehementer doleo, inter tantos literarum principes tantum ortum incendium: longe quidem superat Erasmus, et melius loquitur, sed etiam acerbius, licet multis agat, ut amicitiam servet. Vale, mi Spalatine. Ex nostro monasterio, die S. Priscæ, quo dederas tu literas tuas, anno MDXVIII.

F. Martinus Eleutherius. [k]).

---

f) Cod. Jen. conducibilis.
g) Cod. J. ad D. Hieronymum.
h) Cod. J. nec.
i) Cod. J. institutum.
k) Aurif. Lutherus.

---

*) Apologia ad Jac. Fabr. Stapulensem, in Erasmi Opp. Lugd. Bat. T. IX. p. 17. vgl. den Brief No. LV.

15. Februar.

N°. LIV.

An Spalatin.

Ueber die Gesinnung (intentio), mit welcher gute Werke vollbracht werden sollen; über den Werth des Ablasses, daß Almosen unbezweifelt besser sind; wie leid es ihm thue, daß man vorgebe, er sey vom Kurfürsten zu dem Streite über den Ablaß angeregt worden.

Bey Aurifaber I 49. b. Löscher II 602. Vgl. Cod. Jen. a. f. 23. Deutsch bey Walch XV. Anh. No. IV.

Suo Georgio Spalatino, optimo inter amicos amico.

Salutem. Sicut scribis, imo præscribis faciundum, ita facio, optime Spalatine, ut per te illustrissimo Principi gratias agam, pro egregio planeque principali munere carnis ſcrinæ nostris novellis (ut dicunt) Magistris donato, dixique id universis a Principe donatum. Mire autem et mihi plus placuit animus Principis (ut scribis) clementissimi et donando benignissimi, si quidem et homo diligit hilarem datorem. Subnectis iterum duas quæstiunculas. Unam, qualis sit formanda intentio sacrificaturo, vel cætera pia opera facturo. Breviter respondeo: intentio desperationis et confidentiæ tibi semper habenda est in quocunque opere. Desperationis quidem, propter te et tuum opus: confidentiæ vero, propter Deum et misericordiam ejus. Sic enim dicit Spiritus: *beneplacitum est Domino super timentes eum, et in eos, qui sperant super misericordiam.* Timor enim quoddam desperationis initium est. Atque ut clare dicam: quoties sacrificare vel operari voles, scito sine omni scrupulo firmiter credens, tale opus [a]) prorsus non posse Deo placere, quantumcunque bonum, magnum, laboriosum fuerit, sed reprobatione dignum. Ideo tu esto prior judex tuus, et te una cum opere talem accusa et confitere coram Deo. Quæ confessio et accusatio (quia venit ex timore divini judicii,

---

a) Cod. Jen. tuum.

coram quo nullum opus potest subsistere) faciet ut sit gratum: imo non tam opus, quam ejus illa accusatio Deo placet: ita ut Deus opera bona b) magis præceperit ad occasionem talis nostræ accusationis et timoris sui, quam ut in ipsis quærat sibi serviri. Sic dicit Psalm.: *Non intres in judicium cum servo tuo, quia non justificabitur in conspectu tuo omnis vivens.* Et alius: *Justus primo est accusator sui.* O ignorata diu definitio justitiæ. Quid est justitia? est accusatio sui. Quid justus? accusator sui. Quare? quia prævenit judicium Dei, et idem damnat, quod Deus damnat, scilicet seipsum. Ideo per omnia consentit cum Deo, et ejusdem judicii, ejusdem voluntatis est cum Deo, ac per hoc verax, justus etc. Sic B. Aug. lib. IX. Conf. væ hominum vitæ, quantumlibet laudabili, si remota misericordia judicetur: et B. Hieron. illud Psal. XXXII. *pro hac orabit ad te omnis sanctus in tempore opportuno.* Dial. contra Pelag. tractans dicit: quomodo est sanctus, si pro impietate orat? aut quomodo est impius, si est sanctus? etc. Ita omnino docebit te B. August., quod omnes sancti sunt peccatores. Igitur sic de te desperatus, et idipsum Domino humiliter confessus, jam sine scrupulo tibi præsumendum est de misericordia ejus. Non minus enim peccat, qui de misericordia ejus diffidit, quam qui in operibus suis confidit. De se vult præsumi, de nobis omnino desperari. Sic in lege Moisi olim figuravit, quando præcepit, non tollendam a debitore molam inferiorem et superiorem, id est, a peccatore non removendam spem neque c) timorem, sed inter utrumque molendum et conterendum. Sic B. Job verebatur omnia opera sua, et Eccl. c. IX. *Beatus homo, qui semper est pavidus.* Igitur tantum bene operaberis, quantum de misericordia Dei præsumseris, et de opere tuo desperaveris. Tum enim jam non tu nec pro gloria tua, sed Deus pro gloria sua in te operatur. Quia non quæritur hic, nisi ut glorificetur ejus misericordia in nobis, non ut inflemur de operibus nostris in Deum. Et hæc est optima, sola, ultima intentio omnium.

---

b) Cod. Jen. + nobis.
c) Cod. Jen. et.

Secundo de virtute indulgentiarum, quantum valeant. Hæc res in dubio adhuc pendet, et mea disputatio inter calumnias fluctuat: duo tamen dicam: primum tibi soli et amicis nostris, donec res publicetur: mihi in indulgentiis hodie videri non esse nisi animarum illusionem, et nihil prorsus utiles esse, nisi stertentibus et pigris in via Christi. Etsi hanc sententiam non tenet noster Carolstadius; certum est tamen mihi, quod eas nihil ducit. Nam hujus illusionis sustollendæ gratia, ego veritatis amore in eum disputationis periculosum labyrinthum dedi me ipsum, et excitavi in me sexcentos Minotauros, imo et Rhadamanthotauros et Cacotauros.

Secundum, in quo non est dubium, quod et ipsi mei adversarii coguntur fateri et tota Ecclesia, scilicet, quod eleemosyna et subventio proximi incomparabiliter melior est, quam indulgentiæ. Ideo tibi sit consultum, ut nullas redimas indulgentias, donec invenias pauperes et egenos proximos, quibus dones, quod pro indulgentiis donare velles. Si secus egeris; ego sum excusatus, tu videris. Non dubito, quin iram mereatur, qui relicto egeno indulgentias redimit. Sed plura Deo volente videbis, ubi nostrarum positionum probationes edidero. Ita enim me cogunt homines illi ipsa rudiores ruditate, qui in omnibus concionibus me hæreticum clamant: quin eo furunt usque, ut Universitatem Wittembergensem propter me infamem conentur facere et hæreticam. Ego multo amplius laboro, quomodo me ipsum cohibeam, ne illos contemnam, et sic peccem in Christum, quam quomodo eos triumphem. Adeo enim sunt vacui humanarum et divinarum literarum, ut dedecoris sit res plenissima, cum illis certare: atque ea ipsa tamen ignorantia incredibilem illis parit audaciam, et plusquam æream frontem. Solis autem suarum larvarum et lemurum sunt umbris animosi, quibus adeo sunt referti, et, ut eorum quoque more strideam, inessentiati: ut desperandum prorsus sit de eorum correctione. Unum illud te nosse volo, quod vehementer doleo, videlicet: illi ipsi rabulæ et multi alii cum illis nova machina instructi ubique garriant, Principis nostri illustrissimi esse totum, quod ego ago, tanquam inductus ab eo ad invidiam Archiepiscopi Magdeburgensis. Tu quæso consule; quid hic faciendum, Principine sit aperiendum. Ego mei causa Principem in suspicionem venire, ægerrime omnino fero: et inter tantos Principes dissidii origo esse, valde horreo et timeo.

Possum sustinere, ut me Princeps offerat ad quamcunque disputationem vel judicium (modo publica mihi detur fides), tantum ne innocentem Principem in meam quoque invidiam involvant. Vide monstrosum hominum genus, et tenebrarum populum lucis inimicum. Johannem Reuchlin ultra tres provincias invenerunt et traxerunt invitum: me ante fores invitantem et rogantem spernunt et in angulis garriunt, quod defendere se non posse vident. Sed vale [d]) tandem, et macrologo et perissologo mihi ignosce. Cum amico enim verba feci. Ex nostro monasterio, quinta decima Febr., anno MDXVIII.

F. Martinus Eleutherius, August.

---

18. Februar. *)

N°. LV.

An Joh. Lange.

L. bemerkt die neuen Bücher, die er von der Frankfurter Messe zu haben wünscht, und legt die Frage vor, welcher Unterschied zwischen ἀνάθεμα und ἀνάθημα sey.

Bey Aurifaber I. 32. b. Löscher II. 605. Deutsch bey Walch XXI. 587.

Venerando et religioso Patri Johanni Lango, Theologiæ Licentiato egregrie docto, Erfurdiens. Eremitarum Priori, sibi in Christo semper.

Jesus.

Salutem. Scribit Wolfgangus Fabricius **), venerande Pater, quod adagia Erasmi denuo aucta excuduntur, Querela

d) Cod. Jen. valde.

*) Bey Aurif. v. J. 1517, nach V. d. Hardt Hist. Litt. Ref. p. 51. v. J. 1518.

**) Capito.

expulsæ pacis, Luciani dialogi, Utopia Mori (cujus meminit Ricardus Paceus) ejusdem Mori epigrammata: item duo libri institutionum Hebraicarum ipsiusmet Wolfgangi, et cujus gratia hæc scribo maxime, Apologia absolutissima Erasmi adversus Fabrum Stapulensem: ut scias quid commendare debeas librariis vestris Francofordiam profecturis. Porro Utopiam Morinam sitio et institutiones Hebraicas Fabricianas, maxime vero Apologiam illam, nisi forte ea sit *), quam jam diu habemus hic, scilicet [a]) super versu sexto Psalmi octavi: *minuisti eum paulo minus ab angelis*, in qua re dolendum est, tanto impetu concurrere tantos bonarum literarum principes. Sive ergo alia sit, sive aliter et locupletius excusa, cupio videre. Eam quam habeo, Basileæ prælum non pressit unquam.

Petimus a te, Græce, ut controversiam nostram dissolvas, quæ sit distantia inter anathema per epsilon, et anathema per η: et cur lexica illa græcanica anathema penultima correpta non habeant, cum illud in novo Testamento ubique ponatur, ut Rom. VIII. 1. Corinth. XII et Gal. I. bis: nisi quod Erasmus Rom. IX. anathema per η dicit in annotationibus, cum in textu per ε ponatur et in dictionariis non nisi per η invenitur. Nescio figuras literarum pingere, alioqui meum judicium tuo judicio præferrem. Sed quia anathema per η reposita et separata significet a ponendo sic dicta, anathema per ε significet excommunicationem, seu extra regionem positionem scilicet exterrem, a dictione thema græce, quæ regionem significat, athema sine regione, anathema, secessum ad sine regione, id est, excommunicationem. . . . .

Si venerit ad te Agatha illa misella, fac misericordiam peccatrici, turpiter peccavit. Vale et ora pro me. 11 Kalendas Martii.

F. Martinus Lutherus.

---

a) So muß es wahrscheinlich heißen statt: sed, wie Aurifaber hat.

*) Es ist dieselbe.

5. März.

N°. LVI.

An Christ. Scheurl.

L. gibt seinem Freunde eine Erklärung darüber, daß er ihm die Thesen über den Ablaß nicht selbst überschickt habe. Seine Absicht sey nicht gewesen, sie allgemein zu verbreiten, sondern nur darüber eine Prüfung in seiner nächsten Umgebung zu veranlassen. Er sehe ihren häufigen Abdruck ungern, da noch vieles Unbestimmte darin sey, wolle aber bald eine deutsche Schrift über die Kraft des Ablasses herausgeben (welche auch unter dem Titel: Freyheit des Sermons päbstlichen Ablaß und Gnade belangend, wirklich erschienen ist). Dann eine Danksagung an Albrecht Dürer, von dem er durch Sch. ein Geschenk erhalten hatte, und zuletzt die Empfehlung der Schrift Staupitzens von der Liebe Gottes.

Aus dem Original in Chr. Gottl. Schwarz Progr. Alt. p. 10. „Aus der vormaligen Scheurlischen Sammlung zu Nürnberg" bey Schütze II. 19. und aus Schwarz bey Strobel-Ranner p. 43. Deutsch bey Walch XXI. 589.

Optimo et eruditissimo Viro Christophoro Scheurlo, J. U. Doctori, Nurnbergensi p. Advocato, sibi in Christo suspiciendo.

Jesus.

Salutem. Binas ex te literas accepi, optime et eruditissime Christophore, alteras Latinas, alteras vernaculas, simul et donum insignis viri Alberti Durer, item positiones meas Latinas et vulgares. Primum, quod miraris, cur non ad vos eas miserim, respondeo, quod non fuit consilium neque votum eas evulgari, sed cum paucis apud et circum nos habitantibus [a]) primum super ipsis conferri, ut sic multorum judicio vel damnatæ abolerentur, vel probatae ederentur. At nunc longe ultra spem toties excuduntur et transferuntur, ut me poeniteat hujus foeturae, non quod veritatem non faveam cognitam fieri vulgo, imo id unice quaerebam,

a) Schütze: habitantes.

sed quod ille modus non est idoneus, quo vulgus erudiatur. Sunt enim nonnulla mihi ipsi dubia, longeque aliter et certius quaedam asseruissem vel omisissem, si id futurum sperassem. Quanquam sat b) intelligo ex ea evulgatione, quænam sit opinio indulgentiarum passim c) apud omnes, licet occulta, propter metum scilicet Judaeorum. Ita probationes earum coactus sum parare, quas tamen nondum licuit edere, quia reverendus et gratiosus Dominus Episcopus Brandeburgensis, cujus judicium consului in hac re, multum impeditus tam diu me retardat. Imo si otium dederit Dominus, cupio libellum vernaculum edere *de virtute indulgentiarum*, ut opprimam positiones illas vagantissimas. Mihi sane non est dubium decipi populum, non per indulgentias, sed usum earum. Mittam igitur, quam primum fuerint absolutae. Interim rogo, commendes me optimo viro Alberto Durer, et gratum ac memorem ei me nunties. Verum id abs te et ab eo peto, ut iniquissimam opinionem mei ponatis, nec majora de me sentiatis, quam ego praestare possum; possum vero et sum nihil penitissime, quotidieque magis nihil fio. Dedi nuper literas ad D. Joh. Eccium et vos omnes, sed non sentio eas pervenisse. Quam vellem, denuo apud vos excudi libellum *de charitate* rev. P. Vicarii nostri *) editum recentissime et Monaci declamatum. Nos enim esurimus et sitimus valde. Vale in Domino. Wittenbergae MDXVIII. quinta Martii.

F. Martinus Luther.

---

11. März.

N°. LVII.

An Spalatin.

Begleitschreiben eines überschickten Entwurfs zur Verbesserung der Universitäts-Studien.

---

b) Sch. ut.

c) Sch. possim.

*) Staupitz.

Bey Aurifaber I. 52. b. Löscher II. 606. Vgl. Cod. Jen. a. f. 26. Deutsch bey Walch XXI. 591.

Suo Georgio Spalatino, optimo amico.

Jesus.

Salutem. Fuimus nuper apud Dominum Doctorem Carolstadium, optime Spalatine, et cœpimus tractare id, quod dudum obtulisti, videlicet, de lectionibus studii nostri mutandis vel instituendis. Et quod non jam diu tibi super iis scripsi, fuit in causa, quod res desperationis fere omnibus videretur; præsertim quod timemus, illustrissimum Principem nostrum gravari tanta expensa. Tamen ut satis fiat tibi tuæque voluntati, mitto hic schedulam, in qua quid nobis tunc videretur, poteris legere. Quanquam si ita posset institui studium, Deum immortalem, quanta esset hæc gloria nostri et Principis et studii, ac vera occasio omnium universitatum reformandarum, quin et citius universæ barbariæ eliminandæ, omnique eruditioni cumulatissime augmentandæ. Tu tuo utere in his consilio. Vale. Wittembergæ, undecima Martii, anno MDXVIII.

F. Martinus Eleutherius, August.

---

21. März.

N°. LVIII.

An Joh. Lange.

spricht von der Wuth, mit welcher seine Widersacher gegen ihn predigen, und daß man ihm deßwegen die Reise nach Heidelberg widerrathe, die er demungeachtet unternehmen wolle. Sodann erzählt er die Verbrennung der Tezelischen Gegensätze durch die Studenten, und übersendet ein Exemplar derselben.

Bey Aurifaber I. 53. b. Löscher II. 606. Deutsch bey Walch XV. Anh. No. III.

Reverendo sibi Patri Johanni Lango, St. Theologiæ Licentiato, Eremitarum Erfurdensium August. Priori, in Domino sibi suspiciendo.

Jesus.

Salutem. Miseram ad te, reverendissime Pater, aliquot sexterniones explicationum Carlstadinarum super librum de spiritu et litera, sicut et nonnullis aliis: at memoria confusus ignoro, quot, quibus, exhibuerim. Si ergo omnes percepisti, novem debes habere, si quo minus, rescribe et supplebo. Huc usque enim impressa habemus. Nam decubuit atque etiam nunc decumbit Doctor Carlstadius febribus: ita intercidit atque jacet negotium.

Adversus me mire fulminant de suggestu veniarum fabulatores: ut tandem non satis habeant portentorum, quibus me agnominent, addunt minas, quibus alius intra quindenam, alius intra mensem me promittunt populo certissime comburendum: edunt adversum positiones contrarias, ita ut metuam, ne aliquando rumpantur præ iræ multitudine et magnitudine: denique suadetur mihi ab omnibus, ne adeam Heidelbergenses, ne forte, quod vi non possunt, insidiis in me perficiant. Ego tamen obedientiæ satisfaciam, et pedester veniam, transiboque per Erfurdiam (Deo volente), sed noli me expectare, quia vix tertia feria post Quasimodogeniti exibo. Princeps noster, miro affectu, solidis his studiis theologiæ inclinatus, acriter me et Carlstadium in protectionem non rogatus suscipit, nullo modo passurus, ut me ad urbem trahant, quod illi non ignorantes sat cruciantur.

Ut autem sis præmonitus, si qua fama forte ad vos pervenerit de conflagratione positionum Tetzellinarum, ne plus ullus addat (ut solet fieri), quam sit rerum gestarum, hæc est fabula. Studentes, ut sunt mire pertaesi sophistici hujus antiqui studii, cupidissimi vero sacræ Bibliæ, forte et mei favoris studio, cum rescissent, advenisse virum ab Hallis, missum a Tetzel autore positionum: statim adeunt, et hominem terrentes, quod talia huc auderet afferre, aliquot quidam emerunt, alii vero rapuerunt, et reliquas omnes ferme 800 (præmissa intimatione et convocatione, et si quis vellet adesse conflagrationi et funeri positionum Tetzellinarum, veniret ad forum, hora secunda) combusserunt: atque hæc inscio Principe, Senatu, Rectore, denique omnibus nobis. Certe mihi et omnibus displicet illa gravis injuria homini a nostris illata. Sum extra noxam: sed timeo, quod totum mihi imputabitur. Fit ex ea re ingens undique fabula: sed major illorum, non injusta denique indignatio. Quid futurum sit nescio, nisi quod periculum meum eo ipso fit periculosius.

Doctor Conradus Wimpina ab omnibus clamatur autor illarum positionum: et certum habeo ita esse. Quare unam ad te mitto, de incendio raptam, ut videas, quam insaniant contra me. Cæterum studium nostrum ea proficit spe, ut futurum esse propediem expectemus, nos habere lectiones utriusque, imo triplicis linguæ, Plinii, mathematicarum, Quintiliani, et nonnullas alias optimas, rejectis ineptis illis Petri Hispani, Tartareti, Aristotelis lectionibus. Atque ea res et placet Principi, et jam in concilium recepta tractatur. Commenda me patribus et fratribus, Patrem M. Usingensem saluto, et P. M. Johannem Nathin similiter. Wittembergæ, die S. Benedicti, anno MDXVIII.

F. Martinus Lutherus.

---

24. März.

N°. LIX.

An Joh. Sylvius Egranus, Prediger in Zwickau.

Gegen die in der Legenda sanctæ Annæ (erschienen Leipz. 1517) enthaltene Sage, daß die heil. Anna drey Männer gehabt, und mit ihnen drey Marien gezeugt, Maria die Mutter Jesu, Maria Cleophä und Maria Salome, ließ J. S. eine Schrift drucken, worin er bewies, daß Anna nur Einen Mann gehabt, und daß sie nicht die Mutter der drey Marien sey. Dagegen ließ Hieronymus Ochsenfart, der nachherige Gegner Luthers, Positiones drucken. Deßwegen spricht L. seinem Freunde Muth ein. Er selber habe die Obelisken des Eck, die voll Bitterkeit seyen, unbeantwortet lassen wollen, allein seine Freunde hätten ihn zur Antwort getrieben. Er sey bey allem Widerspruch getrosten Muthes. Zuletzt eine starke Aeusserung über die Unwissenheit der Theologen.

Bey Aurifaber I. 56. b. Löscher II. 608. Deutsch bey Walch XV. Anh. XLII.

Optimo et integerrimo amico, Johanni Sylvio Egrano, Artium et Philosophiæ Magistro, Ecclesiastæ Cygneo, sibi in Domino semper observando.

Salutem. Vidi positiones D. Doctoris Hieronymi Ochsenfarts adversus te, ut videtur, conflatas, citra tamen nominis tui notam. Constans et fortis esto, mi Egrane, sic oportet fieri. Si hæc essent de mundo, mundus, quæ sua erant, diligeret. Quidquid in mundo est, in mundo moriatur necesse est, ut glorificetur Spiritus. Tu si sapis, congratulare mihi, et ego tibi.

Scripsit nuper adversus meas propositiones obeliscos aliquot insignis veraeque ingeniosæ eruditionis et eruditi ingenii homo, et, quod magis urit, antea mihi magna recenterque contracta amicitia conjunctus, Johannes Eccius ille, theologiæ doctor, procancellarius Ingolstadiensis studii, canonicus Aistetensis, nunc denique Augustensis aedis concionator, vir jam celebris, etiam libris invulgatus: et nisi cogitationes Satanæ scirem, mirarer, quo furore ille amicitias recentissimas et jucundissimas solveret, nihil monens, neque scribens, neque valedicens.

Scripsit vero obeliscos, in quibus me appellat virulentum [a]), Bohemum, hæreticum, seditiosum, procacem, temerarium: jam leviores contumelias omitto, quod dormitantem, ineptum, indoctum, tandem summi Pontificis contemtorem: breviter nihil aliud, nisi teterrimas contumelias, expresso nomine meo, et signatis positionibus meis: ita ut in obeliscis illis nihil sit, nisi livor et ferrugo animi furiosissimi.

---

a) Nach Hrn. Prof. Veesenmeyers Conjectur. Dieses Wort wird auch angeführt in Luthers und Carlstadts Verantwortungsschreiben v. 18. Aug. 1519. Aurif. vinolentum.

Volui tamen hanc offam Cerbero dignam absorbere patientia: sed amici coëgerunt, illi ut responderem, sed privata manu. Benedictus Dominus Jesus, imo solus sit in gloria: nos merito operiat confusio. Gaude, mi frater, gaude, et non sic terrearis ab istis foliis volantibus, ut desistas docere, sicut cœpisti, sed sicut palma in Cades adversus opprimentia pondera.

Ego quo magis illi furunt, eo amplius procedo: relinquo priora, ut in illis latrent: sequor posteriora, ut et illa latrent. Perge feliciter, tantum ora Dominum, ut ipse suam gloriam operetur, fiatque sua voluntas. Scripsi autem Domino D. Hieronymo Ochsenfarts, non mihi errores videri, quæ tu asseruisti, sed veritates: videri etiam mihi suas positiones pro majore parte erroneas, et me paratum esse, nec diffidere, ut defendas et tuos et meos errores. Siquid autem ex scholasticis doctoribus protulerint, sciret se nihil apud nos agere, nisi verba perdere.

Prope est, ut jurem, nullum esse theologum scholasticum, qui unum capitulum Evangelii vel Bibliæ intelligat, præsertim Lipsensem, imo ne philosophi Aristotelis unum capitulum: quod cum gloria spero me probaturum, si examinandi daretur facultas: nisi id est Evangelium nosse, syllabas pronunciare, utcunque tamen Quare non timeas a facie ignorantiæ: cedat ex animo titulorum ille fragor, doctorum, universitatum, magistrorum: larvæ enim sunt et facies (ne paveas, quorum corda vides) nec hominum: saltem larvæ faciem Dominus doceat et confortet te. In quo bene vale. Wittembergæ, vigilia Annunciationis Dominicæ, anno MDXVIII.

Martinus Lutherus, Augustinianus.

---

31. März.

N°. LX.

An Joh. Staupitz, Generalvicar der Augustiner.

Eine freymüthige Vertheidigung der Lehre von den guten Werken gegen die Mißdeutungen, die man darüber verbreite, und des Vorzugs, den er den Mystikern vor den Scholastikern gebe.

„Aus der Sammlung des Predigers Niemeyer in Hersingen" bey Schütze II. 21. Deutsch ohne St. Namen bey Walch XXI. 1356.

Suo in Christo Patri et Majori Staupitio.

Jesus.

Salutem. Occupatus plurimis cogor, mi Pater in Domino, scribere paucissima. Primum valde credo, nomen meum apud multos foetere: ita enim boni homines mihi jam imponunt, quia damnaverim rosaria, coronas, psalteriola, alias denique orationes, imo omnia bona opera. Sic et D. Paulo contigit ab iis, qui dicebant, eum dicere: *faciamus mala, ut inde veniant bona.* Ego sane secutus theologiam Tauleri, et ejus libelli*), quem tu nuper dedisti inprimendum Aurifabro nostro Christanno[a]), doceo, ne homines in aliud quicquam confidant, quam in solum Jesum Christum, non in orationes et merita, vel opera sua; quia non currentibus nobis, sed miserente Deo salvi erimus. Ex istis sermonibus illi venenum sugunt, quod vides seminari ab eis. Verum propter famam vel infamiam nec coepi nec dimittam. Deus viderit. Iidem de scholasticis doctoribus mihi conflant odium: quia enim illis praefero Mysticos et Biblia, paene insaniunt prae fervore zeli. Ego Scholasticos cum judicio, non clausis oculis, (illorum more) lego. Sic praecepit Apostolus: *omnia probate, quod bonum est, tenete.* Non rejicio omnia eorum, sed nec omnia probo. At sic solent illi locutores ex parte totum facere, ex scintilla incendium, ex musca elephantem. Ego cum Deo propter larvas illas nihil curo. Verba sunt, verba manebunt. Si licuit Scoto, Gabrieli et similibus dissentire a S. Thoma, rursum Thomistis licet toti mundo contradicere, denique tot fere sint inter Scholasticos sectae, quot capita, imo quot dies cujusque capitis:

---

a) Schütze: Cristamio.

*) Die deutsche Theologie.

cur mihi non permittunt idem contra eos, quod sibi ipsis jus arrogant contra se ipsos? Sed, si Deus operatur, nemo est, qui avertet. Si quiescit, nemo suscitabit. Vale, et ora pro me, et pro veritate Dei, ubi, ubi sit. Wittenbergae, prid. Kal. April. MDXVIII.

F. Martinus Lutherus.

Anfang April.

N°. LXI.

An Joh. Sylvius Egranus.

J. S. hatte von L. ein Urtheil über seinen Streit über die heil. Anna verlangt, welches er hiermit gibt. Jener ließ es (nach Löscher II. 577) im April mit seiner Apologia contra calumniatores suos abdrucken. S. den spätern Brief L. an Jodocus. No. LXIV.

Bey Aurifaber I. 122; richtiger bey Löscher II. p. 613. wie J. Sylv. den Brief selbst in seiner Apolog. responsio hat drucken lassen. Deutsch bey Walch XXI. 592.

Frater Martinus Eleutherius August. suo Johanni Sylvio Egrano S.

En tibi arbitrium meum de dogmatibus tuis, ut voluisti, mi Sylvi suaviss. Primum placet, quod omnia sub judicium Ecclesiæ, imprimis Ordinarii tui (ut dicitur) submittis. Nam vera etiam loqui cum timore oportet in Ecclesia Dei. Secundo, omnia vera credo et fere ipsemet jam diu et legi et docui, licet nova et acuta sint, ideoque (ut fit) indoctos offendentia. Sic ego satisfecerim amico: tu videris, an et tu sic satisfeceris amicis, multo magis inimicis. Vereor enim, ne amicis [a]) id est, eruditis consuluisse videaris Midam aliquem: ineruditis vero seu inimicis (certus sum) hæreticus hæreticum consuluisse judicaberis, et quod dicitur mulus mulum. Hic enim Martinus multo pejus audit apud

a) Aurif. — multo . . . . . amicis.

istos homines, quam Sylvius, tum istis communibus, tum propriis causis, ut nosse te credo. Sed sicut nos pessimos peccatores tulit et usque modo fert benignus salvator Christus: ita et convenit et nos ferre illos quantumlibet adversarios. Nec enim desperandum est de ipsis, sicut nec de nobis præsumendum, quoniam os ex ossibus, et caro de carne invicem sumus. Vale. b)

15. April.

N°. LXII.

An Spalatin.

L. schreibt auf seiner Heidelberger Reise von Coburg aus, daß er Pfeffinger getroffen, daß er seinen Empfehlungsbrief abgegeben, von der Fußreise sehr ermüdet werde u. a. m.

Bey Aurifaber I. 58. Löscher II. 609. Vgl. Cod. Jen. a. f. 12. Deutsch bey Walch XV. 512.

Suo Georgio Spalatino, Sacerdoti Christi, ducalique Bibliothecario Wittembergæ, sibi in Christo.

Jesus.

Salutem. Credo te, mi Spalatine, omnia ex Pfeffingero nostro intellexisse, quæ a) mutuo locuti sumus, cum obviam venissem ei in villa Judenbach. Inter cætera enim et id mihi solatii fuit, quod occasio dabatur divitem virum aliquot nummis pauperiorem reddendi. Scis enim, quam mihi placeat, divitibus, si qua commode possum, non innoxium fieri, præsertim amicis. Nam data opera, etiam pro alienis comitibus duobus solvebat prandium, simul et pro omnibus nobis 10 gross. Nam etiam nunc, si potero, efficiam, ut illustrissimi Principis nostri oeconomus hic Coburgensis pro

b) Bey Aurif. ist die Jahrzahl angegeben.

a) Cod. Jen. qui.

nobis solvat: quod si nolit, nihilominus principiali vivimus expensa.

Nondum vidi sane hominem, nec scio, an sim visurus. Cum enim vesperi venissemus valde fessi, tradidimus per nuntium literas: at ipse sero in castrum ascendit, necdum reversus: nescio, quid sit facturus, forte occupatior est, quam ut nostri curam possit admittere. Deinde nuntius ipse Urbanus satis memor est, sibi commissum esse, ut ad Wirzburgen nobiscum eat. Ideo sive ille veniat, sive maneat, cras prosequemur iter nostrum, Deo prosperante.

Cætera omnia salva sunt, gratia Dei, nisi quod me peccasse confiteor, quia pedester viam coepi. Verum id peccati, cum sit contritio perfecta et satisfactio plenissima mihi imposita, non eget remissione indulgentiarum. Vehementer fatigor et nunquam [b]) vacant vecturæ, et sic abunde, nimis, valde, satis conteror, pœniteo, et satisfacio.

Fui huc usque ignotus cunctis, nisi quantum præsentia Pfeffingeri me notum fecit; sed et in Weissenfels Pastor mihi ignotus me eximie et agnovit et tractavit. Est enim Magister Wittembergensis. Alia non habeo, quæ scribam modo, nisi ut Deum pro me ores, et salutes illum podagrosum patrem reverendum Jacobum. Vale. Ex Coburgo, feria quinta post Quasimodogeniti, hora 5. vesperi, anno MDXVIII.

F. Martinus Lutherus, August.

---

19. April.

N°. LXIII.

An Spalatin.

Er rühmt den Empfang, den er bey dem Bischof zu Würzburg gefunden, der ihn habe wollen bis Heidelberg geleiten lassen, daß er aber mit seinen dort getroffenen Ordensbrüdern fahren wolle. Ein Wort der Fürsprache für seinen Boten Urbanus.

---

b) Cod. Jen. nusquam.

Bey Aurifaber I. 59. Löscher II. 610. Vgl. Cod. Jen. a. f. 25. Deutsch bey Walch XV. 514.

Suo Georgio Spalatino, Sacerdoti Christi in Wittemberg.

Jesus.

Salutem. Venimus tandem Herbipolim [a]) ipsa Dominica Misericordia Domini, mi Spalatine, eodemque vesperi obtulimus literas illustrissimi Principis nostri. Sigismundum de Thungen non invenimus: aberat enim, nec rediturus biduo aut triduo dicebatur.

Ipse vero R. Dominus Episcopus acceptis literis me vocavit, et facie ad faciem locutus voluit suis expensis itidem nuntium mihi sociare per viam usque ad Heidelbergam: at ego, cum hic plures Ordinis mei invenissem, præsertim Priorem Erfurdensem Johannem Langum nostrum, gratias egi clementissimo Principi, non necessarium ratus, ut mei causa nuntius occuparetur. Volo enim cum illis vectari, cum satis sim eundo lassatus. Id solum petii, dignaretur me literis testimonialibus pro fide (ut dicitur) publica providere, quas jam hac hora accepi: et egrediar in curru, relictis literis Sigismundi de Thungen, apud Capellanum reverendissimi Domini.

Nuntio nostro Urbano si quid amplius donaretur, dignum mihi videretur. Nostra enim causa tardius per viam ire coactus est: id apud Hirsfeldium nostrum agerem, si præsens essem. Sic enim meretur hominis fides et integritas: et tu quoque intercessor esto: ego pauper sum et esse debeo, parum ei tribui. Spes Francorum est super futuro vini incremento. Ita enim divinant ex Maii istius prosperitate. Vale. Ex monasterio nostro Wirzburgensi, feria 2. post Misericordia Domini, anno MDXVIII.

F. Martinus Lutherus, August.

---

a) Cod. Jen. in Wurzburgum.

9. Mai. *)

N°. LXIV.

An Jodocus, Professor zu Erfurt.

In Erfurt, wo L. auf seiner Rückreise von Heidelberg durchkam, richtete er diesen Brief an seinen alten Lehrer, den er vergeblich zu sprechen gesucht hatte, und vertheidigt darin die Thesen wider den Ablaß, über die ihm J. in einem Briefe sein Mißfallen zu erkennen gegeben, und deren Verbreitung er selbst nicht gern sieht, indem er hofft, in seinen Probationen das Weitere zu beweisen. Auch reinigt er sich von dem Verdacht, daß er die Verbrennung der Tezelschen Theses veranstaltet habe, und vertheidigt sich wegen seines Antheils an dem Streithandel des J. S. Egranus. In Folge dieses Briefes hatte L. noch eine Unterredung mit J. s. No. LXV.

Bey Aurifaber I. 59. b. Löscher II. 611. Deutsch bey Walch XV. 503.

Egregio et optimo viro Domino Jodoco Eisenacensi, Theologo et Philosopho primo, sibi in Domino Majori semper venerabili.

Jesus.

Salutem in Domino. Fui ad ostium domus tuæ hesterno vesperi, optime vir et reverende mi præceptor, volens loqui tibi, et ore literis tuis respondere, quas nuper ad me dedisti, motus, ut clarissime sensi, nimio mei affectu et solicitatiore cura, quam ego meruerim unquam: sed famulus tuus ostiarius dixit, te non usque adeo valere, ut accessum meum ferre posses, atque ita abii. Ideo nunc literis respondeo, plane non omnibus, quæ tu movisti, quod forte alias faciam otiosior.

Primum gratias ago tuæ erga me anxiae, mihi indebitæ charitati atque rogo te per Dominum Jesum, ne tu unquam suspiceris, me posse ex te offendi adeo, ut te literis mordacibus et ignominiosis confundere velim, sicut scribis, et times me forte facturum. Neque enim hanc vindictam in eos exerceo, qui mihi adversantissimi, nominatim e suggestis

*) Nach Löscher und Walch den 16. Mai.

ad populum pronunciant hæreticum, insanum, seductorem, et nescio quot dæmonibus obsessum: quanto minus tibi redderem malum, cui debeo omne bonum: doleo profecto etiam in te esse ortam tanti mali in me suspicionem.

Deinde positiones meæ displicent, atque ita futurum suspicabar: verum de iis, quæ gratiam et opera tangunt, scias, optime vir, me neque solum neque primum esse earum assertorem. Scis ingenia eorum, qui apud nos sunt, puta Carlstadii, Amsdorfii, D. Hieronymi*), D. Wolfgangi**), utriusque Feldkirchen, denique D. Petri Lupini***). At ii omnes constanter mecum sentiunt, imo tota Universitas, excepto uno ferme Licentiato Sebastiano, sed et Princeps et Episcopus ordinarius noster: deinde multi alii Prælati, et quotquot sunt ingeniosi cives, jam uno ore dicunt, sese prius non novisse nec audivisse Christum et Evangelium.

Istis ingeniis, par est, ut meum non præferam: atque cum ipsi in scholastica theologia sint, ut nosti, eruditissimi et exercitatissimi, patere quæso, me cum eis sapere vel desipere, donec discutiatur per Ecclesiam. Atque ut me etiam resolvam, ego simpliciter credo, quod impossibile sit Ecclesiam reformari, nisi funditus canones, decretales, scholastica theologia, philosophia, logica, ut nunc habentur, eradicentur et alia studia instituantur; atque in ea sententia adeo procedo, ut quotidie Dominum rogem, quatenus id statim fiat, ut rursum Bibliæ et S. Patrum purissima studia revocentur. Tibi videor non esse logicus, forte neque sum; id autem scio, quod nullius logicam timeo in defendenda ista sententia.

De aliis autem positionibus indulgentiarum prius tibi scripsi, mihi non placere earum tam vastam invulgationem. Nusquam enim id auditum est fieri: nec potui sperare futurum, quod in istis solis contigit, alioqui clarius eas posuissem, sicut feci in sermone vulgari, qui tibi plus iis omnibus displicet.

Obsecro te, mi Domine et mi in Domino Pater, non etiam tibi displicet, quod miser populus Christi tamdiu

---

*) Schurf.

**) Stehlen.

***) Radhemius.

vexatur et illuditur per indulgentias? Adeone magna res est remissio temporalis et arbitrariæ satisfactionis, ut populum necesse sit in fidei periculum venire? Siquidem nullus hominum ferme est, qui non aliquid magni velut gratiam Dei se consequi credat per indulgentias. Bonum erat, ut nos ipsi primo rem detegeremus: ne nobis rem velantibus, ipsi tandem per se intelligant pias illas, ut vocant, imo impiissimas fraudes venalium exactorum, et reddant, quod meriti sumus. Ego sane fateor, vellem quod nullæ essent in tota Ecclesia indulgentiæ, quas nec Itali curant vel pilum: nisi quod lucrum tantum promovent, imo ipsum lucrum atque, aliud nihil promovent: ut latius dicam in probationibus meis, Deo volente, statim vulgandis.

Miror autem, quod etiam credere potuisti, me fuisse autorem concremationis positionum Tetzellinarum: adeo mihi omnem sensum humanum periisse credis, ut tam insignem injuriam ego religiosus et theologus in loco non meo homini tanti officii irrogarem? Sed quid faciam, quando omnes omnibus omnia credunt de me? egone possum omnium linguas prohibere aut prævenire? dicant, audiant, credant, quilibet, quælibet, ubilibet velint: ego agam, quantum Dominus dederit, et neque timebo, neque præsumam, Deo propitio, unquam.

Quod autem Magistrum Johannem Egranum defenderim, in Zwiccavia ecclesiasten, non est vere tibi dictum. Homo doctus est et mei nihil egens: scripsi sane epistolium, quo approbavi sua dicta a Lipsensibus Theologis in calumniam satis insidiose traducta. Non potui negare homini judicium meum tam obnixe postulanti: sed si pateris discipuli tui et obsequentissimi famuli tui, id est, meam confidentiam, ex te primo omnium didici, solis canonicis libris deberi fidem, cæteris omnibus judicium, ut B. Augustinus, imo Paulus et Johannes præcipiunt.

Sine ergo mihi licere id idem in Scholasticos, quod tibi et omnibus licitum fuit hucusque: volo sequi, si per Scripturas, aut ecclesiasticos Patres, meliora fuero doctus, sine quibus volo [a]) Scholasticos audire, quoad sua firmaverint

a) Walch drückt in der Uebersetzung nolo aus.

ecclesiasticis dictis: et ab hac sententia nec tua autoritate (quæ apud me certe gravissima est), multo minus ullorum aliorum deterreri propositum est.

Hæc, mi suavissime præceptor, obiter et cursim scripta boni consule: si placet, ut literis mutuis super hac re disceptemus, res erit mihi omnium facile gratissima: paratus sum tuas correptiones ita ferre et sucipere, ut si etiam sint asperrimæ, tamen lenissimæ mihi erunt. Ideo sine omni timore tete plenissime in me resolve, imo securus evome. Non volo, nec possum in te fieri amarus, testis est Deus et conscientia mea: sic sum hodie affectus in te. Vale, mi pater optime. Ex monasterio nostro Erfurdiensi, Dominica Vocem jucunditatis, MDCXVIII.

Tuus F. Martinus Lutherus, August.

---

18. Mai.

N°. LXV.

An Spalatin.

Nach Wittenberg zurückgekehrt, erzählt er von seinem guten Empfang beym Pfalzgrafen in Heidelberg, von seiner Disputation daselbst, und von seiner Unterredung mit Jodocus, wie auch mit D. Usingen.

Bey Aurifaber I. 62. Löscher II. 614. Vgl. Cod. Jen. a. £ 27. Deutsch bey Walch XV. Anh. No. VII.

Suo Spalatino eruditissimo et humanissimo.

Jesus.

Salutem. Redii tandem, favente Christo, ad nostros penates, mi Spalatine, venique Wittembergam sabbatho post Ascensionis dominicæ festum. Veni autem curru, qui exieram pedester: siquidem cogebar a Majoribus vehi cum Nurmbergensibus prope usque Herbipolim [a]): inde cum Erfurdiensibus, ab Erfurdia vero cum Eislebensibus, qui denique suis et expensis et equis ad Wittembergam duxerunt. Fui sane

a) Cod. Jen. Wurzburgum.

incolumis tota via, et mire conveniebat mihi cibus et potus, ita ut nonnullis videar factus habitior et corpulentior.

Suscepit me egregie illustrissimus Princeps Wolfgangus Comes Palatinus, et Magister Jacobus Simler, sed et Hasius curiæ Magister. Invitavit enim nos, id est, Patrem Vicarium Staupitium, Langum nostrum, nunc Vicarium provincialem: et dulci jucundaque conversatione invicem gaudebamus, edentes et bibentes, et omnia sacelluli castrensis Palatini ornamenta, deinde bellicos apparatus, denique omnia ferme, quæ habet regale illud et plane illustrissimum castrum, decora lustrantes. Non potuit satis commendare Magister Jacobus literas Principis nostri pro me datas, dicens sua Necharena lingua: ihr habt by Gott einen kystlichen Credenz. Nihil desideratum est, quod humanitatem deceret.

Porro disputationem meam Domini Doctores et libenter admiserunt, et ea modestia mecum disceptarunt, ut eo nomine mihi ipsi sint commendatissimi. Quanquam enim peregrina illis videbatur theologia, nihilominus tamen et argute et pulchre adversus eam velitabantur, excepto uno, qui erat quintus, et junior doctor: qui risum toti movebat auditorio, quando dicebat, si rustici hæc audirent, certe lapidibus vos obruerunt et interficerent. Erfurdiensibus mea theologia est, *Bis mortem crambe*: et inprimis Doctor Isenacensis omnibus placitis meis nigrum thita præfigit, datis ad me literis, quibus et dialecticæ quoque ignarum, nedum theologiæ argueret.

Disputassem et apud eos, nisi litaniarum dies impedimento fuissent: contuli tamen cum Doctore Isenacensi, præsens præsente: et id saltem effeci, ut intelligeret, se non posse sua probare nec mea confutare: imo et ipsorum potius sententias esse eam bestiam, quæ se ipsam fertur comesse. Sed frustra narratur fabula surdo, suis distinctiunculis pertinaciter inhærent: etiamsi confiteantur, non esse aliqua autoritate confirmatas, nisi dictamine (ut vocant) naturalis rationis: quod apud nos idem est, quod chaos tenebratum, qui non prædicamus aliam lucem, quam Christum Jesum lucem veram et solam.

Cum Doctore Usingen pluribus quam cum omnibus aliis egi, ut persuaderem (erat enim socius vecturæ), sed nescio an quid profecerim: cogitabundum et mirabundum reliqui. Tanta res est, in opinionibus malis inveterasse. Cæterum adulescentulorum et totius juventutis animus per dis diapason ab illis sentit: et eximia spes mihi est, ut, sicut Christus ad gentes migravit rejectus a Judæis, ita et nunc quoque vera ejus theologia, quam rejiciunt opiniosi illi senes, ad juventutem sese transferat.

Hæc de me. Demum et spero et oro te non fore immemorem nostri Gymnasii, id est, ut pro Græca et Hebræa lingua instituenda sis solicitus. Vidisse te credo indicem Lipsensis studii, nostri ut semper aemulum: multas lectiones in eo jactitant, quas non credo lectum iri. Literas ad illustrissimum Principem Episcopum Neumburgensem non potui aptius, quam per te dirigere. Ideo facies, quod vides a te petere amicissimos. Vale in Domino Ex nostro monasterio, 15 Calendas Junias, anno MDXVIII.

F. Martinus Eleutherius, August.

---

22. Mai.

N°. LXVI.

An Hieronymus Scultetus, Bischof zu Brandenburg.

L. übersendet dem Bischof seine resolutiones der Thesen gegen den Ablaß, womit er nichts zu beabsichtigen betheuert, als daß die Wahrheit ans Licht komme.

Bey Aurifaber I. 63. b. Viteb. I. 98. Jen. I. 72. Löscher II. 173. Deutsch Altenb. I. 63. Leipz. XVII. 114. Walch XV. 498.

Reverendissimo in Christo Patri ac Domino, Domino Hieronymo, Ecclesiæ Brandenburgensis Episcopo, clementissimo Domino suo, in primis gratioso.

Jesus.

Salutem. Cum nuper circum nostras regiones, optime Præsul, audiri cæpissent nova et inaudita de apostolicis indulgentiis dogmata, ita ut tam docti quam indocti plurimi passim admirarentur et moverentur: fui ego a multis tum familiaribus, tum ignotis facie, rogatus multis literis et colloquiis, quid mihi de istorum verborum novitate (ne dicam licentia) videretur. Dissimulabam aliquandiu: tandem urgebant disputationibus acribus usque ad periculum pontificalis reverentiæ.

Ego vero quid facerem? Non erat meum in hac re quidquam statuere, et verebar illis contradicere, quos non nisi vera prædicasse cupiebam videri quam maxime: isti vero sic instabant evidentibus argumentis falsa et inania probare, ut me (vera fateor) omnino captivarent atque concluderent.

Ut ergo utrisque satisfacerem, visum est id optimum consilium, utrisque neque consentire neque dissentire, sed interea a) de tanta re disputare, donec Ecclesia sancta statueret, quid sentiendum foret. Itaque emisi disputationem, invitans et rogans publice omnes, privatim vero, ut novi, quosque doctissimos, ut vel per literas suam sententiam aperirent: quandoquidem in iis rebus neque Scripturas, neque doctores ecclesiasticos, neque ipsos canones, præter paucos canonistas, et hos sine textu loquentes, et aliquot scholasticos doctores similiter opinantes, nihil etiam probantes, suffragari mihi viderem.

Mihi id sane b) omnium absurdissimum videtur, aliquid scilicet in Ecclesia Dei prædicari et audiri, quod cum hæretici expostulaverint, unde rationem reddamus, et nos non possimus, Christum et Ecclesiam ejus relinquamus illis ridiculum et ludibrium.

Porro scholasticis doctoribus et canonistis constat, nullam deberi a nobis fidem, dum suas opinantur opiniones, et ut vulgo dicitur: turpe est juristam loqui sine textu: at multo turpius est, theologum loqui sine textu, non Aristotelis dico (nam hunc plus, valde, nimis, satis loquuntur) sed nostro, id est, Scripturæ sacræ, canonum, ecclesiasticorum patrum.

---

a) Vit. Jen. interim.
b) Vit. Jen. sane id.

Proinde mihi visum est, rem hanc esse mei studii et officii, disputare scilicet de rebus omnium dubiosissimis, sed simul, si falsae sint, periculosissimis assertu: quando hucusque licitum est scholasticis, de iis etiam rebus sacratissimis reverendisque, quas per tot saecula nullus dubitavit Christianus, disputare.

Quod vero humilis et dejecta eorum sit religio seu reverentia, qui de potestate ecclesiastica seu summi Pontificis putent non disputandum, sed tacendum et gratias agendum, quis non vel palpet, quæso? cur non etiam tacent et gratias agunt, et suas frivolas disputationes omittunt de potestate et sapientia et bonitate ejus, qui dedit istam potestatem Ecclesiæ? Denique quid est tam [c]) secretum, vel in illa summa majestate vel sacratissima humanitate, quod non prope nugis ita contaminaverint, ut omnium pæne et affectum et reverentiam cordium assiduitate nugandi in Deum extinxerint? Sed de hoc alias.

Igitur cum in hanc arenam vocarem omnes, veniret vero nullus, deinde viderem disputationes meas latius vagari, quam volueram, atque passim, non ut disputabilia, sed asserta acciperentur: coactus sum præter spem et votum, meam infantiam et ignorantiam in vulgus mittere, et declarationes ac probationes earum in publicum edere, satius ratus me facere, si imperitiæ meæ infamiam incurrerem, quam illos errare sinerem, qui forte putant omnia esse asserta. Inter quæ sunt, de quibus dubito, nonnulla ignoro, aliqua et nego, nulla vero pertinaciter assero, sed omnia Ecclesiæ sanctæ suoque judicio submitto.

Cum vero tu, optime Præsul, nobis per misericordiam Christi datus sis hujus loci Ordinarius (ut vocant), qui quidem bonos et eruditos non modo diligis [d]) mirifice, quod in multis multi plurimum prædicant, verum pro tua singulari humanitate et humilitate prope usque ad periculum pontificalis dignitatis etiam veneraris et colis (facessat adulatio, non te, sed Christi dona in te prædico): justissimum fuit, ut tibi (ad quem pertinet hujus loci studia

c) Aurif. — tam.
d) Vit. Jen. diligas.

inspicere et judicare) potissimum offerrem, et pedibus tuis primum subjicerem, quicquid id fuerit, quod operor.

Itaque digneris, clementissime Præsul, suscipere has meas ineptias, atque ut omnes sciant, quam nihil audacter asseram, non solum permitto, sed etiam obsecro, ut reverenda Paternitas tua, arrepto calamo, quæcunque visum est, aboleat, aut igne facto totum comburat, mea prorsus nihil refert. Scio, quod Christus mea opera non eget, absque me nunciabit prospera Ecclesiæ suæ: quando secundum Gregorium Nazianzenum nec vera tutum est loqui in Ecclesia, præsertim gravibus peccatoribus.

Idcirco mei non oblitus, his verbis protestor, me disputare, non determinare. Disputo, inquam, non assero, ac disputo cum timore, non quod eorum bullas et minas timeam, qui nullo prorsus timore tacti, quicquid vel somniaverint, velut Evangelium credi volunt. Horum enim audacia et inscitia simul coëgit (fateor) etiam timori meo non credere. Quæ nisi tanta esset, nullus me præterquam angulus meus cognovisset. Si opus ipsum non fuerit suum, omnino volo, ut nec sit meum, sit vero nihil et nullius: ego nihil debui quærere, nisi ut nulli essem erroris occasio. Gloriam habeat ille solus, cujus solius est, qui est benedictus in omnia saecula, Amen. Datum Sabbatho post Exaudi, anno MDXVIII.

F. Martinus Lutherus, August.

---

30. Mai.

N°. LXVII.

An Johann Staupitz.

L. übersendet unter Erörterung des Begriffs der Pœnitentia, auf welchen Er. ihn zuerst aufmerksam gemacht habe, diesem seinen Obern die Resolutiones, und bittet ihn dieselben an den Pabst zu schicken. Er schließt mit einem herrlichen Ausdruck seiner heldenmüthigen Hingebung.

Vorgedruckt den Resolutiones disputationum de indulgentiarum virtute 1519, dann bey Aurifaber I. 66. Viteb. I. 99. Jen. I. 73. Löscher

II. 180. Deutsch Altenb. I. 65. Leipz. XVII 117. Walch XV. 507. Wir haben das Autograph oder den ersten Druck verglichen.

Reverendo et vere Patri suo Johanni Staupitio, S. Theologiæ Professori, Augustinianæ familiæ Vicario, frater Martinus Luther discipulus salutem et scipsum.

Memini, R. Pater, inter jucundissimas et salutares fabulas tuas, quibus me solet Dominus Jesus mirifice consolari, incidisse aliquando mentionem hujus nominis, pœnitentia: ubi miserti conscientiarum multarum carnificumque illorum, qui præceptis infinitis eisdemque importabilibus modum docent (ut vocant) confitendi, te velut e cœlo sonantem excepimus: quod pœnitentia vera non est, nisi quæ ab amore justitiæ et Dei incipit: et hoc esse potius principium pœnitentiæ, quod illis finis et consummatio censetur.

Hæsit hoc verbum tuum in me, sicut sagitta potentis acuta, cœpique deinceps cum Scripturis pœnitentiam docentibus conferre: et ecce jucundissimum ludum, verba undique mihi colludebant, planeque huic sententiæ arridebant et assultabant, ita, ut cum prius non fuerit ferme in Scriptura tota amarius mihi verbum, quam pœnitentia (licet sedulo etiam coram Deo simularem, et fictum coactumque amorem exprimere conarer), nunc nihil dulcius aut gratius mihi sonet quam pœnitentia. Ita enim dulcescunt præcepta Dei, quando non in libris tantum, sed in vulneribus dulcissimi salvatoris legenda intelligimus.

Posthæc accessit, quod studio et gratia eruditissimorum virorum, qui nobis Græca et Ebræa officiosissime tradunt, didici, idem verbum Græce μετάνοια dici, a μετὰ et νοεῖν, id est, a post et mentem, ut sit pœnitentia seu μετάνοια, resipiscentia, et post acceptum damnum et cognitum errorem, intelligentia sui mali: quod sine mutatione affectus et amoris fieri est impossibile. Quæ omnia Paulinæ theologiæ ita respondent apte, ut nihil ferme aptius Paulum illustrare possit, meo saltem judicio.

Deinque profeci et vidi, μετάνοιαν non modo a post et mentem, sed a trans et mentem posse deduci, (sit sane violentum) ut μετάνοια transmutationem mentis et affectus significet, quod non modo affectus mutationem, sed et modum mutandi, id est, gratiam Dei videbatur spirare. Nam transitus ille mentis, id est, verissima pœnitentia, celeberrimus est in sacris literis, ut quem phase illud vetustum olim significavit, Christus exhibuit, et longe ante Abraham quoque figuravit, quando transitor, id est, Ebræus vocari cœpit, trajectus scilicet in Mesopotamiam, ut Burgensis docte docet: huic et titulus ille Psalmi concinit, ubi Idithun, id est, transiliens cantator inducitur.

His inhærens ausus sum putare, eos falsos esse, qui operibus pœnitentiæ tantum tribuerunt, ut pœnitentiæ vix reliquum nobis fecerint, præter frigidas quasdam satisfactiones et laboriosissimam confessionem, Latino scilicet vocabulo abducti: quod pœnitentiam agere, actionem magis sonet, quam mutationem affectus, et Græco illi μετανοεῖν nullo modo satisfacit.

Hæc mea cum sic ferveret meditatio, ecce subito cœperunt circum nos strepere, imo clangere nova indulgentiarum classica et remissionum buccinæ, quibus tamen non ad strenuum belli studium animaremur: breviter, neglecta veræ pœnitentiæ doctrina, adeo magnificare præsumserunt, non pœnitentiam, non saltem vilissimam ejus partem, quæ satisfactio dicitur, sed ejusdem vilissimæ partis remissionem, ut nunquam sit ita magnificari audita: denique impia et [a]) falsa et hæretica docebant, tanta autoritate (temeritate volui dicere), ut qui vel contra mutiret, statim hæreticus, igni devotus esset, et æternæ maledictionis reus.

Ego horum furori occurrere non potens, statui modeste [b]) eis dissentire, et in dubium vocare eorum dogmata, fretus omnium doctorum totiusque Ecclesiæ sententia, quod etiam satisfacere melius sit, quam satisfactionem remitti, id est, indulgentias redimere: nec est ullus, qui aliter unquam docuit. Itaque disputavi, id est, summa, media, infima omnia in malum capitis mei irritavi, quantum per hos pecuniarum (heus animarum dicendum fuit) zelatores

a) Autogr. — et.
b) Autogr. + ab.

fieri ac perfici potest. Sic enim suavissimi homines, crassissima astutia instructi, cum negare non possint ea, quæ dixi, fingunt summi Pontificis potestatem lædi meis disputationibus.

Hæc est causa, R. Pater, quod ego nunc infeliciter in publicum prodeo, qui semper anguli amator fui, et ipse eligens spectare pulcherrimum nostro saeculo ingeniorum ludum magis, quam spectari et videri [c]): sed (ut video) oportet et corchorum inter olera videri, et nigrum statui inter alba, decoris scilicet et veneris gratia

Rogo itaque, has meas ineptias suscipias, et qua fieri potest industria, ad optimum Pontificem, Leonem decimum, transmittas, ut sint ibi mihi adversus studia malignantium, vice alicujus paracleti: non quod te mihi conjungi periculo velim; meo solius periculo hæc egisse volo. Christus viderit, suane sint an mea, quæ dixi: sine cujus nutu nec summi Pontificis sermo est in lingua ejus, nec cor Regis in manu sua. Hunc enim expecto judicem e Romana sede pronunciantem.

Cæterum minacibus illis meis amicis nihil habeo quod respondeam, nisi illud Reuchlinianum: qui pauper est, nihil timet, nihil potest perdere. Res nec habeo nec cupio: famam et honorem, si habui, assidue nunc perdit, qui perdit. Unum superest, imbecille et assiduis fatigatum incommodis corpusculum: quod si qua vi vel dolo abstulerint (in obsequium Dei), forte una vel duabus vitæ horis me pauperiorem facient. Sufficit mihi dulcis redemtor et propitiator Dominus meus Jesus Christus, cui cantabo, quamdiu fuero. Si quis autem noluerit cantare mecum, quid ad me? ululet, si libet, vel secum Ipse Dominus Jesus servet te in æternum, mi Pater suavissime. Wittembergæ, die S. Trinitatis, anno MDXVIII.

Discipulus, F. Martinus Lutherus, August.

---

c) Aut. rideri. So auch Vit. Jen.

30. Mai.

N°. LXVIII.

An den Pabst Leo X.

Zuschrift der Resolutiones disputationum de indulgentiarum virtute, voll demüthiger Unterwerfung gegen den Pabst, in dessen Gerechtigkeit und Wahrheitsliebe er ein unbedingtes Vertrauen setzt.

Gedruckt vor den Resolutiones disputationum de indulgentiarum virtute, Lips. 1519, dann bey Aurifaber I. 68. b. Viteb. I. 100. Jen. I. 74. Löscher II. 176. Deutsch Altenb. I. 66. Leipz. XVII. 115. Walch XV. 492. Wir haben den alten Druck verglichen.

Beatissimo Patri, Leoni decimo, Pontifici Maximo, frater Martinus Luther, Augustinianus, salutem æternam.

Auditum audivi de me pessimum, beatissime Pater, quo intelligo, quosdam amicos fecisse nomen meum gravissime coram te et tuis fœtere, ut qui autoritatem et potestatem clavium et summi Pontificis minuere molitus sim: inde hæreticus, apostata, perfidus et sexcentis nominibus, imo ignominiis accusor. Horrent aures et stupent oculi, sed unicum stat fiduciæ præsidium, innocens et quieta conscientia. Nec nova audio. Talibus enim insignibus et in nostra regione me ornaverunt homines isti honestissimi et veraces, id est, pessime sibi conscii, qui sua portenta mihi conantur imponere, et mea ignominia suas ignominias glorificare; sed rem ipsam, beatissime Pater, digneris audire ex me infante et inculto.

Cœpit apud nos diebus proximis prædicari jubilæus ille indulgentiarum apostolicarum; profecitque adeo, ut præcones illius, sub tui nominis terrore, omnia sibi licere putantes, impiissima hæreticaque palam auderent docere, in gravissimum scandalum et ludibrium ecclesiasticæ potestatis, ac si decretales de abusionibus quæstorum nihil ad eos pertinerent. Nec contenti, quod liberrimis verbis hæc sua venena diffunderent, insuper libellos ediderunt, et in vulgum sparserunt, in quibus, ut taceam insatiabilem et inauditam avaritiam, quam singuli pæne apices olent crassissime, eadem illa impia et hæretica statuerunt, et ita statuerunt, ut confessores juramento adigerent, quo hæc ipsa fidelissime instantissimeque populo inculcarent.

Vera dico, nec est, quo se abscondant a calore hoc; extant libelli, nec possunt negare. Agebantur tum illa prospere, et exsugebantur populi falsis spebus, et ut Propheta ait, *carnem desupere ossibus eorum tollebant*, ipsi vero pinguissime et suavissime interea pascebantur.

Unum erat, quo scandala sedabant, scilicet terror nominis tui, ignis comminatio, et hæretici nominis opprobrium. Hæc enim incredibile est, quam propensi sint intentare, quandoque etiam si in meris opiniosisque nugis suis contradictionem senserint: si tamen hoc est scandala sedare, ac non potius mera tyrannide schismata et seditiones tandem suscitare.

Verum nihilominus crebrescebant fabulæ per tabernas de avaritia sacerdotum, detractionesque clavium summique Pontificis, ut testis est vox totius hujus terræ. Ego sane (ut fateor) pro zelo Christi, sicuti mihi videbar, aut, si ita placet, pro juvenili calore urebar, nec tamen meum esse videbam, in iis quicquam statuere aut facere.

Proinde monui privatim aliquot magnates Ecclesiarum: hic ab aliis acceptabar, aliis ridiculum [a]), aliis aliud videbar: prævalebat enim nominis tui terror et censurarum intentatio: tandem cum nihil possem aliud, visum est, saltem leniuscule [b]) illis reluctari, id est, eorum dogmata in dubium et disputationem vocare. Itaque schedulam disputatoriam edidi, invitans tantum doctiores, si qui vellent mecum disceptare, sicut manifestum esse etiam adversariis oportet, ex præfatione ejusdem disceptationis.

Ecce, hoc est incendium, quo totum mundum queruntur conflagrari, forte, quod indignantur me unum, autoritate tua apostolica Magistrum Theologiæ, jus habere, in publica schola disputandi pro more omnium Universitatum et totius Ecclesiæ, non modo de indulgentiis, verum etiam de

---

a) Autogr. ridiculus.
b) A. leviuscule.

potestate, remissione, indulgentiis divinis, incomparabiliter majoribus rebus: nec tamen multum moveor, quod hanc mihi facultatem invideant a tuæ Beatitudinis potestate concessam, qui eis favere cogor invitus multo majora, scilicet quod Aristotelis somnia in medias res theologiæ miscent: atque de divina majestate meras nugas disputant, contra et citra facultatem eis datam.

Porro, quodnam fatum urgeat has solas meas disputationes præ cæteris, non solum meis [c]), sed omnium magistrorum, ut in omnem terram pæne exierint, mihi ipsi miraculum est. Apud nostros et propter nostros tantum sunt editæ, et sic editæ, ut mihi incredibile sit, eas ab omnibus intelligi. Disputationes enim sunt, non doctrinæ, non dogmata, obscurius pro more, et ænigmaticos positæ: alioqui si prævidere potuissem, certe id pro mea parte curassem, ut essent intellectu faciliores.

Nunc quid faciam? Revocare non possum, et miram mihi invidiam ex ea invulgatione video conflari: invitus venio in publicum periculosissimumque ac varium hominum judicium, præsertim ego indoctus, stupidus ingenio, vacuus eruditione, deinde nostro florentissimo sæculo, quod pro sua in literis et ingeniis felicitate etiam Ciceronem cogere possit ad angulum, lucis et publici alioqui non ignavum sectatorem. Sed cogit necessitas, me anserem strepere inter olores.

Itaque quo et ipsos adversarios mitigem, et desideria multorum expleam: emitto ecce meas nugas, declaratorias mearum disputationum. Emitto autem, quo tutior sim, sub tui nominis præsidio, et tuæ protectionis umbra, beatissime Pater: in quibus intelligent omnes, qui volent, quam pure simpliciterque ecclesiasticam potestatem et reverentiam clavium quæsierim et coluerim, simulque quam inique et false me tot nominibus adversarii [d]) fœdaverint. Si enim talis essem, qualem illi me videri cupiunt, ac non potius omnia disputandi facultate recte a me tractata fuissent, non potuisset fieri, ut illustrissimus Princeps Fridericus Saxoniæ Dux,

---

c) Aurif eis. So auch Viteb. Jen.
d) Aut. false tot nom. adv. me.

Elector Imperii etc. hanc pestem in sua permitteret Universitate, cum sit catholicae et apostolicae veritatis unus facile amantissimus: nec tolerabilis fuissem viris nostri studii acerrimis et studiosissimis. Verum actum ago, quando illi suavissimi homines non verentur mecum et Principem et Universitatem pari ignominia conficere palam.

Quare, beatissime Pater, prostratum me pedibus tuæ Beatitudinis offero, cum omnibus quæ sum et habeo: vivifica, occide, voca, revoca, approba, reproba, ut placuerit. Vocem tuam, vocem Christi, in te praesidentis et loquentis agnoscam. Si mortem merui, mori non recusabo. Domini enim est terra, et plenitudo ejus: qui est benedictus in saecula, Amen. Qui et te servet in æternum, Amen. Die S. Trinitatis, anno MDXVIII.

F. Martinus Lutherus, August.

---

4. Junius.

N°. LXIX.

An Spalatin.

L. schreibt von dem Gesuch des Petrus Mosellanus um die Griechische Professur in Wittemberg, von mitgetheilten Büchern und einer Gegenschrift Tetzels.

Bey Aurifaber I. 71. Löscher II. 616. Vgl. Cod. Jen a. f. 29. Deutsch bey Walch XXI. 593.

Suo Spalatino eruditissimo et humanissimo.

Jesus.

Salutem. Obsecro te, mi Spalatine, æquo animo feras, quod vel tardius vel rarius scribo: ipse non sufficio dimidio negotiorum meorum, nescio qua fertilitate temporis præter spem assidue pullulantium. Fuit apud nos Petrus Mosellanus, paratus suscipere conditionem, et subire profitendæ Grææ linguæ munus, atque id ut tibi suo nomine scriberem, oravit.

Ego, qui nesciebam, si quid interim tractatum sit inter te et ipsum, promisi me scripturum, et ecce scribo: tuum fuerit in hac re praestare, sicut tibi Deus et nosse et posse donavit.

Venit inter res meas e Capitulo nostro pariter et hic libellus, quem mihi tradendum committebas: ego oblitus inter tot cogitationes, cui tradendus esset, obtuli omnibus, quos uspiam noveram: nemo agnovit. Quod [a]) si adhuc possem tradere, per nostræ factionis fratres inferiores, fac ut sciam, et fiet. Misi nuper ad te duos libellos, sed mancos, vulgaris nostræ linguæ theologiam continentes*): mitto residuos duerniones, si quid defuerit ultra, scribe. Nam decem duernionibus integer est. Vale et ora pro me. Studii nostri statum credo ex aliis te nosse. Probationes meæ laborantur sub incude.

Edidit Johannes Tetzel adversus meum vernaculum sermonem itidem vernaculum libellum**), insignem inscitiæ suæ et testem et præconem, cui ego addam lucem, ut intelligatur ab omnibus, qualis sit, non qualem ipse velit videre suum libellum. Vale iterum. Ex monasterio Wittembergensi, cursim [b]), altera Corporis Christi, anno MDXVIII.

Salvere cupio aulicos omnes, præsertim quorum nomine tu me nuper salutasti.

F. Martinus Eleutherius, August.

---

a) Aurif. quia.

b) Cod. J. cursissime.

---

*) Ein deutsch Theologia. Das ist ein edles Büchlein von rechten Vorstand, was Adam und Christus sey und wie Adam in uns sterben und Christus erstehn sall. Gedr. z. Wittenburg durch Joh. Grünenberg 1518. Mit einer Vorrede von Luther. S. Panzer Annalen S. 414.

**) Verlegung gemacht von Bruder Joh. Tetzel, Prediger-Ordens, wider einen vermessenen Sermon von zwanzig irrigen Artikeln, päbstlichen Ablaß und Gnade belangend, allen christgläubigen Menschen zu wissen vonnöthen.

4. Junius.

N°. LXX.

An Joh. Lange.

L. bittet um einen Tischler aus dem Erfurter Kloster, übersendet ein Buch, gedenkt der Gegenschrift Tetzels und bittet um Bücher für Langes Bruder.

Bey Aurifaber I. 72. Löscher II. 616. Deutsch bey Walch XXI. 595.

Reverendo et optimo Patri Johanni Lango, S. T. designato Doctori, Eremitarum Thuringiæ Vicario Augustiniano Erfurdiensi, suo Majori.

Jesus.

Salutem. Expectamus, reverendissime Pater, et ægre expectamus, ut Fratrem istum tabulatorem, quem nobis a R. Patre Vicario promissum nosti, nobis expedias et mittas, pensans, quod nec sedes nec scamna habemus in ullo monasterii loco, et vester conventus facilius dilationem feret, quam noster, præsertim cum sit rediturus ad vos mox finito labore aliquantulo.

Cæterum mitto hic librum, plane Silenum quendam Alcibiadis, quem dono T. P., quorum si plures volueris, Græca fide scias tibi comparandas. Edidit adversus meum vulgarem sermonem suas nugas Tetzellinus ille, in quem rursus et meam instituo amphoram, Deus faxit, ne urceus exeat. Vale et ora pro me. Ex Wittemberga. Velim fratri tuo Georgio provideres Quintilianum et Aristotelis textum: si et Plinium haberet, forte non foret incommodum. Altera Corporis Christi, anno MDXVIII.

F. Martinus Lutherus, August.

15. Junius.

N°. LXXI.

An Christoph Scheurl.

Scheurl scheint in einem Briefe an Luther zum Frieden mit Eck gerathen zu haben. Dieser nämlich hatte gegen Luthers Thesen sogenannte Obeliscos geschrieben, welche zwar nicht im Druck erschienen, aber sonst sehr verbreitet waren. Da er nun hörte, daß Carlstadt dagegen etwas drucken lassen wollte, schrieb er an diesen unter d. 28. Mai 1518, und suchte ihn zu besänftigen (s. dessen Brief bey Löscher Ref. Act. II. 64). Er kam aber zu spät; denn Carlstadt hatte seine Positiones schon am 14. Mai an Spalatin gesendet. Auch Scheurl kam zu spät, wie L. bemerkt. Er selbst zeigt sich friedfertig gestimmt gegen Eck, wiewohl er damals schon seine Asteriscos gegen Eck geschrieben hatte (s. d. Brief an J. Sylv. Egranus v. 24. März No. LIX), welche auch im Aug. dieses J. im Druck erschienen. Er erwähnt eines freundlichen Briefs an Eck, der sich aber nicht vorfindet.

Aus dem Original in Chr. Gottl. Schwarz Progr. Altorf. p. 12 „Aus der vormaligen Scheurlischen Sammlung zu Nürnberg" bey Schütze II. 22. und aus Schwarz bey Strobel-Ranner S. 45. Deutsch bey Walch XXI. 596.

Eruditissimo utriusque juris consultissimo Doctori Christophoro Scheurlo, Nurmbergensis Politiæ Paracleto.

Jesus.

Salutem. Id quod pro Eccio nostro, mi suavissime Christophore, petis, fuisset nullo modo necessarium peti a tanto amico, si res integra fuisset, et te prævenisset literis suis ipse. Auxit enim et mihi vehementer suspicionem alienati a me animi Ecciani, quod a) post tam dira in me nomina, licet privatim scripta, nihil neque literarum neque verborum me participem fecit. At cum jam sint edita Carlstadii nostri problemata, me quidem et invito et ignaro, non est mihi satis consilii, quid utrisque ipsis sit faciendum. Scio, quod diligimus hominis ingenium, et admiramur eruditionem; et

---

a) Schw. qui.

quod factum est, dolore potius, quam ira aut invidia factum esse mihi quidem et conscius sum, et testor. Quod ad me attinet, scripsi ad eum ipsum, has, ut vides, amicissimas et plenas literas humanitate erga eum. Non tantum tua causa, sed et ipsius quoque ingenua confessione sum placatissimus, quia sibi, licet non mihi, displicere scribit eventum hunc vel dolo vel malitia aliena contigisse. Igitur mei quidem potestatem in hac re habes, habet et ille. Unum solum tui fuerit officii curare, ne asperius respondeat nostro Carlstadio, cogitetque, suam esse culpam priorem, ut haec fierent inter amicos mala. Nam mihi, credo, cum privatim dederim asteriscos meos, non fit ei respondendi necessitas, si desit libido. Sin malit reddere, ego utrumque expecto, licet pacem praeeligam. Agite ergo, ut intelligamus, vos nobiscum dolere, hanc tentationem a Diabolo fuisse inceptam, rursum autem gaudere, a Christo miserante esse expugnatam sedatamque. Vale. Dedi antea quoque ad te literas, sed video nondum pervenisse. Wittembergae, die Viti et Modesti, MDXVIII.

F. Martinus Lutherus, August.

---

29. Junius.

N°. LXXII.

An Spalatin.

Ueber den Nutzen der Dialektik in der Theologie, welchen L. leugnet.

Bey Aurifaber I. 72. b. Löscher II. 617. Vgl. Cod. Jen. a. f. 30. Deutsch bey Walch XV. Anh. No. X.

Suo Spalatino Georgio, Christi servo et ducali a secretis.

Jesus.

Salutem. Non angor, optime Spalatine, quod illi de me pessime loquuntur, vel Principem nostrum autorem mearum conclusionum garriunt: id solum timeo, ne ista occasione inter Principes tantos simultas nasceretur, si forte et Princeps Brandenburgensis simile aliquid fieri permitteret in vindictam, quale fuit nuper auditum de illo, qui vocatur der Schenk.

Cæterum quæris, quatenus utilem dialecticen arbitrer theologo: ego sane non video, quomodo non sit noxia potius dialectice vero theologo. Esto, quod sit forte utilis juvenilium ingeniorum lusus vel exercitatio: sed in sacris literis, ubi mera fides et superna expectatur illustratio, foris relinquendus universus syllogismus, non aliter, quam Abraham sacrificaturus reliquit pueros cum asinis. Quod et Johannes Reuchlin in secundo libro Cabbalæ suæ satis affirmat: quod si ulla necessaria est dialectica, naturalis illa ingenita sufficit, qua homo promtus est conferre credita cum creditis, et sic concludere vera. Ego sæpius cum amicis disquisivi, quidnam videretur nobis utilitatis accessisse ex tam anxiis studiis philosophiæ et dialecticæ, et certe uno consensu admirati, imo lamentati nostri ingenii sortem, nihil utilitatis, totum autem nocentiæ pelagus invenimus.

Scripsi denique ad D. Isenacensem, nostra ætate (ut videtur) principem dialecticorum, in eandem rem potissimum allegans id, quod negari non potest, videlicet ideo non posse dialecticen prodesse theologiæ, sed magis obesse, quod eisdem vocabulis grammaticis longe aliter utatur theologia quam dialectica. Quomodo ergo, inquam, prodest dialectica, cum postquam accessero ad theologiam, id vocabuli, quod in dialectica sic significabat, cogar rejicere, et aliam ejus significationem accipere? Atque ut non agerem verbis, exempla subjeci, videlicet: corpus in arbore Porphyriana significat rem constantem materia et forma: at tale corpus non potest homini contingere, cum in Scriptura corpus nostrum solam materiam significet, non etiam formam, ut ibi: *nolite timere eos, qui occidunt corpus, animam autem occidere non possunt.* Deinde intuli, absurde dici: angelum nec rationalem nec irrationalem: item quod nullus usus sit Scripturæ, hominem vocari sensitivum, rationalem, corporeum, animatum: et breviter, totum illud commentum arboris Porphyrianæ dixi et adhuc dico minus quam anile figmentum, aut somnium ægrotantium: ac juste

Porphyrium vocatum (id est cruentum) ab occidendis scilicet Christianis animabus. Deinde et prædicamenta ac nonnulla alia philosophiæ tantum theologiæ nocere.

Displicuit homini valde: et non Achilleas rationes meas asseruit vel a me ipso debere videri. Sed sunt illi homines, Aristoteli et Porphyrio captivi, nec quid, sed quia dicunt, advertunt: inde fit, ut nec unius capituli Scripturæ possint intelligentiam capere, multo minus tradere.

Si ergo meo judicio credis, prosit tibi dialectice ubi poterit, in sacris literis etiam nocebit. Observavi ego doctrinas et regulas scholasticæ theologiæ, et dedita opera juxta illas volui tractare sacras literas, et ecclesiasticorum Patrum (perdat me Deus, si mentior) horrui plusquam a tartari confusione: ibi vidi, quid prodessent ejusmodi studia. Sed tecum aliquando idem tentabo, quando præsens fueris, et expertum te faciam eorum, quæ nunc audis. Vale et ora pro me. Wittembergæ, die S. Petro sacro *), anno MDXVIII.

F. Martinus Eleutherius, August.

---

10. (od. 15.) Julius.

N°. LXXIII.

An Wenceslaus Link, Augustiner in Nürnberg.

L. möchte ihm die Resolutiones schicken, sie sind aber noch nicht im Drucke fertig. Man warnt ihn vor der Reise nach Augsburg; er ist aber getrosten Muthes. Von seiner Predigt vom Bann, und einem heftigen Briefe des Jodocus an ihn.

Bey Aurifaber I. 75. b. Löscher II. 619. Deutsch bey Walch XV. Anh. No. II.

---

*) Ist Peter- und Paulstag oder Petri Stuhlfeyer d. 22. Febr. gemeint?

Reverendo Patri Wenceslao Linco, Theologo et Ecclesiastæ monasterii Eremitarum Nurmbergensium etc. suo in Christo Majori.

Jesus.

Salutem. Misissem probationes mearum positionum, R. Pater, sed tam segnis est noster chalcographus, ut et ipse mire discrucier ea dilatione: sunt ferme 18 conclusiones absolutæ, quas tentavi, ut mitterem. Nugas illas, quas nudius adversus meum Timonem edideram *), denuo et late invulgant, quod nollem fieri, quia in ipsis nimium sum amicorum exhortationibus obsecutus, quanquam nec satisfecerim eorum votis. Cæteri meæ imputant impatientiæ, cum potius luserim, quam succensuerim in illis. Si quid rescire ultra de nobis volueris, hi vestri Conradi sat narrabunt.

Vicarius noster Johannes Langus, hodie præsens, dicit, sese per literas monitum a Comite Alberto Mansfeldensi, ne ullo modo me patiatur egredi Wittembergam. Ita enim per insidias ordinatum a nescio quibus magnatibus, ut vel stranguler vel baptiser ad mortem. Sum plane vir ille cum Jeremia rixarum et discordiæ, qui quotidie novis (ut vocant) doctrinis irrito Pharisæos. Ego autem ut mihi conscius sum, non nisi sincerissimam theologiam me docere, ita jam diu præscius fui, fore ut sanctissimis Judæis scandalum et sapientissimis Græcis stultitiam prædicarem.

Sed spero me debitorem esse Jesu Christo, qui et mihi forte dicit, ostendam ei, quanta oporteat eum pati propter nomen meum. Si enim id non dicit, cur in officium verbi hujus me invictissimum posuit? aut cur non aliud docuit, quod loquerer? Fuit voluntas sua sancta. Quanto magis illi minantur, tanto magis ego confido: uxor mea et liberi mei provisi sunt: agri, domus, substantia cuncta disposita sunt: gloria et nomen jam discerpitur: unum superest imbecille

*) Welche Schrift? Nach der Vermuthung eines gelehrten Freundes obiger Brief an Jodocus No LXIV. Inhalt und Datum paßt; und wohl konnte er den grämlichen Alten einen Timon nennen. Aber gab er den Brief heraus?

et fractum corpusculum : quod si abstulerint, forte duabus vel una vivendi hora me pauperiorem facient, animam vero non auferent. Canto cum Johanne Reuchlin: qui pauper est, nihil timet, nihil perdere potest, sed spe bona lætus sedet: nam sperat acquirere.

Scio verbum Christi ab initio mundi ejus esse genii, ut qui id in mundo voluerit portare, necesse sit cum Apostolis eum relictis renunciatisque omnibus, omni hora, mortem expectare. Quod nisi esset, non verbum Christi esset: morte emtum est, mortibus vulgatum, mortibus servatum, mortibus quoque servandum aut referendum est. Sic enim sponsus noster sponsus sanguinum nobis est. Tu ergo ora, ut Dominus Jesus spiritum hunc sui fidelissimi peccatoris augeat et servet.

Habui nuper sermonem ad vulgum de virtute excommunicationis, ubi taxavi obiter tyrannidem et inscitiam sordidissimi istius vulgi officialium, commissariorum, vicariorum. Mirantur omnes, nunquam sese talia audisse. Deinde, quid futuri mali mihi incumbat, omnes expectamus, novum ignem succendi: sed ita facit verbum veritatis signum, cui contradicitur: volueram eadem publicitus disputare, sed ecce rumor prævenit, et plurimos magnates adeo permovit, ut Episcopus meus Brandenburgensis misso nuntio magno postularet, ut differrem eam disputationem, quod et feci et facio, præsertim amicis quoque consulentibus: vide, quam sim monstrosus homo, cujus conatus etiam sunt intolerabiles.

Dominus Doctor Isenacensis misit ad me literas, zelo magno (sic enim honestare oportet hominis passionissimas passiones) plenissimas, longe acriores, quam eas, quas in capitulo coram audiebas: eadem mihi coram positus Erfurdiæ loquebatur. Usque ad insaniam cruciantur isti homines, quod stulti in Christo fieri debeant, et magistri nostri eximii toto orbe, tanto tempore errasse judicari. Ego nihil moror moros et momos omnes: Christus modo sit mihi Deus propitius, cui paratus sum cedere verbi officium. Hæc verbosius, quia libuit tecum fabulari. Vale. Wittembergæ, die 12 Fratrum *), anno MDXVIII.

F. Martinus Lutherus.

---

*) Entweder statt die 7 Fratr., oder divis. Apostolorum.

8. August.

N°. LXXIV.

An Spalatin.

Auf die erhaltene Citation nach Rom bittet er Sp., der sich damals mit dem Kurfürsten auf dem Reichstage zu Augsburg befand, es bey seinem Herrn auszuwirken, daß seine Sache durch Commissarien in Deutschland untersucht werde. Zuletzt bemerkt er, daß er auf den Dialog des Silvester Prierias antworte. S. No. LXXVII.

Bey Aurifaber I. 53. Bey Löscher II. 620. Vgl. Cod. Jen. a. f. 19. Deutsch bey Walch XV. 526.

Eruditissimo et amicissimo simul, suo Georgio Spalatino, Augustæ agenti, in Christo sincere amando.

Jesus.

Salutem. Opera tua, mi Spalatine, nunc quam maxime indigeo, imo indiget fere totius nostræ mecum Universitatis honor. Ea autem est, ut apud Principem illustrissimum et D. Pfeffingerum solicitus sis, quatenus Princeps noster et Cæsarea Majestas mihi apud summum Pontificem impetrent remissionem seu commissionem causæ meæ ad partes Alemanniæ, sicut scripsi Principi nostro. Sic enim video, quam subdole et malitiose agant prædicatores illi homicidæ mei in meam perniciem. Scripsissem ob idem Domino Pfeffingero, ut suo et amicorum officio hanc gratiam mihi obtinerent apud Majestatem Cæsaream et Principem. Hæc autem festine fieri oportet: tempus mihi angustum præscripserunt, sicut cernis in hac lerna citationis: leges una cum hydris et portentis suis. Itaque curabis, si me amas, et iniquitatem odis, ut mox consilium et auxilium Principis exquiras: quod ubi exquisieris, mihi, imo magis R. Patri Vicario nostro Johanni Staupitz significabis, qui forte jam vobiscum Augustæ est, aut mox futurus est. In Salzburga enim moratur, ad festum Assumtionis promisso adventu suo Nurmbergensibus. Demum rogo te, nihil movearis nec tristeris pro me: Dominus faciet cum tentatione proventum, Dialogo Silvestrino, vere silvestri et penitus inculto, jam respondeo, quod totum mox habebis, ut paratum fuerit: est idem homo suavissimus mihi simul adversarius et judex, ut in citatione videbis. Vale, multis scribundis occupatus non permittor esse prolixior. Wittembergæ, die S. Cyriaci, anno MDXVIII.

F. Martinus Eleutherius, Augustin.

---

21. August.

N°. LXXV.

An Spalatin.

L. bezeugt seinen guten Muth bey dem feindseligen Beginnen seiner Widersacher, und bittet es auszuwirken, daß ihm vom Kurfürsten der salvus conductus für die Reise nach Rom verweigert werde, um dadurch derselben überhoben zu seyn.

Bey Aurifaber I. 76. Löscher II. 621. Vgl. Cod. Jen. a. f. 31. Deutsch bey Walch XV. 528.

Suo Georgio Spalatino, Christi Sacerdoti, Augustæ agenti, Ducis Friederici Saxoniæ a libris, erudito amico.

Jesus.

Salutem. Nondum redierat nuntius, quem ad illustrissimum Principem Fridericum emisi: ideo adhuc expecto, quid Dominus in mea causa per vos agere velit. Audivi autem reverendissimum Cardinalem Cajetanum id potissimum habere mandati a summo Pontifice, ut omni studio mihi Cæsaris et Principum animos faciat adversos: adeo timet conscientia etiam tantorum pontificum, imo tanta est et tam intolerabilis vis veritatis super opera, quæ in tenebris facta sunt.

Ego tamen, ut scias, mi Spalatine, in his omnibus nihil timeo: quod si etiam obtinuerit eorum vel adulatio, vel potentia, ut omnibus me odiosum faciant, id mihi reliquum est et cordis et conscientiæ, quod omnia, quæ habeo, quæque ipsi impugnant, ex Deo me habere cognoscam et confitear, cui et ea ipsa libens et sponte refero et offero: si aufert, sint ablata, si servat, sint servata: et nomen ejus sanctum et benedictum in sæcula, Amen.

Ego adhuc non satis video, qua via possim censuras illas intentatas evadere, nisi Princeps auxilio mihi fuerit. Rursum multo magis vellem in censuris perpetuo agere, quam Principem mei causa quid malæ opinionis incurrere. Tu ergo, sicut me prius obtuli, ita adhuc me oblatum et crede et persuade, quibus volueris aut tibi visum fuerit. Hæreticus nunquam ero, errare disputando possum: sed statuere nihil volo, porro nec opinionibus hominum captivus fieri.

Id visum est amicis nostris tum doctis tum bene consulentibus, ut ego apud Principem nostrum Fridericum postulem salvum (ut vocant) conductum per suum dominium. Quod ubi mihi negaverit, sicut scio mihi negaturum, justissima fuerit mihi exceptio et excusatio non comparendi in Roma (sic enim loquuntur). Si ergo velles et meo nomine apud illustrissimum Principem impetrares rescriptum, quo mihi salvum conductum negaret, et meo mihi periculo committeret, si vellem ire: optime mihi consuleres: at hic mature facto opus est, accelerant dies, et dies præfixus propinquat, et nos terra nimio separat *) et negotia impediunt a).

Mitto resolutiones mearum propositionum, sed mendose excusas: ita obfuit mea aliquanta absentia. Adversus dialogum Silvestrinum, imo una cum ipso dialogo excuditur Lipsiæ responsio mea, quam et brevi ad te mittam. Doleo ego vehementer meum nomen et negotium in tantum ascendisse et crevisse, ut tantis etiam Principibus negotium factum sit, et de me sordidissimo homuncione tanta tantorum luminum claritas tractet: contemtiorem me arbitrabar fore, præsertim disputatorem, quam ut mei similes, nedum mediocres commoverem. Vale in Domino semper. Wittembergæ, sabbatho octavæ Assumtionis D. Mariæ, anno MDXVIII.

F. Martinus Eleutherius, Augustinianus.

Id autem curandum quoque suadent, ut datum literarum

---

a) Cod. Jen. impedit.

*) Der Kurfürst und Sp. waren noch in Augsburg.

(ut vocant) anticipetur, sic ut ante vigiliam Bartholomæi signetur scripta: nec in hoc mendacium esse dicunt, quod certum sit, et constet Principis animus et mens, semper hucusque negare conductum voluisse seu licentiam.

---

31. August.

N°. LXXVI.

An Spalatin.

L. meldet, daß sein Sermon vom Bann schon gedruckt gewesen, ehe Sp. Brief angekommen (worin dieser ihm wahrscheinlich den Druck widerrathen hatte), empfiehlt Ph. Melanchthon, der seine Professur mit einer schönen Rede angetreten hatte, dem Kurfürsten, und übersendet seine Antwort auf den Dialog des Silvester Prierias.

Bey Aurifaber I. 77. b. Löscher II. 623. Vgl. Cod. Jen. a. f. 33. Deutsch bey Walch XXI. 598.

Eruditissimo et humanissimo Georgio Spalatino, a libris Ducis Saxoniæ, fideli amico in Christo.

Jesus.

Salutem. Antequam venirent literæ tuæ, mi Spalatine, jam editus erat sermo de excommunicatione, sed tanta modestia et tam firmis fultus veritatis patrociniis, ut mihi spes sit, eum non modo non reprobari a veritatis amatoribus, sed et magnam gratiam initurum, apud eos etiam, quos tyrannis ipsa delectat: adeo sacram illam potestatem extuli magnifice, citra tamen adulationem, non tamen citra necessitatem. Nihil enim in eo docui, quod non ipsimet docuerint et doceant.

De Philippo nostro Melanthone *) quæ scribis et mones, facta et facienda quoque non dubites. Habuit orationem quarto die póstquam venerat plane eruditissimam et tersis-

*) Dieser war d. 25. Aug. in W. angekommen.

simam, tanta gratia omnium et admiratione, ut jam non id tibi cogitandum sit, qua ratione nobis eum commendes: abstraximus citó opinionem et visionem staturæ et personæ, et rem ipsam in eo et gratulamur et miramur, gratiasque illustrissimo Principi, tuo quoque officio agimus: verum id potius curandum est, quonam studio reddas eum Principi nostro commendatissimum. Ego plane Græcum præceptorem, illo salvo, alium non desidero. Unum timeo, ne forte victum nostræ regionis non satis ferat teneritudo ejus: deinde, quod audio, nimium parco stipendio eum conductum, adeo ut Lipsensibus jam gloriabundis spes sit, fore, ut nobis eum quantocius auferant. Nam et solicitatus jam fuit ab eis, antequam ad nos perveniret. Suspicio mihi est, et multis aliis mecum, D. Pfeffingerum pro more suo, etiam in hac causa, nimium voluisse Principis marsupio fidelem dispensatorem præstare.

Itaque, mi Spalatine, ut libere, id est, cum amicissimo loquar, vos videte, ne personam et ætatem ejus contemnatis: homo dignus est omni honore. Nollem enim nos et Universitatem nostram rusticitatis insigne admittere, quo fabulam ex nobis æmuli speciosiorem facere possint.

Mitto nugas meas nugacissimas et extemporalissimas adversus Silvestrum, vere silvestrem et campestrem sophistam meum, biduo effusas. Neque enim dignus mihi visus est, propter quem nervos ingenii et studii operam frustra tentarem, in tam levibus suis, et (ut vocant) bullaceis syllogismis. Meas causas tibi curæ esse, gratias ago Deo et tibi. Vale et ama me in Christo. Pridie Calend. Septembris, anno MDXVIII.

F. Martinus Lutherus, August.

D. Andreas Carolstadius adversus Eccii defensionem aliam molitur pugnam: et quantum ego capio [a]), Eccius sua defensione nihil fecit, nisi quod locum ostendit, quo possit quam aptissime feriri.

---

a) Cod. Jen. quamtam ego cupio.

Ende August.

N°. LXXVII.

An Silvester Prierias.

Silvester Prierias oder von Prierio, Dominicaner, päbstlicher Magister sacri Palatii schrieb gegen Luthers Thesen vom Ablaß: In præsumtuosas M. L. conclusiones de potestate Papæ (s. Viteb. I. 159. Jen I. 15. Löscher Ref. Act. II 13) und Luther antwortete in einem Sendschreiben, welches er in zwey Tagen verfertigte, und wovon wir nur den Anfang und Schluß hersetzen.

Zuerst besonders gedruckt: Responsio M. L. ad Dialogum Silv. Prieriatis Viteb s. a. (1518) 4 Dann in den Werken Viteb. I. 170. Jen. I. 44. in M. L. lucubrationum parte una Bas. 1520. fol. in der lat. Sammlung der Schriften L. 1519. 20. 4. bey Löscher II. 390. Deutsch bey Walch XVIII. 120.

Reverendo in Christo Patri, Silvestro Prierati, Ordinis Prædicatorum, S. Theologiæ Professori celeberrimo, sacrique Palatii Apostolici Magistro, F. Martinus Lutherus Augustinianus æternam in Christo salutem.

Pervenit ad me, reverende Pater, dialogus ille tuus satis superciliosus, et plane totus Italicus et Thomisticus, in quo etsi causaris, te jam senem armisque desuetum denuo meis verbis ad certamen impelli, tamen velut Entellus ille de me Darete (ut ais) referre paras victoriam insperato, nisi quod eo ipso Dareta magis quam Entellum exhibes, quod rumores ponis ante salutem, et (ut dicitur) encomium ante victoriam. Age igitur, fac quod facis, fiat voluntas Domini. Vale.

Ecce, mi R. P. cursim et duobus diebus, tibi hæc reddidi, quia visa sunt levicula, quae tu opposuisti: ideo ex tempore et ut in buccam venit, tibi respondi. Si volueris deinceps retundere, vide, ut Thomam tuum armatiorem producas in harenam, ne forte tunc non ea modestia excipiaris, qua hac congressione exceptus es. Repressi enim me ipsum, me malum redderem pro malo. Vale.

1. September.

N°. LXXVIII.

An Joh. Staupitz.

L. erklärt, daß er muthig in Behauptung der Wahrheit fortfahren, und gegen Silvester Prierias, wenn er wieder antworten sollte, noch heftiger schreiben werde: sodann giebt er die Gründe an, warum er den Sermon vom Bann drucken lassen.

Bey Aurifaber I. 73. b. Löscher II. 624. Deutsch bey Walch XV. Anh. No. VIII.

Reverendo et optimo Patri, Johanni Staupitio, Eremitarum S. Augustini Vicario, suo in Christo colendo Patrono ac Majori.

Jesus.

Salutem. Nihil dubites, reverende mi Pater, futurum me liberum in verbo Dei scrutando et tractando. Neque enim illa citatio et intentatæ comminationes me aliquid movent: incomparabiliter pejora patior, sicuti nosti, quæ cogunt me ista temporalia et momentanea fulmina levicula ducere: nisi quod potestatem ecclesiasticam sincere volo colere. Quod si excommunicer ab homine, te unum timeo offendere, cui confido judicium in rebus datum a Deo rectum et fidele.

Videbis resolutiones et responsiones meas in aliquot locis liberiores, quam forte et tu ipse probare possis, porro adulatoribus Romanis intolerabiles: sed resolutiones editæ fuerant, alioqui eas temperassem. Verum si Silvester et Silvestreus iste sophista pergere cœperit, et aliis me provocare nugis: tunc ego non iterum ludam, sed, datis frenis ingenio et calamo, ostendam ei in Germania esse, qui suas et Romanas technas intelligant: et id cupio citius fieri. Jam diu et nimis [a]) nos Romani tanquam Bardos et Buccones suos sine fine strophis et versuris versutiisque ludunt, et non tam fallunt astute, quam aperte et impudentnr calumniantur.

---

a) Aurif. hat wahrscheinlich durch einen Druckfehler minis.

Horum enim studium est, ut video, ne regnum veritatis, id est, Christi sit regnum veritatis, dum uno furore id satagunt, ne veritas in regno suo proprio audiatur et tractetur. Ego me partem hujus regni fieri cupio, si non veraci vita, certe tamen veraci lingua et corde, utcumque emendata saltem vere confitente. Et ego experior, populum suspirare vocem pastoris sui Christi, et miro studio in sacras literas fervere etiam adolescentes. Cœpta est apud nos Græca lectura, græcissamus omnes propter intellectum Bibliæ: Hebræum expectamus etiam, et Princeps in hoc curam habet.

Habui sermonem de excommunicatione Wittembergæ, vehementer necessarium populo propter duras officialium vexationes in populum nostrum. Quem cum omnes nostri juristæ et theologi probant maxime, mirum tamen est, quanta incendia mihi ex illo conflare studuerint observatores atroces nimis, qui raptum ex ore meo in articulos odiosissime compositos tum redegerunt, et ubique sparserunt et spargunt cum insigni nominis mei persequutione: denique Augustæ inter magnates volat et irritat multos: in Dresden mihi ipsi in faciem objectus fuit, allatis aliquot ejusdem articulis. Vide, quam insidiose petar et undique sepiar spinis: sed Christus vivit et regnat heri et hodie, et in sæcula. Veritatem doctam a me, conscientia mihi respondet, et veritatem cum nominem, ideo magis odiosam. Uterus Rebeccæ est: parvulos in eo collidi necesse est, etiam usque ad periculum matris.

Ista ecce fuit causa, ut ederem eundem sermonem, quo venenatis istis articulis occurrerem, aut male intellectis lucem afferrem. Tu pro me ora, ne nimis gaudeam et confidam in ista tentatione. Deus illis non imputet, oro. Habent et ipsi zelum Dei, etiam teste me, sed indoctissimum, donec et ipsos illuminet eadem luce nostra Jesus Christus, qui te servet sibi in gloriam et in Ecclesiæ suæ salutem, Amen. Die Egidii, MDXVIII.

F. Martinus Lutherus.

2. September.

N°. LXXIX.

An Spalatin.

L. will, daß der Kurfürst keine Unannehmlichkeit von seinem Handel habe, und daß ihm selbst alles überlassen bleibe. Ein Vorschlag zur Veränderung des Studienplanes auf der Universität. Eine Aeusserung des Unwillens über die römische Habsucht. Eine Empfehlung Melanchthons.

Bey Aurifaber I. 80. Löscher II. 626. Vgl. Cod. Jen. a. f. 35. Deutsch bey Walch XV. Anh. No. IX.

Suo Georgio Spalatino, librario Ducali, amico erudito in Aldenburg. [a])

Jesus.

Salutem. Scribis, mi Spalatine, esse quosdam, qui Principem nostrum illustrissimum conentur et cœlo et terræ invisum facere: obsecro, quid hoc monstri est? Opto ex corde, ne id mei causa fiat: sicut dixi, ita dico, nolo in hac re Principem nostrum innocentissimum quicquam facere, quod propositiones meas defendat, sed offerri et objici omnibus, quicunque contra me vel agere vel scribere voluerint: sicut spero facturum esse, nisi forte id commode præstare posset, ne vis mihi irrogaretur. Quod [b]) si ne hoc poterit, etiam sic volo meum esse periculum totum. Spero me pulchre defensurum ea, quæ defendenda suscepi, invitis (ut Christo duce gloriar [c]) omnibus opinionibus Thomistarum. Violentiæ autem locum dare necesse erit, veritate tamen salva.

Resolutiones meas corruptissime excusas, una cum dialogi Silvestri confutatione ad te pervenisse credo. Ita rogo, dic omnibus, quibus potes, Martinum esse eum, qui disputarit ista: si quis contra voluerit ire, aut meliora sperat

---

a) Cod. Jen. Eruditissimo suo Georgio Spalatino, Christi Sacerdoti, Principis Electoris Saxoniæ a libris integerrimo.

b) Aurif. quia.

c) A. glorier.

facere, is me inventurus est paratum doceri aut docere. Mecum igitur agant: quid Principem et alios in his rebus frustra fatigant? sed satis.

Orta est apud bonos adolescentes nostros quæstio, quam consulentibus amicis tibi scribere, aut per te Principi nostro insinuare visum est. Ea autem est: quod, cum nunc Dei gratia optimæ lectiones vigeant, et ipsi mire in sacras literas sinceramque theologiam ardeant, durum eis videtur, propter tot lectiones alias, quas pro gradibus complere coguntur, postponere optimas, aut saltem nimis gravari utrisque. Petunt igitur, si fieri possit, ut ethica lectio (cum sit plane ad theologiam lupus ad agnum) permitteretur libera, scilicet, quibuscunque liberet audienda, salvo non minus promotionis beneficio. Alia etiam quæstio vertitur, quis modus futurus sit examinandorum Baccalaureorum et Magistrandorum, secundum novas lectiones: sed in hoc ipsi et nos viderimus, nisi ad manum tibi sit et in numerato consilium felicius.

Est apud nos epistola quædam ex urbe Roma satis erudita, vehementer acris in Romanas astutias, de decimis novis exigendis, pro bello adversus Turcas, quæ evidenter excogitatæ a Florentinis avarissimis omnium, quos cœlum tegit, cognoscuntur. Ipsi enim Pontificis facilitate utuntur in omnem suæ voraginis libidinem. Sed credo exemplar apud vos dudum fuisse; alioquin scribito et mittam. Cardinales enim legatos esse (forte ignoras) [d]) avaritiæ, certum est, si vera illa sunt quæ scribit.

Vale in Domino, et Philippum græcissimum, eruditissimum, humanissimum habe commendatissimum. Auditorium habet refertum auditoribus; in primis omnes theologos, summos cum mediis et infimis, studiosos facit Græcitatis. Wittembergæ, 2 Septembris, anno MDXVIII.

F. Martinus Lutherus.

---

d) Cod. Jen. ignaros.

9. September.

N°. LXXX.

An Joh. Lange.

Von der Uebersendung eines Bruders; daß die Responsio ad Silv. Prier. Dialogum vergriffen sey, und neu aufgelegt werde; von der Gelehrsamkeit Melanchthons; daß der Kurfürst die Reise nach Rom abzuwenden suche; von Ordensangelegenheiten.

Bey Aurifaber I. 81. b. Löscher II. 627. Deutsch bey Walch XV. Anh. XV. a.

Reverendo Patri Johanni Lango, Vicario medio Eremitarum Augustinensium Erfurdiensium etc. sibi in Christo Majori.

Jesus.

Salutem. Habes hic fratrem sacrificaturum: non erat, quo citius mitti posset, defectu socii itinerarii. Dialogos Silvestrinos non habeo, nisi hunc unum: alios excudit Melchior Lotther, venditis omnibus prioris excusionis exemplaribus. Ita enim Dominicales fratres *) omnia emunt, et supprimere conantur. Lectorem Johannem Jenner mittimus ad locum suum, licet necdum quid certi experiri possum, nisi quod mores meliores alibi accepturum spero.

Eruditissimus et græcanicissimus Philippus Melanthon apud nos Græca profitetur, puer et adolescentulus, si ætatem consideres, cæterum noster aliquis, si varietatem et omnium fere librorum notitiam spectes, tantum valet non solum in utraque lingua, sed utriusque linguæ eruditione: Ebræas quoque non incognitas habet literas.

Scripsit mihi illustrissimus Princeps, se in causa mea egisse, ut Legatus Cajetanus scripserit ad urbem pro mea causa committenda ad partes: et interim id me debere expectare. Ideo spero censuras non venturas esse. Displiceo autem multis, pluribus, plurimis.

*) Die Ordensbrüder des Silvester.

Cæterum nec tibi fuisset opus tanta impatientia mihi respondere. Fuit enim mihi suggestum, et adhuc non aliud interim quærere curavi, te velle omnes a nobis expensas solvi, non tantum sex illos grossos Cerbitensi. Deinde et Priori nostro satis displicuit, et displicet fratris scriniatoris tanta dilatio, scilicet ad hyemem, quando nemo potest operari: sed tu videris quoque, quid a me?

De Patre M. Mechlinia et mortuorum nominibus ex isto fratre omnia agnosces. Vale, et saluta, qui salutari a me dignantur. Volo theologos tuos esse mirabundos super me, modo mihi integrum permittatur meam sequi theologiam. Illorum enim nolo, unquam, usquam, ullo modo. Altera octavæ Nativitatis Virginis, anno MDXVIII.

F. Martinus Lutherus, August.

---

10. October.

N°. LXXXI.

An Spalatin.

L. berichtet, daß er am 7. Oct. in Augsburg angekommen und an diesem Tage mit dem Cardinal Cajetan sprechen werde, nachdem er vorher mit einem von ihm Abgeschickten eine Unterredung gehabt, den er aber mit seinen Zumuthungen abgewiesen. Uebrigens erwartete er Staupitzen aus Salzburg.

Bey Aurifaber I. 83. Löscher II. 628. Vgl. Cod. Jen. a. f. 36. Deutsch bey Walch XV. Anh. XVI.

Suo Georgio Spalatino, Sacerdoti Christi eruditissimo et humanissimo, amico in Domino.

Jesus.

Salutem. Venimus Augustam, mi Spalatine, die sancti Marci, qui est post Franciscum: venimus autem fessi, et ego per viam pene defeceram [a]), hausto nescio quo gravi incommodo stomachi, sed revalui. Hodie tertius dies est adventus, nec dum vidi reverendissimum Dominum Legatum: misi tamen primo statim die Doctorem Wenceslaum et alium, qui me adesse nuntiarent. Interim mihi publica fides, seu salvus conductus ab amicissimis paratur apud Cæsareanos et Senatum. Omnes sunt spontanei et obsequiosi in me, nomine illustrissimi Principis nostri.

Licet enim Cardinalis ipse reverendissimus Legatus omnem clementiam promittat, nolunt tamen amici [b]) permittere, ut simpliciter illi confidam: adeo curant rem et prudenter et diligenter. Sciunt enim esse eum in me exacerbatissimum intus, quicquid simulet foris: quod et ego intellexi aliunde non obscure.

Hodie autem omnino accedam, et primum colloquium et conspectum petam: quid futurum sit, nescio. Aliis videtur in rem meam esse, quod absens est Cardinalis Gurcensis, aliis quoque, quod absens est et ipse Cæsar. Nam hic non longe abest, quotidie expectatur [c]) reverti: et Episcopus Augustensis abest ab urbe. Cænavi heri apud Conradum Peuttinger, Doctorem, et civem et virum; qualem melius nosti: qui unus omnium est in mea re studiosissimus, nec segnius senatores alii; atque nescio an reverendissimus Dominus Legatus me timeat, vel monstrum alat.

Heri ad me misit orator Montisferrati, ut ne accederem Legatum, nisi prius mecum sibi fuisset interlocutum: venit homo (omnium judicio) subornatus et a Legato instructus et multis verbis sanissimisque (ut ait) consiliis mecum omnino egit, ut simpliciter Legato consentirem, ad Ecclesiam redirem, maledicta revocarem, exemplum mihi proponens Abbatis Joachimi Florentini, qui eadem ratione meruerit non esse hæreticus, licet hæretica dixisset. Deinde dissuasit homo suavissimus, ne rationem dictorum redderem: vultis, inquit, hastiludia facere? breviter Italus est et Italus manet. [d]) Ego vero dixi: si potero doceri, aliter a me esse

a) Cod. Jen. defecerim.

b) Cod. Jen. + me.

c) Cod. Jen. exspectamus.

d) Cod. Jen. permanet.

dictum aliquid, quam sancta Ecclesia Romana sapit: mox ipse mihi judex ero, et canam palinodiam.

Cæterum hic erit nodus, sicubi opinationes D. Thomæ ille pertinacius coluerit, quam ferre possit decretum et autoritas Ecclesiæ: eatenus ei non cedam, quatenus Ecclesia non revocarit suum prius decretum, quo ego nitor. Hei hei, inquit ille, vultis hastiludia facere? Deinde processit in insanissimas propositiones, ut palam fateretur: mendaces proposiones licere prædicari, modo bonam quæstam (ut ait) facerent et capsam replerent: et Pontificis potestatem negaret tractandam disputatione, sed extollendam ita, ut nutu solo omnia abrogare, etiam ea quæ fidei essent, in hac præcipue re possit, et nonnulla alia quæ coram audies. At ego hunc Sinonem, parum consulte instructum arte Pelasga, dimisi, et abiit. Ita inter spem et metum pendeo: nam non parum fiduciæ iste mediator ineptus mihi contulit.

Doctorem Christophorum Scheurlin *) non inveni Norimbergæ: ideo apud Dominum Philippum Feilitzsch egi, ut nomine Principis daret Domino Johanni Bossenstein **) sex florenos, alios quatuor apud D. Scheurlin, vel Priorem nostri conventus-Nurmbergæ mutuum acciperet. Nam omnino negabat posse se tali sumtu tantum iter perficere. Veniet ergo quanto potest maturius.

Reverendissimus Pater Vicarius noster Doctor Johannes Staupitz scribit sese omnino et certissime venturum, si constiterit ei me advenisse. Ideo statim misso Fratre Leonardo eo die, quo veneram, nunciavi ei adventum meum et hodie expecto venturum. Orator Franciæ abierat paulo antequam veni in terram suam, relicto insigni judicio studii sui in me.

Has literas si meis Wittembergensibus, vel certe ea, quæ eos scire volueris, communicaveris, gratum feceris: (scribam alias latius et pluribus, modo per negotium et tempus non licuit): quos omnes meo nomine salutes, et sive ego redeam sive minus, prospere agant. Nam certum est,

---

*) Oder Scheurl, an welchen mehrere Briefe L's. vorhanden sind.

**) Oder Böschenstein, den Luther in Augsburg für die Professur der hebräischen Sprache in Wittenberg annahm. Er hatte vorher in Ingolstadt gelehrt.

me appellaturum concilium futurum: si Dominus reverendus Legatus magis vi, quam judicio voluerit agere.

Scimus Principi nostro illustrissimo rosam esse missam a summo Pontifice (quam illi magnis magna spe solent offerre) et omnia officia benevolentissime promissa. Summa summarum, Ecclesia Romana (si sic liceat loqui) auro insatiabiliter eget, et vorando assidue sitim auget. Vale in æternum, et illustrissimo Principi mea vice et gratias age amplissimas et me commenda. Augustæ, Dominica post Dionysii, summo mane, anno MDXVIII.

F. Martinus Lutherus, Augustin.

---

11. October.

N°. LXXXII.

An Phil. Melanchthon.

Empfehlung Joh. Bossensteins; wehmüthiges Lebewohl in der Aussicht aufgeopfert zu werden; Klage über die Verfinsterung Italiens.

Bey Aurifaber I. 85. Löscher II. 630 Vi[?] I 207 (unvollständig.) Strobel-Ranner. p. 13. Vgl. Cod. Jen. b. f. 6. Deutsch bey Walch XV. 672.

Eruditissimo suo dulcissimoque Philippo Melanthoni, Græcā profitenti Wittembergæ, in Christo suspiciendo.

Jesus.

Salutem. Johannem nostrum Bossenstein a)*), mi dulcissime Philippe, a te potius accipio commendatum, quam tibi commendatum facio: homo est, ut video, anxiæ et modicæ fidei, quæ res (timeo) ne familiaritatem vestram faciat ei rariorem; sed tu viscera, non ossa, in eo ostende una cum reliquis. De mea causa D. Carlstadium certum faciet. Nihil novi aut miri hic agitur, nisi quod mei nominis rumore

a) Cod Jen. b. Bochsenstein.

*) S. d. vor. Br.

plena est civitas, et omnes cupiunt videre hominem tanti incendii Herostratum.

Tu age virum, sicut et agis, et adolescentes recta doce: ego pro illis et vobis vado immolari, si Deo placet. Malo enim perire, et quod unum mihi gravissimum est, vestra dulcissima conversatione carere in æternum, quam ut revocem bene dicta, et studiis optimis perdendis occasio fiam.

Apud hos ut insipientissimos ita acerrimos literarum et studiorum hostes Italia est in Aegypti tenebras palpabiles projecta. Adeo ignorant omnes Christum, et ea quæ Christi sunt: hos tamen dominos et magistros habemus fidei et morum. Sic impletur ira Dei super nos, quæ dicit: dabo pueros Principes eorum et effœminati dominabuntur eis. Vale, mi Philippe, et Dei iram castis precibus averte. Augustæ, feria 2 post Dionysii, anno MDXVIII.

F. Martinus Lutherus.

---

14. October. *)

N°. LXXXIII.

An Spalatin.

L. erzahlt seine Verhandlungen mit dem Cardinal Cajetan, jedoch etwas undeutlich in Vergleich mit dem Bericht in den Actis D. M. Luth. Augustæ ap Card. S. Sixti Opp. Jen. 1. p. 186. sq und im Brief an den Kurfürsten No. XCV. C. empfing L. freundlich, drang aber sogleich sehr bestimmt auf den Widerruf, indem er sich in keinen Streit einlassen, und die Sache väterlich abthun wollte. Da L. bat, daß er ihm anzeigen möchte, worin er geirrt habe, fuhrte er eine Extravagante Clemens VI an, gegen welche L. in seiner 58. Thesis angestoßen habe in der Behauptung, daß das Verdienst Christi kein Schatz des Ablasses sey;

---

*) Dies Calixti ist der 14. October. Aber nach L's Bericht in No XCV war dieser Tag ein Freytag, und nach Pilgram. Kalend. war es der Donnerstag. Der Brief No LXXXV. vom 17. Oct. wurde am Sonntag uberschickt, dieß war aber der dritte Tag nach der Uebergabe der schriftlichen Vertheidigung. L. muß sich daher im Datum geirrt haben, und es ist der 15. Oct. gewesen.

auch rügte er L's Behauptung, daß zum Genuß des Sacraments der Glaube nothwendig sey. Als L. sich dagegen vertheidigte, berief sich C. auf die Gewalt des Pabstes, welche über Concilien, Schrift und Kirche sey. L. erwiederte einiges dagegen: da er aber sah, daß der Streit überflüßig sey, so brach er ab, und bat sich Bedenkzeit aus. Am andern Tage erschien er vor C. in Begleitung eines Notars und mehrerer Zeugen, und las eine Protestation ab, in welcher er die Zumuthung des Widerrufs, abwies und sich erbat, seine Sache schriftlich zu vertheidigen. Der Cardinal sah sich genöthigt, ihm die Einreichung einer schriftlichen Vertheidigung zu gestatten, und so endigte sich die zweyte Unterredung. L. brachte diese Vertheidigung am dritten Tage als am 14. October (sie folgt unter No. LXXXIV.); aber der Cardinal nahm keine Rücksicht darauf, und drang wieder auf den Widerruf. Da sich L. weigerte, so entließ er ihn mit dem Bedeuten, nie wieder vor ihm zu erscheinen. Indeß ließ er nach Tische Staupiz rufen, und suchte ihn zu überreden, daß er L. zum Widerruf bewegen solle. Beyde kamen überein, daß der Cardinal die Artikel festsetzen solle, welche L. zu widerrufen habe. Dieß that er aber nicht, und Staupiz bewirkte nichts, als daß L. einen sehr demüthigen Brief an C. schrieb, welcher unter No LXXXVI. folgt.

Hienach ist Planks Gesch. des prot. Lehrbegriffs I. S. 145. zu berichtigen.

Bey Aurifaber I. 85 b. Löscher II 631. Vgl. Cod. Jen. a. f. 38. Deutsch Wittenb. I. 59. Jen. 1. 135. Walch XV. Anh. XVII.

Suo Georgio Spalatino, Sacerdoti Christi eruditissimo et humanissimo, amico in Domino. a)

Jesus.

Salutem. Invitus scribo ad Principem illustrissimum, mi Spalatine: ideo tu, qui familiaris es, accipe, et clementissimo Principi significari curato. Dominus Legatus jam quarto die mecum, imo contra me agit, pulchre quidem, nomine illustrissimi Principis, omnia se leniter ac paterne facturum promittens, sed mera, sola, inflexibili potentia omnia faciens. Noluit ut publice disputando responderem, noluit

---

a) Cod. Jen. Eruditissimo suo Georgio Spalatino, Christi Sacerdoti, Principis Saxoniæ Electoris a libris etc. in Christo suscipiendo (suspiciendo?)

privatim mecum disputare. Unum erat quod replicabat assidue: revoca, agnosce errorem, sic vult Papa et non aliter, velis, nolis, et id genus alia. Potissimum vero me urgebat Extravagante quadam Clementis Sexti, quæ incipit: unigenitus. Hic, hic, inquit, vides Papam determinare, merita Christi esse thesaurum indulgentiarum: credis, vel non credis? nec patiebatur ullam declarationem, aut responsionem, sed vi verborum agebat et clamabat.

Tandem permisit vix exoratus multorum precibus, ut scriptis redderem rationem: quod hodie feci, præsente et ob id adducto Domino Philippo de Feilitzsch, nomine et vice Principis, denuo suggerente Principis petitionem. Tandem rejectis schedulis atque contemtis, revocationem denuo clamabat: et multo longoque sermone ex S. Thomæ fabulis tracto, me vicisse et compescuisse visus est: decies fere cœpi ut loquerer, toties rursus tonabat et solus regnabat.

Tandem et ego clamare cœpi, dicens: si potest ostendi quod Extravagans illa dictet, merita Christi thesaurum esse indulgentiarum: revocabo, ut voles. Hic, o Deus, quantus gestus et cachinnus. Repente librum arripuit, legit fervens et anhelans, donec pervenit eo, ubi scribitur, quod Christus sua passione acquisivit thesaurum etc.

Hic ego, heus Pater reverendissime, hoc verbum: acquisivit, perpende. Si Christus per sua merita acquisivit thesaurum: ergo merita non sunt thesaurus, sed id quod merita meruerunt, id est, claves Ecclesiæ. Ergo conclusio vera. Hic repente confusus, cum nollet videri confusus, transiliit fortiter ad alia, et volebat hæc oblivisci prudens; verum ego (certe satis irreverenter) fervens, erupi: non etiam grammaticam nobis deesse credat R. P. tua Germanis: aliud est esse thesaurum, aliud acquirere taesaurum. Et sic fracta fiducia ejus. Cum adhuc clamaret revocationem, abii, dicente ipso: vade et ne revertaris ad me amplius, nisi revocare velis.

Et ecce mox prandio facto ad se vocat R. Patrem Vicarium D. Staupitium, et multis blanditiis egit, ut me persuaderet ad revocationem, (me absente) asserens quoque me non habere amiciorem facile quam sese. Cumque ille respondisset, se persuasisse, persuadere quoque hodie, ut

Ecclesiæ humiliter submitterer, sicut et coram omnibus fueram prius testatus, dicebat tandem[a]), sese esse mihi imparem (opinione scilicet sua) in sacris literis et ingenio: deinde ipsum esse vice Papæ, et omnium nostrum hoc loco prælatum, ut ipsemet persuaderet. Tandem eo ventum est, ut præscribat articulos, quibus revocare, quid et sapere debeam.

Et huc usque pendet negotium. Sed mihi non est spes neque fiducia in eum. Apellationem autem paro quotidie, ne syllabam quidem revocaturus: edam autem responsionem meam ei oblatam, ut per orbem confundatur, si vi processerit, ut cœpit. Vale. Raptim, Augustæ, die S. Calixti, anno MDXVIII.

F. Martinus Lutherus, August.

---

14. October.

N°. LXXXIV.

An den Cardinal Thomas Cajetanus.

Die von L. dem Cardinal vorgelegte Vertheidigung seiner Lehre, erstens vom Ablaß, besonders in Beziehung auf die Extravagante Clem. VI., welche ihm der Cardinal entgegengesetzt hatte, und dann von der Rechtfertigung durch den Glauben. In Ansehung des ersten Punktes will er sich dem Urtheil des Pabstes unterwerfen, in Ansehung des zweyten aber nicht nachgeben, bis er aus der Schrift eines Bessern belehrt sey.

Bey Aurifaber I. 87. b. Vit. I. 209. Jen. I. 136. Löscher II. 464. Deutsch Wittenb. IX. 40. Jen. I. 114. Altenb. I. 125. Leipz. XVII. 157. Walch XV. 691.

Reverendissimo in Christo Patri et Domino, Domino Thomæ, Tituli S. Sixti Cardinali, sanctæ Sedis Apostolicæ Legato etc. F. Mart. Lutherus Augustinianus S.

Jesus.

Quam non detrectem respondere, libensque velim rationem reddere de singulis specialibusque meis dictis, reverendissime

---

a) Cod. Jen tamen.

in Christo Pater, ut objectionibus satisfaciam, quas heri et nudius mihi objectas memini, hac volui epistola humiliter protestari. Nam duo sunt, quæ mihi sunt a Pat. tua R. objecta. Primum Extravagans illa Clement. VI. quæ incipit unigenitus etc. in qua thesaurus indulgentiarum asseri videtur esse merita Christi et sanctorum, quod ego in positionibus meis videor negare.

Respondeo itaque: non fuit mihi incognita Extravagans illa, cum istas meditationes meas meditabar: sed cum certissimus essem, unamque totius Ecclesiæ sententiam esse scirem, merita Christi in spiritu non posse committi hominibus, nec tradi per homines, aut ab hominibus, sicut tamen Extravagans ista sonare videbatur: volui intactam relinquere, aliisque ingeniis melioribus committere magnas illas molestias et angustias, quas pro tuenda Papæ reverentia patiebar.

Occurrebat enim et movebat, primo, quod nuda essent verba Pontificis, et adversus contentiosum vel hæreticum invalidum præsidium: deinde, si quis diceret: turpe esse, principem loqui sine lege, et juxta Zachariam, non verba hominis, sed legem Dei requirendam ex ore sacerdotis: item, quod verba Scripturæ torquet, et in alienum sensum eis abutitur. Nam quæ de gratia justificante dicta sunt, ad indulgentias trahit, quo videbatur magis narrare, et magis opinione quadam pia exhortari, quam solida demonstratione aliquid probare.

Vexabat etiam erroneas esse, quod fieri posse constat, decretales aliquando erroneas esse, et contra sacras literas et charitatem militare. Nam licet decretales Ro. Pontificis tanquam vocem Petri oportet audire, ut dicitur dist. xix., tamen hoc ipsum intelligitur de his solum (ut dicitur ibidem), quæ consonæ sunt sacræ Scripturæ, et a prioribus Patrum decretis non dissentiunt.

Accessit ad hoc, quod de facto Petrus non incedens ad veritatem Evangelii reprehensus est a Paulo, Galat. II. Ideo non mirum videri, si successor ejus in aliquo defecerit, quandoquidem et Actor. XV doctrina Petri non fuit suscepta, donec accederet et approbatio Jacobi minoris episcopi Hierosolymitani, et totius Ecclesiæ consensus: unde fluxisse videtur id juris dogma, legem tunc firmari, quando utentium moribus approbatur.

Præterea, quam multæ decretales priores correctæ sunt per posteriores. Ideo [a]) et hanc forte pro tempore suo corrigi posse. Panormitanus quoque lib. I. de elect. C. significasti, ostendit, in materia fidei, non modo generale concilium esse super Papam, sed etiam quemlibet fidelem, si melioribus nitatur autoritate et ratione, quam Papa, sicut Petro Paulus Galat. II. Quod et illo 1. Corinth. XIV. confirmatur: *si fuerit alteri sedenti rev latum, prior taceat.* Ideo sic vocem Petri esse audiendam, ut tamen liberior sit vox Pauli cum redarguentis: porro omnium superior vox Christi.

Maxime vero laborabam, quod eadem Extravagans manifestissime mihi apparebat falsa quædam continere. Primo, quod dicit, merita sanctorum esse thesaurum, cum tota Scriptura dicat, Deum ultra condignum præmiare, ut Rom. VIII.: *non sunt condignæ passiones hujus temporis etc.* et B. Augustinus lib. I. retract. XIX: tota Ecclesia usque in finem mundi orat, dimitte nobis debita nostra. Ergo non superfluere aliis posse, quæ nec sibi sufficerent: inde virgines sapientes noluerunt oleum communicare insipientibus. Et B. Augustinus lib. IX. confessionum: væ hominum vitæ, quantumcunque laudabili, si remota misericordia judicetur: et propheta: *non intres in judicium cum servo tuo, quia non justificabitur in conspectu tuo omnis vivens.* Ideo sancti non suis meritis, sed sola Dei misericordia salvi fiunt, ut latius dixi in resolutionibus.

Ego vero non eram tam insigni temeritate, ut propter unam decretalem Pontificis hominis, tam ambiguam et obscuram, recederem a tot et tantis divinis Scripturæ testimoniis apertissimis: quin potius arbitrabar quam rectissime, verba Scripturæ, quibus sancti describuntur deficere in meritis, incomparabiliter præferenda verbis humanis, quibus scribuntur abundare: cum Papa non super, sed sub verbo Dei sit, juxta illud Galat. I.: *si Angelus de cælo aliud vobis*

---

a) Jen. ideoque.

evangelizaverit, quam accepistis, anathema sit. Jam illud quoque nonnihil erat, quod Petro hunc commissum thesaurum dicit, de quo nihil constat, nec in Evangelio, nec ulla scriptura

His perturbatus molestiis, ut dixi, consilium mihi fùit, quiescere, et alios audire, cum positiones meas verissimas usque hodie quoque viderem: nunc vero, cum urgeor ipse tentare, quod ab aliis, maxime a summo Pontifice expectare debueram, cujus solius est declarare ea, quæ condidit: tamen pro viribus ingenii et gratia Dei conabor pro tutela sincerissimæ veritatis positiones meas cum Extravagante concordare, utrasque servando in veritate.

Primum, supponendo, quod indulgentiæ prorsus nihil sunt metaphysice loquendo, quia certum est, eas esse aliud nihil, quam remissiones satisfactionis, id est, bonorum operum, eleemosynæ, jejunii, orationis, etc.: ideoque certum est, eas esse bonum privativum, dum permittunt non solvi pœnas debitas, aut non fieri labores operum. Quare necessario thesaurus hoc loco impropriissime accipitur, quia nihil confertur positive, sed permittitur, ut nihil solvatur.

Secundo, certo certius est, quod hunc thesaurum Papa non habet velut in loculo vel cista, sed in verbo vel clavibus vel potestate, quia erogando, non cistam, sed voluntatem et verbum aperit, et sic donat.

Tertio, ideo sequitur, quod thesaurus indulgentiarum sunt merita Christi, non formaliter, nec proprie, sed effective et improprie, quia Papa non dat merita Christi formaliter, sed de merito Christi, id est, per claves, quas meruit dari Ecclesiæ suæ. Quia in virtute clavium est, ut remittatur satisfactio: et sic patet, quod recte dixi conclusione 60: thesaurum hunc esse claves Ecclesiæ merito Christi donatas. Et hoc sensu verum est, merita Christi esse thesaurum indulgentiarum, scilicet improprie thesaurum et meritum Christi accipiendo. Patet ergo concordantia Extravagantis cum mea positione.

Quarto, hanc esse mentem Papæ in ista Extravagante probant ipsa verba Papæ, ubi dicit: hunc thesaurum Petro et successoribus suis a Christo commissum: sed constat et certum est, nihil Petro commissum, præter has claves regni cœlorum, quæ sunt merita Christi (id est, de merito Christi donatæ) improprie et effective, ut dixi: et alterum verbi thesaurum, de quo dicit: Pasce, pasce, pasce oves meas.

Quinto, hanc autem thesauri indulgentiarum intelligentiam certum est esse incognitam apud populum Christi et innominatam, ut dicit conclusio 56., quia vere non dicuntur, nisi impropria et obscura illa nomina, thesaurus, merita Christi etc. Ideo fere credunt, sese bonum aliquod proprium et positivum consequi, sicut donum aliquod aut gratiam; cum tamen non consequantur nisi ministerium clavium, quo solvuntur, ne satisfaciant pro peccatis, ac sic privativum bonum accipiunt et improprium thesaurum. Et ille est inexhaustus et infinitus, quia virtus clavium est inexhausta, quæ merito Christi immediate nititur, indulgentiæ vero mediate. Ac ideo potest etiam dici, merita Christi esse thesaurum indulgentiarum mediate.

Sexto, similiter admitterem etiam, merita sanctorum esse hunc thesaurum, scilicet improprie, id est, quod merita sanctorum per fidem Christi incorporata et unum cum eis facta jam idem sint et faciant, quod merita Christi: juxta illud, quod vita justi non est ipsius, sed Christi in eo viventis. Galat II.: *vivo ego, non ego, vivit vero in me Christus.* Nam merita sanctorum, ut sanctorum, nihil essent et damnabilia, ut supra dixi, ut B. Augustinus: Ubi non ego, ibi felicius ego: quia Christus et Ecclesia sunt duo, in carne una.

Septimo, verissimum tamen est, merita Christi non esse thesaurum indulgentiarum, positive, proprie et immediate, ut aliquid conferant, sicut intelligunt rudiores, quia quando conferunt donum positivum, faciunt id, non ut indulgentiæ thesaurus, sed ut gratiæ vitalis thesaurus. Tunc enim formaliter, proprie, immediate donantur sine clavibus, sine indulgentiis a solo spiritu sancto, non autem unquam a Papa. Quia per charitatem homo fit unus cum Christo: ideo participat omnibus bonis ejus. Et hoc est, quod mea conclusio 58. dicit: nec sunt merita Christi, quia hæc sine Papa operantur gratiam hominis interioris.

Breviter itaque patet, quod merita Christi necesse est dupliciter accipi, si salva debet Extravagans consistere: uno modo proprie et formaliter, et sic sunt thesaurus vitæ spiritus, et propriissime a spiritu sancto distributus, cui voluerit: alio modo improprie et effective et literaliter, pro eo quod meritis Christi effectum est. Et sicut Extravagans improprie inducit Scripturas, ita etiam improprie thesaurum, improprie merita Christi, et omnia improprie accipit. Quo factum est, ut esset ambigua, obscura et occasio justissima disputandi: ego autem proprie loquutus sum in meis positionibus.

Qui habet, det meliora, et revocabo ista. Non enim meum est interpretari canones Pontificum, sed meis positionibus adesse, ne contra canones pugnare videantur, expectans humiliter, si alia fuerit mens Papæ demum declarata, paratus eidem parere.

Hæc omnia tamen dicta volo pro reverentia Sedis Apostolicæ et reverendissimi Domini Cardinalis etc. Nam si legitima et libera agendum mihi est sententia: contendo et probo eandem Extravagantem esse proprie, directe, aperte pro me meaque conclusione, et contra sententiam reverendissimi Domini Card., quia textus expresse dicit, quod Christus thesaurum hunc acquisivit Ecclesiæ etc. Hoc verbum: acquisivit, evidenter convincit, atque concludit irrefragabiliter, aliud esse merita Christi, quibus acquisivit, et aliud thesaurum, quem acquisivit, quia aliud est causa, et aliud effectus, ut etiam philosophi dicunt. Ideo conclusio mea stat invicta: quod merita Christi non sunt thesaurus indulgentiarum, sed acquisierunt eum. Nihilominus tamen etiam hæc ipsa submitto judicio Ecclesiæ, ut supra.

Objectio altera est, quod in conclusione mea 7. declaranda dixi: neminem justificari posse, nisi per fidem, sic scilicet, ut necesse sit, eum certa fide credere, sese justificari, et nullo modo dubitare, quod gratiam consequatur. Si enim dubitat et incertus est, jam non justificatur, sed evomit gratiam. Hanc theologiam novam videri putant et erroneam.

Ad quod respondeo:

Primum, infallibilis est veritas, quod nullus est justus, nisi qui credit in Deum, ut Rom. I.: *justus ex fide vivit.*

Ideo quicunque non crediderit, jam judicatus et mortuus est: igitur justitia justi et vita ejus est fides ejus. Quare et omnia opera fidelis viva sunt, et omnia opera infidelis mortua, mala, et damnabilia, juxta illud: *non potest arbor mala fructus bonos facere: arbor autem, quæ non facit fructus bonos, excidetur, et in ignem mittetur.*

Secundo, fides autem est nihil aliud, quam illud, quod Deus promittit aut dicit, credere, sicut Rom. IV.: *credidit Abraham Deo, et reputatum est ei ad justitiam.* Ideo verbum et fides necessario simul sunt, et sine ve bo impossibile est esse fidem, ut Isai. LV.: *verbum quod egreditur de ore meo, non revertetur ad me vacuum.*

Tertio nunc probandum est, quod accessuro ad sacramentum necessarium sit credere, sese gratiam consequi, et in hoc non dubitare, sed certissima fiducia confidere, alioqui in judicium accedit.

Primo per illud Apostoli Ebr. XI.: *oportet accedentem credere, quod Deus est, et quod inquirentibus se remunerator est.* Hic patet, quod non licet dubitare, sed firmiter credere, quod Deus sese inquirentes remuneret. Quod si oportet credere remuneratorem, omnino oportet etiam credere justificatorem, et gratiæ largitorem in præsenti, sine qua præmium non donatur.

Secundo, necessarium est sub periculo æternæ damnationis et peccati infidelitatis credere his verbis Christi: *quodcunque solveris super terram, solutum erit et in cœlis.* Ideo si accedas ad sacramentum pœnitentiæ, et non credideris firmiter, tete absolvendum in cœlo, in judicium accedis et damnationem, quia non credis Christum vera dixisse: *quodcunque solveris* etc. et sic tua dubitatione Christum mendacem facis, quod est horrendum peccatum.

Si autem dixeris: quid si sim indignus et indispositus ad sacramentum? Respondeo ut supra: per nullam dispositionem efficeris dignus, per nulla opera aptus ad sacramentum, sed per solam fidem, quia sola fides verbi Christi justificat, dignificat, vivificat, præparat, sine qua omnia alia vel sunt præsumtionis, vel desperationis studia. Justus enim non ex dispositione sua, sed ex fide vivit. Quare de indignitate b) tua nihil oportet dubitare: ideo enim accedis, quia indignus es, ut dignus fias, et justificeris ab eo, qui peccatores, non justos, quærit salvos facere: dum autem credis verbo Christi, jam honoras verbum ejus, et ex eo opere justus es etc.

Tertio, hanc fidem multipliciter nobis commendavit in Evangelio. Primo, quando mulieri Cananææ dixit: *o mulier, magna est fides tua, fiat tibi, sicut credidisti.* Hic patet quod non de fide illa generali agitur, sed de speciali illa, quæ erat de effectu sanandæ filiæ, quem mater petiit. Hunc enim effectum ipsa fortiter credidit, posse et velle Christum efficere, et sic impetravit. Nunquam autem impetrasset, nisi ita credidisset. Ergo ad hunc effectum nulla dispositione, sed sola fide digna facta est.

Secundo, quando ad cæcos illos dixit: *Creditis, quia possum hoc vobis facere?* et illi: *utique,* ait: *sicut credidistis, fiat vobis.* Ecce certi erant, quod fieret, quod petebant: ideo et factum est, sine omni alia dispositione. Si autem dubitassent futurum: nec petiissent bene, nec accepissent.

Tertio, centurio ille: dic tantum verbum, inquit, et sanabitur puer meus: non utique generali fide, sed speciali, de præsenti effectu credidit et impetravit.

Quarto, Joan. IV. regulus ille credidit sermoni, quem dixit illi Jesus, scilicet: *vade, filius tuus vivit.* En ipsa fide meruit vitam filii. Ita certe oportet omnem accedentem credere, sese consecuturum, quod quærit, aut nihil consequitur.

Quinto illud Marci XI: *amen dico vobis, quicquid orantes petieritis, credite, quia accipietis, et fiet vobis.* Ecce dicit: quicquid, nihil excipiendo. Patet autem, quod in sacramento quolibet petimus aliquid (nemo enim sacramentum accedit, nisi gratiam petiturus): ideo hic audiendus est Christus dicens: *credite, quod accipietis, et fiet vobis.* Alioqui omnia nutarent in Ecclesia, et nihil certi constaret, quod est absurdissimum.

---

b) Aurif. dignitate.

Sexto illud: *si habueritis fidem, sicut granum sinapis, et dixeritis monti huic, transi hinc, et non hæsitaveritis in cordibus vestris, amen dico vobis, fiet.* Et si totum Evangelium percurras: invenies exempla alia multa, quæ omnia non de fide generali, sed particulari, et quæ ad effectum aliquem præsentem pertineat, dicuntur. Quare necessaria est fides certa absolvendo, cum sacramenta novæ legis, juxta magistrum, sint in exercitium, et actuationem fidei nostræ instituta.

Septimo, hinc enim discipulos et Petrum sæpe arguit Dominus, quod essent modicæ fidei, non generalis illius, ut dicitur, sed specialis, de effectu præsente, ut patet.

Octavo, Jacob. I: *si quis indiget sapientia, postulet a Deo, postulet autem in fide, nihil hæsitans: nam qui hæsitat, similis est fluctui maris, qui vento movetur: non ergo existimet homo ille, quod accipiet aliquid a Deo.* Ista est certe evidentissima autoritas, etiam cogens me ad hanc sententiam, quod gratiam aut sapientiam nullus accipere potest, qui dubitat sese accepturum: nec video, quid ad eam responderi possit.

Nono, B. Virgo nunquam concepisset filium Dei, nisi Angelo nunciante credidisset ita futurum, ut diceret: *fiat mihi secundum verbum tuum.* Sicut prædicat Elizabeth: *beata, quæ credidisti, quia perficientur in te, quæ dicta sunt tibi a Domino.* Unde fidem ejus miratur divus Bernhardus et universa Ecclesia. Sic Samuelis mater Hanna, postquam credidit verbo Eli, abiit, et vultus ejus non est amplius in diversa mutatus. Contra, filii Israel, quia non crediderunt verbo promittentis terram Canaam, in deserto prostrati sunt.

Et breviter, quicquid illustre factum legimus in veteri et nova lege, fide factum esse legimus, non operibus, nec fide generali, sed particulari, ad præsentem effectum destinata. Inde nihil aliud in Scriptura quam fides commendatur, præsertim Abrahæ, Rom. IV., quæ tamen fuit in filium nasciturum Isaac, et nihilominus est ei in justitiam reputata. Sic et nobis in sacramentis fiet: si credimus, consequimur: si non credimus, in judicium accedimus.

Decimo, et B. Augustinus super Johannem: Accedit verbum ad elementum, et fit sacramentum: non quia fit, sed quia creditur. Ecce Baptismus abluit: non quia fit, sed quia creditur abluere. Inde et peccatricem absolvens, dicit: *fides tua salvam fecit*; *vade in pace.* Inde illud dictum commune: non sacramentum fidei, sed fides sacramenti justificat, sine qua impossibile est, ut sit pax in conscientia: ut Rom. V.: *justificati ergo ex fide, pacem habemus ad Deum.*

Undecimo, et B. Bernhardus sermone de Annunt. I: necesse est enim primo omnium credere, quod remissionem peccatorum habere non possis, nisi per indulgentiam Dei: sed adde adhuc, ut credas et hoc, quod per ipsum peccata tibi donantur: hoc est testimonium, quod perhibet Spiritus sanctus in corde tuo, dicens: dimissa sunt tibi peccata tua. Sic enim arbitratur Apostolus, gratis justificari hominem per fidem. Hæc ille.

Istæ et multæ aliæ autoritates tam expresse, tam copiose cogunt, captivant, ducunt me in sententiam, quam dixi.

Quare, reverendissime in Christo Pater, cum divino munere es unus insignibus dotibus, præsertim judicii acrimonia donatus, rogo humiliter, R. tua P. dignetur clementissime mecum agere, et conscientiæ meæ compati, ac demonstrare lucem, qua possim hæc aliter intelligere, et non cogere ad revocationem eorum, quæ etiam teste conscientia non alia duco, quam ea, quibus me necesse sit consentire. Et stantibus his autoritatibus, aliud facere non possum, nisi quod obediendum esse Deo magis quam hominibus scio.

Velitque R. P. tua apud sanctissimum dominum nostrum Leonem X. pro me intercedere: ne tanta rigoris inclementia in me permoveatur, ut in tenebras projiciat animam quærentem non nisi lucem veritatis, et paratissimam cedere, mutare, revocare omnia, ubi aliter intelligenda esse edocta fuerit. Nec tam arrogans et vanæ gloriæ studiosus sum, ut hac causa pudeam revocare male dicta: imo gaudium meum primum fuerit, victricem fieri veritatem: solum ne quid contra conscientiæ meæ sensum tentare cogar. Nam sine omni scrupulo hanc esse Scripturarum sententiam credo. Dominus Jesus regat et servet reverendissimam Patern. tuam in æternum. Amen. *)

*) Aurifaber fügt hier noch den Schluß der Acta. Aug. hinzu, welcher aber nicht hieher gehört.

14. October.

N°. LXXXV.

An Andreas Carlstadt.

L. berichtet dem Carlstadt von seinem zweyten Verhör beym päbstlichen Legaten Caietanus in Augsburg.

Dieser wahrscheinlich aus dem Lateinischen übersetzte Brief ist abgedruckt Wittenb. IX. 59. Jen. I. 136. Altenb. I. 132. Leipz. XVII. 185. Walch XV. 684.

Glück und Seligkeit, achtbar Hr. D. Nehmet wenig für viel, denn die Zeit und Sach dringt mia dazu: auf ein andermal will ich euch, auch andern mehr Leuten schreiben. Diese drey Tag uber ist mein Sach in eim sehr harten Stand gestanden, also, daß ich gar kein Hoffnung hatte wiederumb zu euch zu komen, und daß ich mich nichts gewissers denn des Bannes versahe. Denn der Legat wollt in alle Weg, ich sollt nicht offentlich disputirn; so wollt er mit mir allein auch nicht disputirn, und rühmet sich allezeit, er wollt nicht mein Richter seyn, sondern in allen Sachen väterlich mit mir umbgehen. Aber nichts desteweniger wollt er nichts anders von mir hören, denn diß Wort: Ich widersprich, ich widerruffe, und bekenne, daß ich geirret hab. Welchs ich nicht habe wöllen thun.

Aber am allermeisten ist uber diesen zweyen Artikeln gefochten worden. Zum ersten, daß ich gesagt hab, daß der Ablaß nicht sey der Schatz des Verdiensts unsers lieben Herrn und Seligmachers Christi. Zum andern, daß ein Mensch, das zu dem allerhochwirdigsten Sacrament gehen will, gläuben müsse 2c.

Dagegen der Legat gesetzt hat die Extravagans in Sexto Decretalium (?) die sich anhebt: Unigenitus. Darauf er sich feste verließ, und gänzlich vermaß, als wäre ich dadurch uberwunden; wollt mich derhalb zu einem Widerspruch dringen. Er zog für sich an die gemeine Opinion und Wahn der Scholasticorum oder Schullehrer, von der Kraft und Wirkung der Sacrament, und von der Ungewißheit deß, der das hochwirdig Sacrament empfähet.

Nachdem nu der Legat alle Sachen allein mit Macht und Gewalt triebe und handelte, hab ich heut erst auf vieler Leut Fürbitte erlanget, mir zu gestatten, mein Antwort in Schrift zu stellen. Darauf obenbenannte ehrliche Extravagans, Unigenitus, verlegt ist worden, und wider den Legaten und sein Fürnehmen beweiset, als ich hoffe, durch göttlichen Rath, also, daß der Legat beschämpt, das ander alles ließ fahren, und meins Abwesens begehrt, sich mit dem ehrwirdigen Vater Vicarien, Doctor Johann Staupitz, allein zu unterreden. Als nu der Vicarius zu ihm komen ist, hat er sich freundlich erboten. Aber wir gläuben den Walen nicht weiter, denn wir sehen; denn der Legat gibt es vielleicht alles betrieglicher Weise für.

Aber mir wird gemacht ein Apellation, so viel es müglich ist wohl zugericht, gegründet und der Sachen bequem und gemäß. Auch ist mein Meynung, so der Legat sich unterwindt, mit mir mit Gewalt zu verfahren, meine Antwort uber benannte zween Artikel auszugehen lassen, damit die ganze Welt sein[a]) Ungeschicklichkeit in dieser Sach vermerken möge. Denn wahrlich, es fließen aus seiner Meinung viel ungereimbte und ketzrische Sätze und Meinung. Er ist vielleicht ein namhaftiger Thomist, aber ein undeutlicher, verborgener, unverständiger Theologus oder Christ, und derhalb diese Sach zu richten, erkennen und urtheilen, eben so geschickt, als ein Esel zu der Harfen.

Derwegen auch mein Sach in so viel mehrer Gefährlichkeit stehet, daß sie solche Richter hat, welche nicht allein Feinde und ergrimmet sind, sondern auch unvermüglich die Sach zu erkennen und zu verstehen. Aber wie dem allen, so regiert und lebt[b]) der Herr, welchem ich mich und alles das meine befehl, und zweifel nicht, mir werde durch etlicher gottfürchtiger Leute Gebet Hülf widerfahren; wie ich mich schier lasse dünken, als geschehe Gebet für mich.

Aber ich kome entweder wiederumb zu euch unverletzt und unabgesondert, oder aber ich wende mich an ein andern Ort verbannt: so gehabt euch wohl, halt fest und erhöhet Christum getrost und unverzagt.

Herr Christoffel Langenmantel thut so ganz treulich mir, daß mich sein so große Sorgfältigkeit verdreußt.

a) Walch + Unweis und. — in dieser Sach. b) Walch + Gott.

Ich hab aller Menschen Gunst und Zufall, allein ausgenomen vielleicht den Haufen, der es mit dem Cardinal hält; wiewol der Cardinal mich auch stetigs sein lieben Sohn nennet, und meinem Vicario gesagt, daß ich kein bessern Freund hab, denn ihn. Ich halts aber, wie oben, umb Ehre willen. Das weiß ich, daß ich der allerangenehmst und liebst wäre, wenn ich dieß einig Wort spräche: *revoco*, das ist: ich widerruffe. Aber ich will nicht zu einem Ketzer werden mit dem Widerspruch der Meinung, durch welche ich bin zu einem Christen worden; ehe will ich sterben, verbrannt, vertrieben und vermaledeyet werden ꝛc.

Gehab dich wohl, mein liebster Herr, und zeige diese meine Schrift unsern Theologis, dem Amsdorf, dem Philippo, dem Otten und andern, damit ihr für mich, ja auch für euch bittet. Denn alhie wird gehandelt euer Sache, also, nämlich des Glaubens an den Herrn Christum und der Gnaden Gottes. Geben zu Augspurg, an St. Calixten Tag, 1518.

---

17. October.

N°. LXXXVI.

An den Cardinal Thomas Cajetanus.

Staupitz hatte, wie es scheint, alles angewendet, um den Streit gütlich beyzulegen, und L. zum Nachgeben zu stimmen gesucht. Auch W. Link hatte L. bearbeitet. Dem zufolge schrieb L. diesen Brief, in welchem er versuchte, was die unterwürfigste Demuth ausrichten könne. Er bereut, daß er zu unbescheiden gewesen, und verspricht über den Ablaß zu schweigen, wenn auch seinen Gegnern Stillschweigen aufgelegt werde.

Bey Aurifaber I. 96. b. Viteb. I. 215. Jen. I. 192. Löscher II. 479. Deutsch Jen. I. 120. Wittenb. IX. 44. Altenb. I. 136. Leipz. VII. 198. Walch XV. 714.

Reverendissimo in Christo Patri et Domino, Thomae, tituli S. Sixti, presbytero Cardinali, sanctae Sedis Apostolicae per Germaniam de latere Legato etc. in Christo metuendo et colendo, salutem et omnem subjectionem sui.

Jesus.

Reverendissime in Christo Pater, iterum venio, sed per literas: dignetur R. Paternitas tua me clementissime audire.

Egit mecum reverendus mihique dulcissimus Pater meus in Christo, Vicarius noster, Johannes Staupitius, ut humiliter sentirem, et opinioni propriæ cederem, et sensum meum submitterem, commendavitque ac exuberantissime persuasit, R. tuam P. mihi esse gratiosissimam. Ea res et nuntius pariter me mirum in modum exhilararunt. Est enim homo hic talis et tantus in oculis meis, ut nullus sit in mundo, cui libentius audirem et obsequerer. Nec minus egit dulcissimus frater meus, Magister Wenceslaus Lincus, qui ab ineunte ætate pari mecum studio adolevit. Breviter, non potuit R. P. tua fortius et dulcius me movere, quam his duobus viris mediatoribus, quorum uterque in solidum me habet in manu sua. Tanta est tua simul humanitas et prudentia, qua video tuam R. P. non mea, sed me quærere: cum potuisset sola potestate in me dominari. Itaque jam timor meus sensim transit, imo mutatus est in singularem erga R. P. tuam amorem, et veram filialemque reverentiam.

Nunc, reverendissime in Christo Pater, fateor, sicut et alias fassus sum, me fuisse certe nimis (ut dicunt) indiscretum, acrem et irreverentem in nomen summi Pontificis: et licet acerrime fuerim in hanc irreverentiam provocatus, tamen meum fuisse nunc intelligo, modestius, humilius et reverentius hanc materiam tractare, et non ita respondere stulto, ut ei similis efficerer. De quo sincerissime doleo, et veniam peto, et per omnia pulpita in vulgus promulgabo, sicut et sæpius jam feci, daboque deinceps operam, ut alius sim, et aliter loquar, Deo miserente: imo promtissimus sum, atque facillime promitto, me posthac materiam de indulgentiis non tractare, atque his finitis quiescere: modo illis quoque modus imponatur, aut sermonis aut silentii, qui me in hanc tragœdiam suscitaverunt.

Cæterum, mi reverendissime in Christo ac jam dulcissime Pater, quantum ad sententiæ veritatem pertinet, libentissime omnia revocarem, tam tuo, quam vicarii mei jussu et consilio, si ullo modo conscientia mea permitteret. Ego enim scio, nullius præcepto, nullius consilio, nullius gratia, me tantum debere permittere, ut aliquid contra conscientiam dicam aut faciam. Deinde narrationes divi Thomæ et aliorum tantæ non sunt, ut mihi in hac quæstione satisfaciant, cum dedita opera contra eas disputarim, ut optime perlectas atque percognitas. Visæ enim sunt non satis firmo niti fundamento. Hoc autem unum superest, ut meliori superer ratione, quæ est, si vocem sponsæ audire merear: hanc enim certum est vocem sponsi audire.

Ideoque omni humilitate supplico, R. P. tua dignetur ad sanctissimum Dominum nostrum Leonem X. istam causam referre, ut per Ecclesiam hæc dubia determinata, ad justam vel revocationem vel credulitatem possit compelli. Nihil enim aliud cupio, quam Ecclesiam audire et sequi. Nam mea super dubiis et indeterminatis revocatio quid faciat ignoro, nisi quod merito mihi objici posse timeo, me nec quid asseruerim, nec quid revocarim, scire. Suscipiat R. P. tua hanc humilitatis et parvitatis meæ supplicationem, et in filii vicem clementer commendatum me habere dignetur. Datum pridie Lucæ Evangelistæ, anno MDXVIII.

Reverendissimæ tuæ Paternitatis deditus filius

F. Martinus Lutherus, Augustinianus.

---

18. October.

N°. LXXXVII.

An den Cardinal Thomas Cajetanus.

L. meldet dem Cardinal, daß er nicht länger vergeblich in Augsburg bleiben und nächstens abreisen werde, und kündigt ihm seine Appellation a Leone X. male informato ad melius informandum an.

Bey Aurifaber I. 98. b. Viteb. I. 216. Jen. I. 192. Löscher II. 482. Deutsch Jen. I. 121. Wittenb. IX. 45. Alt. I. 137. Leipz. VII. 199. Walch XV. 717.

Reverendissimo in Christo Patri et Domino, Thomæ, tituli S. Sixti, presbytero Cardinali, sanctæ Sedis Apostolicæ per Germaniam de latere Legato etc. in Christo metuendo et colendo, Frater Martinus Lutherus salutem et seipsum.

Jesus.

Vidit reverendissima Paternitas tua, reverendissime in Christo Pater, vidit, inquam, et satis cognovit meam obedientiam, qua per tantum iter ac per tot pericula, imbecillis corpore et pauperrimus sumtu, huc me contuli et ad mandatum sanctissimi Domini nostri Leonis X. coram R. P. tua comparui, et me obtuli. Præterea edito libello resolutionum, me et omnia mea sub pedibus suæ sanctitatis projeci, expectans accepturusque quicquid sive damnanti, sive approbanti visum fuerit: et plane nihil me omisisse mihi conscius sum, quod ad debitum obedientemque Ecclesiæ filium pertinere possit.

Quare frustra hic tempus terere nolo, neque possum, quia et sumtus deficit, et patribus his Carmelitis satis superque fuerim et sim onerosus: maxime cum. R. P. tua mihi viva voce mandarit, ut si nollem revocare, non redirem in conspectum R. P. tuæ. Revocare quid et quantum valeam, prioribus literis significavi.

Itaque nunc abeo, et alio me loco provisurus migro. Et quanquam mihi consultum est, ab his etiam, qui vel majores me movere possunt, ut a R. P. tua, imo a sanctissimo Domino nostro Leone X. male informato, ad melius informandum (scio enim me Principi nostro illustrissimo gratum facturum appellando magis quam revocando) appellem: tamen, quantum in me fuisset, non appellassem, primum, quod mihi non videatur necessaria appellatio, vel commissio ad partes, cum ego, ut dixi, omnia in judicium Ecclesiæ retulerim, et non nisi sententiam ejus expectem. Quid enim ultra facere debeo, aut facere possum? Neque enim me reo aut responsore opus est, qui non quid ego dixi, sed quid Ecclesia dictura sit, attendo: nec adversarius contendere, sed discipulus audire volo. Deinde, quod mihi pæne persuasum est, hanc causam R. P. tuæ esse molestam, et appellationem gratissimam. Ideoque, sicut non mereor, ita neque timere habeo censuras. Etsi ego Dei gratia talis sim, ut censuras longe minus timeam, quam errores et malam in fide opinionem, sciens, quod censura non nocet, imo prodest, si sana fides et veritatis sensus mecum fuerit.

Quare per Christi viscera et insignem tuam mihi exhibitam clementiam rogo, dignetur hanc meam obedientiam hucusque præstitam et completam gratiose agnoscere, et sanctissimo Domino nostro Papæ benigniter commendatam facere: atque hanc meam abitionem et appellationem, pro mea necessitate et amicorum autoritate paratam, boni consulere. Nam eorum vox et ratio mihi insuperabilis est hæc: Quid tu revocabis? nunquid tua revocatione nobis legem fidei statues? Damnet Ecclesia prius, si quid damnandum est: et ejus tu judicium sequere, non illa tuum sequatur judicium: atque ita victus cedo. Valeat itaque R. P. tua in Christo, mihi observandissima. Ex Carmelo Augustensi, die S. Lucæ Evangelistæ, anno MDXVIII.

Reverendissimæ Paternitatis tuæ deditus filius

F. Martinus Lutherus, August.

---

31. October.

N°. LXXXVIII.

An Spalatin.

L. zeigt Spalatinen nach seiner Rückkehr nach Wittenberg an, daß er appellirt habe, und nochmals appelliren wolle, auch daß er die Augsburger Verhandlungen und das päbstliche Breve, mit Bemerkungen begleitet herauszugeben gedenke. Zuletzt erwähnt er die Ankunft des Augustiner-Priors von Augsburg Johann Frosch, der in W. promoviren wollte, und erinnert an den demselben vom Kurfürsten versprochenen Doktorschmaus.

Bey Aurifaber I. 100. Löscher II. 632. Vgl. Cod. Jen. a. f. 39. Deutsch bey Walch XV. Anh. XIV.

Suo eruditissimo amico, Georgio Spalatino, Ducis Saxoniæ a libris etc. in Christo.

Jesus.

Salutem. Veni hodie, mi Spalatine, Wittembergam sanus, Dei gratia, nescio quam diu mansurus: nam causa mea sic habet, ut et timeam et sperem. Appellavi a summo Pontifice male informato ad eundem melius informandum, et sic abii, relicto fratre, qui appellationem insinuaret Cardinali cum notario et testibus. Interim hic positus aliam parabo appellationem ad futurum concilium, adhæsurus Parisiensibus in eventum, quo hanc priorem appellationem de plenitudine potestatis imo tyrannidis refutaret Papa. Sum plenus gaudio et pace, ita ut mirer hanc meam tentationem aliquid magni videri multis et magnis viris.

Benevolentia et clementia in me, quam Legatus D. Cardinalis promisit Principi nostro illustrissimo etc., certe eximia fuit et copiose exhibita; sed nos non talem intelleximus. Ipse enim omnia paterne, quin paternissime obtulit facere et sine dubio fecisset, si revocare duntaxat mea voluissem. Nam in hoc nodo hæsit tota causa: quod quia nolui, et ipse omnino voluit (nec credo eum aliud quam damnandi mandatum habuisse) appellare fui coactus.

Responsiones meas ad ejus objecta una cum appellatione curabo, ut edam in vulgus, adjecto theologico quodam apparatu super Breve apostolicum, imo diabolicum *), cujus tu sæpe mihi mentionem fecisti, et nuper exemplar misisti, quod mihi redeunti Nurmbergæ redditum fuit, cum aliis literis instructoriis. Nam incredibile est, tale quid monstri a summo Pontifice egredi, præsertim Leone decimo. Ideo quisquis ille fuerit nebulo, qui sub nomine Leonis decimi tali me terrere proposuit decreto, intelliget, me posse quoque nugas intelligere; aut si vere etiam a curia emanavit, docebo eos suas impudentissimas temeritates et iniquissimam ignorantiam.

Ipse Cardinalis Legatus pro persona sua mire placet: et quantum suspicor, incipiunt timere Romani, et rebus suis parum confidere, ideo miro ingenio quærere evasiones.

---

*) Das päbstliche Breve an den Cardinal Cajetan s. Jen. I. 181. Daselbst Fol. 182 findet sich L.'s Postilla über dieses Breve.

Cætera latius et utinam coram. Principi me commenda, et gratum ac memorem me offero [a]).

Ultimo id tibi pro honore Principis curandum, ut Principem certum facias de adventu Patris Licentiati Carmelitæ Augustensis Prioris, qui ultra fidem nos tractavit largiter et humaniter: multis modis dignus est, cui gratificemur et nos rursum. Exiit Augustam sabbatho ante Simonis et Judæ, venitque in spe promissi sibi (ut ait) a Principe nostro prandii: et ego, si promisit Princeps, securus veni: fient omnia sine dubio. Vide ergo ut cum honore fiant, quæ sperat etc. Vale, in Christo. Dominica vigilia omnium Sanctorum, in quo sperabam te esse præsentem cum Principe, sed falsus sum ac frustra festinavi. Wittembergæ, anno MDXVIII.

F. Martinus Lutherus, August.

---

5. November.

N°. LXXXIX.

An Spalatin.

L. hoffte vergebens mit Sp. in Eulenburg zusammen zu treffen, und bittet ihn, wenn er noch komme, es den Prior Wolfgang Zessau in Grimma wissen zu lassen.

Bey Buddeus p. 4. Löscher II. 634. Vgl. Cod. Jen. a. f. 238. Deutsch bey Walch XXI. 603.

Suo Georgio Spalatino, amico integerrimo eruditissimoque.

Jesus.

Salutem. Fefellisti me, vel ego te non intellexi, mi Spalatine. Heri vesperi veni Eylenburgum juxta verbum tuum, et tu non venisti, cum tamen in Grymmis te agere dicant. Igitur si venturus es hodie, rogo indices id idem Priori Wolfgango

a) Cod. Jen. offer.

Zessau in Grymmis nostri monasterii, si forte quid mecum vellet tractare, nam quæsisse me dicitur diebus præteritis. Vale in Domino. Eylenburgi ex domo Ursi, vigilia Leonhardi, MDXVIII.

F. Martinus Lutherus, August.

---

8. November. *)

N°. XC.

An Spalatin.

Von dem, dem Joh. Frosch zu Ehren anzustellenden Gastmahl; von der Herausgabe der Augsburgischen Verhandlungen; Klage über die Art, wie das hebräische Studium in Wittenberg getrieben werde; der Professor dieser Sprache (Joh. Böschenstein) lege zu vielen Werth auf Kleinigkeiten.

Bey Aurifaber I. 102. Löscher II. 634. Vgl. Cod. Jen. a. f. 41. Deutsch bey Walch XV. Anh. XIX.

Eruditissimo et integerrimo amico suo, Georgio Spalatino sacerdoti Christi, a libellis Principis Saxoniæ in Domino.

Jesus.

Salutem. Ecce adest, mi Spalatine, pater ille Johannes Frosch Licentiatus, constanter affirmans sibi a Principe nostro promissum, ut antea tibi et dixi et scripsi. Exploravi enim oblique rei certitudinem, ita ut nesciret Principem hujus promissi ignarum vel dubium esse. Provincialis suus non venit cum eo prohibitus valetudine quadam, Priorem vero Nurmbergensem expectat. Nunc consilium inivimus, ut prandium suum disponamus ad quintam proximam feriam,

*) Nach Löscher 11. Nov. Aber entweder heißt alter S. Martini der Tag nach Martini und ist also der 12. Nov., oder es heißt der 2. Tag in der Martinswoche und ist also der 8. Der Brief muß einige Tage vor dem folgenden geschrieben seyn.

ne multum tempus frustra hic tereret, spe certa, quod Principali munificentia exsolvetur.

Fecimus autem hoc, quia id nuper nobis visum fuit, cum tecum essem, et quod nec in arce, nec alibi fieri præsumi possit. Nam voluit quidem prius adire Principem, sed dissuasus omisit, ne scilicet [a]) triplicem viam et tempus exerceret, maxime vero, quod scirem eum vix admitti propter suspicionem pestis, per quam proficisci eum esset necessarium. Sic nos: tu si quid melius habes, quo et Principis honorem, et illius reverentiam servemus, indica velociter. In monasterio nostro parassemus ei ejusmodi prandium, sed carnibus ferinis provideri non posse timebamus: deinde quod honestius visum est, Principali promisso cedere.

Excuditur negotium meum Augustense: rediit enim meus frater Leonhardus, nihil novi referens de Augusta, sed neque Licentiatus, nisi quod quidam ex amicis notarium deterruerat, ne appellationem meam affigeret: sed tamen opera Licentiati notarius perstitit. Sic sunt homines, ubi Deus non est cum eis. Magnus enim ille est et inter primos mihi habitus amicos. Sed vera est Scriptura: *nolite confidere in Principibus, in filiis hominum, in quibus non est salus.*

Studium nostrum prospere et feliciter agit, præsertim Græcitatis: Hebræus tantum professor, suo more, caput habet, et id ponderat, quod pondere caret. Nam ea, quæ nos maximi facimus, facile et libenter tradit: ea quæ nos pæne contemninus, velut denegaturus magnificat: id est, vim literarum et verborum nos curamus, prosodiam vero minus quærimus, haud sperantes, futuros nos oratores apud Judæos. Inservimus tamen homini, ne quid querelæ (ad quam unus omnium promtissimus est) jactet. Vale. Wittembergæ, altera S. Martini, anno MDXVIII.

F. Martinus Lutherus, August.

---

a) Cod. Jen. si.

13. November.

N°. XCI.

An Spalatin.

Zu dem Doktorschmaus, welchen das Kloster dem Joh. Frosch geben will, wünscht er durch Sp. Verwendung Wildpret vom Kurfürsten zu erhalten.

Bey Buddeus p. 5. Löscher II. 635. Vgl. Cod. Jen. a. f. 42. Deutsch bey Walch XXI. 604.

Suo faventissimo Georgio Spalatino Ald nburgi.

Jesus.

Salutem. Tentavimus, mi Spalatine, ut prandium doctorale patris Johannis Frosch apud civem aliquem procuraretur. Sed frustra laborare nos timemus. Idcirco ne hominem honore dignissimum sine honore dimittamus, ad monasterium nostrum conversi sumus, ac nostro potius incommodo curabimus prandium, salva certe promissione Principali. Nam sumus in veritate egeni, et multi valde, ut gratis id facere non possimus. Nunc id petimus, ut apud Principem cures, quatenus carne ferina provideamur ad quintam feriam, imo ad quartam. Quod si id fieri non potest, fiat ad futuram proxime secundam feriam. Atque quid in hac re visum fuerit, hoc nuntio quantocius rescribito, ne in vanum expensas instituamus. Vale in Christo. Sabbatho post Martini.

F. Martinus Luther, August.

---

15. November. *)

N°. XCII.

An Joh. Eck.

Einladung zu der Disputation mit Andr. Carlstadt, die E. mit ihm in Augsburg verabredet hatte, Zeit und Ort zu bestimmen.

*) Strobel fälschlich 12. Nov.

Dieses Schreiben legte Eck seinem Verantwortungsschreiben an den Kurfürsten vom 8. November 1519 bey, mit welchem es sich auch gedruckt findet in den deutschen Ausg. Wittenb. IX. 84. Jen. I. 167. Altenb. I. 292. Leipz. XVII. 271. Auch liefern es Löscher III. 203. Strobel-Ranner p. 47 und in deutscher Uebersetzung Walch XV. 963.

Viro Theologo et Philosopho consummato, Joanni Eccio, Ingolstadiensis studii Procancellario, sibi in Christo venerabili.

Jesus.

Salutem. Placet,* mi Joannes Ecci, Domino Andreæ id quod pacti sumus Augustæ, ut vel Lipsiæ vel Erfordiæ conveniatis, et pro veritatis inventione honeste disceptetis: ut fiat finis contentionis et librorum scribendorum. Petit itaque, ut diem ipse tu præfigas, quo necesse sit convenire, simul et locum, utrum ex his duobus. Nam tibi præfixisset, sed deferendum tibi putavit propter itineris tui longioris laborem, et forte majores tuas occupationes. Itaque fac, ut non frustra hominem permoverim: imo ut frustra adversarii sperent theologos semper sibi pugnaturos, et nunquam conventuros. Vale. Brevissime et inter diversissimas occupationes, secunda feria post Martini MDXVIII.

Etwa den 18. November.

N°. XCIII.

An Phil. Melanchthon.

L., als Decan seiner Facultät, hatte dem Joh. Frosch die theologische Doktorwürde ertheilt, und Melanchthon war von der ihm zu Ehren angestellten Mittagsmahlzeit weggeblieben. Nun ladet ihn Luther unter einigen launigen Wendungen bey sich zur Abendmahlzeit ein, und bittet ihn, die beyden Professoren Veit Winsheim und Johann Schwertfeger als willkommene Gäste mitzubringen.

„Aus der Cyprianischen Sammlung zu Gotha" bey Schütze II. 24, dann bey Strobel-Ranner p. 14.

Philippo Melanchthoni, Schwarzerd, *Græco, Latino, Hebræo, Germano, nunquam Barbaro.*

Salutem. Hodie contemsisti (quod et Musa et Apollo tibi ignoscant) et me et novellum (ut vocant) doctorem. Nunc, quanquam non fuit ista res penitus mea, ipse quidem ignovi: verum nisi hac hora comparueris Dn. Doctori Andreæ Carlstadio et Licent. Amsdorfio, maxime vero et Rectori, nec ipsa quidem te Græcitas excusare poterit, nedum Martinus ille fraterculus, ut ait Cajetanus. Credit se (ut jocari solet) Barbarum a Græco vilius habitum doctor novellus. Tu vide, quid agas; nam te certissime venturum hac hora ipse promisi: meum officium feceris, si veneris, quanquam mire vellem D. Vitum et Johannem Schwertfeger tecum duceres. Nam hoc vesperi ego hospes ero, cui cognitissimi imo amatissimi sunt. Tuo judicio et consilio, maxime vero meo mandato, (si quid tamen valet fraterculus ille) veniant tecum. Vale.

Fraterculus Martinus Ἐλευθέριος.

---

19. November.

N°. XCIV.

An Spalatin.

L. trägt Spalatinen auf, Sorge zu tragen, daß der Kurfürst den Brief lese, den er an ihn schreibe in Antwort auf das Schreiben des Cardinals an den Kurfürsten, worin er die Verhandlungen zu Augsburg ausführlich erzählt, und äussert seinen Unwillen über die elende Theologie des Cardinals, so wie des Silvester. Dabey fragt er, ob nicht der Kurfürst in seiner Sache an den Pabst schreiben werde, damit sie einer Commission übergeben werde; es sey ihm aber nicht um sich selbst, sondern um das Heil der Universität zu thun.

Bey Aurifaber I. 103. Löscher II. 636. Vgl. Cod. Jen. a. f. 285. Deutsch bey Walch XV. Anh. XVIII.

Suo Georgio Spalatino, Sacerdoti Christi, integerrimo amico.

J e s u s.

Salutem Scribo his literis illustrissimo Principi nostro, mi Spalatine, argumentum et actus tragœdiæ meæ latius et apertius, quam nuper tibi scripseram *). Nam tabellarius urgebat et ego vix domum ingressus fueram: nolui tamen eum abire vacuum literis vel raptissime et corruptissime scriptis. Tui esto nunc officii curare, ut Princeps illustrissimus has literas vel legat vel audiat.

Reverendissimus Dominus Legatus quam sit in Scripturis sanctis institutus, intelliges ex objectione altera, ad quam ego respondi: præterea ex ore ejus multas audivi propositiones atheologissimas, et quas, si alius dixisset, hæreticissimas pronuntiassem. Video prædicatoribus omnibus eundem esse sensum, id est, nullum esse legitime Christianum: quandoquidem iste Cardinalis ab ipsis prædicatoribus jactatur princeps principissimus suæ doctrinæ; Silvester vero secundus ab hoc. Tu cogita (nam Silvestrum nosti) quid sint decimi, aut centesimi, si secundus talis est, talisque et primus. Pæne inflatur mihi cor, nisi me misereret hominum, tam perdite eos sua tempora trivisse, et studia perdidisse, nec aliud quam miserrimam ignorantiam didicisse. Adeo exulavit Christus, lux vera hominum, et regnavit Aristoteles caligo hominum et quidem deterrima. Igitur vidi nunc et expertus sum duos leones Moab, ut ait Scriptura: nunquid timere possum lepores Moab? Vivat, vivat, vivat Christus, Amen.

Nunc rogo, id explora mihi, an ne Principi faciundum sit, ut pro me scribat ad summum Pontificem, pro commissione causæ ad partes. Non quod ego multum curem pro me, cum doleam miserum me non esse dignum, aliquod insigne malum pro veritate pati, cum tamen hac profectione prope usque ad tentationem Dei, pericula et mala quæsierim: sed quod Universitas nostra mihi curæ est: et optimorum

---

*) S. d. folg. No.

adolescentulorum in sacras literas mire ardentium studia nollem in ipso jam lacte immolari. Scriptum est enim: *non immolabis hædum in lacte matris suæ.* Me autem per vim oppresso, aperta est janua contra D. Andream Carlstadium et totam theologiæ professionem: et ita fieri timeo Universitatis nostræ subitam et jam vix nascentis dispersionem: non secus ac Pharao filios Israel ab utero matrum interfici jubebat et submergi.

Multi Pharaones in prædicatoribus sunt, et præsertim isto Pontifice pontificante, a quo obtinuerunt concilium Basiliense damnari, de quo mihi gloriabatur Cardinalis ipse. Ideo nihil non præsument attentare. Resistat illis autem Deus, Amen. Vale in Domino: coram forte aliter et plura. Wittembergæ, 19. Novembris, anno MDXVIII.

F. Martinus Luther.

---

19. November. *)

N°. XCV.

An den Kurfürsten Friedrich den Weisen.

L. vertheidigt sich vor dem Kurfürsten gegen den Brief des Cardinals Thomas Cajetanus, (welcher Vit I. 219. Jen. I. 195. bey Aurifaber I. ep. 74 befindlich) worin dieser die Augsburgischen Verhandlungen in einem für Luther nachtheiligen Lichte dargestellt, und vom Kurfürsten gefodert hatte, daß er Luthern entweder nach Rom schicken oder aus seinem Lande jagen sollte. L. erzählt die ganzen Verhandlungen nochmals, und setzt das hinterlistige Betragen des Cardinals ins Licht. Es sey ihm nur darum zu thun gewesen, ihn zum Widerruf zu bringen, nicht, ihn durch die Wahrheit zu überführen. Er bittet seinen Herren, ihn nicht nach Rom zu schicken, ist aber bereit, ins Exil zu gehen, um den Kurfürsten nicht in Verlegenheit zu bringen. Dieser Brief ist ein Muster der Beredtsamkeit, wie auch selbst Luthers Gegner es anerkannt haben. S. Planks Gesch. des protest. Lehrbegriffes I. B. S. 159.

*) Durch einen Druckfehler oder Irrthum steht bey Aurifaber der 29. Die Ausg. der Werke L. haben den 19., wofür auch das Datum des vorhergehenden Briefes spricht.

Lateinisch bey Aurifaber I. 110. b. Löscher II. p. 530. Viteb. I. 221. b. Jen. I. .197 b. Deutsch Wittenb. IX. 60. Jen. I. 123. b. Altenb. I. 140. Leipz. XVII. 203. Walch XV. 772.

Illustrissimo et vere optimo Principi, D. Friderico Electori, Sacri Romani Imperii Archimarscallo, Duci Saxoniæ, Præsidi Thuringiæ, Marchioni Misnensi, Domino suo clementissimo, deditum mancipium Frater Mart. Lutherus Augustinianus, felicitatem, et quicquid potest oratio peccatoris.

Accepi, clementissime ac illustrissime Princeps, per amicissimum meum Dominum Georgium Spalatinum, literas una cum exemplo literarum reverendissimi Domini Thomæ Cajetani, tituli S. Sixti Cardinalis, Sedis Apostolicæ Legati, voluntate illustrissimæ Dominationis tuæ ad me misso: accepi autem et reverenter et hilariter. Video enim pulcherrimam totius causæ meæ exponendæ occasionem datam. Unum solum ab illustrissima Celsitudine tua precatus fuero, ut sordidum hunc et mendicum fraterculum splendor magnitudinis tuæ clementissime toleret balbutientem.

Primum vere scribit reverendus Dominus Cardinalis me salvo conductu voluisse muniri meam Augustæ præsentiam. Neque id feci aut meo aut illustrissimæ Dominationis tuæ consilio, sed amicorum singulorum et omnium, quibus fueram literis commendatus: excepto uno, magnifico Domino Urbano oratore, qui solus multis verbis dissuasit. Sed necesse fuit mihi, ut omnes præferrem uni, ne. si quid temere mihi contigisset, me contemsisse scriberent et illustrissimæ Dominationis tuæ commendationem et ipsorum fidelissimam operam. Deinde non capitosi, sed naturalis affectus est, multos Germanos antea cognitos atque vita et autoritate celebres a me Germano præferri uni Italo. Ipsa enim natio et multitudo me, spero, justissime excusabunt, ne Orator ille Dominus magnificus se a me contemtum possit causari.

Non ergo tua, illustrissime Princeps, diffidentia arguenda fuit, imo plus in reverendissimum Dominum Legatum confisum est, quam speraverant amici, ita ut meam temeritatem mirarentur, seu (ut ipsi honorabant) audaciam, quod sine conductu essem ingressus Augustam. Mandaverat enim mihi illustriss. tua Dominatio per Spalatinum meum, non esse mihi necessarium salvum conductum: adeo illustris. tua Cels. omnia bona de R. Legato præsumebat.

Percurram et cætera epistolæ R. Domini Legati membra, ac paucis respondebo ad ea.

Vere scribit, me tandem comparuisse, et dilationem accessus ac salvi conductus impetrationem excusasse. Dicebam enim me a magni ordinis utriusque status viris fuisse monitum, ne muros Wittembergæ egrederer, esse enim mihi insidias, aut ferri, aut veneni paratas. Deinde addidi et causam prædictam, scilicet amicorum studium nomine illustrissimæ Dominationis tuæ mihi consulentium. Obtuli itaque me prostratum ante pedes reverendissimi Domini Legati et omni reverentia et humilitate petii veniam, si quid temere vel dixissem vel egissem, esseque me paratissimum doceri et duci (sicut et hodie sentio) in saniorem sententiam.

Hic me reverendissimus Dominus Legatus paterne et clementissime suscepit, commendans et congratulans huic meæ humilitati. Statim tria mihi facienda proposuit, de mandato Sanctiss. Domini nostri Papæ Leonis X., sicut ajebat (nam exemplar Brevis petenti denegabat).

Primum, ut redirem ad cor, et erratus meos revocarem.

Secundo, ut promitterem, in futurum abstinere ab iisdem.

Tertio, ut ab omnibus quoque aliis abstinerem, quibus perturbari possit Ecclesia.

Ad primum petii, ut monstraret mihi, in quonam errassem. Mox id objecit, quod conclusione 7. inter declarandum dixeram: Oportere eum, qui ad sacramentum accedit, credere, se consecuturum gratiam sacramenti. Hanc enim doctrinam esse contra sacram Scripturam et rectam Ecclesiæ doctrinam voluit. Ego vero constanter dixi, in eo puncto me non esse cessurum, sicut nec hodie neque in æternum sum cessurus. Tunc ipse: Velis, nolis, hodie oportebit te revocare: alioqui vel propter hunc locum omnia tua dicta damnabo.

Et quanquam dicebat, sese non opinionibus doctorum, sed Scripturis sanctis et canonibus mecum acturum, nec syllabam tamen Scripturæ contra me produxit, cum ego contra multas Scripturas pro me adducerem, ut videri potest in schedula responsionis meæ: nisi quod de efficacia sacramentorum mihi concilia recitabat, quæ non negavi, neque contra me erant. Labebatur tamen inter dicendum semper in opiniones doctorum. Et expecto, peto, rogo usque hodie unam Scripturæ autoritatem, vel sanctorum Patrum, quæ sit contra meam hanc sententiam.

Et ut tibi, illustrissime Princeps, ex corde loquar: doleo totis visceribus hanc rem fidei nostræ in Ecclesia non solum dubiam et ignotam, sed etiam falsam putari. Verum, optime Princeps, coram Deo et Angelis ejus protestor, fiat de alia mea responsione, quicquid fieri potest, sit falsa, sit contra Extravagantem, sit damnanda, sit revocanda: faciam hic omnia, si ita oporteat: hanc autem sententiam moriens confitebor, et omnia potius negabo, quam illam revocabo. Nam sive merita Christi sint thesaurus indulgentiarum, non ideo Indulgentiis aliquid accedit: sive non sint, nihil ideo decedit: manent indulgentiæ id quod sunt, quocunque tandem nomine honorentur et inflentur. Nec sum ideo malus Christianus, si indulgentias nolim, quas ille tantum solas extollit et pro eis pugnat: sed si hanc fidei sententiam mutavero, Christum negavero. Sic sapio, sic sapiam, donec contraria sententia per Scripturas fuerit probata, et adductæ per me autoritates dissolutæ: quod nondum est factum, neque fiet (Deo propitio) unquam.

Deinde quia indulgentiæ movebant plus quam materia illa fidei, sicut et scribit: maxime (inquit) super indulgentiis, attulit Extravagantem Clementis VI. contra propositionem meam LVIII., ubi negavi merita Sanctorum et Christi esse thesaurum indulgentiarum: sicut adhuc nego, saltem ut jacent et sonant verba, quantumcunque ipse claram apertamque jactet Extravagantem: ego contra obscuram, ambiguam, impropriam dico, sicut in responsione mea priore pa:

Quod autem in literis suis scribit, me dixisse ad Extravagantem nescio quid relatione indignum: hoc [illegible] laico scribit. Illud indignum relatione: (ut odium verbi illius revelem et appareat, an hoc sit paterne me quærere) hoc fuit, illustrissime Princeps, quod dixi Extravagantem illam non satis valere contra meam conclusionem, maxime cum torqueat in alienum sensum Scripturas, et abutatur eis. Hoc verbum, torquere et, abuti, mire torquebat hominem, et adhuc torquet, ut indicant literæ ejus. Voluit enim et vult verba humana Pontificis simpliciter accipi, non habita ratione, an consentiant cum Scripturis, nec ne.

Verum, optime Princeps, permittat Celsitudo tua, ut et ego tanquam coram laico hanc rem tractem, id est, crasse et aperte. Volo interim oblivisci acerrimum illud, et omnibus doctissimis quoque formidabile judicium, quo Deus insignivit præ omnibus, quos nostra vidit ætas, ingenium Principis Friderici. Dico itaque, non esse rarum atque novum, Scripturas sanctas a Pontificibus et doctoribus sanctis fuisse tortas et in alienum sensum ductas. Quod ne multis agam, etiam crasso cuique bubulco clarum faciam, uno extra propositum (ut vocant) exemplo adducto.

Dicit Decretalis quædam, de constitutionibus: translato sacerdotio, necesse est, ut legis fiat translatio. Hæc verba Apostoli sunt apud Ebræos cap. VII. docentis temporale sacerdotium et legem abrogata et finita, succedente æterno sacerdotio Christi. Hæc est propria et genuina sententia verborum Apostoli.

At in Decretali est ista sententia: sacerdotium Christi est translatum in S. Petrum: sic enim juristæ interpretantur. Quis non videt alienam esse hanc intelligentiam, et prorsus talem, quæ nisi multo sudore moderetur, sit impiissima omnium. Impiissimum enim est dicere, sacerdotium Christi æternum esse translatum, id est, abrogatum et finitum: et legem ejus æternam esse abrogatam et translatam, ut Petrus sit sacerdos et legislator amoto Christo.

Nolo Petrum aut Paulum habere sacerdotem, quoniam et ipse peccator est, non habens, quod neque pro se, neque quod pro me offerat: ut interim taceam, quod in solum Petrum a Christo translatum dicitur: quasi cæteri Apostoli laici remanserint, aut a S. Petro in Apostolos ordinati fuerint. Quanto rectius ergo non sacerdotium, sed ministerium tantum sacerdotii in Petrum positum intelligeretur, aut alio quocunque sensu, qui illæsum permittat germanum Apostoli sensum.

Nunquid ergo male dico, si in faciem hujus Decretalis dixero hanc contrariam propositionem: sacerdotium Christi, cum sit æternum, non est translatum in S. Petrum? Aut etiam hic me coget reverendiss. Dominus Legatus, ut verum sensum negem, et Decretalis sensum solum amplectar? Talia sunt in jure canonico multa, quibus (ut cum fiducia loquar) si non corrupta, certe obscurata est Scriptura.

Tale quid et in Extravagantem a me factum est. Nam certissimum est, merita Christi non posse per hominem dispensari: deinde etiam ipsa potius imponunt, quam relaxant bona opera (quod est indulgentias esse) pœnitentiæ, ut Petrus aperte dicit: *Christus pro nobis passus est, vobis relinquens exemplum, ut sequamini vestigia ejus.* Non ait: passus est pro vobis, ne vos pateremini, aut, ut vos relaxaremini, sed exemplum reliquit sequendi, non reliquit thesaurum omittendi etc.

Hæc est enim propria [a]) virtus meritorum Christi, armare ad opus, non ponere cervical et ponere pulvinos sub cubitis et capitibus, ut ait propheta Ezechiel (XIII, 18.). Ideo contra Extravagantem, imo contra malum ejus intellectum opposui, et adhuc oppono. Nec est ista communis Ecclesiæ consuetudo, quam jactat, sed corruptela et abusus contra Scripturæ veritatem militans.

Igitur permitto Extravagantem esse veram, sed nego sensum ejus esse, quem adducta verba Scripturæ habent in suo loco. Quæ verba utique vera fuerunt plusquam per duodecim annorum centenaria ante constitutionem hujus Extravagantis: neque ab Extravagante vel a tempore ejus primum veritatem acceperunt. Nam si ista verba Scripturæ de indulgentiis debent intelligi proprio et genuino sensu: jam possent ex sacra Scriptura probari et demonstrari indulgentiæ, quod ad unum omnes constantissime negant.

Igitur volo utrumque servare. Et dicitur mihi: imo istum (scilicet pejorem sensum) servabis, alterum (scilicet meliorem) negabis. Ego autem nolo, sed sufficere puto, verbo hominis me tantum reverentiæ gradum dedisse, ut

---

a) Vit. Jen. proprie.

verum esse confitear: nolo verbum Dei, qui mentiri (ut ille) non potest, propter illius verbum negare. Non igitur relatione indignum est, (nisi dum alteri velis mortem et perditionem moliri sine causa) dicere, quod Papa aut sancti Patres aliquoties torserint Scripturas, et in alienum sensum abusi sint. Aut si id pertinaciter negatur, jam et Papam et Sanctos hæreticos et impios faciemus, ut quos manifestum est alium sequi sensum, quam sit in Scriptura, et id non paucis locis, neque raro.

Hucusque prima die actum est, id est, duo ista objecta sunt. Petii enim diem ad deliberandum, et abii. Non enim e re mea fore vidi, verbis rem agere, quod ille loco Pontificis sedens, quicquid diceret, ratum apud me esse voluit, rursum, quicquid ego opponerem, exsibilatum fuit, explosum, imo derisum etiam, si sacras adveherem literas. Nam omitto dicere, quod potestatem Papæ et supra Scripturas et supra Concilia tollere conabatur, allegans, quomodo jam Papa concilium Basiliense abrògasset. Cum rursus Parisiensis Universitatis appellationem allegàssem, videbunt, inquit, pœnas suas. Tandem nescio quos Gersonistas damnavit. Nam Basiliense concilium, aut certe Gersonem allegaveram in Resolutionibus, quod hominem movebat.

Breviter, paternitas illa toties illustrissimæ tuæ Dominationi promissa erga me in hoc constitit: aut vim me passurum, aut revocaturum: non enim disputare sese mecum velle ajebat. Ideoque consilium fuit, scriptis respondere, quæ id certe oppressis præbent solatium, quod aliorum quoque judicio examinari possunt, et nonnihil conscientiæ atque timoris incutiunt alioqui verbis prævalenti.

Altera itaque die redii, et mecum reverendus Pater Vicarius Johannes Staupitius, qui interim advenerat, præsentibusque quatuor insignibus viris Cæsareæ Majestatis senatoribus: cœpi coram notario, quem adduxeram, protestari, me nihil velle dicere aut dicturum esse unquam, quod contra sanctæ Ecclesiæ Romanæ doctrinam esset, paratumque esse doceri ac duci, sicubi errassem, subjiciens mea dicta summo Pontifici, deinde quatuor Universitatibus, Basiliensi, Friburgensi, Lovaniensi: tandem, si hoc non esset satis, etiam ipsi parenti Studiorum, Parisiensi, ut schedula protestationis meæ indicat.

Hic iterum ridens meum hoc consilium, cœpit monere, ut ad cor redirem, veritatemque agnoscerem: velle sese rursum me reconciliare Ecclesiæ et summo Pontifici, et his similia, quasi jam hæreticus, apostata et extra Ecclesiam essem declaratus. Sed cum ego non verbis, sed scriptis respondere promitterem, et peterem, satis fuisse mecum anteriore die digladiatum: hoc verbum, digladiatum, mordicus apprehendit, et ridens, fili mi, inquit, non sum tecum digladiatus, nec volo tecum digladiari, sed monere, et intuitu illustrissimi Principis Friderici paterne ac benigne audire: hoc est (ut ego cogebar intelligere) ad nihil aliud quam ad revocationem urgere. Displicuit enim merito stultitia mea, quod pro disputare vel contendere (quod anteriori die egimus, reipsa, si non oportet negare) digladiari dixeram elegantius, quam tunc res ipsa postulabat.

Interim, me tacente, surgit reverendus Dominus Vicarius, petens, ut me (sicut et ipse petieram) in scriptis audiret: quod tandem vix obtinuimus. Nam publicam disputationem noluit, privatim quoque negabat se mecum disputaturum: in scriptis etiam respondere similiter usque ad eam horam noluit concedere, solum modo revocandi verbum inculcabat. Quod si fecissem, non dubito omnia fuisse vel paternissime composita: benignissimus enim vir est, meo judicio, sed qui revocare libentissime audivisset.

Tertio reversus, obtuli responsiones ad objecta duo in scriptis. Quas primum multa et inania verba dixit, sicut et nunc scribit, me admodum fatue respondisse, et replesse papyrum locis Scripturæ impertinentibus, seseque veram eorum intelligentiam dedisse. Verum cum dixissem tandem pro me stare, quod Extravagans dicit, Christum suis passionibus acquisivisse thesaurum Ecclesiæ suæ: statim arripuit codicem, legit, et in verbum, *acquisivit*, impegit, sedulo tamen dissimulans sese impegisse.

Surgens tandem dixit: vade, inquit, aut revoces, aut in conspectum meum non revertaris. Ego vero mox abii, credens me simpliciter non reverti audere, quandoquidem propositum non revocandi firmaveram, nisi aliud docerer.

Taceo, quod rumor circumferebatur, permissum esse a reverendo Patre Generali, me capiendum et in vincula, nisi revocarem, conjiciendum: mansi tamen Augustæ eodem die. Erat tum feria sexta.

Post prandium vocato reverendo Patre Vicario, tractavit cum eo, ut me ad revocationem adduceret, sine mea nota, ut hic scribit, id est, cum perpetua infamia: quæ solet eos sequi, qui timore hominum contra conscientiam abnegant veritatem. Quod ille quidem fecit: sed rogatus, ut Scripturas mihi solveret, dicebat supra vires suas esse: et ego, contra conscientiam meam esse revocare, nisi Scripturæ mihi aliter elucidarentur. Mansi deinde et sabbatho toto: nihil dicebatur, nihil mandabatur: mansi et sequenti Dominica, ubi saltem per literas adii reverendissimum Dominum Legatum: sed nihil fiebat. Mansi et feria secunda: mansi et feria tertia: et suspectum mihi et omnibus amicis silentium factum est. Ideo timens vim, appellatione disposita, reliqui Augustam: et feria quarta recessi, confidens me præstitisse abunde arduam et fidelem obedientiam summo Pontifici, juxta tenorem citationis. Si quid autem ultra prosequentur, vigore ejusdem, nihil mirum, si injuriam patiar.

Deinde vide, optime Princeps, quod vere Deus in altis habitet, et comprehendat astutos in astutia sua. Dicit enim, tria affirmaverim in hac causa.

Primo, dicta fratris Martini in conclusionibus suis disputative, in sermonibus tamen ab eo scriptis affirmative et assertive esse posita.

Respondeo: si disputative posita intelligit, quid ergo me miserum et pauperem hominem tot molestiis vexant, tot sumtibus extenuant, tot criminibus et ignominiis afficiunt, tot scandala et prope schismata excitant? Sunt disputationes (inquit): gratias ago: absolutus sum, imo et damnati sunt omnes, qui me in jus vocaverunt. Ipse enim reverendissimus Dominus Legatus his verbis testis nobis sit, se frustra et iniqua ratione omnia contra me egisse, et ista quoque non sincere scripsisse. An nondum pudet eos suæ tyrannidis, quam proprio testimonio tam clare confitentur? Quid enim disputationi potest objici criminis? quid disputatori, qualem hic me confitetur? Quid istis literis voluit? An ut nosceremus fratrem Martinum nihil egisse, nisi disputasse? ideoque contra eum motos fuisse ejus adversarios, ipsumquemet reverendissimum Dominum Legatum et non nisi insidiose calumniam et injuriam ei molitos fuisse? Nam super disputatione fuit citatus, non super sermonibus: super sermones enim, postquam fuerat citatus, facti sunt certiores. Quos ego facilius defendam (Deo propitio) quam ipsas disputationes. Nam hic multa dubitavi et ignoravi: illic locutus sum ex certa scientia, et non ex opinionibus.

Nunc hoc videamus, quod ea, quæ in sermonibus dixi, partim damnabilia, partim contra doctrinam Apostolicæ Sedis asserit, quia scilicet ei aliud est, esse damnabile, et aliud esse contra doctrinam Apostolicæ Sedis: forte quod damnabilis non est, qui contra doctrinam Sedis Apostolicæ loquitur. Ac sic iterum absolvor, et justificor, qui in hoc maxime et solum accusatus sum et citatus, quod contra doctrinam Sedis Apostolicæ fuerim locutus, id est, non damnabiliter, ut hic distinguitur.

Quam vellem, illustrissime Princeps, hanc epistolam ab aliquo Silvestro Prieriate fuisse scriptam, ut libertate plena ingenii eam liceret excutere. Ostenderem profecto, quam difficile sit, malam et sinistram conscientiam dextera operire specie: at nunc reverentia optimi et humanissimi viri cogit me bullientis cordis mei premere æstus usque in aliud tempus.

Sed hoc pati non possum, quod ex prudentissimo et acerrimi judicii Principe nobis quendam facere Pilatum conatur. Nam cum Judæi Christum coram Pilato statuissent, et interrogati fuissent, quam accusationem afferrent, aut quid mali fecisset homo ille, dixerunt, si non esset malefactor, non tibi tradidissemus eum: ita et hic reverendissimus Dominus Legatus, cum Fratrem Martinum Principi obtulisset multis odiosis verbis, et Princeps interrogare posset: quid fecit fraterculus ille? respondet: credat mihi, illustrissime Princeps, Dominatio vestra, quia vera loquor ex certa scientia, non ex opinionibus. Respondebo ego pro Principe: fac ut sciam hanc esse certam scientiam, ponatur in scriptis, formetur in literas, non vereatur publicum et lucem: quod ubi factum fuerit, tunc mittam Fratrem Martinum ad [illegible], im̄o ipse eum capiam et interficiam: tunc consulam honori meo et conscientiæ meæ, et non ponam maculam in gloriam meam: donec autem illa certa scientia lucem fugit, et non nisi voce tantum prodit, nolo in tenebras confidere, quando nec lux satis tuta est. Sic enim ego responderem, Princeps illustrissime. Verum nec doctore nec consule eget illustrissima tua prudentia. Nam crassæ istæ Italitates (ut sic dixerim) et Romanitates jam pueris quoque cantatæ sunt.

Nunc judicet illustrissima Dominatio tua, quid amplius facere debui aut debeo. Per pericula tanta vitæ et salutis, contra omnium amicorum consilium comparui, ut et hodie dicant, me non fuisse obligatum comparere: deinde coram reverendissimo Domino Legato reddidi rationem dictorum meorum. Poteram legitima libertate unum verbum respondisse, nec me in aliquam examinationem dare: præsertim, cum resolutiones meæ essent oblatæ et significatæ summo Pontifici, ita, ut ad me nihil pertineret hæc causa, nisi ut expectarem sententiam. Nam in arbitrium Ecclesiæ a me translatum jam reposueram, et tamen ob reverentiam reverendissimi Domini Legati passus sum ultra hæc me etiam examinari. Non ego fraudulentus fui, sed vim justissimo timore declinavi. Nihil me omisisse video, nisi sèx istas literas, *Revoco.*

Cæterum damnent, doceant, interpretentur, vel reverendissimus Dominus Legatus, vel ipse summus Pontifex: non autem dicant solum, errasti, male dixisti, sed in scriptis signent errorem, probent male dictum, rationem, quam habent, reddant, dissolvant Scripturas a me inductas, doceant, sicut jactant, verbis sese fecisse, instruant doceri cupientem, petentem, volentem, expectantem, quæ nec Turcus homo mihi negaret. Ubi videro aliter intelligenda, quam intellexi, si tunc non revocavero, et me ipsum non damnavero, illustrissime Princeps: tua Celsitudo sit prima, quæ persequatur me, expellat me: obruant me viri Academiæ nostræ: denique cœlum et terram contra me invoco, perdatque me ipse Dominus meus Jesus Christus. Loquòr et ego ex certa scientia, et non ex opinionibus. Nolo mihi Dominum Deum ipsum, nolo ullam creaturam Dei mihi fore propitiam, si edoctus meliora secutus non fuero.

Quod si me fraterculum et mendicum præ nimia conditionis meæ vilitate contemserint docere, et in viam veritatis reducere: age, faciat tua illustrissima Celsitudo, et oret reverendissimum Dominum Legatum, ut saltem tuæ Celsitudini scribat, in quibus erraverim, et quomodo me errorem emendare oporteat, ut saltem per illustrissimam tuam Dominationem audire merear, quibus rationibus, quibus autoritatibus errorem meum confutare possint. Quod si etiam illustrissimæ tuæ Dominationi hoc denegaverint, scribant id vel Imperatori vel Archiepiscopo alicui in Germania. Quid enim aliud possum facere? Mira res est, quod errasse arguor, et obtinere non possum, nec per tantum Principem, in quibus, et quare ipsi me errasse putent.

Videat igitur tua illustrissima Dominatio: disputationem publicam mihi negat (quam usque hodie vel Lipsiæ, vel Erfurdiæ, vel Hallis, vel Magdeburgi, vel ubicunque tuæ Dominationis valet imperium, seu salvus conductus, non detrecto, quin etiam oro, et utinam exorem), privatam similiter negat, in scriptis etiam errorem ostendere negat, quatuor illustrissimarum Academiarum judicia recusat. Si nunc id addat, ut illustrissimi ac potentissimi Principis petitiones rejiciat: quomodo possum aliud quam meram vim et insidias suspicari?

Iterum ego quoque atque iterum et tertio iterum rogo, illustriss. Dominatio tua non credat iis, qui dicunt Fratrem Martinum male dixisse, antequam audiatur et doceatur male dixisse. Erravit Petrus, etiam post acceptum spiritum sanctum: etiam errare potest unus Cardinalis, quantumlibet doctus.

Consulat igitur illustrissima Dominatio tua honori suo et conscientiæ suæ, non mittendo me ad urbem. Homo enim non habet hoc mandare illustrissimæ Dominationi tuæ, cum sit impossibile, me tutum fore in urbe: et id nihil aliud esset quam illustrissimæ Dominationi tuæ mandare, ut traderet sanguinem Christiani, et fieret homicida: ubi nec ipse summus Pontifex satis tuto vivit. Habent papyrum et calamos et atramentum in urbe, habent infinitos notarios: facile erit in papyrum signare, in quibus et quare erraverim.

Possum levioribus expensis doceri absens per literas, quam perdi per insidias præsens.

Unum ego intimo corde doleo, quod literis suis reverendissimus Dominus Legatus oblique mordet illustrissimam Dominationem tuam, quasi fiducia potentiæ Celsitudinis tuæ moliar ista omnia. Sic enim et apud nos quidam sycophantæ jactaverunt, tuæ Celsitudinis hortatu et consilio me ista disputasse: cum hujus disputationis nullus etiam intimorum amicorum fuerit conscius, nisi reverendissimus Dominus Archiepiscopus Magdeburgensis, et Dominus Hieronymus Episcopus Brandenburgensis. Hos enim, sicut intererat eorum ista monstra prohibere, ita privatis literis, antequam disputationem ederem, humiliter et reverenter monui, ut super oves Christi vigilarent adversus lupos istos. Bene sciebam hæc non ad principes laicos, sed episcopos primum referenda: extat epistola mea, multorum in manus devoluta, horum omnium testis. Ista ego feci.

Sed quod nunc vellet reverendissimus Dominus Legatus tuæ illustrissimæ Dominationi maculam inurere totique sanguini domus Saxonicæ, et in invidiam summi Pontificis vocare: adeo homines hodie credunt Christum esse sepultum, quasi non et nunc per asinam loqui possit, et Apostolis apostolicisque viris tacentibus per ligna lapidesque clamare.

Verum opto, oro, cupio, ut illustrissima tua Dominatio in omnibus adhæreat Ecclesiæ et summo Pontifici, mihi vero in omnibus adversetur: nisi id unum pro me (imo pro sancta veritate, pro Ecclesiæ et pro summi Pontificis, denique pro ipsius reverendissimi Domini Legati honore, denique pro illustriss. tuæ Dominationis fama quoque) supplicet, ut rationes et autoritates appareant aliquando, quibus error meus convinci putatur. Nam sine his me damnare, neque tuæ illustrissimæ Dominationi neque summo Pontifici neque Ecclesiæ neque reverendissimo Domino Legato honorificum fuerit. Vivunt fideles, vivit Christus, vivunt vel homines certe, qui judicent.

Quod vero reverendissimus Dominus Legatus illustriss. tuam Dominationem admonet, ut nisi in urbem me miserit, vel ejecerit e regionibus suis, Romæ causam prosecuturi sint etc.: in exilium ire non magnopere abnuo, ut cui undique ab adversariis meis insidias parari videam, neque facile usquam tuto degere possim. Quid enim ego miser et humilis monachus sperem? imo quid non timeam discriminis? quid non metuam mali ab æmulis meis? cum ne illustrissimam quidem tuam Dominationem, quamvis tantum Principem, tantum Romani Imperii sacri Electorem, tantum Christianæ religionis cultorem, non dubitent ita insigniter offendere, ut multo meliora merito minari videantur, nescio quam calamitatem, nisi me vel in urbem mittat, vel e terris suis ejiciat.

Quapropter, ne illustriss. tuæ Dominationi quicquam meo nomine mali (quod minime omnium velim) accidat: ecce regiones tuas relinquo, iturus, quo Deus misericors voluerit, et ejus divinæ voluntati me in omnem permissurus eventum. Nihil enim minus sequor, quam ut quisquam mortalium mea causa (nedum illustrissima Dominatio tua) vel in invidiam, vel in periculum aliquod adducatur.

Quamobrem, illustrissime Princeps, illustrissimam tuam Dominationem reverenter saluto, eique simpliciter valedico, gratias immortales pro omnibus suis beneficiis erga me agens. Ego enim ubicunque ero gentium, illustrissimæ Dominationis tuæ nunquam non ero memor, futurus semper sincerus et gratus pro tua et tuorum felicitate precator.

Porro, quod ait reverendissimus Dominus Legatus, reverendum Patrem Vicarium abiise insalutato hospite: quid hoc ad illustrissimam Dominationem tuam? Vicarius non erat vocatus: nihil ad eum causa ista pertinebat: poterat ire, redire, abire, venire, omni hora, ut voluit. An etiam portus Augustæ ingredientibus et egredientibus propter me claudi oportebat? Sed timeo, quod undecunque corradatur et quæratur causa contra me. Necesse est enim quæri causam ab eo, qui vult habere causam, ubi nullam habet causam.

Sed jam ignoscat illustrissima Dominatio tua verbosissimis nugis meis. Ego adhuc gratia Dei gaudeo, et gratias ago, quod Christus Dei filius in tam sancta causa me pati dignum judicaverit, qui conservet illustrissimam Dominationem tuam in æternum, Amen. 29. Novembris, Wittembergæ, anno MDXVIII.

Illustrissimæ Dominationis tuæ precator indignus

F. Martinus Lutherus, August.

25. November.

N°. XCVI.

An Spalatin.

L. fodert ein Paar Briefe zurück, erinnert an die Uebergabe seines und der Universität Briefes (womit er wahrscheinlich das Verwendungsschreiben derselben an den Kurfürsten vom 22. Nov. meint) und erwartet das Urtheil über seine Antwort auf das Schreiben des Cardinals. Er ist des Bannfluchs von Rom gewärtig, und entschlossen, alsdann fortzugehen. Eben damals sollten die Augsburger Acten ausgegeben werden.

Bey Aurifaber I. 104. b. Löscher II. 637. Vgl. Cod. Jen. a. f. 43. Deutsch bey Walch XV. Anh. XXII.

Suo Georgio Spalatino, Viro optimo et eruditissimo, in Christo amicissimo.

Jesus.

Salutem. Remitte [a]) epistolam illam simulati Episcopi Leodiensis, mi Spalatine, cum altera Croti; literas autem Universitatis et meas curabis illustrissimo Principi videndas. Expecto censuras tuas super responsione mea, quam in epistolam Legati edidi: nisi forte in spongiam cadere debeat. Eduntur jam acta mea.

Cæterum expecto maledictiones ex urbe Roma quotidie: ideo omnia dispono et ordino, ut cum venerint, paratus et succinctus eam cum Abraham, nesciens quo, imo certissimus quo, quia Deus ubique: sed relinquam tamen epistolam valedictionis. Tu vide, ut audeas [b]) legere epistolam maledicti et excommunicati. Vale nunc, et ora pro me. Die S. Catharinæ, anno MDXVIII.

F. Martinus Lutherus, August.

---

a) Cod. Jen. remitto.

b) Cod. Jen. audias.

2. December.

N°. XCVII.

An Spalatin.

Ohne einen Brief von Spalatin, den er so eben empfangen, wäre Luther schon von Wittenberg fortgegangen; er ist aber noch immer dazu entschlossen. Es ist ihm unangenehm, daß man glaubt, der Kurfürst halte es mit ihm.

Bey Aurifaber I. 105. Löscher II. 638. Vgl. Cod. Jen. a. f. 43. Deutsch bey Walch XV. 832.

Optimo Viro, eruditissimo Magistro, Georgio Spalatino, suo in Christo charissimo.

Jesus.

Salutem. Nisi venissent heri literæ tuæ, jam parabam recessum, mi Spalatine, sed et adhuc sum in utramvis partem paratus. Mira est hominum nostrorum de me sollicitudo, et major quam ipse ferre possim. Instituerunt nonnulli magno hortatu, ut Principi nostro me in captivitatem darem, et ipse acceptum alicubi servaret, scriberetque D. Legato, me captum et sistendum in loco tuto, ad respondendum. Quale sit illud consilium, tuæ committo prudentiæ: ego in manibus Dei et amicorum sum.

Certum est credi, Principem mihi adhærere una cum Universitate, de quo nuper ab uno, quem scio mentiri nequaquam mihi. In curia Episcopi Brandenburgensis de me tractatum est, quanam fiducia, et cujus adhæsione ego niterer. Hic unus: Erasmus (inquit), Fabricius *), et alii doctissimi viri, fiducia ejus sunt. Non, inquit, Episcopus, hi nihil essent ad Papam; Universitas Wittembergensis et Dux Saxoniæ prævalent. Ita intelligo manifestissime Principem mecum esse credi, quod sane displicet. Et sane Universitatem ipsam vellem, ut quam maxime timerent. Verum ista suspicio Principis coget me recedere, si recedendum est;

*) Fabr. Wolfgang Capito damals Rath und Hofprediger des Erzbischofs Albrechts zu Mainz.

quanquam Princeps potest obtendere in scriptis suis, sese laicum non posse de tantis rebus judicare; jam multo minus, postquam videt approbatam ab Ecclesia Universitatem non contra me stare. Sed hæc sunt parerga. Ego si hic mansero, multa dicendi scribendique libertate carebo: si iero, totum effundam et vitam offeram Christo. Vale. Wittembergæ, secunda Decembris, anno MDXVIII.

F. Martinus Lutherus.

---

9. December.

N°. XCVIII.

An Spalatin.

Ueber eine Aenderung im Wittenberger Studien-Plan.

Bey Aurifaber I. 122. b. Löscher II. 640. Vgl. Cod. Jen. a. f. 44. Deutsch bey Walch XXI. 605.

Charissimo suo Georgio Spalatino, studiorum et humanitatis Patrono.

Jesus.

Convenit inter D. Rectorem et me, mi Georgi, de lectionibus bonum videri, ut non modo physica Thomistica caderet, quam nunc deserit Magister Günkel, succedens textuali lectioni D. Rectoris: verum ut rueret quoque logica Thomistica, quam profitetur Magister Premsel Torgensis, ut pro ea Ovidium metamorphosiacum legeret idem magister, cum in literis humanitatis non parum valeat. Nam Scotisticam philosophiam et logicam, cum textuali logica et physica sufficere putamus: donec et Scotisticæ sectæ, æque inutilis ac infelicis ingeniorum negotii, cadat professio: si quomodo tandem dissidiorum nomina funditus pereant: et pura philosophia et theologia, omnesque matheses ex fontibus suis hauriantur. Tuum in hac re audiamus consilium. Vale. Altera Conceptionis die, anno MDXVIII.

F. Martinus Eleutherius.

9. December.

N°. XCIX.

An Spalatin.

L. meldet dem Sp., daß dessen Warnung, die Augsburger Acten nicht herauszugeben, zu spät gekommen sey; daß er von Miltitzens Ankunft in Deutschland Beunruhigendes vernommen, auch eine Appellation erlassen habe. Uebrigens sey es falsch, daß er vom Wittenberger Volk Abschied genommen, er habe nur die Möglichkeit seiner schnellen Abreise angekündigt.

Bey Aurifaber I. 123. b. Löscher II. 640. Vgl. Cod. Jen. a. f. 44. Deutsch bey Walch XV. Anh. XXVI.

Optimo Viro D. Georgio Spalatino, Christi servo, Principis Saxoniæ a libellis, sibi in Christo suspiciendo.

Jesus.

Salutem. Jam actum erat, quod literis tuis mihi inhibes, mi Spalatine. Edita sunt acta mea, sed multa veritatis libertate, nondum tota tamen: mihi in his et omnibus festinandum video. Accepi heri ex Nurmberga, esse in via Carolum a Miltitz, quem tria Brevia habere pontificia, quidam (ut scribunt) fide dignus vidisse dicitur, ut me capiat et Pontifici tradat. Item mandat mihi per Priorem nostrum Eislebensis doctor ille, qui una cum Philippo de Feilitzsch mecum Augustæ coram Legato stetit, ut caveam mihi: sese fuisse in itinere, ubi audierit quendam Cortisanum testatum, sese promisisse Pontifici me traditurum. Alia quoque audio, quæ omnia sive vera sint, sive in terrorem mihi simulentur, non puto contemnenda. Ideoque ne forte præventum occidant, vel censuris obruant, omnibus dispositis expecto consilium Dei. Appellavi etiam ad futurum concilium. Atque quo illi magis furunt, et vi affectant viam: eo minus ego terreor: ero adhuc liberior aliquando in Romanas istas lernas. Falsum est, quod audisti, me dixisse vale populo Wittembergensi: sed in hunc sensum dixi, satis incertus sum et instabilis concionator, sicut experti estis: quoties repente vobis insalutatis recessi? quod si aliquando fieret idem, vale dixisse volo, si non fuero reversus. Deinde monui, ne censuris papalibus in me furentibus terrerentur: nec ob eas Pontifici, aut ulli mortalium imputarent aut male vellent, sed Deo rem committerent, et similia. Lego enim et doceo, sicut prius. Vale. Altera Conceptionis Mariæ, anno MDXVIII.

F. Martinus Eleutherius [a]).

---

11. December.

N°. C.

An Wenceslaus Link.

Von Miltitzens Ankunft, den Augsburger Acten, die L. übersendet, der Protestation und andern seiner Schriften, von des Probstes in Kemberg Tode, der Blüthe der Wittenberger Universität. In einer Nachschrift von der Stimmung des Kurfürsten, , und daß er die Unterdrückung der Augsburger Acten beabsichtigt habe.

Bey Aurifaber I. 124. Löscher II. 641, mit deren Text wir den in einer alten handschriftlichen Sammlung im Besitz eines Frankfurter Freundes, die wir Cod. Clossii nennen wollen, verglichen haben. Deutsch bey Walch XV. Anh. XXIV.

Reverendo Patri Wenceslao Sinistro, Theologo dextro, Augustiniano Nurmbergensi Ecclesiastæ, sibi in Christo suspiciendo M.

Dedi et do literas ad te, Wenceslae P., sed tam rari, deinde incerti quoque nuntii, ut dubitem, an quoque [a]) accipias: nunc isto me confido ad te quam citissime [b]) venire. Pervenit ad me fama de tribus Brevibus apostolicis Carolo Miltitio datis contra me. Id enim ex literis tuis M. Caspar acceptum proprio nuntio indicavit, nimio pro me sollicitus. Mitto ecce acta mea, acutius quam speraverit D. Legatus edita: sed longe majora parturit mihi jam calamus: nescio

---

a) Aurif. Lutherus.

a) Cod. Closs. — quoque.

b) C. Cl. certissime.

unde veniant istæ meditationes: res ista necdum habet initium suum meo judicio, tantum abest ut finem sperare possint Romani proceres. Mittam ad te nugas meas, ut videas, an recte divinem Antichristum illum verum juxta Paulum c) in Romana curia regnare: pejorem d) Turcis esse hodie e), puto me demonstrare posse.

Edidit impressor noster appellationem meam ad concilium, multa et magna displicentia mea: sed actum est. Volui impressam apud me servare: Deus autem alia cogitat: latratores illi mire contra me latrant ubique, sed nihil proficiunt. Orationem Dominicam sub incudem revocavi vernacule edendam. Mitto et alias nugas meas, scilicet, responsiones ad literas D. Legati: sed hac fide, ut hæc omnia postquam legeris, reverendo Patri Vicario mittas. Expecto homicidas meos ex urbe vel undecunque: censuras miror differri Dominus præpositus Kembergensis f) animam reddidit in peste: sed tam quieta et suavi morte, ut nunquam de alicujus morte fuerim magis gavisus: omnia christianissime et dixit et egit usque in finem: plenus fide et fiducia cupivit dissolvi. Benedictus Deus. In locum ejus suffectus est M. Bartholomæus Feldkirchius, Rector Universitatis nostræ. Nihil aliud novi apud nos. Studium nostrum more formicarum fervet. Vale, et saluta salutandos omnes, præsertim D. prædicatorem Sebaldinum et alium Magistrum, maxime autem Pirckheimerum et Albertum Dürer, D. Christophorum Scheurlin. D. Eccius scribit sibi non ubique placere nec ubique displicere responsionem meam contra Silvestrum: sed tamen addit unum prudentissimum et verum verbum, scilicet, scire se, non magni apud me referre suum judicium. Nam vere nihil apud me fit suum consilium. Ea quæ ad Augustam mitto, spero curabis reddenda. Vale iterum. Raptim sabbatho Dominicæ 3. Adventus, MDXVIII.

---

c) Cod. Cl. verum et intentum a Paulo.
d) Cod. Cl. priorem.
e) Cod. Cl. romani, ?) hodie.
f) Cod. Cl. Cameracensis.

Princeps primo fuisset contentus me non esse in loco: præterea g) voluit omnino, ut manerem. Quid nunc cogitet, editis actis et appellatione, nescio. Distulit enim ipse diu, ne ederentur: sed et cum jam cuderentur, voluit ut supprimerentur, quod fieri neque meo studio potuit. Agit jam conventum in Jenis de responso dando de pecuniis Legato contra Turcam. Appellationem nescio an expediat, ut multis communices: quanquam apud nos invulgata ubique sit.

---

13. December.

N°. CI.

An Joh. Staupitz.

L. zeigt Staupitzen seine Rückkunft nach Wittenberg an, und beklagt sich über den boshaften Brief des Cardinals an den Kurfürsten, auf den er nach Gebühr geantwortet habe: daß der Kurfürst seine Entfernung wünsche, daß er (L.) mit Spalatin eine Unterredung in Lichtenberg gehabt, und erklärt habe, daß er auf den eintretenden Fall nicht bleiben wolle, man widerrathe aber seine Flucht nach Frankreich; daß die Erfurter dem Joh. Lange die Magisterwürde verweigert haben.

Bey Aurifaber I. 101. Bey Löscher II. 639. Vgl. Cod. Jen. B. 24. n. f. 178. Deutsch bey Walch XV. Anh. XXIII.

Reverendo et optimo Patri Johanni Staupitz, Eremitarum Augustinensium Vicario, suo in Christo suavissimo Patri. a)

Jesus.

Veni ineunte vigilia omnium Sanctorum lætus et sanus Wittembergam, reverende et optime Pater, veni autem præter omnium spem: sed inveni postea fœdum istum casum, et pœnituit mox advenisse. Dominus misereatur nostri.

---

g) Cod. Cl. postea.
a) Nach Cod. Jen.

Princeps omnino dissuasit edi acta mea, nunc tandem permisit et jam excuduntur: scripsit interim [b]) prolixam epistolam R. D. Legatus Principi, in qua dire criminatur me et te et socios (ut vocat) meos, quod inscio eo recessimus, fraudulentum negotium esse conquerens: tandem consulit, ut me ad urbem mittat, vel extra terras expellat, ne ponat maculam in gloriam suam propter unum, inquit, fraterculum [c]), dicens quod Romæ causæ prosequentur [d]): sic enim sese scripsisse fraudulentiam meam ad urbem, et lavisse manus suas. Ad has literas Princeps voluit me respondere, et suis inclusas meas Legato mittere: et feci ita et, credo, satisfeci.

Verum Princeps pro me [e]) solicitus, mallet tamen me alibi habere locum: diu mecum fecit loqui M. Spalatinum in Lichtenberg vocato, super eadem re: dixi, si venerint censuræ, non manebo: dissuasitque, ne tam cito in Galliam irem. Adhuc expecto consilium ejus. Tu autem vale, mi suavissime Pater, et solam animam meam Christo commenda. Video eos firmasse propositum exinaniendi [f]) me: rursus firmat Christus propositum non cedendi in me. Fiat, fiat voluntas ejus sancta et benedicta. Ora pro me.

Obsecro, quid monstri alunt Patres Erfordienses, quod Patrem Vicarium Licentiatum differunt ab insignibus magisterii? quamdiu, quæso, proprietas ista et inobedientia durat? Nam hæc tecum oblitus fui [g]), cum vellem quam maxime loqui. Studium nostrum recte habet: nisi quod horæ deficiunt optimis lectionibus. Datæ [h]) anno MDXVIII.

T. [i]) Martinus Luder [k]).

---

b) Cod. Jen. interea.
c) Aurif. fraternaculum.
d) Cod. Jen. persequentur.
e) Cod. Jen. + satis est.
f) Cod. Jen. damnandi.
g) Cod. Jen. Nam hoc oblitus fui, tecum cum essem.
h) Cod. Jen. + die Luciæ. *)
i) Cod. Jen. filius.
k) Cod. Jen. + pauperculus.

*) Löscher vermuthet d. 7. Dec.

14. December.

N°. CII.

An Joh. Reuchlin.

L. wünscht R. Glück wegen der glücklichen Folgen seines Streites, durch welchen so Viele in Deutschland seyen erweckt worden. Nun sey er ihm im Streite gefolgt, obschon mit geringeren Kräften. Er entschuldigt sich, daß er auf Melanchthons Veranlaßung sich die Freyheit nehme, an ihn zu schreiben.

Zuerst in Illustrium virorum epp. ad Jo. Reuchlin. Hagen. 1519. 4. L. II. fol. CIII. b. Dann in Maii vita Reuchlini p. 223, Löschers Ref. Act. II. 643. nach dem Autograph, Seckendorf. Hist. Lutheran. L. I. p. 104, bey Strobel-Ranner p. 47. Deutsch bey Walch XXI. 606.

Dominus tecum, Vir fortissime. Gratulor misericordiæ Dei, quæ in te est, Vir et eruditissime et humanissime, qua tandem prævaluisti obstruere os loquentium iniqua. Fuisti tu sane organum consilii divini, sicut tibi ipsi incognitum, ita omnibus puræ theologiæ studiosis expectatissimum: adeo longe alia fiebant a Deo, et alia videbantur geri per vos. Eram ego unus eorum, qui tecum esse cupiebant, sed nulla dabatur occasio. Eram tamen oratione et voto tibi semper præsentissimus. Sed quod tunc negatum est socio, nunc cumulatissime tributum est successori. Invadunt dentes istius Behemoth me, si quo modo sarcire queant ignominiam, quam retulerunt ex te. Occurro et ego ipsis longe quidem minoribus ingenii et eruditionis viribus, quam tu occurristi et prostravisti, sed non minore animi fiducia. Congredi mihi detrectant, respondere recusant, sed mera vi et violentia in me viam affectant. Vivit vero Christus, et ego perdere nihil possum, quia nihil habeo. Fracta sunt in tua firmitate non parum quidem cornua horum taurorum. Hoc enim in te egit Dominus, ut tyrannus sophistarum aliquando et tardius et mitius disceret veris theologiæ studiis resistere, ac respirare inciperet Germania, scripturarum doctrina tot heu annorum centenariis non tam oppressa, quam extincta. Non erant hæc initia danda pulcherrimorum studiorum per hominem parvæ gratiæ; sed sicut Christum (sit venia comparationi) omnium maximum montem Deus contrivit usque in pulverem mortis, verum ex hoc pulvere postea excreverunt tot magni montes: ita et tu parum attulisses fructus, nisi mortificatus in pulverem fuisses redactus, unde nunc tot surgunt proceres literarum sacrarum. Et exaudita est oratio gementis Ecclesiæ: Salvum me fac, Domine, quoniam defecit sanctus, diminuti sunt fideles de filiis hominum, quoniam exaltati fuerunt ad altitudines Dei vilissimi filiorum hominum.

Sed ecce nonne ego impudens, qui tam familiariter sine proœmio honoris tecum loquor? Verum facit hoc animus meus in te officiosissimus, qui et tibi est familiarissimus tum memoria tui, tum librorum tuorum meditatione. Accedit ad hoc, quod et permovit, ut tandem scriberem, quod Philippus noster Melanchthon, homo admirabilis, imo pæne nihil habens, quod non supra hominem sit, familiarissimus tamen et amicissimus mihi, omnino exegit has literas ad te: fidem jubens, certissime te non ægre laturum, sed et gratum habiturum, quicquid ad te ineptirem. Huic ego imputes velim, si quid imputare velis, nisi quod animum meum erga te non nisi candidissimum his literis protestari volui. Vale et gaude in Domino, præceptor vere mihi venerabilis. Wittemb., altera die Luciæ, anno MDXVIII.

---

20. December.

N°. CIII.

An Spalatin.

L. entschuldigt sich wegen der Bekanntmachung der Appellation, die er nur auf den letzten Fall habe drucken lassen, und die der Buchdrucker ohne sein Vorwissen ausgegeben; auch habe es nicht mehr in seiner Macht gestanden, die Augsburger Acten zurückzuhalten. Seine Freude über die Antwort des Kurfürsten an den Cardinal Cajetan (v. 8. Dec. s. Aurifaber I. No. 75.)

Bey Aurifaber I. 125. Löscher II. 644. Vgl. Cod. Jen. a. f. 43. Deutsch bey Walch XV. Anh. XXV.

Eruditissimo et amicissimo suo Georgio Spalatino, Christi servo, suo Domino.

Jesus.

Salutem. Nec meum nec tuum consilium prævaluit, mi Spalatine. Nam et ego appellationem excudi quidem jussi, sed inito pacto cum librario, ne prorsus ullam ederet, sed omnes apud me deponeret, suo a me accepto pretio: ut quacunque expectatæ furiæ Romani judicii venirent, tum, me recedente, paratæ dispergerentur. At bonus homo suis lucris intentus, cum ego expectarem, ut afferret, prius fere omnes vendiderat, et ego novissimus omnium tandem editas cognovi. Fui satis in eum stomachatus, sed actum erat: infectum facere nequivi. Item et acta jam expleta erant, usque ad ultimum quaternionem, quando venerunt primæ tuæ inhibitiones, atque divulgata in multorum manus (adeo insidiantur quoque, si quid vel unius paginæ edo): tum non potui ultimum quaternionem remorari prioribus evagatis. Alioquin ne dubites, consilium tuum et prætulissem et secutus fuissem, sicut et prius feci, ut nosti. Nunc multo magis utrorumque editionis me pœnitet, postquam vidi egregias has literas illustrissimi Principis nostri ad Dominum reverendum Legatum. Bone Deus, quam cum gaudio eas legi et relegi, sciens quam sint fiducia plenæ, et tamen mira modestia conditæ. Id metuo, ne Itali sat intelligant, quod in recessum habent. Est enim hominum genus, quod in faciem et frontem intendat rebus simul et literis. At hoc saltem videbunt, sese nihil adhuc eorum incepisse, quæ jam consummasse sibi videbuntur. Non potest fieri, quin prorsus displiceant. Quare te oro per Dominum, et ipse boni consulas editiones istas novissimas, mihi quoque ingratissimas: deinde et illustrissimo Principi pro me gratias agas, et studiose meam gratitudinem lætissimam commendes. Optime actum est, ut is, qui paulo ante mei similis mendicus monachus, nunc etiam principes potentissimos non veretur sine ulla honoris ratione adire, alloqui, minari, mandare, et pro libitu superbissime tractare. Discat vel sero etiam sæculi potestatem a Deo esse et suos non licere honores conculcari, præsertim ab eo, qui ab homine tantummodo potestatem accepit. Placet mirum in modum a) Principem hac in re patientissimam et prudentissimam impatientiam ostendisse. Dominus dignetur id totum, quicquid est, et suum facere, et agnoscere. Amen. Vale, et valere jube aulicos amicos nostros omnes. Wittembergæ, pridie Sancti Thomæ, anno MDXVIII.

F. Martinus Lutherus, August.

---

21. December.

N°. CIV.

An Spalatin.

Auf die Frage, ob man den Türkenkrieg aus der heil. Schrift billigen und rathen könne, antwortet L. verneinend; nie seyen Kriege, aus menschlichen Beweggründen unternommen, gelungen; erst müsse man die innern Feinde überwinden, und der Pabst treibe es schlimmer, als der Türke. L. will zu Wittenberg den Ausbruch der römischen Wuth abwarten. Von der verlangten Weimarischen Predigt will er schicken, was er noch im Gedächtniß habe. (Sie findet sich bey Aurifaber I. p. 127. b)

Bey Aurifaber I. 126. b. Löscher II. 645. Wir haben das Original in Cod chart. 122. Bibl. Goth. auch Cod. Jen. a. f. 296. verglichen. Deutsch bey Walch XXI. 608.

Suo amicissimo Georgio Spalatino, Christi servo, suo autem Domino. a)

Salutem. Si recte intelligo te, mi Spalatine, quæris, an expeditionem adversus Turcas ex sacris literis possim tueri et suadere. Esto quod non pecuniæ, sed vero pietatis studio suscipiatur: ego tibi fateor non posse me id polliceri, contrarium autem copiosissime. Edidi nudius in eandem rem

---

a) Cod. Jen. miromodo.

a) Cod. Jen. zugleich: Suo integerrimo amico in Christo Georgio Sp. viro eruditissimo, vere amabili.

amici rogatu sermonem, quem scio pervenisse in manus (propter quos suspicabar tum a me peritum) heroum Brandenburgensium, ubi id egi, ne susciperetur ullo modo bellum hujusmodi. In qua sententia adhuc sum, nisi melioribus fuero mutatus elenchis. In eadem est Erasmus in multis locis, sicut melius nosti, quam ego. Mihi visum est, si adversus Turcas omnino pugnandum est, a nobis primum incipiendum esse Frustra foris bellamus carnalia bella, quando domi superamur spiritualibus bellis.

Deinde quod nec in veteri nec novo testamento ullum gestum est bellum humanis viribus, nisi semper infelici et fœdo eventu: si quid autem recte cessit, de cœlo fuit bellatum, ut possem copiosissime docere. Quando autem Romana curia hodie omnium Turcarum superans tyrannidem (tantis monstris contra Christum et ejus Ecclesiam pugnat) et Clerus in avaritiæ, ambitionis, et luxuriæ profundo submersus est, et miserrima sit ubique facies Ecclesiæ: non est spes boni belli aut felicis victoriæ. Deus (quantum video) contra nos pugnat: hic primum esset expugnandus lachrymis, puris orationibus, sanctà vita, et fide pura. Sed de hoc alias.

Wittembergæ sine dubio manebo expectans Romanæ infelicitatis argumentum, quanquam spero, vel conscientiæ metu non præcipitabunt furorem. De appellatione figenda ubilibet consulam jurisperitos.

Sermonem Vinariensem, quem petis, penitus sum oblitus nisi una vix reliqua lacinia: ea est, quod certus sum, me adversus hypocritas et justitiarios Evangelium tractasse (sicut omnia soleo), quorum in ea curia unum eximie insignem novi: sed etsi non nominem, tu quoque nosti. Nihil enim magnatibus et potentibus nocentius isto genere hominum, qui, cum prorsus nihil didicerint, docent tamen omnia etiam angelorum quasdam religiones. His b) institutis data opera volui contravenire. c) Tantum scio. Dabo tamen operam, si quid amplius memoria habeat, et mittam quanto possum citius; sed heus eo pacto ne tu quoque me rideas tanquam

---

b) Aurif Cod Jen. hujus.
c) A. Cod. Jen. + et.

indoctum artificem, sicut et illic aliqui me riserunt, quod nihil de angelis fuissem locutus. Nam hoc diligenter memoria retinui, juxta proverbium: quod beneficia facillime obliviscimur, et injuriarum tenacissime memores sumus. Nam ego de terra sum, et non nisi Christum crucifixum novi: nec hunc satis digne illi de cœlis et Christum gloriosum forte noverunt. Quare nec tu de angelis aliquid expectabis ex me. Vale. Die S. Thomæ, anno MDXVIII.

F. Martinus Lutherus, August.

---

31. December.

N°. CV.

An Spalatin.

L. erläutert auf Verlangen eine gethane Aeusserung über die Anrufung der Heiligen. Er habe sie nicht schlechthin für Aberglauben erklärt, sondern nur, wenn sie um leiblicher Güter willen geschehe.

Bey Aurifaber I. 130. b. Löscher II. 646. Vgl. Cod. Jen. a. f. 288. Deutsch bey Walch XXI. 611.

Suo Georgio Spalatino, ducali Bibliophylaci et philobiblio in Domino suspiciendo.

Jesus.

Salutem. Petis ex me, optime Spalatine, quidnam mihi visum fuerit, ut in positionibus quibusdam venerationem Sanctorum pro corporalibus necessitatibus velut superstitionem judicaverim. Mi Spalatine, non fuit mens mea unquam, venerationem Sanctorum esse superstitiosam, neque invocationes eorundem pro causis vel corporalissimis. Hoc enim sapiunt hæretici illi vicini nostri Pighardi in Böemia. Melius enim a Deo per Sanctos ejus impetramus quæcunque tandem bona (quippe cum sint omnia utique dona Dei) quam quod per Magos et maleficos apud Diabolum quærantur, sicut plurimi solent. Sed id volui: scilicet superstitiosum, imo et impium atque perversum esse, apud Deum et Sanctos implorare tantundem ea, quæ corporis sunt, nihil prorsus curare ea, quæ animæ et salutis, imo voluntatis Dei sunt: quasi obliti aut increduli simus verbi ejus, qui dicit: primum quærite regnum Dei, et hæc omnia adjicientur vobis. Imo ubique Christus corpora, et ea, quæ corporis sunt, ut vilissima contemnere docet. Quare si licitum est illa petere, illis tantummodo permittendum est, qui imperfecti sunt in fide, et magis degunt sub Mose quam sub Christo. Quare toleranda tantummodo res est talis Sanctorum cultus propter infirmos, non autem extollenda, velut res dignissima Christiana vita. At nunc vide, si ullus Sanctorum in populo sit celebris propter castitatem, propter patientiam, propter humilitatem, propter fidem, spem, charitatem et cætera spiritualia bona impetranda: non ista quæruntur, nec habemus Sanctos ullos, ad quos illorum gratia fiant concursus: ædificentur Ecclesiæ, agantur divina. Verum propter ignem colitur S. Laurentius, propter pestem Sebastianus: Martinus, et tandem ignotus etiam S. Rochius propter paupertatem: S. Anna cum genere suo, et beata Virgo propter multa et plurima: S. Valentinus propter caducum morbum: Job pro scabie Gallica: sic Scholastica, Barbara, Catharina, Apollonia, denique quotquot Sanctarum sunt celebres, pro corporali tantummodo salute sunt celebres, et ita celebres, ut Apostolis sint prælati in cultu et officio pietatis, futuri scilicet [a]) ingratissimi, si corporalibus nullus egeret, vel si contemnerent corporalia. Cur enim S. Paulum non etiam invocamus, ne moriatur anima in Christi ignorantia? Sicut S. Christophorus pro risu nescio quo nocturno invocatur. Tales, inquam, si sunt infirmi, sunt tolerandi: et tandem, ut melius sapiant, et spiritualia petant corporalibus contemtis, instituendi, ne semper pueri simus sub Mose, sed aliquando Christum etiam apprehendamus. Si autem sunt melioris fidei, arguendi sunt, quod non digniora quærant [b]). Igitur error est, quod Sanctorum culturam promovemus per timores malorum et cupiditates bonorum temporalium. Non enim

---

a) Cod. Jen. sunt.

b) Cod. Jen. quærunt.

omnibus ista sunt dicenda et persuadenda universaliter, ut fit: sed parvulis, ut dixi, et infirmis: aliis vero persuadendum, ut apud Sanctos contraria petant, scilicet pœnas, morbos, flagella, cruces, et diversa tormenta, sicut ille ait: Proba me, Domine, et tenta me, ure renes meos et cor meum. Quod si omnes velimus apprehendere ea, quæ solummodo sunt paucorum: nonne tum necesse erit superstitionibus omnia repleri? Sit lac infirmis: robusti solidum cibum operentur. Vides ergo esse superstitionem et non superstitionem, venerari Sanctos, pro corporibus. Qui possunt spiritualia optare, et egere sese vident, sine dubio irato Deo impetrant corporalia, dum negligunt petere bonum spiritum: denique oratio dominica in tribus primis petitionibus docet nos spiritualia primum petere, et ea quæ Dei sunt, postea vero quæ nostra. At hanc orationem illos pervertere certum est, qui, sive Deus regnet, sive serviat, nihil soliciti, a suo tantummodo malo æstuant liberari, facientes primum novissimum, et novissimum primum. Vale, et ora pro me. Ex Wittemberga, die S. Silvestri, anno MDXVIII.

F. Martinus Lutherus [c]), Augustinianus.

Ohne Tag.

N°. CVI.

An Spalatin.

L. übersendet dem Sp. ein Schreiben an den Kurfürsten (welches?), an welches er Antwort erwartet. Er ist zur Abreise (wohin?) bereit. Es scheint daß dieser Brief sich auf L.'s Reise nach Heidelberg bezieht.

Bey Buddeus p. 4. Löscher II. 637. Vgl. Cod. Jen. a. f. 234. Deutsch bey Walch XXI. 602.

Suo Georgio Spalatino in arce Wittembergensi.

---

c) Cod. Jen. Eleutherius.

Jesus.

Salutem. Ecce literas meas, mi Spalatine, quas ad illustrissimum Principem, et tua fideli monitione, et mea necessitate poscentibus, scripsi. Tuæ jam est fidei et curæ, ut id amicitiæ et charitati præstes, quo illustrissimus Princeps eas quam primum accipiat, et si quid responsi contigerit audiri, me certiorem reddas. Vale. Sexta feria futura exibo Deo propitio.

F. Martinus Eleutherius.

1519.

Anfang Januars.

N°. CVII.

An Hieronymus Düngersheim von Ochsenfurt.

Hier. Düngersheim, von Ochsenfurt in Franken gebürtig, Professor der Theologie in Leipzig, hatte in einem Schreiben an L. die Lehre vom göttlichen Rechte des päbstlichen Primats aus geschichtlichen Gründen vertheidigt, welchem L. nur ein menschliches zugestand. Darauf antwortet dieser, und verweist ihn auf die bevorstehende Leipziger Disputation. Jener und die folgenden Briefe D.'s finden sich in der Sammlung seiner Werke, welche lat. und deutsch 1531 herausgekommen, und daraus bey Walch XVIII. S. 581.

Bey Aurifaber I. 147. Löscher III. 22. Deutsch bey Walch XVIII. 589.

Egregio et optimo Viro D. Hieronymo Düngersheim de Ochsenfart, sacræ Theologiæ Doctori eruditiss. Lipsens. Studii, suo in Christo suspiciendo, Martinus Lutherus.

Salutem in Domino. Vehementer placuit mihi tua diligentia, vir optime, qua tot excussisti libros: et ea, quæ proposuisti mihi, corradere voluisti. Sane et ego omnia legeram in ecclesiastica et tripartita historia: deinde in canonibus, quæ de Julio et aliis Romanis Pontificibus scribuntur, præter id unum, quod de Nicæni concilii statutis omissa scribis: et unum illud, quod allegas, fortissimum scilicet, in quo totius epistolæ hujus tuæ nititur fortitudo. Verum, mi vir in Domino venerabilis, crede et me nosse, ubi ista legeris, et ubi scribantur: et non erit tibi necessaria mea responsio. Scio in decretis Rom. tantum XX ejusdem concilii statuta censeri, cum Rufinus pauciora censeat. Denique habemus nos totius concilii statuta Græce scripta. Spero autem D. Johannem Eccium vel eadem producturum vel majora. Ideo quæso ne graveris differri responsionem meam. Quod illi respondero, tibi quoque responsum erit.

Interim hoc tibi (rogo) versari sinas in judicio tuo: quod non liceat id, quod juris divini est, ulla mora, ullo sæculo, ullo casu vel mutari vel interrumpi. Cum autem Eccius præsumserit adversum me probare universalem, scilicet semper fuisse juris divini: vides tu ipse, disputationis nostræ hanc esse conditionem, quod mihi liceat ex particulari arguere, illi non nisi ex universali. Ideoque si vos aliquorum testimonio probetis primatum, et ego una singulari contra pugnem: consequentia sequetur infirmiorem partem, et una singulari totam vestram universalem annihilabo. Quia jus divinum debet rotunde observari.

Quare si permiserunt Rom. Pontifices in Nicæno concilio statim ea, quæ dixi ex Rufino, quæ vos quoque non rejicitis: facile probabo, ne sit juris divini: aut tam Rom. Pontifices quam Patres concilii hæreticos. Nec enim contraria statuisse possunt. Non quod totis viribus a Nicæno pendeam concilio, sed quod hoc uno omnia argumenta contraria solvo. Ego autem nitor verbis Evangelii, quod omnes Apostoli fuerunt æquales, et illo Matthæi XVIII: *quodcunque solveritis* etc. Doleo tamen ego fieri ex ista re tantum quæstionis, cum ego Romano Pontifici non negem primatum: et omnia, quæ volunt, concedo, nisi quod antiquos Sanctos et Apostolos nolim hæreticos fieri, ob novum hunc fidei articulum, quem ipsi non tenuerunt. Vale, mi Domine, in Christo feliciter, et mea hæc boni consule. Wittembergæ etc., anno MDXIX.

F. Martinus Lutherus, August.

Anfang Januars. *)

N°. CVIII.

An Friedrich, Kurfürsten von Sachsen.

L. gibt nach einer am vorigen Tage mit Miltitz in Altenburg gehabten Unterredung Vergleichsvorschläge, nämlich daß er wolle in Zukunft schweigen, an den Pabst schreiben und bekennen, daß er zu heftig verfahren sey, auch in einer öffentlichen Schrift erklären, daß man seine Sätze nicht als Widersprüche gegen die römische Kirche ansehen solle, endlich, daß der Handel einem deutschen Bischof zur Beylegung übergeben werden solle. S. Plank Gesch. d. prot. Lehrbegr. I S. 174 f.

Aus Copial. Archiv. Vinar. u. Cyprians Urk. I. 386, welcher das Original benutzte, im Supplem. z. d. Leipz. Ausg. 27. Löschers Ref. Acten III. 11. Walch XV. 840. Ein Auszug bey Seckendorf L. 1. p 64. Wir haben das Original, das sich im Cod. chart. 379. der Goth. Bibl. befindet, selbst verglichen.

Jesus.

Durleuchtigister, Hochgeborner Furst, Gnädigister Herr. Es ist mir zuvill, daß E. F. G. so weit in mein Sache und Mühe gezogen wird, dieweil aber die Noth, und Gott so fuget, bitt ich, E. F. G. wollt mirs zu Gnaden vor gute haben. Es hat Herr Carolus von Miltitz gestern hoch angezogen die Unehr und Frevel, so durch mich der Romischen Kirchen zugefugt, und ich mich aufs aller demuthigist zu thun, was ich vermuge, erbotten, zu Erstattung. Nu bitt ich, E. F. G. wollt mein Bedenken beschlahen, die ich hiemit zu erkennen geb E. F. G., dann ich wollt ihr gerne etwas thun.

Zum ersten, wollt ich verheißen dieser Materien hinfurter stille zu stehen, und die Sach sich selb zu Tod bluten (so fern der Widderpart auch schweige) dann ichs dafur acht, hätt man mein Schreiben lassen frey gehn, es wär längest alls geschwiegen, und ausgesungen, und ein iglicher des Liedlins müde wurden. Besorge

*) Nach Löscher Reform. Act. III. 8. reiste L. d. 2. oder 3. Januar nach Altenburg. Ich vermisse aber den Beweis. Nach demselben kam L. am 7. zurück; aber dieß ist falsch. S. No. CX.

auch, so diesem Mittel nicht Folge geschicht, und weiter werde angefochten mit Gewalt odder Worten, so wird das Ding allererst recht eraus fahren, und aus dem Schimpf ein Ernst werden. Dann ich mein Vorrath noch ganz habe. Darumb ichs das beste achte, so man mochte stille stehen in der Sachen. Zum andern, wollt ich päpstlicher Heiligkeit schreiben, und mich ganz demuthig unterwerfen, bekennen, wie ich zu hitzig und zu scharf gewesen, doch nit vermeinet, der H. Ro. Kirchen damit zu nahe seyn, sundern anzeigen die Ursach, daß ich als ein treu Kind der Kirchen widderfochten hätte die lästerliche Prediget, davon groß Spott, Nachrede und Unehr und Aergerniß des Volks gegen der Romischen Kirchen erwachsen ist. Zum dritten, wollt ich ein Zedell ausgehn lassen, einen jeder zu vermahnen, der Romischen Kirchen folgen, gehorsam und ehrbietig zu seyn, und mein Schrift nit zur Schmach, sundern zur Ehr der heiligen Romischen Kirchen verstehn sollten, auch bekennen, daß ich die Wahrheit allzu hitzig und vielleicht unzeitig an Tag bracht. Dann wo nit die Ursach so groß gewesen, hätt ich gnug gethan, und noch einem iglichen gnug wäre, in diesem Stuck zu wissen einen rechten Unterscheid, zwischen dem Ablaß und guten Werken. Zum vierten, hat Magister Spalatinus durch angeben Herr Fabian von Feylitz das vorgeschlagen, daß die Sach befohlen wurde dem Hochwirdigen Erzbischoff zu Salzburg, desselben Urtheil, so mit gelehrten unverdächtigen Leuten beschlossen, ich halten sollt, odder zu meiner Appellation widder kehren, so mirs nit zu halten wäre. Mocht also vielleicht die Sach anhängig werden, und in ihr selbs vorgehn. Aber ich sorg, der Papst wollt nit leiden einen Richter, so werd ich des Papsts Urtheil auch nit leiden: darum so das erst Mittel nit fur sich geht, wird sich das Spiel machen, daß der Papst Text wird machen, und ich ihn glossieren. Das wäre nit gut. Ich habs auch mit Herr Carol geredt, der meinet, es wäre nit gnug, und doch nit die Widderruffung foderet, sundern auf Bedenken von einander gangen. Weiß E. F. G., ob ich etwas mehr thun mocht, wollt mir umb Gottes Willen E. F. G. gnädiglich mittheilen. Ich will gerne alls thun, alles leiden, daß ich nur nit weiter aufzustechen verursacht werde. Denn aus der Revocation wird nichts.

E. K. F. G.

unterthäniger Capellan Doctor Martinus.

Anfang Januars (bald nach dem vorigen.)

N°. CIX.

An den Kurfürsten Friedrich.

L.'s kurzer Bericht, über welche Artikel er mit Miltitz übereingekommen.

Jen. I. 143. Wittenb. IX 65. Altenb. I. 259. Leipz. XVII. 224. Löscher III. 13. Walch XV. 842.

Durchleuchtigster, Hochgeborner Fürst, Gnädigster Herr.

Ich thu E. K. F. G. unterthäniglich zu a) wissen, wie daß Er Carol von Miltitz und ich endlich ubereinkomen, haben beschlossen den Handel auf zween Artikel.

Zum ersten, daß ein gemein Inhibition beyden Parteyen geschehe, und verboten werde beyden Theilen weiter von der Materien zu predigen, schreiben und handeln.

Zum andern, will Er Carol dem heiligen Vater Papst kurzlich schreiben aller Sachen, wie er erfunden, Gelegenheit, und darnach sehen, daß päpstliche Heiligkeit heraus befehle, etwa einem gelehrten Bischof, die Sach zu erfahren, und Artikel anzeigen, welche irrig und von mir widerruffen werden sollen. Und alsdenn, so ich den Irrthumb gelehret werde, soll und will ich gerne denselben widerruffen, und der heiligen Romischen Kirchen ihr Ehre und Gewalt nicht schwächen.

---

11. Januar. **)

N°. CX.

An Spalatin.

Von Altenburg so eben zurückgekommen, meldet er Spalatinen, daß sich ein junger Lehrer der hebräischen Sprache in Wittenberg eingefunden, den er

a) Jen. — zu.

**) Nach Löscher III. 13 ist L. den 7. Januar v. Altenburg zurückgekommen. Aber sec. fer. p. Epiph. kann nur d. 11. Januar seyn.

angestellt zu sehen wünsche, und bittet um Antwort. Uebrigens erbittet er sich einige Schriften und den Brief des Kurfürsten an den Legaten Cajetan zurück.

Bey Aurifaber I. 137. b. Vgl. Cod. Jen a. f. 46. Deutsch bey Walch XXI. 614.

Optimo Viro, charissimo Patrono, Georgio Spalatino, in Domino Christo.

Jesus.

Salutem. Veni Wittembergam, et inveni hominem Hebraica professurum (adolescens pæne est) satis eruditum. Nam qua hora ingressus sum, mox orationem habuit Latinam Hebraicis interornatam, et placuit: ideoque nobis visum est, quando ille veteranus *) omnino maturat recessum, hoc assumto in vicem illius, recessus ejus feratur. Forte Dominus quoque nostro studio intentus consulit sine nobis. Quare fac, respondeas quantocius, quid illustrissimo Principi videatur.

Remittes etiam Silvestri silvestrem inscitiam, adjuncto consilio, an referiendum sit mihi: dialogum Luciani etiam e Lipsia missum ad te. Sed heus exemplum utriusque epistolæ latinæ et vernaculæ, quam illustrissimus Princeps ad Legatum scripsit, Altenburgi in ædibus tuis relictum oblitus sum: ægre illis careo. Apud multos vernaculum esse cognovi, sed cum summa laude et admiratione Principis: omnes mire efferunt ingenium et artem elegantissimam Principis. Nec ex meo Amsdorfio solum evulgata est, sed ex tuo exemplo quoque, quod in Jenis Doctori Hieronymo commodaras. Vale. Wittembergæ, altera ferme ingressus hora, feria secunda post Epiphaniæ, anno MDXIX.

F. Martinus Eleutherius **).

*) Böschenstein vgl. No. LXXXI. LXXXII.

**) Aurif. Lutherus.

13. Januar.

N°. CXI.

An Christoph Scheurl.

Dem Freunde, der ihn wieder zum Frieden ermahnt zu haben scheint, antwortet L., daß er selbst gern den Streit geendigt sähe, aber mit Gewalt gehe es nicht. Dem Silvester werde er nicht antworten, mit Miltitz habe er eine friedliche Uebereinkunft getroffen.

Aus dem Original in Chr. Gottl. Schwarz Progr. Altorf 1540. p. 13. dann „aus der vormaligen Scheurlischen Sammlung zu Nürnberg" bey Schütze II. 25. und aus Schwarz bey Strobel-Ranner p. 49. Deutsch bey Walch XXI. 615.

Jure consultissimo et Viro eruditissimo, Doctori Christophoro Scheurlo, Nurmbergensis politiæ Advocato, fidelissimo suo in Domino.

Jesus.

Salutem. Furatus ipse mihi et negotiis meis horam hanc, scribo tandem, ne tot literis tuis ingratus videar, et nunquam respondere velim. Igitur gratias tibi ago maximas pro genuinæ tuæ ac veræ amicitiæ consilio et in me studio. Libenter autem ego finem haberem hujus turbulentiæ, si adversariis itentidem videri daretur. Proposuerunt enim (ut video) rem, nulla suavitate, sed mera vi et tumultu consummare. Quo fit, ut indies majora suscitent, et frustra laborent. Nam vi nunquam sopietur, sat scio. In bonitate cito finem haberet. Ad Silvestri nugas, si tamen Silvestri sunt, respondere nobis indignissimum videtur: puerilia et muliebria sunt, nec aliud, nisi querimoniæ sui doloris. Cum Carolo *) amicissime conveni: primum, ut hæc res omnino sileatur utrinque, deinde mandato summi Pontificis aliquis Germaniæ episcopus articulos erroneos mihi designet, quos revocem. Sed nisi Deus intersit, nihil fiet, præsertim si me decretali illa nova cœperint urgere, quam necdum vidi; audivi tamen eam

---

*) C. v. Miltitz.

de plenitudine potestatis loqui, sine ulla autoritate Scripturæ aut canonum, quanquam [a]) certe nulli etiam vetustissimo decreto concedam. Quis scit, quid Deus ex iis monstris alere proposuerit. Ego, quantum in me est, nec timeo nec cupio protelari causam. Sunt adhuc multa, quæ Romanam lernam movere possunt, quæ libens promam b), si permittant. Sin Deus non volet, ut permittant, fiet voluntas Domini. Ebnerios patronos ex corde valere cupio, et gratias pro accepta casula ago. Nurmbergenses tuos spero votis vestris responsuros quam optime, cum et sub optimis agant præceptoribus, et lectionibus intersint electissimis. Vale in Domino, et jacta curam tuam et mei in Dominum [d]), ne nimio pro me angaris. XIII. Januar. MDXIX.

F. Martinus Lutherus, Augustiniens.

---

19. Januar.

N°. CXII.

An Spalatin.

L. meldet, daß er auf Miltizens Auffoderung drey Bischöfe zu Schiedsrichtern vorgeschlagen habe.

Bey Aurifaber I. 138. b. Vgl. Cod. Jen. a. f. 300. Deutsch bey Walch XV. 853.

Τῷ Γεωργίῳ Σπαλατίνῳ, τῶν φίλων φιλτάτῳ τοῦ χριστοῦ δούλῳ πιστικῷ καὶ σώφρονι, αὐτῷ ἀγαπητάτῳ σφόδρα.

Jesus.

Salutem. Carolus Miltitius (quod postulas) hoc brevissimis literis mihi scripsit, sese rem totam illustrissimo Principi coram exposuisse, placuisseque Principi, ne res impediretur,

---

a) Sch. quod.
b) Sch. premam, wahrsch. Druckfehler.
c) Sch. Domino.

ut ipse nominarem episcopum, qui hoc causæ perageret. Ego nominavi Archiepiscopum, et primo Treverensem, deinde Salzburgensem, tandem Numburgensem, Comitem illum Palatinum: 'αλλὰ γενηθήτω ἡ βούλη τοῦ θεοῦ, χρόνος πάντα δώσει, ὁ κύριος ζώει, præstabo τὰ λοιπὰ, ἰδίῳ καιρῷ. Vale, εἰμὶ γὰρ πολυπραγμάτικος, ἤ ποτε πολυπραγμάτατος. Vigilia Sebastiani, anno MDXIX.

ὁ Μαρτῖνος 'Ελευθέριος, Αὐγουςινιανός.

---

20. Januar.

N°. CXIII.

An Spalatin.

Fürbitte für einen gewissen Peter Elen, der eine Pfarrstelle suchte.

Bey Buddeus p. 6. Löscher II. 954. Vgl. Cod. Jen. a. f. 237. Deutsch bey Walch XXI. 644.

Γεωργίῳ τῷ Σπαλατεῖ τῆς ἀληθείας μύςῃ ἐν Χριςῷ ἠγαπημένῳ γνησίως.

Jesus.

Salutem. Vince et tu quæso τὰς ἀνθρώπων ἀταςθαλίας. Sic imposuit nos Deus, ut importunis cogamur maxime opportuni fieri. Est hic sacrificulus, qui ex illustrissimo Principe nostro petit sacerdotium jam vacans in Belß, Petrus ἔλεν: rogavit ut literis commendatitiis nomine suo Principem adirem. Sed unus tu mihi es littus, et ut homerice dicam, θῖν ἁλὸς ἀτρυγέτοιο. Ideo quicquid mare istud meum mihi affert spumarum et fæcium, in te uno collido. Est mihi homo satis notus, sed quod nolui ita urgere, ut molestiam adderem molestiæ. Tu facies, quæ Deus tibi spiraverit. Ἔῤῥωσο. Vigilia τῆς θείης ἄγνης, παρθένου τε καὶ μαρτύρη. [a])

Μαρτῖνος Ελευθέριος.

---

a) Luther schrieb wahrscheinlich so fehlerhaft.

25. Januar.

N°. CXIV.

An Spalatin.

L. sendet Sp. etwas über die Einrichtung der Beichte. Sp. hatte auch eine Bestimmung über das sogenannte Gedächtniß in der Messe verlangt; L. will aber, daß solches frey bleibe. Er bittet um die Eintreibung der Zinsen aus dem Leisniger Amt für sein Kloster.

Bey Aurifaber I. 139. Vgl. Cod. Jen. a. f. 47. Deutsch bey Walch XXI. 618.

Suo charissimo Georgio Spalatino, Christi servo, ac Sacerdoti, in Domino majori et præferendo.

Jesus.

Salutem. Mitto, quod voluisti, imo quod potui περὶ τῦ ἐξομολόγησιν συντάσσειν. Tu videris, quid effecerim. Addo et disputatiunculam, super qua ἔτι φιλονικοῦμεν. Sed quam rotunde veram arbitrer, videbis in his omnibus, quo res ecclesiasticæ redactæ sint, διὰ τὺς βατράχους αἰγύπτου, quin potius διὰ τὺς αἰγυπτίους.

Quod autem petis τύπον aliquem memoriæ (ut vocant) faciendæ in missa, obsecro, non te istæ minutiæ rerum perturbent: ora pro quibus tibi Dominus inspiraverit, et animum tuum liberum in iis habeto. Non est res ista tanta, ut necesse sit decretis et traditionibus spiritum libertatis denuo vincire: sufficit moles jam abunde nimis multum valde dominantium traditionum.

Literas Carolinas *) posteriores nullas adhuc vidi; forte tibi falso suggestum est, binas eum scripsisse ad me. Hebraicas literas Philippus noster tractat, ut majore fide, ita et majore fructu, quam Johannes ille ὁ ἀποστάτης, id est, discessor. Nimia est hominis et fides et diligentia, ut vix tempori quicquam cedat. Cupio scire tandem, quid pro D. Sigismundo de Clumma rescribere ex te possim.

---

*) D. h. von Carl v. Miltiz.

Atque ut novissime nostri aliquando et memor sim, quanquam id admodum facio invitus, Christophorus Bressen, censuarius noster in Motterwitz, sub præfectura Leisnicensi morans, jam diu differt pendere nobis censum debitum. De exacto anno nondum plene satisfecit, atque jam novo anno accumulantur census posteriores prioribus. Peperci homini, ne eum traderem in Principis illustrissimi indignationem, sed periculum eximium et rei et nostrum cogit denuo molestare Principem.

Quare te oro, ut pro nobis aliquid in hac re labores. 20. Flor. summa est debiti census utriusque collati: et pauperes sumus, ut nosti, et quod pejus est, multum debemus. Adjuves ergo, sed ita, ut animus Principis, quantum fieri potest, non irritetur adversus hominem. Scio culpam nobis imputari, qui vendidimus: sed nos Deo rursum imputamus, ut qui temporalia parum curare, et sub fide tractare docuerit. Stulti fuimus secundum carnem, sed forte Deus sapientiam suam ita voluit manifestare, sicut est mirabilis in omnibus operibus suis, sanctus cum sanctis, perversus cum perversis. Vale et responde. Vigilia S. Pauli τȣ͂ ὀργάνου ἐκλέκτȣ ἐν χριϛῷ σωτῆρι ἡμῶν, anno MDXIX.

Martinus Ἐλευθέριος a).

---

2. Februar.

N°. CXV.

An Joh. Sylvius Egranus.

L. berichtet über die Verhandlungen mit Miltitz, der (dem Gerücht zufolge) drohend aufgetreten, nachher aber gar freundlich geworden sey. Er ermahnt seinen Freund, in Zwickau zu bleiben, und meldet die bevorstehende Disputation mit Eck.

Bey Aurifaber I. 140. Deutsch bey Walch XV. Anh. XXX.

Vere Theologo et Christiano Viro, Johanni Egrano, Cygneo Ecclesiastæ, suo in Domino Majori.

---

a) Aurif. Lutherus.

Jesus.

Salutem. Breviter accipe, mi Egrane, in quo loco sint res meæ. Carolus de Miltitz missus ad Principem nostrum armatus plus 70. apostolicis Brevibus, in hoc scilicet datis, ut me vivum ac vinctum perduceret in Hierusalem homicidam illam Romam: sed per viam a Domino prostratus, id est, multitudine mihi faventium territus, juxta quod curiosissime ubique de mei opinione exploraverat, mutavit violentiam in benevolentiam fallacissime simulatam, agens mecum multis sane verbis, ut pro honore Ecclesiæ Romanæ revocarem mea dicta. Cui respondi in hanc sententiam: præscribatur modus revocandi, et erroris causa detur, sed talis quæ vulgo et eruditis satis sit speciosa, ne revocatio malæ speciei plus odii concitet adversus Romam.

Convenimus tandem in Episcopos aut Salzburgensem aut Trevirensem, ut uni horum causa committeretur: ac sic amice discessimus etiam cum osculo (Judæ scilicet): nam et inter exhortandum lacrymabatur. Ego rursus dissimulabam has crocodili lacrymas a me intelligi: hucusque perventum est: quid nunc Romæ agant, ignoro.

Dixit quidem Carolus, non fuisse in centum annis causam, quæ plus negotii fecisset vulgo isti otiosissimo Cardinalium et Romanantium Romanatorum: eosque decem millia ducatorum potius profusuros, quam permissuros hanc rem cœpto prosequi. Ego gaudeo, et Deo omnia committo.

Scripsi et antea, ne Cygneam relinqueres: poteris in otio Cygneo abunde ex libris græcari. Plus enim Deo, id est, populo Dei debes, quam tibi et literis. Opto scire, quid te cruciet in fidei sententia, quæ mihi plana et aperta videtur. Nam fidem ego justificantem a charitate non separo: imo ideo creditur, quia placet et diligitur is, in quem creditur. Gratia facit placere verbum et credi: hoc autem est diligere. Nec mihi omnia placent, quæ de fide, spe et charitate recentiores disputarunt, qui mihi nullam illarum intellexisse videntur.

Eccius noster a me tentatus Augustæ, ut cum Carolostadio nostro Lipsiæ congrederetur pro componenda contentione, tandem obsecutus est: sed audi hominis figuram: meas positiones arripit et mordet atrocissime et eum, cum quo sibi res est, omittit: ludere eum credas larvis carnisprivii. Cogor itaque ego pro meis indulgentiis homini pedem conferrè, et manus conserere. Infelicissimum est gloriæ animalculum.

Post Paschalia promittit certamen. Sunt, qui subornatum eum a prædicatoribus asserant: sed fiat voluntas Domini. Misissem exemplar, sed unicum mihi e Norimberga missum habeo. Mitto libellum Carolostadii de justificatione impii: reliqua de spiritu et litera complevit, quæ et mitto, sperans te habere principia ejusdem. Vale in Christo, et pro me ora. Die Purificationis, anno MDXIX.

Martinus Lutherus.

---

3. Februar.

N°. CXVI.

An Joh. Lange.

Nach einem Glückwunsch (zu Lange's Promotion zur theol. Doktorwürde) kündigt L. an, daß ihn Eck zu ernstlicherem Streite gegen die Römlinge reize, und bittet um die Abrufung eines gewissen Pater Matthäus.

Bey Aurifaber I. 141. b. Deutsch bey Walch XV. Anh. XLIII.

Reverendo Patri Johanni Lango, Eremitanorum August. Vicario medio, Theologiæ designato Doctori novello, suo in Christo.

Jesus.

Salutem. Quicquid Dominus tuo contulerit honori, nostro collatum quoque gratulamur, reverende Pater: prospere procede et regna: ego non veniam.

Eccius noster nova bella bellat contra me, et fiet, ut faciam, quæ diu cogitavi, Christo propitio, id est, ut aliquando libro serio in Romanas lernas invehar. Huc usque enim et lusi et jocatus sum in rem Romanam, quanquam mire doleant, ut de intolerabili serio.

Cæterum quæso curam habe, ut Matthæum hunc senem Patrem revoces. Parcendum est enim ætati: et æstimanda prompta ejus obedientia, nec coram Deo, nec coram hominibus nobis decorum: aut etiam licitum est, eum in tali miseria relinquere: verum tamen, ut prius alium loco ejus pro plebano ibidem sufficiendum nobis provideas. Si me audirent, elocarem ejusmodi parochiam sæculari (ut vocant) sacerdoti. Vale. Blasii die, anno MDXIX.

F. Martinus Lutherus, August.

Ende Januars od. Anfang Februars.

N°. CXVII.

An Hieronymus Düngersheim.

D. hatte auf den vorigen Brief (No. CVII.) weitläufig geantwortet, und sich abermals auf Stellen der Kirchenväter bezogen: hierauf erwiedert L., daß sie nicht genug beweisen, und daß man sie nach der Schrift, nicht umgekehrt diese nach jenen, messen müsse. Sodann hatte ihn D. wegen der in der Predigt von doppelten Gerechtigkeit gegebenen Erklärung der Stelle Phil. 2, 6. angegriffen, wogegen er sich ebenfalls vertheidigt. Nämlich L. bezog die Worte in göttlicher Gestalt auf die Menschheit Christi; D. aber wollte sie vom göttlichen Wesen verstehen.

Bey Aurifaber I 148. Löscher III 24. Deutsch bey Walch XVIII. 620.

Frater Martinus Lutherus D. Hieron. Dungersheim etc. salutem.

Accepi en alteras tuas literas, vir optime, ubi iterum de papatu scribis, et inter multa, iterum Athanasium denuo recenses et statuta Nicæni concilii. Audi quæso me breviter. Nam Eccius mihi adhuc expectatur qui iterum effudit novas insanies, magno promissor hiatu. Obsecro quid est, quod amplius debeo confiteri? Fateor summum

Pontificem Rom. omnibus dignitate præire, et venerandum: ad quod sequitur, ut consulatur in arduis, et surgentibus necessitatibus majoribus requiratur: quanquam hoc ipsum adversus Græcos quomodo valeam tueri ignoro. Nec tu enim huic rei satisfacis. Non sequitur: ipse consulendus est: ideo citra ipsius potestatem non licet episcopum esse in ulla parte: nec quicquam agi in Ecclesia, nisi ipsius mandato.

Hanc, inquam, potestatem omnes constituendi et omnia faciendi si tribuo Pontifici jure divino: Hieronymum, Augustinum, Cyprianum, Athanasium, Gregorium, et omnes orientis episcopos hæreticos fecero, qui nunquam sub eo fuerunt, nec episcopi sub eo constituti. Nec enim concilium Nicænum ejus autoritate celebratum est, nec in eo ipse fuit, nec vicarius ejus, nec primum locum habuit: nisi concilium Nicænum neges esse universale. Jam de statutis concilii Nicæni quid dicam: quæ nec contra me stant: deinde incerta ubique habentur, ut adhuc ignotum sit, quæ et quanta sint, et cui fides adhibenda. Denique Athanasii opera, quibus tu uteris, dubitantur esse Athanasii, ac potius Vulgarii Theophylacti putantur esse.

Jam quæ Julius primus egit, et alii Rom. Pontifices, scis quam nihil concludant. Petatur ergo in majoribus causis Rom. Pontifex ab iis, qui volent. Cur ipse potestative se intromittit, nec requisitus, omnia advocans sibi, omnia mandans, omnia prohibens: hæc potestas ostende ubi legatur in antiquis? Legisti in Decreto Gregorium magnum fateri, culpa exigente esse superiorem Rom. Pontificem, cæterum sine culpa æquales omnes. Ita coli volo superioritatem Romanæ sedis, si necesse sit et requiratur: quanquam et ut dixi, hæc nec Lipsiæ nec hodie possim demonstrare, nec occurrere textum Scripturæ opponentibus. Ego enim in hac re nihil ita metuo, ne si cum hæreticis bellum oriatur, irrisioni exponamur nostris glossis nixi, citra autoritatem Scripturæ loquentes. Non enim diabolus arundinem Aegypti, sed gladium Spiritus formidat. Et in hac re mihi faceres rem omnium gratissimam et omnes alii tecum, si Patrum dicta ad verba Scripturæ examinaremus: sicut in Actibus legimus, etiam verba Pauli fuisse accepta, ut legentes scripturas die ac nocte viderent, an ita se haberent. Tibi et Eccio mos est omnium dicta acceptare, et verba Scripturæ attemperare verbis Patrum: quasi illi non ad Scripturam magis quam ad se voluerint nos trahere. Mihi contra mos est exemplo Augustini, salva omnium reverentia, rivulos ad fontem usque sequi, quod et Bernhardus se facere gloriatur.

De secundo loco Philip. II. quem putas a me Erasmum secuto male tractatum, verum etiam tu hic non textum, sed Patrum sententias refers. Primum, mi vir egregie, credo te nosse hunc versum Psalm. CX. *Tecum principium in die virtutis tuæ, in splendoribus sanctorum ex utero, ante Luciferum genui te*, esse de Divinitate Christi, adversus Arium velut summum, ac inter prima, argumentum agitatum: ut legis in Tripart. et in Augustino, ita ut Græca et Latina Ecclesia hoc sensu eum Psalmum teneat etiam cantu celebratum in officio divino: non tamen ob hoc Lyram, Burgensem, imo Hebræam linguam hæreticabis, ubi legitur hunc versum non posse quidem de divinitate intelligi. Quare non semper claris et apertis autoritatibus contra hæreticos pugnant sancti Patres. Quot autoritatibus abutitur Hieronymus contra Jovinianum? Augustinus contra Pelagianum? et alii contra alios?

Item illud Genesis: *Faciamus hominem ad imaginem nostram*, quanta fiducia August: pro Trinitatis assertione, et pro imagine, quæ est in homine, tractat: cum neutrum ex eo possit probari, quod in Hebræo *faciam* dicitur, non *faciamus*. Item illud Exod. III. *Ego sum, qui sum*, omnes ad substantiam Dei referunt: cum Burgensis et Hebræi ad effectum auxilii aptari convincant. Quia dicit, *Ero qui ero*, in futuro: et infinita his similia.

Quid ergo mirum, si et locum Philip. II. ad divinitatem torserint, qui aptius de humanitate sonat, si verba consideres? Non ergo credo me peccare, si Patribus dissentio in aliquo textu obscuriore. Quid vero vos facitis, omisso textu, tantum in dictis Patrum versantes, nisi quod dubia et incerta relinquitis? In qua re Magister sententiarum pessimum exemplum reliquit, omnia omnium dicta concordare nitens. Ex quibus fit, ut contra hæreticos dubiis obscurisque sententiis armati, ludibrium fiamus.

Nec ego improbo hanc sententiam Pauli ad Philip. posse trahi, sicut Petrus ad Petram a multis ducitur, Matthæi XVI.; sed necesse est uno simplici solido sensu theologos muniri contra Satanam. Hoc enim studium mihi est: in hoc et tota contentio contra Eccium, qui multiplicitatem tuetur: quod mihi non placet. In fine placet mihi, quod ex disputatione natum est studium inquirendi: nisi quod doleo hoc fieri, cæteris necessariis posthabitis, in hac una re non necessaria, et in qua satis tribuo, et plus quam ipse queam tueri. Sed video satis, quid quæratur per has a multis. Deus autem vivit, in quo bene vale, vir optime. Anno MDXIX.

Einige Zeit nachher.

N°. CXVIII.

An Hieronymus Dungersheim.

Auf ein drittes weitläufiges Schreiben D.'s antwortet L. nur mit diesem kurzen Empfangschein, und verspricht später zu antworten.

Aurifaber I. 150. b. Deutsch bey Walch XVIII. 654.

Salutem. Longior est epistola tua, vir egregie, quam ut eam uno die perlegam, et respondeam. Has autem ad te dedi, ut tabellarii tui testarer fidem, quod tuas mihi præsentasset literas, imo volumen: ad easdem tamen respondebo alia die. Vale.

Martinus Lutherus, August.

---

7. Februar.

N°. CXIX.

An Spalatin.

Zuerst über Universitäts-Angelegenheiten. L. schlägt Aenderungen im Studienplan vor, und obert eine Gehaltsvermehrung für Melanchthon. Dann meldet er, daß Eck eine Schedula über die im Werke seyende Disputation in Leipzig habe drucken lassen, und beschwert sich über dessen feindseliges Benehmen gegen ihn, und daß daraus gegen Rom Ernst werden könne.

Bey Aurifaber I. 142. Vgl. Cod. Jen. a. f. 48. Deutsch bey Walch XXI. 620.

Optimo et amicissimo suo, Georgio Spalatino, in Domino venerabili.

Jesus.

Salutem. Quod pro nostro studio soliciti sumus, atque te negotiis obruimus, mi Spalatine, spero, non modo æquo sed et grato feres animo. Repetimus autem ea, quæ nuper egimus, de abolendis lectionibus, bonas horas frustra occupantibus, melioribusque adhibendis, præsertim Ovidiana Metamorphosi, augendoque salario Philippi nostri, interitu unius physicæ lectionis, ac stipendio illius adjecto stipendiis, sicut te meminisse credimus. Nunc ne res frigeat, aut in spongiam (quod ajunt) cadat, te rogamus, quod Dominus per te cœpit, faciat id per te perfici, ne qua sors sinistra interveniat, et dispergat votum tam pium.

Cæterum Eccius noster animalculum gloriæ edidit schedulam, disputaturus contra Carlstadium Lipsiæ post Pascha. Et homo insulsa obliquitate, suæ jam diu in me conceptæ invidiæ satisfacturus, in me et mea ruit scripta: alium nominans concertatorem, alium autem invadens tractatorem. Displicet mihi tam vecors hominis sycophantia: ideo contra eum et ipse edidi contraria ei, ut videbis in his typis. Erit forte Eccius occasio, ut res ista hucusque ludis tantum agitata, tandem seriis tractetur, et infeliciter Romanæ tyrannidi consulatur. Vale in Domino. Altera Dorotheæ, anno MDXIX.

F. Martinus Lutherus, August.

12. Februar.

N°. CXX.

An Spalatin.

L. übersendet die verlangte Auslegung der Stelle Johannis 6, 37, meldet die bevorstehende Disputation mit Eck, und die neue Ausgabe des deutschen Vater Unsers, und äussert sich über Tezels Angelegenheit mit Großmuth. In der Nachschrift von einer Unterredung mit dem Bischof von Brandenburg.

Bey Aurifaber I. 146. Vgl. Cod Jen a. f. 268. Deutsch bey Walch XV. Anh. No. VI.

Suo charissimo Georgio Spalatino, Christi servo, Altenburgensi Canonico.

Jesus.

Salutem. Gratias ago, mi Spalatine, pro officio et sedulitate tua. Mitto, quod postulasti, illustrissimi Principis nomine, super Evangelio Johannis, sed ex tempore. Vidi Chrysostomum quidem, sed frigidius hunc locum tractat quam vellem. Augustinus propius quidem, sed obscurius, imo aliis verbis: ejus sententiam sum secutus: si quid defecerim, ne mireris, tum quod homo sum, et illud non Matthæi, sed Johannis Evangelium est, in quo paucos laborasse invenimus. Esset quidem studium pro meo stomacho in illo versari, si liceret.

Eccius et ego congrediemur Lipsiæ post Paschalia, ut hic vides. Habeo in manibus Dominicam orationem vernaculam denuo edendam. Scribam Domino Johanni Wacker brevi. Doleo Tetzelium [a]) et salutem suam in eam necessitatem venisse, et sua revelari: multo mallem, si posset, servari cum honore, præstita emendatione quapiam. Sua ignominia nil mihi accrescit [b]), sicut nihil decrevit mihi sua gloria. Non satis possum mirari, tantum lucri ex panperculis [c]) hominibus eum ausum fuisse captare: quo vel

---

a) Cod. Jen. Dccillium.

b) Cod. J. accrescet.

c) Cod. J. pauperibus.

episcopus viveret, imo Apostolus. Vale et ora pro me. 12. Februarii, anno MDXIX.

F. Martinus Luther, August.

Fui cum reverendo Domino Episcopo Brandenburgensi Wittembergæ: et multis mecum, familiariter tamen, expostulavit, quod tanta auderem. Intelligo episcopos nunc tandem sapere: sui fuisse scilicet officii, quod in me vident præsertim, ideoque non nihil pudere. Superbum me vocant et audacem, quorum autem neutrum negavi; sed non sunt ejusmodi homines, qui sciant, quid vel Deus vel ipsi simus.

---

12. Februar.

N°. CXXI.

An Spalatin.

Auslegung der Stelle Joh. 6, 37.

Bey Aurifaber I. 143. Jen. I. 207. Deutsch bey Walch VII. 2565.

Jesus.

Gratia et pax in Christo, mi Spalatine [a]). In Evangelio Johannis oportet longe alia, quam in cæteris Evangelistis, intentione procedere. Nam hujus Evangelii unicus est ille scopus [b]), hominem ex se ipso prorsus nihil posse aut habere, sed tantum ex divina misericordia. Hanc autem misericordiam sic tractat, ut eam omnibus modis soli Patri tribuat, solique Patri gloriam, laudem, et gratias referendas concludit [c]). Et quidem mirabilis est, in eodem simul textu sic omnia soli Patri tribuit, ut tamen filio asserat omnia communia, ut quia [d]) solius est Patris, ideo omnia Patris

---

a) Der Gruß fehlt in der Jen. Ausg.
b) Jen. + ut cognoscamus.
c) Jen. concludant, richtiger concludat.
d) S. Jen. u. Aurif. am Rande; im Texte qui.

in filio, solius Patris sunt, cujus et filius est, in quo omnia sunt, quæ Patris sunt: et prorsus ineffabili magisterio describit Patris et filii æqualitatem et originem.

Hinc illa contradictio: *doctrina mea non est mea.* Quomodo sua, non est sua? Et iterum: *verba, quæ ego loquor, non loquor a me ipso, sed Pater in me manens facit opera.*

Ita hic: *omne quod mihi dat Pater, venit ad me,* id est, nullus venit ad me, nemo cognoscit [e]) me, nemo credit in me, nisi donante Patre. Quicquid ergo venit ad me, non suo studio, sed Patre miserante venit, ut cap. eodem: *Nemo potest venire ad me, nisi Pater meus traxerit eum.* Item: *erunt omnes docibiles Dei,* id est, non humano magisterio, sed Dei spiritu docebuntur. Sic Esa. LIV., unde hoc verbum sumsit Christus, dicit: *dabo filios tuos universos doctos a Domino,* quod Apostolus 1. Corinth. III. egregie tractans exponit: *neque qui plantat, neque qui rigat, est aliquid: sed, qui incrementum dat Deus,* quasi dicat: omnes docemus verbo externo, sed nisi interne a solo Deo doceantur, non veniunt ad Christum.

Quare hoc verbo superbos et de se ipsis præsumentes dejicit Christus, ut salubriter de se ipsis desperantes intelligant, unde petendum sit, ut ad Christum veniamus: ac sic Deus solus glorificetur de misericordia indignis præstita. Ideo omne quod Pater mihi dat, hoc solum et nullum aliud venit ad me: ideo frustranea est universa præsumtio nostræ virtutis.

Et eum qui venit ad me, non ejiciam foras, quia descendi de cœlo, non ut faciam voluntatem meam, sed voluntatem ejus, qui misit me, Patris: hoc est, non solum hoc totum Patri tribuendum est, quod ad me ipso donante venitur: sed etiam id ipsum, quod a me recipitur, et non ejicitur, qui venerit. Non enim nostris viribus venimus, ita multo minus nostris viribus servamur seu perseveramus.

Quod autem hoc Patri tribuendum sit, ostendit: quia non mea, sed Patris voluntate recipio venientem. Ac sic dulcissime nobis commendat Patrem misericordiarum, et in

---

e) Jen. cognoscet.

omnibus, quæ in Christo agi videmus, nos ducit ad amandum, honorandum, glorificandum Patrem, ut ne scilicet pedem figamus in humanitate Christi, per quam nobis misericordia exhibetur, sed per eam in invisibilem Patrem rapiamur, admirantes eum, quem audimus tanta nobiscum facientem per humanitatem hanc Christi.

Et is est unicus et solus modus cognoscendi Dei, a quo longe recesserunt doctores sententiarum, qui in absolutas divinitatis speculationes irrepserunt [f]), omissa Christi humanitate, et ideo a magnitudine potentiæ, majestatis, sapientiæ ejus non potest subsistere anima [g]): in quo studio ego miserrime et periculosissime sum versatus, et multi alii.

Ideo repeto iterumque monebo: quicunque velit salubriter de Deo cogitare aut speculari, prorsus omnia postponat præter humanitatem Christi. Hanc autem vel agentem [h]) vel patientem sibi præfigat, donec dulcescat ejus benignitas. Tunc ibi non sistat, sed penetret ac cogitet: ecce non sua, sed Dei Patris voluntate hæc et hæc facit. Ibi incipiet placere suavissima voluntas Patris: quam in humanitate Christi ostendit (et id ipsum jam est trahere et dare Patris) [i]). Hac voluntate Deus Pater secure potest apprehendi et cum fiducia.

Ista via neglecta non restat aliud nisi præcipitium in æternum barathrum. Nam alia via non vult adiri, cognosci, amari, sicut dicit: *ego sum via, veritas et vita: nemo venit ad Patrem, nisi per me.*

Audis absolutam sententiam: neminem nisi per Christum, ad Patrem venire. In hac via exercere: et eris brevi profundior theologus omnibus Scholasticis, qui hoc ostium et hanc viam non solum ignorant, sed suis infelicibus præsumtionibus, velut machinis speculationum, sibi præcludunt.

Illud vero: *non ejiciam foras*, juxta tropum Scripturæ, quæ per negativas vehementissime affirmat, intelligendum est ita: non ejiciam, sed libentissime amplectar, ut sit

---

f) Jen. repserunt.

g) Aurif misericordia.

h) Jen. suggentem. Aurif. im Text: sugentem, am Rande: agentem.

i) Jen. — et id ipsum etc.

expressio jucundæ et promtæ obedientiæ Christi ad Patrem, simul et commendatio suæ dulcissimæ charitatis, qua nos donatos a Patre charissime amplectatur (modo totum id non suæ charitati aut voluntati, sed paternæ voluntati tribuatur) quem vult per se et in se glorificari et agnosci, ac si diceret: etsi ego vos ardentissime cupio et amplector: nolo tamen in hoc vos gloriari aut sistere, sed ut eum agnoscatis et ametis, cujus optima voluntate jussus ego vos ita amplector.

Sic enim diligit non se, nec suam gloriam, sed nostram quærit salutem, et in hac non nisi laudem et gloriam et amorem Patris optime nobis volentis et consulentis. Ideo, ut hanc optimam Patris voluntatem sibi demandatam nobis reddat cumulatissime commendatam, exponit causam: *hæc est autem voluntas ejus, qui misit me, Patris, ut omne, quod dedit mihi Pater, non perdam ex eo, sed resuscitem illud in novissimo die.*

Vides, quare non ejiciat venientem, quia, inquit, ita placet Deo, ne forte mihi detur gloria et in me stetur, sed voluntas Patris ametur, quæ vult, ut nullum ejiciam venientem ad me, imo non solum non ejiciam, sed nec perdam. Videte ergo, quam diligat Pater mundum, ut filio imponat omnia, quibus non ejiciamur aut perdamur, sed servemur.

Quod autem addit; *sed resuscitem illud in novissimo die*, ad confutandam stultam carnis intelligentiam dicit. Cum enim hoc [k]) diceret, Judæi de perditione temporalis mortis eum loqui accipiebant. Ideo dicit: adeo vult Pater, ne aliquem perdam, sed omnes servem, ut etiamsi corporaliter perditi fuerint, non perdantur, sed adeo serventur, ut in novissimo die resuscitentur, sicut ejusdem simile dicitur [l]): *qui credit in me non morietur, etiamsi mortuus fuerit, vivet: ego sum vita et resurrectio.*

Quare non possunt perdi, qui ad Christum veniunt: imo eodem textu manifeste ostendit, quid velit intelligi per perditum [m]): quia promittit se suscitaturum a morte eos, ergo

k) A. — hoc.
l) Jen. sicut ejusdem Joh. XI. dicit.
Jen. perditionem.

morituros prædicit, et tamen non perituros: non enim suscitatur a morte nisi mortuus, quare mortui non pereunt illi, sed vivunt ei omnia.

Si nunc quæras: quæ est ista voluntas Patris? quid præscribit, quo facto ad te veniri et tibi dari, non ejici, non perdi, sed servari et resuscitari mereamur? Hoc jam ponit[n]): *hæc est autem voluntas Patris mei, qui misit me, ut omnis qui videt filium et credit in eum, habeat vitam æternam, et ego resuscitabo eum in novissimo die.*

Habes nunc quid sit venire ad Christum, exposuit voluntatem Patris, quid velit, nempe venire ad Christum, est videre eum et credere in eum: et non ejici, non perdi voluntate Patris, hoc est, æternam vitam habere. Voluntas ergo Patris est, ut omnes, donati Christo, salvi fiant per Christum in æternum.

Magna verba et alio tempore satis tractata, quod [o]) fides Christi satis est ad æternam salutem. Non dicit, sic jejunabis, sic orabis, hæc et hæc facies, sed crede in filium et salvus eris: sic vult Pater. Verum ne iterum carnalis sensus vitam existimet dari æternam sine morte corporali, prædicit morituros quidem, sed tamen mortem æternam [p]) amissuros, quia resuscitandi sunt in novissimo die. Vides quam Evangelii verba se ipsa exponant, suasque glossas secum habeant, ut nihil necesse sit aliena et humana misceri.

Hucusque docuit hominem spiritualiter sapere de vita et morte, et omnia accepta Patri referri, nosque nihil ex nobis habere. Sed nunc vide et intende animum, quam asserat communem sibi cum Patre divinitatem et omnia. Omnia dixit volente Patre se facere: ideo non dubium, quin Patris opera sint, quæ Christus fecit, sed et ipse eadem opera sese facere protestatus, dicit: *et ego resuscitabo eum a mortuis.* Certe vitam dare et resuscitare solius Dei est: cum autem unum et idem opus sit, manifeste patet, quod Christus verus Deus et unus cum Patre sit: cum non sint duo dii. Et tamen, cum sese discernit a Patre tanquam de

n) Jen. + dicens.

o) A. quia.

p) Jen. vitam æternam non.

alio loquens, et filium se nominans, pulchre concludit se a Patre vero Deo verum Deum esse, et utrunque non duos, sed unum Deum, æqualis virtutis eadem omnia potentem, facientem, volentem.

Idem argumentum, quod non ejecturum se dicit, non perditurum. Nam servare vitam ejusdem est virtutis, cujus est dare. Pater dat, et filius non perdit, sed servat: ergo alius quidem est, sed non diversus Deus, eadem cum Patre habens ac potens. Porro maxime omnium probat, quod dicit: *qui credit in filium etc.* Impietas est credere nisi in unum verum Deum, et Pater verus Deus vult credi in filium: quid vult, nisi in verum Deum credi? Non enim gloriam suam dabit alteri: at gloria est, ut credatur in eum. Nulla enim creatura sufficit, ut possit in se credentem sustentare, aut ei prodesse. Soli Deo enim debetur fides, spes, charitas, unde et theologicæ virtutes appellantur: sed addit, qui credit in filium, habeat vitam æternam: prorsus fides filii non posset vitam æternam præstare, nisi ipsemet esset Deus æternus et verus.

Hæc, mi Spalatine, ut ansam latius scrutandi tibi accipe: video et ego multa alia, sed non est otium, ut me totum illis dare possim: occupatissimus enim sum. Horror est autem mihi in Evangelio Johannis per otium versari, tantum est ibi inæstimabilis theologiæ: sum hoc sæpius expertus. Interim hæc breviter degustata accipe, et me illustrissimo Principi commenda. Vale, anno MDXIX.

F. Martinus Lutherus, D.

---

20. Februar.

N°. CXXII.

An Christoph Scheurl.

Zuerst von einem gewissen Dialog über die Verderbnisse des Papstthums, welchen Sch. wahrscheinlich L. mitgetheilt hatte: dann von Ecks nunmehr offener Feindschaft: Empfehlung Ulrich Norlingens: über die Unternehmungen des Schwäbischen Bundes gegen den Herzog von Würtemberg.

Aus dem Original in Chr. Gottl. Schwarz Progr. Altdrf 1740. p 14 Dann „aus der vormaligen Scheurlischen Sammlung zu Nürnberg" bey Schütze I. 27. und aus Schwarz bey Strobel-Ranner S. 51. Deutsch bey Walch XXI. 622.

Eruditiss. et prudentiss. Jureconsulto, Doctori Christophoro Scheurlo, Nurmbergensi, suo Patrono charissimo.

Jesus.

Salutem. Ipse me satis accuso, doctor optime, quod toties ex te salutatus rarius ad te scribo. Rursum autem excuso, quod tot fere monstris negotiorum distrahor. Gratissimus mihi fuit eruditissimus ille dialogus Julii et Petri. Multam sane continet frugem, si serio legatur. Doleo, eum non fieri in urbe celebrem: prope ausim optare ejus invulgationem, quandoquidem monstra [a]) Romanæ curiæ non tam revelat ipse primus, quam confirmat jam diu ubique heu cognita, ut vel ejusmodi nugis Romani proceres monerentur suæ tyrannidis et impiissimæ temeritatis, quas vident traduci per orbem.

Eccius noster hucusque insaniam suam in me pulchre dissimulans, tandem manifestavit. Vide, quid sit homo. Sed Deus in medio Deorum: ipse novit, quid ex ea tragœdia deducere voluerit. Nec Eccius sibi, nec ego mihi in hac quicquam serviemus. Dei consilium agi mihi videtur. Sæpius dixi, hucusque lusum esse a me: nunc tandem seria in Romanum Pontificem et arrogantiam Romanam agentur.

Udalricum nostrum Pindarum *), hominem mire probum et doctum, tibi purissime commendo. Tu et ipsius quoque causam, quod conterraneus tuus est, Dominis Senatoribus commendabis, si qua dignentur eum munificentiæ suæ aliquo officio. Audimus, Suevici fœderis proceres adversus Principem Wurtembergensem consurrexisse. Initia malorum. Deus arguat nos non in furore, sed corripiat in misericordia. Amen. Saluta omnes nostros. Vale in Domino. Wittembergæ, 20. Februar. MDXIX.

F. Martinus Lutherus, Augustiniensis.

---

a) Bey Schw. fehlt monstra.

*) Ulrich Norlingen, vgl. No. XXXV. XXXVIII.

20. Februar.

N°. CXXIII.

An Joh. Staupitz.

Nach einer Klage über St. Stillschweigen, berichtet L. von der Unterhandlung mit Miltitz, berührt die Leipziger Disputation, welche die Leipziger anfangs verweigert hatten, und äussert sich über die Baseler Ausgabe seiner Opuscula.

Bey Aurifaber I 151. Deutsch bey Walch XV. Anh. No. XXXI.

Reverendo et optimo Patri, Johanni Staupitio, Eremitarum St. Augustini Vicario, suo in Christo colendo Patrono ac Majori.

Jesus.

Salutem. Etsi tu multum nobis et distas et taces, reverende Pater, nec expectantibus expectatissimas literas scribis: nos tamen rumpemus silentium. Optamus nos, optant omnes te in hac plaga cœli aliquando videri. Credo ad te pervenisse Acta mea, id est, iram et indignationem Romanam: Deus rapit, pellit, nedum ducit me: non sum compos mei: volo esse quietus: et rapior in medios tumultus.

Carolus Miltitius me vidit Altenburgi, conquestus, quod orbem totum mihi conjunxerim, et Papæ abstraxerim: exploratum se habere per hospitia cuncta, quod inter quinque homines tres aut duo vix Romanæ parti faverent: fuit armatus 70 Brevibus apostolicis, in hoc negotium, ut me captum perduceret in homicidam Jerusalem, purpuratam illam Babylonem, ut postea ex aula Principis accepi. Quod studium cum desperatum esset, cœpit agere, ut Romanæ Ecclesiæ restituerem, quod abstulissem, et revocarem.

Cum autem peterem, ut doceret revocanda, tandem convenimus, ut episcopis aliquot causa committeretur: ego nominavi Archiepiscopum Salzburgensem, Trevirensem et Freisingensem: atque vesperi, me accepto, convivio, lætati sumus, et osculo mihi dato discessimus: ego sic me gessi, quasi has Italitates et simulationes non intelligerem. Tetzelium quoque vocavit et increpavit: tandem Lipsiæ eum convicit, quod 90 florenos pro suo stipendio menstruo una cum tribus equitibus et curru liberis et gratuitis expensis habuerit. Jamque disparuit idem Tetzelius, nemine conscio, quo pervenerit, nisi patribus suis forte.

Eccius meus homo subdolus me denuo in novas res trahit, ut hic vides *). Adeo curat Dominus, ne sim otiosus: sed male cedet hæc disputatio, Christo volente, juribus et usibus Romanis, in quos baculos nititur Eccius.

Vellem videres opuscula mea Basileæ excusa: ut videres, quid eruditi homines de me, Eccio, Silvestro, scholasticisque theologis sentiunt. Salsissimi enim Silvestrum appellant magirum palatii pro magistrum palatii (est autem magirus græce, coquus latine) studioso errore errantes: et aliis annotationibus satis acutis eum taxant. Quæ res Romanis proceribus male dolebit. Tu quæso pro me ora. Nam fortiter confido, quod Dominus cor tuum cogat pro me solicitari. Homo sum expositus et involutus societati, crapulæ, titillationi, negligentiæ, aliisque molestiis, præterea quæ ex officio me premunt.

Lipsenses tandem consenserunt disputationi Eccianæ, et me accusant temeritatis, quod scripserim eos recusasse, et literis ad me datis palinodiam expostulant: sed ego ex Duce Georgio certus, quod ante recusarunt, respondi bis, quod eorum decanus mihi petendi id ante recusarit: quod et fecit. Adeo misere quærunt homines, si impedire possint disputationem hujusmodi: sed Dux Georgius perurget. Vale, Pater suavissime. 20. Februarii, anno MDXIX.

F. Martinus Lutherus, August.

*) Wahrscheinlich übersandte L. mit diesem Briefe die Schedula, welche Eck herausgegeben hatte, um L. mit in den Streit zu ziehen.

3. März.

N°. CXXIV.

An den Pabst Leo X.

In Beziehung auf die Unterredung mit Miltitz, und zufolge des diesem gegebenen Versprechens (vgl. No. CVIII.) schreibt L. demüthig an den Papst, bezeugt sein Bedauern, daß seine Bemühungen gemißdeutet werden, und lehnt zwar die Zumuthung des Widerrufs ab, der bey der Verbreitung seiner Schriften nichts helfen könne, verspricht aber über den Ablaß künftig zu schweigen, und in einer herauszugebenden Schrift die Ehre der römischen Kirche in Schutz zu nehmen und seine Heftigkeit zu entschuldigen.

Bey Aurifaber I. 152. b. Viteb. I. 235. Jen. I. 210. Löscher III. 92. Deutsch Jen. I 144. Wittenb. IX. 65. Altenb. I. 259. Leipz. XVII. 230. Walch XV. 850. Wir haben das eigenhändige Concept Luthers, das sich im Cod. chart. 379. Bibl. Goth. befindet, verglichen.

Beatissimo Patri Leoni X. Pontifici maximo F. Mart. Lutherus Augustinianus salutem æternam. a)

Beatissime Pater, cogit iterum necessitas, ut ego faex hominum et pulvis terræ ad Beatitudinem tuam tantamque majestatem loquar. Quare paternas ac vere b) Christi vicarias aures huic oviculæ tuæ interim clementissime accommodare dignetur Beatitudo tua, et balatum meum hunc officiose intelligere.

Fuit apud nos honestus hic vir Carolus Miltitz, Beatitudinis tuæ Secretarius Cubicularius, gravissime causatus nomine Beatitudinis tuæ apud illustrissimum Principem Fridericum de mea in Romanam Ecclesiam et Beatitudinem tuam et irreverentia et temeritate, expostulans satisfactionem. Ego ista audiens, plurimum dolui, officiosissimum officium meum tam infelix esse, ut, quod pro tuendo honore Ecclesiæ Romanæ susceperam, in irreverentiam etiam apud ipsum verticem ejusdem Ecclesiæ ac plenam omnis mali suspicionem venerit.

---

a) Fehlt im Autogr.
b) Autogr. + illas.

Sed quid agam beatiss. Pater? Desunt mihi consilia prorsus: potestatem iræ tuæ ferre non possum, et quo modo eripiar, ignoro. Revocationem expostulor disputationis: quæ si id posset præstare, quod per eam quæritur, sine mora ego præstarem eam. Nunc autem cum resistentibus et prementibus adversariis, scripta mea latius vagentur, quam unquam speraveram: simul profundius hæserint plurimorum animis, quam ut revocari possint: quin cum Germania nostra hodie mire floreat ingeniis, eruditione, judicio: si Romanam Ecclesiam volo honorare: id quam maxime mihi curandum video, ne quid ullo modo revocem. Nam istud revocare nihil fieret, nisi Ecclesiam Romanam magis ac magis fœdare et in ora omnium hominum accusandam tradere.

Illi illi, heu beatiss. Pater, hanc Ecclesiæ Romanæ intulerunt injuriam et pæne infamiam apud nos in Germania [c]), quibus ego restiti, id est, qui insulsimis suis sermonibus, sub nomine Beatitudinis tuæ, non nisi deterrimam avaritiam coluerunt, et opprobrio Aegypti contaminatam et abominandam reddiderunt sanctificationem: et quasi id non satisfuerit malorum, me, qui tantis eorum monstris occurri, autorem suæ temeritatis apud Beat. tuam inculpant.

Nunc, beatiss. Pater, coram Deo et tota creatura sua testor, me neque voluisse neque hodie velle Ecclesiæ Romanæ ac Beat. tuæ potestatem ullo modo tangere aut quacunque versutia demoliri: quin plenissime confiteor hujus Ecclesiæ potestatem esse super omnia: nec ei præferendum quidquam sive in cœlo sive in terra, præter unum Jesum Christum Dominum omnium: nec Beat. tua ullis malis dolis credat, qui aliter de Luthero [d]) hoc machinantur.

Et quod unum in ista causa facere possum, promittam libentissime Beat. tuæ, istam de indulgentiis materiam me deinceps relicturum, penitusque taciturum (modo et adversarii mei suas vanas ampullas contineant) [e]), editurum denique in vulgus, quo intelligant et moveantur [f]), ut Romanam

c) Autogr — in G.
d) Aut. Martino.
e) Aut. cohibeant.
f) Aut. moneantur.

Ecclesiam pure colant, et non illorum temeritatem huic imputent: neque meam asperitatem g) imitentur adversus Romanam Ecclesiam, qua ego usus sum, imo abusus et excessi adversus balatrones istos: si qua tandem gratia Dei, vel eo studio rursum sopiri queat excitata discordia. Nam id unicum a me quæsitum est, ne avaritiæ alienæ fœditate pollueretur Ecclesia Romana mater nostra, neve populi seducerentur in errorem, et charitatem discerent posthabere indulgentiis. Cætera omnia, ut sunt neutralia, a me vilius æstimantur. Si autem et plura facere potero aut cognovero, sine dubio paratissimus ero. Christus servet Beatitudinem tuam in æternum. Ex Altenburgo, 3. Martii, anno MDXIX.

F. Martinus Lutherus, Doctor.

---

5. März.

N°. CXXV.

An Spalatin.

Von Sp. ermahnt, daß er in seiner Vertheidigungsschrift (nämlich: Unterricht auf etliche Artikel, so ihm von seinen Abgönnern aufgelegt und zugemessen worden, welche Schrift zu Ende Februars erschien) des Gehorsams gegen den römischen Stuhl Erwähnung thun solle, sagt L., er glaube es gethan zu haben, und es sey ihm nie eingefallen, dem römischen Stuhl untreu zu werden; nur sollten die römischen Decrete das Evangelium unverdreht lassen. Zuletzt von der Anordnung der Vorlesungen auf der Universität.

Bey Aurifaber I. 154. b. Vgl. Cod. Jen. a. f. 49. Deutsch bey Walch XV. Anh. XXXII.

Optimo et eruditissimo Viro, Domino Georgio Spalatino, a sacris Illustriss. Principis Electoris Saxoniæ etc.

Jesus.

Salutem. Bis monuisti, mi Spalatine, ut de fide et operibus, tum de obedientia Ecclesiæ Romanæ in apologia mea

g) Aut. acrimoniam.

vernacula mentionem facerem. Credo me id fecisse, etsi edita est, antequam moneres. Nunquam fuit in animo, ut ab Apostolica sede Romana voluerim desciscere: denique sum contentus, ut omnium vocetur aut etiam sit Dominus. Quid hoc ad me? qui sciam etiam Turcam honorandum et ferendum potestatis gratia. Quia certus sum, non nisi volente Deo (ut Petrus ait) ullam potestatem consistere: sed hoc ago pro fide mea in Christum, ut verbum ejus non pro libito trahant atque contaminent.

Dimittant mihi decreta Romana Evangelium sincerum, et omnia alia rapiant: prorsus pilum non movebo: quid possum amplius aut facere aut debere? Proinde libentissime stabo pacto et nihil novabo. Quia disputatio ipsa, spero, disputatio sit, et doctis tantummodo spectanda: vulgo suus sermo habetur. Vale.

Intercessores cupis scire de lectionibus ab illustrissimo Principe mutandis? Dominus Rector, Carlstadius, ego et Amsdorfius. Multis autem non placet, satis tamen iniqua ratione, ut qui non id spectent, quid adolescentibus prosit, sed quo magistri alantur. Atque ego cum quodam nuper certans, dixi, si alendorum magistrorum gratia stipendia sunt donanda, fiet hospitale pauperum ex Universitate Alia igitur via pascantur egentes: hic, quod [a]) studio prosit, quærendum est. Cæci sunt et sine judicio. Spero illustrissimum Principem his recte consulturum. Vale. 3. Nonas Martii, anno MDXIX.

F. Martinus Lutherus.

---

13. März.

N°. CXXVI.

An den Kurfürsten Friedrich.

L. entschuldigt sich, daß er ungeachtet des Miltitzen gegebenen Versprechens, hinfort ruhig zu seyn und zu schweigen, sich der Disputation mit D. Eck nicht entziehen könne, der ihn so sehr feindselig angreife.

---

a) Cod. Jen. quid.

Bey Cyprian Urk. I. 385. Löscher III. 204. Leipz. XVII 241. Walch XV. 866. Wir haben das Original in Cod chart. 379. Bibl. Goth. verglichen.

Dem durchleuchtigisten und hochgebornen Fursten und Herrn, Herrn Herzog Friedrich, des H. R R. Erzmarschalk, Kurfursten, Herzog zu Sachsen, Landgrafen zu Thoringen, Markgrafen zu Meissen, meinem allergnädigsten Herrn und Patron.

Jesus.

Mein arms unterthänigs Gebet ist E. Kurf. G. allzeit bevor. Durchleuchtigster, Hochgeborner Fürst, gnädigster Herr. Es ist mir zugeschickt durch E. Kurf. G. Capellan Herr Magistro Spalatinum etlich Punkt, so der Ehrwirdige Herr Carolus von Miltitz, päpstlicher Heiligkeit Commissarius, an E. K. G. mich belangend, hat gesonnen, nämlich daß ich hinfurter stille stehn sollt, und nicht neues anfahen, wie wir dann zu Altenburg beschlossen. Nun weiß Gott, daß mein ganzer Ernst gewesen, und frohe war, daß das Spill also sollt ein Ende haben, als vill an mir gelegen, und ich mich desselben Pacts so steif gehalten, daß ich Herr Silvester Prierats Replicam habe lassen fahren, wiewohl ich darinne groß Ursach, darzu vieler meiner Widdersacher trotzigen Spott verachtet, auch widder meiner Freund Rath geschwiegen habe: so doch unser Beschluß, wie Herr Carolus wohl weiß, also gestanden ist, daß ich geschweigen wollt, so ferne meine Widderpart auch schwiege. Nun aber Doctor Ecke unverwarneter Sach mich also angreift, daß er nit mein, sundern der ganzen E. K. G. Universität zu Wittenberg Schand und Unehr suchen vermerkt wird, und viel tapferer Leut achten, er sey zu der Sachen erkauft: hat mir solche wetterwendische, hinterlistige Griffe nicht wollen gebüren zu verachten, noch die Wahrheit in solchem Spott zu stecken lassen. Dann sollt man mir das Maul zubinden, und einem iglichen andern aufthun, kann K. F. G. wohl ermessen, daß dann auch der wohl an mich fallen wurde, der sonst vielleicht mich nit ansehen durfte. Nu bin ich noch von Herzen geneigt E. K. F. G. treuen Rath gehorsamlich folgen, und aller Weg still stehn, so sie auch still stehn, dann ich wohl mehr zu schaffen, und meine Lust darinne nit gesucht wird. Wo aber nit, bitt ich E. K. F. G. gar unterthäniglich, wollt mirs nit fürungnaden, dann ichs auch im Gewissen nicht weiß zu tragen, die Wahrheit zu lassen. Dann wiewohl die Position päpstliche Heiligkeit antrifft, hab ich doch müssen, der Disputation Weis nachzufolgen, das Widderspill halten, allzeit mit Furbehalt aller Unterthänigkeit und Gehorsam des heiligen römischen Stuels. Gott spar Ew. K. F. G. seliglichen, Amen. Geben zu Wittemberg, am Sonntag Invocavit 1519.

E. K. F. G.

unterthänigster Capellan D. Martinus Luther, Augustiner.

---

13. März.

N°. CXXVII.

An Spalatin.

L. bittet, daß dem Melanchthon gewisse, ohnehin unnütze Vorlesungen abgenommen werden möchten, und entschuldigt sich, daß er das Vater Unser nicht lateinisch bearbeiten könne, wegen seiner vielen Geschäfte. Er sey mit der Auslegung des Briefs an die Galater beschäftigt, und studire die päpstlichen Decrete, über die er im Vertrauen seine Meinung sagt. Uebrigens allerley Nachrichten.

Bey Aurifaber I. 155. Vgl. Cod. Jen. a. f. 49. Deutsch bey Walch XXI. 624.

Optimo Viro, Christi Sacerdoti, D. Georgio Spalatino, ducali Saxoniæ Commentariensi, suo in Domino.

Jesus.

Salutem. Ultra vires erit Philippi nostri, mi Spalatine, in tot lectiones distendi, qui jam plus nimio gravatur. Etsi enim interpolatis diebus tu putas legendum: nihilo tamen minus animum necesse est occupari tot curis. Deinde quod physica Aristotelis sit prorsus inutilis materia omni penitus ætati: contentio quædam est totus liber super re nihili, et velut assumto argumento. Rhetorica exercitatio nullius nsus, nisi velis exemplum rhetoricæ declamationis cernere: ut si de stercore vel alia re nihili ingenium et artem quis exerceat. Ira Dei voluit tot sæcula his nugis et eisdem nihil intellectis humanum genus occupari. Calleo ego librum intus et foris, ut qui sejectis glossis jam bis fratribus meis privatim eum dederim expositum. Denique ideo tantum legi a nobis censetur, ut aliquando (et id cito) desinat legi, quando [a]) utilior eo longe esset vel Beroaldi aliqua declamatio: nihil prorsus in eo est scientiæ rerum naturalium. Ejusdem farinæ et metaphysica et de anima sunt. Indignum est itaque, id ingenii in eo nugarum cœno versari: melius legitur non intellectus (pro dispensatione) quam intellectus.

Mitto literas Eccii jactabundi ac jam triumphabundi Olympionici b). Misit ad nos Johannes Frobenius opuscula mea, apud se excusa cum literis, quæ si videre voles, mittam.

Orationem Dominicam non possum Latinam facere, tot occupatus operibus. Singulis diebus vesperi pronuntio pueris et rudibus præcepta, et orationem Dominicam: tum prædico: jam et Paulum ad Galatas parturio, præter orationes ceremoniales et lectiones: prorsus non est tempus mihi satis, nedum superfluum. Habeo sermonem in mente de meditatione passionis Christi: sed nescio, an tantum superfuturum sit otii, ut in literas referam: dabo tamen operam.

Verso et decreta Pontificum, pro mea disputatione, et (in aurem tibi loquor) nescio, an Papa sit Antichristus ipse vel apostolus ejus: adeo misere corrumpitur et crucifigitur Christus (id est veritas) ab eo in decretis. Discrucior mirum in modum, sic illudi populum Christi, specie legum et Christiani nominis. Aliquando tibi copiam faciam annotationum mearum in decreta, ut et tu videas, quid sit leges condere, postposita Scriptura, ex affectu ambitæ tyrannidis: ut taceam, quæ alia Romana curia Antichristi opera simillima exundat. Nascitur mihi indies magis ac magis subsidium et præsidium pro sacris literis.

---

a) Cod. Jen. quanto.
b) Cod. Jen. Olympionis.

Erasmus noster edidit rationem et methodon quandam ad studium sacrarum literarum: eam Frobenius nobis misit. Remitte literas Frobenii, Eccii, et aliorum. Dominus Rector quoque optat a lectura sua absolvi, ut rem suam domesticam (quæ absente eo periclitatur) et pastoris officium curare possit. Christophorus Bressen reddituarius noster nondum se ostendit nec facto nec verbo. Vale in Domino. Wittembergæ, Dominica Invocavit, anno MDXIX.

F. Martinus Lutherus, August.

---

27. März.

N°. CXXVIII.

An den Kurfürsten Friedrich.

Zueignung der Operationes in Psalmos Vitembergensibus Theologiæ studiosis pronuntiatæ, herausgegeben 1519—1522. L. eignet sie dem Kurfürsten als einem aufrichtigen Verehrer der heil. Schrift zu, von dem er in dieser Beziehung eine merkwürdige Aeusserung gegen Staupitz anführt. Er bekennt die Unvollkommenheit seiner Auslegung, da der Sinn der Schrift unergründlich sey. Schöne Worte über den Inhalt der Psalmen.

Viteb. III. 117. Jen. II. 1. Deutsch Wittenb. III. 211. Altenb. II. 690. Walch IV. 264. Wir haben den ersten Druck mit der Wittenberger und Jen. Ausg. verglichen.

Illustrissimo Principi et Domino, D. Friderico, Sacri Romani Imperii Archimarschalco, Electori, Saxoniæ Duci, Marchioni Misnæ, Landgravio Thuringiæ, Patrono suo clementissimo, Fr. Martinus Luther salutem dicit.

Prudenter et recte facere videntur, qui sua studia et ingenii monumenta magnatibus nuncupantet dicant, hac nimirum arte opusculis suis et autoritatem et adversus sinistrum fatum (quod iis maxime invisum est) præsidium parantes, quando ita res mortalium ferme habent, quod, ut quæque sunt optima, ita invidiæ et malevolorum Erynni maxime sint obnoxia. Quo fit, ut bonæ literæ et omnino ea, quæ ingenio et eruditione constant, cum sint, sine controversia, optima, et optimo ac peculiari hominis officio [a]) digna, non parum indigeant Mecænatibus et Augustis suis, tum et Ulyssibus, qui Thersitas istos sceptro percutiant eburneo. Quibusdam et hæc nuncupandi ratio est, ut nominis æternitate donent famaque celebrent eos, ad quos scribunt, hoc simul spectantes, quo posteros ejusdem virtutis animent exacuentque exemplo, quod laudant. Nonnullis scopus is est, ut gratificentur, et utcunque vicem rependant beneficii, testatumque relinquant gratum animum iis, a quibus sunt bene accepti.

Mihi vero, illustrissime Princeps, nulla harum rationum suppetit. Primum, quia non ignorem talia non esse, quæ molior, ut patronum mereantur, et in hac parte non infeliciter habeo, quod hanc saltem inscitiam meam non ignoro. Quod si [b]) maxime præstare possem, quod nuncupatione dignum esset, neque sic anxius esse vellem, quo patrono servaretur. Quin postquam e sacris literis didici, quam sit res terrore et periculis plena in Ecclesia Dei sonare, et in eorum medio loqui, quos scias in novissimo judicii die judices tuos futuros, (nam hos præsentes calumniatores non ita metuo), atque [c]) præsente inspectore omnium Deo, spectantibus Angelis, videntibus et audientibus cunctis creaturis, et ad verbum Dei aures arrigentibus (sic enim est fas [d]) credere, omnia revereri verbum Dei, per quod facta sunt, præter hominem et diabolum, qui per ingratitudinem obsurduerunt): nihil profecto magis optarim, quam silentium, tum omnibus, quæ unquam effutivi, spongiam. Durum est [e]) et horrendum Deo reddere rationem de omni otioso verbo. Neque enim me in officio verbi retinet, nisi alienæ, imo divinæ voluntatis obedientia: mea voluntate,

---

a) Autogr. off. hom.
b) A. + quam.
c) A. + id.
d) A. fas est.
e) A. — est.

sicut semper abhorrui, ita nunquam in hanc usque horam accessi.

Deinde quæ fama, quæ laus, quæ nominis æternitas ex me sperari possit illustrissimæ Dominationi tuæ? cum tu is Princeps sis, qui cum cæteris vere Principis dotibus, tum eximio literarum literatorumque amore, tantum tibi nominis et gloriæ pararis, ut non etiam Appion tibi, sed Appioni et omnibus qui te celebrant [f]), nominis immortalitatem sis daturus. Quis ignorat Principem Fridericum in provehendis literis exemplum factum cunctis Principibus? Græcatur et Ebraicatur sat feliciter Wittemberga tua. Artes benigniore quam hactenus Minerva docentur, sincera Christi theologia triumphat, opinionibus et quæstionibus hominum prope nihil neque opinantibus neque quærentibus. Hæc omnia florent tuis auspiciis, sumtibus, præsidiis. Utinam ecclesiastici magnates, quos harum rerum exempla maxime præstare oportebat, laicis Principibus, saltem laicorum exempla imitarentur: scilicet adeo infeliciter cessit opulentia et potentatus Ecclesiæ.

Jam vero quid gratificer tuis in me amplissimis beneficiis, quæ omnia in nihil merentem collocasti? Tuis impensis capiti meo insano impositum est insigne illud ostentationis meæ, cujus me pudet et tamen gestari oportet, ita volentibus iis, quibus me audire par est. Sed quantis et illud monstrum meum, quod ex indulgentiis mihi natum est, curis, officiis, sumtibus, denique et periculis constitit Dominationi tuæ? Scit universa tua ditio, longe majorem Principi pro me solicitudinem, quam mihi ipsi fuisse. Ego pro mea temeritate aleam jeci, extrema semper tentare et expectare paratus. Nam et hac occasione fore sperabam, ut docendis aliis submotus, angulum mihi invenirem, deserto, quod odiebam, publico. Sed perstitit [g]) tuæ Celsitudinis officium, et cum ego cuperem pati, quæ illi ardebant inferre, neutris cessit, quod cupitum est.

Sed nondum finis, placet tamen interea [h]) eventus iste,

---

f) A. Jen. celebrent.

g) Jen. præstitit.

h) A. interim. Jen. iterum.

vel hoc nomine, quod nulli Christiano non debeat esse molestissimum, tantum in Ecclesia Christi quorundam audere impudentiam, ut sub nomine venerabilis potestatis Ecclesiæ suis fœdis cupiditatibus præsumant successum. Et quo quis Pontificum est clementior, melior, eruditior, eo isti impii impostores majora sibi pollicentur portenta, sub ejus titulo promovenda. Nam quot manifestis mendaciis, in hac una levicula causa, sacrum Leonis X. nomen, ad terrendum unum fraterculum dirasque suas tyrannides stabiliendas, profanarunt conspurcaruntque?

Quamquam nec hoc adeo mirum est, si sunt, qui nomen summi Pontificis prostituunt, et in vanum assumunt: fecerunt idem eorum Patriarchæ, falsi Prophetæ, Pseudoapostoli, Pseudochristi, qui etiam sanctum nomen i) Dei et Christi suis mendaciis servire coëgerunt. Itaque mira Dei dignatione et servatus est purissimus honor Rom. Ecclesiæ, et reverentia summi Pontificis custodita est. Sycophantis tantum belle et feliciter contraitum est, ut aliquando discerent, Deum adhuc vivere et regnare, qui illusores deludat. Hic, inquam, Deus et Dominus noster Jesus Christus, cujus solius sunt omnia, quæ in te, illustrissime Princeps, admiramur, eadem agnoscat, augeat et servet in æternum. Sic orationem pro gratiarum actione persolvo, quando aliud non possum.

Proinde quod has meas Operationes, quales quales sint (operationes certe sunt, nam interpretationes aut commentaria non audebam dicere, conscius mihi meæ suppellectilis), illustrissimæ tuæ Dominationis nomine edere voluerim, nulla fuit causa, quam meus amor. Compertum enim habeo, quam pure et caste deamet cor tuum sacras literas, et cor meum (ut Deboræ verbis utar) hos Principes diligat. Et cur non recitem, quod hic cogito, amoris mei hujus argumentum, ut videant ii, qui sacrarum literarum titulo jactitantur, quantum distet hypocrita a vero theologo.

Retulit olim optimus et vere mihi in Christo reverendus Pater meus, Johannes Stupitius, cum apud Dominationem

---

i) A. nomen sancitum.

tuam conversaretur, incidisse aliquando sermonem de iis, qui ad populum declamant, tum, quæ est tui judicii [k]) mira acrimonia, te dixisse, conciones illas, quæ argutiis et traditionibus hominum constant, mire frigere, ac ad persuadendum in rebus nostris elumbes et eviratas esse, quando nihil potest tam acutum adduci, quod non rursus alia argutia possit convelli: Scripturam vero sanctam unam esse, quæ tanta majestate et energia etiam citra nostram operam sonet, ut captis consumtisque mox omnibus machinis disceptationis, urgeat et cogat dicere: *Nunquam sic locutus est homo*, *hic digitus Dei est*, *non enim docet ac scribæ et Pharisæi*, *sed sicut potestatem habens.* In quam sententiam cum ille non illibenter pedibus ivisset et commendasset, tum te porrecta manu manum illius postulasse, et dixisse: Stipulare mihi, quæso, ita perpetuo te sensurum.

Obsecro, an non hæc vox et sententia vel sanctissimum et summum Pontificem deceret, eoque magis, quo non voce tantum, sed affectu quoque cordis prolata perspicuo cognoscitur? Quid? an nondum videmus, qui sint veri theologi? Pudeat tandem theologos et juristas, eos maxime, quibus sacræ literæ pæne ridiculum sunt, et qui consarcinatis infinitis glossis, pestilenter palpant iis, qui quidquid dixerint, verbum Dei videri velint (sicut et divus Hieronymus conqueritur), quasi Christus ad Petrum dixerit: Jube, aut præcipe, aut doce, ac non potius, *Pasce oves meas*, hoc est, illud trade, quo pascantur [l]): pascuntur autem solo verbo Dei, non opinionibus aut traditionibus hominum. Porro quam vere dixeris, nihil posse tam argute proponi, quod non rursus possit retundi, miserum illud pistrinum abunde docet, in quo Scotistæ, Thomistæ, Albertistæ, Moderni et singuli in suas quoque sectas divisi tempus perdunt.

Hac fateor historia jucundissima, illustrissime Princeps, sum totus in amorem tui raptus [m]). Nescio enim, qui fiat, ut quoscunque sacrarum literarum amantes audio, non possim non diligere, rursum perversores et contemtores earum

k) A judicii tui.
l) A. pascuntur.
m) A. captus.

non odisse, ita ut in utranque partem amoris impatientia sim nimio vehemens, et, ut amici illi mei criminantur, mordax et vane gloriosus. Sed criminentur me, ut volent, nomina mihi possunt vel mala vel bona imponere, sive primæ, sive secundæ aut etiam tertiæ intentionis, imo impositionis (ne quid peccem in dialectica eorum): rem ipsam theologiæ nunquam auferent, nec amorem illius extinguent, Christo propitio. Scio, quid mihi fecerit scholastica theologia, scio rursum, quid ei debeam, gaudeo me erutum, et gratias ago Christo, Domino meo. Non est quod me doceant eam, novi eam, nec quod concilient mihi eam, nolo eam.

Patere ergo, illustrissime Princeps, et hoc meo dones amori rogo, quod hunc libellum sub tuæ Dominationis titulo emittere volui. Jam secundo in Wittemberga tua Psalterium profiteor, urgentibus et exigentibus optimis auditoribus, quibus debitorem me esse non possum negare. Verum ita profiteor, ut nolim ab ullo id de me præsumi, quod nullus adhuc præstare potuit sanctissimorum et doctissimorum Patrum, id est, Psalterium in omnibus legitimo sensu suo intelligere et docere. Sat est aliquot et eosdem ex parte intellexisse: multa sibi reservat Spiritus, quo nos semper discipulos habeat, multa solum ostendit, ut alliciat, multa tradit, ut afficiat, et (ut B. Augustinus præclare dixit) nullus unquam ita locutus est, ut ab omnibus in omnibus intelligeretur, multo magis ipse Spiritus sanctus solus omnium suorum verborum intelligentiam habet.

Quocirca ingenue confiteri me oportet, me ignorare, legitimam habeam, nec ne, intelligentiam Psalmorum, etsi veram esse non dubitem, quam trado. Nam et omnia quæ B. Augustinus, Hieronymus, Athanasius, Hilarius, Cassiodorus, et alii super Psalterium contulerunt, verissima sunt, sed a sensu literæ quandoque remotissima. Et mea quoque secunda hæc professio a prima longe lateque diversa est, nec est liber in Bibliis, qui me diligentius exercitarit, donec in eam sententiam venerim, oportere nullius interpretationem, modo pia sit, rejicere, nisi talionis lege rursum quis optet rejici. Defecit ille in aliquibus, tu in pluribus, nonnulla video, non visa beato Augustino, rursum multa visuros scio, quæ ipse non video.

Quid ergo reliquum est, nisi ut mutuum juvemus, labentibus tanquam et ipsi vel lapsi vel lapsuri ignoscamus: ne illi hominum generi longe deterrimo et fœdissimo adcenseamur, qui, cum ipsi fere nihil possint non reprehendendum efficere, si quem illustriorem vel flocco, ceu rhamnus, apprehendere possint, mox Pompejanos triumphos sperant. Scio esse impudentissimæ temeritatis eum, qui audeat profiteri unum librum Scripturæ, a se in omnibus partibus intellectum. Quin, quis audeat præsumere, unum Psalmum rotunde ab ullo intellectum? Vita nostra initium et profectus est, non consummatio, ille melior, qui ad spiritum propius accesserit. Si attigero lunam, non mox et solem me apprehendisse arbitrabor, sed nec stellas minores fastidiam. Sunt gradus in vivendo et agendo, cur non et in intelligendo? Apostolus transformari nos dicit de claritate in claritatem. Et ut dicam quod res est, tantum illis servio, qui hæc ignorant et volunt, tum id saltem præstitisse juvabit, quod melioribus studiis et me et auditores meos interim occuparim, quam si super libros sententiarum novas tenebras et ranas et muscas creassem.

Est autem is liber, meo judicio, diverso ab aliis libris argumento. In cæteris enim docemur et verbo et exemplo, quid agendum sit: hic non modo docet, sed et modum et usum tradit, quo verbum impleamus, et exemplum imitemur. Non enim nostræ opis est legem Dei implere, aut Christum imitari, sed orare et desiderare, ut faciamus et imitemur, ubi vero impetravimus, laudare et gratias agere. At quid aliud Psalterium est, quam oratio et laus Dei, hoc est, liber hymnorum?

Itaque optimus Spiritus Dei, pupillorum pater et infantium magister, cum videat nos nescire, quid aut quomodo orare oporteat, ut Apostolus dicit, adjuturus infirmitates nostras, more pædagogorum, qui pueris concipiunt epistolas vel oratiunculas, quas ad parentes scribant, ita nobis et verba et affectus præparat hoc libro, quibus Patrem cœlestem alloquamur et oremus de his o), quæ in reliquis libris

---

n) A Jen. ipsi cum.

o) A. iis.

facienda et imitanda esse docuerat, ne quid homo desiderare possit, quo ei ad salutem suam opus esset. Tanta est cura et benignitas Dei in nos, qui est benedictus in æternum. In quo vivat et valeat Dominatio tua clementissima, hic et in perpetuum, Amen.

Wittembergæ, sexto Calend. Aprilis, anno MDXIX.

---

28. März. *)

N°. CXXIX.

An Erasmus von Rotterdam

Bitte um E.'s Freundschaft, und Bezeugung seiner Hochachtung gegen ihn. Capito hatte L. zu diesem Brief veranlaßt.

Bey Aurifaber I. 156.b. Löscher III. 109. Deutsch bey Walch XVIII. 1944.

Jesus.

Salutem. Toties ego tecum fabulor, et tu mecum, Erasme, decus nostrum et spes nostra, nec dum mutuo nos cognoscimus: nonne monstri hoc simillimum? imo non monstrum, sed plane quotidianum opus. Quis enim est, cujus penetralia non penitus occupet Erasmus, quem non doceat Erasmus, in quo non regnet Erasmus? De iis loquor, qui literas recte amant. Nam satis gaudeo, quod inter cætera dona Christi etiam hoc numeratur, quod multis displices: quo ego argumento soleo discernere dona clementis Dei a donis irati. Itaque tibi gratulor, quod dum summe omnibus bonis places, non minus displices iis, qui soli omnium summi esse et summe placere volunt.

Sed ego stultus, qui te talem virum, sic illotis manibus absque reverentiæ et honoris præfatione, veluti familiarissimum aggredior, ignotum ignotus: verum dabis hoc, pro

---

*) Löscher und Walch haben fälschlich den 26.

tua humanitate, meæ vel charitati, vel imperitiæ: quandoquidem ego, inter sophistas consumta ætate, nec tantum didici, ut eruditum virum possim per literas salutare, alioquin, quantis jam dudum literis te fatigassem, nec passus fuissem, ut perpetuo tu mihi solus loquereris in cubiculo meo.

Nunc quando ex optimo Fabricio Capitone intellexi, per nugas illas indulgentiarum nomen meam tibi cognitum, tum ex præfatione Enchiridii tua recentissima, non modo tibi visa esse, sed et accepta mea fabulamenta: cogor agnoscere vel barbarissimis literis egregium tuum spiritum, mei et omnium locupletatorem. Quanquam scio, te prorsus pro re minima habiturum, quod literis amantem et gratum me exhibeo: qui abunde contentus es, quod occulta et apud Deum gratitudine et charitate animus in te fervet, sicut et nos sat habemus, quod ignorantes [a]), tuum animum et officia in literis habemus sine literis et corporis tui conversatione: non tamen patitur et pudor et conscientia non gratificari et verbis, præsertim postquam cœpit et nomen meum non latere: ne malignum cuiquam videri possit et pessimæ speciei silentium.

Ita, mi Erasme, vir amabilis, si ita tibi visum fuerit, agnosce et hunc fraterculum in Christo, tui certe et studiosissimum et amantissimum, cæterum pro inscitia sua nihil meritum, quam ut in angulo sepultus, communi etiam cœlo et soli ignotus esset: quod et non segni affectu semper optavi, ut qui essem mihi belle conscius meæ suppellectilis: sed nescio, quo fato, longe in contrarium res abiit, ut cogar multo pudore pati, meas ignominias et infelicem inscitiam etiam coram doctis versari et jactari.

Philippus Melanthon prospere agit, nisi quod vix tantum efficere possumus omnes, ne literarum nimia insania valetudinis acceleret jacturam: ardet pro ætatis calore omnia omnibus simul fieri et facere. Tu officium feceris, si per literas hominem monueris, ut se nobis et bonis literis servet. Nam hoc capite salvo, nescio quid majus spe nobis pollicemur.

---

a) Aurif. ignorantis, wahrsch. Druckfehler. Löscher läßt quod ignoratis habemus aus.

Salutat te Andreas Carolostadius, totus Christum in te veneratus. Ipse Dominus Jesus servet te in æternum, optime Erasme, Amen. Verbosus fui, sed cogitabis non semper eruditas oportere legi epistolas: aliquando cum infirmis infirmandum tibi est. Wittembergæ, 5. Calend. Aprilis, anno MDXIX.

F. Martinus Lutherus.

Ende Märzes oder Anfang Aprils.

N°. CXXX.

An Andreas Carlstadt.

Eck hatte im Februar eine Schedula über die beabsichtigte Leipziger Disputation herausgegeben, worin er Luthern, dessen Lehre er angriff, in den Streit zu ziehen suchte. Darauf antwortet L. in diesem offenen Schreiben an Carlstadt, und nimmt den von jenem hingeworfenen Handschuh auf. Er fodert Carlstadt auf, mit ihm an den Herzog Georg und den Rath zu Leipzig zu schreiben, und um einen Raum für die Disputation zu bitten, und thut den Vorschlag, die Verhandlungen derselben durch Notarien aufnehmen zu lassen.

Besonders gedruckt in der Schrift: Disputatio Domini Joh. Eccii et D. Martini Luther in studio Lipsiensi futura. 1519. Bey Aurifaber I. 158. Löscher III. 206. Deutsch bey Walch XV. 965. Wir haben den ersten Druck verglichen.

Eruditissimo Viro et præstantissimo, D. Andreæ Bodenstein Carlstadio, sincerioris Theologiæ assertori facile primario, Archidiacono Wittembergensi, Præceptori ac Majori suo in Christo.

Jesus.

Salutem. Edidit Eccius noster, inclyte vir, schedulam, in qua magnificis ampullis verborum crepat (id autem homini moris est) sese adversus te disputaturum Lipsiæ: et ego id nomine tuo cum ipso tractaram Augustæ, si qua ratione contentio vestra coram et amica familiarique congressione componeretur, quod nec tu pro tua dignitate detrectasti: sed ecce homo pulchre memor et sibi constans, postquam te fœde infamarat, tandem promittit in te, sed vertit in me impetum, ranarumne an muscarum suarum, nescio.

Speraveram ego tractatum futurum de honestissimis seriis tuis, et de gratia Dei, humana miseria, omninoque de ea re, quæ inter vos vertitur: at meus Eccius in meas interim nugas debacchatur, aut pro more istorum dierum larvis jocatur potius, stultas quæstiones de indulgentiis pæne ex orco tandem revocat, tua velut parerga, et summo (quod ajunt) digito vix attingens. Forte Spiritus sanctus prævidens hoc hominis ludibrium et nugacitatem, dedit in cor egregiorum Dominorum Doctorum Lipsensis studii, ut recusarent nobis hoc negotium apud se gerendum.

Sed et ego nolo te, optime Andrea, in frivolam et larvatam hanc disputationem descendere: tum quod me et mea [a]) petit, lauta hæc et καλλιπάρηος καὶ λευκώλενος persona: tum quod ingenium tuum et tua disputatio digniora sint, quam ut in has sophistæ et meas nugas (indulgentias inquam) seu rectius et vere negligentias, humilientur. Quas cum omnes doctores etiam scholastici, infelices Eccii præceptores, fateantur tandem et ipsi, primum non esse necessarias Christiano, tum si nullæ essent, melius esse, ac per hoc ad Scripturas et rem theologicam, sicut asinum ad lyram: nec ego illas unquam mea disputatione dignatus fuissem nisi pro populo Christi phrenapatas, matæologos, authades et æschrocerdes oportuisset redarguere: nihilominus tamen has res leviculas et nihili magni isti et generosi theologi adeo curant misere, adeo pompis vel anxiis inflare conantur, ut in iis summum et nomine et officii sui decus constituisse videantur, interim theologiæ legitimo, et quod ad rem pertinet, officio penitus posthabito, et in sabbatha translato: non quidem lucri aut gloriæ æmulatione, nisi minus principaliter per accidens et in potentia, modo non sit nimis remota.

Quando autem ego, Deo volente, digniori conditione vivere non permittor, quam ut cum nugacibus et vanis

---

a) Autogr. mca et me.

sophistis, cum pestilentibus Romani Pontificis et Romanorum b) tyrannorum adulatoribus, ætatem consumam: gaudens et videns posthabeo istorum mea seria ludo.

Quare, mi Ecci, non damno te vanissimæ gloriæ, quod hanc schedulam edideris, antequam certus esses, quid Lipsenses in hac re facerent: imo postquam ex me acceperas eos omnino recusare, quia ex fumo scilicet et ex disputatione nunquam futura sperasti captare gloriam. Non criminor, quod subdole et parum humane, nedum theologice Doctori Carolostadio alienas propositiones objeceris: quas cum omnino illum non suscepturum sperares, iterum de fumo in tantum virum triumphares.

Non queror, quod ad adulationem fœdissimam Papæ versus, me rursus in fabulas traduxeris, novosque a te fictos errores mihi imposueris, et tamen nihil minus te agere simularis. Toleramus ista a theologo facta: id solum volumus ostendere, nos scilicet intelligere strophas tuas infeliciter versutas et figuras nihilo figuratas, et benigniter te monere, ut deinceps, pro gloria tua, paulo civiliore astutia naso, imo calcaneo nostro insidieris: agrestem hanc et veternosam tuam prudentiam in crassos tuos consophistas ludas.

Interim esto vir fortis et accingere gladio tuo super femur tuum potentissime. Postquam enim pro pace tua mediator ingratus fui, placebo fortasse concertator. Non quod vincere proposuerim, sed quod post victorias tuas Pannonicas, Longobardicas, Bajoaricas (modo tibi credamus) occasio tibi fiam obtinendi nominis, quo et Saxonicus et Misnicus triumphator, ac si voles, semper Augustus saluteris in æternum, ac sic gloriam adeptus, quiescas juxta magistri tui sententiam: Habitibus existentibus in materia, cessat motus. Quanquam mallem, ut monstrum, quod jam diu in me alis, et quod te male habet, aliquando pareres, et nauseas, quibus stomachus tuus periclitatur, tandem evomeres in publicum, minisque illis tuis basilicis et gloriosis per omnia finem imponeres.

---

b) A. Romonantium.

Sed ad te revertor, optime Andrea, et oro, ut una mecum ad illustriss. Principem Ducem Georgium, prudentissimum quoque Senatum Lipsiæ scribas, si qua dignentur nobis domum vel profanam in hoc negotium collocare. Nam egregios dominos Doctores de Universitate penitus nolo hujus periculo judicii onerari, quod et prudentissime recusarunt.

Quin id faciemus, adductis notariis duobus, uterque Eccius et Lutherus, et si qui alii idem velint, ad manum notariorum dictet sua argumenta et responsiones. Quod eo facio consilio, ne et nobis fœda illa jactantia et frustraneus labor contingat, quæ in Viennensi disputatione Eccii videtur: tum ut clamor et gestus importuni, quibus solent æstuare et perdere veritatem nostri sæculi disputatores, cohibeantur, omnia autem vel possibili modestia in literas pronuntientur, atque ea sic in literas relata, offerri possint Sedi Apostolicæ, Episcopis, et totius Christiani orbis judicio.

F. Martinus Lutherus, August.

---

5. April.

N°. CXXXI.

An Spalatin.

L. meldet, daß das Geschäft mit Chr. Bressen wegen der Zinsen in Richtigkeit gebracht sey, äussert sich mit Verachtung über die ineptias Cajetanenses, womit er wahrscheinlich einen Brief desselben an den Kurfürsten meint (s. d. folg. Brief an Joh. Lange vom 13. April), und schickt eine Predigt und die kurze Form des Vater Unsers.

Bey Aurifaber I. 160. b. Löscher III. 968 Vgl. Cod. Jen. a. f. 52. Deutsch bey Walch XXI. 625.

Charissimo suo Georgio Spalatino, Christi servo, Altenburgi Canonico.

Jesus.

Salutem. Cum literas de Christophoro Bressenio jam tradidissem ad te perferendas, mi Spalatine, pæne eadem hora veniens ipse nobis satisfecit. Itaque gratias agimus et officio et consilio tuo. Cæterum ineptias istas crassissimas (sicuti vere tu dicis) Cajetanenses, statui contemnere, quando eas rideri tam a vulgo quam optimatibus mihi scribat Wenceslaus noster ex Nurmberga. Deinde non parum pro me faciunt insigni scilicet eorum imprudentia, nescientes quid, aut contra quid loquantur.

Mitto sermonem et orationem Dominicam. Erasmica ratio Theologiæ non est apud me: Egranus Cygneus utitur ea remissurus propediem. Distuli rescribere propter sermonem nondum paratum. Vale. Wittembergæ, feria 3. Lætare, anno MDXIX.

F. Martinus Lutherus, August.

---

13. April.

N°. CXXXII.

An Joh. Lange.

L. bittet, ihm den empfohlenen Lehrer der hebräischen Sprache zu senden, da der bisherige, Bossenstein, abgegangen sey. Er meldet, unter Uebersendung einer dahin Bezug habenden Schedula (wahrscheinlich seines Briefs an Carlstadt), daß er selbst auch mit Eck disputiren werde, da dieser seine Sätze angegriffen, und die Erlaubniß dazu vom Kurfürsten erhalten habe. Er gedenkt mehrerer gleichzeitiger Vorgänge und Briefe, sendet den satyrischen Holzschnitt Carlstadts (zwey Wagen, einen, der den rechten Weg zum Himmel, und einen, der den falschen Weg der scholastischen Lehrer einschlägt, vgl. Löscher II. 104 f.) seine neue Bearbeitung des Vater Unsers, kündigt die Herausgabe seines Commentars über den Brief an die Galater an, warnt vor zwey ohne sein Wissen herausgegebenen Predigten u. s. w.

Bey Aurifaber I. 161. Löscher III. 968. Deutsch bey Walch XV. Anh. XLIV.

Reverendo et optimo Patri Johanni Lango, S. T. Magistro, Eremitanæ familiæ Vicario Augustiniano medio, suo in Christo Majori, venerabiliter suspiciendo.

Jesus.

Salutem. Gaudeo et gratulor, R. P., te quoque unum eorum esse, in quibus operetur crux Christi: esto vir fortis, sic itur, imo vehitur ad astra. Gratias agimus pro donis tuis. Cæterum cur ipse ad pompam tuam non venerim, nosti: silentium nostrum non adeo damnandum, quam ipsa itineris conditio, qua fit, ut qui ad vos hinc eat, vel raro vel nunquam habeamus.

Hebræum istum vestrum, quem commendas, omnibus modis tuum officium imploro, ut cures ad nos ire: idque eo magis, quo ille noster Bossenstein, nomine Christianus, re vera Judaissimus, ad nostræ Universitatis ignominiam recessit, cum et tu nonnihil nostro studio debeas. Dabimus operam, ut honeste alatur in Christo, et digna conditione hic agat, non modo quod in Christo recentem fovere curiosius omnes debemus, sed ut digno quoque stipendio provideatur, nostri officii sit.

Disputationem nostram futuram signavit Eccius 27. Junii: erit autem inter me et ipsum, ut videbis in hac schedula. Nam Carolstadius non congredietur illi in istis positionibus, tum quod meæ sint, tum quod subdolus sophista eas res movit de Papa etc., quibus illum vel in periculum traheret offensi Papæ (quod præbendatis malum intolerabile est), vel periculo ejusmodi absterritum traduceret sine bello sineque victoria.

Congredietur tamen aliis rebus, quæ de potestate Papæ, vel indulgentiis silent. Nam impiissimi homines has solas res nobis reliquas fecerunt, in quas possit Christianus homo peccare, cum interim ipsimet Dei præcepta fœdissime conspurcent. Timent autem omnes mihi, ne in duodecima propositione pessime sim habiturus: ego vero etsi non sperem me capturum lubricissimum sophistam, deinde clamosum mire ac fastuosum, tuebor tamen, Christo propitio, mea. Nam ideo sic posita est, ut occasio mihi fieret ineptissimarum et impiarum decretalium nugas aliquando in publicum ducendi, quibus frustra terremur Christiani, cum sint mendaciis refertæ, sub nomine Ecclesiæ Romanæ commendatæ. Deteget Christus larvas eorum, et, ut in Job dicitur, *revelabit vestimentum vultus ejus, intrabitque in medium oris ejus.*

Verum Lipsenses theologi una et Episcopus Mersebur-gensis mire cònati sunt, et etiam nunc conantur, ne proce-dat disputatio: pæneque Principem deflexissent, nisi Princi-pis nostri verbo firmatus, tandem imperiose egisset. Uni-versitas mihi respondit et annuit. Princeps scribit se ad-missurum, ubi certus fuerit per me factus, Eccium velle et mecum congredi: idque nunc agitur, ut fiat. Nam cre-dit, solum Carolstadium cum illo conflicturum.

Theologi interim me proscindunt, præsertim ille taurus, bos, et asinus *), non qui cognoverunt dominum suum, sed qui paleas comedit: populum Lipsiæ inclamant, ne no-vis hæreticis adhæreant, quibus agunt forte, ut odio populi concitato, et timore Papæ facto, jam excluderemur. Fertur, Tetzellum, cum audisset processuram disputationem, dixisse: Das walt der Teufel.

Pervenerunt decem floreni Everhardo Brisger. Nos hic bene agimus, nisi quod male habemus, dum plebano alio caremus in Dabrun. Seminata est dissensio inter Patrem Matthæum et Guntherum Stupitium.

Cajetanus denuo scripsit illustrissimo Principi nostro de me, antea ineptias, nunc insanias: placetque mihi rudissimam istam Italitatem laicis notam fieri.

Scripserunt ad me Frobenius Basiliensis eximie meam libertatem commendans: sed et e Parisiis sibi ab amicis scriptum, placere illic multis legique a Sorbonicis, id est, theologis, mea: dispersisse præterea in Italiam, Hispaniam, Angliam, Galliam et Branbantiam omnia exemplaria. Mihi et Carolstadio duo colligata dono misit. Scribit et alius qui-dam sacerdos Ettelingiacensis eruditus, et alius eruditior, sed sine nomine. In iis id gaudeo, quod veritas tam bar-bare et indocte loquens, adeo placet.

Mitto currum Carlstadinum, qui Moriam fingit theolo-gorum, et in quem mirabile grassantur Lipsiæ: alius in sug-gestu publicitus dilacerat manibus, alius adolescentulos in confessione explorat, num riserint de curru, aut Martini

*) Viell. Anspielung an Düngersheim von Ochsenfurt.

opuscula tenuerint: confessos male mulctant, ut mihi scribit Andreas Camitzianus. Vide tenebras, vide insanias: theologi hi sunt.

Credo ad te pervenisse initia mea super Psalterium, jam addo aliud exemplar, quo tuum corrigas. Scis, quod Emser noster, etiam dum recta format, errat.

Mitto grammaticam Mose Kimchi, donec aliam tu obtineas: hæc mihi dono missa est ab Anshelmo Thoma. Edo simul commentaria ad Galatas Lipsiæ excudenda. Si venerint in manus tuas duo sermones de duplici justitia, et de matrimonio, altero Latino, altero vernaculo [a]): age officium: excepti sunt mihi, et me inscio invulgati, sed et mendosissime ac insulse tum collecti tum excusi: mea ignominia hæc est. Orationem Dominicam instauratam quoque mitto. Cætera Philippus. Credo te methodon Erasmi novam vidisse, seu rationem theologiæ: nollem eum tam cito defunctum.

Vidistine in opusculis meis Basiliensibus contra Silvestrum, quod studio magis quam errore *magirum* pro *magistrum palatii* in fronte scripserint, deinde et alias mendas in marginibus, irrisiones? Dicitur nobis, Cajetanum Cardinalem esse Moguntiæ conclusum ab Hispaniæ Caroli apostolis, quod in factionem Gallorum regis omnia fuerit molitus. Scripsimus ad Erasmum Philippus et ego. Ecce habes omnia, quæ voluisti. Reverendus Pater Vicarius oblitus est nostri, adeo nihil scribit. Reverendum Patrem M. Usingen humaniter saluta, item et M. Johannem Nathin: fratribusque me commendo enixe, quos etiam saluto omnes.

In fine de Hebræo iterum te moneo, quo adolescentibus optimis optime theologisantibus mireque ardentibus in rectas literas cooperemur. Vale et tu, valeat et crus tuum, si Christus volet. Wittembergæ, 4. post Judica, anno MDXIX.

F. Martinus Lutherus, August.

Illud præterea ne omittas, ut Jonam nostrum et doctissimum et amicissimum memorem reddas mei, et a me diligi denunties. Ita et D. Ludovicum Melsingen, et omnes notos meos.

---

a) Soll wohl heißen: alter Latinus, alter vernaculus.

8. Mai.

N°. CXXXIII.

An Spalatin.

L. bittet um Sp.'s Verwendung wegen der Errichtung einer Druckerey in Wittenberg durch Melchior Lotter. Von der Einrichtung der theologischen Vorlesungen; Empfehlung eines Buchs von Staupitz; Fürbitte für die Frau von Feldheim.

Bey Aurifaber I. 164. Löscher III. 971. Vgl. Cod. Jen. a. f. 52. Deutsch bey Walch XXI. 628.

Suo in Domino charissimo Georgio Spalatino, Christi Sacerdoti et servo fideli.

Jesus.

Salutem. Venit Melchior Lotterus instructus optimis formularum matricibus, a Frobenio acceptis, paratus apud nos officinam excusoriam instituere, si ad hoc illustrissimus Princeps noster annuere dignabitur, quemadmodum et antea nos illustrissimæ Celsitudini suæ indicavimus. Tuum nunc officium petitur, ut in rem communem consilia et auxilia collooes: nobis id decorum, imprimis Universitati nostræ, tum commodum auditoribus arbitramur, præsertim præsente Philippo, Græcas literas et fideliter et copiose propagare cupiente.

Cæterum de lectionibus theologicis habendis jam tractamus: nec dum aliud vidimus, quam quod sententiarum solos textus (ut huc usque) compleant, quod non confidimus, tantum posse quenquam statim candidatum theologiæ, ut vel Bibliam vel ecclesiasticum Patrem enarret: tum successu temporum non videbitur hoc absurdum fieri, ubi radicata theologia et libris multiplicatis res poterit felicius promoveri.

Scharto nostro de morte obeunda non inutilis foret vernaculus ille Staupitii libellus de imitanda morte Christi, in quo et melius (pro dote sua) rem tractavit, quam sperem a me tractari posse, donec otiosior fiam.

Oravit etiam Domina de Feldheim, ut apud te fideliter laborarem, quatenus D. Pfeffingero diligenter suggereres causam ejus: conqueritur se misere derelictam, et nescio quæ indigna pati ab Johanne Lösser. Tu fac quod nosti. Vale. Wittembergæ, anno MDXIX., in die Misericordia Domini.

F. Martinus Lutherus, Augustinianus.

N°. CXXXIV.

An Spalatin.

L. sendet ihm das Büchlein de prædestinatione von Wimpina, sein eigenes Exemplar von Staupitzens Buch de imitanda morte Christi (?), die deutsche Theologie, die er sehr lobt, erwiedert auf eine Frage Sp.'s, daß er die sieben Bußpsalmen nicht selbst besitze, und daß das Buch nicht für Leser, wie Sp., sey, und empfiehlt sehr Taulers Predigten.

Bey Aurifaber I. 167. Löscher III. 974. Vgl. Cod. Jen. a. f. 7. Deutsch bey Walch XXI. 629.

Suo Spalatino.

Jesus.

Salutem. Mitto, sicut vis, optime Magister Spalatine, opusculum de prædestinatione Latinum, quod si et vulgare volueris, mittam: opera enim Scheurliniana vernaculum habetur, multo phaleratius, quam est Latinum. De arte moriendi (ut tu vocas *) hoc unum pro me habeo: omnia alia sunt distributa. Ideo meo isto interim utere: videbo, si potero, plura conquirere. Tertium S. [a]) Adamum brevissi-

a) Cod Jen. scilicet.

* Wahrscheinlich das Büchlein von Staupitz, das L. im vorigen Brief empfohlen.

mum *), sed cujus mihi simile (non mentior) in manus non venit theologicissimum. Ecce mitto: pœnitebit autem missionis, si indiligenter legeris. Ecce Erasmus eruditissimus, una cum sibi laudatissimo Hieronymo, nescio an possent talem componere: non composuisse eos talem certus sum.

Septem Psalmos ego non habeo, sed chalcographus: verum valde nolo, eos cupias. Sunt enim non pro delicatis ingeniis, sed pro rudissimis, quales patior multos, editi. Ideo enim sunt tam inermes, et sine testimoniis Scripturæ, deinde verbosissime, et (quod ipse miror) nondum satis verbose explanati. Adeo res ista est hominibus ignota, vel potius ipsi eorum incapaces. Igitur non est animæ tuæ, cibum bis aut ter præmansum comedere, qualis iste est.

Habes sat, si voles, in opusculis jam dictis. Quod si non hæc satis sunt, obsecro trade te mihi, vel unica hac vice, credulum, et librum sermonum Tauleri, de quo et antea tibi verbum feci, tibi quaqua poteris vendica. Vendicabis autem facile opera Christiani Aurificis, hominis theologicissimi. Iste enim est liber, in quo videbis, quomodo eruditio sæculi nostri ferrea sit, imo terrea, sive sit Græcitatis, sive Latinitatis, sive Hebraitatis, ad hanc solidæ pietatis eruditionem. Vale.

De libello Wimpinianæ prædestinationis idem est mihi judicium, quod Doct. b) Carolstadii, hoc est, quod frustra laboravit, quantum ad materiam ipsam. Nam de elaborata ipsius elegantia, quam ibidem affectavit, tuum satis erit judicium. Nam si etiam vera esset sua opinio, quam conatur asserere, non tamen id efficeret, quod per eam quæsivit.

F. Martinus Lutherus.

---

b) Cod. Jen. doctissimi.

*) Die sogenannte deutsche Theologie, welche Luther herausgab.

Im Mai. *)

N°. CXXXV.

An Spalatin.

L. sucht Sp., welcher wegen der Leipziger Disputation in Sorgen ist, zu beruhigen.

Aurifaber I. 168. Seckendorf I. §. 52. p. 70. Löscher III. 975. Vgl. Cod. Jen. a. f..8 und 309. Deutsch in Fricks Uebersetz. Seckendorfs. 187. Walch XV. 982.

Optimo et erudito Viro, Georgio Spalatino, ducali Librario, suo in Domino.

Jesus.

Salutem. Obsecro te, mi Spalatine, noli nimio timere nec humanis cogitationibus totum cor cædere. Scis, quod nisi Christus me et mea ageret, jamdiu prima disputatione indulgentiarum, deinde vulgari sermone, tandem resolutionibus et responsione mea ad Silvestrum, novissime actis meis me perdideram, maxime profectione Augustana. Quis enim mortalium horum singulum non timebat, aut sperabat mihi excidium allaturum? Denique nuper ex urbe scripsit Olsnitzer Cancellario Ducis Pomerani nostri, me adeo conturbasse totam Romam resolutionibus et dialogo, ut nesciant, quomodo compescant. Esse tamen illis propositum, non scientia juris, sed Italicis subtilitatibus (hæc enim verba ejus sunt) me aggrediendi: has autem ego intelligo venena, vel mortem insidiarum.

Multa ego premo et causa Principis et Universitatis nostræ cohibeo, quæ (si alibi essem) evomerem in vastatricem Scripturæ et Ecclesiæ Romam, melius Babylonem. Non potest Scripturæ et Ecclesiæ veritas tractari, mi Spalatine, nisi hæc belua offendatur. Non ergo speres me quietum ac salvum futurum, nisi velis et me penitus theologiam intermittere. Sine ergo amicos putare me insanire. Res

---

*) Nach Löscher Ende Mais.

ista finem non accipiet (si ex Deo est), nisi, sicut Christum discipuli et noti sui, ita et me derelinquant omnes amici mei, et sola sit veritas, quæ salvet se dextera sua, non mea, non tua, non ullius hominis: et hanc horam ab initio spectavi.

Quanquam hæc XII. propositio mihi est extorta per Eccium, deinde quia patronos suos habebit Papa in futura disputatione: puto non debere tam molestam videri, nisi disputandi libertatem non meminerint. In summa, si ego perdar, nihil peribit de mundo. Wittembergenses Dei gratia jam eo profecerunt, ut mei nihil egeant. Quid vis? timeo miser, ne forte non sim dignus pati et occidi pro tali causa: erit ista felicitas meliorum hominum, non tam fœdi peccatoris.

Dixi tibi, semper me paratum esse cedere loco, siqua ego Principi illustriss. viderer periculo hic vivere. Aliquando certe moriendum est, quanquam jam edita vernacula quadam apologia satis aduler Romanæ Ecclesiæ et Pontifici, si quid forte id prosit. Vale. Citissime.

Martinus Lutherus, Augustinianus.

Im Mai.

N°. CXXXVI. *)

An Spalatin.

Auf Sp.'s Verlangen entdeckt L., welchen Gang er in der Leipziger Disputation in der Vertheidigung seiner Sätze, besonders des 13. vom Primat des Papstes nehmen werde, und bittet ihn, wegen des Erfolgs der Disputation, im Vertrauen auf Gott, ruhig zu seyn.

Bey Aurifaber I. 165. Löscher III. 972. Vgl. Cod. Jen. a. f. 4. Deutsch bey Walch XV. 985.

Suo charissimo Georgio Spalatino, Canonico Altenburgensi, amicissimo.

---

*) Aurifaber und Andere nach ihm setzen diesen Brief vor den vorigen; aber mir scheint der Anfang clausis litteris prioribus auf jenen bezogen werden zu müssen.

Jesus.

Salutem. Clausis literis prioribus, mi Spalatine, misit ad me D. Andreas, quas ad eum dedisti literas, similibus querimoniis plenas, ita ut et ego prope fuissem stomacho motus. Urges me ad revelandum consilium meum. Non quod nollem te scire, quid spectem, sed quod sciam, revelare consilia sit idem, quod irrita facere consilia, præsertim si ex Deo sint, qui omnium impatientissimus fert sua consilia nudari, antequam impleta sunt (sicut dicit per Esajam; *in novissimis intelligetis consilium ejus*): perdam itaque hoc meum consilium, mihi sane jucundissimum, tua caussa, ne æstu excrucieris.

Scis mihi rem esse cum subdolo, superbo, versipelle, clamoso sophista, deinde qui id unice spectet, quo me traducat vulgo, et Pontifici reddat devotum omnibus diris. Has enim insidias suas iniquissimas intelliges, si ejus XII conclusiones [a]) legas. Proinde et ego ad insidias versus, suis eum artibus confecturus, ita posui XII contraria, ut ille certissime præsumat se triumphasse, et dum præ gaudio encomium cecinerit, Deo volente statim se irrideat coram omnibus.

Scio enim, quod ex hac parte irrupturus est, clamans ac gestiens, quod non possim probare, nec supputationem annorum recte tenuerim, quia longe ante 400 annos, imo ante mille annos quoque Romana Ecclesia decreto ediderit, præsertim Julius primus proximus Nicæno concilio, esse Romanam Ecclesiam omnium superiorem: nec sine ea licere concilium indicere. His enim ille securissime fretus, etiam ridebit (spero) meam incredibilem stultitiam et temeritatem.

Tum ego dicturus sum, quod decreta illa nunquam recepta sunt: sed etsi Gregorius IX, qui Decretalium primus collector est, qui Friderico secundo [b]) post S. Franciscum, Dominicum, qui denique sanctam nostram Elisabeth canonisavit, hoc est, nondum 400 annis mortuus: si Bonifacius octavus, sexti Decretalium, si Clemens quintus, Clementinarum autor, non redegissent epistolas decretales in volumina:

---

a) Aurif. conciones.

b) Löscher: qui cum Friderico secundo vixit et.

sine dubio nec Germania eas nosceret. Ideo his tribus Pontificibus dandum est, quod decreta Romanorum Pontificum invulgata sunt, et Romana tyrannis stabilita.

Sed quid tamen hæc ad meam conclusionem? Ego nego Romanam Ecclesiam omnibus Ecclesiis superiorem, non nego eam nostris (ut nunc regnat) superiorem. Quando enim Eccius probabit, quod Constantinopolis, aut ulla Græciæ Ecclèsia, quando Antiochena, quando Alexandrina, quando Africæ, quando Aegypti sub Romana fuerint, aut episcopos confirmatos acceperint? Ego autem probabo, quod et Gregorius ille magnus et primus a Mauritio Imperatore Græco confirmatus est, et Sylverius a Belisario patricio per Augustam Græcam depositus, et multa alia. Denique nunquid Christiani, qui etiam nunc sunt sub Turca, Persarum, Indorum, Scytharum regibus, Romæ sunt subjecti? Itane præsentes historias in os Eccii ruentes negabit?

Si ergo posuissem, quod Romana Ecclesia usque in hodiernum diem non omnibus Ecclesiis fuisset [c]) superior, et quod contra Eccium staret historia Ecclesiæ usque ad nostros dies: vera dixissem, sed nimis aperte, et citra insidias. Nunc insidiosissime ei posui laqueum, sed nunc invalidum, quia tibi revelatus, quod timeo Deo non placiturum.

Omitto, quod Cyprianus martyr Africæ Ecclesias in concilium vocavit, semper sine autoritate Romani Pontificis, cum tamen esset de Ecclesia Latina, et Romanæ adhæreret. Idem tempore Augustini fecerunt quidam Africæ Episcopi. Extant utriusque Pontificis testatissima scripta. Nunquid Eccius aut Romanus Pontifex ea poterit negare?

Nos Germani tantum, accepto imperio, Romanos Pontifices stabilivimus, quantum potuimus. Ideo in pœnam rursus eos passi sumus, dirarum tortores et vexatores et nunc palliorum et episcopatuum exhaustores.

Quod autem frigidissima decreta vocavi, ideo feci, quod scripturas in hanc rem torquent, nihil de monarchia, sed pastu [d]) et fide tantum loquentes. Sed sine, quæso, nos

---

c) Aurif. Löscher + et, was überflüßig scheint.

d) Cod. Jen. pacto.

disputare, et ne sis de eorum genere hominum, qui ignorantes consilia Dei (sicut oportet) statim desperant, quod suis consiliis no vident posse confici: atque deinceps permitte Sunt et aliæ insidiæ in iisdem meis positionibus, quibus, si Christus aspiraverit, ita involvam hominem, ut nemo Papam fœdius blasphemasse inveniatur, quam summus iste Papæ adulator Eccius. Nolo hanc rem nostro geri consilio, aut potius desistam: ideo noli amplius quærere, ne rem totam revelem, id est, perdam: ora potius, ut Christus suam nos gloriam quærere faciat. Ego istam pontificiam potestatem inter eas res numero, quæ sunt neutrales, ut divitiæ, sanitas, et alia temporalia: ideo mihi vehementer displicet, res temporales in tantas contentiones vocari: insuper et verbo Dei (quod ea contemnenda semper docet) eadem asseverare. Quomodo possum hanc verbi Dei perversissimam interpretationem et contrariam sui sententiam æquo animo ferre, etiamsi ferre possum potestatem Romanæ Ecclesiæ utcunque adeptam? Vale.

F. Martinus Lutherus, Augustinianus.

---

15. Mai.

N°. CXXXVII.

An den Convent der Minoriten zu Jüterbok.

Die Franciscaner strictioris observantiæ hielten im April zu Jüterbok, wo sie ein Conventhaus hatten, eine Versammlung der sächsischen Provinz, stellten in 14 Sätzen die angeblichen Irrlehren Luthers zusammen, und gaben solche mit einem Schreiben beym Bischof zu Brandenburg ein. Uebrigens hatte der Lector der Franciscaner, Bernhard, dem Vicarius dieses Bischofs schriftlich gemeldet, er habe mit Luthern zu Wittenberg gesprochen, und aus seinem Munde folgende 8 Irrthümer gehört: 1) daß Gott dem Menschen unmögliche Dinge geboten habe; 2) daß Gott von jedem Christen die höchste Vollkommenheit und das ganze Evangelium fodere; 3) daß es keine evangelischen Rathschläge gebe; 4) daß die Canones allerley Lüderlichkeit, Geiz und Hochmuth lehren; 5) daß der Autorität der heil. Schrift, auch wenn sie nur ein Laie anführe, mehr zu glauben sey, als dem Pabst, einem Concilium oder der Kirche; 6) daß Thomas Aqu. den Pabst und die Bischofe gestraft hätte;

7) daß Mag. Franciscus die Beichtbücher und Fasten verachtet hätte; 8) daß weder der Pabst allein Christi Vicarius, noch Petrus der vornehmste Apostel der Macht nach sey, und daß es keine casus reservatos jure divino gebe. Luther antwortet hierauf den Franciscanern, gibt ihnen die Wahl zwischen Frieden und Streit, verweißt ihnen die Unziemlichkeit, daß sie, die nach ihrer Ordensregel die Gelehrsamkeit verachten, sich in gelehrte Händel mischen, wirft ihnen ihre Unwissenheit vor, beklagt sich über das verläumderische Betragen des Lectors Bernhard, und beleuchtet die von diesem angegebenen Lehrsätze.

Bey Aurifaber I. 169. Bey Löscher III. 116. Viteb. I. 238. Jen. I. 212. Deutsch bey Walch XVIII. 1671.

Venerabilibus Patribus et Fratribus Conventus Jutterboccensis, Ordinis Minorum.

Jesus.

Salutem et pacem. Oblatæ sunt mihi duæ schedulæ, venerabiles Patres, quarum una ad reverendiss. D. Episcopum, Dominum nostrum gratiosum Brandenburgensem, a toto Conventu missa, meum nomen fœdissime conspurcat, et aliquot propositiones verissimas impudenti temeritate arguit erroneas esse. Ego sane fui satis admiratus, quod vos, qui observantiæ titulo inflamini, et populi vos salvatores jactatis, et tunicæ inconsutilis zelatores, adeo fueritis obliti Evangelii, ut non ante fratrem monueritis inter te et ipsum (ut inquit) solum, ac magis voluistis detractores alieni nominis, tum quod fœdius est, judices alienæ sententiæ autoritate propria fieri. Est ista superbia et petulantia religionis vestræ et observantiæ modus?

Verum ne reddam malum pro malo, optionem vobis do: aut revocate hanc temeritatem, et reddite mihi nomen meum, aut ego publicabo per impressuram hanc vestram schedulam, adjecta confutatione vestræ ignorantiæ, quod non erit honorificum Ordini vestro. Vos, qui vestræ observantiæ ritu studia contemnitis, et literas sponte vultis nescire, sed tantum visionibus et cogitationibus vestris populum occupare, decebat, ut sileretis, et alios studere permitteretis. Mea doctrina tribus annis in Universitate nostra assidue est agitata, discussa et jüdicata, disputando, legendo, docendo, prædicando, scribendo, cum acutissimis et diligentissimis viris, necdum inventa reproba: et nunc post fornacem vestri Conventiculi, ab uno aut duobus stertentibus fratribus, qui Magistrum forte viderunt aliquando, et cognoverunt nunquam, debet hæretica damnari? Videte, ne vos inveniamini hæretici, et omnino tales, qualem me et meos criminati estis. Mihi non erit difficile, Deo propitio, defendere mea dicta contra vos: sed vobis interim et Ordini vestro parcam, donec audiam, quid sitis facturi.

Omitto, quæ Lector vester Bernhardus, caput ineptissimum, blaterat ad Vicarium Episcopi de scissura inconsutilis tunicæ: quasi Ecclesia ideo sit peritura, si Thomas aut Bonaventura repudientur. Quis servavit Ecclesiam, antequam Thomas et omnes monachi essent in rerum natura? Deinde homo suavis disputationem privatam se habuisse confitetur, in qua solemus libere et familiariter loqui, et tenere quæ etiam non prædicaremus: et nihilominus hanc ipsam detractor iste in accusationem vertit, et nobis imponit, quod laici quærunt: ubi in Evangelio dicatur de confessione et jejunio? Videte hunc venenatum insidiatorem. Cur non et alias quæstiones laicorum mihi imponit, aut etiam vetularum crepitus? Verum, ut dixi, accipite aut pacem aut bellum, ut volueritis. Attamen, ut superabundanter agam, brevibus hic rationem signabo coram eorum, quæ cum Lectore vestro audio fuisse disputata.

Primo dicitis fuisse dictum, *quod Deus præceperit homini impossibilia:* respondeo, cur ergo Paulus Ro. VIII. dicit, fuisse impossibile, non tantum nobis, sed etiam legi, ut justitia fieret? ideo necesse fuisse, ut Christus moreretur? Legite B. Augustinum de perfectione justitiæ, et invenietis, vos potius errorem schismaticum et pestiferum docere, quando negatis, homini esse impossibilia præcepta. Aut dicite, si sunt possibilia, ad quid necessaria est gratia? Aut illuditis et irridetis misericordiæ Dei beneficium? Denique, cur oratis: Fiat voluntas tua: si per vos potestis facere voluntatem Dei? Pudet me tam crassæ vestræ temeritatis, quod hanc christianissimam doctrinam appellatis pestiferos et perniciosos errores.

Secundo errorem dicitis, *quod Deus exigit a quolibet Christiano summam perfectionem et totum Evangelium.*

Primum quæro ab insigni vestra prudentia, quibus sit Evangelium datum, lapidibus an lignis? Si hominibus: cur ergo non tenentur præcepta Dei tenere, quando Christus dicit, ne unum jota præteriturum? Doleo miro modo vos inconsutilistas et tunicastros sic desipere, ut negetis, homines esse debitores servandæ voluntatis et præceptorum Dei. Et nunc demum dubitandum ac disputandum sit, an obedire oporteat præcipienti Deo? O furor. Igitur omnes debemus totum Evangelium et omnia præcepta: sed quia non possumus, ideo sumus peccatores, et currimus ad thronum misericordiæ Dei. Hæc est B. Augustini sententia in tota parte octava. Vos autem homines a misericordia trahitis ad judicium, dum non sinitis eos sese agnoscere peccatores et præceptorum Dei debitores.

Tertio *quod nulla sunt consilia, sed omnia Evangelii sunt præcepta.* Hæc invidia et nequitia vestra mentita est. Illi enim sic dixerunt: præcepta sunt ultra consilia, et: præcepta sunt plus quam consilia. Quia consilia sunt quædam media, quibus facilius implentur præcepta, ut virgo et vidua aut cælebs facilius servat præceptum: *non concupisces,* quam conjugatus, qui concupiscentiæ aliquo modo cedit.

Quarto *quod canones docent luxuriam, avaritiam, superbiam, et quod sunt contrarii Scripturis sacris.* Et hoc Leviathan vester sic addidit et pervertit. Nihil enim recte accipit unquam invidia. Illi dixerunt, quod canones et decretales olent seu sapiunt aliquando superbiam et avaritiam, hoc est, quod ii, qui statuerunt, aliquando quæsierunt quæ sua sunt, plus quam charitatem. Hoc vos dicitis docere superbiam. Rogo vos: non potest superbus et avarus prædicare veritatem, et tamen sic prædicando olere, quærere lucrum? Sicut vos in hac schedula, etiam si vera dixissetis, tamen fraternam invidiam et asininam inscitiam olerent vestra verba. Deinde hoc verum est, quod canones sæpissime abutuntur scripturis, et torte exponunt in alium sensum, quam suo loco habent.

Et quid hoc mirum? Nonne et vos tunicam inconsutilem et Ecclesiæ unitatem hic accepistis in contrarium sensum?

Sed pro vestra stulta opinione, sine qua Ecclesiæ unitas recte stabit, legite C. translato de constitutione lib. I. et videte, an recte ibi Papa dicit, sacerdotium Christi in Petrum translatum, quod Apostolus ad Ebræos de sacerdotio Aaronis in Christum dicit.

Sed vos nec legitis quidquam, multo minus intelligitis, et adhuc judicare vultis de doctrinis. Idem de libero arbitrio, quod nullum est teste B. Augustino. Non enim potest nisi malum facere, nunquam autem bonum, nisi gratia adjutum. Ergo se solo non est liberum, sed servum peccati, ut Augustin. libro II. contra Julianum docet. Sed rogo vos, cohibete temeritatem vestram, ac desistite ab insulsis vestris somniis: nimis nihil sapitis in doctrina Christiana: estote pro vobis sermocinistæ, sinite nos doctores sanctos legere.

Quinto *quod laico habenti autoritatem*[a]) (*Scripturæ*) *plus sit credendum, quam Papæ, quam concilio, imo quam Ecclesiæ:* hoc etiam juristæ docent, ut Panormitanus C. Significasti; et adeo est catholicum, ut Augustinus in multis locis hoc pro regula habeat legendi autores. Nec fuit ullus tam fœdus hæreticus, qui hoc negaret, nisi novi isti hæretici omnium temerariissimi Jutterboccenses Observantini, qui fronte sua meretricia sacratissimas Patrum doctrinas, quas nunquam legerunt, pronuntiant pestiferas, absurdas, alienas a catholica doctrina. Nonne hæc est in Spiritum sanctum blasphemia?

Sexto *quid Thomas prædicarit*, nescio, nisi quod iterum video vestram malitiam prodere se ipsam. Nam cum ille in generali Prælatos carpserit, Papas et Episcopos, quod utique non solum licet, sed etiam debet fieri, nisi scripturas velitis negare et prohibere, ubi Christus fures, latrones, lupos reprehendit: vos autem ei audetis pro culpa imponere: quod tunc recte fecissetis, si ille aliquem nominasset individualiter, nunc autem detractores et calumniatores estis, quia nihil legitis nec intelligitis. Quidquid autem allegatis, totum secundum cerebrum vestrum accipitis et secure pronuntiatis. Quando satisfacietis illi et nobis pro tam gravi detractione?

---

a) Löscher: veritatem.

Septimo iterum vos proditis, *dum Magistrum Franciscum accusatis*, quod de literis confessionalium docuerit stuppæ retinaculum facere, et prohibuerit bona opera, confessionem et jejunia: nec pudescitis ipsi vos fateri, quod talia ipse negavit vobis. Vos autem ad detrahendum accensi, accusatis eum de iis, quæ ignoratis, quæ ipse negat, quæ aliorum relatu audistis. O intolerabilem et pestilentem temeritatem. Cur non expectastis, donec sciretis? Cur non os virulentum cohibetis, nec ei neganti magis creditis publice, quam aliis narrantibus? Est ista charitas vestra? Didicistis hoc ex regula vestra? Quid faceretis, si et nos publice vos accusaremus de magnis horrendisque monstris, quæ vulgo de vobis jactantur? Novus mos accusandi ex aliorum relatu, ex propria suspicione, ex temerario judicio fratrem negantem nec convictum accusare.

Si laici quærunt de jejunio aut confessione ex Evangelio, recte faciunt, et vos tenemini ad responsionem: debetis enim scire Evangelium. Si non potestis respondere, desinite iis, qui possunt, detrahere.

Ultimo quod Lector nunc negavit, *Papam solum esse, vicarium Christi, et Petrum esse principem Apostolorum in potestate, et nullum esse casum reservatum jure divino*, recte dictum est: sed, ut video, nescitis, quid sit jus divinum vel jus humanum: et estis in utroque judices cum fiducia. Jure divino (ut D. Hieronymus multis locis probat) Apostoli omnes sunt æquales, Episcopi omnès sunt æquales: imo addit idem Hieronymus, quod presbyter et episcopus jure divino sunt idem. Quid hic facietis? an Hieronymum comburetis? an ipse quoque tunicam inconsutilem scindet vobis? Legite eum in epistola ad Evagrium, et in commentariis ad Titum et Ephesios, et videbitis vestram negligentiam et temeritatem. Igitur Papa solum humano jure est vicarius Christi, sicut etiam Romæ scriptum est in Ecclesia, matre omnium, Lateranensi.

In fine expecto vestram responsionem quantocius, ut sciam, an cervices vestras velitis inclinare, an erectis contra veritatem pugnare. Ego, ne dubitetis, vos egregie tractabo, et omnibus exponam miram vestram sapientiam. Bene valete, et Dominus det vobis recte sapere et velle.

Amen. Si vultis esse amici, ero gratissimus: sin non vultis, age facite quod facitis: ego nomen meum et verbum Christi non deseram, credite firmiter.

Wittembergæ, Dominica Jubilate, anno MDXIX.

F. Martinus Lutherus, August.

---

16. Mai.

N°. CXXXVIII.

An Spalatin.

Carl von Miltitz hatte L. eingeladen, sich in Coblenz vor dem Kurfürsten und dem Cardinal Cajetan zu stellen, welche Zumuthung L. lächerlich findet. Herzog Georg, an den er zweymal geschrieben, verweigere noch die Erlaubniß zur Leipziger Disputation. Er sendet dessen zwey Briefe, und will zum dritten Mal schreiben. Sp. hat von ihm eine Schrift vom priesterlichen Leben verlangt, weßwegen er ihn auf die Briefe P. an Timotheus und Titus verweist. Jedoch findet sich eine solche Schrift: ratio vivendi sacerdotum, bey Aurifaber I. p. 174. b. Löscher III. 950. Walch XXI. 631. und wir fügen sie diesem Briefe bey.

Bey Aurifaber I. 174. Löscher III. 977. Vgl. Cod. Jen. a. f. 53. Deutsch bey Walch XV. Anh. XXXIII.

Suo Georgio Spalatino, Christi Sacerdoti, et amico et erudito patrono.

Jesus.

Salutem. Ridiculum Caroli Miltitii caput fatetur, nondum venisse mandatum ex urbe, et me vocat: vocat autem ipse, non Archiepiscopus, deinde ad præsentiam Cardinalis: an homines insaniunt? Scribam ei: interim consule mihi, quæso.

Dux Georgius bis mihi respondit, nec dum admittit ad disputationem, cum tamen eum certum fecerim, Eccium cogere, ut respondeam ei, tum literis privatis, tum publicis schedulis. Deinde cur ex me tantopere postulat, ut Eccius pro me scribat, qui nihil cunctatus est Eccio favere, nihil de Carlstadio requirens? Quid hoc monstri? Mitto utrasque ejus literas: scribo ei jam tertio. Consule, quæso, quid tibi videatur.

Scharto nostro curabo, si possum servire.

Cæterum de sacerdotali, quod petis, vita describenda, cur a me petis, qui tam copiose habeas Apostolum ad Titum et Timotheum disserentem in hanc rem?

Ago gratias pro munere, satisfacturum Deum offero. Vale in Domino. Nostri omnes Caroli literas tales existimant, ut me omnium judicio sibilum fore arbitrentur, si propter eas me itineri darem. Feria 2. Jubilate, anno MDXIX.

F. Martinus Lutherus, August.

Beylage.

Ratio vivendi sacerdotum.

I. *De victu sacerdotum temperato.*

Quicquid de prandio fuerit, cœnam esse parcam et brevem: corpori et animæ prodest, sicut et Horatius ait: *Cœna brevis juvat, et prope rivum somnus in herba.* Et Eccles. XXXI. *Somnus sanitatis in homine parco: dormit usque mane, et anima ipsius non ipso delectabitur.* Quare vere dicitur proverbio, jucundæ collationes vespertinæ tristes faciunt matutinas. Denique serotinæ fabellæ et potationes destructum pectus et confusum caput faciunt, mane vero refertum omni gravedine, pituita et phlegmate. Quæ mire impediunt sacerdotis officium tum orandi, tum sacrificandi. Quare ut hic vigiles adversus id malum generalissimum: sero cogita, quod non poteris perdere vesperam, quin omnino vel prope perdideris et mane et totum diem sequentem. Experto crede: si non credideris experto, expertus olim credes.

II. *De sacerdotum studio.*

Vespere omnino aliquid ex sacris literis tecum in corde feras ad lectum, quo velut mundum animal ruminans suaviter obdormias : non sit autem multum, sed potius modicum, bene cogitatum atque intellectum, quod mane surgens velut reliquias serotinas reperias. Item in omni studio sacrarum literarum omnino de ingenio et labore desperandum est, sed cum timore et humilitate a Deo intellectum tibi petas. Idcirco cum codicem accedis, oculos et cordis et corporis primum in cœlum eleves ad Christum, brevi suspirio ejus gratiam implorando, quod idem sæpius faciendum est inter legendum, sed ut dicas et cogites: da, Domine, ut et hæc recte intelligam, magis ut et faciam. Sed cave omnibus modis, ne ideo cupias studere sacra, ut velis tantummodo scire et intelligere (non enim credo te tam crassa Minerva esse, ut honorem, lucrum aut gloriam quæras) imo nec ut velis alios docere : satis tibi tuta sit cogitatio, potest enim ibi occultissime latere kenodoxia: sed prorsus nihil quæras nisi gloriam Dei, ita ut sic sis animatus: ecce, optime Domine Jesu, si non est hoc studium in gloriam tuam, ergo ne facias me ad syllabam intelligere: da autem mihi, quantum tibi videtur ad gloriam tuam in me peccatore.

III. *De familiaritate.*

Rara etiam et eadem brevis familiaritas prodest sacerdoti. Verissimum enim est id proverbium : amici fures temporis. Quod si amici fures sunt temporis, quid erunt extranei et ignoti vel minus familiares? Verum in his prudentia summa tibi opus fuerit, ne scilicet nimium fugiens hominum convictum, dæmonum societates incidas: rursus, si nimium accedas, a porcis conculceris. Itaque si te vocaverit Deus (si necessarium fuerit servire, consulere, colloqui proximo, vel pro salute, aut alia necessitate ad id fueris quæsitus) prorsus lex et regula cujuscunque instituti tui te retineat : charitati omnis lex debet cedere etiam orandi et sacrificandi : ubi vero non vocaris, nulli te ingeras, ne incipias...... velle......[a]) et animæ tuæ patiaris detrimentum.

IV. *De oratione.*

Memor esto, te sacerdotem esse, id est, ministrum communem et publicum: ideoque non pro te tantum, quantum

---

a) Hier ist eine Lücke im Text.

pro ovibus intente orabis, præsertim pro majoribus Ecclesiæ, scilicet Pontificibus et rectoribus, quoniam illorum salus nostrum omnium est salus.

V. *De sacrificio faciendo.*

Non semper eris idoneus ad sacrificium, verum ut fias idoneus, aliquando tibi accedendum est non idoneo. Id facies, si cogitabis non propter te, sed propter alios, in peccatis constitutos, pro Christianorum necessitatibus tibi esse sacrificandum. Ideo quod pro te non faceres, facies pro illis: nec incipias cuiquam confidere, quia idoneus tibi visus fuerit.

VI. *De tota vita.*

Sicut Tobias docuit filium suum, ut a Domino peteret, qui dirigeret vitam ejus, ita et tu de te desperatus ora, ut gressus tuos ipse dirigat secundum eloquium suum. Quia sic dicit Hieremias: *scio*, inquit, *Domine*, *quia non est hominis via ejus.* Ante omnia vero summam mansuetudinem erga peccatores indue. Hoc enim sacerdoti necessarium est, ut nullum despiciat: sed illius peccata et miserias tua esse existima, sicut Christum vides nobis fecisse.

---

16. Mai.

N°. CXXXIX.

An Joh. Lange.

Zuerst von einer Ordensangelegenheit, dann von der Leipziger Disputation. L. sendet seine und Ecks Theses, und meldet, daß Herzog Georg ihm noch nicht die Erlaubniß dazu ertheilt habe. Dann von der Einladung Miltitzens, nach Coblenz zu kommen, und zuletzt, daß der Commentar über den Brief an die Galater unter der Presse sey.

Bey Aurifaber I. 173. b. Löscher III. 976. Deutsch bey Walch XV. Anh. XXXIV.

Reverendo Patri Johanni Lango, Vicario mediastino Augustin., S. T. Magistro, suo in Christo Majori.

Jesus.

Salutem. Prior Grimmensis, R. P., apud me nudius moratus, optavit, ut ad te scriberem pro fratre Matthia molitore, cujus administratione res eo pervenerit, ut gravi fama laboret conventus, insimulantibus civibus aut etiam probantibus scandalum nescio quod cum ancillis molendini obortum. Petit eum transferri omnino: tu pro officio tuo consulas: ego amovendum arbitror. Conversi illic jam dudum regnant.

Mitto schedulas novas Eccii et Lutheri criminatrices mutuas. Dux Georgius bis mihi respondit amphibologus totus, nec dum admittit, admissurum spondens, si Eccius eum certum fecerit, meam sibi placere congressionem: qui tamen Eccium admisit, nihil cunctatus, an Carlstadio placeret congredi, denique ex me didicit, me ab Eccio editis et literis et schedis provocari. Vides, quid monstri alant homines. Jam tertio scribo ad eum. Lipsenses theologi et ψευδοκήρυκες forte consumentur invidia: ita ardent in me.

Vocavit me Carolus Miltitz ad Confluentiam, responsurum Archiepiscopo Trevirensi, præsente Legato Cajetano: homo suavis, simul confitens, se nondum ex urbe recepisse mandatum, et sperat me tam crassæ naris esse, ut non vocatus nisi sua temeritate, veniam. Video ubique, undique, quocunque modo animam meam quæri. Epistola mea ad Galatas sub incude Lipsiæ laboratur. Vale et ora pro me. Feria 2. Jubilate, anno MDXIX.

F. Martinus Lutherus.

---

17. Mai.

N°. CXL.

An Carl von Miltitz.

Antwort auf M.'s Einladung, sich in Trier zu stellen. L. entschuldigt sich, daß er nicht kommen konne, mit mehreren Gründen. Er halte seine Anwesenheit für unnöthig, da seine Schriften aller Welt vor Augen liegen; M. habe zu dieser Einladung keinen Befehl von Rom, auch habe ihn der Kurfürst nicht eingeladen; die Reise sey während des interregni unsicher; er dürfe die Leipziger Disputation nicht versäumen; der Kurfürst werde von Trier abwesend seyn wegen der Kaiserwahl; mit dem Cardinal wolle er nichts zu thun haben, da er unchristlich gesinnet sey; er habe Nachstellungen zu fürchten, und man beschuldige sogar M. selbst, daß er einen verdächtigen Menschen nach Wittenberg geschickt habe; endlich halte er es für besser, wenn seine Sache mehreren deutschen Bischöfen zur Untersuchung übergeben würde.

Bey Aurifaber I. 176. b. Löscher III. 103. Vgl. Cod. Jen. a. f. 54. Deutsch bey Walch XV. 874.

Egregio Viro Domino Carolo de Miltitz, Apostolico Commissario, Canonico Moguntinensi, suo Patrono in Domino.

Jesus.

Salutem. Accepi literas Præstantiæ tuæ, Vir optime, quibus consulis, ut quantocius Confluentiam me recipiam: id enim fore ex mea re. Verum audi, quæso, patienter meam sententiam. Primum, quando Altenburgi conveniebamus, videbatur mihi tum non necessarium, ut ego præsens essem: sed quia editi sunt libelli, in quibus meam mentem omnibus liquidissime aperui, sufficere putavi, si, discussis meis sententiis, statuerentur articuli mihi revocandi, et modus revocandi, assignatis rationibus, ut fieret revocatio efficax et probabilis, ne si aliter fieret, extorta mihi diceretur per vim et fierent novissima pejora prioribus. Et hunc sensum adhuc habeo.

Sed etsi venire omnino deberem, poteris tu ipse cogitare, quam stultum me essent habituri, qui causam istam audirent, cum nondum venisse mandatum ex urbe scribas, nec dum Archiepiscopus me ejusdem mandati virtute vocarit, sed nec certum habeam, an sit mandatum hoc venturum, præsertim in isto tumultu Imperii: nec certus sum, an veniens mandatum Archiepiscopus sit accepturus. Quomodo ergo in tanta dubia me dabo, per tot pericula, et tam gravibus expensis? quas unde habeam pauperrimus? tot consumsi huc usque in ista causa, et fessos feci patronos, ut pudeat plura postulare: ut interim taceam, quod durante interregno ne possit quidem ulli salvus conductus præstari, præsertim mihi tot inimicis appetito.

Accedit ad hoc, quod jam solennis disputatio, quam mihi reverendissimus Dominus Cardinalis Augustæ denegavit, Lipsiæ instat, oblata ab Johanne Eccio, a qua si me subtraherem, quantalibet justa causa, summam ignominiam mihi omnibusque amicis, quin et illustrissimo Principi nostro, totique Ordini meo et Universitati inurerem. Denique in hac potest res ista coram tot doctis viris et tam acri disputatione purius et absolutius examinari, quam vel coram Archiepiscopo vel Cardinale: ut præstet, omnia hujus causæ negotia sisti, quam hanc disputationem impediri.

Cum autem et Archiepiscopus sit Elector Imperii, nonne absens esse cogetur in id temporis? Absente autem ipso, quæ tutela? quæ causæ tractatio fieri potest?

Sed age, sint illa omnia plana: tamen coram R. D. Cardinale nolo hanc causam agi: nolo eum præsentem, neque dignus est, ut qui me a fide christiana tentavit Augustæ deturbare: ego eum dubito esse catholicum Christianum. Atque si otium fuerit, scribam ad Romanum Pontificem et dominos Cardinales, ac coarguam eum, si se ipsum non emendarit in omnibus, quibus fœdissime errat. Doleo Legatos sedis Apostolicæ tales esse, qui Christum abolere moliantur.

His itaque causis spero, mi Domine, quod justissime sim excusatus, si non venero: ne [a]) addam et illud, quod nuper quidam sycophanta apud nos fuit multis literis suffarcinatus, quærens te, deinde me, qui multam suspicionem reliquit, insidias mihi undique paratas: denique fugere coactus est, ne in Albim cogeretur saltare: paululumque abfuit, nisi nos restitissemus, quin interpretati fuissent, tuo studio id factum, maxime cum audiremus, te adhuc in Germania desidere, qui nobis promisisti, recta via et in brevi ad urbem te profecturum. Ita fit, ut ego quidem excusarim te, sed tamen undique insidias mihi metuendas videam.

Jam quod rem difficiliorem putas futuram, si sanctissimus Dominus Leo decimus plures Episcopos ad istam causam

---

a) Cod. Jen. ut.

deputarit: ego contrarium arbitror. Cum enim sub judicium totius orbis rem istam editis libellis posuerim, et nunc Lipsiæ coram tot viris tractandam suscipiam: non modo non difficile, sed et gratum fuerit, multorum judicum arbitrio causam transigi.

Si vero, ut scribis, acceptis Brevibus Apostolicis cogeris ad nos venire propter meam cunctationem: Deus faxit, ut prospere venias. Ego sane occupatissimus et multis serviens, non possum sine multorum dispendio tantum tempus perdere, et gratis exspatiari. Bene vale, Vir optime. Wittembergæ, feria 3. post Jubilate, anno MDXIX.

F. Martinus Lutherus, August.

---

22. Mai.

N°. CXLI.

An Spalatin.

L. bezeugt seinen Beyfall über einen Brief des Erasmus, worin er seiner gedacht (wahrscheinlich denjenigen, den er unter dem 14. April an den Kurfürsten bey Gelegenheit der Zueignung seiner Ausgabe des Suetonius de vitis Cæsarum geschrieben). Sodann bittet er um Entscheidung wegen der Anstellung eines Professors der hebr. Sprache, und meldet die Vermehrung der Anzahl der Studirenden in Wittenberg.

Bey Aurifaber I. 178. b. Löscher III. 977. Vgl. Cod. Jen. a. f. 56. Deutsch bey Walch XXI. 634.

Optimo Viro Georgio Spalatino, Sacerdoti Christi, suo in Christo venerabili Majori et Patrono.

Jesus.

Salutem. Mire placet epistola Erasmica mihi et nostris: unum ego nollem, nempe meum nomen in ea non solum nominari, sed et cantari, præsertim a tanto viro. Non ignoro me ipsum, in hac saltem parte.

Cæterum antequam abeas*), quæso, exploratam nobis relinque mentem illustrissimi Principis de Hebraico professore. Fuit nobiscum rediturus propediem Johannes Cellarius Gnostopolitanus, qui Heidelbergæ Hebraica professus est, et edito libellulo grammatico (quem te vidisse credo) testatur se nonnihil in ea re nosse; hic omnia nobis promisit, quæ possit, fideliter traditurum sese (modo Lipsiæ agit nostras literas expectans), si honesto salario a nostro Principe illustrissimo providendum se intellexerit. Responde ergo citius, literas quoque ducis Georgii simul remitte.

Confluit multus studentium numerus, et eorum insignium: denique venit Nurmbergensis ille theologiæ Licentiatus, provectæ ætatis vir, concionator hospitalis et sancti Sebaldi: et civitas nostra pæne non capit omnes penuria habitationum. Alia alias. Vale. Dominica Cantate, anno MDXIX.

F. Martinus Lutherus, August.

---

24. Mai.

N°. CXLII.

An Spalatin.

L. bittet um die Beförderung seiner und Carlstadts Thesen nach Nürnberg und an Eck selbst. Dann von Universitäts-Angelegenheiten, und eine Entschuldigung an seinen Freund Schart wegen seines Stillschweigens.

Bey Buddeus p. 5. Vgl. Cod. Jen. a. f. 239. Deutsch bey Walch XXI. 636.

Suo in Christo charissimo Georgio Spalatino, servo Christi et Domino suo.

Jesus.

Salutem. Sicut nuper mihi promittebas, mi Georgi charissime, posse et velle te literas quoquoversum dirigere: ita

*) Sp. machte mit dem Kurfürsten eine Reise, von der er im Julius wieder kam, vgl. No. CXLVII. Wohin?

nunc rogamus, ut has Carlstadii et meas disputationes ad Nurmbergam, vel ad ipsum potius Eccium pervenire cures, juxta quod melius tibi visum fuerit. Cætera omnia ad te pervenisse credo. Miror quod D. Aesticampianus Jovinianum Hieronymi præ Plinio malit profiteri. Si quid in hoc effecisti, etiam scire cupimus. Augescit studentium numerus vehementer, sicut aqua inundans. Vale in Christo. Scharto dic, modice ferat tarditatem Martini plusquam ter occupatissimi. Wittembergæ, MDXIX. 24. Maii, 3. Cantate.

Martinus Luther, Aug.

---

30. Mai.

N°. CXLIII.

An Martin Glaser, Augustiner-Prior zu Ransau.

Nach einer Entschuldigung über sein Stillschweigen und wegen eines geliehenen Pferdes, wünscht L. seines Freundes Besuch, berührt die Leipziger Disputation, seine Vorlesungen über die Psalmen, den Druck seines Commentars über den Brief an die Galater, spricht vom Haß seiner Feinde und der Verbrennung seines papiernen Bildnisses (zu Rom?), vom Zustand des Klosters, von der Verläumdung des Franciscaner-Mönchs Bernhard.

„Aus der Cyprianischen Sammlung zu Gotha“ bey Schütze II. 28.

Rever. Patri Martino Gläser, S. Th. Baccalaureo, Eremitarum Ransaviensium Priori, sibi in Domino charissimo.

Salutem. Justissime omnium tu miraris, aut etiam indignaris, mi venerabilis Pater, quod tibi huc usque nihil scripserim. Verum etsi excusationes mihi non desint, volo tamen potius meam culpam agnoscere. Nam de equo tuo spero sitis mihi pauperrimo per intercessionem reverendi P. Vicarii propitii. Deo sine dubio dedisti, non mihi. Utinam te quoque rursum hic videamus: sic enim ex rev. Patre Vicario futurum audivi gaudens. De disputatione mea Lipsensi futura et de aliis meis omnia te nosse credo. Lego jam Psalterium denuo, et mire fervet studium. Plena est civitas studentibus.

Roma ardet in meam perditionem, et ego frigeo in ejus irrisionem Dicitur mihi papyraceus Martinus in campo Floræ publice combustus, execratus, devotus. Expecto furorem illorum. Epistola ad Galatas jam sub typis formatur. Videbis eam propediem.

Cæterum nos bene et quiete agimus, denique minus pauperes, quam antea. Heltus noster satis bene regit et ædificat, sed coquinam: ventrem enim adhuc curat, curaturus et postea.

Quod olim de Minore garrione scripsisti, legi: sed assuetus sum hujusmodi invidiæ. Totus orbis nutat et movetur, tam corpore quam anima. Quid futurum sit, Deus novit. Nos divinamus cædes et bella. Deus misereatur nostri. In quo bene vale, et pro me misero ora. Altera Voc. jucundit. MDXIX.

F. Martinus Lutherus.

Ende Maji's oder Anfang Junius.

N°. CXLIV.

An Hieronymus Düngersheim.

D. hatte, nachdem Monate vergangen waren, ohne daß er auf sein letztes Schreiben Antwort erhalten, L. daran erinnert. Dieser entschuldigt sich mit seinen vielen Geschäften, auch sey keine Antwort nöthig, da sie beyde in den Principien so sehr verschieden seyen, D. alles aus den Vätern, L. aber aus der Schrift bewiesen wissen wolle.

Bey Aurifaber I. 150. b. Löscher III. 80. Deutsch bey Walch XVIII. 655.

Egregio Viro Domino Hieronymo Düngersheim, Ochsenfordano, S. T. Doctori Lipsensi, suo in Domino Majori.

Salutem. Ipse potes facile existimare, vir optime, quam longe sim pluribus occupatus, quam tu, ut tam prolixis literis tuis sit impossibile respondere: sed nec necessarium. Video enim te niti Patrum duntaxat autoritatibus, cum noris nos non recipere ullos nisi judice Scriptura. Unde, quæso, possit ullus nostrum scire, quis Patrum recte dixerit, si Scriptura per ipsos duntaxat est intelligenda, ac non potius ipsi per Scripturam judicandi? Si hos oportet audiri citra Scripturæ censuram, cur non omnes in unum audiamus? Itaque ad omnium Patrum dicta hanc tibi habeto brevem responsionem ex Augustino, imo ex Paulo sumtam: Cæteras ita lego, ut quantalibet doctrina præpolleant, non ideo verum existimem, quia illi sic senserunt. Nolo mihi libertatem meam captivari, quam Paulus dedit dicens; *Omnia probate, quod bonum est tenete.* Satis est sanctos Patres defendisse ab hæresi: ab errore et violenta Scripturæ torsione defendi nec possunt, nec debent. His vale in Domino.

---

6. Junius.

N°. CXLV.

An Joh. Lange.

Von Jodocus Tode (der aber erst später erfolgte, s. den Brief an Spalatin vom 7. Dec. d. J.); daß L. mit der Herausgabe der Resolutio über seine 13. Thesis gegen Eck umgehe (die aber erst nach der Leipz. Disputation herausgekommen zu seyn scheint) und noch immer keine Erlaubniß zur Leipziger Disputation von Herzog Georg habe; von einer Anfechtung, welche er mündlich mittheilen wolle.

Bey Aurifaber I. 179. Löscher III. 979. Deutsch bey Walch XV. Anh. XLV.

Reverendo Patri Johanni Lango, Eremitarum August. Vicario Thuringiæ, S. Theologiæ Magistro eruditissimo et integerrimo, in Christo suspiciendo.

Jesus.

Salutem. Audimus D. Jodocum Isenacensem e vita solvisse: Dominus animam ejus suscipiat, et ignoscat ei super omnibus peccatis ejus, et nobis. Mitto, quæ vides: alia non habemus.

Edo jam probationes super odiosissimam propositionem tertiamdecimam propter invidiam, quæ hoc agit, ne Lipsiæ admittar ad respondendum. Ternis literis a Duce Georgio non potui certum obtinere responsum (Rabus ille Lipsensis *) iterum ad urbem in meam gratiam profectus est, alia mendacia illuc illaturus, et alias temeritates huc allaturus): adero tamen saltem oblaturus me ad respondendum. Carolostadio autem omnia admittuntur.

Accessit et alia his mihi major tentatio, quibus omnibus docet me Dominus, quid sit homo, quod tamen huc usque scire mihi satis videbar: audies eam coram, si aderis. Frater Joannes Cæsar evasit anthracis letiferum ulcus.

Vale et ora pro me peccatore magno. Alia enim re prorsus non indigeo, quam misericordia Dei. Ideo cruciatur invidia, quod aliis non indigere me sentit. Wittembergæ, feria secunda post Exaudi, anno MDXIX.

Saluta reverendos Patres M. Johannem Nathin et Bartholomæum Usingen et omnes. Statim videbis probationes propositionis meæ XIII. de primatu Papæ, ut spero, invictas.

F. Martinus Lutherus, August.

Vor dem Monat Julius.

N°. CXLVI.

An den Kurfürsten Friedrich.

L. bittet für sein Kloster um die Erlaubniß zu einem Bau und für sich um eine weiße und schwarze Kappe (Kaputze). Da Pfeffinger noch lebend vorausgesetzt wird, und dieser d. 3. Jul. 1519 starb, so gehört der Brief in die Zeit vorher. Vgl. den ähnlichen Br. L.'s unter dem J. 1517. No. XLVIII.

Aus einer Abschrift im Cod. chart. 398. fol. Biblioth. Goth. zuerst hier gedruckt.

---

*) Wahrscheinlich Herrmann Rabe, Dominicaner, ein Widersacher Luthers. S. dessen Brief in Unsch. Nachrichten 1721. S. 700.

Zu Handen meinem gnädigsten Herrn, Herrn Herzog Friedrich, Kurfürsten zu Sachsen ꝛc.

Jesus.

Durchleuchtigster Furst, gnädigster Herr, es zwinget uns *) Nothdurft, ein Gemach zu bauen, haben wir die Herrn des Raths zu Wittenberg demuthig gebeten, uns zu vergunnen, aus der Mauren auf den Graben zu bauen, wird uns dar unser Bitt kein Antwort. Darumb bitten wir, E. F. G. wollt uns gnädiglich dieses Nothbaus Gunst und Laub erzeigen, wartend, daß E. F. G. gnädig antwurt [a]), verdienen wir gegen Gott billig.

Ich bitt auch, E. F. G. wollt mir diesen Leiptzschen Jahrmarcht kaufen, das ist ein weiß und schwarz Kappen. Die schwarz Kappen ist mir E. F. G. schuldig, die weiße erbitte ich demuthig. Dann vor zwey oder drey Jahren mir E. F. G. eine zugesagt **), die ist mir noch nicht worden, wiewohl der Pfeffinger mir willig geredet, und doch vielleicht Geschäft halber oder, als man ihm Schuld gibt, langsam ist Geld auszugeben, verzogen, daß ich von Noth ein andere mußte mir verschaffen, und also benugt bis hieher E. F. G. Zusage gesparet. Auf diese Nothdurft bitt ich nu noch demuthig, so der Psalter ***) ein schwarz Kappe verdienet, wollt E. F. G. den Apostel ****) auch eine weiße Kappen verdienen lassen, und bitt auch nit durch den Pfeffinger aber verlassen werden ꝛc.

E. F. G. willigen unterthanen Capellan D. Martinus, Augustiner zu Wittenberg.

---

a) Oder: Antwort?

*) Er bittet im Namen seiner Klosterbrüder.

**) Woran er den Kurfürsten im angeführten Brief erinnert.

***) Wahrscheinlich meint er die Operationes in Psalmos, die er dem Kurfürsten zugeeignet.

****) Die Auslegung der Epistel an die Galater, mit welcher L. damals beschäftigt war.

20. Julius.

N°. CXLVII.

An Spalatin.

Bericht von der Leipziger Disputation (welche vom 27. Jun. bis zum 16. Jul. gehalten worden), und lebhafte Beschwerde über das feindselige Benehmen der Leipziger gegen die Wittenberger.

Bey Aurifaber I 180 Löscher III. 233. Deutsch Wittenb. IX. 66. Jen. I. 145 Altenb. I. 268. Leipz. XVII. 245. Walch XV. 1380. Wir haben das Original im Cod. chart. 122. fol. Bibl. Goth. verglichen. Der Brief befindet sich auch in Cod. Jen. a. f. 301.

Optimo Viro Georgio Spalatino, a sacris et libellis illustrissimi Principis Electoris Saxoniæ, sibi in Christo dilecto.

Salutem. Rediisse illustrissimum Principem et vos omnes salvos gaudemus, optime Spalatine. Animam Pfeffingeri *) Christus agnoscat, Amen. De famosa ista disputatione nostra dudum scripsissemus, sed non erat, quo et qua scriberetur. Ea sic habet, quod Lipsenses quidam, et ii neque candidi neque recti triumphant cum Eccio, et hæc est ipsis garrientibus fama: cæterum res ipsa omnia patefaciet.

Primum cum advenissemus mox eadem hora antequam curru descendissemus, affixa est valvis ecclesiarum inhibitio Mersburgensis Episcopi, ne disputaretur, allegata in hanc rem nova illa declaratoria et adjuncta. Hæc contemta est, et is qui affixerat, per senatum (quia sine ejus scitu fecerat) in vincula conjectus est.

Hac arte nihil promoventes, ad aliam versi sunt, vocato seorsim Andrea Carlstadio, multis egerunt (Eccio sic volente) ut disputatio fieret in verbis, nec in literas referretur per notarios. Sperabat enim clamore se prævalere posse et gestu (sicut vere longe prævaluit). Contra Carlstadius opponens, quod sic conventum esset, et pacto standum, expostulabat videlicet, ut notariis exciperetur.

*) Er war am 3. Jul. gestorben.

Tandem, ut hoc obtineret, coactus est saltem hoc admittere, ut excepta disputatio per notarios non ederetur in publicum, nisi judicium aliquorum audirent. Hic nova disceptatio de judicibus eligendis. Tandem etiam in hoc consentire compulerunt, ut finita disputatione convenirent de judicibus: nec aliter voluerunt admittere disputationem. Et ita cornuto syllogismo nos impetierunt, ut utrobique confunderemur, sive quod disputationem detrectassemus, sive quod disputationem necesse esset subjicere iniquis judicibus. Vides ergo crassas istas astutias, quibus nobis libertatem pactam abstulerunt. Nam Universitates et Romanum Pontificem certum habemus et nos aut nunquam, aut contra nos pronuntiaturos, id quod unice ipsi suspirant.

Altero die me vocato seorsum idem proposuerunt: ego autem veritus Romanum Pontificem, deinde sic a nostris persuasus, recusavi has conditiones omnes: tum illi excepto Romano Pontifice alias Universitates obtulerunt. Ego libertatem pactam servari petii, nolentibus recusavi et disputationem repudiavi: tum mox tota fama, me non audere disputationem assumere, et quod iniquius esset, judices nullos pati velle. Hæc omnia odiosissime et malignissime jactata et interpretata, ita ut et amicissimos quoque omnes subverterent: et jam Universitatis nostræ ignominia perpetua erat in promtu. Post hæc consiliantibus amicis adii, et conditionem indignabundus acceptavi: sic tamen ut salva esset mihi appellatio mea, et causæ meæ nihil præjudicaretur, exclusa etiam Romana curia.

Disputatum est cum Carlstadio primum de libero arbitrio, per hebdomadam. Carlstadius adductis libris ostendebat argumenta illius et solutiones (per Deum) egregie et locupletissime.

Post hæc cum Carlstadio quoque opponendi facultas data esset, recusavit Eccius, nisi relictis domi libris argumentaretur, cum Andreas ideo faceret, ut ei in faciem ostenderet, se recte adducere dicta Scripturæ et Patrum, et non violenter tractaret, sicut ipse convictus erat tractasse. Hic tumultus iterum ortus: tandem pro Eccio statutum est, relinquendos esse libros domi: sed quis non videat, si veritatis causa disputatum esset, optandum fuisse, ut omnes libri afferrentur. Nulla alia re invidia et ambitio impudentius se ostendebat.

In fine subdolus homo omnia concessit, quæ Carlstadius arguebat, quæ tamen fortiter impugnarat, et omnino per omnia cum eo consensit, glorificans, quod in suam sententiam pertraxisset Carlstadium. Nam Scotum cum Scotistis et Capreolum cum Thomistis rejecit, dicens, cæteros scholasticos idem et sapuisse et docuisse, quod Carlstadius. Ita cecidit tunc Scotus et Capreolus, id est, duæ celeberrimæ factiones Scotistarum et Thomistarum.

Altera septimana mecum disceptavit. Primum acerrime de primatu Romani Pontificis. Ejus virtus consistebat in verbo: *Tu es Petrus*, et: *pasce oves meas*, *sequere me et confirma fratres tuos*, adjunctis multis autoritatibus Patrum. Ego quid responderim, videbis propediem. Deinde ad extremum veniens, totus inclinatus recumbit in concilio Constantiensi, quod damnarat articulum Hussi, qui dixerat papatum a Cæsare esse, quasi sit jure divino. Tunc velut in harena sua fortiter instabat, Böemos mihi objiciens et palam hæreticum et patronum Böemorum criminans. Est enim non minus impudens, quam temerarius sophista. Mirum in modum hæc crimina, plus quam disputatio ipsa, Lipsenses titillarunt.

Ego rursum opposui Græcos per mille annos et antiquos Patres, qui non fuissent sub Romani Pontificis potestate, quanquam primatum honoris ei non negarem. Et tandem de concilii quoque autoritate disputatum. Ego palam fassus sum, esse aliquot articulos inique damnatos, ut qui essent Pauli, Augustini, denique ipsius Christi, apertis et claris verbis docti. Hic vero intumuit vipera, et exaggeravit meum scelus, et pæne insanivit adulando Lipsensibus. Tandem probavi ex ipsius concilii verbis, non omnes articulos ibidem damnatos esse hæreticos et erroneos, ideo nihil eum effecisse suis probationibus: et sic pendet ista res.

Tertia hebdomada, de pœnitentia, de purgatorio, de indulgentiis, de potestate absolvendi cujuslibet sacerdotis disputatum est inter nos. Nam cum Carlstadio invitus disputabat, me vero unice petebat. Indulgentiæ sane ceciderunt funditus: et mecum per omnia fere consensit, et in risum et ludibrium ivit patrocinium indulgentiarum, cum hoc mihi speraretur summa futuræ disputationis: denique fassus fuit in publicis concionibus, ut et vulgus intelligeret eum indulgentias nihili facere.

Fassus etiam dicitur, quod si de potestate Papæ non disputassem, in omnibus mecum facillime se fuisse consensurum. Denique ad ipsum Carlstadium dixit: si cum Martino tantum mihi conveniret, quantum tibi, concederem et cum eo in suum hospitium. Ita est homo varius et subdolus, omnia fieri promtus. Denique qui Carlstadio concessit, idem scholasticos doctores docere, mihi Gregorium Ariminensem, qui unus nobiscum contra omnes scholasticos sentit, rejecit: et ita idem pro diverso tempore asserere et negare, nihil apud eum vitii est. Nec Lipsenses id intelligunt: tantus est stupor in eis. Atque quo majus sit monstrum, aliud concessit in schola, aliud vulgo docuit in ecclesia. Conventus autem a Carlstadio, cur sic variaretur, respondit homo sine fronte, non oportere populum hæc doceri, quæ disputarentur.

Finita itaque mea disputatione rursum cum Carlstadio tribus diebus novissimis disputavit, iterum omnia concedens et consentiens: quod facere, quod in se est, sit peccare, et quod liberum arbitrium sine gratia nihil nisi peccare possit, et quod in omni opere bono sit peccatum, et quod facere, quod in se est disponenti ad gratiam, sit ipsa gratia. Quæ omnia Scholastici negant. Et ita nihil ferme in ista disputatione tractatum est saltem digne, præter propositionem meam decimam tertiam. Interim tamen ille placet, triumphat et regnat, sed donec ediderimus nos nostra. Nam quia male disputatum est, edam resolutiones denuo.

Lipsenses sane nos neque salutarunt neque visitarunt, ac velut hostes invisissimos habuerunt: illum comitabantur, adhærebant, convivabantur, invitabant, denique tunica donarunt et schamlottum addiderunt, cum ipso spatiatum equitarunt: breviter, quicquid cogitare potuerunt, in nostram injuriam tentaverunt.

Persuaserunt insuper Cæsari Pflug et Principi, ut hæc placerent. Unum nobis præstiterunt, quod dono vini (pro more) nos honorarunt: neque id omittere illis forte salvum erat. Quotquot autem nobis favebant, velut occulte ad nos veniebant. Invitavit tamen nos D. Aurbach, homo rectissimi judicii, et ordinarius Pistor junior: invitavit et ipse Dux Georgius nos tres simul.

Idem Dux illustris me solo vocato multis mecum egit de opusculis meis, præsertim de oratione Dominica, causans, quod Böemi de me multa præsumerent: deinde cum oratione Dominica suscitassem multis conscientiis confusionem, ut qui in quatuor diebus ne unum pater noster se orare posse quererentur, si me audiri oporteret, et multa alia. Nec ego eram tam stupidus, qui non distinguerem inter fistulam et flatum, indoluique optimum et piissimum Principem alienis ita patere et parere affectibus, quem videbam et expertus eram satis principaliter loqui, quando sua loquebatur.

Novissimum invidiæ monstrum. Cum ego in die Petri et Pauli vocatus essem a Domino Rectore nostro, Duce Pomerano, ut Evangelium gratiæ suæ in sacello castri pronuntiarem: repente fama hujus meæ concionis civitatem implevit, convenitque uterque sexus copiose, ut cogerer in aula disputatoria concionari. Ibi dispositi et vocati magistri nostri et observatores iniquissimi. Est autem id Evangelium, quod utriusque disputationis rem apertissime complectitur. Ideo ego totius disputationis summam coactus sum cunctis exponere, sed in malam gratiam Lipsensibus.

Post hæc Eccius contra me substitutus, quater prædicavit in ecclesiis diversis et omnia mea proscidit et vexavit publice. Sic [a]) enim theologistæ ei mandarunt. Mihi rursum, licet a multis peteretur, non est concessa ulla concio. Accusandus tantum et criminandus eram [b]), non etiam purgandus. Sic enim et in disputatione egerunt, ut Eccius, licet opponens esset, ultimum tamen verbum haberet, quod ego non possem dissolvere. Denique ipse Cæsar Pflug, cum audisset me prædicasse (aberat enim), ait: Ich wollte Doctor Martinus hätte sein Predigt gen Wittemberg gespart. Summa summarum: invidiam aliquando novi, sed nullam inverecundiorem et impudentiorem.

a) Aurif. sicut.

b) Aurif. — eram.

Sic habes tragœdiam totam: cætera tibi D. Johannes Planitzer. Erat enim et ipse præsens et non parum effecit, ne caderet disputatio. Et quia disputatione ista Eccius et Lipsenses gloriam suam, non veritatem quæsiverunt: nihil mirum, si male inceperit et pejus finierit. Nam cum speranda fuisset concordia inter Wittembergenses et Lipsenses, hac invidia fecerunt, timeo, ut discordia et displicentia primum videatur nata. Hic enim fructus est gloriæ humanæ. Ego qui freno quidem impetum meum, non possum tamen omnem displicentiam evomere, quia carnem habeo, et plus nimio fuit impudens invidia et maligna iniquitas in re tam sacra et divina. Bene vale, et me illustrissimo Principi commenda. Quarta feria post Alexii, anno MDXIX.

R. P. Vicarium Staupitz in Grimmis inveni.

T. Martinus Lutherus.

---

26. Julius.

N°. CXLVIII.

An Joh. Lange.

Daß L. den Generalvicar Staupitz in Grimma angetroffen; von Ecks Anmaßung.

Bey Aurifaber I. 184. b. Löscher III. 979. Deutsch bey Walch XXI. 637.

Reverendo et optimo Patri Johanni Lango, S. T. Magistro, Augustin. Erfurdiensi, Vicario mediastino ejusdem familiæ, suo in Christo Majori.

Salutem. Inveni, R. P., in Grimmis reverendum Patrem Vicarium generalem una cum Magistro Wenceslao, visitaturum conventus, juxta vicem suam. Et benefecisti abstinendo a visitatione. Dicebat enim jam ad se pertinere. Prior ibidem absolvetur, timeo.

Expectamus quotidie adventum P. suæ ex Dresden aut Herzberg. Jussit, ut adventum ejus tibi et quibus possem, notificarem, quod et tu facies. Eccius triumphat ubique, ductus a Duce Georgio ad montem S. Annæ, forte indulgentias ibidem resuscitaturus. Statim alia, vale. Die S. Annæ, anno MDXIX.

F. Martinus Lutherus, August.

---

15. August.

N°. CXLIX.

An Spalatin.

In dieser Zuschrift seiner Resolutiones super propositionibus suis Lipsiæ disputatis erzählt L. ausführlich den Hergang der Leipziger Disputation, und setzt das Betragen und die Siegsprahlereyen Ecks ins Licht.

Die Resolutiones Lutherianæ super propositionibus suis Lipsiæ disputatis erschienen zuerst Wittemb. 1519. 4. Dann in den Werken Viteb I 293. Jen I. 279. Die Zuschrift ist noch zu finden bey Aurifaber I 185. Löscher III. 733. Deutsch bey Walch XV. 1357. Wir haben den ersten Druck verglichen.

Optimo et erudito Viro D. Georgio Spalatino, illustrissimi Principis Friderici Saxoniæ Electoris Imperii, ejusdemque Vicarii etc. a libellis et sacris suo S.

Jesus.

Historiam famosæ hujus disputationis, quam Lipsiæ habuimus, optime Spalatine, cupis nosse, ea vel maxime causa, quod audieris, Eccium nostrum et Ecclanæ factionis aliquot homines jamdiu et secure triumphare encomiaque cantare. Ego sane gaudeo, et gratias ago, si tam vera es victoria, quam magna est jactantia. Quid enim Christianis, præsertim theologis, magis optandum, quam ut veritas triumphet, error traducatur? Sed rursus, quando unquam auditum est a sæculo, hanc esse gloriam veram et stabilem, quæ se ipsam prædicat, et ante tempus jactat? Nonne in hanc sunt proverbia edita: encomium ante victoriam, rumor ante salutem? Deinde illud trivii: propria laus sordet, et laudet te os alienum? Tum Christus: *Si gloriam meam quæro, gloriam mea nihil est.* Et Proverbiorum autor Salomon, *hæreditas* (inquit) *ad quam in principio festinatur*, in *fine benedictione carebit.* Justus enim (ut Scriptura dicit) in principio non est jactator, sed accusator sui: Pharisæus autem primo est laudator sui, simul accusator omnium aliorum.

De Eccio nostro autem eo facilius credo, jactasse eum victorias, quo jam olim mihi est ingenium hominis perspectum, ut gloriæ miserrimum mancipium: tum quod jam magis expertus sum, solere eum in disputatione magis criminari quam disputare, et more indoctorum declamatorum tempus conviciis et contumeliis hominum perdere. Ideo nihil mirum, si non nisi gloriam quærat. Mihi vero, qui jam duos annos patior multos ejusmodi victoriæ jactantissimos et vanissimos gloriatores rabidosque criminatores, deinde contemsi, nescio, quæ tartara mihi intentata, pro minimo est, hanc eorum simulatam gloriam audire, quorum magis misereri, quam pigere oporteat. Nam si conscientia eorum idem gloriaretur, ne dubites, foris neque gloriarentur, neque criminarentur.

Tamen ut tibi satisfaciam, breviter rem ipsam secundum veritatem describam, et ita describam, ut intelligere possis, disputationem illam fuisse perditionem temporis, non inquisitionem veritatis: deinde Eccium Eccianosque simulare in gloria aliud, et aliud sentire in conscientia. Nam quantum in Eccio fuit, fere nullus scopus tactus est: sin tactus est, non nisi notissimis et vulgo proculcatis argumentis certatum est. Nam Deus novit, quod totam istam conclusionum cohortem multo acrius et validius nostri Wittembergenses duobus annis oppugnaverunt et ita examinaverunt, ut ossa earum numerare licuerit, quas Eccius vix in facie cutis leviter perstrinxit: nisi quod multo fortius clamavit una hora, quam nos integris duobus annis, ac gestibus immaniter fastuosis et gloriosis etiam se ipsum clamatorem superare velle visus est. His enim moribus, sane quietis et tranquillis, pacificam illam et in silentio ac mysterio profundissime quietissimeque latentem theologiam quæsivit hucusque Ecciana modestia. Ita me Deus amet, fateri cogor, nos esse victos clamore et gestu, hoc est, Ecciana modestia: sic enim ipse vocat.

Verum antequam rem ipsam dicam, præfabor, et veniam petam, si homines quosdam involvam pariter, libenter omissurus, si ipsi sese non involvissent sine causa, et ut dicitur, neutrales et indifferentes habuissent utrinque. Ideo non mihi, sed sibi imputabunt, si tangantur et ipsi, quos par gloriæ studium et inveterata jam diu invidia coëgit pro Eccio contra nos machinari, non bonas machinas. Non sane omnes dico. Nam sunt in ea Academia præclarissima candidissimi et rectorum studiorum optimi assertores, atque hoc ipso tamen nomine alterius illius fermenti hominibus velut sudes in oculis et offendiculum a latere, ut Josuæ verbis dixerim: sed et prudentissimus senatus ornatissimique cives tam absunt ab hoc maligno ingenio, ut nemo magis abominetur hoc perversum et bonis literis inimicum genus.

Omnium autem maxime laudandus est illustrissimus Princeps Dux Georgius, qui vere principali clementia et munificentia nihil omisit, quod ad felicissimum hujus disputationis frúctum facere possit, si talis fuisset, ut pura veritas, posthabita gloria, quæreretur: denique et sua splendidissima præsentia id negotii dignatus est mirifice illustrare, omnia cavens et monens, ut modeste et quærendæ veritatis studio agerentur. Nihil ergo optimæ huic Academiæ [a]) me debere confiteor, quam omnem honorem et omne officium: duntaxat invidiam quorundam (ut sunt res mortalium ex nulla parte integræ) fateor mihi satis displicuisse.

Igitur hæc est sive tragœdia, sive comœdia hujus disputationis (quam satyram potius dixeris). Primo ruptum est pactum, quo inter Eccium et nos convenerat, ut libere disputaretur, et excepta per notarios in publicum totius orbis judicium ederentur, quemadmodum in literis utrinque editis legitur. Nam voluit potius Eccius noster sine notariis meris et liberis clamoribus rem agi: consenserunt in idem suæ factionis viri. Ubi hoc obtinere non potuerunt, ad aliam pacti illusionem itum est, scilicet ne excepta per notarios

---

a) Autogr. Löscher: Universitatis.

ederentur, nisi judicibus nominatim et communiter electis oblata, accepissent sententiam. Additum est commentum, quo velut honestissimo titulo hoc fœdifragium apud idiotas ornaretur, videlicet oportere judices certos habere, quos si recusaremus, jam haberent, quo in odium vulgi nos trahe. rent, et jactarent, nolle scilicet nos pati ullos judices.

Ita solidissima veritas Eccii et Eccianorum metuit lucem et publicum, sibi scilicet optime conscia, quasi orbis et cujusque optimi viri judicium parum sit, quo recepta sunt tam multa, quæ olim S. Patres dixerunt, scripserunt, disputaverunt. Fecerunt ita forte, quod judices fore sperarent eos, quos in Academiis b) passim contra nos, pro se stare sciebant: aut, quod magis suspicor, quod Eccius meus conscius sibi non intellectæ a se Scripturæ latibulum hujus conscientiæ hac ratione quæreret. Nam etsi est homo in literis humanis et opinionibus scholasticis varie et copiose eruditus: tamen sacrarum literarum ego inanem inveni disputatorem. Quod mihi pro modestia sua ignoscet, quia verum dico, et suo tempore probabo, ubi ea non suffecerint, quæ ipsemet in papyrum effudit testimonia imperitiæ hujus credibilia nimis. Non quod mihi soli vendicem Scripturarum sanctarum scientiam (sic enim me solet criminari, quando aliud quod dicat, non est ad manum), sed quod arbitrer me in sacris literis tantum versatum et exercitatum, ut de scholastici theologi scientia, qui sacras literas vix a limine salutavit, possim sine periculo pronuntiare.

Altera machina fuit. Carolostadius, jam non noster c), secum libros attulerat, cum sit honestissima disputandi et tutissima ratio, ex præsentibus libris loca ostendere, et dicta vel probare vel refutare d): magno tumultu hoc Eccius noster detrectavit. Nam videbatur cujusdam compilatoris ingenio et opera fretus, multas consarcinasse autoritates S. Patrum, studioque factionis suæ auxisse: ubi e) periculum erat, ne sicut aliquoties convincebatur, ita

b) A. L. Universitatibus.

c) A L. Carolst. noster. Jene Lesart ist offenbar später.

d) A L. confutare.

e) A L. ibi.

semper convinceretur, male induxisse dicta Patrum. Nam cum præcedentia et sequentia non vidisset (nec enim veritas, ut dixi, quærebatur) ita alias [f]) aptavit ad propositum, ut nihil minus valeret ad propositum, nisi quod delectabat eum aliquando et risum miscere auditorio.

Statuerunt itaque pro Eccii voluntate, libros domi relinquendos esse et solius memoriæ et linguæ viribus ac libertate disputandum, hoc est, quod optimi quidam dixerunt, hanc disputationem non de veritate, sed de laude memoriæ et linguæ agitari. Prætexuit tamen et hic Adam ille folium fici pulcherrimum, quod sane nullus, nisi sit stipes, intelligat: videlicet puerile et ridiculum esse, theologum e libris aut schedis disputare. Et mirum, quam blandum sibi vulgi murmur hoc ingenio invenerunt, quod de his rebus judicat, sicut de puerorum scholasticis exercitamentis: quasi non et Augustinus contra Manichæos et Donatistas collatis libris pugnaverit. Verum veritatem ille quærebat, non gloriam.

Prætereo, quod Eccio necesse fuit ultimum verbum cedere, sive opponeret, sive responderet, ut sic argumenta insoluta facilius victoriam simularent. Tum si alicui rei finiendæ dictus fuisset dies, liberum illi fuit hoc non observare: nos religiosos et observantes esse oportuit. Breviter, qui pugnatum veneramus contra errores et hæreses, cum invidia et vana gloria negotium habere coacti sumus. Nam quod ad me pertinet, cum me tot concionibus in populo fabulam et sibilum faceret, ita volentibus suis squamis, libens transeo, ut qui nihil æque optarim, quam nominis mei oblivionem. Nec sic tamen quidquam promoverunt. Nam velint, nolint, testari coguntur et ipsi, D. Bodenstein [g]) propositiones domum salvas rediisse, nec una vel syllaba refutatas, quas etiam crudas devorare Eccius statuerat.

Quin egregius iste scholasticorum doctorum patronus, quo caveret, ne victus videretur, inter disputandum Proteum imitatus subito, ea quæ in principio magno impetu impugnarat, in fine omnia concessit, imo affirmavit, tum

f) A. L. illas.

g) A. L. Carolostadii.

præoccupans gloriatus est, quod in sententiam suam Carolostadium pertraxerit, audens etiam hoc dicere, scholasticos doctores nunquam aliter docuisse et sapuisse. Quod cum sentiret impudentius dici, quam audire possit quicunque Scholasticos legisset, sic sane temperavit, ut Scotum cum Scotistis suis et Capreolum cum Thomistis suis constanter negaret, antiquiores Altisiod. Bonavent. et nescio quos autores allegans. Credo autem, quod hæc suæ farinæ hominibus magnæ cruci fuerint, etsi risum miserrime simularent, cum ducem suum, tam fortiter aggressum certamen, relictis signis, mox senserunt (si tamen senserunt) desertorem exercitus et transfugam factum. Nam id Carolostadio satis erat, scholasticorum doctorum tres celebriores sectas fuisse ab Eccio eadem hora negatas, quas nisi negasset, Pelagianus Ingolstadium reversurus erat. Certum est enim, Modernos (quos vocant) cum Scotistis et Thomistis in hac re (id est, libero arbitrio et gratia) consentire, excepto uno Gregorio Ariminensi, quem omnes damnant, qui et ipse eos Pelagianis deteriores esse et recte et efficaciter convincit. Is enim solus inter Scholasticos contra omnes Scholasticos recentiores cum [h]) Augustino et Apostolo Paulo consentit.

Nam Pelagiani etsi sine gratia opus bonum fieri posse asseruerint, non tamen sine gratia cœlum obtineri dixerunt. Idem certe dicunt Scholastici, dum sine gratia opus bonum, sed non meritorium fieri docent: deinde super Pelagianos addunt, hominem habere dictamen naturale rectæ rationis, cui se possit naturaliter conformare voluntas, ubi Pelagiani hominem adjuvari per legem Dei dixerunt. Nec hanc metamorphosin Ecciano ingenio alienam existimes: est in ea promtissimus. Nam hac die quidem cum Gregorio (ut dixi) sensit et Carolstadio: rursus altera mecum congressus, eundem mihi Gregorium in eadem etiam materia negavit, propter articulum Hussiticum in [i]) Constant. Concilio damnatum. Ita vere mirificus est, et cui non viderim similem, disputator Eccius, apud quem nihil sit vel periculi vel vitii, Gregorii Arimin. sententiam cum D. Carolostadio contra omnes

---

h) A. E. + Carolostadio i. e.
i) A. — in.

Scholasticos pugnantem pro Scholasticis amplecti, eundem rursus pro Scholasticis eisdem in eadem re repudiare. Sic habes victoriam, qua gloriatur Eccius, gloriaturque suum fermentum, quod negatis fere omnibus scholasticis doctoribus, quos tutandos susceperant, cum Ecclesiasticis consentiunt.

Sed et nos Wittembergæ sciebamus, scholasticos doctores, si cum tenebris suis, id est, lumine naturæ, secundum Eccium, Aristotele, negentur, posse convenire cum Ecclesiasticis. Verum hanc negandi rationem et pernegationem concordandi Wittembergæ ignorantes, Lipsiæ didicimus, quam et tibi et omnibus, qui volunt, ecce libenter communem facimus. Primum, ut in exordio disputationis alicujus dicta fortiter impugnes, protestatus etiam per publicas schedas, te contra novam doctrinam pro veritate fidei et honore S. Ecclesiæ pugnaturum, ita ut montes parturire putentur: tamen in negotio sensim et subdole cedens, ne quis te victum sentiat, idem constanter affirmes, et simul vicisse glorieris. Deinde multa confidentia fingendum tibi est, nullum eorum, qui adsunt, habere vel memoriam vel sensum communem, ut libere queas dicere, te ab initio ita sensisse, et hanc non novam, sed veterem esse doctrinam, nihil moratus interim, si amiseris totum exercitum doctorum, quos defendere proposueras. Atque hic quidem est modus et eventus Carolostadianæ et Eccianæ disputationis.

Post hæc mecum congressus est de primatu Rom. Pontificis, de purgatorio, de indulgentiis, de pœnitentia, de potestate absolvendi cujuslibet sacerdotis. In quibus omnibus quid fecerimus, suo videbitur die: nam de me parcius mihi dicendum est, ne mihi præco fiam: interim hoc dico, quod de pœnitentia et purgatorio ipse pæne ignoro, quantum dissenserimus. Nam pœnitentiam incipere ab amore justitiæ, laudabile quidem esse, sed non necessarium voluit: quod ego omnino necessarium assero usque adhuc, cum ante gratiam (quæ est charitas) non possit fieri ullum opus bonum, ut ipsemet concesserat. Causa dissidii mihi visa est, quod ille multis autoritatibus inductis, pœnitentiam a timore etiam servili incipi contenderit, vel ignorans vel dissimulans, quod servilis timor in hac vita non penitus tollitur. Ideo etiam infusa gratia, quæ incipit pœnitentiam, timorem servilem commovet, simul operans timorem filialem, cum sint opera Dei terribilia, dum vivificaturus occidit etc. An autem animæ essent certæ de salute, et gratia in eis augeretur, dixi me nescire, juxta disputationem meam in resolutorio: necdum ipse demonstravit contrarium. Ita adhuc media pendet sententia.

De indulgentiis pæne concordamus, quæ et prope in risum abierunt, siquidem et ipse palam in vulgus quoque concionatus est, non esse quidem eas contemnendas, nec tamen in eis fidendum, quomodo si fuissent per indulgentiarios prædicatæ, nec Lutheri nomen hodie ullus forte nosset: sed et in se ipsis jam diu corruissent, morientibus præ fame commissariis, si populus novisset, non esse in eas [k]) fidendum. Itaque quam ego fore putabam summam disputationis et rem omnium periculosissimam, adeo sine negotio confecimus, ut nihil fere segnius tractaverimus: imo nunquam infelicius et miserius habuerunt indulgentiæ.

Quare satis tutus mansit sermo meus de indulgentiis vernaculus, cum his quæ in resolutorio et contra Silvestrum in hanc rem scripsi: licet vel more suo, vel jussu fermenti sui non potuerit eum irreprehensum relinquere, causans, quod deciperem homines verbis meis: et vitam novam et crucem, quam a Deo requiri in peccatore dixeram, tam profundus theologus non intellexit includere omne genus mali, etiam mortis in hoc mundo. Nec mirum, quia non Scripturas, nec tropos ejus, sed lumen naturæ, Aristotelem, et illuminatos eodem lumine doctores duntaxat legit: et tamen velut Moab arrogantissimus plus præsumens, quam posset, omnia, quæ unquam dixissem, calumniari et traducere conabatur.

Proinde miror, quid nunc dicturi facturique sint fratres illi, qui me passim apud principes et ubique terrarum hæreticum, et nescio quot nominibus criminati sunt, propter indulgentias, tum schedulas [l]) satis amplas disputationis contrarias, magno (ut dicitur) stipendio alienoque studio

k) A. L. eis.

l) A. L. Schedas

paratas, invulgarunt, et Christi populum suis impudentibus imposturis et in anima seduxerunt et in corpore rebus suis spoliaverunt: cum videant causam istam ita friguisse in hac disputatione, quam inferno ardentiorem esse voluerunt. Sufficit mihi, quod summa causæ cecidit in felice Lipsia, et omnium judicio indulgentiæ clamatoresque earum ridiculum fuerunt.

De primatu Romanæ Ecclesiæ acrius certatum est. Ego primatum honoris non negavi, nec potestatis dedi, saltem jure divino, nihil repugnaturus, imo constanter confessurus ac defensurus, si facto vel jure humano eum habeat. Nihil enim minus quæro, quam ne a summa sede S. Petri et Pauli ulla causa quisquam recedat, aut obedientiam debitam subtrahat. Solum ne tot S. Patres in cœlo regnantes, qui in Oriente viventes sub Romana sede non fuerunt, contra jus divinum egisse concedam. Ille contra jure divino utrunque conatus asserere, cum multas autoritates Patrum conveheret: inventum tandem est, eos ambiguos et varios esse, in alteram sententiam aliquando videri inclinasse, quanquam pro me robustius et locupletius sentirent, præsertim ubi id agunt ex animo, ut Evangelium interpretentur.

Jam illud Matth. XVI. *Tu es Petrus*, item illud Johan. *Pasce oves meas*, et: *Sequere me*, item Lucæ XXII. [m]) *Confirma fratres tuos*, et nonnulla minus ad rem, quam hæc, facientia, cum non urgerent: tandem confugit ad concilium Constantiense, plena fiducia, quod esset illic determinatum contrarium, et sententia mea inter articulos Hussi et Wickleffi damnata. Hic totus immoratus anhelabat, quo poterat odiosius movere invidiam, quia aliud non habuit, quo suo fermento palparet blandius. Ubi enim defecit in jure divino, cucurrit ad jus humanum, probaturus per ipsum jus divinum: neque sic tamen rideri oportuit, quæ tantus theologus tentaret.

Cui ego duo concilia antiquiora et celebriora, Nicænum et Africanum, contra unum opposui: deinde et ipsum Constantiense non recte fuisse ab ipso et fermento nequitiæ

---

m) A. — Luc. XXII.

(cui tum serviebat) intellectum. Nicænum enim concilium decrevit, Romanum Pontificem debere curam habere ecclesiarum suburbanarum, sicut Alexandrinum Aegypti: deinde episcopos non, ut modo, ex urbe emtis palliis et potestate, sed per vicinos episcopos ordinandos esse, ut lib. Eccles. histor. X. scribitur. Hic vero anguilla ista ajebat, hoc ut fieret, permissum esse a Rom. Pontificibus, fingens (ut solet) ex capite proprio glossas novas, quasi non impiissime et hæreticissime fecissent tam Romani Pontifices, quam Nicænum concilium, si vel statuerent vel permitterent, quod esset contra jus divinum. Nam si est jus divinum, Romanum Pontificem omnia in omnibus ecclesiis posse: non est in ejus potestate permittere, contrarium vel una hora fieri: nec in concilii potestate contrarium, aut de Romano Pontifice, ut inferiore suo, disponere, aut diversum, aut aliud statuere: non magis certe, quam in potestate ejus sit permittere aut statuere, stupra et adulteria licere. Ita fiebat, ut miser Romanæ potestatis tutor et patronus primatum hunc tueri non posset, nisi blasphemaret tum sacratissimum Nicænum concilium, tum ipsos Pontifices, dum eos solvisse jus divinum asseruit. Quid est hæreticum et blasphemum, si hæc Ecciana modestia non est hæresis et blasphemia? Sed sic loqui debet, qui loquitur, ut hominibus placeat.

Jam cum concilium Africanum, ut habetur dist. 99. C. Primæ etc., prohibuisset Rom. Pontificem appellari universalem Pontificem, dicens in hunc modum: universalis autem Pontifex nec Romanus appelletur: hic sibi temperavit quidem a blasphemia, non dicens, quod contra jus divinum aliud permissum aut statutum sit, sed glossam certe tanto theologo dignam effinxit, quam non ponerem, nisi eam scirem gloriæ avidissimo disputatori satisfacere, et gloriam absolutam ei parere. Dixit enim, etsi Rom. Pontifex non sit appellandus universalis Pontifex, tamen appellari debet universalis Ecclesiæ Pontifex. Risum, quæso, teneas, amice: sine suum fermentum ridere, nemo enim dignius rideat ad tam insignem glossam. Ego glorior me tot expensis non frustra Lipsiæ moratum, saltem hoc didicisse: non est universalis, est tamen universalis Ecclesiæ Episcopus. Non est forte etiam Moguntinus: est tamen Moguntinæ Ecclesiæ Episcopus.

Hæc ad mea duo concilia ille opposuit. Nam Nicænum per verbum: *permisit*, Africanum per nomen: *Ecclesiæ*, solvit. Adeo facile est magistris nostris eximiis magnas quæstiones solvere, et etiam conciliorum autoritati detrahere, qua tamen mirum est, quam soleant alios strenue ad hæresin adigere.

Nunc vide, an ego melius vel pejus ad suum unicum responderim: certum est, non omnes articulos Constantiæ damnatos esse hæreticos, sicut temerarie et impudenter latrabat Eccius. Quod probo evidenter, primum ex ipsius concilii verbis, quæ sic habent: quidam ex eis sunt notorie hæretici, quidam erronei, alii blasphemi, alii temerarii et seditiosi, alii piarum aurium offensivi. Hæc ibi. Nonne clarum est, hæc verba esse eorum, quos hæreticæ pravitatis inquisitores vocamus, quos in eo concilio apparet tyrannidem obtinuisse? Nam horum pæne alia non est vox, quam hæc: ista propositio est hæretica, ista scandalosa, ista seditiosa, ista offensiva: vel certe Spiritum sanctum nimio præsentem, illis ludentibus aut dormitantibus, vigilasse, ut coacti sint omnino imprudentes propria voce testari, se quosdam damnasse, nec hæreticos, nec erroneos, ac per hoc catholicos, christianos et veros. Nam si dixissent sine discrimine [u]), omnes esse et hæreticos simul et erroneos, simul temerarios, simul offensivos: non pateret veritati locus aut fuga. Nunc ipsi discernunt hæreticos ab erroneis et ab utrisque temerarios et seditiosos.

Dicam ergo, quid ad me, si temere et offensive loquar, modo vere et catholice loquar? Tuo te urgeo gladio, alios hæreticos dicis, ut quos in fidem peccasse certum sit, alios erroneos, forte, qui in mores et statuta hominum peccent. Jam de reliquis triumphamus, eos neque in fidem, neque in statuta morum peccare: et si forte teneras auriculas, veritatis impatientes, mordacius offendant, sufficit, quod sint fideles et veri. Semper ita fuit, quod veritas esset temeraria, mordax, seditiosa, et offensiva. Ita ego credo hunc

---

u) A. L. discretione.

unum esse offensivorum, Rom. Pontificem non esse jure divino dominum omnium in potestate. Quid enim atrocius offendit? quid magis temere dici hodie, et a multis annis potuit? Ita et ille in auribus Thomistarum offensivus est, quem Gregorii Ariminensis esse, imo Pauli et Augustini supra esse dixi: omnem scilicet actum hominis esse aut bonum aut malum.

Ego quidem rogabam mihi donari, ne omnes articuli a concilio damnati dicerentur, sed ab aliquo Thomista quosdam christianissimos intrusos, ut est iste: Omnis actus hominis aut est bonus aut malus, sicut omnis arbor aut est bona aut mala, juxta Evangelium: sed noluit. Verum quid ad me, quod Thomistæ offenduntur veritate? sufficit, quod sit neque hæreticus, neque erroneus. Aut si est hæreticus et damnatus: jam quid Eccius faciet, qui contra laudabile illud concilium Constantiense pro laudabili eodem concilio disputans, concessit Carolostadio, ipsum esse verum et catholicum, nec scholasticos doctores aliter sapuisse, ut dixi supra. O horrendum facinus, quod Ecclesiæ sanctæ patrono sit intolerabile, quod Bohemorum et hæreticorum (ut ejus verbis tonem) patronus cum concilio contra concilium sentit, et ut o) cum suis doctoribus christianus sit, hæreticus efficitur. Sed ut dixi, Eccianæ modestiæ privilegium est, sibi ipsi libere dissentire, et in re eadem contradictoria tenere, sicut et Viennæ fecisse se testatur, et forte etiam Bononiæ.

Claret ergo, concilium Constant. non contra me pugnare, nec hæreticum, nec erroneum, imo catholicum et veracem ex eodem me probari, ut sic stet concordia cum Nicæno et Africano concilio et Constantiensi. Quod autem hæc non videt Eccius et sua farina, deinde et hæreticæ pravitatis inquisitores: in causa videntur esse, quod omnes hi promtiores ad contumeliam hæretici opprobrii sunt, quam tantos deceat populorum magistros: et hac cæcitate percussi, sicut Scripturas sacras et S. Patres legunt, ita et omnia alia, hoc est, non cogitant, quam bene et quam diligenter, sed ad quantum odium et invidiam aliorum legant. Ideo quidquid alienum a suo sensu audierint, mox hæreticum quoque

o) Aurif. — ut.

affirmant, suam juxta et oscitantiam in legendo et temeritatem in judicando omnibus ludibrio exponentes.

Deinde si non placet ista conciliorum concordia, et pertinaciter mihi Constant. unum contra duo obtendatur: jam non difficile mihi erit statuere, utrius autoritas debeat præponderare. Nam cum concilium possit errare, potius Constant. quam Nicænum et Africanum errasse confitear, quod hæc longe felicius quam illud processerint et egerint, ac jam diu sacris Evangeliis etiam præ cæteris conciliis comparata sint, præsertim Nicænum, ad quam gloriam Constantiense necdum pervenit. Et in hoc imitabor novissimum Rom. Concilium, in quo Basiliense damnatum est, et Constantiense quoque passum non parva suæ autoritatis detrimenta, dum Papam supra concilium esse sanxit, cujus contrarium in Constantiensi definitum est. Atque ita invicem sese reprobantia concilia interim satis nos tutos reddunt, et liberos ad contradicendum utrisque. Quæ *enim sibi* dissident, cui convenient? Atque hæc latius, Deo dante, cum Eccius in publicum se dederit.

Verum quando, ut dixi, hac disputatione magis tempus est perditum, quam veritas quæsita: volo propositionum mearum resolutiones in lucem dare, confisus, majorem cognitionis fructum hinc proventurum, quam si bis septies ad hunc modum disputetur. Quare, si cui videar errare, age, confutet errorem, si odit, aut rectiora doceat, si diligit.

Habes, mi charissime Spalatine, historiam fere totam. Nam si qua alia non dixi ad reverentiam Academiæ Lipsensis, mihi charissimæ, non dixi, ne regis Idumeæ ossa ad cineres redigerem. Quanquam nisi scirem hoc meis peccatis debitum, satis indigne ferrem, me tam sterilibus negotiis occupari de indulgentiis, primatu et privilegiis, aliisque ad salutem nihil necessariis rebus, quibus ab optimis nostro sæculo studiis avocor indignabundus. Nam ut illustriss. Princeps Dux Georgius prudentissime ambos nos verberans dixit, sive hoc sit jure divino, sive humano, Rom. Pontifex est, et manet summus Pontifex: ita vere dixit, et non leviter inutilem hanc nostram disputationem insigni hac modestia taxavit.

Persuasus vero sum, ubi hæc viderit Eccius meus Ecci-anaque factio, statim vociferaturos esse, non servasse me fœdus, nec conventioni paruisse, ubi cautum est, ne disputatio invulgetur ante decretum judicum. Quasi vero ullum pactum nobis unquam servaverint ipsi. Respondeo tamen, me convenisse, ne per nos disputatio evulgetur, ea quæ manu notariorum excepta est. Cætera vero exemplaria, sic ut permittebatur cuilibet sibi eadem colligendi potestas, quis prohibebit, ne edantur? Sed esto, nec ipsa edantur: meum notarii exemplar non edetur, pulchre ita servato pacto. Verum, ne præterea scriberem, non pepigi, imo palam protestatus sum, cum iniquioribus nostram libertatem conditionibus vexarent, ne præsumerent, me taciturum: itaque nolo tacere.

Sed finge me ita pepigisse, rogo, uter primo solvit pactum? Nonne Eccius, qui, ut audio, ampullosis et iniquissimis literis etiam illustriss. Principem et Patronum nostrum (quem suæ factioni stupidissimæ similem somniat) corrumpere molitus est, pessima de me, quantum potuit, recensens, quasi negassem S. Patrum simul omnium sententias, mihi soli arrogarim Scripturæ intelligentiam, concilia negarim, hæreticos defenderim. His enim mendaciis homo ille purus et s. theologus tam sacrum et venerabile caput ausus est tentare, et me coram optimo Principe tam egregie commendare. Quid ad alios, putas, scribit et loquitur (sine scilicet pacti violatione), qui ad nostrum Patronum ista scribit? Aut quid apud æmulos meos verum dicet p), qui ad talem, tam prudentem, tam formidabilis judicii Principem mentiri nihil pudet?

Audio denique conflasse eum quasdam interpretationes super articulis quibusdam, mihi per inquietos et mali sui cupidos fraterculos impositis: atque iterum me coram magnatibus mira charitate Manichæum, Hussitam, Wicklefistam, et nescio quot generibus hæreticum descripsisse. Sic solet Ecciana modestia servare pactum. Verum hanc suam insaniam mihi facile est contemnere, qui norim hominis ferme totam suppellectilem. Atque ubi illa sua genimina in manus

---

p) A. L. dicit.

meas venerint, spero, quod Eccium meum digne et magnifice tractare possim, si qua tandem via intelligere possit, quid sit multa pacisci, et nihil servare, et tamen ab aliis servanda expostulare, atque his omnibus aliud nihil quærere, quam ut noceat, et veritatem conculcet.

Interim sufficit mihi, quod carnifex illa conscientiarum theologistria, cui totum debeo, quod mea conscientia patitur, cecidit in hac disputatione. Nam prius didiceram, meritum aliud esse congrui, aliud condigni, facere hominem posse, quod in se est, ad obtinendam gratiam, posse removere obicem, posse non ponere obicem gratiæ, posse implere præcepta Dei, quoad substantiam facti, licet non ad intentionem præcipientis, liberum arbitrium posse in utrunque contradictorium, voluntatem posse ex puris naturalibus diligere Deum super omnia, posse ex naturalibus haberi actum amoris amicitiæ, et id genus monstra, quæ pro primis ferme principiis feruntur scholasticæ theologiæ, et omnium libros et aures impleverunt. At nunc hi omnes errores, sub Ecciano præsidio et triumphabundis signis, satis strenue ceciderunt, sine ullo ferme Marte, conterriti ad solum conspectum duarum propositionum illarum, quarum prior hæc Augustini: *Liberum arbitrium sine gratia nihil valet, nisi ad peccandum*, posterior Ambrosii hæc: *Liberum arbitrium sine gratia tanto citius propinquat iniquitati, quanto fortius intenderit actioni.*

Similia trophæa et spolia retulerunt ferme et indulgentiæ ex hac pugna, quas non mitiore (ut garriunt) sententia utiles esse admisi, sed utiles solum pigris et stertentibus: cæterum insaniam esse defendi, si quis eas bonas et utiles esse christiano homini dixerit. Hæc, inquam, mihi interim satis sunt evenisse ex hac disputatione: quæ ideo recitavi, ut jactantiam gloriosam Eccianæ hæresis aliquantulum juvarem. Cætera ubi hæc quispiam eorum impetierit, fortasse dabit Dominus in lucem venire.

Vidisse te credo Eccii excusationem adversus Philippum nostrum satis dignam Ecciano ingenio, in qua homini etiam in sacris literis terque quaterque omnibus Ecciis doctiori, denique et sordidæ illius Eccianæ theologiæ non ignaro, opprobrat pro magno vitio grammaticam professionem. Tam recto sunt judicio magistri illi nostri eximii, ut eruditionem metiantur secundum qualificationes suas et inanes titulos. Conatus est et eundem mihi invidiosum reddere, dum mihi et ingenium et eruditionem, nescio quantam tribuit. Nam ut hoc etiam scias, me quoque nonnihil gloriæ retulisse ex disputatione ista, tribuit mihi Eccius eruditionem, tribuunt et Lipsenses adeo (quantum fama cepi), ut nisi Eccio subsidiarias opes suffecissent ipsi, fateantur Eccium a me fuisse prostratum: atque ita victoria jam ab Eccio in Lipsenses incipit migrare. Rursus dicitur, illum magnificum contemtorem Lipsenses habuisse pro bonis quidem hominibus, sed in quibus longe plura sperasset, et se solum omnia fecisse.

Ita vides novam quandam Iliada et Aeneida illos cantare, et me saltem Hectora et Turnum arbitrari, quo illum Achillem et Aeneam statuant: nisi quod in hoc victoria fluctuat, an suis id Eccius præstiterit, an Lipsensium viribus et copiis. Certum est ipsum solum semper clamasse, illos autem semper tacuisse. Putasne magnas me illis debere gratias?

Sed redeo ad Philippum, quem tantum abest, ut ullus Eccius mihi reddere possit invidiosum, ut in omni mea professione nihil ducam antiquius Philippi calculo, cujus unius judicium et autoritas mihi stant pro multis millibus sordidorum Ecciorum. Neque me pudet, etsi magistrum artium, philosophiæ et theologíæ et omnibus pæne Eccii titulis insignem, si hujus mihi grammatistæ dissenserit ingenium, meo sensu cedere. Quod et sæpius feci, et quotidie facio, ob divinum donum, quod Deus in hoc fictile vasculum (Eccio quidem contemtibile) larga benedictione infudit. Philippum non laudo, creatura est Dei, et nihil, sed opus Dei mei in ipso veneror, nec Eccium vitupero: sed crassas istas seminandæ discordiæ et invidiæ concitandæ vafritias toto corde detestor abominorque, quas neque frequentiores neque maligniores usquam vidi, quam in Eccio, quibus et pæne totius nostræ disputationis farraginem fermentavit. Nam hac una sola pæne re pessima potens est Eccius, ad rem theologicam ὄνος πρὸς λύραν.

Sed jam ad resolutiones accedo: tu interim cura ut illustrissimo Principi Eccium commendes, sicut se ipsum commendari meruit: quanquam nihil hoc officio sit opus apud tantum Principem. Vale. Wittembergæ, anno MDXIX, Assumtionis Mariæ q).

F. Martinus Lutherus.

Vor dem 18. Aug. *)

N°. CL.

An Spalatin.

L. verspricht über die Einrichtung einer neuen Passionsfeyer nachzudenken. Der Kurfürst hatte nämlich eine Stiftung zur Gedächtnißfeyer des Leidens Christi gemacht, vermöge deren zwey Priester und 8 Chorsänger wöchentlich Donnerstags, Freytags und Samstags in der Stiftskirche zu Wittenberg Psalmen singen sollten.

Bey Buddeus p. 11. Löscher III. 982. Vgl. Cod. Jen. a. f. 234.. Deutsch bey Walch XXI. 657.

Optimo Viro, Christi servo, Georgio Spalatino, sibi in Domino suspiciendo.

Jesus.

Salutem. Dabitur opera, mi Spalatine, ut quod de meditanda passione petiisti, si possum, experiar, quanquam non admodum delector hominem in certas horas addici, nisi sint quibus prosit. Cæterum una omnes rogamus, ut exemplar Lipsicæ disputationis huic tabellario reddas: est quo egeamus illo, ut suo videbis tempore. Hoc ita oramus, ut non dubitemus te facturum. Vale et ora pro me occupatissimo peccatore. Dominus servet nobis Principem nostrum. Amen.

F. Martinus Lutherus, August.

---

q) A. L. Marianæ.

*) Vgl. No. CLIII.

18. August.

N°. CLI.

An den Kurfürsten Friedrich.

Luthers und Carlstadts Verantwortungsschreiben.

D. Eck hatte in einem Briefe unter d. 23. Jul. an den Kurfürsten alle Schuld des Streites, der zu der Leipziger Disputation geführt, auf Carlstadt und Luther geschoben. Jenen hatte er besonders auch wegen eines satyrischen Holzschnittes angeklagt, diesen hatte er sonst sehr verunglimpft, und ihm ärgerliche Meinungen vorgeworfen (s. d. Brief bey Walch XV. 1527. Löscher III. 605.) Dagegen verantworten sich beyde, und erzählen den Hergang der Sache.

Dieser Brief ist besonders gedruckt in der Schrift: D. Martin Luthers Unterricht an Kurfürsten von Sachsen, Disputation zu Leipzig belangend, und D. Eckius Briefe von derselbigen s. l. & a. Sonst Wittenb. IX. 71. Jen. I. 151. Altenb. I 277. Walch XV. 1533. Löscher III. 612. Wir haben den ersten Druck verglichen.

Dem Durchleuchtigsten, Hochgebornen Fürsten und Herrn, Herrn Friedrich, Herzogen zu Sachsen, des heiligen Römischen Reichs Erzmarschall, Kurfürst, Kaiserlicher Majestät in Sachsen Länder Vicario, Landgrafen in Thüringen, Markgrafen zu Meissen, unserm gnädigisten Herrn und Patron.

Jesus.

Durchleuchtigster, Hochgeborner Fürst, gnädigster Herr! Euern Kurfürstlichen Gnaden seyn unser gehorsame unterthänige Dienste mit unsern Gebeten zu Gott zuvoran bereit. Gnädigster Fürst und Herr! Wir haben E. K. F. G. Schrift, sampt D. Johann Ecken Brief empfangen, und desselben Inhalt verstanden, wie derselbe D. Eck uns gegen E. K. F. G. nicht gedenke zu verunglimpfen, und doch mit seinen sophistischen Tücken dahin erbeitet, wie er E. K. F. Gn. durch sein gewohnlich lose Geschwätz bewege, uns nur Angesichts seines Schreibens und geschwinds Urtheils zum Lande ausjagen; ist uns nicht Wunder, daß er E. K. F. G. für ein solche Person achtet, und an solchen einen

Fürsten solchen Brief dar*) schreiben. Denn wir wissen und erfahren, daß D. Eck ist und bleibt D. Eck, er thu, was er will.

Aber E. K. F. G. wollt, zum ersten, uns nicht verungnaden, daß wir sie nicht zeitlich der Disputation berichtet. Denn es ein unlustige Sache, die dyrch lauter Haß und Neid getrieben, von uns geachtet: derhalben wir nicht die ersten seyn wollten, daß man nicht sagen dürft, wie sich hie D. Eck ohn Noth fürchtet, wir hätten mit unserm Glimpf jemands Unglimpf gesucht. Dieweil wir aber durch D. Ecks Schreiben verursacht, bitten wir, E. K. F. G. wollt gnädiger Geduld den Grund hören, wiewohl wir ungern fur E. K. F. G. solch lange unnütze Schwätzen thun. Aber die Sach soll selber reden, ob D. Eck, laut seins Ruhms und Erbietens, der sey, der E. K. F. G. Universität geneigt sey zu dienen oder zu schänden.

Zum ersten klagt D. Eck, daß ich Andreas Carlstadius etlich Conclusiones wider ihn hab lassen ausgehen, mit Stachel- und verächtlichen Worten, so er mich doch nicht dafür gnugsam geschickt achtet, der die Leute schimpfirn sollte. Sage ich: D. Eck mag mich achten nach seinem Wohlgefallen; das hätte ihm aber fast wohl geziemet, daß er neben seine Klage auch gesetzt hätte, wie er zuvor, uns und E. K. F. G. Universitäten zu Schmach und Schanden, D. Martinum also angriffen hatte, daß eim bösen Weib zuviel gewesen wäre: ihn durch seine vergiften Obeliscos gescholten einen Bohemum, hæreticum, seditiosum, virulentum, procacem, novum Prophetam, und nur nach aller seiner Lust zugericht, deren ich zur Rettung unser Ehre nicht das zwenzigste Theil ihm than, und gegen solchem Unfug zuviel mäßig gehandelt. Denn ich auch D. Ecken vielweniger geschickt achte, der ein solchen Mann sollt nicht allein schimpfirn, sondern uns alle, zuvor E. K. F. G. Universität zur Schmach lästern, und ohn allen Grund und Ursach so frevelich schänden. Und so D. Ecken der Kützel zu fast rühret, so sind dieselben Obelisci noch fürhanden, wollen sie wohl an Tag bringen, die wir bisher, seiner Ehre verschonet, verhalten haben; so je so großen Undank wir verdienet haben, daß wir ihn nicht mit gleichem Maß bezahlet haben. Auch so es vonnöthen ist, wollen wir

*) D. h. darf. Die alte Schreibung ist thar.

gleich sowohl, als er gethan hat, einen Zeddel voll sammlen seiner häßigen, spitzigen, verdrießlichen Wort und Bärden, damit die Disputation ein lauter Verhinderniß der Wahrheit worden ist.

Zum andern, läßt er sich meinen Wagen verdrießen, und meinet auch wohl einen zu machen, aber nicht Roß, sondern vielleicht Esel drein setzen. Ich hab niemand genennet noch ausgemahlet in den Bildern des Wagens; sondern die gemeine Irrthum der Theologen angezeigt, bewegt, daß man auf dem Land und allenthalben uns versprach, und doch niemand seinen Grund dargeben oder uns anfechten dorft. Ich laß ihn Wagen machen und Esel drein setzen, wie er will, vielleicht findet man einen Treiber dazu.

Daß er sich mein, Martini Luther, erbarmet, lohn ihm Gott; möcht aber gerne hören die Singularitates, der er mich so barmherziglich straft, so doch mit ihm nichts mir zu schaffen ist in Artikeln, die den Glauben betreffen, denn vielleicht die Buße; das ander ist Opinio de indulgentiis, purgatorio, potestate Papæ, darinne ich bekenne, daß ich nach seinem kleinen Verstand (als er selbs wahr sagt), viel Irrsal und Aergerung gemacht habe, nicht dem gemeinen Volk, sondern den Pharisæis und Scribis, denen auch Christus und alle Apostel Aergerung machten; deren ich freylich noch heutigs Tags mich nicht mäßigen will, ich erfahre denn den großen Verstand D. Ecks, wie er mirs wehren will.

Er gibt mir Schuld, und wird drob nicht roth, ich sollt alle heilige Väter August. Ambros. Hieron. Gregor. Leonem, Chrysost. rc. sampt zumal leugnen, und mir allein der Schrift Verstand zumessen. Also soll ein Doctor der heiligen Schrift fur eim solchen Fürsten mit Gewalt und vollem Munde reden. Mag hie E. K. F. G. merken, mit was Dienst D. Eck uns geneigt sey, der solch Stück fröhlich von uns darf schreiben. Hätte er gesagt, daß ich etlich Väter hätte verleugnet, wäre ein Schein da blieben; aber allesampt verleugnet, weiß sein klar Gewissen, daß nicht wahr ist. Daß aber E. K. F. G. wisse den Grund: Ich hab wohl etwa einen Doctorem, neben dem Text der Bibel, wider ein andern, den Doctor Eck bloß, nackt, ohn Bibel, eingeführet, gehalten, und will mein Lebtag das zu thun nicht abstehen. Und das heißt D. Eck alle heilige Väter verleugnet, und lautet übel in der neu Eckischen Christenheit.

Zu mehrer Kund will ich deren eins anzeigen. Den Spruch Pauli Apostoli Galat. 2: Deus personam hominis non accipit, habe ich mit St. Hieronymi Auslegung wider den Primat Papæ geführet; also, daß die Person Petri (das ist, die Größe und alles, was er äußerlich seyn möcht), nichts geacht sey fur Gott. Denn die Schrift spricht, daß fur Gott gleich gilt Herr, Knecht, groß, klein, arm, reich, oberst, unterst ꝛc.; und heißt alles Person, was man äußerlich siehet am Menschen. Wenn aber Persona und der Primat jus divinum wäre, so möcht Gott dieselb nicht verachten, sondern hätte sie geboten; so würd Paulus lügen, da er spricht: Deus personam hominis non accipit. Dagegen sagt D. Eck mit St. Ambrosio, die Person Petri sey der arme Fischerstand St. Petri; aber der Text Pauli concordirt mit St. Hieronymo, nicht mit Ambrosio; dieweil St. Paulus wollt den Galatern wehren, sie sollten sich nicht irren an St. Peters und der andern Aposteln hoch Ansehen, wie sie die falschen Aposteln furtrügen, ohn Zweifel nicht der geringe Fischerstand, sondern der hoch Apostelstand und zuvörderst St. Peters Titel ihnen furgeprediget war, als der Text (fur dem Eck allzeit grauet), klar mit sich bringt.

Item: Tu es Petrus, et super hanc petram etc. hab ich mit St. Augustino und der ganzen Schrift durch Petram Christum verstanden, als Paulus sagt: Petra autem erat Christus. D. Eck hat Petrum haben wollen, mit vielen andern Lehrern. Also hat D. Eck fast die ganze Disputation trieben, allzeit vom Text der Schrift flüchtig worden, nur gesucht, wie er bloß nackte Sprüchlin eins Lehrers finden möcht. Und das heißt nu alle Väter verleugnet. Ich möcht wohl sagen, daß er die ganze heilige Schrift verleugnet und geflohen hat.

Uber das alles hat er nicht wollt achten, was andere Lehrer, oder wie ein Lehrer am andern Ort wider sich selbs geschrieben und gehalten, gerad als sollt ich D. Ecken für ein Gott achten, was er furbrächt, schlecht blind aufnehmen.

Es hat mich St. Augustinus gelehret, und wird angezogen dist. 9. in Decretis, daß man aller Lehrer Schrift, wie heilig, wie gelehret sie seyen, soll vor probirn, und nach dem Text der Schrift richten; als denn auch Christus, Paulus, Johannes uns geboten haben. D. Eck weiß etwas bessers, und solch Gebot veracht, lehret uns, wir sollen die Schrift nach der Lehrer Meinung richten, und soll gnug seyn, wenn einer oder zween Lehrer etwas sagen, die andern mit Text und Schrift lassen. Und ist sein einiges Geschwätz, das er hoch hebt: Niemand soll die Schrift nach eigener Vernunft auslegen, sondern der Väter Lehre folgen.

So hab ich gesagt, wo ich einen klaren Text hätte, wollt ich dabey bleiben, wenn schon der Lehrer Auslegung dawider wäre; als St. Augustin oft gethan, und thun lehret. Denn, als auch die Juristen sagen, soll man mehr gläuben einem Menschen, der Schrift fur sich hat, denn dem Papst und ganzen Concilio ohne Schrift. Hieraus schließen nu die lieben Freunde, D. Eck und die Leipziger, ein rund Urtheil, sagend, ich hab alle Lehrer verleugnet. Was sollt man mit solchen falschlistigen Herzen und Zungen guts ausrichten? Der Art nach hat er mir das Concilium Constantiense furgeworfen, daß er mir Schuld gibt, ich habs verleugnet; dazu ich ihm seiner Zeit will redlich antworten, und sein falsches Herz an Tag ausbreiten.

Itzt sey gnug, E. K. F. G. zu berichten, daß D. Eck sich unterstanden hat Primatum Papæ jure divino zu bewähren, und hat seinen einigen stärksten Grund fur sich genomen das Concilium Constantiense, sich gestellet, oder vielleicht nicht weiß, daß Concilium est jus humanum, und mag nicht jus divinum machen, ex non jure divino. Dawider hab ich gesetzt die ganze Orientalem Ecclesiam, tausend und vierhundert Jahr lang, die bisher noch nie unter dem Papst gewesen. Wenn nu Primatus wäre de jure divino, so wären in den 1400 Jahren allzuviel Christen verdampt, auch fast die heiligsten Väter und großen Lehrer der Christenheit, als Basilius, Nazianzenus, Athanasius, Chrysostomus, und die St. Hieronymus erzählet, lib de illustribus viris. Denn sie ohn Römischen Stuels Befehl und Gewalt regiert haben.

Auf das hat mein D. Eck öffentlich unverschampt gescholten, daß die Græci seyn alle rebelles, schismatici und hæretici gewesen, daß ich freveliche mutwilliger Lästerung der heiligen Kirchen Orientalis nie gehöret habe: so doch auch in den Rechtbüchern berühmt ist Græca et Orientalis Ecclesia, auch noch nie getadelt. Wahr ists, daß in Orientati Ecclesia Ketzer gewesen, Ariani, Macedonii rc. Aber sie sind in Occidentali auch gewesen, als Manichäi, Pelagiani. Aber umb Judas willen soll man Christum und die Aposteln nicht lästeren.

Zum andern, hab ich das allerchristlichst und größt Concilium Nicänum furbracht, und auch Africanum. Denn so der Primat ist jus divinum, so ist dasselb Concilium Nicänum und alle Päpste dazu allesampt Ketzer und verdampt, darumb, daß sie daselbst statuirt und statuiren haben lassen, daß der Römisch Bischof nur der Welschen Kirchen, und Alexandrinus der Egyptischen Kirchen sollt Acht haben; dazu die Bischofe nicht aus Roma, sondern durch die nähesten zween oder drey Bischofe ordinirt würden. Wie denn auch St. Cyprianus schreibt, und ganz Africa und Gallia demselben lange Zeit gelebet und gefolget, welchs doch alles wider das jus primatus und itzigen Brauch ist; wiewohl der Römisch Stuel dasselb Concilium vielmals und auch noch bestätiget, und dem Evangelio gleich hält. Nu ist kein Mensch so blind, (schweig ein Theologus), der nicht wisse, daß jus divinum niemand zu wandeln Gewalt hat; das doch hie geschehen ist, so alle Bischofe jure divino von Rom confirmirt werden sollen.

Also hat mir D. Eck die ganz Ecclesiam Orientalem, Africanam, Gallicam, und das heiligst Concilium Nicänum, da die ganze Christenheit mit gehalten und noch hält, zu Ketzer gemacht und verlästert, als die da wider jus divinum gehandelt haben, auf daß er mir sein Constantiense Concilium (das er selbs nicht verstehet oder verstehen will), aufrückt, uns Wittembergischen eine Schlappen zu geben, seinen Leipzigern zu gefallen.

Und daß E. K. F. G. merken, wie D. Eck aus lauterm Muthwill das Constantiense Concilium nicht verstehen will, sondern E. K. F. G. Universität nur zu schmähen und lästern gesinnet, geb ich E. K. F. G. zu erkennen.

Zum ersten, daß dasselb Concilium nicht alle Artikel Johannes Huß hæreticos tadelt, sondern etliche erroneos, etliche temerarios, etliche offensivos, und noch unerörtert ist, welche hæretici sind oder nicht. Da sollt D. Eck mit seinen Leipzigern die Buchstaben recht angesehen und bedacht haben, wie schwer es ist, (als ich ihm oft in der Disputation saget), so viel Christen in Orienten und Africa durch so lange Zeit, umb des Primats willen, Ketzer schelten und verdamnen. Das half nicht; mein lieber Doctor Eck, gleich als wäre er allein mehr denn der Papst,

Concilium, und die ganz Christenheit, und ihm befohlen wäre, derselben determinationes seines Gefallens zu meistern, hat er frey allesampt Articulos hæreticos gemacht, und die Leipziger, die solchs wehren sollten, habens ihnen lassen wohlgefallen; das ihnen, ob Gott will, gar schier nicht wohlgefallen soll. Denn welche Artikel nicht hæretici sind, noch erronei, die müssen christlich und wahr seyn, sie seyen temerarii, offensivi, seditiosi, wie sie mügen. Denn eben auch das heilige Evangelium ist allzeit den großen Hansen und molliculis auribus offensivum, scandalosum, ja als Apostolus sagt, odor mortis et verbum offensionis. Und weiß Gott, wo die Verdammung herkomet, daß ein Spruch darumb verworfen wird, daß er offensivus ist, und nicht hæreticus noch erroneus. Vielleicht wacht der heilige Geist, wo die Theologen zu tief schlafen.

Zum andern findet man, daß mehrmal verdampt sind Articuli contrarii, nämlich die: Deus facit malum, Deus non facit malum, die doch alle beyde christianissimi sind, ja im Text der Schrift erfunden. Der erst Esai. 45, und Amos 3, der andere 1. Mos. 1. Wiewohl ich wollt, man hätte der Schrift Wort geschonet, und unter andern Worten der Ketzer Irrthum verdamnet. Und halte nicht dafür, daß ein Concilium Gewalt und Fug hab, sohin zu verdamnen klare Sprüche der Schrift, um der Keher Mißbrauch. Denn mit der Weise müßte man zuletzt die ganze Bibel verdamnen, aus welcher allein alle Ketzerey komen sind, also, daß etliche Narren die Bibel der Ketzer Buch heißen.

Also hat man zu Costnitz auch contraria gehandelt. Zum ersten, verdampt den Artikel: Primatus non est jure divino, und doch determinirt das Concilium sey uber den Papst. Das wäre ketzerisch und irrig, so der Papst jure divino Primatum hätte. Denn also wäre das Concilium das oberst auf Erden, und hätte ein Primat uber des Papsts Primat, als der recht Christi Vicarius, in plenitudine potestatis omnium.

Darnach folget, daß die Römisch Kirche nicht uber andere Kirchen wäre, sondern alle Kirchen gleich. Und das halt ich auch wahr seyn; denn auch Sanct Petrus Apostelg. 8. der Kirchen zu Jerusalem unterworfen, mit St. Johanne gesandt ward in Samarien. Daran Petrus und sie alle schwerlich gesündiget hätten, wenn Petrus jure divino wäre der Oberst gewesen, und hätte sich als einen Untern senden lassen. Also, wenn Primatus jure divino des Papsts wäre, so gebühret dem Concilio nicht uber sich zu greifen, und den Papst, als einen Unterthanen, absetzen, regieren und handeln, wie es will. Denn jus divinum läßt sich weder regieren, noch ändern. Und ist der Papst uber alle Christen, und die Römische Kirche uber alle Kirchen: so ist er gewiß auch über das Concilium, das nichts anders ist, denn alle Kirchen.

Uber das hat man itzt zu Rom im Concilio wider das Costnitzer Concilium determinirt, daß der Papst sey uber das Concilium, dazu das Baseler Concilium abgethan; und gehen also die Concilia wider nander, und machen, so wir drauf bauen, daß wir zuletzt nicht wissen, wo Papst, Concilium, Kirch, Christus, oder wir dazu bleiben. Das muß denn alles der heilige Geist gethan haben, und jus divinum seyn, daß wir ein Zeit ob einem Artikel Ketzer, die ander Zeit Christen seyn müssen, wie sie es gut dünkt. Also gibt man uns ins Maul, daß wir, wollen oder nicht wollen, sagen müssen, das Concilium hat geirret.

Nu will ich mein Finger nicht stecken zwischen die Contrarietatem der Determination und irrigen Händel der Conciliorum, auch nicht furnehmen sie zu concordirn, oder Artikel zu erklären oder ötern, deß sich D. Eck unterstanden. Mir ist gnug, daß Concilia nicht jus divinum machen, und D. Eck kein beständiges Argument wider mich aufbringen mag, aus solchem jure humano, dazu wankelbaren, parteyischen Händel und determination Conciliorum; auch nicht sagen dar, (ohn Gewalt und Lügen), daß alle Artikel ketzerisch oder irrig sind, sondern viel christlich und wahrhaftig.

Also hab ich gesagt, und wills fur D. Ecken wohl erhalten, ob Gott will, daß etliche Artikel sind christianissimi, als der: Primatus Romanæ Ecclesiæ non est jure divino. Zum ersten darumb, daß viel ein größer, viel heiliger, viel gewisser Concilium Nicänum, mit der ganzen Christenheit, aller Welt, auch Römischs Stuels einträchtlicher Meinung, anders gesetzt, approbirt, und bisher mehr denn tausend Jahr verjähret und bestätigt, von dem Römischen Stuel dem Evangelio gleich geacht. Dem nachgelebet haben alle Christen Orientis und Africæ, die D. Eck mir soll ungelästert und ungeketzert lassen, und nicht sagen, sie haben wider jus divinum gehandelt. Diß Pünctlin hab ich ihm zu Leipzig vielmals furgehalten; es ist ihm aber das Nüßlin allweg zu hart gewesen, und hat ihm sein garstige Solution nicht geholfen, daß er meinet, Romani Pontifices haben solchs verhänget; jus divinum läßt sich weder hängen noch köpfen.

Zum andern darumb, daß nicht alle Artikel ketzerisch sind, auch noch nicht verörtert, nicht erkläret, und im Concilio selbs wider den Artikel gehandelt; aus welchem Handel der Verstand mehr, denn aus den Buchstaben zu nehmen ist.

Also ist der Artikel auch christlich: Divinitas et humanitas sunt unus Christus. Und liegt nichts dran, was die Logici dabey erdichtet haben. Item, der ist auch wahr: Omnis actus hominis est bonus aut malus, und concordirt mit Christo Matth. 12., Aut facite arborem bonam, et fructum ejus bonum; aut facite arborem malam, et fructum ejus malum, und dergleichen viel andere. Es hab Johann Huß oder das Concilium einen Verstand wie sie wollen, die Artikel, wie sie da liegen, sind wahr.

Das wollt Gott nimermehr, daß ein fromm Christenmensch einen Spruch der Schrift recht verstünd und in sich bildet, und sollt denselben darnach umb etlicher Irrigen Verstands willen verwerfen, unangesehen seinen rechten Verstand. Darüber sollt man Papst und Concilia verleugnen, zur Rettung der heiligen Schrift. Denn wo dieser Artikel ketzerisch gescholten wird, so muß Evangelium, Paulus und Augustinus untergehen. Ehe ich das thu, will ich meiner christlichen Freyheit brauchen, und sagen also: Ein Concilium mag irren (wie alle Lehrer der Schrift und Rechten schreiben), und hat etlichmal geirret, wie die Historien weisen, und das itzige Römische anzeigt wider das Costnitzer und Baseler. Also irret in den Artikeln das Costnitzer auch; oder bewähre du, daß es nicht geirret habe, sonderlich so man mehr einem Laien sollt gläuben, der Schrift hat, denn dem Papst und Concilio ohne Schrift.

Auch so haben D. Carlstadt und D. Eck in dieser Disputation gehalten und concordirt, daß liberum arbitrium ante gratiam nihil valet, nisi ad peccandum. So das wahr ist, so ist dieser Artikel auch wahr: omnis actus etc. Denn er spricht, daß alle Werk ausser Gnaden böse sind: so müssen die in der Gnaden gut seyn, so bleibt kein Mittel. Also muß D. Eck auch mit wider das Concilium. Erlöset er aber sich etwa mit, das muß er uns auch lassen, oder muß auch ein Hussit seyn, und alle seine Lästerwort uber sich selbst fällen.

Ob nu wol das Concilium nicht wider mich ist, oder je nicht klar ist, ob es wider mich sey, hat doch Doctor Eck das den Richtern nicht lassen wollen, sondern selb Richter worden, und mich zu aller Schmach gesetzt, einen Ketzer und Ketzer-Patron ausgerufen und schreiben lassen. Also mich und uns allen, zuvor E. K. F. G. Universität, unser christlichen Ehre öffentlich beraubet, durch solch unträgliche Beleidigung das fürstliche zugesagt und zugeschriebene Geleit frevelich gebrochen; und die solchem Unfug sollten gewehret haben, saßen still, und ließens ihnen gefallen, als hätten sie dazu gerathen und geholfen.

Ja, sie haben ihn dazu gestärkt, gerechtfertiget und beschützt öffentlich fur jedermann. Denn da ich Herr Cäsar Pflug, als fürstlichen Verweser, anrief, hat er mit den Doctoribus, nach Ende der Disputation, (daß je Doctor Eck unser Schmach und E. K. F. Gn. Universität geneigte Dienste wohl ausrichtete,) sich berathschlagt, und mir das zur Antwort geben: D. Eck spricht, was er gesagt habe, wolle er beweisen. Also mußt ich den Schlappen haben, als hätte mich ein Hund gebissen. Ich wollt auch wohl meiner Mäßigkeit vergessen, Doctor Eck einen siebenfachen Ketzer und Lästerer des allerheiligsten Nicäni Concilii und der ganzen Christenheit gescholten haben, als er denn auch wahrhaftig ist, und mirs noch halten muß, wenn ich auch nu richten werd in meinem Gleit; aber man trotzte uns mit dem Gleit öffentlich, das mußten wir halten, Doctor Eck mocht thun, lassen, wie er wollt.

Dieweil wir aber drauf komen, und D. Eck uns verursacht, wollen wir E. K. F. G. mehr sagen, wie wir zu Leipzig sind gehalten; E. K. F. Gnaden wollt nicht Ungnade drob tragen.

Da ich hatte drey Tage D. Eck respondirt, und der vierte Tag mein war zu opponiren, nahm D. Eck denselben Tag auch ein, nur die Zeit mit unnützen Worten zu verderben, und war uns geboten, denselben Tag die Materie zu enden. Also blieb mir von D. Eck Gnaden und Gunst ein ganze Stund desselbigen Tages; die wollt ich auch nicht haben. Und wäre Herr Hans von Plaunitz, E. K. F. G. Hauptmann zu Grimm, nicht gewesen, so wäre ich Hans dahinten gewesen; wie derselb E. K. F. G. wohl mag berichten.

Das erste und letzte Wort mußt er haben, auf daß zu mehrem Schein seine behalten Argument am letzten herfur gezogen, unverantwort blieben, und einem Victori gleich wäre. Wenn ein Tag bestimpt, und verrecesset war auf ein Materie, mochts D. Eck wol ändern; denn so wollten die Herren. Auch daß er nicht umb Wahrheit willen disputiret, sondern nur zu unser Schmach schwätzt, zeiget er damit an, daß er alle meine Bücher, und was ich je geschrieben, anzog, aufhub, und hätte es alles gern fur jedermann geschändet und zunicht gemacht, ob es wohl nicht ad propositum war. So gar hässig hat er uns gesucht. Kunnt sich auch so gar nicht bergen, daß er mir den armen Münchstand nicht mocht unverschimpfirt lassen.

Ich thät ein klein Sermönlin fur unserm Rector, meinem gnädigen Herrn, Herzog Bernymo: da waren D. Eck drey heilige Tag nicht gnug, mich mit meinem Sermon zu reißen, und fur dem Volk zu schmähen. Ich hielt dieweil silentium. Denn so sollt man einen Münch halten.

Aus meinem Buch Cypriano, den er mir falsch hatte allegirt, und sollt mirs weisen, und in zweyen Tagen auch noch nicht mocht finden, thät er mir die Ehre, ich hätte in margine signirt: Hic fallitur sanctus vir, das doch gar nichts zur Sachen gelangt, mußt es herfur, und mit Schmach in die Federn komen.

Wiewohl diese und dergleichen Stück viel zu kindisch sind, merken doch draus E. K. G., was hinter D. Eck und den Leipzigern liegt, die mit solchen Pünctlin so kindisch in der tapfern Sach umbgehen. Wir achtens dafur, hätte D. Eck und die Leipziger Mord und alle Schand von uns gewußt, es hätte die Disputation mußt nachbleiben, und das jedermann hören und lesen. Denn etliche auch anhuben zu dichten, ich trüg einen Teufel bey mir in der Buchsen; das alles Zeichen sind einer verzagten Sach und verzweifelten Handels, der mit Geschrey und solchen bösen Fündlen sich stärken mußt.

Solchs hätten wir E. K. F. G. nicht furbracht, wenn D. Eck mit seiner hässigen Schrift nicht hätte begehrt zu melden, und uns entschuldigen. Nicht, daß wir D. Ecken gegen E. K. F. G. wollen verunglipfen; ist uns auch Nachsal nicht noth, wollens wohl auf ein andere Weise büßen, er ist noch nicht hinüber; sondern daß uns nicht zu leiden stehet, daß sich E. K. F.

G. Lästerer und Schmäher allererst fur geneigte Diener schmücken wollen.

Er gibt auch seiner Weisheit ein merklich Partikel dar, daß er gläubt, die Ketzer freuen sich meiner Opinion. Soll ich nu allererst umb D. Eckens Argwohn und Glauben willen mein Opinion wandeln, oder umb der Ketzer Freuen die Wahrheit fahren lassen: so hab ich furwahr einen köstlichen Meister an D. Ecken uberkomen. Der Schärfe und Subtilitäten sind fast alle Argument D. Eckens voll gewesen, und haben billig den Leipzigern wohlgefallen.

Daß ich St. Petro nicht den Primat uber die Apostel gebe, und er dem und mehr Stücken dräuet Widerstand zu thun, helf ihm Gott, er darfs gar wohl, sonderlich dieweil er sich den einigen Schutzherrn der elenden, verlassenen Christenheit achtet. Wir wollen sehen, durch Gottes Gnaden, wie wir uns des Widerstands schützen, der bisher uns gar gnädig gewesen. Wiewohl wir billig Wunder tragen, was doch dem freyen Held begegnet, daß er das Liecht so greulich fürchtet, und nicht gern schreibet, und so viel groß Mühe gehabt, daß die Disputation untergedruckt, nicht auskäme fur die Leut.

Ich geb St. Peter Primatum honoris, non potestatis; denn er die Apostel weder zu machen, senden, regieren, noch ordiniren Gewalt hätte. D. Ecks juristische und erdichte Distinction de Apostolatu et administratione laß ich mich nicht anfechten; denn sie anzeigt, daß Doct. Eck noch nicht weiß, was Apostolatus heißt in der Schrift, der doch jure divino sich vermessen zu fechten.

Ich will seiner Disputation nicht, er gebe ihr denn den rechten Namen, das ist, Criminatio und perditio temporis, daß ich mich wisse darnach zu richten. Sind itzt kaum zween Punct troffen in der ganzen Disputation, und dennoch mit losen durchüberen Argumenten, der ich mich geschämet fur gelehrten Leuten. Schreyen, bärden, viel plaudern, und nichts ausrichten, das sind D. Ecks Disputation.

Wir haben ihm nicht Leipzig furgeschlagen; denn sein groß hochberühmte Memoria hat ihres Briefs vergessen, daß Leipzig von ihm angeben, von uns angenomen ist. Hätten wohl lieber Erfurt, oder eine ander Stadt genomen; haben auch nu allererst verstanden, warumb Leipzig ihm gefallen hat. Was hat ihm gebrochen an Wittenberg, unter E. K. F. G. Geleit?

Wir wollten auch nichts liebers, denn daß E. K. F. G., der sich Doctor Eck unterwirft, und weisen lassen will, uber diese Ding erkennen sollten, mit welchen andern Fürsten oder Adel das geliebte; dieweil es doch nu dahin komen ist, daß die Laien reiner gelehret sind, denn die Theologen, die lauter Sophisten worden, allein den ledigen Titel tragen von der Theologia. Uns ist nicht Zweifel, es wird nicht nach dem Geschrey und Bärden erkannt, wie die zu Leipzig itzt ohn allen Befehl thun.

Was sollen sie zu Leipzig Gutes erkennen, so sie itzt durch Neid und Haß verblendt, D. Ecken gewonnen geben; so es doch am hellen Tag ist, und sie nicht leugnen mügen, daß Doctor Carlstadts Position sind von Gnaden D. Ecks unversehret heim komen. Wiewohl D. Eck wider sie geschrieben einen großen aufgeblasen Titel, contra novam doctrinam, als wollte er sie rohe verschlingen. Dazu muß er bekennen, daß er zugelassen hat, Liberum arbitrium ante gratiam non valet, nisi ad peccandum, und alle Positiones Doctor Carlstadts, und ist zu Carlstadt getreten; Scotum, Capreolum, damit die Thomistisch, Scotistisch, Modernisch Secten verleugnet, er wäre sonst ein Pelagianus gen Ingolstadt komen. Und so ist die große Blase des Titels, Contra novam doctrinam, löchericht worden und zurissen, und hält es nu mit Doctor Carlstadt in allen Puncten, also, daß ers auch selbs bekennet hat. Also hat Doctor Carlstadt gewunnen, aber D. Eck hat das Geschrey. So richten die Hochgelehrten von Leipzig, die D. Eck billig begehret zu Richtern.

Daß wir wider D. Ecken zu schreiben gesinnet sind, ist wahr und noth umb der Wahrheit willen, daß D. Eck mit seinem Prangen sich rühmet deß gewunnen, das er doch selb hält, und mit Carlstadt eins ist, und durch solch falsch Rühmen ein Wahn macht, er halts anders, denn Doctor Carlstadt, und der zarten Wahrheit, mit solcher seiner verdampten Ehre, ihre Ehre nimpt, das keinem fromen Mann wohl anstehet. Darumb muß er uns die Fastnachtslarven geben, und sich sehen lassen, wer er ist, ob Gott will.

Es ist nicht wahr, daß unser Convention sey still zu stehen, bis der Sentenz gangen sey; sondern D. Eck sagt solchs von ihm selbs, wie er fast alle andere Ding sagt. Auch so das also wäre, hätte D. Eck sein Schreiben, Richten, Rühmen, Urtheilen viel billiger inne gehalten, und nicht uns fur Fürsten mit Schriften und Worten fälschlich furtragen. Also spricht er, man soll still stehen, und thut doch, als sey es nicht wahr; denn es gebricht ihm die schöne Memoria, juxta proverbium: Mendacem memorem esse oportet.

Das ist convenirt, daß die Disputation, durch die Notarien verfaßt, nicht soll vor dem Sentenz gedruckt werden, dahin uns D. Eck sampt den Leipzigern mit Gewalt gedrungen, wider sein eigen Schrift, Siegel, Zusagen und ersten Pact, wir wollten eine frey Disputation in die Feddern sprechen, und an das Liecht fur alle Welt geben. Nu aber haben sie der groben Behendigkeit braucht, daß sie allein ein Geschrey machten, ein bloß nacket Urtheil uberkämen, und Richter ihnen selbs gefällig erhuben, daß die Sach je allenthalben unterdrückt würde, und mit dem Urtheil darnach alle Drücke niedergelegt.

Noch ist ihm daran nicht gnug, will nu allein die Theologen zu Richtern haben, wegert die Legisten, Aerzt, Artisten. So sehr fürcht sich die Eckische und Leipzigsche Wahrheit, daß sie allein in der Theologen Winkel kreucht, die sie weiß wider uns seyn; und schmückt sich das Kätzlin, als seyen die Theologen der Sach allein verständig, die andern unverständig. Warumb wollte er denn vorhin E. K. F. G. und den hochlöblichen Fürsten E. K. F. G. Vetter, Herzog Georgen, zu Richter leiden, so er niemand denn seine Theologos leiden mag. Vielleicht war es nicht sein Ernst? Ich will aber die ganze Universität haben, nicht allein die Theologen. Denn D. Reuchlins Sach hat mich gewitzigt, wie gelehrt die Theologen sind, und wie sie richten. Hätten die Legisten, Aerzt, Artisten und Laienfürsten gethan, die Wahrheit wäre den Theologen, wie ein Schaf den Wolfen, zu Theile worden; das sucht hie D. Eck auch.

Auch sagt er zuviel, er hab zwo Universität meins Gefallens angenomen. Ich künnte zu dem Gefallen nicht komen; ich mußt Freyburg und Basel, die mir gefallen, von ihm gewegert, fahren lassen.

Am Ende gibt er Fabeln vor, von dem ehrbarn fromen Mann, D. Peter Burkhard, als sollt ich denselben verdacht haben, daß er ihm mein Büchlin behändiget, und dasselb ungesehen und ungehört (als er selbs schreibt), ganz verächtlich verschimpfirt; denn vielleicht er noch gedenkt seine Träume uns für Regel zu setzen. Doctor Peter ist ein fromer Mann, ich hab ihn weder dieß, noch das geziehen. Hat D. Eck etwas geträumet, er mach ein Prophetien daraus, so es ihm geliebt. Ich bin nicht müßig, allen seinen Wahnen zu antworten.

Doch gefället mir wohl sein Beschluß, da er spricht, E. K. F. G. wäre es ganz löblich, wenn sie auf ein Haufen all mein Bücher verbrennt. Hæc Eccius. Ein solch Brief soll ein solch Siegel haben; das ist ein ehrbar theologisch Stück, ein Buch nicht sehen, und doch zum Feur urtheilen. Doch ist nicht noth, daß Sus Minervam lehre.

Hiemit bitten wir demüthiglich, E. K. F. G. wollt uns ihr lassen befohlen seyn, und nicht verungnaden unser viel Geschwätz und lang Schreiben. Und E. K. F. G. soll gläuben, daß wir die Wahrheit gesagt haben, und wollens mit Latinischer Schrift aufs schierst an Tag bringen.

Gott spar E. K. F. G. zu Heil seinem Volk lange seliglich, Amen. Geben zu Wittemberg, am 18. Tag Augusti 1519.

E. K. F. G. unterthänige Diener und Capellan

D. Martinus Luther.

D. Andreas Carlstadius.

---

18. August.

N°. CLII.

An den Kurfürsten Friedrich.

Begleitschreiben zu Luthers und Carlstadts vorigem Schreiben an den Kurfürsten.

In Cyprians Urk. I. 406. Löscher III. 624. Suppl. d. Leipz. Ausg. 28. Walch XV. 1552. Wir haben das Original in Cod. chart. 379. Bibl. Goth. verglichen.

Dem Durchleuchtigisten, hochgebornen Fursten und Herrn, Herrn Friedrich, Herz. z. S, d. H. R. R. Erzmarschalk, Kurfurst, Kais. Maj. im Sächsischen-Vicario, Landgr. in Thuringen, Markgr. z. M., unserm gnädigsten Herrn und Patronen.

Jesus.

Durchleuchtigister, Hochgeborner Furst, gnädigister Herr. Ewrn. Kurfurstlichen Gnaden seind unser unterthänige Dienste mit unserm Gebett zu Gott zuvoran bereit. Gnädigister Furst und Herr. Nachdem E. K. F. G. von uns begehret, ein Antwort auf D. Johannis Ecken Schrift zu thun, also haben wir muglichs Fleiß angefangen durch offentlichen Druck widder seine irrige Meinungen und unwahrhaftig furbrachte Stuck unser proposition Verklärung auszulassen, darine wir uns vorsehen D. Eck und iedermann gnugsam Grund und Unterricht geschehen soll. Doch schicken wir dieweil hiemit E. K. F. G. ein deutsch schriftlich Antwort auf seinen Brief an E. K. F. G. geben, sonderlich gerichtet, ob vielleicht E. K. F. G. dieselben beliebte D. Ecken zu schicken, das wir darumb gerne mochten sehen, denn wir uns vermuthen, er werd dasselb ihm ein ernste Ursach nehmen eraus zu fladdern, wie er pflegt, und also die Sach sich im Grund an Tag geben wurd. Doch stellen wir das alls E. K. F. G. in ihr Wohlgefallen. Wir empfinden offentlich das aus D. Ecken mancherley Schriften und Werken, die uns von Nurmberg, Augsburg und allenthalben zukummen, daß ers ihm furgenummen, die Wittenbergischen zu lästeren und schmähen mit Liegen und Triegen, aufs ärgist er mag. Er hat sichs ergeben. Nu helf Gott der Wahrheit. Das sagen wir E. K. F. G. darumb, daß sie nit gedenke, wir villeicht ihm zuvill thun. Hiemit wir uns E. K. F. G. demuthiglich befehlen. Gott spar E. K. F. G. lange, seliglich, Amen. Zu Wittemberg am Tag Agapiti 1519.

E. K. F. G.

unterthänige Capellan und Diener

D. Andreas Carlstad.

D. Martinus Luther.

18. August.

N°. CLIII.

An Spalatin.

Ueber das vorangehende Verantwortungsschreiben an den Kurfürsten gegen Eck; Beschwerde über dessen feindseliges Benehmen, wie er nämlich dem Bischof von Brandenburg eine Widerlegung der Jüterbockischen Sätze übergeben, und daß dieser ihm auch freundliche Hand biete; endlich über neu einzuführende Ceremonien der Passionsfeyer.

Bey Aurifaber I. 206. b. Löscher III. 980. Vgl. Cod. Jen. a. f. 51. Deutsch bey Walch XV. Anh. LIV. Das letzte Stück des Briefs über die Passionsfeyer führen Joh. Joach. Müller im Staatscabinet IV 193. Leipz. Ausg. Suppl. 27. und Walch XXI. 5. als einen eigenen deutschen Brief unter dem Datum Donnerstag nach Assumtionis auf.

Optimo Viro Georgio Spalatino, Principalis aulæ Sacerdoti, in Domino suo sincerissimo amico.

Jesus.

Salutem. Mittimus ecce, mi Spalatine, literas ad illustrissimum Principem et patronum nostrum clementissimum, ad Eccianas calumnias responsorias, quas si dignabitur illustrissimus Princeps ad Eccium mittere, gratum nobis fuerit: sin secus, fiat quod Deo placet. Reddidit enim nos R. P. Vicarius dubios, an isto quoque modo a nobis Eccio responderi voluerit Princeps, an tantum Latinis propositionum resolutionibus, in quod jam incumbimus: ideo utrumque præstamus. Quod si mittendæ fuerint illæ, optamus vel Principis vel tuo judicio mutari, quæcunque in his visum est mutatum iri. Literas Eccii inter chartas meas quærens necdum inveni: quæram diligentius.

Cæterum Eccius (quem jam sine peccato judicare et accusare possumus) officium facit neque boni neque liberalis viri in omni loco: dedit Episcopo Brandenburgensi articulos a se commentatos, quos fratres Jutterbocenses in me conflaverunt mendaciter. Homo est impudens et perfrictæ frontis, nihil non asserere, idemque rursus deserere promtus, ut ut sese aura gloriolæ obtulerit. Unum spectat, si per fas et nefas possit Wittembergæ nocere, cui jam occurro, et sycophantam istum cum suis mendaciis in publicum traham, Deo propitio.

Interim Episcopus Brandenburgensis, altera parte non audita, Eccii mendacia invulgat, suoque nomine illis autoritatem apud multos parat, in mei nominis injuriam, pulchre ostendens, quid animi huc usque in me aluerit. Timeo, quod vix agere possim, ne simul eum involvam, ac ejus inscitiam et temeritatem Ecciana consanguineam prodam. Cooperantur ei miro modo fratres minores de observantia: nobis solum typographia deest, quo citius invulgemus contraria.

Cœpi meditationi passionis Christi publice pro tuo voto intendere, et quo plus cogito, eo minus invenio quod placeat, quod ceremoniarum jam plus nimio satis sit in Ecclesia, ita ut prope omnia in superstitionem abeant seria Christianæ pietatis, sicut est proclive in operum externas facies fidere, ac interim secure spiritualia omittere: ideoque nondum sum plene hic paratus, quomodo tradam, ut speciosum simul sit foris, et simul fructuosum interius, quod paratur. Utrumque simul fieri difficile est, cum Evangelium præsentissimam pietatem in fraternam dilectionem ac mutuam benevolentiam posuerit. Alias plura. Vale et Principi, patrono nostro, nos commenda. Wittembergæ, anno MDXIX, die S. Agapiti.

F. Martinus Lutherus, August.

---

19. August.

N°. CLIV.

An Spalatin.

Abermals über die Gebräuche der Passionsfeyer, welche L. so wenig als möglich gehäuft wissen will, besonders über die dabey zu singenden Psalmen; Entschuldigung eines heftigen Briefes Carlstadts in der Eckischen Sache.

Bey Aurifaber II. 2. Vgl. Cod. Jen. a. f. 57. Deutsch bey Walch XXI. 638. und schon vorher als deutscher Brief aus Müllers Staatscabinet IV. 193. Leipz. Supplem. 29. ebendas. 5.

Suo charissimo Georgio Spalatino, Christi servo, et Sacerdoti pincipali, librario et ab auribus, in Christo. [a])

Jesus.

Salutem. Ad te pervenisse spero, vel perventura statim, mi Spalatine, quæcunque scripsi ad te, data enim sunt deductori. De instituenda passionis meditatione, nihil mihi adeo molestum est, quam quod videam, ceremonias istas reddere solere mire duros, aridos, difficiles et plane ineptos in omnem rem et affectus spiritualis vigorem. Freti enim quod multum verborum emurmurarint, et horas occuparint, eunt securi, raro compuncti, rarius fervidi, rarissime sui cognoscentes. Et ut tibi ex corde dicam, institutionis istius merces et mercedis finis magis mihi placet, quam ipsa institutio, quod sacris literis operam daturi merito a quovis juventur, cum sit una res, quæ Ecclesiam vel exaltet vel deprimat, sacrarum literarum vel notitia vel imperitia. Proinde si placet (ut scribis), ut hebdomodatim paucis diebus atque his non totis, sed aliquibus diurnis et nocturnis fiat, placet et mihi, modo quo poteris paucioribus et diebus et horis acceptis. Nihil enim æque metuendum est in ceremoniis statuendis, quam ne (ut Apostolus monet) spiritus extinguatur, meliusque erit, ut interpolatis horis pauca singulis agant, quam si uno tenore omnia absolvant: hic enim tædiosi, illic allacres erunt, quantum sinit diabolus.

Sed pro psalmis quos apprehendent? illos forte, qui maxime Dominicam personam in passione referunt, quos seligi oporteat, et in dies et horas distribui cum responsoriis, versiculis et collectis, sicut est moris. Et nescio an non sit pulcherrimum, quod cujuslibet passionis hora addatur, cum expresso ejusdem horæ genere passionis, sicut habet canticum illud: Patris sapientia, veritas divina,

---

a) Nach Cod. Jen.

Christus homo, etc. *) quibus finis psalmorum compleretur. Cætera in literis aliis vidisti vel videbis.

Auditum est mihi, Carlstadium durius quippiam ad te scripsisse: tu vide, ut homini parcas: tentatus est enim propter vesicam Eccianæ jactantiæ et quorundam aliorum. Vale in Christo. Sabbatho post Assumtionis, MDXIX.

F. Martinus Lutherus, Augustinianus.

---

26. August.

N°. CLV.

An Thom. Tescher, Pfarrer zu Milau.

Ein auf Verlangen abgegebenes Gutachten über die Behandlung gewisser Verächter und Lästerer des göttlichen Worts, daß sie zur Ruhe zu weisen, und zum Besuch des Gottesdienstes, wo ja auch das Gesetz gepredigt werde, anzuhalten seyen.

Bey Buddeus p. 75. ohne Teschers Namen; „aus Aurifabers ungedruckter Sammlung" bey Schütze II. 30. Deutsch bey Walch XXI. 1358.

Domino Thomæ Teschero, a) in Milavia Pastori, suo in Christo fratri charissimo.

G. et P. in Christo. Quod scribis de blasphemis illis contemtoribus, mi vir in Domino, sic sentio: Sicut ad fidem et Evangelium nemo cogendus est, ita sub eodem magistratu permittendum non est, ut blasphement: sed vocati audiantur et audiant, et ubi rationem reddere non poterint, nec credere voluerint, prorsus etiam tacere cogantur, nec alatur seditionis seminarium. Qui enim voluerit b) contradi-

a) Walch: Tascher.

b) Budd. volet.

*) Das ins Deutsche übersezte Lied: Christus der uns selig macht 2c. 2c.

cere, faciat hoc publice, et palam aut privatim [c]) cöercea-tur [d]) magistratus autoritate. Sic nos et facimus et consulimus. Ex his jam intelliges illis prorsus sub eodem magistratu non permittendum [e]), ut in ecclesia [f]) faciant, quod [g]) tu scribis. Hæc enim sunt sibila serpentum, lucem fugientium. Provoca igitur in lucem [h]), ut aut vincant aut vincantur. Cæterum quoniam [i]) decalogus et catechismus docent etiam politica et œconomica, et is sit frequentissime prædicandus, cogendi sunt ad conciones, quibus discant politicam obedientiam et officia œconomica, sive credant Evangelio, sive minus [k]), ne sint aliis scandalo, similiter contemnendo doctrinam politiæ et œconomiæ. [l]) Si enim in plebe velint vivere, jura ejusdem plebis discant et audiant etiam inviti, non solum propter eos [m]), sed et propter liberos et familiam ipsorum. Cætera [n]) Christus docebit, in quo vale bene. 26. August. anno MDXIX. [o])

T. Martinus Lutherus.

---

3. September.

N°. CLVI.

An Joh. Lange.

Daß die Erfurter mit ihrem Urtheil über die Leipziger Disputation zögern; von Ecks Prahlerey; daß L. eine Schrift gegen die von Eck widerlegten Jüterbockischen Artikel drucken lasse; der Comment. über den Br. an die Galater sey ihm heute als fertig angekündigt u. a. m.

---

c) Budd. + ut taceat.

d) Schütze: coerceantur. So auch W.

e) B. + esse.

f) B. — in ecclesia.

g) B. quæ.

h) B. publicum.

i) B. quando.

k) Sch. non.

l) B. contemnendæ doctrinæ politicæ et œconomicæ.

m) Sch. res.

n) B. W. + te.

o) Bey B. fehlt der Monatstag.

Bey Aurifaber I. 208. Löscher III. 981. Deutsch bey Walch XV. Anh. XXXV.

Reverendo et optimo Patri Johanni Lango, Erfordiensi, Eremitarum Mediorum Vicario, suo in Christo Majori.

Jesus.

Salutem. Miror, quid tardent Erfurdienses vestri *), R. P. Expectatur enim judicium eorum, quanquam suspicor eos prudentius acturos, quam ut sese misceant alienis et odiosis causis istis: nos interim prævenimus sententiam, et mutuo judicamus et judicamur: scribimus indocti doctique pöemata passim.

Eccius in suo impetu jactat literas, spargit coronas triumphales. Una Lipsia edidit meros Herodotos, criticos, Aristarchos, Momos, et id genus ranarum innumerabilium. Quæ semper muta fuit, unam ob disputationem latrantior facta est Scyllis multis. Adeo misera invidia anxiatur, si tumultu victoriam contra nos statuere possit. Veritas vincet.

Mitterem salinas meas super Psalterium: sed quia nihil scribis, an velis, et quantum habeas, cogito non esse tibi eas curæ. Vir hic **) vendit resolutiones meas novissimas contra Eccium. Lotterus Lipsiæ mihi cudit contra eundem libellum apologeticum, ubi refello XIII articulos a fratribus Minoribus Jutterboccens. mihi impositos, et per Eccium invidiosissime confutatos in nomen meum: ego rursum eis XXIV articulos impono et fervet negotium. Epistola ad Galatas hodie finita mihi dicitur.

Princeps noster illustriss. tentatur a Miltitio cum aurea rosa, qui in Dresden gloriatus est: Doctor Martinus ist in meinen Händen: sed nihil proficiet, Deo propitio. Vale et ora pro me occupatissimo peccantissimo fratre. Sabbatho post Egidii, anno MDXIX.

F. Martinus Lutherus.

---

*) Luther und Eck waren darüber mit einander übereingekommen, daß die Universitäten zu Paris und Erfurt Scheidsrichter seyn sollten (s. Seckendorf I. 1. Sect 25. p 72.). Nach Plank I B. S. 187. waren es die Universitaten zu Paris und Löwen, nach Löscher III. 819. Paris, Erfurt, Cöln, Löwen.

**) Viell. der Ueberbringer des Briefs.

Im September.

N°. CLVII.

An Petrus Lupinus Radhemius, und Andreas Carlstadt.

L. eignet diesen seinen Collegen den Commentar über den Brief an die Galater zu. Während die herrschende Parthey der Theologen nichts für wichtiger halte, als das Ansehen und die Vorrechte des römischen Stuhles zu schützen und zu preisen, habe L. sich mit dem Brief des geringsten aller Apostel beschäftigt, der nichts von der Gewalt des Pabstes und dessen Decreten lehre. Jedoch verehre er die römische Kirche, und unterscheide sie nur von der römischen Curie, welche den Namen Christi mißbrauchend, Deutschland bedrücke und plündere. Seine Arbeit sey weniger ein Commentar, als ein Zeugniß; er habe sie aber einstweilen nicht zurückhalten wollen, bis Erasmus mit seinem Commentar hervortreten werde.

Zuerst gedruckt vor dem Comment. in Ep. ad Galates 1519. S. Rotermund Verzeichniß von den Ausg. d. Schriften Luthers S. 18. Dann bey Aurifaber I. 132. b. Jen. I. 368. Deutsch bey Walch IX 2. Aurifaber stimmt ganz mit dem ersten Druck überein, den wir verglichen haben.

Præstantissimis Viris, puræ et veræ theologiæ Doctoribus, Dominis Petro Lupino Radhemio, Custodi, et Andreæ Bodenstein Carlstadio, Archidiacono, Canonicis omnium sanctorum Wittembergens. ordinariis etc. præceptoribus suis in Christo observandis, Frater Mart. Luther Augustin. salutem.

Effutivi diebus istis, ornatissimi viri, nugas aliquot de indulgentiis, res sane leviculas, de rebus (sicuti mihi videbar) leviculis, verum, ut nunc expertus sum, res omnium maximas, de rebus omnium maximis. Ego enim mire stultus et errans gravissime peccata et errores metiebar mandatis divinis et sacrosancto Evangelio Christi: illi vero amici mei, pro gloria sapientiæ suæ, non nisi potestate Papæ et privilegiis Romanæ Ecclesiæ metiuntur quodlibet operis genus. Hoc est, quod tam diversum saperemus, et ego mihi tantas turbas concitarem apud christianissimos illos et religiosissimos sacræ theologiæ professores: acciditque mihi, quod semper veritus fui, varium aliorum judicium: aliis impius, aliis mordax, aliis vane gloriosus, aliis aliud visus fui, quæ sors communis est in publico ædificantibus (ut vulgo dicitur) et in publicum scribentibus. Tot magistros fere invenio, quot lectores, atque id gratis, quorum felici auspicio et ductu, ne pertinax essem et hæreticus fierem, discendum mihi fuit, neminem gravius delinquere posse, quam eum, qui de opinionibus hominum dubitat, aut disputandi studio reluctatur, etiamsi interim Christum et Christi fidem negarit, hoc est, puerile quid luserit.

Qua in re, cum essem Augustæ, patiebar satis paternum et benignum pædagogum, sicut scitis. Atque horum virorum illustrissimorum illustrissima administratione factum est, ut nova illa et admiranda regnet libertas Christianorum, qua cæteris omnibus impune habentibus una tantum lex sit reliqua, in quam peccari possit hodie, hæc est potestas Papæ et privilegia Romanæ Ecclesiæ. Hinc connivere consentireque in omnes flagitiorum et corruptelarum lernas, quæ ex urbe Roma, sub innoxio et sacro Papæ et Romanæ Ecclesiæ nomine, in omnem terram sine fine exundant, sanctum est: laudasse ac pro virtutibus summis adorasse pietas est: contra mutiisse, sacrilegium. Tanta est ira furoris Domini omnipotentis, tanta meruit impia nostra ingratitudo, ut tam diu toleranda sit inferorum tyrannis, qua videmus, multo gemitu frustra gementes, nomen sanctum et terribile Christi, in quo justificati, sanctificati, glorificati sumus, tam fœdis, tam spurcis, tam horrendis monstris, avaritiæ, tyrannidis, libidinis, impietatis prætexi, in servitutem vitiorum cogi, et quod extremum est malorum, nomen Christi per nomen Christi extingui, Ecclesiam per nomen Ecclesiæ vastari, atque omnino iis rebus nos ludi, falli, perdi, per quas debueramus salvi fieri.

Quare, dum illi maximis illis rebus occupantur, dum mordent, dum Baal suo lanceolis se incidunt, dum Lindio Deo sacrificant, dumque jactant Extravagantes et declaratorias illas Romanæ eruditionis fidelissimas testes, ego ad minimas res me recipere statui, id est, ad divinas literas, et inter has, ad eas, quæ sunt minimi autoris (vel nomine suo testante) Pauli Apostoli. Qui adeo non fuit summus

Apostolorum, aut Pontifex maximus, ut se minimum quoque Apostolorum, nec dignum, qui vocetur Apostolus, clamet, tantum abest, ut sanctissimum se jactet, denique de tribu Benjamin ortus est, qui a Joseph, minimus fratrum vocatur: atque ut nihil non sit minimum, nihil judicat se scire, nisi Jesum Christum, nec tamen hunc, nisi crucifixum, id est, minimum et novissimum omnium: non ignarus utique, de rebus illis maximis et omnium primis, de potestate Romanæ Ecclesiæ et decretis illius, non sibi rudissimo et indoctissimo Apostolo, sed solis ter maximis theologis licere tractare. Spero autem hanc meam operam prosperius habituram, quod sit de rebus illis mere nihili, de potestate Christi, qua potens est in nobis adversus portas etiam inferi, de privilegiis ecclesiæ cœlestis, quæ nec maximam Romam, nec sanctissimam Jerusalem, nec ullum locum novit, neque hic aut illic Christum quærit, sed in spiritu et veritate Patrem adorat. Quid enim tanti viri his nugis moverentur, irritarenturve, cum sint extra eorum facultatem? Tutius ergo nunc in publicum venio, abstinens ab iis rebus, quibus illi irritantur, et rescellulas mea parvitate dignas tractans. Cæterum, si quid veteris illius tragœdiæ de rebus magnis coortæ superest, ipsis relinquo: tum, quod unus et parvus et infirmus, præsertim cum illi et otiosi stent tota die, ego autem sim negotiosissimus. Quoniam superfluum est, utranque partem causæ distorqueri. Sat malorum est, unam partem dolere et mœstam esse.

Porro, optimi viri, ut vobis serio dicam, ego Romano Pontifici ejusque decretis eum honorem habeo, quo nullus est superior: nec excipio, nisi principem hujus vicarii, Jesum Christum, Dominum nostrum et omnium. Hujus verbum ita præfero vicarii verbis, ut nihil dubitem secundum ipsum judicare de omnibus et dictis et factis vicarii. Volo enim subjectum eum esse huic irrefragabili regulæ Apostoli: *Omnia probate, quod bonum est tenete.* Ab hoc, inquam, jugo neminem patiar collum excutere, sive nomine matris, sive magistræ Ecclesiarum vehatur. Atque ideo magis, quo nostro sæculo vidimus concilia reprobari, rursum alia confirmari, theologiam meris opinionibus tractari, jurium sensum ab unius hominis pendere arbitrio, et adeo confundi omnia, ut nihil certi pæne nobis relictum sit. Sed et multas decretales esse, a sensu evangelico alienas, luce clarius est: ita ut necessitas ipsa rerum nos cogat, ad Scripturæ divinæ solidissimam petram confugere nec temere credere ullis, quicunque sint, qui citra illius autoritatem loquuntur, statuunt, aut faciunt.

Nec verendum censeo, quid contra Cardinalis Cajetanus et Silvester Prierias adulentur, qui etiam in rebus fidei nudum verbum hominis sufficere cavillantur. Divus Augustinus docet, nulli credendum, quantalibet sanctitate doctrinaque præpolleat (credo etiam sanctissima), nisi divinis literis aut ratione probabili persuadeat, ne, si aliter ludamus, illudamur: at hi in Christo boni autores volunt nos vi cogere in hanc illusionem. Sanctus Petrus toties lapsus est et semel post acceptum spiritum, gravissimo animarum periculo, erravit: et nos homines, longe infra apostolicam sublimitatem reptantes, ultra apostolicas perfectiones elevamus: quasi Christus mentitus sit, quando sese promisit nobiscum esse, usque ad consummationem sæculi. Adeo quærimus alios Christos, in quorum nutu renutuque pendeat Ecclesia. Satis est Romanum Pontificem summum Pontificem esse: impiissimum sit, Christo æqualem ei virtutem et sapientiam affingere, sicut audent quidam. Quanquam, ut ingenue confitear, ipse pæne ignoro, quæ sit, et ubi sit Romana Ecclesia, ita ludentibus, jocantibus, confundentibus nomina Romanæ Ecclesiæ teterrimis illis nugatoribus. Silvester eam secat in tres Ecclesias, in Papam, in Cardinales, in populum. Quæ distinctio, quia magistralis et sufficiens est, nec membra coincidunt, facit, ut Papa et Cardinales sint extra Ecclesiam, inter paganos habendi, ut qui in essentiali Ecclesia non sint: aut tres Christos præficiet tribus illis Ecclesiis, imo nec Christus ad Ecclesiam pertinebit tanto autori, quum nec virtualis nec repræsentativa nec essentialis sit Ecclesia. Cardinalis Cajetanus passim se pro Ecclesia Romana venditat in Germania, sub nomine illius Brevia apostolica comminisci satis doctus. Est Romana Ecclesia bonus ille copiista, qui declaratoriam illam pulcherrimam, qua Cajetanus dignissime gloriatur, editurus, cum in formulario suo non Scripturas aut ullas rationes, sed immemorabile tempus consuevisse et tradidisse inveniret, hæc ipsa satis fideliter membranæ illevit. Vendunt se ubique pro Ecclesia Romana, prout cuique libitum est, impii illi nebulones, plumbo tantum et cæra Romanæ curiæ totam Germaniam illudentes et exhaurientes.

Quid istis ludificationibus nominum sanctorum Papæ et Romanæ Ecclesiæ faciunt, nisi, quod nos Germanos, meros blennones, bardos, buccones, et ut dicunt, barbaros et bestias arbitrantur, etiam irridentes nostræ illusionis et expilationis incredibilem patientiam? Proinde ego in tanto rerum et verborum chao, e tanta Silvestrorum silva, ad civitatem Augustam revertor: et judicium interim sequar, quo Principes Germaniæ in novissimis comitiis recte, sancte et auguste discreverunt inter Romanam Ecclesiam et Romanam Curiam *). Nam quo modo licuisset eis recusare decimas et vigesimas et quinquagesimas (id est, medullas, totiusque Germaniæ semel subitaneam vastitatem) quas in concilio illo sacratissimo (ut sic dixerim) Romano noverant sancitas, et tantis Legatis Apostolicæ Sedis expetitas: nisi tandem, licet sero sapientes, intellexissent, non Roman. Ecclesiæ decretum, sed Roman. Curiæ illud esse commentum? Viderunt nimirum (dictum mirum et nullis, neque Silvestris neque Cajetanis creditu possibile) concilium et Papam errasse, et posse errare, aliudque esse nomen Ecclesiæ Romanæ, et aliud, quod nomine Romanæ Ecclesiæ geritur, aliumque esse Romanæ Curiæ, alium Romanæ Ecclesiæ Legatum. Hunc Evangelium afferre, illum pecunias quærere. Unde barbaris illis et bestiis tantum judicii? nisi quod Deus tandem fessus blasphemiis sui et irrisionibus abusionibusque sui et sanctæ Roman. Ecclesiæ nominis, monere voluit Romanos proceres, ut res Ecclesiæ, posito joco et ludo, aliquando serio curarent, antequam eliciant sanguinem, dum nimium mungunt Germaniam.

Quare et ego horum theologorum laicorum exemplo pulcherrimo, longissime, latissime, profundissime distinguo inter Romanam Ecclesiam et Roman. Curiam. Illam scio

*) S. die Beschwerden deutscher Nation auf dem Reichstag zu Augsburg im J. 1518 bey Walch XV. 550.

purissimum esse thalamum Christi, matrem Ecclesiarum, dominam mundi, sed spiritu, id est, vitiorum, non rerum mundi, sponsam Christi, filiam Dei, terrorem inferni, victoriam carnis, et quid dicam? *cujus sunt omnia*, juxta Paulum 1. Cor. III, *ipsa autem Christi, Christus autem Dei.* Hæc vero ex fructibus suis cognoscitur. Non quod magni faciendum sit, res nostras et jura diripi, cum fixum sit in cœlo, Christianos in hac vita pressuram, Nimbrotos et robustos venatores pati, nec ab hac conditione liberabitur Ecclesia, nisi per mortem: palma est, quanto fortius premitur, tanto sublimius exaltatur in Cades: sed quod omnibus lachrymis sit miseria major, hæc a fratribus et patribus in fratres et filios fieri (sicut in Prophetis dicit Dominus, filios a parentibus vorari), quæ a Turca vix fierent, aut si fierent, non tamen sanctum nomen Christi, tam fœdis monstris prætexeretur, quæ est omnium intolerabilissima Christi et Ecclesiæ injuria. Res sane eant et vita pessum: at nomen Domini æternum cur patiamur tam fœde conspurcari? Nullo modo ergo Romanæ Ecclesiæ resistere licet: at Romanæ Curiæ longe majore pietate resisterent reges, principes, et quicunque possent, quam ipsis Turcis. Hæc verbosius forte et liberius: verum propter eos, qui cum illusoribus illis sine fine illudunt Christum, coactus sum meipsum exponere, ut sciant sese errare, quando me a Romana Ecclesia alienum clamant, qui purissime diligo non modo Romanam, sed totam Ecclesiam Christi: deinde, quod certus sum, aliquando moriendum esse, et in adventu Domini nostri Jesu Christi rationem reddendam de veritate, vel tacita, vel dicta, atque omnino de talento tradito, ne ipsum abscondisse judicer. Irascantur sane, qui volent, modo ego impii silentii reus non inveniar, qui mihi conscius sum, esse me debitorem verbi, quantumlibet sum indignus. Nunquam sine sanguine aut periculo verbum Dei tractari potuit: sed, sicut pro nobis mortuum est, ita vicissim sui confessione et nos pro se mori exigit. Nec est servus major domino suo: *si me* (inquit) *persecuti sunt, et vos persequentur: si meum sermonem servarint, et vestrum servabunt.*

Sed ad me redeo: et ad vos, optimi viri, refero, seu (ut Paulino utar verbo) vobiscum confero hoc meum in

Paulinam epistolam studium, tenue quidem illud, nec tam commentarium, quam testimonium meæ in Christo fidei, ne forte in vanum cucurrerim, et sensum Pauli non satis tenuerim. Hic enim, quia res Dei et serio maxima est, abs quolibet puero erudiri cupio. Maluissem certe et ego expectare commentarios olim ab Erasmo, viro in theologia summo et invidiæ quoque victore, promissos: verum, dum ille differt (quod Deus faxit, non sit diuturnum) cogit me in publicum ire casus iste, quem videtis. Scio quidem me infantem et ineruditum, sed tamen (quod ausim) pietatis et eruditionis Christianæ studiosum atque hoc ipso eruditiorem his, qui divina mandata impiis legum humanarum pompis mere ridicula et ludibria fecerunt. Unum spectavi, si consequar, ut mea opera ii, qui me Apostolicas epistolas audierunt enarrantem, Paulum apertiorem habeant, et feliciter me superent: sin nec id effeci, age, et hoc libens perdiderim laboris: conatus reliquus est, quo alios ad Paulinam theologiam volui accendere, quem nemo bonus mihi vitio dederit. Valete.

---

22. September.

N°. CLVIII.

An Spalatin.

L. sendet an Sp. die Schrift Tessaradecas consolatorm, (welche im J. 1520 erschien) damit er sie ins Deutsche übersetze, und den Commentar über den Galaterbrief. Die Schrift gegen Emser war damals noch nicht fertig; etwas gegen Rubeus war im Werke (er meint wohl die Schrift des Montanus?). Fürbitte für einen Becker. Der Provincial der Franciscaner hatte L.'s Schrift gegen die Mönche zu Jüterbock zu hintertreiben gesucht; sie war aber schon in den Händen des Leipziger Buchdruckers.

Bey Aurifaber II. 3. Vgl. Cod. Jen. a. f. 57. Deutsch bey Walch XXI. 640.

Optimo Viro Georgio Spalatino, Principis illustrissimi Electoris a sacris et libellis, suo in Christo. [a])

J e s u s.

Salutem. Venit tandem ad te, mi Spalatine, Tessaradecas mea, tarde quidem, sed vix etiam sic procellas occupationum mearum elapsæ, quam ut transferas libere, et illustrissimo Principi nostro offeras, si ita videtur, epistola præfationis adjecta, licet. Nam res mihi minutior videri cœperat, quam ut ampulla epistolari tanto Principi dicaretur: arbitrium tuum esto.

Mitto simul insensatos Galatas meos, multo sale conditos, quos Lottherus Lipsianus tibi misit donandos, ut vides. Aegoceros Emserianus nondum absolutus est. Tibi et Scharto satis fiet, modo respirare liceat. Nascitur et nescio quid in laudem Rubei *).

Petiit hic literarum lator, ut pro se ad Principem scriberem, quo impetraret, sibi licere apud Wittembergenses pistoriam artem exercere. Nam hoc ei [b]) interdicunt (audio) pistores, quod filius sit viri, qui balneator olim fuerit: tam religiosa est nobilitas opificum. Verum ne essem molestus, tuo id ore fieri peto, meo (si voles) nomine.

Sed heus, quod pæne præterieram, exemplar Tessaradecados, postquam suam servitutem servivit, revideam. Nam et ipse his nugis me solari cogito, nec semper sunt in promtu, quæ ibi congessi, etiam hac ratione, quod meditatione sui locupletiores evadent mihi. Vale, et me Principi commenda. Wittembergæ, die S. Mauritii MDXIX.

F. Martinus Lutherus, Augustinianus.

---

a) Nach Cod. Jen.

b) Cod. Jen. hoc eum.

---

*) Joh. Rubeus, ein zu Leipzig studirender Franke, hatte einen für Eck partheyischen Bericht von der Leipziger Disputation herausgegeben, welcher bey Löscher III. 251. zu finden. Dagegen ließ Joh. Montanus zu Wittenberg drucken: Neminis Wittebergensis Encomium Rubei Longipolit. apud Lipsim in errores, quos pueriliter commisit adversus Wittebergenses. R. gab nachher eine Schrift in Reimen heraus unter dem Titel: Neu Büchlein von der löblichen Disputation ꝛc. ꝛc. s. Löscher III. 272.

Misit ad me Fratres seu Patres satis spectatos Provincialis Minorum, intercepturus causam meam ad Jutterboccenses [c]), quos jam eunt punituri et a loco moturi. Ego dedi eis responsum [d]), si Lottherum Lipsiæ queant exorare, aut indemnem eum servare, ego in gratiam eorum libello meo spongiam mitterem. Atque id agitur: nescio, quid efficitur.

Ende Septembers.

N°. CLIX.

An Hieronymus Emser.

L.'s Schrift gegen Emser: Ad Aegocerotem Emseranum M. Lutheri additio (al. responsio). Vitteb 1519. 4. Opp Vit 1. 345. Jen. I 350. Deutsch bey Walch XVIII. 1489. hat ganz die Form eines Briefes und würde in sofern hieher gehören; da sie aber an sich nichts als Streitschrift und sehr lang ist, auch die übrigen Streitschriften gegen E. wegbleiben müssen: so führen wir sie hier nur ihrer Stelle und ihrem Inhalt nach an.

Hieronymus E., ein Kanonist, im Dienste Herzog Georgs, hatte der Leipziger Disputation beygewohnt, und unter d. 13. Aug. d. J. an D Joh. Zack in Prag einen Brief geschrieben (gedruckt Lips. 1519. 4. Vit I 342. Jen. I 348. Löscher III. 660. Walch XVIII. 1479.), worin er gegen die Böhmischen Brüder eiferte und ihnen den Wahn zu benehmen suchte, als ob sie an L. einen Vertheidiger ihrer Meinungen hätten, indem er sich auf die Leipziger Disputation berief, in welcher L. sich bestimmt gegen die Böhmen erklärt habe. L., welcher Emsern die boshafte Absicht zuschrieb, daß er unter dem Scheine der Widerlegung den Verdacht der böhmischen Ketzerey nur stärker gegen ihn erregen wollte, fühlte sich durch diesen Brief so sehr beleidigt, daß er bald diese Antwort in Druck gab, in welcher er seiner ganzen Heftigkeit den Zügel schießen ließ. Er rügt mit großer Bitterkeit E.'s unberufenes Bemühen, ihn von dem Verdacht der Uebereinstimmung mit den Böhmen zu reinigen, indem er nicht unterschieden habe, daß L. mit ihnen in der wahren Lehre übereinstimmen, und doch ihre Irrthümer und ihr Schisma mißbilligen könne. Sodann greift er ihn wegen dessen an, was er am Schluße des

---

c) Cod. Jen. cum Jutterboccensibus.

d) Cod Jen. — responsum.

Briefs zur Vertheidigung des göttlichen Rechtes des päbstlichen Primats und zur Widerlegung der Gegengründe L.'s geäußert hatte: und das ist der beste Theil der Schrift.

Der Titel der Schrift bezieht sich auf E.'s Wappen, welches ein Bock war, den er seinem Briefe vorsetzte mit den Distichen: Noster hic Aegoceros sine fœno peccat in uno, quod non est Lucæ (L. Kranachs) linea ducta manu. Deßwegen nannte L. Emsern Aegoceros, und zu deutsch Bock.

---

30. September.

N°. CLX.

An Franz Günther.

L. empfiehlt dem G. (wahrscheinlich Pfarrer zu Jüterbock) einen Menschen aus seiner Gemeinde, daß er sich bey dem Magistrat für ihn verwenden solle, und sendet ihm die Schrift gegen Eck und die Franciscaner zu Jüterbock (contra malignum Joh. Eccii iudicium super aliquot articulis a fratribus quibusdam ei suppositis M. L. defensio Lips. 1519. 4.), deren Erscheinung die Mönche vergebens zu verhindern gesucht.

Bey Aurifaber I. 208. b Löscher III. 982. Deutsch bey Walch XVIII. 1737.

Martinus Lutherus Magistro Francisco Günthero salutem.

Virum hunc tibi commendo, mi Domine Magister, cui vel hoc nomine debes officium, quod sit in populo, cui te præfecit in verbo Christus. Igitur tu tanquam tui membri et portionis tuæ curam habe, atque age, ubi potes, cum magistratu ac bonis viris, ne vim patiatur, aut saltem mitius (si quid peccati subest) puniatur. Cæterum et locum et tempus habere potes pro responsione ulteriori, si venias et rem solicitas

Mitto tibi exemplaria contra Eccium et Fratres illos apud vos: et quanquam apud me fuerint eorum legati, rogantes ut spongiam obducerem huic libello, et ego, datis ad Lottherum literis, indulsi quod petebant: nescio tamen quo casu non effectum sit, quod voluerunt. Mitto et exemplar epistolæ ad Galatas. Vale et ora pro me. Die S. Hieronymi, anno MDXIX.

F. Martinus Lutherus.

---

30. September.

N°. CLXI.

An den Kurfürsten Friedrich.

Miltitz hatte unter dem 25. Sept. an L. geschrieben (s. den Brief bey Walch XV 899.), daß er ihm einen Tag zu einer Zusammenkunft in Liebenwerda (bey Wittenberg) bestimmen möge. L. meldet dieß dem Kurfürsten, und daß er dazu den Sonntag, d. 8. October, bestimmt habe.

In Cyprians Urk. II. 419. Bey Löscher III. 834. Suppl. der Leipz. Ausg. 28. Walch XV 901. Wir haben das Original in Cod. chart. 379. Bibl Goth. verglichen.

Dem durchleuchtigisten, hochgebornen Fursten und Herrn, Herrn, Friedrich ... zu Sachsen, Kurfürst des .... Erzmarschalk und desselben .... Rechten Länder Vicario, Land.. Thüringen und Markgraf zu .... meinem gnädigsten Herrn und Patronen.

Jesus.

Durchleuchtigster, Hochgeborner Furst, Gnädigister Herr. Ewren Kurfurstlichen Gnaden thu ich unterthäniger Meinung zu wissen, wie Herr Carlus von Miltitz mir geschrieben, ihm einen Tag zu stimmen gegen Libenwerdt, wie E. K. F. G. aus seiner hie eingeschlossener Schrift erkennen mag. Dieweil ich dann mich zu Er Carlo mehr Scheinens versehe, denn er villeicht gedenkt, hab ich das nit hinter E. K. F. G. Wissen thun wollen, und ihm zugeschrieben den Sonntag auf S. Dionysii uber acht Tag: habs nit ehr auszurichten mugen erfinden. Ich achts nit, daß einiger Fährlichkeit da zu furchten sey. Auch wanns gleich wäre, nit groß dran gelegen ist. Bitt demuthiglich, so E. K. F. G. gefällig, wollt meine Schrift neben E. K. F. G. Bottschaft zu ihm lassen mit laufen. Hiemit befehl ich mich E. K. F. G. unterthäniglich. Die uns Gott lange seliglich erhalte. Amen. Zu Wittenberg, am Sonnabend nach Michaelis 1519.

E. K. F. G.

unterthäniger Capellan D. Martinus Luther, Augustiner.

---

3. October.

N°. CLXII.

An Joh. Staupitz.

L. übersendet St. den Commentar über den Galater-Brief, und schreibt von der Unterredung mit Miltitz zu Liebenwerda; von Ordensangelegenheiten; von einem Briefe der Böhmischen Brüder an ihn, worin sie ihn zur Standhaftigkeit ermahnen; von einer Schrift Melanchthons, wahrscheinlich der defensio contra Eccium; von Briefen aus Frankreich, in welchen günstige Urtheile über L.'s Sache; von des Bischofs zu Brandenburg Haß gegen L.; von St.'s Kälte gegen ihn; von einer Versammlung der Minoriten zu Jüterbock, welche über die Wundenmaale ihres Heiligen berathschlagt haben, als ob L. dagegen gepredigt habe.

Bey Aurifaber I. 209. Löscher III. 983. Deutsch bey Walch XV. Anh. XXXVI.

Reverendo et optimo Patri Johanni Staupitio, Eremitarum S. Augustini Vicario, suo in Christo colendo Patrono ac Majori.

Jesus.

Salutem. Mitto duo exemplaria, R. P., insensatorum Galatarum meorum. Nec jam adeo placent, quam placuerunt primum, ut videam potuisse latius et clarius eos exponi: sed quis omnia simul? imo quis semper multa? Confido tamen apertiorem esse Paulum istum, quam antea ab aliis factus sit, etsi stomacho meo non satis facit. Psalterium proficit, nisi quod typographo tardo moror. Princeps noster redditus sanitati moratur Lochæ.

Carolus Miltitz diem mihi dixit in Libenwerd Dominica proxima, consensu Principis, datis ad me suavissimis (vulpem intelligo) literis. Quid futurum sit nescio. Rosam tandem obtulit Altenburgi, absente Principe, quam nescio quanta pompa conatus fuerat Wittembergam ducere.

Nihil adhuc ex convocatione Erfurdiana vidimus, nisi Petri fratris conversi obedientiam: quem Prior noster nondum dimittit, quod expectat alium in locum ejus, non credens te hunc conventum minoris facere Dresdensi. Frater Matthias Gruneus etiam venit procurator noster factus. Necdum quid fieri velis de libris apud me relictis, video, idque miror valde.

Vellem plures ad nos fratres et eos idoneos mitti. Scripsit mihi uterque Prior inferiorum partium *), Jacobus et Henricus, querulosissime ac desperate prorsus, tete implorantes, nihil agi per eorum Vicarium, missuros tamen dicunt se fratres, imo se ipsos venturos: sed non fiet, cum in paschalibus datæ sint literæ, nec dum comparent.

Accepi hac hora ex Praga Bohemiæ literas sacerdotum duorum **) factionis illius de utraque specie, eruditos sane in Scripturis sanctis, una cum libello Johannis Huss, quem nondum legi. Exhortantur autem me ad constantiam et patientiam, esse hanc theologiam puram quam doceo ***). Erasmisant miro modo tam sensu, quam stylo: venerunt autem per aulam Principis nostri, mittente Spalatino, ad me, nec jam ibi occultum est.

Philippi positiones vidisti aut nunc vides audaculas, sed verissimas. Ita respondit, ut omnibus nobis esset id quod est, scilicet miraculum: si Christus dignabitur, multos ille Martinos præstabit, diabolo et scholasticæ theologiæ

---

*) In den Niederlanden.

**) Es war Joh. Paduscka und Wenceßl. Rosdialovinus, Probst des Carls-Collegiums zu Prag. Die Briefe waren vom 16. und 17. Jul. d. J. Sie sind zu finden bey Löscher III. 649. Jen. I. 366. Deutsch bey Walch XV. 1627.

***) Rosdialovinus sagte in seinem Briefe: Was ehemals Joh. Huß in Böhmen gewesen, seyd ihr, Martin, jetzt in Sachsen. Darum betet und seyd stark im Herrn, verzaget nicht!

potentissimus hostis: novit illorum nugas simul et Christi petram: ideo potens poterit. Amen.

Venerunt literæ ex Gallia, in quibus scribitur Erasmum dixisse: timeo Martinum perire probitate sua: de Eccio autem, quod nomen suum privaverit una litera, scilicet quod pro Eccius Jeccius dici debuerit: Jeccius autem Hollandis fatuum significet. Adeo pugnat Christus cum vana gloria, ut quem Lipsenses adorant et Eck vocant, eruditi omnes, ut illi scribunt, mire detestati Jeck appellent.

Episcopus meus Brandenburgensis monstrum parturit, bonus homo, et sicut Moab, plus præsumens quam possit. Dixisse fertur, non reclinaturum se caput suaviter, nisi prius Martinum in ignem projiciat, sicut titionem, inquit, istum, quem (hæc dicens) simul in ignem conjecit. Sed tam inflat Ecciana ventositas hanc miseram vesicam.

Verum hæc de aliis: de me quid vis? Nimis me derelinquis. Ego super te, sicut ablactatus super matre sua, tristissimus hac die fui: obsecro te, Dominum laudes in me etiam peccatore: vitam odi pessimam, mortem horreo, et fide vacuus sum, aliis donis plenus, quæ scit Christus quam non desiderem, nisi ei serviam.

Minores apud nos, capitulo coacto, disputant de stigmatibus S. Francisci et gloria ordinis sui, sed adeo feliciter, ut qui ante utrumque venerati sumus, jam dubitare incipiamus, tam de stigmatibus illis quam de ordinis istius conditione. Utraque falsis similiora quam veris inventa sunt: contigit eis illa nimio extollentibus, quod prædicatoribus S. Thomam nimium celebrantibus. Perduxit eos in has disputationes Martini hujus invidia, quæ disseminaverat rumorem, me contra stigmata illa prædicasse. Ideo ansam contra me se adeptam putantes, mihi speraverunt nonnihil se exhibituros negotii. Et vere felix sum, quem adeo omnes delectat impugnare, ut etiam fingere incipiant dogmata, quæ tanquam mea impugnent: verum doleo, quod universam suam professionem ita ludibrio traducunt sine causa.

Erfurdiensis fuit, qui hæc disputavit, ille scilicet, qui cum Lango nostro socius magisterii fuit. Cras Petrus Fontinus disputabit, qui me et omnes nos doctulos et sciolos pungens, posuit hallucinandum esse cum patribus primoribus. Videbimus miracula magna minorum istorum operariorum. Ita concitant homines isti ignari tragœdias sine causa. Quid? Baccalaureus eorum Jacobus, qui hodie pro circulo respondit, quia modestus fuit, et positiones recte posuit, præcellit illos utrosque magistros nostros. E Zwickavia hic est, Wittembergæ educatus, bonus et ingeniosus pariter. Sic Christus superbos humiliat, et humiles exaltat.

Hac nocte somnium de te habui, tanquam recessuro a me, amarissime me flente et dolente: verum te manu mota mihi dicente, quiescerem, te reversurum esse ad me: hoc certe verum factum est hoc ipso die. Sed jam vale, et ora pro me miserrimo. Vigilia S. Francisci, vesperi, anno MDXIX.

F. Martinus Lutherus.

Nach dem 8. October.

N°. CLXIII.

An Spalatin.

Dieses Bruchstück enthält einen kurzen Bericht von der Unterredung mit Miltitz in Liebenwerda; in der Nachschrift die Bemerkung, daß M. und L. sich einander in der Meinung von der Gewalt des Pabstes sehr genähert haben.

Bey Seckendorf Hist Luth. L. I p 63., Strobel-Ranner p 52. Deutsch nach Spalatins Uebersetz. bey Löscher R. A. III. 835. Cyprian Urk. II. 140. Walch XV 902.

Primo mihi mandata dedit (Miltitius), salutem suo nomine dicerem illustrissimo Principi nostro. Secundo, salutem quoque tibi eodem nomine dicerem. Tertio, an pacto, quod Altenburgi placuerit, Archiepiscopo Trevirensi starem. Respondi, utique. At hic ultimus actus fabulæ. In fine his dictis commissionem apostolicam sese expedivisse ajebat, profecturumque se mox domum, noluisse se discedere, nisi hanc commissionem in ore mecum tractasset.

M. Lutherus.

Vice chori tandem lusimus de Potestate Papæ, in quo convenimus, Papam non habere jure divino eam potestatem, quam modo habet, aliam tamen commissionem a cæteris Apostolis, quæ cum a me quæreretur, quomodo aliud a potestate esset? dixit: eandem tamen esse, nisi quod in aliam partem orbis Petro tradita. O wir wollten der Sachen bald eins werden!

---

13. October.

N°. CLXIV.

An Spalatin.

L. erklärt, daß er dem Miltitz nicht die Reise nach Trier, sondern nur seine Bereitwilligkeit, den Kurfürsten daselbst als Schiedsrichter anzuerkennen, versprochen habe. Nachrichten von M.'s Betragen in Rom, von der Gegenschrift eines Pariser Mönchs, von Rubeus deutschen Reimen. Entschuldigung, daß L. sich sobald (von einem Gastmahl?) entfernt habe, um keinen Anstoß zu geben. Zuletzt Neuigkeiten und die Bitte, daß dem prahlerischen Eck L.'s und Carlstadts Antwort geschickt werden möge.

Bey Aurifaber I 211. b. Löscher III. 985. vgl. Cod. Jen. a. f. 59. Deutsch bey Walch XV. Anh. XXXVII.

Christi servo Georgio Spalatino, ab epistolis et sacris Principis Electoris Saxoniæ, suo in Domino.

Jesus.

Salutem. Ne verbum quidem, sed nec cogitatio mihi unquam fuit, mi Spalatine, cum Carolo de profectione mea ad Treverim: miror hominis audaciam vel oblivionem, qui vix ei concessi, ut Libenwerdam venirem, quomodo sit verisimile, tantum iter et ipso socio promitterem? Non dubites itaque aliud nihil me esse pactum, quam ut juxta Principis nostri et jussum et consilium (cujus ob hoc nomen et acta cum Trevirensi Episcopo intercensebam) perstarem in voto et pacto, quo Altenburgi nobis convenerat in Episcopum

Trevirensem judicem causæ hujus: de judice, inquam, sola fuit mentio, de profectione nihil.

Adde, quod idem Carolus dixit, se non Treverim, sed Romam mox hoc itinere profecturum, atque se jam expedivisse suam commissionem, quam ex urbe habuisset. Denique ego suspicatus fui, non ob aliud eum voluisse denuo mecum personali præsentia de re jam diu certa loqui, quam ut in urbem rediens haberet, quo diligentiam suam commendaret, videlicet qui non semel mecum egisset personaliter, omniaque tentasset, quæ potuisset.

Verum credo frustratum sua spe ita nugari præ angustia conscientiæ, aut more suo fabulari. Talem enim nobis descripsit heri in prandio Doctor quidam Præpositus Collerburgensis Pomeranus, qui ex urbe veniens mecum apud Principem Pomeranum Rectorem nostrum pransus retulit, eundem in urbe pro, nescio quo, haberi. Jactasse enim ibidem sese de affinitate Ducum Saxoniæ, ita, ut passim apud Italos de parente Duce Saxoniæ (id est, de parentela Ducum Saxoniæ) fuerit appellatus, et multa alia ridicula et vana: breviter, homo miserandus est, ludibrio ille passim habitus, hic habendus similiter.

Retulit idem Doctor, fuisse traditum ei Breve apostolicum rosam allaturo, in quo ei mandaretur, ut rosam Principi sic offerret, ut Martinum vicissim mitteret, fuissetque ita progressum, nisi prudens quidam Cardinalis intervenisset, qui lecto Brevi dixit multo stomacho: puerine omnes estis, an insani, ut monachum emere tentetis a Principe? atque mox eum discerpsisse manibus propriis idem Breve.

Silvester Prierias meus tacet (ipso referente), alius autem Cyprianus frater Parisiensis scribit contra me, mandato Papæ, sed invitus: dixisse enim eum refert (ut illius verba ponam) Papa vult [a]) scribam, sed facio male libenter. Frater ille verbosus est, non tacebit. Dialogus meus durus est illis, et Romæ bene notus. Literas Universitatis Lipsensis nondum habeo: inveni autem denuo hominis illius Rubii

---

a) Cod. + ut.

longipilli *) insanias istas vernaculas in meum nomen grassantis: mirum, quam delectet Lipsenses per hanc fistulam idoneam sibi sua venena efflare. Ut anxie quærit invidia causas maledicendi, sed contemno adhuc omnia.

Abitionem meam perproperam excusa, quæso. Feci enim, quod sciam nomen monachorum male audire propter aulas et ollas: tum quod nolui scandalum esse homini illi, de quo tibi dixi, cui videbar mihi esse gravis et molestus conviva. Scis, quam propter unum hominem etiam multa omitti oporteat, quæ liceant. Vides etiam, quam acute me Lipsenses observent. Quod si ille occulte suis Lipsensibus scribat, me fuisse lætum ac levem, lusisse etiam tesseris cum Pistorio nostro, et illi ansa arrepta, et vitam meam cum verbo, quod odiunt a me doceri, conferentes, Evangelio Christi mei occasione impedimentum præbeant? Quid enim non scriberent, qui per Rubium effutiunt, quod Lipsiæ in manu complicatum ac compressum sertum odoris et spectandi gratia gestavi, libentius dicturi, quod in capite gestassem, si auderent? Satis cavere omnia non possum nec volo: infirmitati tamen et invidiæ, quantum possum, locum dabo. Nullo ergo contemtu festinavi, sed timore offensionis.

Helvetios pestis sæva percutit, ita ut 16000 virorum absumserit, exceptis parvulis et mulieribus. Retulit hæc Doctor Præpositus, qui supra etc. In Creuzberg virgines 18 in monasterio una cum præposito eorum absumsit: in Sangerhausen 8 Fratres cum Priore eorum simul: dicitur et Nurmbergæ furere, et fere ubique. Ita nobis scribitur ex nostris locis. Pater Vicarius 24. Septembris sanus Nurmbergam venit, inde Monacum.

Jam incipio etiam optare et petere, ut ad Eccium mittantur, quæ respondimus Principi nostro. Scripsit ille summo Pontifici, jactans suas glorias, quod nos duos victos prostratosque Lipsiæ reliquerit: homo totus gloriaceus, glorianus, gloriensis et gloriosus, ausus etiam a summo Pontifice petere expensarum suarum in hac re vicem.

---

*) Wortspiel mit Longopolitanus, wie sich R. zu nennen pflegte. Vgl. übrigens No. CLVIII.

Retulit hæc Doctor Præpositus, qui supra etc. Vale. Raptissime, die 5. post Dionysii, anno MDXIX.

F. Martinus Lutherus.

---

14. October.

N°. CLXV.

An Martin Seligmann, Vicar im Thal Mansfeld.

Auf die Anfrage S.'s, wie sich der Christ und der christliche Seelsorger bey eintretenden Landplagen (wahrscheinlich ist die Pest gemeint, von welcher im vorigen Brief die Rede war) verhalten solle, antwortet L., daß den Schwachen zu fliehen erlaubt sey, der Geistliche aber bey seiner Gemeinde aushalten müsse.

Bey Aurifaber I. 213. b. Löscher III. 987. Deutsch bey Walch XXI. 642.

Sacerdoti et servo Christi, Martino Seligmann, Vicario in Valle Mansfeld, suo in Christo charissimo.

Jesus.

Salutem. Accepi literas tuas cum quæstionibus tuis, vir optime: et quæ tu pro fraterna charitate et flagello Dei ferendo fortiter asseris, maxime probo. Atque utinam tales inveniantur omnes Christiani, quales hic describis: verum quid faciemus, si non omnes omnia possint? Nonne infirmos ferri oportet et suscipi, ut Rom. XV. docet? Et, quod tu adducis, alter alterius onera portare, magis ad eos pertinere mihi videtur, contra quos tu adduxisti. Illi potius infirmi sunt, qui mortem fugiunt, quam qui expectant. Ad hæc sine dubio fames et gladius æque sunt plagæ Dei, sicut pestis, ut locupletissime in Prophetis patet. At legimus in Genes., Abraham famem fugisse, itidem in libro Ruth. Porro quoties etiam fugerunt gladium sancti? quando apud Hieremiam filii Jonadab in urbem sese contulerunt tempore belli, quorum tamen votum erat nulla domo uti.

Quare, meo judicio, hortandi quidem sunt, ut manum Domini fortiter omnes ferant, non tamen cogendi, aut ideo peccare dicendi: aut, si peccare dicentur, ferendi sunt tanquam infirmi. Nonne et Christus Apostolos tulit, quando mori timentes dormientem excitarunt, et Petrum corripuit, quod timuisset ambulare supra mare: sed tamen tulit ejus infirmitatem. Quare si pestis et quodlibet flagellum Dei omnino ferendum est, sequitur quoque, non licere invocare Sanctos Dei pro corporalibus sanitatibus. Tum etiam medicos omnes ad unum cum universis apothecis auferemus, ut ex quibus non liceat effugium aut remedium quærere flagelli Dei, cum etiam infirmitas sit flagellum Dei. Hæc enim pro infirmioribus in fide divina bonitas providit.

Cæterum qui perfecti sunt, ultro mortem petentes, his non habent opus. Nam et Ecclesia cum orat a peste, a fulgure et tempestate, non utique pro infirmis orat, et flagella iracundiæ avertere tentat. Quæ male oraret, si non liceat fugere, repellere, vitare (si fieri potest) flagellum Dei. Charitas autem fraterna, quæ in his malis perseverat cum aliis, perfectorum est, laudabilis ipsa vehementer, et ubi necessaria esset, proximis etiam præcepta. Tunc autem necessaria est, si morientibus peste nemo aliud adesse possit, qui serviat ægris. Nam sacerdotem, cui cura commissa est, non licere fugere aut fidelem suo loco constituere, persuasum habeo.

De qua re, lege eruditissimam epistolam August. ad Honoratum, quæ ponitur in legenda ejus a Possidamo descripta parte undecima, in fine. Pastorem enim docet adesse ovibus Christi, et animam suam pro eis ponere, ut qui statum perfectorum gerit. Itaque firmi portemus infirmos, et eis licentiam, etsi illaudatam, demus fugiendi et servandi carnem suam. Hæc breviter habeo, quæ tu boni consulas, oro: et Dominum Jonam pastorem saluta, omnesque pro me peccatore oretis, oro: carnem meam quoque valere cupio: latratores adversarios contemno. Vale in Christo. Wittembergæ, VI post Dionysii, anno MDXIX.

F. Martinus Lutherus.

15. October.

N°. CLXVI.

An den Kurfürsten Friedrich.

L. erklärt, daß er Miltitzen nicht versprochen und auch nicht Willens sey, nach Trier zu reisen.

Aus dem Original bei Cyprian I. 425. Löscher III. 840. Suppl. der Leipz. Ausg. 29. Walch XV. 907. Wir haben das Original im Cod. chart. 397. Bibl. Goth. verglichen.

Dem Durchleuchtigsten, Hochgebornen Fursten und Herrn, Herrn Friedrich, Herzog zu Sachsen, Kurfurst, des H. R. R. Erzmarschalk und R. Maj. in Sächsischen Ländern .... Landgraf zu Thuringen, Markgraf zu Meissen, meinem gnädigsten Herrn und Patron.

Jesus.

Durchleuchtigster, hochgeborner Furst, Gnädigister Herr. Ewrn Kurfurstlichen Gnaden seynd mein arms Gebett und Dienst allzeit zuvoran bereit. Gnädigster Herr. Ich hab vorstanden, wie daß mein Freund und Herr, Herr Carol von Miltitz, E. K. F. G. geschrieben, als sollt ich mit ihm zu reisen gen Trier mich verpflichtet haben. Das mir fast wunderlich zu horen gewesen, so ich doch nit anders von ihm ersucht bin, dann ob ich noch gesinnet, den Trevirensem Archiepiscopum zun judicem zu leiden, wie zu Altenburg beredt ward. Hab ich ja gesagt, und wie E. K. F. G. desselben haben mit demselben Hochwirdigisten ꝛc. zu Frankfort beredt mich halten: und gar nämlich E. K. F. G. Rath und solchs Bereden einzogen: wie auch unser Prior gegenwärtig horet, und noch sagt. Dann ich nichts wenigers gedacht, denn gen Trier zu reisen fur dem Reichstag, mit irgend einem Menschen! Ist auch kein Wort davon gedacht worden, ja Er Carol sprach, er hätt nu sein Commission ausgericht, wollt auf stracker Fahrt gen Rom reisen. Also bin ich noch willig und bereit E. K. F. G. Raths und Zusagung auf den Reichstag zukumen, und thun, was ich soll. Aber itzt mocht ichs nit zusagen, schweigs dann halten, in solchen Gefährden der Krieg, Pestilenz und anderen Zufällen allenthalben. Das hab ich demuthiger Unterthänigkeit E. K. F. G. wollen berichten: auf daß E. K. F. G. glaubwirdiger Rede wissen muge, was wir zu Libenwerd gehandelt haben. Hiemit ich mich E. K. F. G. demuthiglich befehlen. Zu Wittenberg Sonnabends, Vigilia St. Galli, 1519.

E. K. F. G.
unterthäniger Capellan und Diener
Doctor Martin Luther, Augustiner.

---

15. October.

N°. CLXVII.

An Spalatin.

Wie L. und die Wittenberger einen Gesandten der Böhmischen Brüder aufgenommen und entlassen; von Rubeus Schmähschrift, einem Briefe des Leipziger Rectors und einer im Werke seyenden Schrift Emsers gegen L. (nämlich gegen dessen Schrift ad Aegocerotem Emseranum, welche im September erschienen war.)

Bey Aurifaber I 215. Löscher III. 989. Vgl. Cod. Jen. a. f. 61. Deutsch bey Walch XV. Anh. L.

Suo in Domino Georgio Spalatino, Christi servo, charissimo.

Jesus.

Salutem. Fecimus omnia cum Boëmo isto homine vere humano, mi Spalatine, ut videbitis et legetis. Tradidi ei omnia mea opuscula: Philippus dictavit ei epistolam præsentibus et conspirantibus omnibus nobis, etiam ipso Boëmo in monasterio nostro.

Rubii insanias misi ad te, sed video aliunde accepisti: insaniunt Lipsenses. Mitto epistolam superbam Rectoris Lipsensis heri acceptam, in qua omnia ea committit insipiens caput, quæ excusat vel deprecatur. Adeo acuti sunt homines.

Respondebo ei, aliud non facturus, quam sua ei ostensurus: tu modo velociter remitte exemplar.

Emserum ferunt moliri Iliada in me, et jactasse se, quam superbum monachum illum velit tractare: expecto avidissime hunc momium partum. Curabimus, ne aliquid ultra edatur apud nos hujusmodi vanitatum. Cogito, si Universitas nostra Lipsensi Universitati scribat. Principi Georgio scriberem: sed expertus illius Cancellarium, nolo occasionem dare vesicis, quas ibidem prius cognovi. Vale et ora pro me. Wittembergæ, vigilia Galli, anno MDXIX.

F. Martinus Lutherus, August.

---

16. October.

N°. CLXVIII.

An Joh. Lange.

Von dem Gerücht, mit welchem die Leipziger prahlten, daß die Erfurter gegen L. und für Eck entscheiden würden; Emser gehe mit einer Antwort auf L.'s Schrift: Ad Aegocerotem Emseranum, schwanger; von Rubeus deutschen Reimen.

Bey Aurifaber I. 215. b.. Löscher III. 989. Deutsch bey Walch XV. Anh. XLIX.

Reverendo Patri Johanni Lango, S. Theologiæ Magistro, Eremitarum Augustin. Vicario medio, suo in Christo Majori.

Jesus.

Salutem. Redit tandem ad vos frater Georgius, sicut voluistis, R. P. Nova nulla, nisi Lipsensium invidiam indies gliscere: jactant iidem pro constanti, Erfurdenses vestros tulisse sententiam contra nos pro Eccio: quod si ita est, proficiat vobis, quod vestri in alienam causam sine causa involvuntur. Ego et latina et vernacula Apologia infamare proposui in totum orbem eam sententiam, et ejus vel iniquitatem vel inscitiam pro veritate tuenda publice traducam, quam primum edita fuerit, eroque innocens a sanguine vestrum. Non est animus ullam syllabam nostrarum propositionum relinquere indefensam. Fiat Domini voluntas.

Emserus pro Aegocerote parturit (ut dicitur) elephantem, et nescio quantas tigrides, obstetricantibus Lipsensium musis amusissimis. Ita res fervet, et furit Satan adversus verbum Dei, et nihil proficiet. Rubius asinus denuo vernacula me proscidit pessime: nec sic satura Lipsiæ invidia est. Dominus autem vivit, et ego vivo, in quo tu quoque vive et vale, et ora pro veritate. Die Galli, anno MDXIX.

F. Martinus Lutherus, August.

---

1. November.

N°. CLXIX.

An Spalatin.

Dank an Schart für ein Geschenk von 10 fl. Ecks Expurgatio war erschienen, und L. hatte seine Epistola super Expurgatione Ecciana in den Druck gegeben. Er sendet für Langemantel ein Exemplar eines (wie es scheint, in Wittenberg gedruckten) Psalters (?) Vgl. No. CLXXXII.

Bey Aurifaber I. 216. Löscher III. 990. Vgl. Cod Jen. a. f. 62. Deutsch bey Walch XV. Anh. XLVI.

Suo in Domino Georgio Spalatino, Christi servo observando.

J e s u s.

Salutem. Oro te, nomine meo gratias age Marco Scharto, mi Spalatine, pro florenis istis decem, missis simul his, quot visum fuerit, exemplaribus: verum sic dives factus [a]) eodem die pauperiorem reddidit necessitas quorundam hominum, quibus cogor mutuum dare. Piget, me in populo Christi adeo nihil esse reliquum charitatis, ut qui habent ne 20 quidem florenos, quo alter alteri succurrat. Ego mihi idea

---

*) Soll heißen divitem factum.

datos illos florenos arbitror, quod per me illis serviri voluerit Dominus, nec sufficit tamen. Quare, ubi tu consulueris, etiam Principem clementissimum pulsabo pro paupertate: pro me Dei gratia nihil solicitor.

Edidit furens Eccius expurgationem adversus epistolam ad te datam, cui jam respondi uno sexternione hac hebdomade absolvendo, dato jam typis. Mirum quam homo sævit, mendaciis quoque refertus: tum in quo mihi aptissime et oportune venit, simulationem suam retexit imprudens, quo solo nomine, cæteris tacitis, eum apprehendi, coactu-rus, ut magis prodat se et Lipsenses suos. Mittam exemplar propediem.

Si Langenmantel Psalterium ab integro non habet, hoc exemplar mitte: sin aliquot sexterniones habet, remitte et signa numerum, ne damno afficiamus typographum. Vale in Domino. Die omnium Sanctorum, anno MDXIX.

F. Martinus Lutherus, August.

Anfang Novembers.

N°. CLXX.

An Joh. Eck.

D. Eck richtete unter dem Titel: D. Joh. Eccii Expurgatio, an die Universität zu Ingolstadt eine Schrift, in welcher er auf Luthers Vorrede zu dessen Resolutiones antwortete. Er widersprach L. in allen Punkten, besonders darin, daß er L. sollte zugestanden haben, daß der freye Wille, ehe die Gnade denselben lebendig macht, nur Sünden wirke; er habe bloß gemeint, daß der freye Wille in solchem Falle kein eigentliches Verdienst wirken könne. Uebrigens schalt er L. als einen der Kirche Ungehorsamen und Freund der Böhmen. Diese Schrift ist im October herausgekommen, vgl. den vorigen Brief L.'s an Spalatin v. 1. Nov. Anfang Novembers erschien nun diese Gegenschrift Luthers, die er am 7. an Spalatin schickte. L. behauptet nochmals, daß E. die Sätze Carlstadts vom freyen Willen zugestanden, und beschuldigt ihn des zweydeutigen Sprachgebrauchs, daß er unter peccatum bloß verstehe non meritorium.

Besonders gedruckt unter dem Titel: Ad Joh. Eccium Mart. Lutheri Epistola super expurgatione Ecciana. 4. Dann bey Aurifaber I. 198. Viteb I. 353. Jen. I 358. Löscher III. 805. Deutsch bey Walch XV. 1388. Wir haben den ersten Druck verglichen.

Martinus Lutherus Johanni Eccio S.

Jesus.

Vix credas, quanto levaris onere cor meum, mi Ecci, quamque perplexa me solveris cura hac tua expurgatione, ita ut, si unquam mihi profueris, nunc maxime profueris. Neque mihi videor scripsisse aliquid, quod magis cesserit ex sententia, quam epistola de Lipsica disputatione, quam tu magnis criminationum cataractis ac perpetuo velut maledictorum diluvio persequeris, cum illa interim sicut arca Noë mihi super omnia natare videatur: fecit illa, quod volui: invenit, quod quæsivi: fecisti et tu, quod speravi.

Miraris, unde hoc luxurians tripudium? Audi. Hucusque misera et inquieta vexatus sum conscientia, præcepto Dei confixa, quo non licebat libere de te sentire et dicere, quæ tot argumentis mihi movebantur, tot virorum integerrimorum testimonio firmabantur: tam valide mihi obstabat, præsertim in publico, species illa tua et simulatio speciosissima, qua amicum Lutheri, veritatis sincerum et apertum amatorem, te passim venditabas. At bene habet: expurgatio tua, velut medium Comicum, has omnes turbas dispulit ac sedavit, qua omnibus, qualis fueris et sis, palam ostendis. Ea sane paucula, quæ ceu perizomata contexis, quibus modestiam charitatemque etiam cum juramento tibi affingis, talia sunt, ut criminationum tumultibus et tempestatibus collata, quendam ridiculum struthionem referant Hujus enim animantis eam ferunt esse stultitiam, ut se totam credat tectam esse, si una fronde collum texerit: ita et tu totus criminatio et impatientia uno et altero [a]) verbo te rotundæ modestiæ et charitatis exemplar proponis. Verum hæc eant, quo eunt.

Ad id, quod magis detestor, veniemus, id est, ad simulationem tuam, ne videar te penitus contemsisse: atque dilatis

---

a) Viteb. fälsch alto.

cæteris, quæ in epistola mea dilaceras, pro tempore solam eam partem accipio, in qua et tu maxime es negotiosus, et rei totius pæne summa pendet: nempe quod propositiones Carolostadii, præsertim duas priores, prima disputatione tractatas, dixi a te concessas, et inde quæ sequuntur, ad illas intuli. Interim tu fortiter para, quibus articulos Johannis Huss a me assertos et concilium Nicænum pro me fecisse, coarguas. Sed heus memor esto, non in theatro Lipsensi te fore, et ad laudem Lipsensium vel tuam nihil sequi in bona consequentia et extra Lipsiam: scito quoque Lutherum jam non captivum tuum, nec in terra inimicorum, in sua harena consistere: et, quod spero te facere, ante omnia Christum roga, quo solus ipse, qui veritas est, nobis certantibus vincat, gloriamque nostram perdat, Amen.

Attende itaque, quid quæram. Has propositiones Carolostadii duas nonne obtulit b) defendendas? Liberum arbitrium ante gratiam non valet nisi ad peccandum. Liberum arbitrium sine gratia tanto citius propinquat iniquitati, quanto fortius intendit actioni. Verumne hæc dico? Quid autem amicus veritatis zelosissimus et apertus impugnare veneras nisi errores? Sic de te ipso jactas. Falsas ergo has propositiones tenebas et teneri volebas. Si enim veras putabas, cur impugnabas veritatis defensor?

At in media disputatione veras esse concessisti, libere pronuntians, liberum arbitrium sine gratia non posse nisi malum facere. Addebas: nec scholasticos doctores unquam aliud docuisse, ob idque negabas te Scotum, Capreolum tueri. Hæc dico, non timens tuos Lipsenses, quos toties mihi frustra intentas: testis est horum omnium totum auditorium. Ego sane hæc audiens, gaudebam, tam cito te rediisse in viam, atque jam totius disputationis finem esse ducebam, quando ex hac rei summa fere omnia pendebant.

Hæc itaque rei summa est, quam nunc agimus: quare et epistolæ meæ rationem audi. Ego eum disputatorem vinci judico, qui id asserat, quod prius impugnaverit. Ita pronuntiavi et pronuntio, Eccium victum, Carolostadium victorem:

---

b) Autogr. falsch obtulisti.

et hoc ad nobilissimum virum Pyrcheymerum Nurmbergensem scripsi *), staturam victoriam Carolostadio: et illud scheda publica **), Carolostadium non fugitivum militem (sic eum tu traduxeras) venturum, victorem Ecciani erroris jamdudum. Omnia hæc vera sunt hodie quoque, etiamsi judices aliud judicarent, quod non spero.

Hinc intuli omnia, quæ ad veritatem hanc sequuntur, licet tibi indignissima visa (quod miror): nempe quod tres sectas scholasticorum doctorum nobiliores negaris, qui liberum arbitrium[c]) ante gratiam nullum actum meritorium, tamen actum, qui non sit peccatum, et qui gratiam de congruo emereatur, tribuunt: item articulum Johannis Huss (cujus multo plures nunc teneo, quam Lipsiæ tenebam, ut suo die ostendam) christianissimum esse et tuum, in quo censentur actus humani, divisione immediata, aut boni aut mali. Hic enim evidenter sequitur, si ante gratiam non nisi peccat liberum arbitrium, sicut et sectas doctorum scholasticorum errare sequitur, in suo congruo actu. Stat enim verbum illud, non nisi ad peccandum valet liberum arbitrium sine gratia.

Intuli quoque verissime, te Pelagianum hæreticum fuisse reversurum Ingolstadium, nisi confessus fuisses hanc sententiam, quod verissime sit Pelagianum, actum sine peccato liberum arbitrium dare ante gratiam, ut faciunt Scholastici. Non quod ideo Pelagiani sint, sicut dialectica tua solitas[d]) ducis consequentias, quia non pertinaciter erraverunt, sicut tu fueras erraturus, si erroris defensor permansisses. Ideo calendarium illud doctorum seu catalogus tuæ est acutissimæ dialecticæ testimonium fidele, quæ semper latius clamat, quam videat.

Insuper duxi, cecidisse theologistriam carnificem de merito congrui, de facere quod est in se, et cætera illic censita, quia ante gratiam non nisi peccatum esse, datum erat, peccatum autem ad gratiam congruum nunquam esse

---

c) Löscher bessert: libero arbitrio.

d) A. solita.

---

*) Dieser Brief fehlt.

**) In der Excusatio adv. criminationes Jo. Eccii bey Löscher III. 666. In der Jen. Ausg. I. 226. fehlt gerade diese Stelle.

queat. Belial enim Christo non congruit, nec tenebræ luci, quin potius peccatum gratiæ [e]) adversatur. Omnia, inquam, hæc vera sunt, si Carolostadius verus est, ut Eccius dedit. Quod si tu, mi Ecci, aliam habes grammaticam, sicut vere aliam semper habes dialecticam, ut victus, victor, veritas, error, breviter, res et vocabula tibi ad placitum novo Mercurio serviant: debes nobis esse propitius, nec ægre ferre, si nostra utamur, quándo permittimus te uti tua. Ita hucusque sapui et sapio.

Sed scio, quid hic cogites. At noli interim, mi Ecci, rumpi: mox adero [f]) cogitationibus tuis, hoc primum præfatus, quod cætera de activitate liberum arbitrium [g]) et alia quædam, in quibus tantum perdidistis tempus, leviora fuerunt, quam ut disputationem theologicam, præsertim talem ac tantam, mererentur. Sufficit de summa inter nos convenisse, liberum arbitrium bonum Deo et gratiæ soli deberi, sine qua non possit nisi peccare.

Quando autem tu negas illa, quæ intuli, et mendacia asseris, duo cogito: aut te subdole omnia Lipsiæ egisse, et odiosissimum simulatorem fuisse in veritatis perniciem, aut te esse quovis trunco stupidiorem. Atque hic forte erit dignus vindice nodus. Stupidum te nolo dicere, qui tantum mihi satis crederis habere acuminis, ut peccatum cum gratia immediate pugnare intelligas, sicut lucem et tenebras.

Reliquum est, te per peccatum, malum, iniquitatem subdole intellexisse neque peccatum, neque malum, neque iniquitatem, quod verba sonant, sed, quod tu finxisti, id est, non meritorium, novum scilicet vocabulum, atque Augustinum et Ambrosium Carolostadii [h]) sic accepisse: liberum arbitrium ante gratiam non valet, nisi ad peccandum, id est, ad non merendum, et liberum arbitrium tanto citius propinquat iniquitati, id est, non meritorio, quanto fortius intenderit actioni. Nisi, inquam, ita accipias peccatum,

---

e) A. falsch gratis.
f) A. + et.
g) Wahrsch. liberi arbitrii.
h) L. schaltet fälschlich ein: has duas propositiones.

malum, iniquitatem, non effugies ea, quæ in epistola mea scripsi. Inveni cogitationes tuas, Ecci? Quidni invenirem? cum in hac expurgatione tu ipse vocabula ista sic interpreteris, per quæ Lipsiæ, ubi sincerus et apertus veritatem quærebas, longe aliud occulte intelligi volebas et sinebas.

Audi igitur, amicissime veritatis tutor, ubi unquam legisti, peccatum, malum, iniquitatem pro non meritorio accipi, nisi in tuis Pelagianis erroribus Scripturæque depravationibus? Qua Scriptura, qua ratione niteris? quibus viribus defendes, ne hæreticus, hoc significationis jure fretus, neget peccatum in Scripturis contineri, sed omnia esse non meritoria commendat? Siccine illudis verba Patrum, quæ etiam Scripturæ soles præferre? Ista est medulla, quam me in dictis Patrum jactas non videre? Sic didicisti pro veritate disputare, ut aliud coram hominibus loquaris, et aliud penes te intelligas? Vere apertus et sincerus Eccius, qualem omnes norunt, quam non quærat gloriam, quam quærat veritatem pure.

O maledicta dies, in qua natus sum (ut cum Jeremia dicam) videre in theologis tam impudentes simulationes. Nihil mirum proinde, si tam anxie vis laudari apertus et sincerus. Qui enim isto modo apertus es, quem reliquum facis, qui magis indigeat laude hac? Obsecro, laudent Lipsenses apertum Eccium: laudent omnes quos jactas, etiam vocibus Stentoreis, nec sic satis te laudabunt. Tanta est necessitas.

Quin et ego cum Wittembergensibus laudamus et dicimus: Omnia vera scribis et dicis: Lutheri epistola falsissima est, injuriam tibi fecit, ipse denique eam revocat. Quid vis amplius? Jam verissimum est, stare meritum congrui, Johannis Huss articulum non esse christianum et tuum: sectas scholasticorum doctorum a te non negari: servilem timorem (id est, peccatum et iniquitatem) esse initium pœnitentiæ, quam alioqui in gratia fieri oportet, quia peccando (id est, non merendo) et iniquitate (id est, non grato opere) incipimus mereri ac gratum facere. Vicisti, triumphasti: sit gloria gloriarum Eccio, qui obtinuit, liberum arbitrium ante gratiam non dari meritum a doctoribus scholasticis: obtinuit autem facillime, quia nemo unquam negavit. i)

Et credebas credive volebas, vir sincere, Lutherum esse tam crassum k), ut hoc monstrum scholasticis doctoribus unquam impegerit, aut super hoc disputaverit l), ut te in hoc necesse fuerit tanto tumultu certare in tam insigni loco? Cur non simili tornatis verbis arte ex Ingolstadio scribis, per purgatorium te intellexisse fidem sanctæ Trinitatis, ut celebrare possimus, obtinuisse te, Deum esse trinum et unum, quod nemo unquam negavit, sicut nec purgatorium, pro quo tamen quam laboriose disputasti? Ego vero te laudo prudentissimum disputatorem, qui tutissimam tibi disputandi rationem inveneris, et in Christo quærendo elenchistam Aristotelem sincerus sincerum imitaris, apertusque apertum, ut alienatis a propria significatione verbis (quæ est summa illius et una virtus) contra Chimæras pugnes, quæ referire nequeant: interim aperte consentiens illorum verbis, cum quibus disputas. Quid refert, domi sedeas, triumphis et coronis te obruas, de larvis a te fictis et victis.

Hoc potius disputabatur, an liberum arbitrium ante gratiam non solum non mereretur, sed etiam peccaret, et iniquitati propinquaret, dum actioni intendit, ut sunt clara verba Carolostadii. Quæ si noluisti impugnare, cur obtulisti? cur, si falsa erant, concessisti? cur non saltem coram mutivisti, præsente puerili illo Carolostadio, tuum non meritorii vocabulum, quem absentem ex Ingolstadio heroicus et apertus vir adeo contemsisti? Nunc demum nata est glossa tua, qua elaberis, quam Lipsiæ, ne capereris, sincerus et apertus homo, toties petitus celabas?

Uror ego utrinque nimis, et miserens tui et indignans tuæ maledictæ simulationi. Desine tu veritatem theologiæ quærere: abolita est fides tui: ad sycophantam tuum Aristotelem, impiissimum inter philosophos simulatorem, redi, qui nunquam id voluit dicere videri, quæ dixisset: magister hic

i) A. negavit unquam.
k) A. Carlstadium et Lutherum esse tam crassos.
l) A. impegerint - - disputaverint.

tuus est dignissimus. O me miserum, quod unquam mihi contigit tecum esse quippiam negotii. *Spiritus disciplinæ effugit fictionem*, ut Sap. 1. scribitur, et *in simplicitate*, inquit, *cordis quærite illum.*

Quid tu miraris, epistolas, rumores et omnia monstra secuta ad hanc infelicem disputationem, quæ mihi affingis? Mirum, si quidquam boni sequeretur ad hanc illusionem Spiritus sancti, irrisionem veritatis, contemtum Christi. Unum te oro, ne deinceps (si fieri potest) cum Luthero [m]) quidquam rei habeas: pœnitet me libellorum contra te editorum plusquam credas: ego tanto gravius illusus illisusque sum, quanto constantius te virum sincerum existimavi.

Hoc scilicet est, quod, rupto fœdere liberæ disputationis, nolebas disputari, nisi datis judicibus, iisque non aliis, nisi tuæ farinæ Scholasticis, quorum causam agebas, sed occulte et adulteratis verbis, ne te et illos (si apertus fuisses) traduceres infelicissime. Hoc est, quod dicta per notarios excipi recusabas, aut sic excipi, ut exemplaria neque repeterentur, neç ederentur, sed supprimerentur, donec judicium tuæ factionis jactares, causans orbis judicium non placere, quod mundus in maligno positus sit, quasi te et theologos tuos cœlum esse, et præ cæteris hominum in benigno positos credi oporteat. Sic enim medullas tu Scripturæ pervides sine simulatione. Hoc est, quod Carolostadio nec libros nec schedas permittere volebas, qui si non simulasses veritatis inquisitionem, cogere eum debueras et orare, ut per alium legeret, si non per se posset, imo ut muta signa digitis daret. Quid non facit, quid non patitur, qui veritatem sincere quærit? nunc magister, nunc discipulus, nunc socius, nunc omnibus omnia fit, quo veritas prodeat. Talem se Carolostadius, talem Lutherus se tibi obtulerunt.

Tu vero tibi pæne uni veritatis amorem arrogans, aliud non jactas, quam si sic actum esset, non fuisse disputationem, sed nescio quid puerile: te non Thersitas nec viles homines quæsisse, cum quibus certares?

Hæc turgentissima vanissimæ gloriæ verba tu homo theologus sine fronte in media contemtæ gloriæ et amatæ a te

m) A. Martino.

veritatis laude rotare audes. Quæ si alius de te diceret, eum debuisses existimare, qui te velut pessimus simulator furiosum conaretur traducere, dignum, in quem vel expurgationem, aut si quid pejus possis, scriberes. Nunc tibi places, proprio rostro crepitante hanc laudem insignem.

Credisne miser et tu, esse adhuc homines in mundo, præter tuos Lipsenses mutuos mulos (nec enim omnes te scabunt), qui sciant, quid sit sincerus et apertus veritatis inquisitor: coram quibus hæc tuæ sinceritatis jactantia omni sit mephitide graveolentior? Hoc est, quod repente causam alio rapuisti, de libero arbitrio ad activitatem liberi arbitrii, hui quam necessariam ad perdendum tempus quæstionem.

Nunc demum intelligo, quid sit, quod scribendi negotium semper exhorrueris, honestissimam hypocrisin commentus, te non amare aculeatum scriptionis genus, semper autem provocaris ad disputationem, sed eam, quam exceptam non liceat sub orbis judicium edere, nisi judicibus tibi placitis et vi extortis judicatam: paratus scilicet hac disputandi ratione, Galliam, Italiam, Germaniam, forte et Democriti mundos, si hunc quis requiret[u]), offerre: scilicet, quod sic disputando noris nec deliberationi nec diligentiæ locum esse, quas tu in quærenda veritate, sincerissimus vir, semper suspectas, imo noxias ducis, et facillimum esse, usitatis vocabulis alienam effingere significationem, quam, ubi præcedentia et sequentia non liceat conferre, tum causa subito ad alias res rapta, difficillimum sit observare: præsertim ubi id agitur, specie adhibita, ne observare quis debeat ac possit, falsis interim tum auditoribus, tum judicibus sinceritatis jactantia, quod veritatis periculum et impiissimæ simulationis scandalum in scribendo parum feliciter sit processurum.

Una igitur tibi ratio est quærendæ veritatis, præcipitatæ disputationis confusio. Quis unquam et hoc intellexisset esse veritatem amare et quærere, nisi tu novus verborum grammaticus cum tua factione ita doceres? Adeo totus es fictio et simulatio. Denique in tota ista expurgatione fere

---

u) A recuset.

nihil non simulas, excepta furiosa criminatione, licet et huic peniculum simulatæ modestiæ adhibeas. [o])

Dixerunt mihi ante disputationem insigni autoritate viri: cave, Luthere, experto crede: homo iste nihil nisi fictio est et simulatio. Non credidi eis, nec omnibus sensibus meis, licet Erasmi epistola et Udalrici Zasii apologia [*]) quoque talem te mihi formarent. Tam constanter de te cogitavi optime, nunquam aliter cogitaturus, nisi hoc sterquilinio te publice orbi traduxisses odiosissimum simulatorem.

Huc pertinet, quod in fœda et obscœna epistola præ cæteris scribis ad clarissimos tuos Ingolstadienses, etsi (pro sinceritate apertissima) fortiter simulas tete non jactasse victorias, te Carolostadium traxisse ad activitatem liberi arbitrii, simul dolens, quod permiseras ei vesperi responsionem illam parare egregiam, qua te omnium judicio redegit ad nihilum, sicut ipse confiteris: in uno, inquis, peccavi, posui replicas de nocte, et dedi ei deliberationem. Sensisti scilicet vulnus ad mortem. Quid putas factum fuisset, si omnia, sicut decebat, eadem deliberatione gesta fuissent? sicut laudatissimus Princeps, Dux Georgius, ordinarat, qui non nisi veritatem quæri voluit, et omnia, quæ ad hoc quam optime valerent, quem tu', bone Deus, quam sincere in tuam partem laudas, videlicet, quod optimæ optimi Principis voluntatis tales fuistis executores.

Quid tu faceres pro veritate sincerum, qui non solum machinatus es cum tuis, ne deliberate et diligenter proposita veritas quæreretur, sed gloriaris etiam in hac malitia, potens in iniquitate, id unice querulans, nonnihil periclitatam hanc tuam machinam? Nam et publica id indicasti querela, cum pæne plorares, illum habuisse exemplar notarii, cum tu interim laudabaris Lipsensibus tuis, quod nihil moratus exemplaria, etiam bene potus posses nihilominus victoriosissime clamare (disputare volui dicere). Et quomodo non posses, qui fingere quodvis tibi præsumsisses? et adhuc apertum et sincerum nobis Eccium omnibus notum obtrudis.

---

o) Vit. Jen. L. adhibitas. Aurif. durch einen Druckfehler adhibi eas.

*) U. Zasius, Rechtsgelehrter zu Freyburg in Breisgau, schrieb apologiam c. Eccium. Vgl. Melch. Adam. vit. JCtorum p. 35.

Prætereo cætera ejus epistolæ cum reliquis monstra, qui si (tuo more) vindictæ furore furerem, brevi compendio te toti orbi traderem p), qualis qualis es. Edita in vulgus est q) altera epistola, sed theologico nomini parco: tui enim me in veritate miseret. Nam quod per totam expurgationem non nisi criminationibus mei scates, cum id facias misera simulationis conscientia, sperans hac via, te os obliturum et manum additurum toti mundo: scito hoc, criminationibus mei et tui Lipsensiumque laude prorsus nihil moveor, simulationibus autem tuis pæne occidor. Quod monstrum et Christus omnium iniquissime tulit, peccatores alioqui et publicanos apertos suavissime amplexus. Et quid odisset veritas dulcissima, quam veritatis hostes, titulo veritatis se venditantes?

Porro, judices quare jactas? an quod eorum sententiam illuseris, ut inveniatur iniquitas tua ad odium? Habemus tuam expurgationem, quam opponamus universo mundo, docturi Lipsicam hanc disputationem fuisse ludibrium veritatis, et Eccianam simulationem, quæ latius pandam, ubi ampulla tua, quam parturis, prodierit: interim ad reliqua hujus sterquilinii tui respondere nolo, nec opus est, una hac parte summaria satis monstrante, qui sis in toto.

Et ut redeam ad te, dico et propono coram te et universo orbe, repetensque et iterum dico: Carolostadii propositiones esse veras, similiter et meam epistolam. Et ut tibi fortiter inculcem, ne aliena intutus, proposita (sicut soles) relinquas, majusculis literis designabo summam: Si has r) propositiones veras esse concedis, *quod liberum arbitrium ante gratiam non solum non meretur, sed etiam peccat damnabiliter*, (audis, audis, Ecci, ne simules) *et propinquat non solum ei, quod est non meritorio, sed iniquitati mortali, dum intendit actioni:* victus es, et epistola mea vera est. Si negas aut concedere simulas, Pelagianus es. Vir es, et Carolostadius puerilis: non dubitamus, quin sis heroicam tuam virtutem ostensurus: sed scito, nos jam non tibi, sicut ante, credituros. Simulatorem observabimus,

---

p) A. falsch traderes.
q) A. ea et.
r) A. Carlstadii.

cui ante sinceritatem jactanti simpliciter credidimus. Tu autem vide, ut calendarium aut martyrologium aut chronicam certe interim diligenter lustres, unde contra nos multa nomina in papyrum coacerves: sic tamen, ut dialecticæ non obliviscaris, et inductionem claudam (sicut ista fuit) non afferas.

Quod autem de literis Bohemorum ex ideis tuis, pro sinceritate fictis, aut iterum simulatis, erroribusque meis in Ecclesiam, scribis, probo: non quia verum dicis, sed quia tanto mihi perdita simulatio tua est odio, ut vel hoc placeat, quod aperte mentiris, judicas, detrahis. Erit autem prope diem ut appareat, an tu cum tuis per principem tenebrarum, Aristotelem, quem nec ipsum intelligitis, vel ego Ecclesiæ Christi plus nocuerim: et ad syllogismum tuum quovis morione dignum, quod Bohemi me laudent, pro me orent, responsum tibi quoque est in Aegocerote Emserano. Vale, et Dominus Jesus sanet animam tuam in æternum, Amen. Wittembergæ, anno MDXIX.

Martinus Lutherus.

---

7. November.

N°. CLXXI.

An Spalatin.

Empfehlung des Schreibens und Gesuchs eines gewissen Lehrers der hebräischen Sprache um Anstellung. (Nämlich der bisherige Lehrer der hebr. Sprache in W. hatte sein Amt niedergelegt, und privatisirte, vgl. Löscher II. 388.) L. übersendet seine Epistola super expurgatione Ecciana, und dankt dem Kurfürsten für das übersandte Wildpret.

Bey Aurifaber I. 217. Löscher III. 991. Vgl. Cod. Jen. a. f. 63. Deutsch bey Walch. XV. Anh. XLVII.

Suo in Christo charissimo Georgio Spalatino, Dei Sacerdoti integerrimo.

Jesus.

Salutem. Scribit ad me, mi Spalatine, sicut hic vides, Matthæus Adrianus Lovaniensis Hebræus, forte ab illis tyrannide pulsus, petens apud nos profiteri Hebræa. Nosti hominis famam et eruditionem. Quare illustrissimo Principi velis hæc suggerere honestissimæ opportunitatis pro Hebræa lingua, promovenda apud nos Dei dona. *) Atque id quæso, quantocius respondeto [a]), ut respondeam [b]) eidem: interim nuntius ejus apud me moratur. Vides illum putare, Principis nostri occasum (quod Deus differat diutius) vulgatum esse. Fallax esto omen.

Mitto Eccii insaniam cum brevi epistola mea responsoria, plura daturus, cum totus prodierit impiissima sua simulatione hypocrita. Vale, et pro me ora. Pro carnibus ferinis illustriss. Principi gratias agimus. Altera Leonhardi, anno MDXIX.

F. Martinus Lutherus.

---

7. November.

N°. CLXXII.

An Spalatin.

L. ging an die Auslegung der Episteln und Evangelien oder die Postille. Er bittet um die Unterstützung des Gesuchs jenes Lehrers der hebräischen Sprache Adrian, und gibt Erläuterung über die Leipziger Disputation, das Fegfeuer betreffend.

Bey Buddeus p. 7. Vgl. Cod. Jen. a. f. 207. Deutsch bey Walch XXI. 645.

Suo charissimo Georgio Spalatino, Christi servo, Majori suo.

---

a) Cod. Jen. respondere.
b) Cod. Jen. responsum.

*) In diesem Satze ist etwas fehlerhaftes.

Jesus.

Salutem. Sum accinctus operi enarrandi Epistolas et Evangelia, sane occupatissimus, mi Spalatine. Cætera mitto, quæ possum.

De Hebræo Matthæo Adriano vides, quid scripserim; fac ergo officium tuum, sed id cito, et remitte ejusdem literas.

De autoritate Ecclesiastici *) super purgatorio nihil scio, nec unquam audivi. Quadrans autem apud Matthæum**), quo et Eccius me petiit Lipsiæ, ad purgatorium sic valet, sicut ad omnia alia. Quid enim non illis significet, qui quidvis per ipsum intelligere malint, quam recte intelligere. Sed et Eccius evidenter ex ipso textu fuit redargutus primo per adverbium: *donec*, quod usu Scripturæ non præfinit tempus, ut illi putant, sicut Matth. II. *Et non cognovit eam, donec peperit etc.* Vide Erasmum et Jeronymum. Secundo quod verba Christi loquuntur de eo, qui non fuerit consentiens adversario suo, id est, qui non obedierit præcepto Christi, quem etiam ipsimet confitentur mortaliter peccare. Quare carcer ille infernus est, e quo nemo liberatur, cum illi eos solum in purgatorium mittant, qui omnia fecerint, adversarioque suo consenserint. Quare nihil valet ille textus, nisi contra eos, nisi id simul dicant, animas in purgatorio, id est, odio et ira et dissensione adversarii decessisse, quod spero ne ferrea quidem eorum frons audeat. At de his loquitur Christus, ut elucet vel puero ***). Locus Apostoli ad Cor.****) etiam Eccio fuit vi ereptus, licet clarissimum illum pro se garriret. Verba Pauli clara sunt, quod dies Domini opera cujusque probabit. *Qui dies* (inquit) *in igne revelabitur.* Vnde vel insanus videt, quod verba Pauli loquuntur de die extremi judicii, in quo mundus ardore solvetur, et non nisi vi aut figura (quæ nihil probat) ad purgatorium

*) Soll heißen Ecclesiastis, näml. des Pred. Salom. Cap. 4, 14, welche Stelle Eck in der Leipziger Disputation fur das Fegfeuer angeführt hatte. S. Löscher III. 416. Walch XV. 1202. Bey Walch XVI. 646. ist obige Stelle übersetzt: Was die Kirche vermöge über das Fegfeuer (!!).

**) Die Stelle Matth. V, 26, welche Eck ebenfalls angeführt hatte.

***) Vgl. Löscher III. 433. Walch XV 1227.

****) 1. Cor. III, 14., welche Stelle Eck auch angeführt hatte.

trahi possunt. Verbum Christi apud Joannem de palmite purgando quidam Vincentius ad purgatorium traxit, quasi vero ullus sit, qui sæpius vim Scripturæ fecerit, quam ille idem Vincentius. Si per verbum purgare intelligitur ubique purgatorium, quia scriptum est Lucæ II: *postquam impleti sunt dies purgationis eorum*. Et quid bene intelligerent, quibus Vincentii verba articuli fidei sunt? Reliquus est locus Maccabaeorum *) apertus satis. Sed is liber non facit articulos fidei, nec est in autoritate apud Patres, rejectus præsertim iste secundus a B. Hieronymo non uno in loco. Breviter quanquam ego scio, purgatorium esse apud nos, nescio tamen, si apud omnes Christianos sit. Hoc certum est, neminem esse hæreticum, qui non credit esse purgatorium, nec est articulus fidei, cum Græci illud non credentes nunquam sint habiti ob hoc pro hæreticis, nisi apud novissimos hæreticantissimos hæreticantes. Et in Basiliensi concilio feruntur [a]) egregie rationem fidei suæ. Vale et ora pro me. Wittembergæ, feria 2. post Leonhardi, MDXIX.

---

19. November.

N°. CLXXIII.

An Spalatin.

Fürbitte für eine Wittwe, welche den Canonicis in Wittenberg ihr Haus vermacht hatte und das Testament widerrufen wollte. Von Emsers Zorn.

Bey Aurifaber I. 218. b. Löscher III. 992. Vgl. Cod. Jen. a. f. 63. Deutsch bey Walch XXI. 650.

Suo in Christo charissimo Georgio Spalatino, servo dei in Domino venerabili. [a])

---

a) Reddid sse einzuschieben.

a) Nach Cod. Jen.

*) 2. Macc. XII, 46.

Jesus.

Salutem. Ingrediatur, quæso, causa hujus viduæ per te ad illustrissimum Principem nostrum: egi cum Dominis Decano et aliquot aliis, ut redderent ei domum suam, quam testamento eis donavit. Respondent mihi, esse donationem (ut vocant) inter vivos, quod mihi non videtur. Queritur se indigere: at illi spondent ei quotannis 14 florenos ad vitam, ut domum teneant, quantam summam dicunt omnes non consequi posse eam quotannis etiam toto domus pretio. Unum video illos spectare, quod domus et areas non habent sacerdotes. Illa rursus queritur, nescio quas sorores alibi viduatas nuper habere, quarum inopiam cogitat recepta domo levare, et testamentum revocare. Pius est ejus casus et juxta Evangelium mihi reddenda videretur. Domini autem non credunt ei: verum hoc mihi non facit satis, præsertim hac ratione quærendo aream vel locum. Timeo, ne quis sinister oculus ibi videat. Tu opus fac debitæ charitatis. Pertinent enim et hæc ad rationem sacerdotaliter vivendi in loco, quo tu es. Vale in Christo. Emser tandem effurit et effutit furores suos: sed nihil ad rem. MDXIX. die S. Elisabeth.

Martinus Lutherus.

---

29. November.

N°. CLXXIV.

An Spalatin.

Dank für ein kurfürstl. Geschenk. Der Sermon vom hochwürdigen Sacrament war unter der Presse. Vom Besuch des Grafen von Eisenberg. Ueber den Titel der Uebersetzung der Tessaradecas.

Bey Aurifaber I. 219. Löscher III. 994. Vgl. Cod. Jen. a. f. 63. Deutsch bey Walch XXI. 653.

Suo in Christo Georgio Spalatino, servo Dei, Sacerdoti, Viro bono et erudito.

Jesus.

Salutem. Tu pulchre in me retorsisti negotium signandorum locorum, quod in te torseram: vicisti. Cæterum gratias ago pro munere principali. Nugas Lipsensium Eccio traditas jamdudum legi impressas. Sub typis est sermo de Eucharistia verbosissimus. Placet, Philippo mandatum esse a Principe, ut gestet sibi donata.

Fuit mecum per noctem et diem Comes de Eisenberg domus Teutonicæ, qui milites istos adduxerat, liberaliter agens: qui jussit ut te salutarem suo nomine. Mei videndi causa advenerat, sed audi Wittembergensis portarii civilitatem. Ebrius portam quinta hora clauserat: Comes tarde veniens abbatis Cinnensis nomine petebat intromitti, cum frustra orasset nomine suo: ille vero vel potius cerevisia sua: Der Abt von der Zinnen hat mir noch nie Schenk geben. Quid multis? cogitur ille in tabernam ante valvam superiorem declinare cum duobus nobilibus. Hanc historiam nolui te latere, quo et tu haberes, quod nobiscum gloriareris de urbanitate ista. Vale, et ora pro me. Nam titulum Tessaradecadis meæ, non mea refert, qualem formaris, modo nihil arrogantiæ sapiat, cum res ipsa mihi videatur viliuscula. Anno MDXIX, vigilia Andreæ.

F. Martinus Lutherus, August.

---

20. November.

N°. CLXXV.

An Spalatin.

L. übersendet ihm eine Arbeit (wahrscheinlich eine Predigt); berichtet von einem Gastmahl und den dabey gefallenen Aeusserungen über die Leipziger Theologen. Emsers Gegenschrift (a venatione Lutheriana ægocerotis assertio) war erschienen, Luther wollte aber schweigen und Ecks Schrift abwarten, um mit dieser zugleich jene zu beantworten.

Bey Aurifaber I. 218. Löscher III. 993. Vgl. Cod. Jen. a. f. 56. Deutsch bey Walch XXI. 651.

Bono et erudito Viro Georgio Spalatino, Christi servo, suo in Domino charissimo.

Jesus.

Salutem. Mitto unius Dominicæ opus tibi in exemplum, mi Spalatine, qui poteris pro tua in humanis literis majore peritia aptius et felicius locos in reliquis signare ex mea farragine. Ego sane utrumque non potero, ut occupatissimus, aut Philippum in id negotii involvam, quo et ipse Principi sua studia saltem indicet.

Doctor Breitenbach et D. Heinricus Schleinitz me convivio suo honoraverunt, multam suam erga me humanitatem ostendentes: non noveram antea homines. Nihil egimus nisi de Lipsensibus Theologis: quibus ille non multum tribuere videbatur. Unum didici apophtegma: si quis (inquit) theológum ejus generis videt, septem peccata mortalia videt: scilicet in hanc gloriam ventrosi sophistæ apud vulgum deduximus professionem nostram theologicam. Et sane mihi verum apparet hoc verbum. Præter enim ventrem, marsupium, pompam, quid fulget in nobis ejusmodi? Nam invidiam, iram et libidinem cum acidissima acidia quid attinet censere? Deus misereatur nostri.

Emser furorem suum effudit, sed ita, ut epistolam meam confirmet. Doleo tam crassos, hebetes, et insulsos thrasones se in id negotii miscere. Nisi me ratio nominis mei, imo Christi timor cohiberet, nondum habui, qui mihi scribendi felicius præstiterit argumentum: quam indignis modis in hanc talpam forte et Lipsenses luderem. Verum silebo et Eccium expectabo, in quo simul et huic mendaci et maledico (si tamen res feret) respondebo.

Mitto quoque literas heri ex partibus superioribus acceptas, in quibus videbis, quid rerum illic agatur: lectas remitte. Vale et supplicationem meam pro Philippo, licet invito, curato, sicut promisisti. Vigilia Præsentationis, anno MDXIX.

3. December.

N°. CLXXVI.

An Spalatin.

L. erklärt sich über Ecks Brief an den Kurfürsten v. 8. Nov. 1519. (s. Löscher III. 626. Wittenb. IX. 75. Jen. I. 157. Altenb. I 282. Walch XV. 1554), und rügt besonders eine Unwahrheit in Betreff der Wahl Leipzigs zum Ort der Disputation. Zuletzt von dem zu erwartenden Urtheil der Erfurter Universität.

Bey Aurifaber I. 219. b. Löscher III. 994. Vgl. Cod. Jen. a. f. 64. Deutsch bey Walch XV. Anh. LIII.

Erudito probatoque Viro Georgio Spalatino, Christi servo et suo charissimo.

Jesus.

Salutem. Gaudeo te in literis Eccii Eccium cognovisse, mi Spalatine. Talis fuit et Lipsiæ disputans, qualis est scribens. Totus enim furor ejus est, et sicut in epistola ad te data edidi, in hac una re potens est, invidiam scilicet movere: huc et omnes nervos intendit semper. Jam illa stropha quam bella est, quod mearum literarum *) exemplo probat, nos obtulisse ei Lipsiam vel Erfurdiam. Quis dubitat nos consensisse ei in Lipsiam vel Erfurdiam, sicut literæ meæ indicant? quomodo illuc concessissemus disputaturi, nisi placere nobis scripsissemus locum, quando alius non potuit concedi?

Cur sycophanta tacet, quod me instante, ut Wittembergam veniret, rescripsit sese nolle, quod hoc ad equum (ut inquit) seianum pertineret? At cum ille rursum Coloniam et remotiores obtruderet, nosque detrectaremus: tandem coacti sumus consentire in utram jam dictarum, quanquam maluissemus neutram, hoc est, quod postea scripsi, nos ex disputatione demum intellexisse, cur Lipsiam maluerit. Non ergo obtulimus eam, sed oblatam accepimus, licet inviti: tantum

*) Es ist der Br. an Eck v. 15. Nov. 18. No. XCII.

ne homo superbus jactaret, nos non velle theologiæ nostræ astare.

Itaque nunc meæ epistolæ exemplum recte intelliges, quæ sonat, nos non obtulisse, sed consensisse necessitate compulsos. Verum his strophis solet agere odiosissimus sophista. Ideoque ægre expecto editas ejus minas, in quibus non aliis aget (scio) rationibus, et tunc depingam publico et luci sycophantias ejus omnes, Christo adjutore.

Mitto literas Langii, in quibus vides, quid Erfurdiæ de judicio sperandum sit. At his non judicantibus, Parisienses nihil moror: quia inconvictum [a]) judicaturos conventum est. Vale et ora pro me. Wittembergæ, vigilia S. Barbaræ, anno MDXIX.

Martinus Lutherus, Augustinianus.

Hac hora designati sunt duo magistri æqualibus votis pro parochia Schmidbergensi: tandem convenit, ut senior inter eos præferatur. Unus est magister Johannes Herzberg, alter Johannes Schurpf, frater Hieronymi Doctoris. Uter autem senior sit, nondum discussum est me abeunte. b)

---

7. December.

N°. CLXXVII.

An Spalatin.

L. bedauert, daß die Ankunft des Kurfürsten in Wittenberg nicht erfolgen soll. Von einer unächten mystischen Theologie des Aristoteles. Von der Herausgabe der Tessaradecas. In der Nachschrift von Jodocus Tode.

Bey Buddeus p. 10. Löscher III. 995 Vgl. Cod. Jen. a. f. 239.
Deutsch bey Walch XXI. 654.

Suo in Christo Georgio Spalatino, servo Dei, aulico Sacerdoti Principis Saxoniæ.

Salutem. Id quod speravimus, mi Spalatine, mutatum video, hoc est, aulam istam totam huc migraturam: ita enim

a) Alle haben in convictum, was keinen Sinn gibt.
b) Zusatz des Cod. Jen.

sparserat fama. Sed, ut video, Principes oportet primo facere, et tum videre opera sua, quia sunt et ipsi Elohim. Nam quæ dicuntur et videntur, antequam fiunt, sic solent frustrari. Erat autem, quod loqueremur de multis, præsertim de ratione studii nostri. Audio enim Aristotelis lectionem non felicem esse atque fidebamus.

Attulit Doctor Johannes Hessus ex Italia theologiam Aristotelis mysticam, nuper in Syria (ut scribunt) repertam, hoc est, per sycophantam aliquem somniatam, ut ego sentio, quo nobis hunc hostem Christi illustriorem factum specioso titulo adversus Christum diutius alant. Attulit et eruditorum literas.

Tessaradecada meam nondum scio an edam, præsertim Latine, cum id genus scriptionis, quod Christum sapit, sophistis sit odiosissimum.

Maxime vero quod agendum erat, ex his Matthæi Adriani literis intelliges, quem vides adhuc expectare. Eccii glorias, etsi pæne suspicor quales sint, tamen non invitus videbo. Vale in Christo. Altera Nicolai MDXIX.

F. Martinus Luther.

Hac hora ex socero Lucæ pictoris audivi, excessisse e vivis D. Doctorem Jodocum Isenacensem Erfordiæ. Timeo et me causam acceleratæ suæ mortis fuisse: tantum ægritudinis fuit animo ejus ex meis, ut dicitur, profanitatibus et temeritatibus, quibus scholasticam theologiam doluit incredibiliter contemni. Dominus misereatur animæ illi. Amen.

---

8. December.

N°. CLXXVIII.

An Spalatin.

Ueber Eck's zu erwartende Gegenschrift; von der Besetzung der Pfarrey zu Schmiedeberg; von der Angelegenheit jener Wittwe (s. den Brief v. 19. Nov.) und ihres Vermächtnisses an die Domherren, über deren Habsucht er klagt.

Bey Aurifaber I. 220. b. Löscher III. 996 Vgl. Cod. Jen a. f. 65. Deutsch bey Walch XXI. 656.

Erudito et integerrimo Viro, Domino Georgio Spalatino, Christi servo, suo charissimo amico.

Jesus.

Salutem. Deus bone, quam Eccius meus nunquam non est Eccius ita et Lipsiæ circumreptabat miser, lubricus tamen, semper veritus ad scopum accedere. Sed utinam libellus suus editus esset, quem jactat: daret Dominus, ut novissimum in his nugis perderem laborem, spero.

Miror autem, quid agatur coram illustrisimo Principe de Parochia Schmidbergensi. Vota Universitatis sunt Magistri Herzberg et hæc irrita fieri prorsus non placet: te nollem quicquam agere in hac re, quo fraudetur ille, cui spiritus dedit. *)

Si tibi quippiam constat de causa viduæ, quam nudius per te egi, rogo me reddas certiorem. Periculum est, ne ego incidam aut magis involvar odio Dominorum Canonicorum. Jam quatuor exemplis testamentorum (ut vocant) oppugnant valde patientiam meam aperte, solicitudinem temporalium, ne dicam avaritiam, charitati præferentes, nec sine scandalo, quod mihi pro meo (ut scis) officio non est ferendum in perpetuum.

Jam Nicolaum tibicinem in arce simili casu tractant. Vox et fama est, quendam fame mortuum, quod sua omnia illis dederit tantum servanda, cui nihil reddiderunt. Non autem credo: sed metuo, si discutiantur, non omnia inveniantur, quæ placeant. De his voluissem tecum loqui potius quam scribere. Tessaradecadas volui Lipsiam mittere: sed videbo an tuo consilio possim obtemperare. Vale. Die Conceptionis, anno MDXIX.

F. Martinus Lutherus, Augustinianus.

*) Vgl. die Nachschrift des Briefs vom 3. Dec.

Nach dem 8. December.

N°. CLXXIX.

An Spalatin.

Von Eck, daß er Rubeus Reime auf seine Kosten in Augsburg nachdrucken lassen. L. will gegen Miltitz alles thun, was der Kurfürst befehlen und rathen werde. M. nämlich hatte unter d. 8. Dec. an den Kurfürsten geschrieben, daß der Papst über das in die Länge ziehen der Lutherischen Sache sehr zornig sey, und er besorge, daß der Bann erfolgen, und die Sache einem andern Nuntius aufgetragen werde. S. Cyprians Urkunden I. 405. Walch XV. 910. Er reißte auch am 11. Dec. nach Torgau, und drang darauf, daß L. nach Trier zum Erzbischof reisen solle.

Bey Aurifaber I. 221. Löscher III. 997. Vgl. Cod. Jen. a. f. 67. Deutsch bey Walch XV. Anh. LI.

Erudito pioque Viro, Domino Georgio Spalatino, Christi servo, et amico suo charissimo. [a])

Jesus.

Salutem. Remitte quæso spumas Eccianas, mi Spalatine. Nam literas Francisci Siccingeri non mihi misisti: vix legendæ mihi dabantur brevissimo tempore ab Ottone nostro. De Eccio ex Nurmberga et Salzburga etiam manu Vicarii Staupitii scribitur, ut ille ambiat primores: ediditque denuo suis expensis Augustæ Rubii rythmos vernaculos in nos. Digna res theologo profecto. Vicarius noster Salzburgæ sanum et honoratum se scribit, teque salutat, et ut Principi nostro eum commendes.

Carolo Miltitio faciam, quæ jusserit et consuluerit clement. Princeps: prope opto in manus istorum [b]) venire, quo furias suas aliquando satiarent, nisi verbo Dei timerem et pusillo populo Dei. Vale in Christo. Cogor Amsdorfio nostro cedere, et in Pretisch ire hac hora. Anno MDXIX.

F. Martinus Lutherus, Augustinianus.

---

a) Cod. Jen. Suo in Christo charissimo amico D. Georgio Spalatino, a sacris Ducalibus Saxoniæ.

b) Cod. Jen. + impiorum.

Später nach dem 8. December.

N°. CLXXX.

An Spalatin.

L. billigt des Kurfürsten Ansuchen, eine Postille zu schreiben, und will, ungeachtet seiner vielen Geschäfte, das Werk unternehmen. Dem Miltitz sey nichts zu antworten. Er sendet einen Brief an den Kurfürsten nach Sp.'s Vorschrift (worüber?). Mit Eck will er nichts mehr zu thun haben.

Bey Aurifaber I. 221 b. Löscher III. 997. Vgl. Cod. Jen. a. f. 68. Deutsch bey Walch XV. Anh. XLVIII.

Erudito Viro Georgio Spalatino, amico suo. a)

Jesus.

Salutem. Nihil est, mi Georgi, quod sæpius a pluribus enixius a me petitum est, quam quod tu scribis a Principe illust. a me peti: sed nec ego inter omnia, quæ facio, libentius illo quid facerem, quod hac una ratione sacerdotibus et religiosis posse succurri crederem, ut, rescissis rejectisque illotis illis fabulis sermocinistarum Christum proscribentibus magis, quam describentibus, haberent, quo puram Christi theologiam in populo vulgarent et errores pellerent, qui velut diluvium inundarunt b). Atque utinam hoc summi pontifices curarent: hoc enim erat eorum officium.

Verum quantum est in hac re votum, tantum timeo defuturum esse successum, quod sim occupatior, quam ut huic rei serviam: aut necesse erit publicæ tum lectioni tum concioni nonnihil detrahi, quod difficile erit. Tentabo tamen et ordiar: si Deo placuerit, procedet, aut opto in hoc totus servire. Vale, et me Principi commenda. Placet optimi Aurbachii optimum consilium.

Carolo Miltitio credo nihil esse respondendum. Sicut ego scripsi et dixi, ita res gesta est, nec aliud possum loqui,

---

a) Cod. Jen. Suo Georgio Spalatino in Christo charissimo.
b) Aurif. jucundarunt.

nisi velim mentiri. Quia [c]) si ille ænigmatistes mihi fuit, qui simplicibus [d]) auribus audivi, sine culpa mea talis fuit. Wittembergæ, anno MDXIX.

F. Martinus Lutherus, Augustinianus.

Mitto literas ad illustr. Principem super argumento, quod præscripsisti, et rogo pro me gratias agas pientissimæ solicitudini suæ, in qua suam gratiam agitari mirum est quam doleam et nolim. Eccio nihil respondi, nisi tria verba, id est, eum sophistam per orbem, non mea, sed sua culpa famari. Nolo cum homine pluribus agere: totus infidus est, et aperte rupit amicitiæ jura.

---

18. December.

N°. CLXXXI.

An Spalatin.

Aufgefodert eine Fasten-Postille zu schreiben, wendet er seine vielen Geschäfte vor, will sich jedoch an das Werk machen. Ueber die andern Sacramente (ausser der Taufe und dem Abendmahl) solle man nichts von ihm erwarten, bis man ihm zeige, aus welcher Schriftstelle sie bewiesen werden könnten. Die Tessaradecas werde in beyden Sprachen gedruckt. Beantwortung einer Frage über die Priesterpflichten, welche von denen eines Laien nicht verschieden seyen. Sp.'s, als Hofpredigers, besondere Pflicht sey, dem Volke zu nützen.

Bey Aurifaber I. 222. b. Löscher III. 998. Vgl. Cod. Jen. a. f. 66. Deutsch bey Walch XXI. 659.

Suo in Christo charissimo Georgio Spalatino, Christi servo, Viro probo et docto, amico et Patrono.

Jesus.

Salutem. Fama est, heri Carolum Miltitium per nos fecisse iter, quod miror: sed hæc transeant. Quæ de illusione ejus

---

c) Cod. Jen. Quod.
d) Cod. J. simplicissimis.

per imaginem meam scribis, legi: verum quod de enarrandis Evangeliis et Epistolis quadragesimalibus tantopere urges, nescio si queam præstare: multa sunt, et ego oneratissimus. Putas ne? Psalterium exigit integrum virum, totum eundem concio in populum, per Evangelium et Genesin laborans: tertio totum ipsum preculæ et instituti mei cultus: quarto totum hoc enarrandi munus, ut taceam epistolarum scribendarum, deinde negotiorum alienorum occupationem, inter quæ et congressus familiarium, quem pæne commessationem nomino, plurimum mihi temporum pessime furatur.

Certe homo sum et unus: accingor operi, sed si id, quod tu præscribis, perficiendum est, cætera omnia intermittenda sunt. Atque utinam huic uni liceret quieto mihi intendere, magnam mihi hanc felicitatem esse ducerem: tantum abest, ut invitus hoc agam.

De aliis sacramentis non est, quod tu vel ullus hominum ex me speret aut expectet ullum sermonem, donec docear, ex quo loco queam illa probare. Non enim ullum mihi reliquum est sacramentum, quod sacramentum b) sit, nisi ubi expressa detur promissio divina, quæ fidem exerceat, cum sine verbo promittentis et fide suscipientis nihil possit nobis esse cum Deo negotii. Quæ autem de sacramentis illis septem fabulati illi sunt, alio tempore audies.

Tessaradecas excuditur utraque lingua. Officia sacerdotis, quæ ex me quæris, ignoro, cum, quanto magis cogito, non inveniam quod scribam, nisi ceremonialia: deinde valde me urget Petrus Apostolus 1. Pet. II. dicens, nos omnes esse sacerdotes: idem Johannes in Apocalypsi: ut hoc genus sacerdotii, in quo nos sumus, prorsus non differre videatur a laicis, nisi ministerio, quo sacramenta et verbum ministrantur. Cætera omnia sunt æqualia, si ceremonias et humana statuta demas, et satis miramur, unde ordo nomen sacramenti invenerit. Mira hæc tibi nonne? sed præsens plura una cum Philippo, quoniam has res et sæpe et acute tractavimus.

---

a) Cod. Jen. mihi.

b) Aurif. am Rande und Cod. Jen. + non, was aber keinen Sinn gibt.

Proinde officium tuum a communibus laicorum officiis nihil differet exceptis oneribus, quæ Romana Curia sine delectu omnibus sacerdotibus imposuit. Maximum autem est, ut consideres, in quem locum vocatus sis, hoc est, in aulam, sicut Hester, vocatus es, ut populis servias (ubi potes), qui ex hac aula reguntur.

Hoc, ut est omnium difficillimum et periculosissimum: ita non dubites esse summum et primum, scilicet incomparabiliter præstantius omnibus tuis, sive horis canonicis, sive quibuscunque, quæ tibi ullus præscribere possit officiis. D. Henrico Stromer credidi per te posse quam optime reddi literas: itaque rogo illuc cures ferendas. Vale et ora pro me. Dominica 4. Adventus, anno MDXIX. Wittembergæ.

F. Martinus Lutherus, August.

---

18. December.

N°. CLXXXII.

An Joh. Lange.

Von Ordens-Angelegenheiten und der Uebersendung von L's. Schriften. Von Ecks Drohungen. L. ist zufrieden, daß die Erfurter das Urtheil über die Leipziger Disputation ablehnen. Er will Emsern nicht in einer besondern Schrift antworten, sondern ihn zugleich mit Eck abthun. Von Miltitzens Bemühung, ihn zur Reise nach Trier zu bringen. Von Ecks Betragen in Salzburg u. a. m.

Bey Aurifaber I. 224. Löscher III. 1000. Deutsch bey Walch XXI. 662.

Reverendo Patri Johanni Lango, Theologo, August. Erfurdens. medio Vicario, suo in Christo suspiciendo.

Jesus.

Salutem. De Cæsaris Fratris pecunia, R. P., fiet, quod scripsisti. Non erat Cæsar domi, literis venientibus: an vero hic sit relinquendus, vestrum arbitrium est: prius enim scripsisti, ut maneret, donec vel cursor ad vos reverteretur.

Habet lectiones pro theologia, tum libros non ineptos: nisi quod doleo me non posse vel omnes fratres ad lectionem theologicam Philippi in Matthæum hora sexta matutina mittere. Superat iste Græculus me quoque in ipsa theologia.

Psalterium nesciebam te gemellum accipere, alterum ex me, alterum ex Philippo. Cæteras nugas arbitrabar sine meo studio ad te pervenire. Sermonem de usura sub incudem revocavi, facturus, ut multo plures offendat Christi pura doctrina: alia omnia mitto. Disputationes impressas cura, ut quantocius habeamus.

Eccius minatur et mihi et Philippo et Carlstadio, et toti Universitati nostræ, denique ipsi Principi, nescio quas diras. Exspuit enim salivæ quoddam chaos vernacule ad Principem *), Deum crederes omnipotentem loqui: sed recte in talem Principem talis incurrit sophista.

Placet tuos Erfurdienses judicium detrectasse. Jam enim et frustra disputatum est: et judicatur vane a Parisiensibus, hoc est, campus aperitur in Romanum Antichristum loquendi, Deo propitio. Circumfertur apud nos tractatus cujusdam (ut putant) Boëmi, oppido quam eruditus et theologicus in utraque lingua adversus tyrannidem Romanæ curiæ.

Non satis intellexi quid velles, cum scriberes Græce, non sine tuo magno studio remissas disputationes Duci Georgio, et qua causa tui theologi et jureconsulti essent adeo ἀπόπληκτοι.

Emsero non respondebo peculiari libro, quod homo insulsissimus non modo affirmat et concedit, quorum eum insimularam: sed etiam nec statum causæ ulla parte attingit, tantum conviciis furens: veniente Eccii (ut promisit) impetu, pariter et illum involvam.

Carolus Miltitius nunc Torgæ, nunc Lochæ id satagit, ut me secum ad Treverim ducat: et mire timent, valde machinantur, penitusque insaniunt adversarii, differri perditionem mei: scribunt Episcopi ad Romam contra me. Quid futurum sit, necdum ipse scio: forte Treverim ibo, accepta fide publica, et vocatione Episcopi Trevirensis.

Reverendus Pater Vicarius Salzburgæ agit sanus et honoratus, scribens Eccium ambire primores passim: sed Cardi.

*) Ecks Br. v. 8. Nov.

nali Langio Episcopo displicere Eccianam modestiam. Lotherus Lipsensis apud nos erigit chalcographiam triplicis linguæ. Fervet studium præsertim theologiæ. Lipsia lipsiscit, sicut mos ejus est: sum occupatissimus. Vale et pro me ora. Wittembergæ, Dominica quarta Adventus, anno MDXIX.

F. Martinus Lutherus, August.

---

23. December.

N°. CLXXXIII.

An Thomas Fuchs, Ritter zum Schneeberg.

Dieser Thomas Fuchs, kaiserlicher Hauptmann zu Regensburg, den Luther zu Augsburg kennen gelernt, hatte von diesem ein Gutachten verlangt in einer Streitsache wegen des Opfers in der Kapelle zur schönen Maria, das sich der Bischof von Regensburg anmaßte. L. räth zum gütlichen Vergleich.

Aus Gemeiner's Kirchenreformationsgeschichte von Regensburg 1792. S. 10.

Dem gestrengen und ehrnfesten Herrn Thomas Fuchs, Ritter zum Schneeberg, Röm. Kais. Maiestät und des heil. Reichs Hauptmann zu Regensburg ꝛc. ꝛc. meinem besondern Herrn und Patronen.

Jesus.

Mein armes Gebet und alles Guts zuvoran. Gestrenger, ehrnfester, lieber Herr und Freund. Ewr. Schreiben und Fragen hab ich mit Fleiß entpfangen und durchlesen. Nu ich mich gegen Ewr. Gestrengheit alles Diensts verpflicht erkenne, nachdem ich Ewr. groß Treu zu Augsburg an mich befunden, wollt ich gern richtig und klar zu dieser Frag antworten. Es liegt mir aber das Evangelium im Wege, da Christus in allen solchen Sachen ein kurz Urtheil richtiges Raths fället und saget: Wer mit dir haddern und rechten will, daß er dir den Mantel nehme, dem laß auch den Rock dazu. Mir ziembt auch als einem Theologo nach schuldigem Gewissen kein anders hierinne zu rathen. Derhalben so wird kein Partey unter euch dem Evangelio gnug thun, es sey denn, daß ein dem andern Folge lasse, was er will. Der Bischof ordinarius soll es lassen, so der Rath des begehret, und widderumb: und hilft nit dem Bischof sein geistlich Recht, auch nit dem Rath sein Brauch oder Gewohnheit, dann das Evangelium gehet über alle. Es ist wohl wahr, daß der Papst hat gesetzt, das dritte Theil solchs Opfers soll dem Ordinario: ob er aber das Macht hab zu setzen, laß ich ihn verantworten. Es siehet dem Eigennutz fast gleich. Doch wir schuldig seyn, Gewalt, auch Unrecht zu leiden. Darumb wäre mein Rath und Bitt, daß sich der Ordinarius und Rath freundlicher Weis vertrügen, ohn alles Rechtens Streng oder Behelf: vielleicht ließ sich der Ordinarius abbitten. Wo das nit, mügen sie es mit Rechten für dem römischen Stuhl nit behalten. Diese meine gut Meinung wollt von mir als einem Theologo, den nit zu Hadder und Rechten, sondern zum Frieden und Geduld zu rathen gebürt, gutwillig und freundlich aufnehmen. Dann E. Gestreng zu dienen bin ich allezeit bereit. Geben zu Wittenberg am Freytag nach Sanct Thomas 1519.

F. Martinus Luther, Augustiner zu Wittenberg.

---

25. December.

N°. CLXXXIV.

An Spalatin.

Unter Zurücksendung eines mitgetheilten Briefes von Emser erwähnt L. Eck's Schrift für Emser: Responsio pro H. Emser contra malesanam Lutheri venationem ad Joh. de Schleinitz Eccl. Misn. episcopum. (Diese Schrift soll nach Ecks eigener Angabe am Schluß d. 28. Oct. 1520. vollendet seyn, wie Walch Einl. z. 18. Th. S. 67. bemerkt; aber die Antwort Oecolampad's: Canonicorum indoctorum Lutheranorum ad Joh. Eccium responsio, welche Jen. I. 361. Viteb. I. 363. Hall. 136. Walch XV. 1513. zu finden, ist vom J. 1519, und Luther gedenkt derselben im Febr. 1520. in einem Briefe an Spalatin; auch führt v. d. Hardt Autogr. Luth I. 89. eine Ausgabe der Eckischen Schrift vom J. 1519. an.) Von einer Einladung des Fürsten von Anhalt, der Meisnischen Geistlichen Wuth gegen L., u. a. m.

Bey Aurifaber I. 225. Löscher III. 1001. Vgl. Cod. Jen. a. f. 69. Deutsch bey Walch XXI. 664.

Venerabili sibi in Christo Georgio Spalatino, servo dei, a sacris Electoris Principis Saxoniae, amicissimo suo. [a])

Jesus.

Salutem. Remitto Emseri literas, mi Spalatine, hominis, qui est minatior, quam potentior. Ego si meo spiritui habenas laxarem, mox sentirent, adversus quem scriberent. Eccius enim et ipse novam se parente dignam peperit prolem, maledictorum colluviem, pro Aegocerote scribens, dignus patronus tali clientulo. Sed hæc eant.

Salutem Principis et ipse curo, et curandum aliis commendo diligenter, cui tu quæso gratias äge pro nobis, quod ferinas carnes miserit.

Expectaveramus te huc venturum, ut inter cætera et viduæ istius clamorem, quo fatigat me, tecum communicarem. Timeo, vox oppressæ in cœlum ascendat: queritur enim sese pæne mendicatum cogi.

Invitatus sum a Principe Domino de Anhalt in Dessen, sed nescio an illuc tuto licet concedere: sane et ipse periculum excepit. Vale et ora pro me.

Hac hora mihi Philippus refert, sacerdotes Misnenses adeo cum Emsero in me insanire, ut sine peccato esse eum censeant, qui me interfecerit: quod Boëmos audiant de me gloriari tanquam suo patrono. En tempora homicidarum Christo obsequia præstantium. Sed alias hæc. Wittembergæ die Natalis Christi, anno MDXIX.

Martinus Lutherus, Augustinianus.

Ohne Tag. *)

N°. CLXXXV.

An Spalatin.

L. sagt auf Befragen seine Meinung über die Psalmi intercalares.

---

a) Nach Cod. Jen.

*) Nach Buddeus v. J. 1519., vielleicht aus einer frühern Zeit.

Bey Buddeus p. 9. Löscher III. 991. Vgl. Cod. Jen. a. fol. 4. Deutsch bey Walch XXI. 649.

Fratri suo charissimo Georgio Spalatino, homini sincero et eruditissimo

S. D.

Libentissimus voto satisfacerem, optime Spalatine, et tuo et meo semper, nisi ecce a me quæreres, quod prorsus extra ingenii mei est tenuitatem. Fateor meam ignorantiam ingenue, atque adeo me nescire, quæ sint interjecta illa, ut nec suspicionem aliquam super iis instituere possim. Psalmos sane, quos annotasti, LXXIX. et LXVI. certissimus sum esse suspiriosissimas orationes fidelis Synagogæ pro adventu Christi in carnem. Tu vero, qui me et judicii acrimonia et eruditionis opulentia quam longissime antecellis, vide, ne forte ideo dicere voluerit interjecta, quod ejusmodi Psalmi intercalares sunt, qualis est Ecloga Virgiliana illa (non memini quota): Ducite ab urbe Domum, mea carmina, ducite Daphnim. LXVI enim bis dicit, *Deus misereatur nostri*, bis, *Confiteantur tibi populi, Deus*, bis, *Benedicat nos Deus Deus noster, benedicat nos Deus.* LXXIX autem quoties dicat, *Domine Deus virtutum*, ipse facile nosti. Sed huic repugnat et dicit, summa duo: nam CVI. intercalaris pulchrius dicitur ambobus illis. Qua causa suspicor, ne forte pro CVI. sit LXVI. positus corrupto numero, præsertim cum non soleat in eodem libro Ps. majoris minori præponere, minoris minimi Ps. Ac sic LXXIX. et CVI. sint intercalares tantum. Habes omnia quæ habeo. Vale et ora pro me. Ex monasterio.

F. Martinus Luder, Augustinianus.

Ohne Tag.

N°. CLXXXVI.

An Spalatin.

Ueber die Anordnung des Schulunterrichts und die zu lesenden Autoren.

Bey Buddeus p. 8. Löscher III. 954. Vgl. Cod. Jen. a. f. 11. Deutsch bey Walch XXI. 648.

Suo Georgio Spalatino, in Christo amabiliter venerabili.

Salutem. Primum quantum meo judicio dandum sit, tu videris, ultra vires erit, si unus tantum Magister pædagogio præficiatur. Secundum, si non potest simul Quintilianus et Aristoteles de animalibus legi, longe præstat Aristotelem de animalibus omitti, tum quod Plinius hunc facile supplebit, Quintilianus vero unus sit, qui optimos reddat adolescentes, imo viros. Hunc rogo ante omnia ne derelinquas, sive Phachus sive Hessus profiteatur, modo sit inter professiones una. Ego prorsus Quintilianum fere omnibus autoribus præfero, qui simul et instituit, simul quoque eloquentiam monstrat, i. e. verbo et re docet quam felicissime. Cætera sunt recte ordinata. Vale.

F. Martinus Luth., Augustinianus.

Ohne Tag.

N°. CLXXXVII.

An Spalatin.

L. übersendet seinen Sermon von der Bereitung zum Sterben, um ihn dann drucken zu lassen. Er erschien im J. 1519. Wittenb. b. Grüneberg und öfter. S. Panzer Zusätze z. den Annalen S. 157. Rotermund S. 19. No. 34.

Bey Buddeus p. 12. Löscher III 1002. Vgl. Cod. Jen. a. f. 238. Deutsch bey Walch XXI. 658.

Suo Georgio Spalatino in arce.

Jesus.

Salutem. Ecce sermonem de morte festinatum quidem, sed auctum inter festinandum plus, quam ipse sperabam, quanquam nec sic quæcunque occurrebant, acceptarim. Jejunus est enim, sensum Scripturæ magis quam verba retinens. Quod ideo feci, quia Laicis eum profuturum volui. Cæterum remitte exemplar quantocius. Edam enim, et si quid addendum mutandumve fuerit, tum fiet. Scripsi totum pæne hunc diem, ut exonerarim me sceptro exactionis tuæ. Vale.

F. Mart. Luther, Aug.

Ohne Tag.

N°. CLXXXVIII.

An Margaretha, Herzogin von Braunschweig.

Auf Veranlassung etlicher Freunde will L., um sich gegen die Fürstin dankbar zu erzeigen, ihr einige Sermone zueignen, nämlich die vom Sacrament der Buße, der Taufe und des heil. Leichnams, welche zugleich, jedoch einzeln scheinen ausgegeben worden zu seyn.

Gedruckt vor dem Sermon vom Sacrament der Buß. (Wittenberg) 1519. 4. *) u. öft. Dann Wittenb. VII. 2. Jen. I. 64. Altenb. I. 78. Leipz. XVII 161. Walch X. 1477.

Der Durchleuchten und Hochgebornen Furstin und Frauen, Frauen Margarethen, gebornen von Ritberge, Herzogin zu Brunschwig und Luneburg, meiner gnädigen Frauen, entbiete ich Martinus Luther, Augustiner zu Wittenberg, nach allen meinem guten in Gott Vermugen, Gottes Genade und Fried in Christo, unserm Herrn.

Es haben bei mir, Hochgeborne Furstin, gnädige Frau, etlich meiner guten Freund, Väter und Herrn besonnen, etwas Geistlichs und Christenlichs E. F. G. zuzuschreiben, damit E. F. G.

---

*) Diese Ausgabe ist wahrscheinlich die älteste, daher wir die Zuschrift ins J. 1519 setzen. Zwar bezieht sich Walch Vorr. zu B. X S. 79. auf eine Ausg. von 1518., auch Olearius Autogr. Luth. führt eine solche an; aber weder v. d. Hardt, noch Panzer, noch A. kennen eine solche. Auch Hr. Prof. Veesenmeyer zweifelt an dem Daseyn einer frühern Ausgabe als der von 1519.

gnädigen Willen und Gefallen, so sie gegen mir Unwirdigen trägt, dankbarlich zu erkennen, und unterthänige meine Dienst erzeigen. Dahin mich auch vielmals mein eigen vorpflicht Gewissen getrieben, doch schwer dazu gewesen, daß ich bei mir nit so viel erfunden, damit ich solcher Begierd und Pflicht muge gnug seyn, sonderlich dieweil ichs gewißlich dafur acht, daß unser aller Meister, Christus, bey E. F. G. mir gar lang und weit zuvor kommen sey; hab zuletzt mich bewegen lassen, E. F. G. Andacht zu der heiligen Schrift, die mir hochlich gepreiset ist, etlich Sermon unter E. F. G. Namen auszulassen, von dem heiligen hochwirdigen und trostlichen Sacrament der Buß, der Tauf, des heiligen Leichnams. Angesehen, daß so viel betrubt und beangstet Gewissen gefunden, und ich bei mir selb erfahren, die der heiligen und voller Gnaden Sacrament nit erkennen, noch zu brauchen wissen, sich leider mit ihren Werken mehr vormessen zu stuen, dann durch die heiligen Sacrament in Gottes Gnaden Fried suchen. So gar seyn durch Menschenlehre die heiligen Sacrament uns bedeckt und entzogen. Bitt, E. F. G. woll solch mein geringen Dienst in Gnaden erkennen, und mein Vormessenheit mir nit vorargen. Dann E. F. G. zu dienen bin ich allezeit unterthäniglich bereit, die Gott ihm laß hie und dort befohlen seyn, Amen.

1520.

10. Januar.

N°. CLXXXIX.

An Spalatin.

L. sendet; an Sp., der damals in Zerbst war, Leipziger Briefe voll bitterer Anschuldigungen, die sich besonders auf L.'s Sermon vom hochw. Sacrament bezogen, wo er gesagt hatte: „Es ist bey mir für gut angesehen, daß die Kirche in einem gemeinen Concilio wiederum verordnete, dafrman allen Menschen beyde Gestalt gäbe, wie den Priestern."). Von Ecks Schrift zur Vertheidigung Emsers, und Oecolampads Gegenschrift.

(Bey Aurifaber I. 226. Vgl. Cod. Jen. a. f. 69. Deutsch bey Walch XXI. 664.

Suo in Christo charissimo, Georgio Spalatino á sacris principalibus, modo in Zerbist agenti.

Jesus.

Salutem. Mitto tibi, mi Spalatine, literas novarum rerum, in quibus videbis, quam infelix sit studium Lipsensis invidiæ, quam malignæ abutantur simplicitate optimi Ducis Georgii*), non veriti asserere causam maximam, errorem, hæresim, si quis utraque specie communicet: quod tamen, licet Evangelium Christi instituerit, non volui jubere, nisi

*) Sie brachten es sogar dahin, daß Herzog Georg unterm 27. Dec. 1519. an den Kurfürsten schrieb und seine Besorgniß ausdrückte, L. möchte den Böhmischen Ketzern Vorschub thun. Der Brief nebst der Antwort findet sich Jen. I 213. Wittenb. IX 87. Altenb. I. 545. Leipz. XVII 281. Löscher I .. 920. Walch XV 550. Der Brief Herzog Georgs kann wohl nicht selbst gemeint seyn, da diesen Sp. zuerst vom Kurfürsten selbst erhalten konnte.

autoritate concilii, fieri. Quid in aliis causis sint, hac una facile cognoscitur. Lege, quæso, et reliqua de mysteriis monstrantiarum, item nativitatis, educationis, parentelæ meæ. Spero adhuc fingent, me uxorem et filios in Boëmia habere.

Eccii spurciloquia nolui mittere, quæ edidit in articulos a me defensos: videbis, si libet, præsens. *Canonicos indoctos* legisti credo eruditissime et grandiloquenter in sophistam grassantes. Vale in Christo, et Dominus intersit Principum istic negotio felix et propitius, Amen. Wittembergæ, feria 3. post Epiphaniæ, anno MDXX.

F. Martinus Lutherus, August.

---

14. Januar.

N°. CXC.

An Spalatin.

Von den Beschuldigungen seiner Gegner, daß er das Abendmahl in beyder Gestalt verlange, (s. d. vor. Brief) und von Geburt ein Böhme sey: Nachrichten von seiner Herkunft. Von einer falschen Beschwerde Miltitzens. Er ist ruhig mitten in den Verfolgungen, und wünscht noch mehr um Christi willen zu leiden. Zuletzt von allerley Angelegenheiten.

Bey Aurifaber I. 226. b. Vgl. Cod. Jen. a. f. 312. Deutsch bey Walch XIX. 2215.

Domino Georgio Spalatino.

Jesus.

Salutem. Vehementer gaudeo et gratias ago Deo, mi Spalatine, causam meam eo profecisse, ut me jam, dimissis aliis, et utraque specie et parentela mea criminentur. Spero fore per insignem misericordiam Christi in me indigno, ut non perdar propter sententiam aliquam dignam, et quæ momentum habeat, ut sunt liberum arbitrium, gratia, claves Ecclesiæ. Nam in iis videntur inimici de me desperare, qui tam ridicula exquirunt. Sicut enim Christus propter vocabulum: Rex Judæorum crucifixus est, ita et ego propter utramque speciem, quam nec jussi sumendam nec prohibui, sicut ipsimet scholastici quoque docuerunt.

De parentela mea nemo certius referet, quam Comites Mansfeldenses: credo hos heroas tantum habere et nominis et autoritatis in imperio, ut in hac re mereantur sibi credi. Suspicor hoc commentum esse seminatum ex Ochsenfartio theologo Lipsensi, qui et Eccium occisum effinxerat, nostri explorandi gratia: homo satis impatiens suæ et aliorum pacis, paratus ubique nocere, miserrimus, nec potens tamen.

Cæterum ego natus sum in Eisleben, baptisatusque apud S. Petrum ibidem. Hæc non memini, sed parentibus et patriæ hominibus credo. Parentes mei de prope Isenaco illuc migrarunt. Isenacum enim pæne totam parentelam meam habet: et illic ab eis sum agnitus et hodie notus, cum quadriennio illic literis operam dederim. Nec ulla civitas me notiorem sibi habet. Spero autem non fuisse tam stultos, ut Lutheri filium, alius nepotem, alius avunculum, alius consobrinum (quales ibi multos habeo) sibi duceret, si patrem et matrem Boëmos, et alios, quam apud eos nati sunt, scissent. Reliquum ætatis in studio et monasterio Erfurdiensi peregi, usque ad Wittembergam: Magdeburgi etiam uno anno, quarto decimo scilicet ætatis, fui.

Habes vitam meam et parentelam: vellem autem, sicut Christus coram Herode et Anna, hanc rem taceri, ut furentes homines sese digna crederent, donec erubescant aliquando. Generatio est, quæ nec cantu nec luctu movetur, cui frustra quæritur, ut prosit ullus hominum.

Hac hora literas tuas accepi de Carolo Miltitio, quem scribis jurasse, me non fuisse visum sibi. Cur ergo tonsori Andreæ, socio itineris ejus facto [a]) usque in Pretisch, confessus est (ut hic palam jactat), se vidisse, et nescio, quas diras contra me excitasse? Sed sine, mentiantur, fingant, sapiant, ut ut volent. Me petunt omnia: atque utinam fieret, cito, quo a legendi et docendi officio solverer. Nihil enim æque optarim (quantum in me est). Quod si persistendum est in docendo, mi Spalatine, non intelligo consilium

a) Nach Beesenmeyers Conjectur. Aurif. socius — facto; so auch Cod Jen.

tuum et tuorum, quos memoras, posse videlicet sacram theologiam sine offensione pontificum doceri. Scriptura potissimum sacrorum abusum persequitur, quod non poterunt pontifices sustinere.

Ego tradidi et obtuli me, in nomine Domini: fiat voluntas ejus. Quis rogavit eum, ut me doctorem crearet? si creavit, habeat sibi, aut rursus destruat, si pœnitet creasse. Adeo me non teret ista tribulatio, ut incredibili sinu carbasa cordis mei inflet: ut jam intelligam in me ipso, cur dæmones ventis æquentur in Scriptura. Dum enim sese efflant furendo, alios inflant patiendo. Id solum curo, ut Dominus in meis, quas inter me et ipsum habeo, causis mihi sit propitius, atque hoc, ut potes, juvare digneris.

Istam vero hominum causam fideli oratione Deo committamus, et securi simus. Quid enim facere poterunt? Occident? Nunquid resuscitabunt, ut iterum occidant? Hæreticum infamabunt? At Christus cum iniquis, seductoribus, maledictis damnatus est: ejus passionem si quando intueor, mire uror, hanc meam tentationem non solum aliquid, sed etiam maximam videri tam magnis et multis, cum sit re vera nihil: nisi quod funditus desuevimus passionibus et malis, id est, Christianæ vitæ.

Proinde sine: quanto illi insurgunt potentius, tanto a me ridentur securius. Statutum est apud me, nolle quicquam in hac timere, sed omnia contemnere. Et nisi Principem vererer involvere, apologiam fiducia plenam ederem, provocaturus amplius istas Erynnidas, irrisurus stultissimum eorum furorem in me.

De vidua præsens tecum. Philippo dixi et legi, quæ scripsisti. Præpositum Cameracensem non recte arguis, culpa est Magistri Spalatini. Nam ego te pridie quærebam, permansurus esset Princeps, nec ne, diem Dominicam? respondisti, te nescire. Deinde nemo mihi de concione verbum fecerat: promiseram autem jam antea Præposito, venturum esse me ad eum diem pro informando populo suo, quod mihi servandum videbatur, dum non intercipiebar alio mandato: nec credo periculum esse in tanto nostri loci spatio. Vale et ora pro me. 14. Januarii, anno MDXX.

Martinus Lutherus, August.

15. Januar. *)

N°. CXCI.

An Kaiser Karl V.

L. gab unter dem 17. Jan. eine Protestation heraus, worin er sich darüber beschwerte, daß man ihn ungehört verdamme, und sich zur Verantwortung seiner Lehren erbot. Dieser setzte er folgenden Brief an den Kaiser vor, in welchem er erklärt, daß er sich in den Schutz desselben, als des Beschützers der Wahrheit und Gerechtigkeit, begebe, so lange bis er durch Gründe überwunden habe oder überwunden werde.

Besonders gedruckt unter dem Titel: Ad Sereniss. Principem et Dm. D. Carolum V. etc. Lutheri epistola et ejusdem oblatio et protestatio. Viteb. 1520. 4. Dann Viteb T. II. 44. Aurifaber I 229. Joh. Brant centum epp. clar viror. Amsterd 1702. 8. mit einem vom Wittenb. und Aurifaberschen sehr abweichenden Texte, und aus ihm, ohne Rücksicht auf Aurifaber, bey Fabric. Centi Luth. p 68. Strobel-Ranner p. 58. Deutsch Wittenb. IX. 88. Jen. I 220. Altenb. I. 342. Leipz. XVII. 291. Walch XV. 1636.

Ad Serenissimum Principem et Dominum, Dominum Carolum V., Romanorum Cæsarem, Imperatorem Augustum, Hispaniarum etc. Regem, Archiducem Austriæ etc.

Jesus.

Gratiam et pacem a Domino nostro Jesu Christo. Quod ego Majestatem tuam serenissimam, Imperator optime Carole a), audeo literis adire, nemo non optimo jure mirabitur. Quid enim insolentius videri poterit b), quam Regem Regum et Dominum Dominantium in terris c) a vili et infimæ sortis homuncione compellari? verum minus mirabitur, quisquis causæ magnitudinem contemplatus, de evangelica veritate agi intellexerit: quæ cum digna sit etiam cœlestis Majestatis thronum accedere, non indigna videri debet, quæ

---

a) Brant: Seren. Maj. t. opt. Imp. Carole.

b) B. potest

c) B in t weggelassen.

---

*) Nach Brant 30. August. S. d. Anm. z. No. CCLIV.

terrenum Principem conveniat. Accedit, quod terreni Principes [d]), ut sunt imagines cælestis, ita eos [e]) decet hunc [f]) imitari, ut et ipsi in altis habitent, humilia tamen respiciant in terra, et suscitent de terra inopem et de stercore erigant pauperem. Venio itaque inops et pauper ante pedes tuæ serenissimæ Regiæ Majestatis [g]) prostratus, indignissimus, dignissimam tamen causam producturus.

Editi sunt a me nonnulli libelli [h]), quibus multorum et magnorum mihi conflavi invidiam et indignationem: ubi duplici tutus esse præsidio debui: primum, quod invitus in publicum veni nec nisi aliorum vi et insidiis prodiens [i]) scripsi, quicquid scripsi, nihil unquam ardentioribus votis expetens, quam ut in angulo meo laterem: deinde quod, teste conscientia mea ac [k]) optimorum virorum judicio, non nisi evangelicam veritatem studui evulgare adversus superstitiosas humanæ traditionis opiniones, propter quam tertius jam finitur ferme annus, ex quo patior [l]) sine fine iras, contumelias, pericula, et quicquid adversarii [m]) possunt excogitare mali. Frustra interim veniam peto, frustra silentium offero [n]), frustra pacis conditiones propono, frustra erudiri meliora postulo: unum est quod in me paratur, tantum ut extinguar cum universo Evangelio.

Cum autem omnia frustra tentarim, visum est tandem exemplo S. [o]) Athanasii, imperatoriam Majestatem invocare, si forte Dominus dignetur per eam suæ causæ adesse. Quare serenissimæ Majestati tuæ, Carole Princeps Regum terræ, suppliciter procumbens supplico: dignetur non me, sed causam ipsam veritatis, ob quam tibi solam datum est gladium

---

d) B. terrenos Pr.
e) Eos fehlt b. B.
f) B. illum.
g) B. Ser. Maj tuæ.
h) B. lib. quidam.
i) B. proditus.
k) B. mea consc. et.
l) B. atque ob hanc jam in tertium usque annum patior.
m) B mali.
n) B. Frustra ,interim silentium offero.
o) B. Divi.

gestare, in vindictam malorum, laudem vero bonorum, sub umbram alarum tuarum suscipere: et me in illa non amplius nec longius tueri, quam donec reddita ratione, aut vicero aut victus fuero. Nolo defendi, si impius et hæreticus inventus fuero. Unum peto, ne damnetur sive veritas sive falsitas inaudita et inconvulsa.

Hoc enim regium et imperatorium tuum decet thronum, hoc tuum ornabit imperium, hoc tuum consecrabit posteris sæculum p): si non patiatur Majestas tua sacratissima, ut impius conculcet q) et devoret justiorem se, et sit facies hominis, ut Propheta ait, quasi pisces maris, et quasi reptilia non habentia ducem, dum sit judicium et contradictio potentior r). Ita me commendo, ita confido, ita spero in tuam sacratissimam Majestatem, quam Dominus Jesus nobis servet, et magnificet, ad gloriam Evangelii sui sempiternam, Amen. Datum Wittembergæ, die 15. Januarii s), anno MDXX.

Serenissimæ Majestatis tuæ ac Regiæ Imperatoriæ t)

Clientulus devotus

Martinus Lutherus.

---

18. Januar.

N°. CXCII.

An Spalatin.

Von der Herausgabe der Erklärung etlicher Artikel in dem Sermon vom hochw. Sacrament des heil. wahren Leichnams Christi (Wittenb. VII. 44. Jen. I 214 Altenb. I. 339. Leipz. XVII. 282. Walch XIX 553). Er erbittet sich die Schrift confitendi ratio wieder zurück, weil er fürchtet, man möchte sie drucken, und er will sie verbessern. (Sie erschien im J. 1520.

---

p) B. Nach inconvulsa: Christo fasces tot regnorum serenissima Majestas tua debet. Is hoc reposcit gratiæ, ut veritatem eadem serenissima Majestas tua tueatur. Hoc potissimum imperii tui ornamentum, hoc sæculi tui memorabile decus erit.

q) B. Conculcetur.

r) B. fit — potentiorem.

s) B. Penultima Augusti.

t) B. Imperatoriæ ac Regiæ.

lateinisch [Viteb. II. 25. Jen. I. 456.], dann bald darauf nach Sp.'s Uebersetzung deutsch [Altenb. VI. 1418. Walch XV. 980.]). Zuletzt Empfehlung eines Pfarrers zur Pfarrey in Lochau.

Bey Aurifaber I. 231. Vgl. Cod. Jen. a. f. 70. Deutsch bey Walch XXI. 667.

Eruditissimo et integerrimo Viro, Domino Georgio Spalatino, Canonico Altenburgensi, Principis Saxoniæ Electoris a sacris et epistolis, suo in Domino Majori.

Jesus.

Salutem. Apologiam vernaculam Nurmbergensem *) credo ad te pervenisse, mi Spalatine: sed ego edo vernaculam super isto monstro rumoris de utraque specie et nativitate mea, ita volentibus amicis.

Consarcinavi tibi aliquando modum confitendi: hujus exemplar cupio habere, quod metuo, id, quicquid est, excudi, sicut scribit Adelmannus noster **), qui optavit, ut emendatum aut mutatum ad se mitterem.

Hic sacrificulus suasu quæstoris Lochaviensis petiit a me tibi commendari pro parochia in eadem Lochau vacante (ut scribit) obtinenda. Atque sic facio: tu quia mores aulæ et rerum negotia melius nosti, videris, quid meæ commendationi præstandum sit. Servet Dominus Jesus nobis Principem, quem audivimus ægrotare. Deus bone, quid agitis illis longissimarum istarum causarum? Vale et ora pro me. Wittembergæ 18. Januarii, anno MDXX.

Martinus Lutherus, August.

---

*) Es ist folgende Schrift von Lazarus Spengler, Rathschreiber in Nürnberg gemeint: „Schutzred und christenliche Antwurt ains ehrbarn Liebhabers göttlicher Wahrheit der hailigen Geschrift auf etlicher Widersprechen, mit Anzeigunge, warumb Dr. Mart. Luthers Lehr nit sam unchristenlich verworfen, sondern mehr als christenlich gehalten werden soll ꝛc. ꝛc. Apologia." 1519. 4. 3. Ausg. Leipzig 1520. 4. Ausg. Wittenb. b. Melch. Lotter. 1520.

**) Domherr zu Augsburg.

26. Januar.

N°. CXCIII.

An Joh. Lange.

L. sendet an L. die Erklärung etlicher Artikel rc. rc. Von Herzog Georgs Feindschaft; einer neuen Auflage des Psalters (der Operationes in Psalmos). von einem Briefe des Erasmus an den Erzbischof von Mainz, worin er sich über Luther äussert (Erasm epist. XII. 10) von einem Gastmahl beym Kurfürsten, wo L. und Melanchthon mit dem Spanischen Gesandten zugleich gewesen.

Bey Aurifaber I. 231. Deutsch bey Walch XXI. 668.

Reverendo Patri Johanni Lango, S. T Magistro, Eremitarum S. Augustin. Vicario Erfurdiæ, suo in Domino Majori.

Jesus.

Salutem. Nova non sunt apud nos, mi reverende Pater. Nam Canonicos indoctos vidisti: Apologiam Norimbergensem vernaculam excudemus, si possumus præ temporis inopia*). Mitto declarationem pro sermone Eucharistiæ contra Lipsenses nequitias, quibus me Boëmum natum tanta fide sparserunt, ut aulas Principum permoverint. Ducem Georgium captivum ducunt mihi infensissimum factum: denique minatus est Dresdensibus propter me expulsionem, ut vocant.

Psalterium nova ratione excudetur, quia excusor afficitur damno relictis multis sibi schedis: atque simul ex Lottheriana officina prodibit formis honestioribus suo tempore.

Est in manibus aliquorum egregia epistola Erasmi ad Cardinalem Moguntinum, de me multum soliciti (forte excudetur tandem), ubi egregie me tutatur, ita tamen ut nihil minus quam me tutari videatur, sicut solet pro dexteritate sua.

Hispaniarum Legatus apud Principem nostrum est, cum quo heri ego et Philippus certavimus, splendide invitati.

---

*) Es erschien diese Ausg. wirklich. S. d. Anm. 3. vor. Brief.

Orationem heri habitam a Philippo videbis statim excusam. Vale et pro me ora. Altera Conversionis Pauli, anno MDXX.

Saluta R. P. M. B. Usingen et Nathin ac omnes.

F. Martinus Lutherus.

---

31. Januar.

N°. CXCIV.

An Spalatin.

L. will die versprochenen Briefe an die Bischöfe bald fertigen (welche folgen): dann von der Empfehlung des Jak. Gropp zur Pfarrey in Lochau.

Bey Aurifaber I. 232. b. Vgl. Cod. Jen. a. f. 70. Deutsch bey Walch XXI. 669.

Eruditissimo integerrimoque Viro Georgio Spalatino, Christi servo, suo in Domino Majori.

Jesus.

Salutem. Literas ad Pontifices designatos *) hodie vel cras tradam, mi Spalatine: interim pro parochia, quod scripsisti, Lochana expedio: et hunc tibi hominem meo et multorum judicio idoneum mitto. Est enim studiosus et doctus et bonus vir: Jacobus Gropp vocatur. Quo minus autem artium magister fieret, sumtus penuria fuit in causa, atque aliud nihil: poterit futuro anno hoc gradus, quidquid est, obtinere, si parochia ista provisus, pinguior fieret. Proinde magisterium non est visum mihi impediturum, quando et scientia et moribus tum sacerdotii functione æquat illius gradus viros. Quare eum tibi et per te clementissimo Principi commendo in nomine Domini, Amen. Vale et pro me ora. Pridie Calendas Februarii, anno MDXX.

Martinus Lutherus, August.

---

*) An den Erzbischof von Mainz und den Bischof von Merseburg. Walch übersetzt: an die ernannten Bischöfe!

4. Februar.

N°. CXCV.

An dem Erzbischof Albrecht.

L. beklagt sich über die ihm widerfahrenen Verläumdungen, und daß er ungehört und ungeprüft verdammet werde, bezeugt seine Bereitwilligkeit sich eines bessern belehren zu lassen, und bittet den Erzbischof, seine Sache zu prüfen, und wo möglich seine Schriften zu lesen. Der Kurfürst antwortete unter dem 26. Febr., daß er das Urtheil über L.'s Schriften, die er noch nicht gelesen, Andern, Gelehrtern überlasse, indessen wünsche, daß man über dergleichen Dinge, wie über den Primat des Pabstes, den freyen Willen u. s. w. nicht so heftig streiten möge.

Bey Aurifaber I. 233. Viteb. II. 46. Deutsch Wittenb. IX. 89. Jen. I. 221. Altenb. I. 345. Leipz. XVII. 291. Walch XV. 1640. An diesen Orten ist auch die Antwort des Erzbischofs zu finden.

Reverendissimo in Christo Patri, Illustrissimo Domino, Domino Alberto, Magdeburg. ac Mogunt. Ecclesiarum Archiepiscopo, Primati Germaniæ, Marchioni Brandenburg. etc. Domino suo et Pastori in Christo gratiosissimo, ac venerabiliter metuendo.

Jesus.

Sese in Domino commendat cum omni subjectione et reverentia. Non auderem unquam, reverendissime in Christo Pater et illustrissime Princeps, ego infimæ sortis homuncio apud magnitudinem tuam, nec per ipsas literas (quibus multa conceduntur, quæ præsens verecundia non præsumit) verba facere, nisi me majoris rei ratio cogeret, videlicet Christianæ fidei et veritatis professio communisque omnium salutis in Christo observatio: quibus si mea causa periculum instet, impiissimus fuero, si tacuero. Siquidem redditus sum a fide dignis viris certior, mihi etiam apud tuam magnitudinem, reverendissime in Christo Pater, invidiam moveri, et odium conflari, forte et ab iis, qui apud alios me laudant et tuentur.

Hic, ut cum Domino meo gratiosissimo loquar juxta conscientiæ meæ fiduciam, nonne si falsa sunt, quibus accusor, non tam ego qui nihil sum, quam tua reverendissima Paternitas et illustrissima Dominatio in periculo maximo est? Ne quando (ut sumus homines) aliquis Siba adulator etiam innocentissimum David, virum secundum cor Dei electum, avertat a paupere et claudo Mephiboseth, ut in libro Samuel II. cap. 16 legimus. Quis Principum satis tutus esse potest a falsis et subdolis suggestoribus? quando David, tantus ac tam sanctus vir, per unum Siba sic circumventus est.

Fuit sane et hæc non levissima causa, ut auderem has literas scribere, quod mihi conscius essem seduli et fidelis officii debiti reverendissimæ Paternitati tuæ, ne, Dominum meum paterer tanto exponi periculo, imo ne veritatem evangelicam sinerem sub nomine impietatis apud tantum Principem cum tanto tantorum hominum dispendio infamari. Nec enim idem est, veritatem male audire apud quemvis vulgarem hominem, et tot animarum Episcopum, quem sive recte monitum, sive circumventum, necesse est plurimos sequi: sequi autem adversus evangelicam veritatem, omnium malorum seminarium est.

Si vero recta sunt et vera, quibus accusor, permittat mihi gratia Domini mei meam queri miseriam. Cur non me docent meliora? cur non ostendunt errorem? cur prius apud magnates damnant, quam convincunt? præsertim cum pollicear toties, me auditurum meliora, cum tam paratus sim cedere sensu meo, imo cum tanto æstu petam a docendo submoveri, et in angulo latere.

Docere cogor, quæ didici et in sacris literis lego, et arguor, quod doceo, quæ illi aut nolunt, aut non possunt arguere. Atque utinam tantum esset otii Domino meo gratiosissimo, quo meas posset legere vel audire lucubrationes: non dubito fore, quin reverendissima Paternitas tua cognitura sit, Deo propitio, quam aliena sint a me crimina eorum in me congesta. Nec enim adhuc audivi mea damnata ab ullis, nisi ab his, qui ea non legerunt nec audierunt, exceptis paucis, quos invidia non modo tenet, ne legant, sed etiam si quædam legant, statim depravant, ea in me fingentes, quæ ne cogitavi unquam. Quale est illud de utraque specie et Romani Pontificis potestate: in qua re, si velint fateri verum, ipsi vere mecum sentiunt, quantumlibet simulent dissensum: id quod facile intelliget, qui mea legerit.

Quare per tuam, reverendissime Pater, in omnes bonas literas literatosque viros celebratam illam et omnibus amantissimam benignitatem suppliciter oro, dignetur reverendissima et illustrissima Dominatio tua et me benigniore, quam illi delatores quærunt, opinione et nomine, non tam meo, quam suæ ipsius multorumque aliorum salutis intuitu, imo Christianæ veritatis causa, quæ non potest non offendi, si inique sive reprober auditus, sive contemnar erudiendus et auditurus.

Testis est mihi in animam meam Jesus Christus omnium judex, me non esse conscium docuisse, præter id, quod Christum et Dei præcepta referat: rursus non esse tam pertinacem, quin velim doceri et errore cognito mutare sententiam. Atque utinam id officii ex reverendissima Paternitate tua liceat experiri. Qui enim hucusque sum multis mendaciis varie petitus et tamen postea luce veritatis revelata innocens inventus: cogor suspicari, et eos qui adhuc et aliis viis me petunt, non sincere agere, præsertim cum nolint docere paratum doceri, sed tantum criminari.

Hæc, reverendissime Pater et illustrissime Princeps, visum est suggerere necessarium adversus sive malas, sive deceptas bonas mentes, quo implerem et meum officium, qui me partem gregis tui, in diœcesi tua natum educatumque agnosco, ne quid mei silentii culpa gravius increpet in animum Domini mei gratiosissimi: quæ pro sua insigni clementia gratiose et patienter velit agnoscere, et meam parvitatem magnitudini suæ habere commendatam, in Christo Jesu Domino nostro, qui reverendissimam Paternitatem et illustrissimam Dominationem tuam regat et servet in sæcula, Amen.

Wittembergæ 4. Februar., anno MDXX.

Tuæ reverendissimæ Paternitatis deditissimus filius

Martinus Lutherus.

4. Februar.

N°. CXCVI.

An den Bischof von Merseburg.

Aehnlichen Inhalts mit dem vorigen Schreiben.

Bey Aurifaber I. 237. Viteb. II. 47. Deutsch Wittenb. IX. 91. Jen. I. 224. Altenb. I. 350. Leipz. XVII. 295. Walch XV. 1647. wo auch die Antwort des Bischofs zu finden.

Reverendo in Christo Patri ac Domino, Dno. Adolpho, Mersburgensis Ecclesiæ Episcopo, clementissimo Domino suo, inprimis gratioso. [a])

Jesus.

Sese commendat cum omni subjectione et reverentia. Certior factus, reverende in Christo Pater, illustrissime Princeps, quam male ego apud tuam reverendam Paternitatem præ cæteris audiam, ob quosdam, qui sive zelo Dei, sive alio affectu rapti, mea omnia traducunt aliter, quam vellent sua a quovis traduci: non potui rationem habere tam tuæ magnitudinis, quam meæ parvitatis, quin auderem his literis thronum Dominationis tuæ accedere. Idque nulla alia causa, quam ne conscientia mea olim me vexaret, si occasione silentii mei aut veritas ibi periclitaretur, aut hominum salus, ubi maxime debet tuta et rata esse.

Si enim falsa sunt, quæ in me congerunt, non sine periculo creduntur, quod hac fide impie fiant alieni a fide Christi, cujus veritatem falso accusatam pro mendacio habent, quicunque delatoribus istiusmodi credunt

Nec difficile est, etiam Principes viros falli adulatoria sedulitate speciosissima, quando David, rex integerrimus, uno Siba adulatore, in Mephiboseth sæviit seductus: et Josaphat, bonus rex, nec sano Propheta Michea potuit

a) Nach Viteb.

revocari, quin raptus multitudine et autoritate falsorum prophetarum, cum impio rege Achab iret in præcipitium periculi.

Sin autem vera sunt, mirum, imo miserum est, non inveniri, qui me docere dignetur, qui toties promisi auditurum meliora, et sententiam mutaturum: quin usque hodie opto a publico moveri, relicto docendi negotio, tam apud Deum, quam homines periculosissimo. Scio, quod non vivo, quæ doceo, ideoque tædet me officii hujus: tantum abest, ut gloriam quæram, ut multi mihi imponunt. Unde testem audeo invocare in animam meam Dominum Jesum Christum judicem futurum, me nec nosse nec posse alia docere, quam quæ docui. Nec mihi sum conscius, unquam aliquid docuisse, quod non Christum et Dei præcepta referat: nec ullus adhuc aliter convicit.

Quid igitur faciam? lucrum non quæritur, nec si quærerem, possem invenire, in tanto multorum odio, multo minus gloria, in tanta mei infamia. Essem ego sane omnium, qui unquam fuerunt, insanissimus, qui has res sectarer, ob quas damna pro lucris, confusionem pro gloria, censuram, vim et mortem pro tutela et vita assidue [b]) patior: siqua errarem, post hæc mala æterno quoque sim igni perdendus. Etsi talis quispiam forte queat inveniri obstinatus, ego tamen spero me aliter affectum esse, vel hoc nomine, quod invitus doceo, et ministerio verbi servio. Qui enim gloriam obstinati quærunt, non inviti docent.

Hæc, reverende in Christo Pater, ea fiducia ad reverendam Paternitatem tuam scribo: primum, quod multa mihi præsumam de ingenita mihique perspecta benignitate tua, quam omnino confido hæc mea scripta benigne agnoscituram: deinde [c]) quod mihi reus videbar, si reverendam Paternitatem tuam inter has linguas iniquas, in me machinantes mala, solam relinquerem, imo veritati evangelicæ propter me forsan male audienti defuissem. Necdum audivi, qui mea legissent et damnassent, nisi paucos quosdam, quos invidia moveri, ex eo conjici potest, quod hucusque in me toties reperti sunt mendacia sua cogitasse, etiam sub sacri

b) Vit assiduo.
c) Aurif. denique.

Romani Pontificis nomine. Quid enim non auderent, qui sub Papæ nomine falsis brevibus me citant, monent, accusant, damnant, hæreticum declarant?

Fidem autem mihi facit, mea esse sana et recta, quod hi, qui apud exteras nationes sunt, et neutri partium adhærent, ingeniosissimi et doctissimi, mihi plurimum gratulantur: quod et accidere reverendæ Paternitati tuæ firmiter crediderim, si præ negotiis vacaret, mea scripta vel legere vel audire.

Proinde, quando ego non possum offendi, nisi veritas simul offendatur, si reprobor auditus, aut contemnor auditurus (neque enim aliud facere possum amplius, quam quod auditurum me polliceor meliora, si bona non sunt, in quibus audior): volui his literis reverendæ Paternitati tuæ tum meum debitum officium persolvere, ne Dominus meus aliquo Siba vel pseudopropheta Zedechia præoccuparetur, et ad tanti Episcopi exemplum plurimi similia saperent, atque ita meo silentio, non meam quidem famam, sed Christi gloriam pessundari permitterem: tum humiliter et obnixe rogare, ut reverenda Paternitas tua velit meam parvitatem suæ clementiæ habere commendatam, et si me usquam errasse norit aut credat, paterne revocare, et errorem indicare.

Nam quod de potestate Romani Pontificis et utraque specie Sacramenti in me tantum elevant, confido proprias eorum conscientias pro me testificari, nec dissentire nos in ea re, nisi forte solo nomine. Verum dabit his quoque Deus suum finem, qui reverendam Paternitatem tuam servet ac regat in sæcula, Amen. Datum Wittembergæ, 4. Februarii, anno MDXX.

Reverendæ Paternitatis tuæ pauperculus precator

F. Martinus Lutherus.

8. Februar.

N°. CXCVII.

An Spalatin.

Von dem Verfasser der Canonici indocti, wofür L. den Oecolampad oder den Conrad Adelmann hält. (Aus einem folgenden Brief No. CCVI. sehen wir, daß es der erstere war). Von der durch Eck in Ingolstadt veranstalteten, aber vereitelten Verbrennung seiner und Anderer für ihn erschienenen Schriften. Von Ecks Schrift wider Carlstadt und eine Auffoderung Herzog Georgs an die Erfurter, sich über L. zu erklären. Von der Ausarbeitung der Postille, wofür er um Aufschub bittet. Er hat den Tag vorher die Antwort auf das Verbot des Bischofs von Meissen geschrieben. (Antwort auf die Zettel, so unter des Officials zu Stolpen Siegel ist ausgangen, Wittenb. VII. 22. Jen. I. 218. Altenb. I. 346. Leipz. XVII. 286. Walch XIX. 564.)

Bey Aurifaber I. 241. b. Vgl. Cod. Jen. a. f. 72. Deutsch bey Walch XV. Anh. LV.

Erudito ac integro Viro, Domino Georgio Spalatino, a sacris et literis principalibus Saxoniæ, suo in Christo Majori.

Jesus.

Salutem. Bernhardus Adelmannus scripsit sese curasse, ut Eccio responderetur: tantum habeo de autore indoctorum doctissimorum canonicorum. Stylus, nostro judicio, utrumque refert et Oecolampadinum et Conradum Adelmannum, fratrem Bernhardi, qui mihi valentior pleniorque videtur Bernhardo.

Scripsit Wenceslaus noster *), Eccium mandasse primoribus, ut publico foro exurerentur libri mei, canonici indocti, et apologia vernacula: cumque vas illic esset paratum, ut crastina succenderentur, quosdam saniores doctores Ingolstadii consuluisse Johannem Reuchlein, illumque respondisse, caverent sibi, ne hac re tam sibi quam toti

---

*) Wencesl. Link.

Universitati maculam parerent. Itaque omissum est opus. Ubi Eccius altera die ad locum venisset, iratus discessit, re infecta: credas hominem mænada aliquam Baccham factum. Sic theologisamus hodie. Cæterum nollem te legere, leges tamen, quæ in Carolostadium effutivit *): quem ita confœdat, ut necdum viderim nec audiverim librum impudentiore et impuriorem. Deplorati animi homo est, miser sophista, ubi videt suum propositum vel differri vel irritum fieri. Dux Georgius denuo scripsit Erfurdiensibus magno supercilio (sic Langus noster scribit), ut respondeant, uter nostrum de fide melius sentiat. Bonus Princeps, sed qui ἄγεταί καὶ φέρεταί τε ἀπὸ τῶν σοφιστῶν. Carlstadius in Eccium molitur contraria. Ecce fructum disputationis Lipsicæ.

Ne verbum quidem ego collegi de concionibus meis in Matthæum, mi Spalatine, etiamsi vix aliud æque velim: verum tempus destituit me. Porro enarrationes ab adventu inceptas nondum perduxi ad quadragesimam nihilque de quadragesima incepi. Vis rationem breviter. Impossibile est mihi facere, votum non deest: vires satis sunt Dei gratia, sed vix Psalterio sufficio. Non credis, quantum aliquando mihi vel unus versus præbeat negotii. Dices Principi, me, sicut libenter rem sum aggressus, ita libenter prosequuturum: verum tu da dies binos aut ternos pro singulis, et vix satis erit. Rapitur mihi nonnunquam tempus et alieno obsequio fratrum et proximorum. Heri quoque perdidi diem medium responsione ad inhibitionem Misnensem. Sum certe velocis manus et promtæ memoriæ, e qua mihi fluit potius, quam promatur, quicquid scribo: nec sic tamen sufficio: aliis tardioribus quid accidat, miror. Scis autem studium nostrum esse, ut Lotherianis typis recte institutis excudantur simul universæ enarrationes, atque id agitur, ut quam primum incipiamus simul et Philippicas super sententiarum. Vale et me Principi commenda. Octava Februarii, anno MDXX.

Martinus Lutherus, August.

---

*) Der Titel der Eckischen Schrift gegen Carlstadt ist mir nicht bekannt. Aber E. gab in diesem Jahre heraus: Confutatio adversus defensivam Epist. Jo. Eccii etc. s. Unsch. Nachr. 1714. S. 28. Vgl. d. folg. Br.

9. Februar.

N°. CXCVIII.

An Spalatin.

L. übersendet die vorigen Briefe an die Bischöfe, und gedenkt des durch den Bischof von Meißen von Stolpen aus ergangenen Verbots seines Sermons vom hochw. Sacrament, und seiner Gegenschrift. Von Ecks Schrift gegen Carlstadt, welcher allzuheftig antworten wolle, wovon ihm Sp. abrathen möge. Vom Druck der Tessaradecas und der Herausgabe der Nürnbergischen Apologie und der Canonici indocti. Wunsch, daß Melanchthon heurathen möge. Abermals vom Gesuch der armen Wittwe.

Bey Aurifaber I. 240. Vgl. Cod. Jen. a. f. 71. Deutsch bey Walch XXI. 670.

Suo in Domino charissimo Georgio Spalatino, a sacris et epistolis principalibus Saxoniæ, suo in Christo Majori.

Jesus.

Salutem. Mitto tandem literas ad reverendos Dominos Episcopos: tu videbis, an prosit eas mitti: præsertim postquam [a]) arte Lipsicæ factionis Episcopus Misnensis publica schedula edidit inhibitionem contra sermonem meum de sacramento, cum quo spes est multos alios conspiraturos. Ego tamen contrariam schedulam editurus sum, et has inscitiæ insulsissimas larvas carnisprivio hoc traducturus, Deô propitio.

Carlstadium fœdissime proscidit et me quoque insanissimus Eccius, novo libello edito in eum, cui parat Carlstadius respondere, sed adeo indigesto calore animi, ut titulum libello fecerit: Contra brutissimum asinum et assertum Doctorculum etc. Fac, si licet, ut ei suadeas, aut desinat illi remaledicere, aut penitus respondere omittat: satis nimis valde seipsummet infelicissimus sophista eo libro fecit ludibrium et nauseam, cui alterius recriminatione addi nihil potest, nisi impudentissimæ suæ turpitudini forte operculum,

---

a) Cod. Jen. priusquam.

quo minus turpis appareat. Nam ego hominem ita contemnere cœpi, ut nullum unquam magis contemserim. Carlstadius me monentem non patitur: sed nec tutum est, si resciscat, ex me tibi hæc innotuisse, ut est homo infirmatus suspicionibus *).

Tessaradecadis frontalis epistola omissa est, magna libelli deformitate [b]), et mea indignatione. Absente me prior sexternio excusus est: vernacula propediem quoque absolvetur. Tardi esse cogimur tum copia negotiorum, tum inopia typorum. Exibit omnino vernacula apologia **), et canonici indocti simul.

Philippo memini me optasse uxorem suis moribus aptam, nec adhuc pœnitet optati: metuo homini casum, qui magna ingenia ferme persequitur, tum quod homo est rei familiaris suique corporis incuriosissimus: necdum tamen video hominem ad id genus vitæ propensum.

Viduæ hujus iterum mitto supplicationem: gemit ac plorat, deumque contestatur, se mendicam futuram, nisi recipiat domum. Ego apud D. Canonicos frustra laboro: nec reliquum video, nisi Princeps illust. in ea re aliquid fecerit. Nollem certe mendicam fieri hac occasione ne forte una sit earum viduarum, quarum Deus judex in Scriptura pronuntiatur.

Mitto, ut remittas schedam inhibitionis Misnens., fœtum scilicet et magnæ invidiæ et majoris inscitiæ. Vale et ora pro me. Die 5. Agathæ, anno MDXX.

Martinus Lutherus August.

---

b) Cod. Jen. deformatione.

---

*) Gehört jene Schrift C.'s hieher, so hat er diesen Rath befolgt.]

**) Obige Nürnbergische.

11. Februar.

N°. CXCIX.

An Spalatin.

L. übersendet die Tessaradecas, und entschuldigt die Heftigkeit der deutschen Antwort auf des Bischofs von Meißen Verbot. Die lateinische ausführlichere ist in der Arbeit, und er erbittet sich die Schedula des Bischofs deßwegen zurück.

Anmerk. Aurifaber hat Unrecht, wenn er in der Inhaltsanzeige angibt, L. übersende schon die Antwort auf die Zettel ꝛc. ꝛc. vgl. No. CCII. zu Anfang.

Bey Aurifaber I. 242. b. Vgl. Cod. Jen. a. f. 73. Deutsch bey Walch XXI. 672.

Erudito et pio Viro, Domino Georgio Spalatino, Christi servo sacerdoti, suo in Domino.

Jesus.

Salutem. Ecce Tessaradecada tuam, imo nostram, mi Spalatine. Responsionem meam adversus Stolpensem, Tolpensem et Talpensem schedulam non mireris animosiorem et superbiorem esse. Res agitur cum his, qui contra me triumphant, ubique affixis schedulis: unde necesse fuit eorum triumpho tale non deesse encomium, ut sit dignum operculum vase. Nascitur in eandem latina responsio paululum copiosior: cui addenda est in fine schedula ipsa. Sed tu tardas eam remittere nimio. Crastina *) enim aut ad summum postridie illa opus erit. Vale et pro me ora. 11. Februarii, anno MDXX.

Martinus Lutherus, August.

*) Cod. Jen. crastino.

Im Februar.

N°. CC.

An den Kurfürsten Friedrich.

Zuschrift der Schrift: Ein trostlichs Buchlein D. M. Luthers Augustiner in aller Widerwärtigkeit eins jeden Christgläubigen Menschen neulich geteutscht durch Magistr. Georg. Spalatinum 1520. 4. Diese Schrift erschien zuerst lateinisch unter dem Titel: Tessaradecas consolatoria pro laborantibus et oneratis. Aber diese hat unsere Zuschrift nicht (worüber auch L. im Brief an Sp. v. 9. Febr. klagt), sondern bloß eine kleine Nachschrift an den Kurfürsten, wie sie auch in den Ausg. Jen. I. 454. Viteb. II. 24. erscheint. Daselbst und bey Aurifaber I. 242. b. findet sich gegenwärtiges Schreiben auch lateinisch, dort der Schrift Tessaradecas hinten beygefügt; das scheint aber bloß Uebersetzung, und das Deutsche vielmehr das Original zu seyn. Deutsch findet sich das Schreiben Wittenb. VI. 346. Altenb. I. 368. Leipz. XXII. 473. Walch X 2131. Wir benutzen einen alten Druck, der angeblich mit Luthers Handschrift verglichen ist.

Dem Durchleuchtigen, Hochgebornen Fürsten und Herren, Herrn Friedrich, Herzogen zu Sachsen, des H. Römischen Reichs Erzmarschalk, Kurfürsten, und in Landen der Sächsischen Recht, und an Enden in seiner Kurfürstl. Gn. Vicariat gehörend Vicarien, Landgrafen in Thüringen und Markgrafen zu Meissen, seinem gnädigsten Herren.

Unser allerlieblichester Seligmacher, Durchleuchtigster Herr, hat uns allen geboten, die Kranken zu ersuchen, die Gefangen ledig zu machen, und alle Werk der Barmherzigkeit gegen unsern Nächsten treulich zu erfüllen; wie dann Christus unser Herr selbs zuvor mit dem Vorbild einer wundersamen Lieb, solches zu beweisen und anzeigen, aus der Schoos des allerhöchsten Vaters herabgestiegen ist, sich in unser Gefängnuß gesenkt, unser Schwachheit angenommen, und in unsern Sünden gedient und gearbeit hat; wie er sagt Es. am 43: Du hast gemacht, daß ich in deinen Sünden gedient hab, und mir ein Arbeit in deinen Ungerechtigkeiten gegeben. Und wer dieß allerlieblichst, holdseligst und freundlichst Vorbild und allerheilwärtigst Gebot verschmächt, wird billig am jungsten Tag hören, (Matth. 25, 41. 42. 43): **Geht, ihr Vermaledeyten, in das ewig Feur. Ich bin schwach oder krank gewest, und ihr habt mich nit ersuchet**, als einer, der mit der allerbösten Undankbarkeit verkehrt ist, und Christo dem Herren in seinem Nächsten, aufs wenigest in einem geringen Theil, das nicht erzeigt, das er von unserm Herrn Christo mit so großer Vollkommenheit der Barmherzigkeit empfangen hat.

Aus dieser Ursach hab ich mich erstlich unterstanden, E. K. F. Gn. mein Dienst und Gebühr dieser Besuchung zu bereiten, darumb, daß ich ohn die Schuld und Maale der Undankbarkeit diese Form und Gestalt meines Herrn Christi, das ist, E. K. F. Gn. Krankheit, in keinen Weg kann und mag übergehn [a]), mit welcher Gottes Hand mein Herren angriffen und berühret hat, und kann mich nit stellen, als höret ich Gottes Stimm nit, die mir aus dem Leichnam und Fleisch E. K. F. Gn. zuschreit [b]) und spricht: Ich bin krank. Denn ein Christenmensch ist nit krank, wenn es krank ist, sondern Christus, unser Herr und Seligmacher selbs, in welchem der christlich Mensch lebt, wie dann der Herr Christus selbs sagt (Matth. 25, 40.): **Was ihr meinem Kleinsten einem gethan habt, das habt ihr mir gethan.** Und wiewohl man dieß Gebot Christi, unsers Herren und Seligmachers, die Kranken zu besuchen und zu trösten, als das allergemeinest Gebot gegen alle Menschen halten muß: so muß man es doch mehr in den Bewandten des Glaubens, wie es auch St. Paulus unterscheidet, und am allermeisten in unsern Freunden und Nächsten beweisen, üben und halten. (Gal. 6, 10.)

Zudem, daß ich zusampt allen Leuten E. K. F. Gn. in ihrem Kurfürstenthumb, Fürstenthumben und Herrschaften unterthan [c]) schuldig bin, nit allein mit E. K. F. Gn. ein Mitleiden zu tragen, mit zu kranken, und alle E. K. F. Gn. Beschwerung mit zu ertragen, als mit unserm Haupt, in welchem alles unser Heil, Verwaltung und Wohlfahrt steht; wie die heilig Schrift von dem Naeman von Syrien saget, (2. Kön. 5, 1.) daß der Herr durch ihn dem ganzen Königreich zu Syrien das Heil und die Seligkeit gegeben hat. Ja, derhalben die ganz Versamm-

a) Im alt. Dr. verbergen; im Mspt. übergehn.

b) D. a. Dr Wittenb. zuschreibt, fehlerhaft, vgl. das Lat.

c) Wittenb. seßhaft und untergethan

lung und Commun des H. Römischen Reichs und der Christelichen Kirche E. K. F. Gn. dienst-, dank- und liebpflichtig ist, auf die allermänniglich Augen, Gedanken und Herzen Achtung haben, als auf einen getreuen Vater des Vaterlands Deutscher Nation, und ein einige trostliche Zuflucht des ganzen heil. Römischen Reichs.

Wir seynd auch nit allein beruhrte unterthänige Dienste E. K. F. Gn. zu erzeigen schuldig, und mit E. K. F. Gn. ein demüthigs Mitleiden zu haben, sondern auch Gott den Herren zu bitten, E. K. F. Gn. gesund [d]) und Leben zu erhalten, uns allen zu Heil, Gut und glückseliger Wohlfahrt; welchs ich auch vermuth und verhoffe, [e]) von männiglich fleißig und treulich geschicht. Aber ich, der ich mich billig für E. K. F. Gn. Schuldmann aus viel Ursachen erkennen soll, bekenn billig seyn, daß ich E. K. F. Gn. ein mehrer Unterthänigkeit vor andern erzeige, mein Gebühr und Ziemung zu beweisen. Als ich aber das nach Betrachtung meiner Armuth und Dürftigkeit nit mocht finden, hat mich endlich mein geliebster Freund, Georgius Spalatinus, E. K. F. Gn. Kapellan, erinnert, E. K. F. Gn. ein geistliche Vertröstung, das ist, etwas aus der heiligen Schrift zu machen und überreichen, und mir zugesagt, es wurd solche mein Unterthänigkeit E. K. F. Gn. als einem wundergütigen, senftmüthigen und holdseligen Fürsten zu gnädigem Gefallen reichen, mit welchen Worten ich ermahnt meiner Pflicht mich unterwunden hab.

Derhalben ich diese Tafel, in vierzehen Capitel getheilt, gemachet hab, und dieselben derwegen von mir Griechisch Tessaradecas genannt, E. K. F. Gn. opfer und überreich; welche ich anstatt der vierzehen Nothhelfer, von wegen ihrer Anzahl und Werkes, E. K. F. Gn. heilwärtig wünsch zu seyn. Es ist nit ein silbernin Tafel, sondern ein geistliche, welche sich gebührt nit in der Kirchen, sondern in dem Gemüth zu setzen. Sie wird auch sust kein ander Statt haben, ihr dienstlich. Nun hat diese Tafel zween Theil. Der erst Theil hat sieben Bildnuß oder Betrachtung der Uebel, Beschwerung oder Widerwärtigkeit: der ander Theil, sieben Bildnuß der guten Ding, wie es dann sich selbs

d) Walch: Gesundheit.

e) Walch: + daß es.

anzeigen wird. Darum gehab sich E. K. F. Gn. seliglich, und gruch nach ihrer gewohnlichen Fürstlichen hochgenädigen Erzeigung, diese mein geringe Arbeit gnädiglich anzunehmen, deren mich auch unterthänig befiehl. *)

E. K. F. Gn.

unterthäniger Diener, D. Martin Luther.

---

12. Februar.

N°. CCI.

An Spalatin.

L. übersendet einen Brief von Bucer. Die deutsche Schrift gegen den Verbotszettel zu Stolpe war schon im Druck, und Sp. Warnung zu spät gekommen. Von einer zu Oschatz unter jenem Zettel erschienenen Unterschrift.

Bey Aurifaber I. 245. Vgl. Cod. Jen. a. f. 74. Deutsch bey Walch. XXI. 2219.

Optimo Viro D. Georgio Spalatino, Christi Sacerdoti a principalibusque sacris, in Christo charissimo.

Jesus.

Salutem. Habes epistolam Bucerianam fratris vel solius in ista secta candidi, et optimæ spei juvenis, qui me Heidelbergæ et avide et simpliciter excepit atque conversatus fuit, dignus amore et fide, sed et spe.

Tarde venerunt tua monita: omnia Philippo consule: quo uno die perdito parturivi, jam obstetricantibus prelis pario. Esto, novum et magnum sit futurum incendium: quis potest Dei consilio resistere? Absque causa sua et mea culpa illi sic furunt [a]): et, nisi me Deus humiliet, huic animo sunt contemti, quorum et eruditionem et malitiam vides tu ipse, quam possum pulchre ferre. Quis scit

a) Aurif. furiunt.

*) Im Mspt. steht dabey 1519.

an prædestinati sint, ut aliquando fiant occasio veritatis revelandæ, et suæ, quam in nos tam diu aluerunt invidiæ imprudentes pœnam pendant, ignominiam, quam hostes veritatis decet, reportaturi. Episcopum honoravi, deinceps si pergant, nihil moraturus pro veritate Christi insulam b) bullæ hujus.

In Oschatz affixis his næniis subscripsisse quispiam dicitur mihi a fratribus Waltheimensibus, qui huc heri venerunt, in hanc sententiam: Ecce sic nostro sæculo episcopi suam ignorantiam etiam valvis affigunt. Hui, Episcope, relege Evangelium etc. Sine quæso rem suis ire motibus, solus Deus in negotio est. Rapimur, ut video, et agimur potius quam agamus. Vale et pro me ora. 12. Februarii, anno MDXX.

Martinus Lutherus, August.

---

18. Februar.

N°. CCII.

An Spalatin.

L. bezeugt seinen Muth wegen der Stolpischen Angelegenheit, will jedoch in der lateinischen Schrift sich mäßigen und sie vorher Sp. lesen lassen. Dieser solle aber den Gegnern auch rathen, sich gegen L. vorsichtig zu betragen, wie sie gleich anfangs hätten thun sollen. Zuletzt wieder von der Angelegenheit der Wittwe.

Plank I. 234. vermuthet, das Datum dieses Briefes sey falsch, weil Luther die Antwort auf den Stolpischen Zettel schon unter d. 11. Febr. an Sp. gesendet habe; aber zuvörderst ist jenes falsch, vgl. die Anm. z. No. CXCIX; sodann spricht L. offenbar von zwey verschiedenen Schriften, wie aus den Worten erhellet: quod et in isto factum fuisset, nisi typi tuas literas prævenissent.

Bey Aurifaber I. 246. Vgl. Cod. Jen. a. f. 74. Deutsch bey Walch XXI. 673.

---

b) Viell. insiliam.

Erudito et pio Viro, Domino Georgio Spalatino, a sacris et epistolis principalibus Saxoniæ, suo in Domino.

J e s u s.

Salutem. Satis magnum animum, mi [a]) Georgi, habeo, Dei munere, adversus incendium Misnense, videbisque me tuis consiliis parentem, ut quantum possim benigne respondeam. Denique exemplar tu cum tuis videbis, antequam edatur, quod et in isto factum fuisset, nisi typi tuas literas prævenissent. Quanquam neque in isto scripto tetigerim ulcus istius schedulæ ob reverentiam Episcopi, quæ revera est blasphema, et in Evangelium Christi plus quam ulla unquam hæresis furibunda: id quod futuris ostendam, et convincam simul inscitiam eorum, nisi caverint, traducturus recte. Non patiar damnatum errorem in Evangelio Dei pronuntiari etiam ab universis angelis cœlorum, quanto minus ab unius Ecclesiolæ terrenæ idolis.

Quod si tibi videtur, faciamus inimicis hanc gratiam, et scribe illis, si qui sunt illic, qui te audiant, monens et rogans, ut contra Lutherum, quantum possunt prudentissime et cautissime agant: esse eis magno studio parsum in isto scripto, ne si incipiant velle fugere pruinam, obruantur nive. Nisi enim Deus me privarit sensu (quod faciat pro sua optima voluntate) futurum est, si stercus (ut dicitur) amplius moverint, latius et crassius foetebit: non quod tam magnis et multis viris miner, sed quod doleam et compatiar eorum ignominiæ, quam sibi irrevocabiliter hac infelici schedula contraxerunt, et quod mihi cupiam in hac re fieri, id hac ratione eis offeram. Ego non acciperem totius mundi opes, ut talis schedulæ autor invenirer.

Atque utinam inter se communicato consilio sano, aut omnino tacerent, aut via charitatis sese expurgarent: si vero vi, minis, scientia, ingenio, arte aut astu rem cœperint moliri, videbit Dominus et dabit mihi, ut observatori meo naso vix illudant. Quod si infeliciter simularint, sicut in ista schedula fecerunt, causam pessundabunt. Si me consule schedulam edidissent, in hunc modum scripsissent: ecce

a) Cod. Jen. optime.

optimi fideles, exivit sermo quidam, quem multi false intelligunt: quamobrem nolite putare autori illius sic placuisse intelligi. Hac ratione mihi non nocuissent, sibi et omnibus profuissent: nunc autem pleno furore irruunt et damnant, quod nunquam scripsi, imo contrarium scripsi, idque sub nomine meo. Aut certe mihi privatim scripsissent, monentes, ut declarationem ederem: at ipsi hujus justitiæ et illius charitatis via relicta, vi et injuria cœperunt: quid mirum, si tam malum exordium malus sequatur progressus.

Miror, nec satis mirari possum, esse tam rudes et indoctos homines Misnæ et Lipsiæ, aut tam magnam eorum invidiam, ut etiam communem sensum sibi passi sint auferri. Nondum habui adversarios, quos æque contemserim: tanta est illis seu hebetudo seu inconsiderantia. Quicquid sit, si potes, cooperare illis, ne me lacessant: captos teneo, et ita captos, ut nisi mansuetudine egerint, supremo sint sese expostituri opprobrio. Quod si videbitur, et ego Episcopo in hanc rem scribam. Duci Georgio scriberem, nisi scirem, me aut non legi, aut lectum non audiri.

De Walpurgi Landmannina b) hoc scias, neque curatores neque tutores ei unquam fuisse, sed sua solius voluntate dedit domum Ecclesiæ. Egi cum Domino Præposito multis: sed ipse in juribus suis submersus, nugatur non posse reddi, quod semel Deo datum est, etiamsi donator sit perpetuo mendicaturus, aut fame moriturus: remisitque me ad Deum et ad sacramentum Eucharistiæ, ut illic cum Christo agerem, si forte velit ipse mihi loqui, et reddere quæ peterem.

Has nugas etiam seria ducit homo juridicus: cui cum dixissem, cur ipsi vice Christi possint donata accipere, et eadem vice non possent reddere? perseverat in hoc, quod Deo data homo non possit reddere: non penetrat Evangelium in hæc capita nugis istis occupatissima: quasi non abunde in Evangeliis Christus oracula det, sine intermissione, quid in his rebus proximo faciendum sit, ubi necessitas et charitas suadet. Vale et ora pro me. Anno MDXX, 18. Februarii.

Martinus Lutherus.

---

b) Cod. Jen. Landmarinia.

Februar.

N°. CCIII.

An Spalatin.

L. vertheidigt sich gegen die ihm von Sp. gemachten Vorwürfe wegen der Heftigkeit, mit der er auf den Stolpischen Zettel geantwortet hat. Der Brief muß bald nach den vorigen geschrieben seyn.

Bey Aurifaber I. 290. b. Vgl. Cod. Jen. a. f. 315. Deutsch bey Walch XIX. 586.

Ad Georgium Spalatinum.

Jesus.

Salutem. Bone Deus, quam tu, mi Spalatine, es concitatus, ut longe me ipsum et alios superare videaris. Scripsi tibi et antea, ne præsumeres rem istam, tuo, meo, aut ullius hominum judicio cœptam aut gestam: si ex Deo est, longe contra, extra, supra, infra tuum et meum captum finietur.

Atque ut iterum scias, nollem hujus rei vel pilum meo aut tuo fato geri: neque aliud unquam timui in hac re, quam ne quando mihi relictus ea scriberem, quæ humano sensui placent: metuendumque tibi est, ne multo plus sapias, æque ut mihi, ne nimio desipiam. Displicet (fateor) hominibus nimia stultitia, sed longe magis displicet Deo nimia sapientia. Stulta enim elegit, ut sapientia confundat.

Non vides, quod patientia mea, qua Emsero, Eccioque ad quinque aut sex plaustra maledictorum non respondi, fuerit unica causa, qua inflati isti schedularii auderent quasi tam insulsis et ridiculis nugis vellicare.

Deinde hoc nosti, quam [a]) nihil curarim sermonem meum Lipsiæ publico edicto tolli et opprimi, quam ibi contemsi suspicionem, infamiam, injuriam, malitiam. Scilicet his audacibus etiam permittendum fuit, ut his furiis adderent famosos libellos eosque non modo refertissimos

a) Cod. Jen. zugleich: quod.

mendaciis, sed et blasphemos in veritatem evangelicam? In hos lupos etiam latrare prohibes?

Testis est mihi Dominus, quam me cohibui, ne hanc maledicam et impotentissimam schedulam nomine Episcopi non reverenter haberem, dicturus alioqui, quæ cerebra ista oportuisset audire, quod et faciam, ubi agnita editione sese tueri cœperint. Impactos teneo: et tam contra jura, Evangelium et communem sensum grassatos non omittam, quin futuro scripto tractem, ut intelligant, quid pepercerim eorum seu ruditati seu malitiæ.

Non satis legisti schedulam, ut video, qua contra me (si non sunt omnibus asinis rudiores) nihil est venenatius, pestilentius, malignius, mendacius scriptum, imo non in me, sed in verbum Dei. Quod si ob hanc rem exulandum est, aut locus mutandus, aliudve patiendum: scis, quam ego id incommodi contemno.

Obsecro te, si de Evangelio recte sentis, noli putare, rem ejus posse sine tumultu, scandalo, seditione agi. Tu ex gladio non facies plumam, nec ex bello pacem: verbum Dei gladius est, bellum est, ruina est, scandalum est, perditio est, venenum est, et (ut Amos ait) sicut ursus in via et leæna in silva, sic occurrit filiis Ephraim. Longe vehementius in Emser, Eccium, Tetzel scripsi, et nihil es conquestus. Quid si etiam Officialis aut adeo Episcopus non agnoscat editionem?

Majori periculo ipsi scribunt, quam ego: qui Evangelii, jurium, rationis naturalis et omnis sensus adeo sunt obliti, ut ne id quidem curarint, ne me non damnarent, neque vocatum, neque monitum, neque edoctum, eaque egerunt, quæ nulla ratione a me sibi fieri paterentur, quæ nec feci, saltem Episcopo et Officiali.

Prodeant sane, si libet: et, si obliti fuerint decorum episcopalis personæ, aut etiam Officialis, ne dubites, ego adductis scripturis sui decori pulchre eos memores reddam. Non possum timere præcipitem et indoctam istam invidiam: sic Deus me rapit. Qui viderit, quid faciat per me, cum mihi sim certus, nihil horum ex me quæsitum, aut petitum, sed omnia alieno furore mihi extorqueri.

Bono esto animo, nec in ea, quæ patent, intende. Fides est argumentum non apparentium rerum: cur ergo tu secundum apparentes judicas? Aliud agitur, mi Spalatine, et aliud videtur in isto negotio. Ego nihil quæro: est, qui quærat. Stet ergo, sive cadat: ego nihil lucror, aut amitto. Habes meam sententiam.

Sed nec nostris adeo displicent, quæ scripsi, atque tibi: nec Dominus Præpositus ipse aliud, quam rabulis istis a me recte factum, ducit. Si omnia excipienda sunt, quæ Episcoporum nomine prodeunt: obsecro, quanta regnabit tyrannis? Nec est mihi dubium, Episcopum Misnensem hujus schedulæ tam non esse autorem, quam firmiter spero non agnosciturum. Quod si quam maxime faciat, præsumo his admonitum prudentius et doctius deinceps acturum.

Non tamen negare possum, me esse vehementiorem, quam oporteat, quod cum illi non ignorent, canem irritare non debuerunt. Quam sit difficile calori et stylo temperare, vel ex te ipso discere potes. Hoc enim est, cur in publico versari semper indignatus sum: quoque magis indignor, magis contra votum involvor. Idque non nisi atrocissimis criminibus, in me et verbum Dei grassantibus: quibus fit, ut si nec calore, nec stylo raperer, tamen indignitate rei ad arma queat moveri vel saxeus animus: quanto magis ego, qui et calidus sum, et stylum habeo non penitus obtusum. His monstris ultra modestiæ decorum feror.

Quumque et ego miror, unde ista nata sit religio nova, ut quicquid in adversarium dicitur, convicium appelletur: de Christo, quid sentis? An conviciator fuit, quando Judæos appellat generationem adulteram et perversam, progeniem viperarum, hypocritas, filios diaboli? Deinde Paulus, canes, vaniloquos, seductores, indoctos, qui Actorum XIII. sic invehitur in pseudoprophetam, ut videri possit insanus, dicens: *O plene omni dolo et omni fallacia, fili diaboli, inimice veritatis.* Cur non hic Paulus modeste potius blanditur, ut convertat, quam sic tonat. Nec potest sane conscientia veritatis esse patiens in præfractos et indomitos hostes veritatis.

Sed jam satis nugarum. Video ab omnibus in me peti modestiam, maxime ab hostibus, qui minime tamen omnium eam præstant: ego si immodestior sum, simplex tamen et apertus sum, quo illis me puto præstare, cum non nisi insidiosissime commententur. Vale, et noli timere. *Wittembergæ*, anno MDXX.

F. Martinus Lutherus.

Scribis inter cætera, consilia tua fuisse spreta, et non recordaris, quod scripsi, tarde tua consilia venisse, jam pæne absolutis libellis.

---

24. Februar.

N°. CCIV.

An Spalatin.

Von der Absendung der Briefe an die Bischöfe; der Herausgabe der Nürnbergischen Apologie; der Anstellung des Adrian als Professors der hebräischen Sprache (vgl. den Brief an Sp. v. 7. Nov. 19. No. CLXXI); der von Hutten herausgegebenen Schrift des Laurent. Vall. de donatione Constantini M.; von gewissen Studenten-Unruhen.

Bey Aurifaber I. 248. Vgl. Cod. Jen. a. f. 76. Deutsch bey Walch XXI. 676.

Erudito et pio Viro, Domino Georgio Spalatino, a sacris principalibus, suo in Christo amico sincero.

Jesus.

Salutem. Et ego credo Stolpenses non tacituros: forte Dominus per eos aliquid efficiet, quod ipsi et ego non cogitamus: veniant itaque, ut interpretem schedulæ suæ aliquando inveniant. Epistolæ ad Episcopos missæ sunt elegantissimis scriptæ characteribus manu *Johannis Schwerdfeger*: expecto responsum.

De Sermone bonorum operum nihil memini: sed et tot jam edidi, ut periculum sit, ne emtores tandem fatigem. Non intelligo apologiam Germanicam, quam addendam Nurmbergensi scribis. Mitte, si habes, ut videamus: nam illa hodie absoluta est: Canonici indocti sequentur. Nihil adhuc

Doctori Calvo scriptum est: hodie conveniemus acturi et responsuri. Heri ex D. Conrado Rege, genero D. Wolfgangi, mihi nuntiat Matthæus Adrianus, ut responderem ei: puto autem, me ei respondisse, ac literas interceptas esse. Contulit idem mecum, quanto stipendio crederetur contentus fore, ut hic Hebræa profiteretur. Arbitrabatur ille, si centum aut monaginta aureos haberet, moturum illum illinc ad nos: id quod jam aliis literis ex eo sciscitabor. Tu interim responde tuum sensum vel spem.

Habeo in manibus, officio Dominici Schleupner, donationem Constantini a Laurentio Vallensi confutatam, per Huttenum editam. Deus bone, quantæ seu tenebræ seu nequitiæ Romanensium: et, quod in Dei judicio mireris, per tot sæcula non modo durasse, sed etiam prævaluisse, ac inter decretales relata esse tam impura, tam crassa, tam impudentia mendacia, inque fidei articulorum (nequid monstrosissimi monstri desit) vicem successisse. Ego sic angor, ut prope non dubitem Papam esse proprie Antichristum illum, quem vulgata opinione expectat mundus: adeo conveniunt omnia, quæ vivit, facit, loquitur, statuit. Sed hæc magis coram. Si non vidisti, curabo ut legas.

De Scholasticis et pictoribus *) nescio, quid dicam: metuo, ne causa tanta non sit, quantam faciunt venti quidam, qui eam inflant. Egi in concione pro ea, sed non omnibus satisfeci. Erant, qui me dicerent nimio favere parti scholasticæ, alii contra. Adeo intractabile est opus diaboli, meliusque fuisset, ut in se ipso deferbuisset, quam tanto tumultu et strepitu sedari cœpta est. Pauci sunt, qui ludunt hanc tragœdiam, et non digni, ob quos tota civitas et Universitas sic laboret. Neque potest fieri, ut in magno ægroque corpore (ut Antiochus Herodi dixit) non aliquando ulcus aut pus aut simile quid oriatur: quod si sua sinas via ire, per se cessabit: sin prohibueris et obstruxeris, totum corpus inficiet et perdet. Agam tamen, quantum possum. Vale et ora pro me. Prior noster Heltus Magdeburgam iverat, tuis literis venientibus. Vigilia Matthiæ, anno MDXX.

Martinus Lutherus, August.

*) Die Studenten und Maler hatten einen Streit gehabt.

26. Februar.

N°. CCV.

An Spalatin.

Empfehlung eines gewissen Mocha und seiner Familie. Von Ecks Reise nach Rom, und daß er den Briefwechsel mit dem Kurfürsten herausgegeben. L. verspricht einen Sermon von den guten Werken, wozu ihn Sp. schon, laut des vorigen Briefs, aufgefordert hatte.

Bey Aurifaber I. 249. Vgl. Cod. Jen. a. f. 78. Deutsch bey Walch XXI. 679.

Suo in Domino charissimo Georgio Spalatino, a principalibus sacris et literis, Viro probo et erudito.

J e s u s.

Salutem. Venit hic Mocha petiturus feudi sui jus: tu, sicut facis, filiorum ejus et optimæ uxoris rationem habe pro paupertate sua. ego, si opus est, cooperabor, si quid omnino dandum est.

Eccius Romam ivit impetraturus contra me abyssos abyssorum. Ita scribitur nobis. Mittam ad te statim literas Wenceslai et Adelmanni. Edidit Eccius literas Principis nostri et nostras responsiones et suas vernaculas ad Principem scriptas invidiosissime: statim per deductorem mittam. Credo hominem totum in furiam versum. Vale interim et pro me ora. Memoria mihi rediit de operibus bonis sermone tractandis in concione scilicet, id promisi: dabo operam ut fiat. Dominica Invocavit, anno MDXX.

Martinus Lutherus.

27. Februar.

N°. CCVI.

An Spalatin.

Daß Oecolampadius sich für den Verf. der Canonici indocti bekenne, und daß diese Schrift dem Eck am wehesten gethan habe. Vom Baseler Druck der Leipziger Disputation.

Bey Aurifaber I. 249 b. Vgl. Cod. Jen. a. f. 78. Deutsch bey Walch XV. Anh. LII.

Erudito et probo Viro, Domino Georgio Spalatino, Christi servo, suo amico charissimo.

Jesus.

Salutem. Ut videas tandem, quid sit theologice scribere, id quod Eccius in literis suis ad Principem datis præscribit, quodque [a]) pulchre definitioni suæ respondeat: poteris horam perdere, et has furibundi apri spumas legere.

Scribit Oecolampadius Philippo nostro, se esse autorem Canonicorum indoctorum, fecisseque ut hominem sibi ipsi ostenderet, demceps [b]) nisi quiescat, alia facturum: conquestumque Eccium scribit, nullum scriptum contra se editum ægrius tulisse. Mitto etiam Basiliensem typographiam de actis Lipsiæ, ut videas, quid illi de eo sentiant: quæ tu remitte quantocius omnia. Vale, et ora pro me. Feria secunda post Invocavit, anno MDXX.

Martinus Lutherus, August.

a) Cod. Jen. quamquam.
b) Cod. Jen. — deinceps.

29. Februar.

N°. CCVII.

An Spalatin.

Von der Antwort des Bischofs von Merseburg. Daß der Erzbischof von Mainz das Betteln verboten, und Luther wünscht, daß die Bettelorden aufgehoben würden.

Bey Aurifaber I. 250. Vgl. Cod. Jen. a. f. 79. Deutsch bey Walch XXI. 680.

Erudito proboque Viro, Domino Georgio Spalatino, Christi servo, a sacris principalibus Saxoniæ, suo in Domino.

Jesus.

Salutem. Tandem remisit ad me nuntium meum Episcopus Merspurgensis cum literis suis, quem triduo illic detinuit: Cardinalis Moguntini adhuc expecto. Legi igitur: mihi non displicent, nisi quod aliorum scriptis et relationibus confitetur sese commotum contra meum sermonem, quem forte nunquam legit, sed aliis credens damnat. Deinde non inepte damnat jurgium in causa Rom. Pontificis, quasi vero ego delecter in iis procellis fluctuari, ac non magis optem in pace degere, quam ille scribit se optare. Verum recte cum valemus, consilia ægrotis damus, ut Terentius ait: tu si hic stes, aliter sentias.

Quod Cardinalis Moguntinus prohibuit mendicantes, non arbitror in mei invidiam esse compositum: plena est Magdeburga et multis aliis querelis in eundem, ut Prior noster reversus dicit. Incipit enim tyrannisare et omnia audere, offendens etiam suos ecclesiasticos magnates. Quis scit, ad quid vocatus sit in tantarum rerum administrationem? Utetur eo Dominus (non dubites) ad aliquid portenti futuri. Ego quantum in me est, vehementer optarim mendicitatem istam funditus tolli: id quod est unus articulorum, quem mihi Eccius hæreticum facit et jactat. Odio enim habeo fœdissimum hunc victum, mallemque hodie discere artificium, quo me alerem, quam sic vivere, moriarque in hac hæresi, etiam invito Eccio.

Miror, nondum ad te pervenisse literas prius datas. Schotti cum Emsero conflictum libenter legimus. D. Calvo mox scribemus, quia necdum nuntium opportunum habuimus. Vale et pro me ora. Wittembergæ, quarta post Invocavit, anno MDXX.

Martinus Lutherus, August.

Februar. *)

N°. CCVIII.

An Spalatin.

L. sendet Sp. eine Probe seiner enarrationes Evang. et Epistol., ist aber mit seiner Arbeit unzufrieden. Er lehnt die an ihn von Sp. gethane Auffoderung ab, in einem Briefe an den Kurfürsten sich zum Frieden zu erbieten.

Bey Buddeus p. 15. Vgl. Cod. Jen. a. f. 10. Deutsch bey Walch XXI. 741.

Suo charissimo Georgio Spalatino, in Christo amabilissimo.

Jesus.

Salutem. Mitto gustum Evangeliorum et Epistolarum, sed qui sapiat animam meam occupatissimam, nec mihi satisfaciens pro voto meo. Virum et solum hæc res poscit (ut video), ideo ipse pæne tædeo cœpisse.

---

*) Buddeus hat diesen Brief unter das J. 1521 gestellt, weil er die übersandte Probe der Enarrationes für eine gedruckte hielt. Sie kamen im Jan. 1521 unter die Presse und eine gedruckte Probe sandte Luther unter d. 6. März. Der Brief kann nicht ins J. 21 gehören, weil gar nicht vom Reichstage zu Worms die Rede ist. Unter d. 25. Jan. 21 erklärte L. in einem Briefe an den Kurfürsten, daß er bereit sey nach Worms zu gehen, und unter d. 19. März erklärte er sich über die zu widerrufenden Artikel. Von allem diesen ist hier keine Spur. Der Brief scheint auch wegen der Beschuldigung, daß L. Hussitisch sey (vgl. d. Br. v. 14. Jan.) in den Anfang des J. 20, etwa in den Februar zu gehören, wo L. mit der Postille beschäftigt war. Zu Anfang des Jun. war sie zum Drucke fertig.

Consultis amicis de scribendo ad Principem nostrum pro consilio, invenio nequaquam fieri posse citra pietatis periculum, ut nomine aut voto meo pacem offeram. Satis obtuli hucusque et solus, sum semper tractus vi in negotium, nec integrum est remittere manum, donec Eccius clamat: cogor enim rem Deo committere, et me præbere ductilem, data flatibus et fluctibus nave. Unum possum, orare scilicet Dei misericordiam: data est mihi notio futuræ alicujus insignis turbulæ [a]), nisi Deus Satanam prohibuerit. Vidi cogitationes ejus artificiosissimas in malum et meum et multorum. Quid vis? verbum pietatis nunquam sine turbine, tumultu, periculo tractari potuit. Verbum est infinitæ majestatis, magna operatur, et est mirabile in altis et sublimibus, ut Propheta dicit, pingues Israel occidit et electos ejus impedit. Aut ergo desperandum est de pace et tranquillitate hujus rei, aut verbum negandum est. Bellum Domini est, qui non venit pacem mittere. Tu ergo cave, ne speres Christum in terra promoveri cum pace et suavitate, quem vides proprio sanguine pugnasse, et post eum omnes martyres. Ego imprudens hucusque omnia Johannis Huss et docui et tenui: docuit eadem imprudentia et Johannes Staupitz: breviter sumus omnes Hussitæ ignorantes: denique Paulus et Augustinus ad verbum sunt Hussitæ. Vide monstra, quæso, in quæ venimus sine duce et doctore Bohemico. Ego præ stupore nescio, quid cogitem, videns tam terribilia Dei judicia in hominibus, quod veritas evangelica apertissima jam publice plus centum annis exusta pro [b]) damnata habetur, nec licet hoc confiteri. Vae terræ. Vale.

Mart. Luther.

---

a) Budd. nubeculæ, und turbelæ am Rande.

b) Cod. Jen. et.

2. März.

N°. CCIX.

An Spalatin.

L. sendet Schriften, die gegen Eck erschienen waren.

Bey Aurifaber I. 251. Vgl. Cod. Jen. a. f. 79. Deutsch bey Walch XXI. 682.

Suo in Domino charissimo Georgio Spalatino, Christi famulo aulico Saxoniæ.

Jesus.

Salutem. Mitto alias novitates in Eccium, mi Spalatine, quas lectas remitte. Vides Lipsenses et Eccium futuros alios Colonienses et Hochstratos. Dialogus ingenium olet Bilibaldi, meo judicio *). Offensus est enim D. Scheurlo, aliisque indiciis id colligo. Non placet tamen iste modus in Eccium insaniendi, quod sit famosus libellus, meliorque est aperta criminatio, quam iste sub sepe morsus. Vale et ora pro me in Domino. 6. post Invocavit, anno MDXX.

Martinus Lutherus.

---

12. März.

N°. CCX.

An Joseph Levin Metzsch zu Mila.

Antwort auf die Frage, ob ererbte Schulden auch zum Kreuze gehören, das von Gott aufgelegt werde.

Zuerst gedruckt in den Unschuld. Nachrichten 1713. S. 343. aus dem Original, über welches aber keine Nachweisung gegeben wird. Dann im

*) Es ist wahrscheinlich der Dialogus defensionis, der den 5. Ausg. der Spenglerischen Schutzrede beygefügt ist. S. Panzer Annalen der ältern deutschen Litteratur I. 429. Bilibald ist Bilib. Pirkheimer.

Supplem. der Leipz. Ausg. S. 30. und bey Walch X. 2129. auch in Colerus auserlesene theol. Bibl. oder gründliche Nachrichten von denen neuesten und besten theologischen Büchern und Schriften Th. 48. Leipzig 1730. Wir geben den Text aus der ersten Quelle.

Dem Gestrengen und Festen Joseph Levin Metzsch zu Mile, meinem günstigen, guten Herrn und Freunde.

Gnad und Fried in Christo, gestrenger, fester, lieber Herr und Freund. Daß euch bewegt, ob Geldschuld, so auf Erben von Eltern gelassen wird, auch ein Kreuz sey, von Gott aufgelegt, kunnt ihr wohl denken, daß alle Staupe, damit Gott seine Kinder stäupt, etwas des heiligen Kreuzes sind. Weil denn Schuld, odder Durft, odder Armuth nicht eine geringe Staupe, der sie nicht zu tragen weiß, ists ohn Zweifel auch ein merklich Partikel vom heiligen Kreuz bei Kindern Gottes, die es tragen und gebrauchen können. Es soll aber (wie all ander Staupe des lieben Vaters) das Gewissen nicht schrecken, als ein ernste Ungnade, sondern trosten und stärken, als ein väterliche[a]) Ruthe oder Fuchsschwanz. Denn obgleich jemand muthwillig oder aus Unacht[b]) in solche Schuld kömpt, odder mit Unschuld erbet, so ists doch also bey Gott beschlossen, und solche Ruthe gebunden durch dieselbige Unacht und Muthwillen. Hiemit Gott befohlen, Amen. Den 12. Mart. 1520.

Martinus Luther.

---

19. März.

N°. CCXI.

An Spalatin.

L. übersendet die Verdammungs-Urtheile der Facultäten zu Löwen und Cöln, auf welche er antworten will, und Hussens Schriften. Von einer Schrift, über Wiener Visionen, welche L. zu sehen wünscht.

---

a) Colerus: Vaterliebe.
b) Walch: Unrecht.

Bey Aurifaber I. 251. b. Vgl. Cod. Jen. a. f. 80. Deutsch bey Walch XXI. 682.

Venerabili Domino Georgio Spalatino, Christi servo, a sacris et literis ducalibus, sibi in Christo amantissimo.

Jesus.

Salutem. Arbitrabar te scripsisse D. Calvo, mi Spalatine, quid esset de Vernero apud illustriss. Principem statutum. Itaque literis hortatus sum, ut maturaret ad nos hominis adventum: qui quid respondeat, vides.

Mitto Lovanienses et Colonienses asinos, quibus jam respondeo per typos. Johannem Huss quoque, si voles, lege lectumque remitte: omnibus non modo placet, sed miraculo quoque est tum spiritus tum eruditio ejus. 2000 exemplaria edita sunt a Thoma Anshelmo. Ferunt, apud te esse visiones novas, scilicet flammas incendiaque [a]) Viennæ visas in cœlo, quas opto videre et ipse: forte et mea tragœdia in illis est, sicut fuit in prioribus. Vale et pro me ora. Wittembergæ, feria 2. post Lætare, anno MDXX.

Martinus Lutherus, August.

---

21. März.

N°. CCXII.

An Joh. Lange.

L.'s Antwort gegen die Cölner und Löwener Theologen ist unter der Presse. Von Eck's Reise nach Rom, vom nahen Tode der Frau des Dr. Eschhausen. Von Aesticampianus tödtlicher Krankheit. An einen Aesticampius, welcher wahrscheinlich derselbe ist, und eig. Sommerfeld hieß, findet sich folgender Brief, welcher wahrscheinlich ungefähr in diese Zeit gehört. Er war angestellter Lehrer der Humaniora in Wittenberg (s. Br. an Joh. Lange vom 11. Nov. 1517. No. XLIV. und Br. an Spalatin v. 24. May 1519. No. CXLII) und hatte vorher in Cöln und Leipzig gelehrt, und an ersterm Orte Streit mit Hogstraaten und dessen Gesellen gehabt.

---

a) Im Cod. Jen. folgen die Worte: novas — incendiaque nach: Anshelmo.

Bey Aurifaber I. 252. Deutsch bey Walch XV. Anh. LVI.

Reverendo et optimo Patri, Johanni Lango, S. T. Magistro, Eremitarum S. Augustini Vicario Erfurdiæ agenti, suo in Christo.

Jesus.

Salutem. Arbitror te, reverende Pater, literas meas accepisse per fratrem Martinum Benedictum. Jam apud nos nihil novi est. Nam responsio mea contra damnatores theologistas sub typis formatur. Eccius meus Romam vadit succensurus saltum Libani. Credo autem Romam etiam Christo subjectam esse, omnium Domino: qui, si dignus sum, pro me illic faciet: sin indignus, nec hic facere pro me velim. Tu pro me orabis Dominum, ut aliquando bonus fiam, et causam ejus digne agam, in hoc perdito sæculo. Uxorem D. Thomæ Eschavis *) tibi commendo, quam credo aut jam expirasse, aut expiraturam hodie: nam spes vitæ nulla. Bene vale in Christo. Wittembergæ, anno MDXX. Feria 4. post Lætare.

F. Martinus Luth., August.

Aesticampianus quoque asmaticus se inungi curavit, et ad exitum parari: quanquam adhuc deambulat in cubiculo suo, bono et animato corde, mortem nihil prorsus metuens.

N°. CCXIII.

An J. Aesticampius.

Einladung zum Essen.

Bey Wilisch Arcana Biblioth. Annaberg. Lips. 1730. 8. p. 106. Auch aus Novis. litter. Hamburg. 1703. p. 29. im Cod. chart. 186. 4to. Bibl. Goth.

D. Doctori Aesticampio, suo in Domino.

---

*) Oder Eschaus, wie er im Br. a. Sp. v. 14. Jul. heißt, oder Eschhausen, wie im Br. v. 26. May 1521. Er war Prof. in Wittenb.

Salutem in Domino. Unum abs te peto, virorum eruditissime et integerrime, hoc autem est, ut meam parvitatem præsentia tua digneris, hora decima vel media post ad prandiolum. Semper cum desiderio meo frustratus sum, quo te aliquando invitare volui: cui nec nunc satisfacere possum. Sed multum præsumo, quod [a]) tu haud ignoras mediocritatem, ne dicam paupertatem nostram. Volo autem [b]) tecum assumas D. Magistrum tuum *), cujus nomen ego ignoro. Vale, Vir optime in domino. Ex [c]) nostro Monast.

---

25. März.

N°. CCXIV.

An Spalatin.

L. sendet die ratio confitendi, mit deren Druck er unzufrieden ist. Der Sermon von den guten Werken ist unter der Feder, und L. begehrt Sp.'s Rath, ob er das Werk dem Prinzen Johann oder dessen Sohn oder dessen Gemahlin zueignen soll. Die Antwort an die Cölner und Löwener Theologen ist bald fertig. Ein Rath für den Pfarrer zu Lochau.

Bey Aurifaber I. 252. b. Vgl. Cod. Jen. a. f. 80. Deutsch bey Walch XV. Anh. XXIX.

Erudito et bono Viro, D. Georgio Spalatino Magistro, suo in Christo charissimo. [a])

Jesus.

Salutem. Mitto rationem confitendi, mi Spalatine, parum emendate, quod molestum est, deinde prætermissa præfatione, quam paratam, nescio quo fato, omisimus excusam. Est in manu et calamo sermo de bonis operibus, futurus non

---

a) Ms. quia tamen ohne tu.

b) Ms + ut.

c) Mſt. Responde.

a) Nach Cod. Jen.

---

*) Wohl nicht sein Lehrer, sondern ein Freund, denn er war ja selbst Doctor.

sermo, sed libellus: adeo augescit inter scribendum, et, si sic processerit, erit meo judicio omnium, quæ ediderim, optimum: quanquam scio, quæ mihi mea placent, hoc ipso fermento infecta, non solere aliis placere. Tu quid sentis, scire cupio.

Actum est mecum aliquoties, ut illustriss. Principi nostro Johanni, aut filio, aut uxori quippiam nuncuparem libelli: ego, qui eos nomen quærere suspicatus sum, et Scripturam sanctam nolim alicujus nomini, nisi Dei, servire, non sum hucusque obsecutus: tu, si videtur, consule, et hunc sermonem seu libellum dedicabo, ut quem, vel quam tu nominaveris.

Responsio ad Colonienses Beniolodos *) et leones mortuos venit ad finem ultimæ chartæ, propediem absolvenda. Vale et pro me ora, ac pastorem Lochaviensem institue, ut mores aulicos discat ferre, quos Dominus ei pro reliquiis sanctæ crucis destinavit, nec facile cedat, et hac vocatione salvus erit. Scio gravissimos esse, sed ignis, quo vehementior, eo probat aurum velocius et certius. Wittembergæ, Dominica Judica, anno MDXX.

F. Martinus Lutherus, August.

---

25. März.

N°. CCXV.

An Martin Seligmann, Prediger zu Mansfeld.

L. dankt für die Uebersendung des Verdammungs-Urtheils der Cölner und Löwener Theologen, dessen Beantwortung morgen fertig werde. Von dem Tode seiner Schwester Barbara.

Bey Aurifaber I. 253. Deutsch bey Walch XXI. 683.

Venerabili suo in Christo Martino Seligmann, Sacerdoti pio et probo, in Domino charissimo.

---

*) Cod. Jen. Beniolochos.

Jesus.

Salutem. Gratias ago pro munere ad me dato, mi D. Martine: missum autem jam ante ad me fuerat idem monstrum, cui et respondi, crastinoque absolvetur typis. Sunt apud nos multi, atque adeo et ipsa principalis aula, qui putent hunc partum esse personatum obscurorum virorum, quos æmuli subornarint, ut me petant et occasionem quærant: cæterum ex epistola Dorpii *) rem esse veram cognosces. Ex Philippo omnia accipies. Salutabis nomine meo D. Jonam Pastorem, Johannem Reinick et Wilhelmum istum, deinde carnem et sanguinem meum. Lipsenses et Misnenses secum sine fine cornicantur, nec refert. Audio sororem meam Barbaram obiisse: requiescat in pace, Amen. Sequemur et nos omnes. Vale et pro me ora Dominum. Wittembergæ, die Annuntiationis Mariæ, anno MDXX.

Martinus Lutherus.

---

26. März.

N°. CCXVI.

An Spalatin.

L. übersendet Briefe aus den Niederlanden über die Löwener Angelegenheit. Er ist froh, das Schreiben des Cardinals Adrian übersehen und nicht beantwortet zu haben.

Bey Aurifaber I. 253. b. Vgl. Cod. Jen. a. f. 79. Deutsch bey Walch XXI 684.

Suo in Domino Georgio Spalatino, Christi servo, Sacerdoti.

Jesus.

Salutem. Oblitus nuper fui, mi Georgi, epistolam Dorpii, quam simul cum aliis ex Antverpia acceperam, ad te mittere:

*) Eines Löwener Gelehrten s. d. folg. Br.

quam nunc lege, et vide an fictam rem esse putare debeas, quod illic paritur. Est autem, ut nosse te puto, omnium Lovaniensium doctissimus, non solum Erasmi testimonio, sed et sua epistola hac, et alia, quam in farraginem suam inseruit Erasmus. Gratias ago Domino, qui mihi mentem alio rapuit, ne Cardinalem Dertusensem *) diligenter legerem, qui omnium impiissime scribit, jus divinum et naturale esse in manu hominis utentis divina autoritate. Quod horrendum portentum non præteriissem, si præsens animus fuisset. Vale, et pro me ora Dominum. Altera Annuntiationis Marianæ, anno MDXX.

F. Martinus Lutherus, August.

---

26. März.

N°. CCXVII.

An Alexius Chrosner Colditz, Canonicus in Altenburg.

L. bittet um die Erlaubniß, ihm die Confitendi ratio zuzueignen, die er auf Spalatins Verlangen geschrieben und nun verbessert herausgeben wolle. Die Zueignung ist aber nicht geschehen.

Bey Aurifaber I. 251. Deutsch bey Walch XXI. 685.

Viro integerrimo, Domino Alexio Chrosnero Colditio, Canonico Altenburgensi, suo in Christo.

Jesus.

Salutem. Exigit extorsitque mihi aliquando Dominus Georgius Spalatinus, tuus collega communisque amicus, epistolam, qua rationem confitendi breviter delinearem, quod querela passim et me inter cæteros pulsaret de laboriosis-

*) Es ist der Cardinal Adrian von Dertusa (Aurif. schreibt Dorthusensem), welcher in einem Schreiben (s. Jen. I. 465. Walch XV. 1596.) das Verfahren der Löwener Facultät billigte.

simo confusissimoque confitendi modo. Ego qui rem odiosam et tyrannis ecclesiasticis intolerabilem a me peti intelligerem, distuli aliquandiu, donec familiari et privata epistola amicum utcunque quietare cogerer. Id sive libelli, sive epistolæ cum communicasset uni et alteri, quod et jure suo potuit, et me non [a]) offendit: tandem periclitari cœpit, et typis quoque desiderare. b).

Hic memor, quam soleant amici mei etiam syllabas meas observare, coactus sum vagabundos revocare, et quanquam festinans aliisque occupatissimus, ipsemet recognoscere, et paucis immutatis et additis, aliorum editionem prævenire. Equidem scio, hanc rem doctioribus longe oportuisse relinqui, tum novem (ut ajunt) annos premi et versari: sed jacta erat alea, nec jam nostri arbitrii aliud facere, quam fecimus. De spiritu præsumere cœpi, qui tarda molimina nescit. Tu itaque quicquid est nugarum sive rerum, tuo nomine sinas prodire: qui cum omnibus pæne fortunis similis sis Spalatino, hac re quoque non debuisti dissimilis videri. Vale et me Domino commendatum et excusatum habe. Wittembergæ, 7. Calend. Aprilis, anno MDXX.

Martinus Lutherus.

---

29. März. *)

N°. CCXVIII.

An Herzog Johann von Sachsen.

Zueignung des Sermons von den guten Werken.

L. wage es, ermuntert durch die gute Aufnahme, welche sein Buchlein beym Kurfürsten gefunden, dem Herzog Johann diesen Sermon zuzueignen, dessen Herausgabe er für sehr nöthig halte, da man mit den guten Werken so viel Mißbrauch treibe. Auch halte er es nicht für zu gering, für die ein-

a) Dieses non muß, wie Walch mit Recht will, eingeschoben werden.
b) So richtig nach Walch, statt desiderari.

*) Die Schrift selbst wurde erst im May fertig. S. d. Brief an Spalatin vom 13. May.

fältigen Laien zu schreiben, wodurch oft mehr Nutzen gestiftet werde als durch gelehrte Schriften.

Zuerst in der Schrift: Von den gutten Werken, durch Martinus Luther. Gedruckt bey Melchior Lotther, im tausend funfhundert und zweinzigsten Jahr, und öfter (s. Panzer, Rotermund). In den Werken Wittenb. VII. 60 Jen. I. 255. Altenb. I. 407. Leipz. XVII. 392. lateinisch Viteb. V. 576. auch besonders Basel 1525. 8. Lateinisch, als Zueignung der lateinischen Uebersetzung gibt Strobel-Ranner diesen Brief p. 53. Wir geben den Text nach dem ersten Druck.

Dem Durchleuchtigen, hochgebornen Fürsten und Herren, Herren Johansen Herzog zu Sachsen, Landgraf zu Thöringen, Markgraf zu Meißen, meinem gnädigen Herren und Patron.

Durchleuchter, hochgeborner Fürst, gnädiger Herr, Euern fürstlichen Gnaden seyn mein unterthänige Dienste und arms Gebet allezeit bevor. Gnädiger Fürst und Herr, ich hätte längest gerne mein unterthänige Dienst und Pflicht gegen E. F. G. mit etwas geistlicher Waare, die mir zuständig, erzeiget, hab doch mein Vormügen angesehen, mich allezeit zu geringe erfunden, etwas furzunehmen, das wirdig sey, E. F. G. zu erbieten. Dieweil aber mein gnädigster Herr, Herr Friederich Herzog zu Sachsen, des heiligen Römischen Reichs Erzmarschalk, Kurfürst und Vicarii u. s. w., E. F. G. Bruder, nicht vorschmächt, sondern gnädiglich hat aufgenommen mein untüchtigs Büchlin seiner K. F. G. zugeschrieben, das nun auch durch den Druck, des ich nicht gedacht, ausgangen: hab ich einen Muth geschöpft von solchem gnädigen Exempel, und mich vormessen, wie das fürstlich Geblüt, so auch der fürstliche Muth zuvor in gnädiger Sänfte und Gutwilligkeit gleich und eins sey, vorhofft, es solle auch E. F. G. der Art nach diese mein arme unterthänige Erbietung nicht vorschmahen, die mir viel nöther ist gewesen auszulassen, denn kein meiner Predige odder Büchlin, dieweil die größist Frag sich erhaben hat von den gutten Werken, in welchen unzählig mehr List und Betrieg geschicht, denn in kein anderer Creaturen, und in denselben der einfältig Mensch gar leichtlich vorfuhret wird, daß auch unser Herr Christus uns geboten hat, wir sollen mit Fleiß Acht haben auf die Schafskleider, darunter die Wolf sich bergen. Es hat widder Silber, Gold, Edelgestein, noch kein köstlich Ding so manchfeltige Zusätze und Abbruch, als die gutten Werk, wilche mussen allesampt ein einige einfältige Güte haben, ausser der sie lauter Farben, Gleissen und Betrug seyn. Wiewohl aber ich ihr viel weiß, und täglich höre, die mein Armuth gering achten, und sprechen, ich mach nur klein Sexterlin und deutsche Predige fur die ungelehrten Laien, laß ich mich nicht bewegen. Wollt Gott, ich hätt einem Laien mein Leben lang mit allem meinem Vormügen zu der Besserung gedienet: ich wollt mich genügen lassen, Gott danken, und gar willig darnach lassen alle meine Büchlin umbkummen. Ob groß und viel Büchermachen Kunst sey, und besserlich der Christenheit, laß ich andere richten. Ich acht aber, so ich Lust hätt, ihrer Kunst nach, groß Bücher zu machen, es sollt vielleicht mit göttlicher Hülf mir schleuniger folgen, denn ihnen nach meiner Art einen kleinen Sermon zu machen. Wenn erfolgen so leicht wäre als vorfolgen, wäre Christus längest widder vom Himmel worfen, und Gottis Stuhl selbest umbkehret. Kunnten wir nicht alle tichten, so wollen wir doch alle richten. Ich will einem jeden die Ehre größer Ding herzlich gerne lassen, und mich gar nichts schämen, deutsch den ungelehrten Laien zu predigen und schreiben. Wiewohl ich auch derselbigen wenig kann, dunket mich doch, so wir bisher und furt mehr uns desselbigen geflissen hätten und wollten, sollte der Christenheit nicht eins kleinen Vortheils mehrer Besserung gewachsen seyn, denn heraus den hohen großen Büchern und Quästion in den Schulen, unter den Gelehrten allein gehandelt. Uber das so hab ich noch nie jemand gezwungen, odder gebeten mich zu hören, odder mein Predige lesen. Ich hab frei in die Gemeine gedienet von dem, das mir Gott geben, und ich schuldig bin; wer sein nicht mag, der lese und höre Andere. Auch ist nicht groß daran gelegen, ob sie mein nicht wollen durfen; mir ist eben gnug und mehr denn zuviel, daß etliche Laien, und die furtreffentlich, sich demüthigen, meine Predige zu lesen. Und ob schon kein andere Sach mich treiben möcht, soll mir doch die ubirflußig seyn, daß ich erfahren hab, wie E. F. G. solch deutsche Büchlin gefällig, und Sie ganz begierig seyn, zu erkennen gutter Werk und des Glaubens Unterricht. Deren mirs billig geziemet hat, müglichs Fleiß unterthäniglich zu dienen. Derhalben bitt ich mit demüthiger Unterthänigkeit, E. F. G. wollen diese meine Erzeigung gnädiger Meinung annehmen, so lang bis, ob mir Gott die Zeit gebe, ich den Glauben mit einer deutschen Auslegung ganz vorkläre. Denn auf diesmal hab ich anzeigen wollen, wie wir den Glauben sollen in allen guten Werken üben, brauchen, und das furnehmist Werk seyn lassen. Giebt es Gott, so will ich ein andermal den Glauben an ihm selbst handeln, wie wir denselbigen täglich beten, odder sprechen sollen. Will mich hiemit E. F. G. unterthäniglich befohlen haben. Zu Wittemberg am 29. Tag Martii, nach Christi Geburt tausend funfhundert und im zwänzigsten Jahr.

E. F. G.

unterthäniger Capellan D. Martinus Luther, Augustiner Wittenberg.

Ende März.

N°. CCXIX.

An Christoph Blank.

Diesem, einem Rechtsgelehrten, eignete Luther seine Streitschrift gegen die theologischen Facultäten zu Cöln und Löwen zu, welche unter dem Titel erschien: Condemnatio doctrinalis librorum Mart. Lutheri per quosdam Magistros nostros Lovanienses et Colonienses facta. Responsio Lutheriana ad eandem condemnationem ad Christophorum Blancum (in der Jen. Ausg. fälschlich Francum) J. U. Lic. Viteb. 1520. 4. Dann in den Opp. Viteb. II. 38. Jen. I. 468. Deutsch bey Walch XV. 1598. Nämlich die theologische Facultät zu Cöln hatte unter dem 30. Aug. 1519. und die zu Löwen unter dem 7. Nov. deff. Jahrs die zu Basel herausgekommenen kleinen Schriften L.'s verdammt. Der alte Hochstraaten zu Cöln hatte auf Ecks Antrieb etliche Artikel daraus gezogen, welche der Verdammung würdig schienen, und die Facultät zu Löwen war der zu Cöln gefolgt. L. war über dieses Verfahren sehr aufgebracht, und seine Antwort ist sehr heftig. Er gesteht, daß ihn die erfahrne Ungerechtigkeit sehr geschmerzt habe, und stellt sich, als ob er an der Aechtheit des Verdammungsurtheils zweifele. Aber in jedem Fall hätten solche Richter allen Glauben verloren, da die gelehrtesten und jetzt von Allen, zum Theil von seinen Verurtheilern selbst geachteten Männer der Kirche eben so verdammt worden seyen. Er erinnert sie dabey an die unwürdige Rolle, die sie in der Sache Reuchlins gespielt, und geht dann zur Beleuchtung ihres jetzigen Verfahrens und der verdammten Sätze fort. Wir lassen die Schrift hier weg, da die Briefform ganz unwesentlich ist.

---

13. April.

N°. CCXX.

An Spalatin.

Beantwortung der Frage, was die Worte Jesu Joh. 15. Ohne mich könnt ihr nichts thun, bedeuten.

Bey Aurifaber II. 4. Vgl. Cod. Jen. a. f. 81. Deutsch bey Walch XXI. 686.

D. Magistro Georgio Spalatino suo.

Salutem. Quaestionem accepi, mi Spalatine, qua [a]) quaesivisti, quid velit illud Christi, Johannis XV: *sine me nihil potestis facere.* Primum arbitror, tibi notas esse duas discerptiones (distinctiones volui dicere) Magistrorum nostrorum hoc loco traditas, quarum prior est: influentiam Dei esse aliam generalem, aliam specialem, quod sic intelligunt: influentia generali possumus ea, quae naturae sunt citra gratiam, quae illi putant esse nec merita, nec peccata, sed neutralia quaedam, aut moraliter bona opera, ut ire, stare, laborare, orare, comedere, et quae per homines externe fieri videmus, non manifeste mala: influentia speciali possumus ea, quae gratiae sunt, et supra naturam, id est, solum meritoria facere, et peccata vitare, ut sit influentiae generalis, esse et operari naturae, specialis, esse et operari gratiae. Tum sequitur distinctio posterior: aliud esse inchoative, aliud perfective facere: inchoative ad influentiam generalem pertinet, perfective ad specialem. Tunc dicetur [b]): *sine me nihil potestis facere*, id est, perfective seu influentia speciali:

---

[a]) Cod. J. quam.
[b]) Cod. J. dicitur.

sed tamen usum ejus non posse esse bonum, nisi gratia sed bene inchoative, id est, influentia generali possumus aliquid facere, hoc est dicere, nostris viribus possumus (stante influentia generali) nos parare ad gratiam recipiendam seu influentiam specialem, ut meritorium faciamus: sed non possumus eadem influentia stante et nostris viribus meritorium facere. Sic est hucusque autoritas ista exposita et intellecta.

Cæterum Christus, qui influentiam istam generalem seu esse naturæ in totum damnat, eo quod natura non possit non quærere, quæ sua sunt, abutique donis Dei, simpliciter et sine distinctione loquitur, quod extra specialem (ut vocant) influentiam seu gratiam Dei nihil possit fieri, quod coram Deo non sit igne dignum, sicut prosequitur, dicens: *si quis in me non manserit, mittetur foras, sicut palmes, et arescet, et colligent eum, et in ignem mittent et ardebit.* Ecce, palmes extra Christum non modo non viret, non fructificat, sed etiam arescit (id est, deficit et perit), nec solum deficit et arescit, sed etiam colligitur, et separatur a vinea, et in ignem mittitur, etc. Sic, qui influentia generali et naturæ tantum fertur viribus, assidue pejor fit, et remotior a Christo, ignique paratur, quantumlibet appareat foris moraliter et bene facere. Ut hinc intelligamus, sine Christo, nec generali nec speciali influentia, nos aliquid posse facere, et quicquid sola influentia generali fit, quantumlibet magnum, magis esse contra Christum, quam pro Christo, quod satis in hypocritis patet, qui magna et multa faciunt, sed pessima voluntate. Ideo Christus [c]) tanto studio monet, ut in ipso, tanquam vite, maneant palmites, quod impossibile sit eos non fieri pejores assidue, si non manserint in ipso, sicut qui non manent in via, impossibile est, ut non assidue magis ac magis errent, nisi ad viam redeant. Ut prorsus nulla hic sit distinctio necessaria, quasi influentia generalis non sit erroris via, cum hæc sit donum Dei gratuitum, indignis tributum et abutentibus semper, sicut vinum et aurum impiis hominibus in quotidianum abusum, ubi possis dicere, rem influxam adeo esse bonam,

c) Cod. J. dominus.

sanati fuerint utentes. Ita influentia generali (id est, vocabulo periculoso) quæ est, esse et operari naturæ, nemo non male utitur et ad nihilum, nisi qui palmes in Christo manserit. Sicut enim omnia munda mundis, ita immundis est nihilum mundum, Tit. 1.: et ut omnia cooperantur in bonum sanctis, ita omnia in malum impiis. Quis enim potest negare, quin fornicator, adulter, homicida, blasphemus, opus suum faciat influentia adjutus generali? Quomodo enim hæc posset, nisi esse et operari naturæ haberet? At quis audeat dicere, hæc esse bonum inchoative facere, et ad gratiam disponere? Ita quantumlibet bonum appareat opus extra gratiam, quia in corde non est bona voluntas extra gratiam, non potest non nisi malum esse contra gratiam, et nequaquam inchoative ad gratiam valere. Verum hæc omnia tangunt materiam istam gratiæ et liberi arbitrii maximam et longissimam, imo brevissimam, ideo non licet omnia tam paucis absolvere. Vale et ora pro me. Hac hora, qua abiisti, feria sexta in paschali hebdomade, MDXX.

Martinus Luther, Augustinianus.

---

16. April.

N°. CCXXI.

An Spalatin.

Von der Anstellung des Adrian als Professors der Hebräischen Sprache. Gerüchte von dem Banne, den Luther zu fürchten habe, und daß ihn ein Arzt, der sich unsichtbar machen könne, umbringen wolle.

Bey Aurifaber I. 262. Vgl. Cod. Jen. Deutsch bey Walch XV. Anh. XII.

Suo in Domino charissimo D. M. Georgio Spalatino, Christi servo, in arce Lochana. [a])

Jesus.

Salutem. Cum Adriano convenimus, mi Spalatine, ut differat paululum: octo dies promisit in Berlin se mansurum

a) Nach Cod. Je .

et literas expectaturum a nobis. Nunc id agendum est, ut ex [b]) Buttaracho quantocius responsum habeamus: centum autem florenos omnino pro stipendio petit. In tota hac re hoc maxime curandum est, ne inter duas sellas (ut ajunt) frustra sedeamus, si hunc amiserimus, et ille forte alio vel vocatus per Moguntinum, vel sua sponte iverit. Nostrorum plurimi fortiter apud me sollicitarunt, ut Matthæus retineretur saltem ad annum, etiam ad infamiam, uti putant, antevertendam, propter eclipsin illam, quæ illum forte in odium nostri suscipiet, ut fama est. Ubi autem scribere tam brevi non poteris, quid faciendum sit, hoc saltem ad Berlinum ei scribendum est, ut non gravetur diutius differre negotium. Suspicor, eum vel Francofordiæ vel Lipsiæ professionem Hebræam secum statuisse, si apud nos non licuerit. Responde cito.

De mea causa jactatur, esse contra me censuram præ manibus omnium durissimam [c]): sic enim Præpositus Hallensis Novi operis me fecit moneri et avisari, ut vocant. Deinde etiam inimici mei quidam miserti per amicos ex Halberstadio fecerunt moneri me: esse quendam doctorem medicinæ, qui arte magica factus pro libito invisibilis, quendam occidit, mandatum habentem et occidendi Lutheri, venturumque ad futuram Dominicam ostensionis reliquiarum: valde hoc constanter narratur. Vale. Altera Quasimodogeniti, MDXX.

Martinus Lutherus, Augustinianus.

---

26. April.

N°. CCXXII.

An Nic. Hausmann, Prediger zu Schneeberg.

L. wolle Emsern nicht antworten, sondern ihn dem göttlichen Strafgericht überlassen.

---

b) Cod. Jen. + Vito (?).

c) Cod. Jen. dirissimam.

Bey Aurifaber I. 262. b. und nochmals II. 204. b. unter dem J. 1524, was aber falsch ist. Deutsch bey Walch XXI. 690.

Reverendo Viro, Domino Nicolao Hausmann, suo in Domino observando.

Gratia et pax in Domino. Emsero *) nihil est respondendum, optime Nicole, quia is est, de quo Paulus dicit: *subversus est et suo judicio damnatus et vitandus*, peccat enim peccatum ad mortem. Adhuc modicum, et orabo contra eum, ut reddat ei Dominus secundum opera sua: melius est enim, ut moriatur, quam ut sic pergat contra conscientiam suam Christum blasphemare: sine ergo eum, velociter nimis satis compescetur miser iste. Sed et tu desine pro eo orare. Vale in Domino, et ora pro me. Postridie **) Marci, anno MDXX.

Martinus Lutherus,

---

1. May.

N°. CCXXIII.

An Spalatin.

Von hebräischen Büchern und einer Wohnung, welche dem nunmehr angestellten Adrian zu verschaffen seyen. Von der schon oft berührten Angelegenheit der Wittwe. Von erhaltenen Briefen.

Bey Aurifaber I. 263. Vgl. Cod. Jen. a. f. 318. Deutsch bey Walch XXI. 691.

Suo in Domino venerabiliter charo Georgio Spalatino, a sacris Saxoniæ Electoris Principis, Christi servo. a)

a) Nach Cod. Jen.

*) Näml. auf die Schrift: A venatione Lutheriana Aegocerotis assertio,

**) Das zweyte Mal hat A. die proxima post.

Jesus.

Salutem. Remitto literas Decani tui, adjunctis, quas ex Nurmberga accepi. Adrianus Matthæus pro libris hebraicis Doctori Paschæ Magdeburgum scribendum censet. Quod ubi tu prior feceris, faciam et ego, atque id cito: fac, ut fiat. De mea causa videro.

Affluit quotidie studentum numerus: sed non capit omnes civitatis angustia, multique coguntur retrocedere. Nec Adriano possumus, quod homini satis sit, hospitium providere: nec satis placet, alios extrudi propter eum, in quo tamen cœpit laborare. Tu, si quid in hanc rem scripserit vel egerit (voluit enim ipse præsens illic agere), meam et Philippi sententiam tenes: nos non cooperaturos neque consensuros, ut e quæstoris domo, seu ullius alterius ullus trudatur invitus: si vero benevolentia vellent cedere, libentes erimus grati.

Si potes responsum obtinere pro vidua nostra Landmannin, sive negativum, sive affirmativum, obsecro fac cito. Deprehendi enim in causa quoddam leviculum, sed quod me prope faciat pœnitere operæ insumtæ: ita intricantur et perplectuntur hodie omnia. Denique egi, ut, si non omnia possunt ad libitum cedere, sineret ire, quod ire potest, cadere, quod cadit: esse pacem meliorem quam bellum: nescio, an profecerim. Vale in Domino.

Ex Nurmberga Staupitianas literas accepi, laudantes tandem, ac firmius sperantes in causa mea, quam antea solitus sum audire. Wenceslaus sic scribit: Doctrinales Asinos accepimus *), et bene sperat. Ita fluctuat navis mea, nunc spes, nunc timor regnat: sed mea nihil refert. Wittembergæ, calendis Maji, anno MDXX.

Martinus Lutherus, August.

*) Die Condemnatio doctrinalis.

2. May.

N°. CCXXIV.

An den Kurfürsten Friedrich.

Ueber eine zwischen einem gewissen Günther und dem Convent des Augustiner-Klosters (zu Wittenberg?) streitige Pfarrhufe oder Acker.

Gedruckt in den Ausgaben Eisleb. I. 16. Altenb. I. 390. Leipz. XXII. 545. Walch XXI. 8. Wir geben den Text nach der Eisleber Ausg.

Dem Durchleuchtigsten, Hochgebornen Fürsten und Herrn, Herrn Friederich, Herzog zu Sachsen, des Heil. Römischen Reichs Kurfürsten und Vicario rc. Landgrafen zu Thüringen, Markgrafen zu Meissen, meinem gnädigsten Herrn und Patron.

Jesus.

Durchleuchtigster, Hochgeborner, gnädigster Fürst und Herr, mein unterthän ge Dienste seyn E. K. F. G. allezeit bereit zuvor. Gnädigster Herr, E. K. F. G. Schrift, an mich beschehen, hab ich unterthäniglich empfangen, und verstanden, wie E. K. F. G. gefällig, die Pfarrhuffe umb einen gleichen ewigen Zins liessen zusehen, zu vermeiden künftigen Zank. Es wundert aber mich, gnädigster Herr, daß Günther von S. Euer Kurf. Gnaden allezeit fürgibt solche Ursach des Zanks, welches halben zu vermeiden nu fast das dritt mal gehandelt ist, und allezeit ärger worden. Es muß wol Zank bleiben, wo man also handelt. Ich kann nicht verstehen, wie diese einige Huffe zu Günthers Zeiten so zänkisch ist worden, so er mehr Huffen unter andern Huffen vielmehr vermenget hat, uber welche kein Klag des Zanks kömet. Hätte ichs, gnädigster Herr, selbs nicht gesehen, so dächte ich auch, es wäre der Zank die Ursache, und nicht das große Vortheil, und der Pfarr Nachtheil. Doch, gnädiger Herr, ich bin des Dings allein nicht mächtig, und nu so viel gewitziget, was Glücks entstehe, wo es ohn des Convents Willen geschicht, daß ich froh bin, und E. K. F. G. unterthäniglich danke, daß dahin komen ist, die Briefe dem Convent wieder werden, und ich aus der Sache kome. Ich befinde aber, daß der Pfarrherr und Convent in keinem Wege gesinnet ist, Günthern die Huffe zu lassen, daß ich hie eingelegte ihre Ursach E. Kurf. Gnaden anzeige, und so viel mir bewußt, der Sachen Unterricht thue. Es wird der Hund so oft uber die Nasen geschlagen, er wird einmal schuchtern. Derhalben bitte ich neben dem Convent, E. Kurfl. Gn. wollt unser solche Meinung gnädigs Willens zum besten aufnehmen, oder je noch eine Weile verziehen. Das wollen wir gegen E. K. F. Gn. unterthäniglicheS Fleiß für Gott verschulden. Geben zu Wittenberg am Montag Inventionis Crucis, Anno 1520.

E. K. F. G.

unterthäniger Capellan D. Martin Luther, Augustiner.

---

5. May.

N°. CCXXV.

An Spalatin.

Zuerst von Briefen, dann von August v. Alveld's Schrift gegen L., welche er nicht der Antwort werth achtet. Eine Danksagung an den Kurfürsten.

Bey Aurifaber I. 264. Vgl. Cod. Jen. a. f. 84. Deutsch bey Walch XXI. 692.

Suo in Domino charissimo Magistro Georgio Spalatino, ducalibus a sacris et literis, integerimo amico. a)

Jesus.

Salutem. Mitto literas ad Vitum Bildum, mi Spalatine, una cum Petri Aquensis literis, sicut mandavit. Hutteno, Fabricio, Pellicano, Erasmo, scriptum est ab utroque nostrum et multis aliis.

Exiit tandem frater Augustinus Alveldensis cum sua offa *): verum ineptior est, quam ut horam **) perdam ei

---

a) Cod. Jen. D. Georgio Spalatino, Christi sacerdoti, suo in Domino charissimo.

*) Es ist wahrscheinlich diese Schrift gemeint: Super Apostolica sede, an videlicet divino jure sit nec ne, anque Pontifex, qui Papa dici coeptus est, jure divino in ea præsideat etc. Lipsiæ 1520.

**) Cod. horas.

respondendo. Ingenium, cerebrum, nasus, os, pilus, denique quicquid est ejus libri [b]), bovem illum Lipsicum refert: similibus ubique figuris et inventionibus hic utitur, quibus in sordidissimo suo libro usus est contra Pighardos. Respondebitur ei ab aliis, et fratrem famulum meum exercebo, ut in hunc stolidum bovem poëticetur et rhetoricetur.

Obsecro te, ut tu potius nomine meo illustriss. Principi gratias agas. Scis enim, quam non facilis sim aures illas occupatissimas occupare meis literis. Deus bone, quantum confluit, quantum adhuc promittitur literis multorum confluxurum ad nos hominum. Vale et pro me quoque ora. Wittembergæ, quinta Maji, MDXX.

Literas Aquensis remitte responsuro mihi.

Martinus Lutherus.

---

5. May.

N°. CCXXVI.

An Spalatin.

Von dem nahen Ordens-Capitel und Staupitzens Amtsniederlegung. Klage über den Verlust an Geld und Zeit, welche ihm und Melanchthon der von ihnen beherbergte Adrian verursacht, und Bitte um eine kleine Geldentschädigung.

Bey Aurifaber I. 265. Vgl. Cod. Jen. a. f. 84. Deutsch bey Walch XV. Anh. XXXVIII.

Viro bono et docto, Magistro Georgio Spalatino, a sacris principalibus, suo in Domino. [a])

Jesus.

Salutem. Mitto literas, sicut voluisti, breves tamen, quia argumentum breve est. Remitte etiam literas Wilhelmi

---

b) Cod. Jen. — libri.

a) Nach Cod. Jen.

quæstoris ærari Comitis Stolbergensis, qui nuper cum parente, fratre, amicisque hic me visitavit.

Vicarius noster anticipavit capitulum nostrum ad festum Augustini ad Isleben venturus, depositurusque ibi officii onus, ut dicitur.

Hadrianus nondum habet domum, torquemurque assidue. Sed heus, quod pæne præterieram, memineris, ut me juves aureis duobus aut tribus. Multum enim perdo cum Hadriano: aut solus Philippus et ego perdere debemus symposiis nummos? cum simus pauperes, cæteri quoque b) eum nihil curent: ita non visitant, quod mihi displicet: est enim paulo inurbanius, quam decet. Denique si possem, et temporis perditionem a te exigerem, id quod nos ambos pessime omnium habet. Det Dominus, ut domum habeat cito, quanquam bonus vir in apotheca Lucæ frequentius degit, timens nos gravare. Ego per civitatem invitatiunculis satis multum tempus perdo: nescio quis Satan id curat, ut negare non liceat, et tamen fecisse noceat. Sermo de operibus crescit in volumen non parvum, etiam duplo majus, quam Tessaradecas. Vale. Quinta Maji, anno MDXX.

Martinus Lutherus, August.

---

13. May.

N°. CCXXVII.

An Spalatin.

L. hat die Beantwortung der Alveldischen Schrift einem Gehülfen aufgetragen, (näml. dem Joh. Lonicerus, der damals in Wittenberg studirte und zuletzt Prof. d. Theol. in Marburg war. Vgl. Br. a. Sp. v. 31. May) und ihm nur Entwürfe geliefert. Der Sermon von den guten Werken war bald fertig. Von einer Fürbitte für den kranken Kurfürsten, einer ökonomischen Angelegenheit, und dem Brief des fränkischen Ritters Schaumburg, der ihm Schutz verheißen.

Bey Aurifaber I. 265. b. Vgl. Cod. Jen. a. f. 85. Deutsch bey Walch XV. Anh. LXIII.

---

b) Cod. Jen. quasi.

Erudito pioque Viro, Domino Georgio Spàlatino, a sacris Principis Saxoniæ Electoris, suo in Domino charissimo.

Jesus.

Salutem. Valde gaudeo, me onus scribendi contra Alveld nomine fratris mei instituisse. Vicit homo ingenii mei vires etiam incomparabiliter, ut ruditati ejus non potuissem digna reponere. Nec vidi, nec audivi, nec legi librum omnibus ita syllabis insulsum, stultum: breviter nomina desunt, quo censeri possit. Hodie complevi signaturas, quas fratri dedi, ut redigat in formam, brevique absolvetur. Itidem et sermo de operibus finietur, spero, brevi.

Pro Principe orabitur: modo ne in nostras confidere tu incipias orationes, sed in Dei promittentis orantibus bonitatem: speroque, Dominus eum nobis, imo sibi in his causis servabit. Miltitium Misnensem et alios non moror: vellem omnes tyrannos Romæ esse male securos, ut aliquando se homines esse, qui Deum habeant, cognoscerent. Scio Lucam habere pannum, sed nescium, cui debeat, nec ego postulavi. Vidi et undulatas, nec has scit, cui debeant nec postulatæ sunt: ne forte error fieret, si et aliis eadem emta essent Forte hodie ad vos venerunt omnia.

Habui ante biduum nuntium ex Silvestro de Schauenberg, nobili Franco, cujus et filiolum hic Philippo commendavit, promittente securam tutelam, si quoquo modo [a]) Princeps mei causa periclitaretur. Quod ut non contemno, ita nolo nisi Christo protectore niti, qui forte et hunc ei spiritum dedit. Vale in Domino. Dominica Vocem Jucunditatis, anno MDXX.

Martinus Lutherus, August.

a) Cod. Jen. quomodo.

17. May.

N°. CCXXVIII.

An Spalatin.

Von einer Angelegenheit des Adrian. L.'s Verwunderung, daß Alveldts Schrift gewissen achtungswerthen Männern gefallen hat.

Bey Aurifaber I. 266. Vgl. Cod. Jen. a. f. 85 Deutsch bey Walch XXI. 69½.

Suo charissimo in Domino, M. Georgio Spalatino, Christi servo, sibi amplectendo. a)

Jesus.

Salutem. Commendat tibi Adrianus noster has b) literas curandas, ut Principi reddantur. Praeterea petit, consultumne velis, ut ipse Cerbistim petat, illic Brunsvicensem in causa propria observaturus. Ita enim ei, ut faceret, quidam scripsit ex Brunsvico. Deinde et hoc petit, ut D. Boss. de Alvesleben pro libris Hebraicis, de quibus prius scripseramus, denuo scriberes. Ego quid sit hominis, ignoro: tu videris.

De mea causa, quaeso, audi, quod ego vehementer admiror: liber Alveldii coepit placere D. Heinitzer Misnae, referente D. Wolfgango Stehlin, cui et ipsi idem placet. Obsecro, tantis viris non esse nasum ullum, non est mirabile? Dabo operam, ut scapha scapha, serraque serra appelletur. Vale. MDXX, feria 5. post Sophiae.

Martinus Lutherus, August.

a) Nach Cod. Jen.
b) Aurif. — has.

30. May.

N°. CCXXIX.

An Heinrich v. Bünau, Archidiaconus in Elsterwick.

L. will ihm Capellane verschaffen, und ermahnt ihn zur Standhaftigkeit. Daß Viele an dem Worte Gottes irre werden, sey nichts Neues.

„Aus der Sammlung des Casp. Sagittarius zu Jena" bey Schütze II. 31. Wir haben diese Sammlung in Cod. chart 185. 4. Bibl. Goth. nachgesehen.

Præstantissimo Viro, Dno. Henrico de Bunau, Archidiacono Pastorique Elsterwicensi, sibi in Christo suspiciendo et reverendo.

Salutem. Et ego sciebam, non differri a Thoma suum institutum posse, vir optime: gaudeo tamen, omnes verbi gratiæ studiosos fieri. Ego sane, communicatis consiliis et studiis cum amicis, dabo operam, si Capellanos Præstantiæ tuæ queamus procurare. Interim constantia sit sibi similis, h. e. constans in Domino. Non est hodie novum, si ob verbum Dei turbetur mundus: turbatur Herodes cum tota Hierosolyma, auditu solo nati Christi: cur non moveretur terra et obscuraretur sol, audita morte Christi? Mihi vero signum est, sanam esse doctrinam, si multi et ii magni ac sapientes in ea offendantur. Sic enim Ps. LXXVII dicitur: *Et occidit pingues eorum, et electos Israel impedivit*: et: *Positus est in signum, cui contradicitur in ruinam et resurrectionem multorum, non in gentibus, sed in Israel et electioribus.* Stulta infirma mundi, et ea, quæ nihil sunt, eligit Deus semper, et sermocinatio sapientiæ scribitur esse cum iis, qui simpliciter ambulant. Dominus Jesus servet Præstantiam tuam, Amen. Wittembergæ, quarta Pentecostes, MDXX.

T. Mart. Lutherus.

31. May.

N°. CCXXX.

An Spalatin.

L. sendet Briefe an Hutten, Sickingen und Taubenheim (welche sich nicht vorfinden) zur Besorgung. Lonicerus Schrift ist fertig. Leipzigs Eifersucht auf das immer zahlreicher besuchte Wittenberg. Dungersheim's zu erwartende Schrift gegen Feldkirch. L.'s deutsche Schrift gegen Alveld ist fertig und unter der Presse. Ob L. an den Kurfürsten wegen der herrschenden Theurung schreiben soll.

Bey Aurifaber I. 267. Vgl. Cod. Jen. a. f 86. Deutsch bey Walch XXI. 695.

Suo in Domino charissimo Magistro Georgio Spalatino, ducalibus a sacris et literis, integerrimo amico.

Jesus.

Salutem. Mitto literas, mi Spalatine, ad Huttenum, Siccingen, et Taubenheimum nostrum: tui, quæso, sit officii, opportune eas curare, præsertim, ut Taubenheim suas statim habeat; distuli enim ipse diutius, quam forte speravit. Lonicerus crastina absolvetur *). Lipsenses anxii pro retinendis scholaribus jactant Erasmum ad sese venturum. Quam negotiosa et infelix tamen est invidia. Ante annum cum nobis insultarent quasi victis, non providebant hanc sibi crucem impendere. Dominus regnat, ut palpare possimus. Ochsenfartius dicitur armari contra libellum Feldkirch, quo traductus est **). Ego vernacula [a]) absolvi in Alvendensem asinum ***): jam sub prelo nascitur.

a) Cod. vernaculam.

*) Aurifaber und Walch verstehen dieß von Lonicerus Abreise; es ist aber seine Schrift gegen Alveld gemeint, welche den Titel hat: Contra Romanistam F Augustinum Alveldensem Franciscanum Lipsicum, canonis biblici publicum lictorem et tortorem. Viteb 1520. 4. Nach dem Br. an Sp. v. 13. May hatte L. ihm Materialien zu dieser Schrift geliefert.

**) Wahrscheinlich waren es Disputir-Sätze, wie sie in den Disputations-Sammlungen stehen, von welchen Riederer Nachr. IV. S. 50. 120. 283. 400. handelt.

***) Vom Papstthum zu Rom wider den hochberühmten Romanisten zu Leipzig.

Consule, an scribendum mihi sit Principi pro republica nostra juvanda. Omnia fiunt charissima, nec satis advehitur, nec legitime quicquam administratur in hac confusissima neglectaque politia: posset aliquid fieri Wittembergæ, si administrationis esset ullus ordo. Principis hic consilio et autoritate foret opus. Responde et vale. Wittembergæ, quinta Pentecostes, anno MDXX.

Martinus Lutherus, August.

Anfang Junius. *)

N°. CCXXXI.

An Spalatin.

L. sendet dem Sp. die Schrift des Silvester Prierias: de juridica et irrefragabili veritate Rom. Ecclesiæ Romanique Pontificis liber tertius, index quidem longissimus, sed brevissimum epitoma. Von der Schrift gegen Alveld, von dem Plan einer Schrift an den christl. Adel deutscher Nation, und der Postille, die bald der Presse übergeben werden soll. Er schreibe an den Kurfürsten wegen der Theurung.

Bey Aurifaber I. 289. b. Vgl. Cod. Jen. a. f. 107. Deutsch bey Walch XXI. 723.

Suo charissimo Georgio Spalatino, Viro bono et docto, Christi servo.

Jesus.

Salutem. Mitto literas Nurmbergensium, mi Spalatine, cum Silvestrina ἐπιτομῇ, quam ipse epitoma vocat, homo græco, barbarus et latinocoquus **). Tu statim remitte: excudetur

---

*) Nach Jen. I 62. a Randanmerk. am 15. Dec., aber offenbar falsch, da hier die Schrift an den christl. Adel und die gegen Alveld erst angekündigt wird. Der Brief muß bald nach dem vorigen geschrieben seyn, wie die Beziehung auf die Hungersnoth zeigt, und vor dem folgenden, wo vom Abdruck der Schrift Silvesters die Rede ist, welche hier erst übersandt wird.

**) Anspielung an den Witz in der Baseler Ausgabe der Opuscula L.'s, wo man den Silv. magirum palatii (d. i. Koch) statt: magistrum P. genannt hatte. Vgl. Br. an Sp. v. 20. Febr. 1519. No. CXXIII.

mox in laudem et gloriam omnium hostium veritatis, cum adnotationibus mei. *) Ich mein, sie sind zu Rom alle toll, thöricht, wüthend, unsinnig, Narren, Stock, Stein, Helle und Teufel worden. Nunc vide, quid e Roma sit sperandum, quæ hunc tartarum exire in Ecclesiam permittit. Vincunt me vere portenta ista magnitudine stultitiæ suæ.

In asinum Alveldensem invehar sic, ut Pontificis Romani non immemor sim, neutri gratificaturus: sic postulat argumenti necessitas: prodenda tandem sunt Antichristi mysteria. Ita enim se ipsa urgent et latere amplius nolunt.

Est animus publicam schedam edere ad Carolum et totius Germaniæ nobilitatem, adversus Romanæ curiæ tyrannidem et nequitiam. Enarrationes Epistolarum et Evangeliorum **) sub prelum parantur. Scribo illustriss. Principi pro republica juvanda: tu in idem officii [a]) pariter, quæso, incumbe. Nisi enim fiat, futurum est, ut mox esuriamus, aut nimium pretiose pascamur. Vale, et pro me ora. Wittembergæ, anno MDXX.

Martinus Lutherus, August.

---

13. Junius.

N°. CCXXXII.

An Spalatin.

Von einer den Buchdrucker Lotther betreffenden Angelegenheit; dem Druck der Epitome Silvesters; Adrians Hochzeit; daß Melanchthon lieber den Paulus als den Plinius lesen solle; von Sachs Niederlegung seines Amtes.

Bey Aurifaber I. 267. b. Vgl. Cod. Jen. a. f. 87. Deutsch bey Walch XXI. 696.

---

a) Cod. Jen. negotii.

*) Diese Worte finden sich wirklich auf dem Titel des Abdruckes.

**) Sie kamen erst im J. 21 heraus. S. d. Br. a. d. Kurfürsten v. 3. März 21.

Suo in Domino charissimo, Domino Georgio Spalatino, illustriss. Princ. ab epistolis et sacris, Viro et pio et erudito.

Jesus.

Salutem. De Lotthero nihil est, quod credas delatoribus, mi Spalatine: hominum sunt verba, quæ ad te pervenerunt: nos alia scimus. Queruntur [a]) ii potissimum, qui nihil ad rem faciunt: idem de Pædagogii sentio magistris, et, ut plane dicam, e D. Wolfgango ejusque genitivis *) accepisse videris, quæ scribis. Veniat ille Zacharias Episcopus in nomine Domini. Silvestri insania sub prelo est **). Adriani nostri subitas nuptias et nos miramur et bene favemus homini.

De Philippo nostro nec ipse statuo, quod ad Plinium pertinet: Paulum ad Romanos legit longe majore utilitate, quam Plinii multi valeant: et tribus lectionibus publicis unum caput gravari per diem, tu cogita quid sit, ne hominem extinguamus.

De Facho sacerdotium resignante non admodum moveor; moveor potius, ejus ecclesiæ sacerdotia tantis pecuniis redimenda esse, ut nulli pauperi queat esse locus, idque hominum statutis. Obsecro, putasne rapinam quandam esse hanc exactionem? Multis aliis displicet ea conditio adeundorum sacerdotiorum. Carolo Imperatori Dominus aspiret in incrementum veritatis contra hostem veritatis Romam, Amen. Vale. Wittembergæ, anno MDXX, feria quarta post corporis Christi.

Martinus Lutherus, August.

---

a) So, und nicht quæruntur, muß es wohl heißen.

---

*) D. i. seinen Angehörigen.

**) Erst glaubte ich, L. meine die Replica Silv. Prier. welche im J. 1519. erschien und mit einem kurzen Vorwort L.'s in Wittenberg nachgedruckt wurde. (Olearius setzt sie fälschlich ins J. 1518.) Sie findet sich Viteb. I. 180. Jen I. 59. Löscher III. 892. Deutsch bey Walch XVIII. 200. Aber wenn dieser Brief richtig auf den vorigen folgt, so ist es Silvesters Epitoma, welche auch in diesem Jahr erschien unter dem Titel: Epitoma responsionis Silvestri ad M. L., a Luthero edita cum epistolis et glossis ad laudem et gloriam omnium hostium veritatis christianæ. S. Viteb. I. 189. Jen. I. 61. Walch XVIII 2[illegible].

15. Junius.

N°. CCXXXIII.

An Georg Kunzelt, Pfarrer in Eulenburg.

Auf Befragen theilt ihm L. mit, wie er seine Predigen anfange und schließe.

Aus dem auf dem Rathhause zu Burg bey Magdeburg befindlichen Original bey Buddeus p. 12. Löscher III. 955. setzt den Brief ins J. 18. Deutsch bey Walch XXI. 697.

Venerabili Viro Georgio Kunzelt in Eylborg, suo in Domino fratri.

Salutem. Quod petiisti, mi venerabilis Pater, de exordiendo et claudendo sermone, non convenit cum usu aliorum. Ego enim verbosos prologos omittens, breviter his verbis utor: Daß das Wort Gottes uns fruchtbar sey, und Gott angenehme, so lasset uns zuvor seine göttliche Gnade anruffen, und sprecht ein inniges Ave Maria, oder Pater noster. Dehinc mox textum sine ullo themate recito, Davidem vel explico, vel doctrinas ex eo propono. In fine sic dico: Davon ist gnug, vel ein ander mal mehr, vel das sey davon gesagt, wir wollen Gott anruffen umb seine Gnade, daß wir das mügen thun, vel sic, das helf uns Gott. Dehinc brevissimis verbis: Lasset uns befohlen seyn geistlich und weltlichen Stand, sonderlichen ꝛc. fur die und alle, so wir schuldig sind, wollen wir bitten ein Vater unser in gemein. Post hoc surgentibus cunctis, Benedictio Dei Patris etc. Amen. Hic meus mos prædicandi. Bene vale in Domino. Wittembergæ, die Viti, MDXX.

F. Mart. Luther, August.

21. Junius.

N°. CCXXXIV.

An Justus Jonas, der Rechte Licent. und Canonicus zu Erfurt.

L. freut sich, daß J. sich von der Rechtsgelehrsamkeit zur Theologie gewendet; von Ecks Betriebsamkeit in Rom.

Bey Aurifaber I. 268. b. Deutsch bey Walch XXI. 698.

Clarissimo Viro, Domino Doctori Justo Jonæ, amico suo summo.

Jesus.

Salutem et pacem in Christo. Non deprecor culpam, mi Jona. Fatcor enim tibi debitas jam olim literas meas: non quod aliquid sint, sed quod tibi serviendum fuerit, etiam si nugas meas petieris. Gaudeo te ad asylum sacræ Scripturæ e procelloso hominum juridicorum pelago confugisse *). Servet te Dominus, qui cœpit.

Insaniunt in me homines miseri, quærunt animam meam: sed Christus vivit et regnat. Causa mea Romæ (ut scribunt amici ex urbe) magna mole agitur impulsore Eccio, qui est spiritus unus pontificalium virorum. Quid peragant, viderit Christus. Cætera ex Langio nostro intelliges omnia.

Tu mihi interim ignosces, si rarius scripserim: cæterum quo crebrius deinceps scribam, tu fac, ut crebro me exstimules pigrum, vel admoneas occupatum, si non ad omnia respondere potero: quod tamen sedulo conabor, omnia tamen libentissime, imo voluptate magna. Non reddo silentium silentio, aut pigritiam pigritia: sed vinco a) in bono malum. Vale, mi Jona, et cor meum habe tibi, et ora pro me. Wittembergæ 21. Junii, anno MDXX.

T. Martinus Lutherus.

---

a) Es muß wohl heißen: redde, vince.

*) J. Jonas that dieß vorzüglich auf Antrieb des Erasmus, s. Knapp Narratio de Justo Jona (1817. 4.) p 5.

23. Junius.

N°. CCXXXV.

An Nicolaus von Amsdorf, Domherrn zu Wittenberg.

Zuschrift der Schrift: An den christlichen Adel deutscher Nation von des christlichen Standes Besserung, welche aber erst zu Anfang Augusts fertig wurde, vgl. Br. an Voigt. v. 3. Aug. und an W. Link v. 19. Aug. Sie erschien zuerst Wittenberg 5. a. 4. 9¾ Bogen, hernach noch oft, auch in einer vermehrten Ausgabe, s. Br. a. Sp. v. 23. Aug. Ueber die andern Ausgaben s. Veesenmeyer Litteraturgeschichte der Briefsammlungen und einiger Schriften v. D. M. Luther (1821) S. 127. Sie findet sich sonst Jen. I. 319. Wittenb. VI. 544. Altenb. I. 480. Leipz. XVII. 457. Walch X. 296.

Dem achtbarn und wirdigen Herren, Herrn Nicolao von Amsdorf, der heiligen Schrift Licentiat und Dumherrn zu Wittenberg, meinem besundern, gunstigen Freund D. Martinus Luther.

Gnad und Fried Gottes zuvor, achtbar wirdiger, lieber Herr und Freund. Die Zeit des Schweigens ist vorgangen, und die Zeit zu reden ist kommen, als Ecclesiastes sagt. Ich hab unserm Furnehmen nach zusammentragen etlich Stuck, christlichs Stands Besserung belangend, dem christlichen Adel deutscher Nation furzulegen, ob Gott wollt doch durch den Laienstand seiner Kirchen helfen, seintemal der geistlich Stand, dem es billiger gebuhrt, ist ganz unachtsam worden. Sende das alles Eur Wirde dasselb zuzurichten, und wo es Noth ist, zu bessern. Ich bedenk wohl, daß mirs nit wird unvorweist bleiben, als vormeß ich mich zu hoch, daß ich vorachter, begebner Mensch solche hohe und große Stände dar anreden in so trefflichen, großen Sachen, als wäre sonst niemand in der Welt dann Doktor Luther, der sich des christlichen Stands annehme, und so hoch vorständigen Leuten Rath gebe. Ich laß mein Entschuldigung anstehen, vorweis mirs, wer do will. Ich bin vielleicht meinem Gott und der Welt noch eine Thorheit schuldig, die hab ich mir itzt furgenomen, so mirs gelingen mag, redlich zahlen, und auch einmal Hofnarr werden. Gelingt mirs nit, so hab ich doch ein Vortheil, darf mir niemand eine Kappen kaufen, noch den Kamp bescheeren.

Es gilt aber, wer dem andern die Schellen anknupft. Ich muß das Sprichwort erfullen: was die Welt zu schaffen hat, da muß ein Munch bey seyn, und sollt man ihn dazu mahlen. Es hat wohl mehrmal ein Narr weislich geredt, und vielmal weise Leut groblich genarret; wie Paulus sagt: wer do will weis seyn, der muß ein Narr werden. Auch dieweil ich nit allein ein Narr, sondern auch ein geschworner Doktor der heiligen Schrift, bin ich froh, daß sich mir die Gelegenheit gibt, meinem Eid eben in derselben Narre Weise gnug zu thun. Ich bitt, wollet mich entschuldigen bey den mäßig Vorständigen, denn der Ubirhochvorständigen Gunst und Gnad weiß ich nit zu vordienen, wilch ich so oft mit großer Muhe ersucht, nu fort auch nit mehr haben noch achten will. Gott helf uns, daß wir nit unser, sondern allein seine Ehre suchen, Amen. Zu Wittenberg im Augustiner Kloster am Abend S. Johannis baptistæ. Im tausend funf hundert und zwänzigsten Jahr.

---

25. Junius.

N°. CCXXXVI.

An Spalatin.

Daß Melanchthon den Plinius nicht erklären soll, um nicht von den Paulinischen Briefen abgezogen zu werden: von dessen zu wünschender Verheurathung: daß man ihn durch eine bessere Besoldung für Wittenberg zu erhalten suchen müsse: Vollendung der Schriften wider Silvester Prierias und Alveld.

Bey Aurifaber I. 269. Vgl. Cod. Jen. a. f. 87. Deutsch bey Walch. XXI. 700.

Erudito et bono Viro, Georgio Spalatino, Christi servo et sacerdoti, suo in Domino.

Jesus.

Salutem. Et mihi et multis visum est, mi Spalatine, Philippum non onerandum lectione Pliniana, propter Apostolum Paulum, quem tanto fructu legit, quo non privandi sunt auditores: cum is fructus e Plinio nulla queat ratione compensari, metuendumque, ne spiritus eum in hoc suscitarit, cui non temere resistendum sit, ne forte sit machina Satanæ impedituri hac specie tantum fructum. Magistro Johanni Hesso, si omnino legendus est Plinius, imponendum putant. De uxore ducenda, maxime quam tu nominas, nescio quid futurum sit. Opto homini uxorem, sed quamnam accipiat, nec autor, nec consul esse volo: nec video hominem in rem uxoriam festinare.

Quanquam spero Philippum ad Bavaros non aspirare *), id tamen est, quod semper optavi, ut honestiore magnificatus stipendio, spem illis adimeret, quam concipiunt, quod vilius eum haberi sciunt, quam apud eos futurus esset. Si occasio se in hoc commodarit, tu vigilabis. Nam unicuique et sui quoque cura non est negligenda, ubi vocat opportunitas, id est, Deus. Argentinensis tragœdiæ **) memor ero satis loco suo. Cras Silvester et Romanista vernaculus absolvetur. Vale, altera Johannis Baptistæ, anno MDXX.

Martinus Lutherus August.

---

28. Junius.

N°. CCXXXVII.

An Spalatin.

Empfehlung eines gewissen Sigismund zur Unterstützung im theol. Studium. L. will an Sickingen schreiben..

Bey Aurifaber I. 270. Vgl. Cod. Jen. a. f. 88. Deutsch bey Walch XXI. 701.

---

*) Melanchthon hatte früher Anträge nach Ingolstadt zu gehen, die aber Reuchlin abgelehnt hatte. S. Seckendorf. Hist. Luth. I. 5. XXXIV. Add. 2. p. 44. Darauf, oder auf wirkliche Unterhandlungen, welche vielleicht Reuchlin eingeleitet hatte, gründet sich wohl diese Furcht, daß man M. verlieren könne. Oder hatte Eck, bey dem Reuchlin in Ingolstadt wohnte, die Hand im Spiele, um Wittenberg Schaden zu thun, oder sich mit M. auf einen bessern Fuß zu setzen?

**) Was ist darunter zu verstehen?

Viro erudito et pio, Magistro Georgio Spalatino, Christi servo, suo in Domino.

Jesus.

Salutem. Hunc D. Sigismundum mihi a te commendatum, mi Georgi, rursum tibi commendo cum causa sua. Quanquam enim scio, aulicam politiam talem esse, quæ ut multis occupata, sæpius indigeat monitorio, imo improbo quodam pulsatore: tamen importunitatis non est satis patiens. Verum tu ipse nosti hominem et hominis causam. (Quod enim agit, ideo agit, ut dum Wittembergæ floret theologia, ei liceat discere, quod postea felicius possit docere: cum rari sint, qui docendi gratiam habeant, sicut hic videtur habere. In qua re, vides, quod non nisi mora obsit. Dilatus enim cogetur abire: et quis scit, quando occasio sit revertendi, aut si revertatur, an inveniat, quod nunc deserit? Itaque, quod potes, facies, ut præsumo, ut absolutus sciat, quid statuendum illi sit. Census beneficiales *) sunt in Grimma, de quibus est quæstio, ut ex ipso plenius intelliges.

Literas ad Siccingerum cras parabo, hodie non potui occupatissimus nimis. Vale, vesperi Petri et Pauli, anno MDXX.

Martinus Lutherus, August.

---

9. Julius.

N°. CCXXXVIII.

An Spalatin.

Während Eck in Rom gegen Luther einen Schlag zu bereiten thätig war, schrieb Valentin Teutleben, ein sächsischer Edelmann, der eben damals für den Kurfürsten einige Angelegenheiten in Rom zu besorgen hatte, an diesen, und benachrichtigte ihn von der Gefahr, welche Luthern drohe, indem er zugleich zu verstehen gab, daß der römische Stuhl mit ihm selbst unzufrieden sey. Der Kurfürst ließ L. diesen und einen andern Brief (vom Cardinal St. Georg, wie

*) Stipendium für Studirende?

man aus No. CCXL. sieht) mittheilen, und ihn um Rath fragen, was man antworten solle. (Die Antwort des Kurfürsten an Teutleben ist schon vom 1. April d. J. datirt, s. Walch XV. 1666, und entweder dieses Datum oder das Datum unseres Briefes ist falsch.) Luther entzieht sich mit Bescheidenheit der ehrenvollen Aufforderung, und erklärt, daß er weit entfernt sey zu verlangen, daß der Kurfürst sich seiner Sache annehmen solle; er solle sich nur nicht als Vollzieher des ungerechten Urtheils, mit welchem man ihm drohete, brauchen lassen. Dieser Brief ist eine schöne Urkunde der edlen Gesinnung Luthers, seiner Hingebung und Sorglosigkeit für sich selbst. Vgl. Plank I. 244.

Bey Aurifaber I. 270. b. Vgl. Cod Jen. a. f. 89 Deutsch Wittenb. IX. 95. Jen. I. 232. Altenb. I. 473. Leipz. XVII. 315. Walch XV. 1670.

Erudito et pio Domino Georgio Spalatino, a sacris ducalibus, servo Christi, amico fideli. a)

Jesus.

Salutem. Legi tacitus, mi Spalatine, literas istas Romanas, magno cum dolore, tantam videns in tantis Ecclesiæ verticibus hebetudinem et impietatem. Timeo eos conscientiæ et veritatis luce sic confusos, ut nullius amplius esse queant judicii et sensus. Damnant mea, et simul fatentur ea esse ingenii et eruditionis, deinde nec lecta, nec legi petita sibi. Dominus nostri omnium misereatur.

Ego sane quid Principi optimo consulere possum ad scribendum? Ideoque ad te potius scribo. Primum tu nosti, quod b) justiore causa ego querularer, quam ipsi: testes sunt mei editi libelli, in quibus toties confiteor et queror, me in hanc rem nulla libidine venisse, sed per vim tractum esse. Deinde toties obtuli pacem et silentium. Ubi autem non rogo et extorquere conor informationem meliorem? Adhuc sic sum animatus, ut taceam, si tacere permittar, hoc est, si illi quoque compescantur.

Omnibus notum est, Eccium nulla alia causa me rapuisse in rem Pontificiam, quam ut me, nomen meum, omnia mea,

---

a) Cod. Jen. Suo optimo et charissimo D. Georgio Spalatino etc.

b) Cod. quam.

denique Universitatem nostram in ludibrium poneret et conculcaret. Nunc, cum videant homini divinitus resisti, me gloriæ insanæ accusant. Quid ego gloriam quæram miser; qui aliud non peto, quam ut privatus et latentissimus, deserto publico, agere sinerer?

Habeat officia mea, qui volet, exurat mea, qui volet: quid amplius faciam, rogo? Sed hoc simul dico, si non permittor ab officio docendi et ministerio verbi liber esse, certe liber ero in ministerio fungendo. Sat multis peccatis sum onustus, non addam etiam hoc irremissibile, ut in ministerium positus, ministerio desim et reus inveniar impii silentii, neglectæ veritatis, et tot millium animarum. Jactet ille Cardinalis, ecclesiam suam non egere defensione: cur ergo defendit?

Omnibus modis placet, ut illustrissimus Princeps se prorsus alienum gerat a causa mea, sicut hucusque gessit, et me in publicum projiciat vel erudiendum vel convincendum: se vero, ut eruditorem agere non possit, ita nec judicem velle nec executorem, nisi producta et exposita sententia. Nec videre se, quomodo sine cognita causa, quam et ipsi ne verbo quidem tangunt, possit quenquam sive Turcam sive Judæum plectere, nisi velint Romani, ut ipsis hominibus plus obediat, quam Deo, et in eum grassetur, quem nesciat, nocensne an innocens sit, quod salva conscientia fieri non potest, nec ad talem conscientiam ullis præceptis ne divinis quidem urgeri queat.

Plectant Silvestrum, Eccium, Cajetanum, et alios, qui pro gloria sua hanc Ecclesiæ Romanæ sine ulla causa moverunt tragœdiam: ego sum extra noxam. Quicquid feci et facio, coactus facio, semper quiescere paratus: modo veritatem evangelicam non jubeant quiescere. Nihil[a]) a me non impetrabunt, imo oblata omnia sponte habebunt, si salutis viam Christianis permittant esse liberam. Hoc unum peto ab illis vicissim, ac præterea nihil: quid honestius peti potest? Non peto galerum, non aurum, non quicquid Roma hodie in pretio habet.

---

a) Cod. + que.

Aut si hoc non impetro, ministerio privent, et in angulo deserti sinant vivere et mori. Ego miser invitus doceo: simul tamen pro eo patior mala, cum cæteri et libenter doceant, et pro eo honorentur: prorsus non potest animus meus sic affectus vel minas timere, vel pollicitationes suscipere. An quærunt, ut metum vel spem violenter insculpam in animum, vel foris tantum simulem?

Habes quid sentiam. Cæterum spero illustrissimum Principem ita scripturum, ut capita ista Romana intelligant, Germaniam fuisse hactenus non sua, sed Italorum ruditate per occultum Dei judicium oppressam. Vale, et recipe omnia clausa, sicut misisti. Altera Kiliani, anno MDXX.

Martinus Lutherus.

Julius.

N°. CCXXXIX.

An Spalatin.

Von einem für den Buchdrucker auszuwirkenden Privilegium der Postille. In der Nachschrift vom Fegfeuer und was der Kurfürst noch in seine Antwort nach Rom einfließen lassen soll. Letzteres weist diesem Briefe die ihm von uns gegebene Stelle und Zeit an. Buddeus setzt ihn fälschlich ins J. 1522.

Bey Buddeus p. 17. Vgl. Cod. Jen. a. f. 13. Deutsch bey Walch XXI. 767.

Jesus.

Salutem. Egit mecum Lottherus, mi Spalatine, de Postillis (ut vocant) excudendis. Sed si fieri posset, cupit privilegium imperiale ad aliquod annos, in quibus per Germaniam non liceret ulli æmulari, quod per Principem nostrum putat optime posse impetrari. Hoc modo fieri censet, ut typi Wittembergenses et latius et citius vulgarentur, in augmentum nominis nostræ Academiæ. Atque utinam hoc consilio hactenus usi libellos nostros in plurimorum manus misissemus, et impiorum veritatis hostium vim et insidias in cordibus vulgi præoccupassemus: terruisset forte tyrannos impietatis tam subita veritatis invulgatio, et cordium præmunita institutio: tamen in hoc expecto, quid Dominus per te quoque consultet. Vale.

Martinus Luther.

P. S.

De purgatorio nihil certius quam aliquot Psalmos habeo, ut VI. XII. LXXXVII. et alii quidam, qui de ea pœna loquuntur. Præter hos Taulerus manifeste multis in locis idem habet. Qui hæc non capit, nullius verbis capiet, superat enim omnem sensum, sicut et omnia alia futuri seculi. Itaque nisi expertus aliquo modo, non potest verbis illis addere quippiam, nec ea tractare, nec intelligere.

Quod si Princeps etiam hoc adjiciat: esse Lutheranam doctrinam sic propagatam et radicatam per Germaniam et ultra, ut nisi ratione et Scripturis eam Romani vincant, vi et censuris nihil aliud futurum timeri, quam ut Germania bis Boëma fiat. Sunt enim, quod ipsi sciunt, Germanorum ferocia ingenia, quæ nisi capta sint Scripturis et ratione, non est vel multis Papis - - irritare tutum, præsertim hoc tempore, ubi in Germania regnant literæ et linguæ, et sapere incipiunt laici. Itaque se, ut Christianum decet Principem, prævenire et monere, ne quid temere tentent, ullis freti viribus, nisi primum reddita ratione manifesta, ne tumultum contra se suscitent incomponibilem. Crederem hæc indoctos illos et pavidos Romanistas vehementer concussura, tamen judicium tuum esto in his et omnibus. Vale.

---

10. Julius.

N°. CCXL.

An Spalatin.

L. sendet Sp. den Brief des fränkischen Ritters Silvester von Schauenburg, welcher ihm auf seiner Burg Schutz anbot. (Dieser v. 11. Junius datirte Brief findet sich bey Walch XV. 1942.) Er wünscht, daß der Kurfürst dieses mit in die Antwort an den Card. Georg möge einfließen lassen. Er fühlt sich dadurch sehr ermuthigt, und erklärt, daß er nunmehr an keine Versöhnung mit dem römischen Stuhl denke, und ihm öffentlich den Krieg ankündigen werde.

Bey Aurifaber I 272. b. Vgl. Cod Jen. a. f. 90. Deutsch bey Walch XV. Anh. LXII.

Suo optimo et charissimo, Domino Georgio Spalatino a sacris ducalibus, servo Christi, amico fideli. a)

Jesus.

Salutem. De supplicatione pro Philippo facienda ipsemet scripsit ad te, mi Georgi, in qua non habeo quod pluribus agam. Cæterum pæne opto venire famosam illam e Roma bullam in meam doctrinam ferocientem. Eccium dedolatum*) Erfordiæ excusum hodie me recepturum spero. De Petro Aperbachio quid scribat Langus, vides: ipse nosti hominem a puero, quanto sit ingenio. Forte Deus nobis occasionem eam offert, quam nollem abjici: nec puto alium facile reperiri, qui ad Plinium æque sit commodus. De Cortisano Doctore Viccio**) non erat ullum periculum: nec admissurus sum quoslibet.

Mitto literas Francici equitis Silvestri Schauenberg, et nisi molestum esset, vellem in literis Principis id subindicari Cardinali S. Georgii, ut scirent, etiamsi me pellerent diris suis e Wittemberga, nihil effecturos, nisi ut rem pejorem e mala reddant: quandoquidem jam non in Bohemia, sed media quoque Germania sint, qui expulsum tueri possint et velint invitis ipsis contra omnia sua fulmina. Ubi periculum est, ne iis protectoribus tutus sævius in Romanenses sim grassaturus, quam si sub Principis imperio publicis militarem officiis docendi, id quod sine dubio, nisi

---

a) Cod. Jen. Erudito et pio viro D. Magistro Georgio Spalatino, a sacris principalibus, suo in Christo Majori.

*) Eine Schrift von Wilib. Pirkheimer, in welcher er Eck verspottet.

**) Wahrscheinlich der im Br. an Sp. v. 16. Apr. erwähnte Arzt, der ihn umbringen sollte.

Deus obsistat, futurum est: Principem vero, ut hactenus in multis suspexi, etiam irritatus, tunc certe non necesse erit suspicere.

Itaque quæ illis a me nondum sunt illata, nec meæ modestiæ, nec suæ tyrannidi aut meritis, sed Principis nomini et autoritati, tum communi studiosorum Wittembergensium causæ sciant deberi. A me quidem, jacta mihi alea, contemtus est Romanus furor et favor: nolo eis reconciliari nec communicare in perpetuum: damnent exurantque mea. Ego vicissim, nisi ignem habere nequeam, damnabo, publiceque concremabo jus pontificium totum, id est, lernam illam hæresium: et finem habebit humilitatis exhibitæ hactenusque frustratæ observantia, qua nolo amplius inflari hostes Evangelii.

Quanto magis epistolam Cardinalis Georgiani cogito, tanto magis eos contemno, quos mera ignavia et pessima conscientia video convulsos, velut extremo halitu simulare ferociam. Vi tentant suam ignorantiam tueri, sed metuunt, ne non, sicut heri et nudius tertius [a]), feliciter succedat. Dominus autem, qui scit me esse teterrimum peccatorem, suam causam sive per me, sive per alium perficiet, quod non dubito. Vale. Wittembergæ, decima Julii, anno MDXX.

Martinus Lutherus, August.

---

14. Julius.

N°. CCXLI.

An Spalatin.

L. klagt den Rector der Universität an wegen der falschen Maßregeln, die er bey einem Studenten-Aufruhr genommen. Er will daß diesem mit Strenge gesteuert werde.

Bey Aurifaber I. 273. b. Vgl. Cod. Jen. a. f. 92. Deutsch bey Walch XXI. 702.

---

a) Aurif. certius.

Erudito et bono Viro, Magistro Georgio Spalatino, a sacris principalibus, suo in Domino Majori.

Jesus.

Salutem. Obsecro te, si quid vales apud illustrissimum Principem, mi Spalatine, age, ut Princeps durissimas et acerbissimas Rectori nostro *) scribat literas. Is enim præ insigni amentia sua heri omnes nos pæne cædi et sanguini involvisset, homo insanus, concitans seditiones vulgi studentum adversus senatum et innoxium populum, quas compescere debuit. Intereram concilio, ubi insaniebant toto Baccho: nihil dicebatur, nisi quod ferociam adolescentum magis accenderet. Urit me ista confusio Academiæ nostræ, quæ opprobrio tandem vertetur. D. Petrus Lupinus **) optime locutus adversus seditionem, ita acceptus est a D. Thoma Eschhaussen, ut ego statim surgerem et abirem, Satanam videns huic præesse concilio. Denique arma ferri adolescentibus permisisse dicitur, contra Principis mandatum.

Expedit minore numero hic studeri, quam his seditionibus patere. Quotquot boni sunt, damnant hanc insaniam. Cras et in concione operam dabo, si quid compescere queam, Deo propitio. Nihil eorum est servatum, quæ Princeps novissime decrevit: senes fuerunt insaniores juvenibus. Scio Satanæ esse negotium, qui cum nusquam possit nocere verbo Dei apud nos redeunti, hac arte saltem ei infamiam quærit: veruntamen contra nitendum est, quibus fieri potest studiis, ne prævaleat cum viris istis sanguinum. Cæterum credo te literas omnes accepisse a me datas una cum Silvestri Schauenburgensis, quas remitte legendas amicis. Vale, et pro me ora. Sabbatho post Margarethæ, anno MDXX.

Martinus Lutherus, August.

---

*) In diesem J. war Peter Burkard Rector, der sich bey der Bekanntmachung der päbstlichen Bulle wacker benahm. S. Plank I. 305.

**) Radhemius, Prof. der Theol.

17. Julius.

N°. CCXLII.

An Spalatin.

L. hat gegen den Aufruhr geprediget, und keinen guten Eindruck gemacht. Er sieht denselben als sehr bedenklich und gefährlich an. Ueber Neuigkeiten aus Rom.

Bey Aurifaber I. 274. b. Vgl. Cod. Jen. a. f. 92. Deutsch bey Walch XXI. 704.

Erudito et pio Viro, Magistro Georgio Spalatino, a sacris principalibus Saxoniæ, suo in Christo charissimo.

Jesus.

Salutem. Visionem illam Liranam *), mi Spalatine, nihil aliud arbitramur esse, quam hanc ipsam seditionem. Magnus vir crassum scilicet vulgus significat fere in omnibus prophetiis et visionibus. Habui heri orationem e suggestu adversus seditionem ita temperatam, ut nulli parti affectus essem, absolute malum seditionis describerem, sive ea per cives, sive studentes concitaretur, commendans potestatem magistratuum in hoc a Deo institutam, ne seditionibus omnia vastarentur. Deus bone, quantam mihi invidiam concitavi: clamant me partes senatus egisse, et prodeunt tandem cogitationes cordium, quibus intelligi possit, qui vere et qui ficte nostram theologiam audierunt. Oportet enim hoc cribro paleas et triticum discerni. Ego belle video Satanam, qui cum Romæ et apud exteros nihil videat sese promovere, hoc malum invenit, ut intus et pessime noceat.

Res fuit principio parva, sed ecce, quanto magis tractatur, tanto acrius corripit et acuit corda, quod proprie diabolici ingenii est, ut unde putes mederi, inde morbum ille augeat. Non ego eum timeo, sed metuo, ne Dominum aliqua ingratitudine vel vana gloria offenderimus, qui infensus permittat Satanam sic irrepere in medium filiorum Dei. Nec

*) Wovon Sp. geschrieben zu haben scheint.

hoc adeo me movet, quam id quod futurum timeo, nempe ne indurati per Satanam et occupati, simus incorrigibiles, quo compleamus iniquitates nostras, et veniat ira Dei et percutiat nos aliqua insigni plaga in confusionem nostram, qui verbum Dei nobis oblatum non receperimus, aut non digne satis receperimus.

Hic vere multum timeo ac serio pavesco. Singulis annis hoc triennio insigne aliquod periculum passus sum: primo Augustæ, secundo Lipsiæ, nunc Wittembergæ. Opus itaque erit non prudentia nec armis, sed humili oratione, et forti fide, quibus obtineamus Christum pro nobis: alioquin vere actum est, si viribus nostris nixi fuerimus. Itaque ad orationem mecum confuge, ne ex scintilla ista incendium conflet spiritus Domini malus. Non sunt contemnenda parva, præsertim quæ autore Satana exordium sumunt.

Remitto nova tua ex urbe: ego ipse plura ex eo *) præsens audivi, quam in hac scheda leguntur: denique hæc ipsa ex ore ejus Magister Islebensis **) signavit, et Melchiori Lotther dedit: inde per te ad nos redeunt. Vale, et memor esto, oportere nos pro verbo pati. Quia enim jam securum me fecit Silvester Schauenberg et Franciscus Siccingen ab hominum timore, succedere oportet dæmonum quoque furorem: novissimus erit, cum mihi ipsi gravis ero. Sic est voluntas Dei. Die S. Alexii, anno MDXX.

Martinus Lutherus, August.

---

20. Julius.

N°. CCXLIII.

An Wenceslaus Link.

L. übersendet ihm seine neuesten Schriften, und meldet ihm Neuigkeiten, unter andern die Herausgabe der Schrift an den christlichen Adel deutscher Nation.

---

*) Irgend ein Reisender oder Bote, der von Rom kam.

**) Agricola.

Bey Aurifaber I. 275. b. Deutsch bey Walch XV. Anh. LXIV.

Reverendo Viro, Wenceslao Linco, D. Theol. Magistro Nurmbergensi, Eremitæ, prædicatori Evangelico, suo in Domino.

Jesus.

Salutem. Mitto iterum nugas meas, hypocritarum scandalum. Eccium dedolatum ad te pervenisse arbitror. Lipsensis Onager*) fertur in me denuo rudere: sed videbimus. Fuit nuper apud nos prope schisma et seditio coorta: sed celeriter contritus est Satanas operante Christo.

Dedit ad me literas Silvester de Schauenberg, Franciæ nobilis, rogans, ne in Bohemiam aut alio, sed ad se confugiam, si diræ Romanenses prævaluerint: pollicitus tutelam eximiam centenorum nobilium equitum Franciæ. Itaque contemtus est furor Romanus tandem et Germanis. Idem fecit Franciscus Siccingerus.

Ex urbe ad Principem contra me scriptum est, sed frustra. Idem factum ex aula quadam magni in Germania. Editur noster libellus in Papam de reformanda ecclesia vernaculus, ad universam nobilitatem Germaniæ, qui summe offensurus est Romam, ductis in publicum impiis artibus et violentibus potestatibus ejus. Vale, et ora pro me. Wittembergæ, vigilia Praxedis, anno MDXX.

F. Martinus Lutherus.

---

22. Julius.

N°. CCXLIV.

An Spalatin.

L. beklagt sich über gewisse Beschuldigungen, die man ihm wegen seiner Predigt uber den Aufruhr gemacht, und welchen Sp Glauben beygemessen, und schreibt deßwegen an den Kurfürsten. Zuletzt Neuigkeiten.

---

*) Alveld, vgl. den folg. Br.

Bey Aurifaber I. 276. b. Deutsch bey Walch XXI. 706.

Suo Georgio Spalatino, Viro bono et docto, in Christo charissimo.

Salutem. Miror ita te in me sævire, et aliis de me scribentibus adeo credere, mi Spalatine: meus sermo ita habuit, ut non de præsenti, sed de futura fortuitaque aliqua seditione utranque partem informaret, quid quisque sequeretur. Nam præsentem ego apertis verbis declamavi esse puerilem quandam commotionem, quam jam tum extinctam sedatamque arbitrabar. Hujus testes esse oportet, quotquot verum dicere volent: nullam partem, neutram causam neque tetigi neque indicavi vel una syllaba: imo dixi, me non causam, sed generaliter cujuscunque seditionis pericula dicturum. Tu nunc vide, an sim mentitus, hanc rem agi dæmonum insidiis: nunc quid faciam?

Scribo, sicut voluisti, Doltzio *) et Principi. Satis mihi displicent quorundam ad te datæ literæ, quicquid sit culparum. Ego nostram partem in una re non possum tueri, quod vulgum commoverint: sed ignoscendum puto imprudentiæ, præsertim agnoscentibus errorem. Ego in hunc usque diem rem ut puerilem contemsi, contemturus, nisi tu ita tonares: sed vide, ne me frustra excites ad scribendum Principi, et in tali causa. Vale.

Lipsensis Asinus in me novum rugitum blasphemiis refertum edidit de utraque specie communionis **), editurus et contra vernaculam meam de Papatu editionem. Wittembergensis Magister Eislebius ***) uxorem ducturit, ut fama est: Philippus nescio, quid famatur facturus. Vellem homini stipendium auctum, ne sit necesse eum alia sequi pro re familiari. Anno MDXX, die Mariæ Magdalenæ.

F. Martinus Lutherus, August.

*) Minister des Kurfürsten.

**) Aug. v. Alveld's tractatus de communione sub utraque specie, quantum ad laicos. Lips. 1520. 4.

***) Agricola.

30. Julius.

N°. CCXLV.

An Joh. Thurzo, Bischof von Breslau.

Den kranken Bischof zu besuchen, reiste ein gewisser Geistlicher mit Namen Schleupner nach Breslau, welchem L. diesen Brief mitgab, um dem Kranken seine Theilnahme zu bezeugen und Trost einzusprechen. Der Bischof war ein Freund der evangelischen Wahrheit, und L. rühmt ihn sehr im Br. a Sp. v. 13. Nov. d J. Nach Seckendorf Hist. Luth. L I sect 57. §. 151. starb der Bischof schon d. 2. Aug., ehe er diesen Brief erhielt.

In den Unschuld. Nachr 1734. S. 713. ex Msto. in Herrm. von der Hardt Hist. litter. Refor. P. V. p. 53. in Scultet Annal. eccles. P. V. p. 35. bey Strobel-Ranner p. 56. Deutsch bey Walch XXI 707. Wir haben die Abschrift aus einem Gothaischen Ms. in des sel. Uckert Nachlaß verglichen.

Reverendissimo et amplissimo in Christo Patri ac Domino, Dno. Johanni, Episcopo Vratislaviensi, Domino suo gratioso ac Patrono unice colendo.

Quanquam ego, reverendissime Præsul, rationem meæ parvitatis habens, ut ad omnes alios magnates, ita ad tuam magnitudinem præcipue timidus scribo: animum tamen a) erexit venerabilis Dominicus Schleupner, R. P. T. addictissimus, qui hinc pietate, qua in suum Episcopum affectus est, solvit, visurus, quid rerum b) Dominus operetur in mortali corpusculo P. T. Noluit autem sine meis literis ire, persuadens me rem facturum non ingratam R. P. T. Ego sane fateor, et me nonnihil, imo multum cum R. P. T. ægrescere, quod Ecclesiæ Dei compatior, cui proh dolor raro c) dantur, qualem T. P. R. dedit Episcopum d), cum nunquam magis eguerit talibus. Cæterum confido, quod manus ejus percutiet et sanabit, atque qui R. P. T. tam insi-

a) Al sed.
b) Al — rerum.
c) Al rari
d) Al. Episcopi.

gnibus ornavit dotibus, non deerit, ut det virtutem fortitudinemque omnia constanti, christiano, episcopalique animo ferendi et standi in omnes sanctas voluntates ejus. Si vita negabitur, Ecclesiæ prosit mors. Potens autem est tam ex vita, quam ex morte P. T. Ecclesiam suam juvare, pro divitiis bonæ voluntatis ejus.

Non hoc [e]) scribo, quod necessarium arbitrer, animum tuum confortari in Domino (quanquam quis est tam fortis, qui non egeat vel minimi fratris solatio?), sed quod communia nobis omnia voluit et fecit is, qui pro nobis omnia factus jussit, ut alter alterius onera portaret, ne ullus fidelis suus solus viveret, aut solus moreretur: sed in communione sanctorum securus per omnia ageret et pateretur. Itaque quantum nos contristat communis P. T. ægritudo, aut, si Dominus volet, etiam futura mors: tantum nos rursus lætificat, quod nec sola patitur, nec sola vivit anima tua, sed vivimus et patimur cum illa, et cum omnibus Jesus Christus, medium cordis nostri, in quo sancte valeat R. P. T. et meæ temeritati ignoscat. Literæ enim priores P. T. R. animosum me fecerunt, cum sint magnæ humilitatis et charitatis, ut eruditionem taceam, plenissimæ, et inter sacra mea perpetuo monumenta servandæ. Iterum valeat R. P. T. in Christo et me commendatum habeat. Witteb. 3 Cal. Aug. MDXX.

T. R. P. filius

F. Martinus Luther, Aug.

---

30. Julius.

N°. CCXLVI.

An Wittiger, Domherrn in Breslau.

Durch denselben Schleupner schrieb L. auch an den ihm befreundeten Domherrn W. in Br., und meldet ihm, daß gegen ihn Vieles, aber nur von dummen Menschen dumm, geschrieben werde, daß er sich körperlich wohl befinde, obschon mit Sünden zu kämpfen habe; daß der Orden der Dominikaner

---

e) Al. hæc.

schweige, seit ihnen Stillschweigen auferlegt sey; an dessen Stelle aber seyen Andere getreten, die wenn sie siegten, nur durch Rohheit und Dummheit siegen konnten.

„Aus der Cyprianischen Sammlung zu Gotha" bey Schütze II. 32.

Frater M. Lutherus, Augustinian., Venerab. in Christo Domino, Wittigero, Canonico Vratislav., suo in Domino Majori, S.

Volebam nihil ad te scribere, vir integerrime, quando ipse Dominus Dominicus Schleupner, communis amicus, omnia præsens melius videtur narraturus. Quæ apud nos sunt, omnia cognovit, sed voluit, ut vel unam lineam ducerem. Itaque facio, quod voluit. Scribuntur in me varii libelli in Germania et Italia, sed bene habet. Scribunt non nisi asini asinissimi, suis se ipsos inceptis traducentes. Ego vero corpore satis belle valeo et animo, nisi quod mallem minus me peccare. Et quotidie magis pecco, quod tibi tuisque orationibus conqueror. Ceterum factio Prædicatorum *) quievit, edito contra eos edicto **), ne quis in me scribat. In locum eorum succedit Episcopus Bavariæ ***), sacerdotes Bethaven, fratres de observantia S. Francisci. Hi si vincent, vincent ruditate et stoliditate nimia. Non memini me legisse stupidiora capita, qui nec sentiunt, an vincant, an vincantur. Miseram plebem his lupis expositam. Sed Dominus videat, in quo tu bene vale. Wittenberg. 3. Cal. Augusti, MDXX.

T. Mart. Lutherus.

---

*) Der Dominikaner.

**) Davon ist mir nichts bekannt. Vielleicht war es nur eine drohende Satyre von Hutten oder einem Andern.

***) Viell. spottweise Eck, der Domherr in Eichstädt und Inquisitor in Baiern und Franken war.

3. August.

N°. CCXLVII.

An Johann Voigt, Augustiner in Magdeburg.

L. sendet ihm seinen Sermon von der Messe, und Melanchthons positiones zu, und meldet ihm Neuigkeiten, unter andern, daß er die Schrift an den chr. Adel d. N. herausgebe.

Bey Aurifaber II. 6. Deutsch Eisl. I. p. 26. b. Walch XXI. 710.

Joanni Voigt, Sacræ Theologiæ Magistro, August. Eremitæ Magdeburg. Seniori suo.

Jesus.

Salutem. Ex quo nondum vos audio in registro mortuorum, credo vos adhuc vivere, et nondum ultimas ad me scripsisse literas. Sermonem de Missa per vos mitto reverendo Patri Provinciali[a]), et positiones Melanchthonis, mirabiles valde, sed veraces. Scribit contra me Lipsensis Asinus multos libros, et quidam in Italia Cremonæ contra me scripsit indoctissimus, sine nomine, credo ordinis Prædicatorum esse. Eccius dicitur adhuc nihil expedivisse in Urbe. Franciscus Sickingus per Huttenum promittit tutelam mihi contra omnes hostes. Idem facit Silvester de Schauenberg, cum nobilibus Francicis, cujus literas pulchras habeo ad me. Nihil timemus amplius, sed jam edo librum vulgarem contra Papam de statu Ecclesiæ emendando: hic Papam acerrime tracto, et quasi Antichristum Orate Dominum pro me, ut prosit verbum meum Ecclesiæ suæ. Valete. Die S. Stephani Inventionis, anno MDXX.

Frater Martinus Lutherus.

---

a) An Staupitz.

10. August.

N°. CCXLVIII.

An Spalatin.

L. sendet zwey Bittschriften, die eines Vertriebenen und die jener oft erwähnten Wittwe, damit sie Sp. unterstütze.

Bey Aurifaber I. 277. Vgl. Cod. Jen. a. f. 94. Deutsch bey Walch XXI. 710.

Suo in Domino charissimo Magistro Georgio Spalatino, Christi servo.

Jesus.

Salutem. Mitto hic, quod agas, mi Georgi, in salutem animæ tuæ: vir pauper est, qui multis intercessoribus a me obtinuit, ut hanc ejus supplicationem per te Principi conarer offerre: nolui quicquam immutare de ejus sermone, ne, si simplicitatem ejus mutarem, simul energiam tollerem.

Cura ergo, ut officium christianum præstes, ne homo cum uxore et liberis tanta patiatur, spoliatus et vi pulsus ab omnibus suis. Res indignissima est, si ita comperta fuerit. Interim profugus est Wittembergæ in paupertate. Mitto et Landmanninnæ supplicationem, qua spero rei finem futurum, si Princeps acceptaverit. Vale in Domino. Wittembergæ, die S. Laurentii, anno MDXX.

Martinus Lutherus, August.

---

14. August.

N°. CCXLIX.

An Spalatin.

Die Nachricht, daß Eck in Meissen sey, kommt L. unglaublich vor. Von der Zurückberufung des bisherigen Hofpredigers in Lochau, an dessen Stelle er M. Franz Günther empfiehlt.

Bey Aurifaber I. 277. b. Vgl. Cod. Jen. a. f. 94. Deutsch bey Walch XXI. 712.

Suo in Domino charissimo, Georgio Spalatino Magistro, Christi servo suoque Patrono.

Jesus.

Salutem. Nos Eccium Misnæ esse nullo pacto credimus, sed vel fabulis suis illi nos iterum tentant, vel Romæ scripta sunt verba ad te missa. Quod ex eo liquere potest, quod scribit, se sperare moderandam esse bullam, quæ Misnæ moderari non posset.

Scripsisti olim sæpius, ut parochum Lochanum revocarem, et pro alio sacerdotio Principi commendarem: jam intervenit Magister Franciscus Northusensis, idoneus satis, licet tibi aliquando asperior visus esset, quod facile debes oblivisci. Si adhuc ita res pendet, poteris mihi significare. Eloquens est et coram aula loqui verbum potens, et omnino qualem ego optarem Lochæ esse et prope nos. Agitur enim, ut concionaturo ei apud exteros provideatur. Tu quam poteris responde citius, ac vale. Wittembergæ, vigilia Assumtion., anno MDXX.

Martinus Lutherus, August.

---

18. August.

N°. CCL.

An Joh. Lange.

Ueber das Buch an den deutschen Adel: es mißfiel dem Hofe nicht, und es waren schon 4000 Exemplare vergriffen. In Wittenberg war man überzeugt, der Pabst sey der Antichrist. Melanchthon heurathete auf L.'s Anstiften die Catharina Krapp.

Bey Aurifaber I. 278. Deutsch bey Walch XV. 1949.

Erudito et pio Viro, Domino Johanni Lango, Theologo sincero, Augustin. Vicario medio Erford., suo in Domino Majori.

Jesus.

Salutem. Sitne libellus meus, quem tu classicum *) vocas, mi Pater, tam atrox et ferox, tu videris et alii omnes. Libertate et impetu, fateor, plenus est, multis tamen placet, nec aulæ nostræ penitus displicet. Ego de me in his rebus nihil statuere possum: forte ego præcursor sum Philippi, cui exemplo Heliæ viam parem in spiritu et virtute, conturbaturus Israel et Achabitas. Hoc unum habe, in mea manu non fuisse editionem ejus. Jam enim excusus multiplicatusque in 4000 exemplarium distrahebatur: nec tanti damni autorem esse licuit nostrum Lottherum. Oratione itaque opus erit, si quid peccatum est.

Nos hic persuasi sumus, papatum esse veri et germani illius Antichristi sedem, in cujus deceptionem et nequitiam ob salutem animarum nobis omnia licere arbitramur. Ego pro me confiteor Papæ a me nullam deberi obedientiam: nisi eam quam τῷ γνησίῳ ἀντιχρίστῳ debeo. Cætera tu cogita, nec temere nos judices: est quod nos in hac sententia concludat.

Philippo ducitur Catharina Crappin, quod me autore agi clamant: ego homini, si qua sunt, optima facio, nihil moratus universorum clamorem: Deus bene vortat. Odi ego ex corde hominem illum peccati et filium perditionis cum universo suo imperio, quo aliud non nisi peccatum et hypocrisis alitur. Vale in Domino. Ex Wittemberga, anno MDXX, die S. Agapiti.

Tuus F. Martinus Lutherus.

---

*) Ein Zeichen zum Angriff.

19. August.

N°. CCLI.

An Wenceslaus Link, Augustiner in Nürnberg.

L. entschuldigt sich wegen seiner heftigen Schreibart, welche ihm nöthig scheint, und der wenigstens kein schlechter Beweggrund unterliege. Staupitz hätte ihn vor der Herausgabe der Schrift an den chr. Adel d. N. gewarnt, war aber zu spät gekommen.

Bey Aurifaber II. 6. Deutsch bey Walch XXI. 712.

Jesus.

Salutem. Non hoc a me agitur, mi Pater, ut meis scriptis et libellis quæram laudes et glorias. Omnes ferme in me damnant mordacitatem, sed mihi idem sensus est, qui tibi, scilicet deum forte hoc modo revelare hominum figmenta. Video enim ea, quæ nostro sæculo quiete tractantur, mox cadere in oblivionem, nemine ea curante. Sed et uterus Rebeccæ debet gestare discordes et sese invicem collidentes parvulos. Præsens male judicat ætas, judicium melius posteritatis erit. Paulus etiam suos adversarios nunc canes, nunc concisionem, nunc vaniloquos, pseudooperarios, Satanæ ministros, et id genus appellat, et in faciem parieti dealbato maledicit. Quis prophetas non videt invehi acerbissime? Sed hæc usitata sunt, ideo cessaverunt movere. Reverendus pater Vicarius heri ex Erfordia mihi scripsit, rogans, ne ederem libellum de statu Christianorum emendando, nescio enim, quo nomine ei sit accusatus: sed tarde venit, jam edito libello: tu fac, ut præsens eum mitiges. Quis scit, si spiritus me impetu suo moveat, cum certum sit, neque gloriæ, neque pecuniæ studio, sed nec voluptatis me ita ferri. De vindicta nihil dico, Dominus ignoscat: nec hoc a me agitur, ut seditionem moveam, sed ut concilio generali libertatem asseram. Vale in Domino, Dominica post Assumtionis *) diem, MDXX.

Tuus Frater Martinus Lutherus.

*) St. Mariæ.

23. August.

N°. CCLII.

An Spalatin.

Von der Angelegenheit der Wittwe; von Zusätzen zu der zweyten Ausgabe der Schrift an den chr. Adel d. N. L. übersendet zur Durchsicht ein Elogium und einen Brief an einen Gewissen, der S. Crux genannt wird (Aurifaber vermuthet, daß es der Cardinal S. Georgii sey, es scheint aber ein anderer Cardinal gewesen zu seyn), den L. auffodert, Schiedsrichter in seiner Sache zu werden *). Empfehlung des Franz Günther.

Bey Aurifaber I. 279. Vgl. Cod. Jen. a. f. 95. Deutsch bey Walch XV. Anh. LVII.

Viro amico, Domino Georgio Spalatino, servo Christi, suo in Domino.

Jesus.

Salutem. Primum Landmanninnæ viduæ nihil respondetur, mi Spalatine, nisi dura (ut audio) improperia, ut nihil promoverit ista supplicatio: responde, si potes, quid agatur. Literas tuas Nurmbergam ferendas curavi. Additiones ad libellum addentur secundaria editione, quam Lottherus præsumit, quæ et locupletabitur. Elogion et literas ecce mitto corrigenda.

Argumentum literarum ad S. Crucem tale est: quandoquidem ejus fama eximia est in orbe, rogare volui, ut causæ componendæ se faceret, qua posset industria, sequestrum: me quasvis [a]) pacis conditiones etiam offerre, excepta palinodia et infamia hæreseos et libertate docendi verbi: censuras autem et vim non timeri a me, quando jam in media Germania tutus esse queam: simul ut caveant, ne uno extincto multos suscitent: hostibus (Deo propitio) parem

---

a) So muß es wohl anstatt quavis heißen.

---

*) Aus den folgenden Briefen sieht man, daß L. das Elogium und den Brief herausgeben wollte, und wirklich herausgegeben hat: was mag es damit für eine Bewandtniß haben?

me fore et ingenio et eruditione. Vale et pro me ora. Wittembergæ, anno MDXX, vigilia Bartholomæi.

Magistrum Franc. Guntherum tibi commendo: et has literas curabis Principi reddendas.

Martinus Lutherus, August.

---

24. August.

N°. CCLIII.

An Spalatin.

Ueber Franz Günther, und die mit dem vorigen Briefe übersandten Manuscripte.

Bey Aurifaber I. 279. b. Vgl. Cod. Jen. a. f. 95. Deutsch bey Walch XXI. 714.

Suo in Christo charissimo Domino Georgio Spalatino, Lochæ Christi servo.

Jesus.

Salutem. Mitto ad te Magistrum Franciscum Guntherum, mi Spalatine, paratum facere quæ scribis: tu autem mone et instrue hominem latius. Est enim ignarus rei aulicæ, docibilis tamen, quantum cognovi ingenium. Venisse ad te meas literas cum Elogio [a]) et aliis credo. Tu, quæso, cura, ut diligenti lima expolias omnia. Eram enim nescio qua animi molestia pressus, dum scriberem illa. Monstrabo et aliis amicis, antequam evulgentur. Vale. MDXX, die Bartholomæi.

Martinus Lutherus, August.

---

a) Cod. Jen. falsch elegia.

31. August.

N°. CCLIV.

An Spalatin.

Ueber eine mit den Vorlesungen zu treffende Anordnung, und Franz Günther. Er übersendet die gedruckten Elogia (? s. d. vor. Br.). Von Agricola's naher Hochzeit.

Bey Aurifaber I. 280. Vgl. Cod. Jen. a. f. 96. Deutsch bey Walch XXI. 715.

Erudito pioque Viro, Domino Georgio Spalatino, a sacris F. Saxoniæ, suo in Domino charissimo. a)

Jesus.

Salutem. De lectionibus mutandis alias scribemus, ubi sponsus *) sponsam se habere assueverit. De Parocho Lochensi Francisco spero omnia felicia fore: modo tu sis institutor hominis, quod ad aulicos mores pertinet, placidus et facilis. Sororis suæ opinionem istam pessimam non novimus: erit tamen separata.

Mitto Elogia excusa, et literas ad Franciscum Siccingerum, et ad Carolum Imperatorem **). De captivitate ecclesiæ parum excusum est, videbimus tamen. Vale in Domino. Vigilia Egidii, anno MDXX.

Martinus Lutherus, August.

Nuptiarum Eislebensium dies est feria secunda proxima post nativitatis Mariæ ***): tu cura ergo promissa fideliter.

a) Cod. Jen. Viro bono et pio, Domino Magistro Georgio Spalatino etc.

*) Wahrscheinlich Melanchthon, oder Agricola.

**) Der erste Brief ist verloren gegangen. Der zweyte ist vielleicht jener vom 15. Januar, wenn Brant's Text richtig ist, wornach er auf den 30. Aug. fällt.

***) 10. September.

1. September.

N°. CCLV.

An Spalatin.

Danksagung an den Kurfürsten für geschenktes Wildpret. Von Staupitzens und dessen Nachfolgers, Wenceslaus Link's, Ankunft, nach gehaltenem Convent der Augustiner in Eisleben. Von Miltitzens Brief an Luther (s. Walch XV. 928.), betreffend die Verhandlungen über ihn in diesem Convent, wo er auch eine Rede gehalten und die Patres um Rath gebeten, wie L. zu dämpfen sey. Diese hatten erklärt, sie hätten nichts mit der Sache zu thun.

Bey Aurifaber I. 280. b. Vgl. Cod. Jen. a. f. 96. Deutsch bey Walch XV. Anh. XXXIX.

Optimo Viro, D. Magistro Georgio Spalatino etc. suo in Christo Patrono.

Jesus.

Salutem. Primum omnium vide, mi Spalatine, ut pro me gratias agas illustrissimo Principi, qui me ferinis saginat, cum sim monachus. Cæterum hodie veniet R. P. Staupitius, et cum eo novus successor ejus M. Wenceslaus *). Heri enim nostri redierunt. Carolus Miltitius scripsit ad me has literas, qui in consessu Patrum publico orationem habuit, Italica pronuntiatione vestitam, petens consilium super me compescendo. Frustra enim rosam a se allatam videt, id quod et verbis obscure indicavit. Patres respondisse ferunt, sese nihil habere mecum, nec consilium nosse: de qua tamen re plenius hodie audiemus. Comites **) eundem tractarunt magnifice.

Mitto literas ex Antverpia datas a Priore loci ejusdem, ut videas, de me quid agatur. Langus noster (quod miror) Dresdensis Prior fit, Melchior Mirisch Gundensis: nescio an spiritu fortitudinis a) acti sint: adeo turbata sunt omnia

---

a) Am Rande hat Aurif. vertiginis.

---

*) St. hatte sein Amt niedergelegt. S. d. Br. a. Sp. v. 5. May.

**) Die Grafen von Mansfeld.

ad novum regnum novi Vicarii. Literas a Patre Jacobo Vogt accepisse te credo. Vale. Prima Septembris, anno MDXX.

F. Martinus Lutherus, August.

---

8. September.

N°. CCLVI.

An Spalatin.

Abermals über den Studenten-Aufruhr, weßwegen Sp. mit L. unzufrieden war, wie es scheint, durch Amsdorf aufgereizt. Von der Schrift an den chr. Adel d. N. Alvelden, der damals wieder etwas herausgegeben zu haben scheint, will L. nur gelegenheitlich antworten. Von der Verbesserung des Gehalts Melanchthons.

Bey Aurifaber I. 281. Vgl. Cod. Jen. a. f. 106. Deutsch bey Walch XXI. 716.

Erudito et pio Viro, Georgio Spalatino, Magistro, Principis Saxoniæ a sacris, suo in Christo amico.

Jesus.

Salutem. Diu non scripsi, expectans, dum resideret in te, quem amici suscitaverunt tumultum. Nec satis placet Amsdorfii nimia in alteram partem affectio. Nunquam passi sunt studentes, qualia cives: id quod illi parum curant, sua tantum incommoda sentientes. Sed de iis satis. Omnes de meis conviciis loquuntur, sed illorum nemo rationem habet. Ego sane parum moveor, si mei nominis concidat autoritas. Si quælibet increpatio convicium est, nemo prophetis criminantior est. Sed sic nostro sæculo sumus desueti audire veritatem contrariam nobis.

Lipsenses male vexat invidia, et sub persona Alveldii ludunt suas tragœdias: dabit eis Dominus aliquando suam mercedem. Classicum meum etsi nullis forte probabitur, mihi tamen probari necesse est, ad invadendam Antichristi Romani tyrannidem, totius orbis animas perdentem. Acutissimum est et vehementissimum, quo simul languidulos illos conviciatores, spero, faciam obstupescere. Alveldio non respondebitur, sed occasione ejus dabitur in lucem, quo magis viperæ irritentur.

De stipendio Philippi nihil scribo ad Principem, si tu non satis fueris. Quæ antea in eam rem *) scripsi, feci, ut homini nulla esset occasio migrandi unquam a nobis: si hoc fieri non potest, fiat Domini voluntas. Denique, ut uxore ducta diutius viveret, egi propter Evangelii incrementum: si nec hoc fieri potest, fiat quod potest. Timeo eum hoc vitæ genere non diu superstitem. Ego quod possum, pro verbo conor: forte indignus sum, qui promoveam aliquid. Vellem et ego, si Deo placeret, a docendo et prædicando absolvi: pæne me tædium cepit, videns parum fructus et gratitudinis erga Deum nasci: forte culpa tota mea est. Vale, et pro me ora. Die nativitatis Marianæ, anno MDXX.

Martinus Lutherus, August.

---

11. September.

N°. CCLVII.

An Spalatin.

L. sendet das Ergebniß der Verhandlung auf dem Augustiner-Convent in Eisleben, daß nämlich Staupitz und W. Link an ihn abgesendet worden, ihn zu bitten, daß er an den Papst schreiben und erklären solle, er habe seine Person nicht angreifen wollen: wozu auch L. bereit ist. Von einem Brief Huttens an L., worin er ihm meldet, daß er einen offenen Krieg gegen den Pabst führen werde, da er ihn zum Aeussersten getrieben. Der Erzbischof von Mainz habe H.'s und stillschweigend auch L.'s Bücher verboten. L. will sich an H. anschließen. Von Agricolas Hochzeit. Erklärung einer evangelischen Stelle.

Bey Aurifaber I. 282. Vgl. Cod. Jen. a. f. 97. Deutsch bey Walch XV. Anh. XIII.

Eruditissimo et integro Viro, Magistro Georgio Spalatino, a sacris Principalibus etc. suo in Domino Majori.

---

*) Rem muß, wie Walch mit Recht will, eingeschoben werden.

Jesus.

Salutem. Literas tuas ex Altenburgo datas heri accepi, mi Spalatine: sed posteriores ex Buttstet prius acceperam. Nihil actum est de me in Eisleben, nisi quod Carolus Miltitius consilio petito a Patribus tandem obtinuit, ut R. P. Staupitius et novellus Vicarius Wenceslaus ad me profecturi orarent me, ut literas privatim ad Rom. Pontificem scriberem, contestans, nihil me in personam suam unquam fuisse molitum, sperans hoc consilio rem bene habituram.

Etsi hoc apud me nihil facit, nec apud Patres, tamen mos geretur homini, forte per hoc suæ quoque causæ consulturo. Scribam itaque id quod res est, nihil unquam in me fuisse, quod in personam Pontificis raperetur: quid enim et facilius et verius scribere possum? Cæterum sedem ipsam et ne atrocius tractem inter scribendum, cavendum erit mihi: aspergetur tamen sale suo.

Hutten literas ad me dedit ingenti spiritu æstuantes in Rom. Pontificem, scribens se jam et literis et armis in tyrannidem sacerdotalem ruere: motus, quod Pontifex sicas et venenum ei intentarit, ac Episcopo Moguntino mandarit, captum et vinctum Romam mittere. O dignam (inquit) cæco Pontifice dementiam. Videbis exemplar, ubi recepero ab Henrico Stromero: is enim petivit videre.

Malorum causæ accedit, quod Episcopus Moguntinus per conciones mandavit, Hutteni nomine expresso, libros ejus contra Romanum Pontificem neque legi neque emi, sub excommunicationis sententia, adjecto in fine, eandem sententiam de similibus libris, ubi meos occulte taxat. Verum si et me ita nominatim tractaverit, jungam Hutteno et meum spiritum, ita me excusaturus, ut Episcopum Moguntinum non sim lætificaturus: forte finem tyrannidi suæ ipsi sibi accelerant hoc consilio.

Ad me redeo. Non fuerunt sex Doctores apud me, sed duo tantum Vicarii Staupitz et Wenceslaus cum aliquot fratribus. Quibus omnibus causa mea non displicet, displicet autem Romanensibus. Nuptias Eisleben magnifice ornavit illustriss. Princeps cervo donato: quare gratias pro nobis agas magnificas.

Illud quod petis ex Evangelio: *omni habenti dabitur et abundabit, non habenti autem auferetur et illud, quod habet* (seu ut alius Evangelista dicit) *quod videtur habere:* arbitror ab Augustino recte tractatum: esse scilicet hoc generale quoddam epiphonema, quo Dominus doceat, eis, qui sunt in gratia, et donis acceptis recte utuntur, assidue augescere, etiam acceptis iis, quæ in alios dispergenda erant, contra decrescere assidue, qui abutuntur. Spiritus enim dona quieta esse non possunt. Aut enim lucro, aut damno sunt possessori, cum sint res vivæ: id quod in corporalibus non fit.

Sic in Apocalypsi dicitur: *tene quod habes, ne alius accipiat coronam tuam.* Ita Judæis ablatum est regnum, auferturque quotidie, et datum est, daturque genti facienti fructus ejus, ut idem Dominus dixit. Idem negotii quoque assidue inter quoslibet pios et impios agitur, et semper Hebræi spoliant Aegyptios, et alius ædificat, alius inhabitat: sicut in lege Mosi prædixit.

Tu hæc boni consule, et vale in Domino. Cura autem, ne et Principi nostro pateat accessus passim, ne et ipsum petat veneno aliquis. Nihil non tentabunt Romanenses, nec potest satis Huttenus me monere: adeo mihi de veneno timet. Wittembergæ, undecima Septembris, anno MDXX.

Martinus Lutherus.

---

28. September.

N°. CCLVIII.

An Günther v. Bünau, Domherrn in Mersebarg.

L. berichtigt die falschen Nachrichten von einer Wittenberger Disputation, welche Verläumder ausgestreut hatten. Eck war mit der Bulle angekommen, aber L. voll gutes Muthes.

In den Unsch. Nachr. 1708. S. 465. Bey Strobel-Ranner p. 61.

Pio et erudito Viro, Dno. Gunthero de Bunau, Canonico Mersburgensis E., suo in Domino Patrono et Majori.

S. Ingentis tuæ in me fidei, vir optime, literas cum gaudio et miraculo legi. Quid enim non mentitur virulentus ille serpens antiquus? De disputatione sic habet. Præsidebat Carlstadius, ego cum cæteris more solito arguebam. Erat tum quæstio: an Christus in passione etiam reluctatus fuisset voluntati Patris? Petivit enim auferri calicem, quod utique est nolle et reluctari: deinde profert argumentum, ut nolens possit dici odiens et rebellis. Quæ ut negabantur, ita nec probabantur. Nihil enim assertum est, sed tantum controversum familiariter. Quanta, quæso, solemus dicere argumentantes etiam in sententias catholicas? Nonne etiam articulos fidei solemus impugnare? quid ergo insaniunt illi hodie mendaciis suis, dicentes, me asseruisse, cum argumentandi ritu oppugnarem duntaxat, nihil asserens, imo palam confitens, me non intelligere omnia mysteria passionis Christi? Nescio, an simul illud Apostoli tractaverimus: *eum qui non novit peccatum, fecit peccatum*, et alia quædam, quæ Christo peccatum, maledictum, desperationem tribuunt, qualia solet Paulus et prophetæ, quæ cum nondum capiamus, justum est, ut nihil adseramus. Ego plane de ista materia dolorum Christi nihil unquam publice disputavi, sic nec scio præter id argumenti, quod supra dixi. Si quis aliud de me dixerit, poteris constanter eum mendacii arguere teste vel toto auditorio nostro. Desinant itaque virulenti argumentantem criminari, aut suum Thomam, qui omnia Christiana impugnat, arguendo pro et contra, prius damnent. An volent nos capere, ne liceat disputandi ritu et discendi gratia articulos fidei impugnare? Pudet me per ista commenta nihili vel te unum sic commoveri. Sed habes factum et mentem meam.

De Eccio nihil adhuc scio, nisi venisse eum barbatum, bullatum, nummatum. Det Dominus, ut unus sit articulorum damnatorum: saccum Mendicantium nullum esse, optandum. Ridebo et ego bullam sive ampullam. Mitto Marferium. Dominus conservet te in æternum, Amen. Mi carissime Gunthere, vale. Witteb. die Wenceslai MDXX.

1. October.

N°. CCLIX.

An Conrad Saum, Prediger in Brackenheim.

L. freut sich, daß S. an der reinen Lehre Christi hält, und ermahnt ihn und sich selbst zur Standhaftigkeit, in Beziehung auf den Schlag, den Eck mit seiner Bulle gegen ihn führen wolle.

l Bey Aurifaber I. 285. Deutsch bey Walch XXI. 717.

Frater Martinus Lutherus Augustin. ad Conradum Saum, Concionatorem in Brackenheim.

Salutem. Insigni te mihi elogio commendavit hic Magister Heilingen, Conrade, pietate et eruditione perspecta: nec parum me lætificavit, quod tuo cordi constanter insidere testabatur puram illam et sinceram Christi doctrinam, cui strenue resistunt sophistæ armis et insidiis, et quibus modis possunt, ministrante Satana, quem harum in eis turbarum esse ducem, quis non videt?

Non enim est nobis colluctatio adversus carnem et sanguinem, sed contra spirituales nequitias, in cœlestibus harum tenebrarum rectores. Constantes ergo simus, et vicissim nostri quoque ducis audiamus classicum, quo insonat: estote fortes in bello, et pugnate cum antiquo serpente, et accipietis regnum æternum. Neque enim nobiscum pugnat Satan iste, sed cum Christo, qui pugnat in nobis, qui major est quam is, qui in mundo est. Nova bella eligit sibi Dominus, ait Debora, Judicum VII. (?) et nos quoque non nostra, sed Domini bella bellamus. Confortare ergo, et esto robustus: si Deus pro nobis, quis contra nos?

Dices, quid ista? Nempe quod futurum est, ut audias Eccio Legato Romanum Pontificem durissima Bulla in Lutherum libellosque ejus esse grassatum, ac omnes, qui adhærent et sequuntur. Agit modo Lipsiæ miserum hoc Satanæ organum, bullam suam ebuccinans ingenti pompa et gloria. Ego quid futurum sit, adhuc ignoro, nec ut sciam, solicitus sum: certus quod is, qui in cœlo sedet, omnium curam gerens, ab æterno prævidit hujus rei ortum, progressum et finem, quem expecto: quocunque sors ceciderit, me non movebit. Quia non nisi ipsius optima voluntate cadet, quocunque cadet, qui ut errare non potest, ita placere nulli non debet. Nolite ergo soliciti esse: scit Pater vester, quibus indigeatis, antequam rogetis eum, folium arboris non cadit in terram sine ejus voluntate: quanto minus nos nusquam cademus, nisi quo ille nos volet cadere.

His visum est te adhortari mecum, ut, si spiritus potestatem habens ascenderit super te, locum tuum non dimittas, sed teneas quod habes, ne alius accipiat coronam tuam. Parum est, nos pro verbo mori, aut perire, cum ipsum incarnatum pro nobis prius mortuum sit: resurgemus cum eo, cum quo perimus, et qui transivimus, quo ipsum transivit, simul eo etiam perveniemus, quo ipsum pervenit: et cum eo manebimus in æternum. Vide itaque, ne vocationem tuam tam sanctam vilem habeas, sed gratus in ea per omne malum perseveres. Veniet et non tardabit, qui eruet nos ab omni malo. Vale in Domino Jesu Christo, qui confortet et servet spiritum et intelligentiam nostram, Amen. Wittembergæ, calendis Octobris, anno MDXX.

Martinus Lutherus.

---

3. October.

N°. CCLX.

An Spalatin.

Den Miltitzen versprochenen Brief an den Pabst will L. nunmehr nicht schreiben, weil man sage, daß Eck in Leipzig mit der Bannbulle gegen ihn angekommen sey. Er läßt es dahin gestellt seyn, ob er den Kurfürsten für sich und seine Bücher um Schutz bitten solle, da diese keinen Werth hätten. Ueber den aus Italien geschehenen Vorschlag einer Art von Mission nach Italien. Von Eck's übler Aufnahme in Leipzig, der baldigen Vollendung der Schrift de captivitate ecclesiæ u. a. m.

Bey Aurifaber I. 284. Vgl. Cod. Jen. a. £ 99. Deutsch bey Walch XV. Anh. XL.

Eruditissimo et integro Viro, Magistro Georgio Spalatino, a sacris principalibus, suo in Domino Majori. a)

Jesus.

Salutem. Multas ex te literas accepi, mi Spalatine, mirorque nondum ad te pervenisse eas, quibus respondi tuis ex Buttstet datis. Nihil enim aliud posteriores, quam illæ, petierunt, scilicet de missis Patribus ad me ex Eisleben; sed adhuc spero interim ad te venisse. Carolus enim petiit, ut privatim Romano Pontifici scriberem, expurgans, non esse personam suam a me taxatam. Id nondum feci, jam non facturus, postquam Eccius Lipsiæ bullas ac diras in me paratas habere auditus est. Adhuc ignoratum, quid moliatur.

Multis visum est, ut Principem nostrum rogarem, quo edictum imperiale mihi impetraret, ne quis nisi Scriptura convictum damnaret, aut libellos meos inhiberet. Tu videris, an sit consultum: ego segnius id curo, quod indigne feram libellos meos adeo multiplicari, optemque eos in universum semel concidere, quod sint confusanei et impoliti, quanquam res ipsas cupiam omnibus esse cognitas. Sed non omnes aurum e luto colligere possunt, nec est opus, cum abundent literæ meliores et sacri libri. Hoc magis cuperem, si vivos libros, hoc est, concionatores possemus vel multiplicare, vel tutos facere, qui eadem vulgo traderent: de qua re mitto tibi ea, quæ ex Italia mihi missa sunt.

Si Princeps noster hic vellet, credo, vix queat sese magis dignum opus facere. Si enim Italiæ quoque vulgus ea caperet, robustius forte nostra causa staret. Quis scit, an illos Deus suscitet, et Principem nostrum hoc nomine nobis servet, ut per eum suo verbo cooperetur? Vide ergo, quid hic queas pro Christi causa promovere. Is, qui e Venetiis scribit, frater est Lazari Spengler, qui e Nurmberga ad me misit exemplar istud.

Liber de captivitate Ecclesiæ sabbato exibit, et ad te mittetur. Carlstadius et ipse jacta alea in Pontificem Rom.

---

a) Cod. J. Erudito et pio Viro, D. Georgio Spalatino, Christi servo, suo in Domino amico.

cornua sumit *). Hac hora mihi refertur, Eccium Lipsiæ et male tutum et contemtum haberi, multisque diplomatibus passim affixis irrideri, longeque aliam faciem et mentem Lipsiæ eum invenire, quam sperasset: non est enim, qualis ante annum. Denique hospitio mutato in monasterio Prædicatorum divertitur: jactatur palam, eum non evasurum insidias, nec reversurum *Ingolstadium*. Nollem eum occidi: quanquam optem ejus consilia irrita fieri. Dominus faciat, quod bonum est in oculis suis.

Nova apud nos nulla, nisi bellum Prussinum. Episcopus Moguntinus libellos Hutteni, et qui contra Papam editi, publice mandat inhiberi, provocaturus malum in caput suum. Huttenus ingenti spiritu accingitur in Rom. Pontificem armis et ingenio rem tentans. Adrianus noster, nescio qua furia raptus, in me graviter insanit, forte occasionem quærens discedendi. Nihil homini feci: conciones meas insectatur, paratus me docere Evangelium, qui Moisen suum non intelligit. Varie interpretamur ejus vesaniam, sed sine, tempus hæc revelabit. Vale in Domino. Vigilia Francisci, anno MDXX.

Martinus Lutherus, August.

---

6. October. **)

N°. CCLXI.

An Herrmann Tulich, Professor zu Wittenberg.

Die ganze Schrift de captivitate Babylonica Ecclesiæ ist an diesen H. Tulich gerichtet; aber die Briefform ist sehr unbestimmt gehalten, und verliert sich am Ende ganz: daher wir nur den Anfang aufnehmen. L. widerruft hier

---

*) Carlstadt stellte Theses auf: Conclusiones decem per Andr. Bodenstein Wittembergæ disputatæ, unter welchen folgende war: Sequitur ergo, quod Leo X excommunicare non potest. Vgl. Melch. Adami vitæ Germ. Theologorum p. 51. Als Carlstadt von Eck mit in den Bann gezogen wurde, gab er zwey Schriften heraus, die eine, Bedingung betitelt, die andere von päpstlicher Heiligkeit, auch legte er eine Protestation ein. S. Planck I. 333. Aber das alles geschah wohl später.

**) S. d. vorigen Brief v. 3. Oct.

seine früheren Ansichten vom Ablaß, worüber er durch seine Gegner eines Bessern belehrt sey.

Die erste Ausgabe dieser Schrift ist: De Captivitate Babylonica Ecclesiæ Præludium M. L. Wittembergæ, 11 Bogen ohne Randglossen, am Schlusse die Strophe des alten Hymnus: Hostis Herodes impie etc. Die übrigen Ausgaben verzeichnet Veesenmeyer Literargeschichte S. 137. f. Sonst findet sie sich Viteb. II. 66. Jen. II. 259. Deutsch Altenb. VI. 1371. Leipz. XVII. 511. Walch XIX. 1.

Martinus Lutherus August. Hermanno Tulichio suo S.

Velim, nolim, cogor indies eruditior fieri, tot tantisque magistris certatim me urgentibus et exercentibus. De indulgentiis ante duos *) annos scripsi, sed sic ut me nunc mirum in modum pœniteat editi libelli. Hærebam enim id temporis magna quadam superstitione Romanæ tyrannidis, unde et indulgentias non penitus rejiciendas esse censebam, quas tanto hominum consensu cernebam comprobari. Nec mirum, quia solus tum volvebam hoc saxum. At postea beneficio Sylvestri et fratrum adjutus, qui strenue illas tutati sunt, intellexi, eas aliud non esse quam meras adulatorum Romanorum imposturas, quibus et fidem Dei et pecuniam hominum perderent. Atque utinam a bibliopolis queam impetrare, et omnibus, qui legerunt, persuadere, ut universos libellos meos de indulgentiis exurant, et pro omnibus, quæ de eis scripsi, hanc propositionem apprehendant.

Indulgentiæ sunt adulatorum Romanorum nequitiæ etc.

---

*) Es waren fast 3 J. verflossen.

11. October. *)

N°. CCLXII.

An Spalatin.

L. übersendet ein Exemplar der von Eck gebrachten päpstlichen Bulle (Eck hatte sie d. 3. Oct. dem Rector der Universität zu W. zugeschickt [s. dessen Brief Jen. I. 315.], dieser aber hatte sie nicht publicirt, weil sie ihm nicht förmlich, sondern heimlich zugekommen war, und man in Wittenberg Eck verachtete, und hatte deßwegen an den Kurfürsten geschrieben. Burkards Brief an Laz. Spengler in der Geschichte der durch Publikation der Bulle erregten Unruhen S. 69. vgl. Plank I. 305. f.) L. ist mit Unwillen und Muth erfüllt, und will die Bulle, als erdichtet, in einer Schrift angreifen. In derselben Stunde war er im Begriff, nach Lichtenberg zu einer Unterredung mit Miltitz zu reisen. Dieser hoffte nämlich die Sache noch gütlich beyzulegen, und Ecks Triumph zu vereiteln.

Bey Aurifaber I. 283. Vgl. Cod. Jen. a. f. 100. Deutsch bey Walch XV. Anh. XLI.

Suo in Domino charissimo, Georgio Spalatino, Viro pio et erudito, a sacris principalibus Saxoniæ, in aula imperatoria agenti.

J e s u s.

Salutem. Venit tandem bulla ista Romana per Eccium allata, de qua nostri scribunt ad Principem plura. Ego eam contemno, et jam invado tanquam impiam et mendacem omnibusque modis Eccianam. Vides in ea damnari Christum ipsum, deinde nihil afferri causæ, tandem me vocari non ad audientiam, sed ad palinodiam, ut scias eos plenos esse furore, cæcitate et amentia, qui nihil videant neque cogitent. Agam tamen adhuc presso nomine Papæ, tanquam in effictam et mentitam bullam, quanquam credo veram et propriam esse eorum. O utinam Carolus *) vir esset, et pro Christo hos Satanas aggrederetur.

*) Das Datum im Text ist falsch. Nach dem Briefe des Prälaten von Lichtenberg bey Walch XV. 947. kam Luther daselbst am 11. October an, und reiste am 13. wieder ab. Die Unterredung selbst hatte den 12. Statt.

**) Der Kaiser.

Ego sane mihi nil metuo: fiat, quod voluntas Dei volet. Nec quid Principi faciendum sit, scio, nisi quod dissimulari mihi hic optimum videtur. Nam et Lipsiæ et ubique tam bulla quam Eccius contemtissimi sunt: unde hoc suspicor, ne autoritatem sibi acquirat nimia forte nostra cura aut solicitudine, quæ in se ipsa facile corruens quiescet. Mitto exemplar ejus, ut videas monstra Romana. Quæ si dominentur, actum est de fide et Ecclesia.

Gaudeo tamen toto corde mihi pro optima causa inferri mala, neque dignus sum tam sancta vexatione. Jam multo liberior sum, certus tandem factus, Papam esse Antichristum, et Satanæ sedem manifeste inventam. Tantum servet Deus suos, ne seducantur ejus impiissima specie. Erasmus scribit aulam imperatoris esse mendicotyrannis *) occupatam, ut nulla in Carolo spes esse possit: nec mirum, *nolite confidere in principibus, in filiis hominum, in quibus non est salus.*

Ego hac hora Lichtenbergam vado, Carolo Miltitio iterum mei copiam facturus, sicut Princeps ordinavit, quanquam invito Præceptore **), nescio quanta metuente. Vale, et ora pro me [a]). Ego appellationem meam innovabo, et consilio nostrorum agam, quæ agenda sunt: quanquam mallem Bullæ processum ire in me, sed aliorum quoque ratio habenda est. Wittembergæ, anno MDXX, die 13 Octobris.

Martinus Lutherus, August.

---

a) Im Cod. Jen. fehlt das Lebe wohl.

---

*) D. i. Mönchen.

**) Melanchthon, der ihn jedoch begleitete.

Am 12. oder 13. October.

N°. CCLXIII.

An Spalatin.

L. berichtet, daß er mit Miltitz übereingekommen, einen Brief in deutscher und lateinischer Sprache, und zwar einer kleinen Schrift (de libertate christiana, von der Freyheit eines Christenmenschen) beygefügt, zu schreiben. Wir lassen diesen Brief folgen.

Bey Aurifaber I. 230. b. Vgl. Cod. Jen. a. f. 70. Deutsch bey Walch XV. 933.

Viro pio et erudito, Domino Georgio Spalatino, a sacris ducalibus Saxoniæ, suo in Christo amico.

Jesus.

Salutem. Convenimus Lichtenbergæ, mi Spalatine, D. Carolus Miltitius et ego, quantumque ex eo audio, magna spe statuimus, ut ego ad summum Pontificem epistolam edam utraque lingua, præfixam parvulo alicui opusculo, in qua narrem historiam meam, et quod [a]) non unquam personam ejus appetierim, totum pondus in Eccium versurus.

Quæ omnia cum ita vere se habeant, facile facio, et quam possum humillime offeram silentium: modo cæteri quoque sileant, ut nihil videar omittere, quod in me ad pacem quoquo modo facere possit, desiderandum: id quod semper facere paratus fui, quod non ignoras. Parabo itaque hæc ante omnia propediem: si eveniet, quod speramus, bene factum est: sin aliud erit, id quoque bonum erit, quia domino placitum erit. Lichtenbergæ Antonianæ, anno MDXX.

Martinus Lutherus, Augustinianus.

a) Cod. Jen. quam.

Nach dem 13. October. *)

N°. CCLXIV.

An den Papst Leo X.

L. betheuert, daß er nie die Person des Pabstes angegriffen, sondern immer mit Ehrfurcht von ihm gesprochen habe. Den römischen Hof habe er angegriffen, dieser sey aber auch im höchsten Grade verderbt, und der Papst zu beklagen, der sich mitten in dieser Verderbniß befinde; gleichwohl sey er auch zu diesem Schritt nur durch Eck und Andere hingetrieben worden. Er erzählt die Verhandlungen mit Cajetan und Miltitz, und daß er diesem versprochen habe, an den Papst zu schreiben. Er sey zu Allem erbötig, nur nicht zum Widerruf und zum Aufgeben der Freyheit der Schrifterklärung. Er ermahnt den Papst, nicht den Schmeichlern, sondern denjenigen Gehör zu geben, welche die Wahrheit sagen.

Dieser Brief erschien lateinisch unter dem Titel Epistola Lutheriana ad Leonem X. summum pontificem Liber de libertate christiana etc. Viteb. 1520. 4. und deutsch, von Luther selbst übersetzt, unter dem Titel: Sendbrief an den Papst Leo den Zehenten, D. M. Luther, aus dem Latein ins Deutsch verwandelt. Wittenb. 1520. 4. s. Panzer Ann. der ältern deutsch. litt. Zusätze S. 187. No. 974. qqq. Lateinisch befindet er sich bey Aurifaber I. 255. Viteb. II. 1. Jen. I. 432. Deutsch Wittenb. VII. 48. Altenb. I. 353. Leipz. XVII. 299. Walch XV. 934. Wir geben beyde Texte, weil sie beyde als Urschrift zu betrachten, nach den ersten Wittenberger Urausgaben.

Jesus.

Leoni X. Pontifici Romano Martinus Lutherus salutem in Christo Jesu Domino nostro, Amen.

Inter monstra hujus sæculi, cum quibus mihi jam in tertium annum res et bellum est, cogor aliquando et ad te suspicere tuique recordari, Leo, Pater beatissime: imo, cum tu solus mihi belli causa passim habearis, non possum unquam tui

*) Der Brief wurde nach der Verabredung mit Miltitz auf den 6. Sept. zurückdatirt. S. Plank I. 308. Bey Aurif. und Jen ist der Brief sogar vom 6. April datirt.

non meminisse. Et quanquam impiis adulatoribus tuis, in me sine causa sævientibus, coactus fuerim [a]) a sede tua ad futurum provocare concilium, nihil veritus Pii et Julii tuorum prædecessorum vanissimas constitutiones, id ipsum stulta tyrannide prohibentium: non tamen unquam interim animum meum a tua Beatitudine sic alienavi, ut non totis viribus optima quæque tibi sedique tuæ optarim, eademque sedulis atque [b]) quantum in me fuit, gemebundis precibus apud Deum quæsierim. Atqui eos, qui me autoritatis et nominis tui majestate hactenus terrere conati sunt, pæne contemnere ac triumphare cœpi. Unum superesse video, quod contemnere non possum, quæ causa fuit, ut denuo scriberem ad tuam Beatitudinem: hæc est, quod accusari me, et magno verti mihi vitio intelligo meam temeritatem, qua nec tuæ personæ pepercisse judicor.

Ego vero, ut rem aperte confitear, conscius mihi sum, ubicunque tuæ personæ meminisse oportuit, non nisi magnifica et optima de te dixisse. Si vero a me secus factum esset, ipsemet nullis modis probare possem, et illorum de me judicium omni calculo juvarem, nihilque libentius quam palinodiam hujus temeritatis et impietatis meæ canerem. Appellavi te Danielem in Babylone, et innocentiam tuam insignem adversus contaminatorem tuum Silvestrum quam egregio studio tutatus sim, quivis lector intelligit abunde: scilicet celebratior et augustior est in omni terrarum orbe tot tantorum virorum literis cantata opinio, et vitæ tuæ inculpatæ fama, quam ut a quovis vel maximi nominis possit quavis arte impeti. Non sum tam stultus, ut eum incessam, quem nullus non laudat: quin et mei studii fuit, eritque semper, nec eos incessere, quos publica fama fœdat. Nullius enim delector crimine, qui et ipse mihi satis conscius sum magnæ trabis meæ in oculo meo, nec primus esse queam, qui in adulteram [c]) lapidem mittat.

Communiter quidem in impias doctrinas invectus sum acriter, et adversarios, non ob malos mores, sed ob impie-

a) Aurif. fui.
b) Aurif. et.
c) Aur f. alteram.

tatem, non segniter momordi. Cujus me adeo non pœnitet, ut animum induxerim, contemto hominum judicio, in ea vehementia zeli perseverare, Christi exemplo, qui genimina viperarum, cæcos hypocritas, filios diaboli, suos adversarios pro zelo suo appellat. Et Paulus filium diaboli, plenum omni dolo et malitia magum criminatur, canes, subdolos, cauponatores quosdam traducit: ubi, si des molliculos istos auditores, nihil erit Paulo mordacius et immodestius. Quid mordacius prophetis? Nostri sane sæculi mores [d]) ita delicatos reddidit adulatorum vesana multitudo, ut, quam primum nostra non sentiamus probari, morderi nos clamemus, et cum veritatem alio titulo repellere nequeamus, mordacitatis, impatientiæ, immodestiæ prætextu fugimus. Quid proderit sal, si non mordeat [e])? Quid os gladii, si non cædat? Maledictus vir, qui facit opus Domini fraudulenter.

Quare, optime Leo, his me literis rogo expurgatum admittas, tibique persuadeas, me nihil unquam de persona tua mali cogitasse: deinde me talem esse, qui tibi optima velim contingere in æternum, neque mihi cum ullo homine de moribus, sed de solo verbo veritatis esse contentionem: in omnibus aliis cedam cuivis; verbum deserere et negare nec possum, nec volo. Qui aliud de me sentit, aut aliter mea hausit, non recte sentit, nec vera hausit.

Sedem autem tuam, quæ Curia Romana dicitur, quam neque tu, neque ullus hominum potest negare, corruptiorem esse quavis Babylone et Sodoma, et quantum ego capio, prorsus deploratæ, desperatæ atque conclamatæ impietatis, sane detestatus sum, indigneque tuli, sub tuo nomine et prætextu Romanæ Ecclesiæ, ludi Christi populum: atque ita restiti, resistamque, dum spiritus fidei in me vixerit. Non quod ad impossibilia nitar, et sperem mea solius opera, tot repugnantibus furiis adulatorum, quidquam promoveri in ista Babylone confusissima: sed quod debitorem me agnoscam fratrum meorum, quibus consuli a me oportet, ut vel pauciores, vel mitius a Romanis pestibus perdantur. Neque enim aliud e Roma jam a multis annis inundat (quod non

d) Aurif. Vit. Jen. aures — delicatas.
e) Aurif. morderet.

ignoras ipse) quam vastitas rerum, corporum, animarum et omnium pessimarum rerum pessima exempla. Luce enim hæc omnia clariora sunt, et facta est e Romana Ecclesia, quondam omnium sanctissima, spelunca latronum licentiosissima, lupanar omnium impudentissimum, regnum peccati, mortis et inferni, ut ad malitiam quod accedat, jam cogitari non possit, ne Antichristus quidem, si venerit.

Interim tu, Leo, sicut agnus in medio luporum sedes, sicut Daniel in medio leonum, et cum Ezechiele inter scorpiones habitas. Quid his monstris unus opponas? Adde tibi eruditissimos et optimos Cardinales tres aut quatuor: quid hi inter tantos? ante veneno omnibus pereundum vobis, quam de remedio statuere præsumeretis. Actum est de Romana Curia, pervenit in eam ira Dei usque in finem. Concilia odit, reformari metuit, furorem impietatis suæ mitigare nequit, et implet matris suæ elogium, de qua dicitur: *curavimus Babylonem, et non est sanata: derelinquamus eam.* Officii quidem tui Cardinaliumque tuorum fuerat, his malis mederi: sed ridet medicam ista podagra manum, et nec currus audit habenas. Hac affectione tractus dolui semper, optime Leo, his sæculis te Pontificem factum, qui melioribus dignus eras. Non enim Romana Curia meretur te tuique similes, sed Satanam ipsum, qui et vere plus quam tu in Babylone ista regnat.

O utinam deposita ista, quam tibi gloriam esse jactant hostes tui perditissimi, privato potius sacerdotiolo, aut hæreditate paterna victitares: hac gloria gloriari non sunt digni, nisi Schariotides, filii perditionis. Quid enim facis in Curia, mi Leo, nisi ut [f]) quo quisque est sceleratior et execratior, eo felicius utatur tuo nomine et autoritate, ad perdendas hominum pecunias et animas, ad multiplicanda scelera, ad opprimendam fidem et veritatem, cum tota Ecclesia Dei? O revera infelicissime Leo, et periculosissimo sedens solio. Veritatem enim tibi dico, quia bona tibi volo. Si enim Bernardus suo Eugenio compatitur, cum adhuc meliore spe Romana sedes[g]), licet tum quoque corruptissima, imperaret:

---

f) Aurif. Vit. Jen. — ut.
g) Aurif. — Rom. sedes.

quid nos non queramur, quibus in trecentis annis tantum accessit corruptionis et perditionis?

Nonne verum est, sub vasto isto cœlo nihil esse Romana Curia corruptius, pestilentius, odiosius? Incomparabiliter enim Turcarum vincit impietatem, ut revera, quæ olim erat janua cœli, nunc sit patens quoddam os inferni, et tale os, quod urgente ira Dei obstrui non potest, uno tantum relicto miseris consilio, si queamus aliquot a Romano (ut dixi) isto hiatu revocare et servare.

Ecce, mi Leo Pater, quo consilio, qua ratione in sedem istam pestilentiæ debacchatus sim. Tantum enim abest, ut in tuam personam sævirem, ut sperarem etiam gratiam initurum me, et pro tua salute staturum, si carcerem istum tuum, imo infernum tuum strenue et acriter pulsarem. Tibi enim tuæque saluti profuerit, et tecum multis aliis, quicquid in impiæ hujus Curiæ confusionem moliri potest omnium ingeniorum impetus. Tuum officium faciunt, qui huic male faciunt: Christum glorificant, qui eam omnibus modis execrantur: breviter, Christiani sunt, qui Romani non sunt.

Sed ut amplius loquar, nec hoc ipsum unquam super cor meum ascendit, ut in Romanam Curiam inveherer, aut quicquam de ea disputarem. Videns enim desperata omnia salutis remedia, contemsi, et dato repudii libello dixi ad eam: *qui sordet, sordescat adhuc, et qui immundus est, immundus sit adhuc*: tradens me placidis et quietis sacrarum literarum studiis, quibus prodessem fratribus circum me agentibus.

Hic cum nonnihil proficerem, aperuit oculos suos Satan, et servum suum Johannem Eccium, insignem Christi adversarium, exstimulavit indomita gloriæ libidine, ut me traheret in harenam insperatam, captans me in uno verbulo, de primatu Romanæ Ecclesiæ, mihi obiter elapso. Hic Thraso ille gloriosus spumans et frendens jactabat, pro gloria Dei, pro honore sanctæ Sedis Apostolicæ omnia se ausurum, et de tua inflatus abutenda sibi potestate, nihil certius expectabat quam victoriam, non tam primatum Petri, quam suum principatum inter theologos hujus sæculi, quærens, ad quem non parvum momentum habere ducebat, si Lutherum duceret in triumpho. Quod ubi sophistæ infeliciter cessit, incredibilis furia hominem exagitat. Sentit enim sua culpa solius factum esse, quicquid Romanæ infamiæ per me natum est.

Atque (sine me, quæso, optime Leo, hic et meam aliquando causam agere, verosque tuos hostes accusare) notum esse arbitror tibi, quid mecum egerit Cardinalis S. Sixti, Legatus tuus, imprudens et infelix, imo infidelis, in cujus manu, ob tui nominis reverentiam, cum me et omnia mea posuissem, non hoc egit, ut pacem statueret, quam uno verbulo potuisset facile statuere, cum ego tum promitterem silentium et finem causæ meæ facturum, si adversariis idem mandaretur. At homo gloriæ non contentus eo pacto, cœpit adversarios justificare, licentiam aperire, et mihi palinodiam mandare: id quod in mandatis prorsus non habuit. Hic sane, ubi causa in optimo loco erat, illius importuna tyrannide venit in multo pejorem, unde, quicquid post hæc secutum est, non Lutheri, sed Cajetani tota culpa est, qui, ut silerem et quiescerem, non est passus, quod tum summis viribus poscebam. Quid enim facere amplius debui?

Secutus est Carolus Miltitius, et ipse B. T. nuntius, qui multo et vario negotio cursans et recursans, nihilque omittens, quod ad reparandum causæ statum, quem Cajetanus temere et superbe turbaverat, pertineret, vix tandem, etiam auxilio illustrissimi Principis Friderici Electoris, effecit, ut semel et iterum familiariter mecum loqueretur. Ubi denuo tuo nomini cessi, paratus silere, acceptans etiam judicem vel Archiepiscopum Treverensem, vel Episcopum Numburgensem. Atque ita factum et impetratum. Dum hæc spe bona aguntur, ecce alter et major hostis tuus, irruit Eccius cum disputatione Lipsica, quam instituerat contra D. Carlstadium, et nova accepta de primatu Papæ quæstione, in me vertit insperatum arma, et penitus hoc consilium pacis dissipat. Expectat interim Carolus Miltitius, disputatur, judices eliguntur, nec hic aliquid decernitur. Nec mirum quando Eccii mendaciis, simulationibus, technis omnia ubique erant turbatissima, exulceratissima, confusissima, ut quocunque inclinasset sententia, majus esset exoriturum incendium. Gloriam enim, non veritatem quærebat. Nihil etiam hic omisi, quod a me fieri oporteret.

Et fateor, hac occasione non parum venisse ad lucem Romanarum corruptelarum, sed in qua, si quid peccatum est, Eccii culpa est, qui onus supra vires suscipiens, dum gloriam suam furiose captat, ignominiam Romanam in totum orbem revelat.

Hic est ille hostis tuus, mi Leo, seu potius Curiæ tuæ: hujus unius exemplo discere possumus, non esse hostem adulatore nocentiorem. Quid enim sua adulatione promovit, nisi malum, quod nullus regum promovere potuisset? Fœtet enim hodie nomen[h]) Romanæ Curiæ in orbe, et languet papalis autoritas, famosa inscitia male audit, quorum nullum audiremus, si Eccius Caroli et meum de pace consilium non turbasset: id quod non obscure et ipse sentit, sero et frustra indignatus in libellorum meorum editionem. Hoc debebat tum cogitare, cum totus in gloriam, sicut hinniens emissarius, insaniret, neque alia, quam sua in te, tuo tamen maximo periculo, quæreret. Sperabat homo vanissimus, me formidine nominis tui cessurum et taciturum (nam de ingenio et eruditione non credo quod præsumserit): nunc cum nimio me confidere et sonare videat, sera pœnitentia temeritatis suæ, intelligit esse in cœlo, qui superbis resistat, et præsumentes humiliet, si tamen intelligit.

Nihil itaque hac disputatione promoventibus nobis, nisi majorem confusionem Romanæ causæ, jam tertio Carolus Miltitius Patres ordinis capitulo congregatos adit, consilium petit componendæ causæ, quæ jam disturbatissima et periculosissima esset. Mittuntur hinc ad me, cum viribus in me (Deo propitio) non sit spes grassandi, aliquot celebriores ex illis, qui petunt, ut saltem tuæ Beatitudinis personam honorem, et literis humilitatis excusem innocentiam et tuam et meam: esse adhuc rem non in extremo desperationis loco, si Leo X. pro sua innata bonitate manum admoveret. Hic ego, qui semper pacem et obtuli et optavi, ut placidioribus et utilioribus studiis inservirem, cum et in hoc ipso tantum spiritu sim tumultuatus, ut eos, quos mihi longissime impares esse videbam, magnitudine et impetu tam

h) Aurif. Rom. Cur. nomen.

verborum quam animi compescerem, non modo libens cessi, sed et cum gaudio et gratitudine acceptavi, ut gratissimum[i]) beneficium, si dignum fuerit spei nostræ satisfacere.

Ita venio, beatissime Pater, et adhuc prostratus rogo, si fieri potest, manum apponas, et adulatoribus istis, pacis hostibus, dum pacem simulant, frenum injicias. Porro palinodiam ut canam, beatiss. Pater, non est quod ullus præsumat, nisi malit adhuc majore turbine causam involvere. Deinde leges interpretandi verbi Dei non patior, cum oporteat verbum Dei esse non alligatum, quod libertatem docet omnium aliorum. His duobus salvis, nihil est, quod non facere et pati possim, ac libentissime velim. Contentiones odi, neminem provocabo, sed provocari rursus nolo: provocatus autem, Christo magistro, elinguis non ero. Poterit enim T. B. brevi et facili verbo, contentionibus istis ad se vocatis et extinctis, silentium et pacem utrinque mandare, id quod semper audire desideravi.

Proinde, mi Leo Pater, cave, Sirenas istos audias, qui te non purum hominem, sed mixtum Deum faciunt, ut quævis mandare et exigere possis. Non fiet ita, nec prævalebis: servus servorum es, et præ omnibus hominibus miserrimo et periculosissimo loco. Non te fallant, qui te Dominum mundi fingunt, qui sine tua autoritate nullum Christianum esse sinunt, qui te in cœlum, infernum, purgatorium aliquid posse garriunt. Hostes hi tui sunt, et animam tuam ad perdendum quærunt, sicut Isajas dicit: *Popule meus, qui te beatum prædicant, ipsi te decipiunt.* Errant, qui te supra concilium et universalem Ecclesiam elevant: errant, qui tibi soli Scripturæ interpretandæ jus tribuunt. Suas enim hi omnes impietates sub tuo nomine statuere in Ecclesia quærunt: et, proh dolor, multum per eos Satan profecit in tuis prædecessoribus.

Summa, nullis crede, qui te exaltant, sed iis[k]), qui te humiliant. Hoc enim est judicium Dei: deposuit potentes de sede, et exaltavit humiles. Vide, quam dispar sit Christus suis successoribus: cum tamen omnes velint ejus esse vicarii:

---

i) Aurif. gravissimum.

k) Aurif. — iis.

et metuo, ne revera plurimi eorum sint et nimium serio vicarii ejus. Vicarius enim absentis Principis est. Quod si Pontifex absente Christo, et non inhabitante in corde ejus præsit: quid aliud, quam vicarius Christi est? At quid tum illa Ecclesia, nisi multitudo sine Christo est? Quid vero talis vicarius nisi Antichristus et idolum est? Quanto rectius Apostoli, qui se [1]) servos Christi appellant præsentis, non vicarios absentis.

Impudens forte sum, tantum verticem visus docere, a quo doceri omnes oportet, et, sicut jactant pestilentiæ tuæ, a quo judicantium throni accipiunt sententiam: sed æmulor S. Bernardum in libello de Consideratione ad Eugenium, omni Pontifici memoriter noscendo. Neque enim docendi studio, sed puræ fidelisque solicitudinis officio hoc facio, quæ cogit nos etiam omnia tuta vereri proximis nostris, nec patitur rationem dignitatis aut indignitatis haberi, solis periculis et commodis alienis intenta. Cum enim sciam T. B. versari et fluctuari Romæ, id est, medio mari infinitis periculis undique urgente, et ea te miseriæ conditione laborantem, ut etiam cujusque minimi fratris minima ope indigeas: non videor mihi absurdus, si interim Majestatis tuæ obliviscar, dum officium charitatis implevero: nolo adulari in re tam seria et periculosa, in qua si amicus esse et plus quam subjectissimus tibi non intelligar, est, qui intelligat et judicet.

In fine, ne vacuus advenerim B. T., mecum affero tractatulum hunc, sub tuo nomine editum, velut auspicio pacis componendæ, et bonæ spei, in quo gustare possis, quibusnam studiis ego malim et possim fructuosius occupari, si per impios adulatores tuos liceret, et hactenus licuisset. Parva res est, si corpus spectes, sed summa, ni fallor, vitæ christianæ compendio congesta, si sententiam captes. Neque habeo pauper aliud, quo gratificer, nec tu alio eges, quam spirituali dono augeri. Quo et me ipsum Paternitati et B. tuæ commendo, quam Dominus Jesus servet in perpetuum, Amen. Wittembergæ, anno MDXX, sexta Septembris.

1) Aurif. servos Chr. se.

Dem Allerheiligsten in Gott Vater Leoni, dem Zehenten, Papst zu Rom, alle Seligkeit in Christo Jesu unserm Herrn, Amen.

Allerheiligster in Gott Vater! Es zwingt mich der Handel und Streit, in wilche ich mit etlichen wusten Menschen dieser Zeit nu bis ins dritte Jahr kummen bin, zuweilen nach dir zu sehen und dein gedenken. Ja, dieweil es dafur gehalten wird, du seyest die einige Heuptsach dieses Streitis: so kann ichs nit lassen, dein ohn Unterlaß zu gedenken. Dann wiewohl ich von etlichen deiner unchristlichen Schmeichler, wilch ohn alle Ursach auf mich erhetzit seyn, gedrungen bin, mich auf ein christlich frey Concilio von deinem Stuel und Gericht in meiner Sach zu beruffen: so habe ich doch meinen Mueth noch nie also von dir entpfrembdet, daß ich nit aus allen meinen Kräften dir und deinem Romischen Stuel das Beste allzeit gewunscht, und mit fleißigem, herzlichem Gebet, so viel ich vormocht, bey Gott gesucht habe. Wahr ist es, daß ich die, so bisher mit der Hohe und Größe deines Namens und Gewalt zu bedräuen sich bemühet haben, gar fast zu vorachten und ubirwinden furgenummen habe. Aber einis ist nu vorhanden, wilchs ich nit dar vorachten, wilchs auch die Ursach ist, daß ich abermal zu dir schreibe; und ist nämlich, daß ich vormerk, wie ich vorsprochen, und mir ubel ausgelegt werde, daß ich soll auch deiner Person nit vorschonet haben.

Ich will aber frey und offentlich das bekennen, daß mir nit anders bewußt ist, denn so oft ich deiner Person habe gedacht, allzeit das Ehrlichst und Beste von dir gesagt habe. Und wo ich das irgend nit hätte gethan, kunnt ichs selbs in keinem Weg loben, und müßte meiner Kläger Urtheil mit vollem Bekenntniß bekräftigen, und wollt nit liebers, dann solches meines Frevels und Bosheit das Widderspiel singen, und mein sträflich Wort widderruffen. Ich habe dich genennet ein Daniel zu Babylonen, und wie ich dein Unschuld so fleißig habe beschutzt wider den Schändler Sylvestrum, mag ein ieglicher, der es lieset, ubirflussig vorstehen.

Es ist ja dein Gerucht und deines gutis Lebens Namen in aller Welt beruffen, durch viel Hochgelehrten herrlicher und besser gepreiset, denn daß es jemand mocht mit einiger List antasten, er sey ja, wie groß er müge. Ich bin nit so närrisch, daß ich allein denen angreife, den iedermann lobet; dazu habe ich allzeit die Weise gehabt und fortan haben will, auch die nit anzutasten, die sonst fur iedermann ein bose Geschrei haben. Mir ist nit wohl mit der Anderen Sunde [a]), der ich wohl weiß, wie ich auch einen Balken in meinem Auge habe (Luk. 6, 41. 42.), und freylich d' erste nit seyn kann, der den ersten Stein auf die Ehebrecherin werf (Joh. 8, v. 7.).

Ich hab wol scharf angriffen, doch in der Gemein hin, etlich unchristlich Lehre, und auf meine Widdersacher beißig gewesen, nit umb ihres bosen Lebens, sondern umb ihrer unchristlichen Lehre und Schutzs willen. Wilchs mich sogar nichts bereuet, daß ich mirs auch in Sinn genummen hab, in solcher Emsigkeit und Schärpf zu bleiben, unangesehen, wie mir dasselb Etlich auslegen; so ich hie Christus Exempel hab, der auch seine Widdersacher aus scharfer Emsigkeit nennet: Schlangenkinder (Matth. 23, 33.), Gleisner (v. 15. seqq.), Blinde (v. 17. 24. 26.), des Teufels Kinder (Joh. 8, 44.), und Sanct Paulus den Magum heisset ein Kind des Teufels, und der voll Bosheit und Triegerei sey (Apg. 13, 10.), und etlich falsche Apostel schilt er Hunde (Phil. 3, 2.), Betrieger (Tit. 1, 10.) und Gotts Wort Vorkehrer (Gal. 1, 7.) Wenn die weichen zarten Ohren solchs hätten gehöret, sollten sie auch wohl sagen, es wäre niemand so beißig und ungeduldig als Sanct Paulus. Und wer ist beißiger denn die Propheten? Aber zu unsern Zeiten seyn unser Ohren sogar zart und weich worden, durch die Mennige der schädlichen Schmeichler, daß, sobald wir nit in allen Dingen gelobet werden, schreien wir, man sey beißig; und dieweil wir uns sonst der Wahrheit nit erwehren mügen, entschlahen wir uns doch derselben durch erdichte Ursach der Beißigkeit, der Ungeduldigkeit und der Unbescheidenheit. Was soll aber das Salz, wenn es nit scharf beißet? Was soll die Schneide am Schwert, wenn sie nicht scharf ist zu schneiden? Sagt doch der Prophet: Der Mann sey vormaledeyet, der Gotts Gebot obenhin thut, und zu sehr vorschonet (Jer. 48, 10.).

---

a) Walch: Ich ergötze mich nicht über anderer Leute Fehler.

Darumb bitt ich, heiliger Vater Leo, wollist diese meine Entschuldigung dir gefallen lassen, und mich gewiß fur den halten, der widder deine Person nie nichts Bosis habe furgenummen, und der also gesinnet sey, der dir wunsche und gahn das Allerbeste, der auch keinen Hadder noch Gezank mit jemand haben wolle, umb jemands boses Lebens, sondern allein umb des gottlichen Wortis Wahrheit willen. In allen Dingen will ich iedermann gerne weichen; das Wort Gottis will ich und mag ich auch nicht vorlassen noch vorlaugnen. Hat jemand einen andern Wahn von mir, odder meine Schrift anders vorstanden, der irret, und hat mich nit recht vorstanden.

Das ist aber wahr, ich hab frisch antastet den Romischen Stuel, den man nennet Romischen Hof; wilchen auch du selbs, noch niemand auf Erden anders bekennen muß, denn daß er sey ärger und schändlicher, denn je kein Zodoma, Gomorr, odder Babylonien gewesen ist. Und so viel ich merk, so ist seiner Bosheit hinfurt widder zu rathen noch zu helfen. Es ist alls ubiraus vorzweifelt und grundlos da worden. Darumb hat michs vordrossen, daß man unter deinem Namen und der Romischen Kirchen Schein das arm Volk in aller Welt betrog und beschädigt; dawidder hab ich mich gelegt, und will mich auch noch legen, so lang in mir mein christlicher Geist lebet. Nit, daß ich mich vormeß solcher unmüglicher Ding, oder vorhoffte etwas auszurichten in der allergräulichsten Romischen Zodoma und Babylonien, zuvor dieweil mir so viel wuthender Schmeichler widderstreben; sondern daß ich mich einen schuldigen Diener erkenne aller Christenmenschen: daher mir gebühret ihn zu rathen und warnen, daß sie je doch weniger Zahl und mit geringerm Schaden vorderbet wurden von den Romischen Vorstorern.

Dann das ist dir selbst je nit vorborgen, wie nu viel Jahr lang aus Rom in alle Welt nichts anders denn Vorderben des Leibs, der Seelen, der Guter, und aller bösen Stuck die allerschädlichsten Exempel gleich geschwemmet und eingerissen haben. Wilchs als offentlich am Tage iedermann bewußt ist, dadurch die Romisch Kirche, die vorzeiten die allerheiligist war, nu worden ist eine Mordgruben uber alle Mordgruben, ein Bubenhaus uber alle Bubenhäuser, ein Heupt und Reich aller Sund, des Todes und Vordampniß, daß nit wol zu denken ist, was mehr Bosheit hie müge zunehmen, wenn gleich der Endchrist selbs käme.

Indeß sitzst du, heiliger Vater Leo, wie ein Schaf unter den Wolfen (Matth. 10, 16.), und gleichwie Daniel unter den Leuen (Dan. 6, 16. seqq.), und mit Ezechiel unter denen Scorpion (Ezech. 2, 6.). Was kannst du Einiger widder so viel wilder Wunder? Und ob dir schon drey oder vier gelehrte frumm Cardinal zufielen; was wäre das unter solches Haufen? Ihr mußtet ehe durch Gift untergahen, ehe ihr furnähmet der Sachen zu helfen. Es ist aus mit dem Romischen Stuel, Gottis Zorn hat ihn ubirfallen ohn Aufhoren. Er ist feind den gemeinen Conciliis; er will sich nit unterweisen noch reformiren lassen, und vormag doch sein wuthends unchristlichs Wesen nit hindern; damit er erfullet, das gesagt ist von seiner Mutter, der alten Babylonen (Jer. 51, 9.): Wir hnben viel geheilet an der Babylonen, noch ist sie nit gesund worden, wir wollen sie fahren lassen.

Es sollt wol dein und der Cardinaln Werk seyn, daß ihr diesem Jammer wehret; aber die Krankheit spott der Erzney, Pferd und Wagen geben nicht auf den Fuhrmann. Das ist die Ursach, warumb es mir allzeit ist leid gewesen, du frummer Leo, daß du ein Papst worden bist in dieser Zeit, der du wohl würdig wärist, zu bessern Zeiten Papst seyn. Der Romischen Stuel ist deiner und deinis gleichen nit werth, sondern der böse Geist sollte Papst seyn, der auch gewißlich mehr, denn du, in der Babylonen regieret.

O wollt Gott, daß du entledig von der Ehre (wie sie es nennen, dein allerschädlichsten Feind), etwan von einer Pfrund oder deinem väterlichen Erb dich halten mochtist! Furwahr, mit solcher Ehre sollte billig niemand, denn Judas Scharioth und seines gleichen, die Gott verstoßen hat, geehret seyn (Joh. 17, 12.). Denn, sag mir, wozu bist du doch nutz in dem Papstthum, denn das, je ärger und vorzweifelter ist, je mehr und starker es deiner Gewalt und Titel mißbraucht, die Leut zu beschädigen an Gut und Seel, Sund und Schand zu mehren, den Glauben und Wahrheit zu dämpfen. O du allerunseligst Leo! der du sitzist in des allerfährlichsten Stuel. Werlich, ich sag dir die Wahrheit; denn ich gahn dir Gutis.

So Sanct Bernhard seinen Papst Eugenium b) klagt, da

b) W. Anastasium.

der Romische Stuel, wiewohl er schon auch zu derselben Zeit aufs ärgist war, doch noch in guter Hoffnung des Besserniß regiert, wie vielmehr sollen wir dich klagen, dieweil in diesen dreyhundert Jahren die Bosheit und das Vorderben so unwiderstattlich hat zu ubirhand genummen. Ists nit wahr, daß unter des weiten Himmel ist nichts ärgers, vorgiftigers, häßigers, denn der Romische Hof? denn er weit ubirtritt der Turken Untugend: daß es wahr ist, Rom sey vorzeiten gewest ein Pfort des Himmels, und ist nun ein weit aufgesperreter Rache der Hölle, und leider, ein solcher Rache, den durch Gottis Zorn niemand kann zusperren; und kein Rath mehr ubrig ist, denn so wir mochten etlich warnen und erhalten, daß sie von dem Romischen Rachen nit vorschlunden würden.

Siehe da, mein Herr Vater, das ist die Ursach und Bewegung, warumb ich so hart widder diesen pestilensischen Stuel gestoßen habe. Denn sogar habe ich mir nit furgenummen wider deine Person zu wuthen, daß ich auch gehoffet habe, ich wurd bey dir Gnad und Dank vordienen, und fur dein Bestis gehandelt erkannt werden, so ich solchen deinen Kerker, ja deine Hölle, nur frisch und scharf angriff. Denn ichs acht, es wäre dir und vielen Andern gut und selig, alls, was alle vornunftige, gelehrte Männer widder die allerwusten Unordnung deinis unchristlichen Hofs vormochten aufzubringen. Sie thun furwahr ein Werk, das du solltist thun, alle, die solchem Hof nur alls Leid und alls Ubel thun; sie ehren Christum, alle, die den Hof aufs allermeist zu Schanden machen. Kurzlich, sie seyn alle gute Christen, die bose Romisch seyn.

Ich will noch weiter reden. Es wäre mir auch dasselb nie in mein Herz kummen, daß ich widder den Romischen Hof hätte rumoret, oder etwas von ihm disputirt. Denn dieweil ich sahe, daß ihm nit zu helfen, Kost und Mühe vorloren war, habe ich ihn voracht, ein Urlaubbrief geschenket, und gesagt: Ade liebs Rom, stink fortan, was da stinkt, und bleib unrein fur und fur, was unrein ist (Offenb. 22, 11.); hab mich also begeben in das stille gerügte *), Studiern der heiligen Schrift, damit ich forderlich wäre denen, bei wilchen ich wohnet. Da ich nun hie nit

---

*) Geruhige.

unfruchtbarlich handelte, thät der bose Geist sein Augen auf, und ward deß gewahr; behend erweckt er mit einer unsinnigen Ehrgittigkeit sein Diener Johann Eccium, einen sonderlichen Feind Christi und der Wahrheit, gab ihm ein, daß er mich unvorsehens risse in ein Disputation, und ergriffe bey einem Wortlin von dem Papstthumb gesagt, das mir angefähr empfallen war. Da warf sich auf der groß ruhmrediger Held, spruet und schnaubt, als hätt er mich schon gefangen; gab fur, er wollt zu Ehren Gott und Preis der heiligen Romischen Kirchen alle Ding wagen und ausfuhren; bließ sich auf, und vormaß sich deiner Gewalt, wilch er dazu gebrauchen wollt, daß er der ubirste Theologus in der Welt beruffen wurd, deß er auch gewiß wartet, mehr denn des Papstthumbs. Ließ sich dunken, es sollt ihm nit wenig dazu furträglich seyn, wo er Doctor Luthern im Heerschild fuhret. Da ihm nu das mißlungen, will der Sophist unsinnig werden; denn er nu fühlet, wie durch sein Schuld allein des Romischen Stuels Schand und Schmach an mir sich eroffnet hat.

Laß mich hie, heiliger Vater, meine Sach auch einmal fur dir handeln, und dir deine rechte Feinde vorklagen. Es ist dir ohn Zweifel bewußt, wie mit mir gehandelt hab zu Augsburg der Cardinal St. Sixti, dein Legat; furwahr, unbescheiden und unrichtig, ja auch untreu, in wilches Hand ich umb deinetwillen alle mein Sach also stellet, daß er Fried gebieten sollte; ich wollt der Sachen ein End lassen seyn und stille schweigen, so mein Widdersacher auch stille stunden, wilchs er leicht mit einem Wort hätt mocht ausrichten. Da jucket ihn der Kutzel zeitlichs Ruhms zu seher, vorachtet mein Erbieten, unterstund sich, meine Widdersacher zu rechtfertigen, ihnen nur länger Zaum lassen, und mir zu widderruffen gebieten, deß er keinen Befehl hatte. Also ists geschehen durch seinen muthwilligen Frevel, daß die Sach ist seint viel ärger worden, die zu der Zeit an einem guten Ort war. Darumb, was weiter darnach ist gefolgt, ist nit mein, sondern desselben Cardinalis Schuld, der nicht mir gonnen wollte, daß ich schweige, wie ich so hochlich bat. Was sollt ich da mehr thun?

Darnach ist kummen Er Carol von Miltitz, auch deiner Heiligkeit Botschaft, welcher mit vieler Mühe hin und her reisend, und allen Fleiß furwendend, die Sach widder auf einen gutten Ort zu bringen, davon sie der Cardinal hochmuthig und frevelich vorstoßen hat; zuletzt durch Hülf des Durchleuchtigsten Hochgebornen Kurfursten, Herzog Friedrich zu Sachsen rc. zuwegen bracht, etlichmal mit mir zu besprechen.

Hie hab ich abermals mich lassen weisen, und deinem Namen zu Ehren schweigen, die Sach den Erzbischof zu Trier oder Bischof zu Numburg vorhören und scheiden zu lassen vorwilligt; wilchs also geschehen und bestellet. Da solches in gutter Hoffnung und Fried stund, fället einher dein größter rechter Feind, Johannes Eccius, mit seiner Disputation zu Leipzig, die er hat ihm furgenommen widder Doctor Carlstad, und mit seinen wetterwendischen Worten findet er ein Fundlein von dem Papstthumb, und kehret auf mich unvorsehens seine Fahnen und ganzes Heere, damit des furgenommen Frieds Furschlag ganz zustöret.

Indeß wartet Er Carolus; die Disputation ging für sich; Richter wurden erwählet: ist aber nichts ausgericht. Wilchs mich nit wundert. Denn Eck mit seinen Lugen, Sendbriefen und heimlichen Practiken die Sache also vorbittert, vorwerret und zurschellet, daß, auf wilch Seit das Ortheil gefallen wäre, ein größer Feur, ohn Zweifel, sich erzundet hätte; denn er suchte Ruhm, und nit die Wahrheit. Also hab ich allzeit than, was mir ist aufgelegt, und nichts nachgelassen, das mir zu thun gebührt hat. Ich bekenne, daß aus dieser Ursache nit ein klein Theil des Romischen unchristlichen Wesens ist an Tag kummen; aber was daran vorschuldet, ist nit mein, sondern Eccii Schuld, wilcher einer Sach sich unterwunden, der er nit Manns gnug gewesen, durch sein Ehr suchen, die Romische Laster in alle Welt zu Schanden gesetzet hat.

Dieser ist, heiliger Vater Leo, dein und des Romischen Stuels Feind. Von seinem einigen Exempel mag ein iedermann lernen, daß kein schädlicher Feind sey, denn ein Schmeichler. Was hat er mit seinem Schmeichlen angericht, denn nur solch Ungluck, das kein Künig hätt mügen zuwege bringen. Es stinkt itzt übel des Romischen Hofs Namen in aller Welt, die päpstliche Acht ist matt, die Romische Unwissenheit hat ein bose Geschrey; wilcher keinis wäre gehöret, so Eck Carols und meinen Furschlag des Frieds nit hätt vorruckt: wilchs er auch nu selbs empfindt, und, wiewohl zu langsam und vorgebens, unwillig ist ubir meine ausgangene Buchle. Das sollt er vorhin bedacht haben, da er nach dem Ruhm, wie ein muthiges geiles Roß himmerte, und nichts mehr denn das Seine, mit deinem großen Nachtheil, suchet.

Er meinete, der eitel Mann, ich wurd mich fur deinem Namen furchten, ihm Raum lassen und schweigen (denn der Kunst und Geschicklichkeit, halt ich, hab er sich nit vormessen). Nu, so er siehet, daß ich noch getrost bin, und mich weiter hören lasse, kompt ihm die spate Reu seines Frevels, und wird innen (so er anders innen wird), daß einer im Himmel ist, der den Hochmüthigen widderstaht, und die vormessene Geister demüthigt.

Da nu nichts durch die Disputation ward ausgericht, denn nur größer Unehre des Römisches Stuels, ist Er Carolus Miltitz zu den Vätern meins Ordens kummen, Rath begehret, die Sache zu schlichten und schweigen, als die denn aufs allerwustist und fährlichst stund. Da seyn etlich Tapfere von denselben zu mir gesandt, dieweil es nicht zu vormuthen, daß mit Gewalt gegen mir mug etwas geschafft werden, haben begehrt, daß ich doch wollte deine Person, heiliger Vater, ehren, und mit unterthäniger Schrift dein und mein Unschuld entschuldigen; vormeinend, es sey die Sach noch nicht im Abgrund vorloren und vorzweifelt, wo der H. V. Leo wollte nach seiner angeborner hochberuhmten Gütigkeit die Hand daran legen. Dieweil aber ich allzeit hab Fried angeboten und begehret, auf daß ich stillem und bessern Studirn warten mocht, ist mir das ein liebe fröhlich Botschaft gewesen, hab sie mit Dank aufgenommen, und mich aufs willigst lenken lassen, und fur ein sondere Gnade erkennet, so es also, wie wir hoffen, geschehen mocht. Denn ich auch aus keiner andern Ursach so mit starkem Muth, Worten und Schreiben gewebt und gerumort hab, daß ich die niederlegt und stillet, die ich wohl sahe, mir weit zu gering seyn.

Also komm ich nu, H. V. Leo, und zu deinen Füßen liegend, bitte, so es muglich ist, wollst deine Händ dran legen, den Schmeichlern, die des Frieds Feind seyn, und doch Fried furgeben, einen Zaum einlegen. Daß ich aber sollt widderruffen meine Lehre, da wird nichts aus; darfs ihm auch niemand furnehmen, er wollt denn die Sach noch in ein großer Gewirre treiben. Dazu mag ich nit leiden Regel oder Maße, die Schrift auszulegen; dieweil das Wort Gottis, das alle Freyheit lehret, nit soll noch muß gefangen seyn. Wo mir diese zwey Stuck bleiben, so soll mir sonst nichts aufgelegt werden, das ich nit mit allem Willen thun und leiden will. Ich bin dem Hadder feind, will niemands anregen noch reizen; ich will aber auch ungereizit seyn. Werde ich aber gereizet, will ich, ob Gott will, nit sprachlos noch schriftlos seyn. Es mag je deine H. mit leichten kurzen Worten alle diese Hadderey zu ihr nehmen und austilgen, und daneben schweigen und Fried gebieten; wilchs ich allzeit zu hören ganz begierig bin gewesen.

Darumb, mein H. Vater, wollist je nit hören deine sußen Ohrensinger, die do sagen: du seyest nit ein lauter Mensch, sondern gemischt mit Gott, der alle Ding zu gebieten und zu foddern habe. Es wird nit so geschehen; du wirsts auch nit ausfuhren. Du bist ein Knecht aller Knecht Gottis, und in einem fährlichern, elendern Stand, denn kein Mensch auf Erden. Laß dich nicht betriegen, die dir liegen und heuchlen, du seyest ein Herr der Welt, die niemand wollen lassen Christen seyn, er sey denn dir unterworfen; die do schwätzen, du habist Gewalt in den Himmel, in die Hell und ins Fegfeur. Sie seyn deine Feind, und suchen deine Seele zu vorderben. Wie Isajas sagt (c. 4, 12. c. 9, 16.): Mein liebs Volk, wilche dich loben und heben, die betriegen dich. Sie irren alle, die da sagen, du seyst ubir das Concilium und gemeine Christenheit. Sie irren, die dir allein Gewalt geben die Schrift auszulegen; sie suchen allesampt nit mehr, denn wie sie unter deinem Namen ihr unchristliche Furnehmen in der Christenheit stärken mügen; wie denn der böse Geist, leider, durch viele deiner Vorfahren gethan hat. Kurzlich, glaub nur niemand, die dich erheben, sondern allein denen, die dich demüthigen. Das ist Gottes Gericht, wie geschrieben steht: Er hat abgesetzt die Gewaltigen von ihren Stüelen, und erhaben die Geringen. (Luc. 1, 52.)

Siehe, wie ungleich seyn Christus und seine Statthalter, so sie doch alle wollen seine Statthalter seyn; und ich furwahr furcht, sie seyen allzuwahrhaftig seine Statthalter. Denn ein Statthalter ist im Abwesen seines Herrn ein Statthalter. Wenn denn ein Papst im Abwesen Christi, der nit in seinem Herzen wohnet, regieret, ist derselb nit allzuwahrhaftig Christi Statthalter? Was mag aber denn ein solcher Haufe seyn, denn ein Sammlung ohn Christo? Was mag aber auch denn ein solcher Papst seyn, denn ein Endchrist und Abtgott? Wie viel besser thaten die Apostel, die sich nur Knechte Christi in ihn wohnend, nit Statthalter des Abwesenden nenneten, und sich nennen ließen.

Ich bin vielleicht unvorschampt, daß ich eine solche große Höhe zu lehren werde angesehen, von welcher doch iedermann soll gelehret werden, und wie etlich deiner giftigen Schmeichler dich aufwerfen, daß alle Künig und Richterthron von dir Urtheil empfahen. Aber ich folge hierinnen St. Bernhard in seinem Buch zu dem Papst Eugenium, wilchs billig sollten alle Päpste auswendig künden. Ich thue es je nit der Meynung, dich zu lehren, sondern aus lauter treulicher Sorge und Pflicht, die jedermann billig zwingt, auch in den Dingen fur unser Nähsten uns bekümmern, die doch sicher seyn, und lässit uns nicht Acht haben auf Würde oder Unwürde, so gar fleißig sie wahrnimpt des Nähsten Fahr und Ungefahr. Dieweil ich denn weiß, wie dein H. webt und schwebt zu Rom, das ist, auf dem hochsten Meer, mit unzähligen Fährlichkeiten auf allen Orten wüthend, und in solchem Jammer lebet und erbeitet, daß dir auch wohl noth ist des allergeringsten Christen Hülf: so habe ichs nicht fur ungeschickt angesehen, daß ich deiner Majestät so lange vergesse, bis ich brüderlicher Liebe Pflicht ausricht. Ich mag nit schmeicheln in solcher ernster, fährlicher Sache, in wilcher, so mich etlich nit wollen verstehen, wie ich dein Freund, und mehr denn Unterthan sey, so wird er sich wohl finden, der es versteht.

Am End, daß ich nit leer kumme fur deine H., so bring ich mit mir ein Buchle, unter deinem Namen ausgangen, zu einem guten Wunsch und Anfang des Frieds und gutter Hoffnung, daraus deine H. schmecken mag, mit was Geschäften ich gerne wollt, und auch fruchtbarlich mocht umgahen, wenn mirs fur deinen unchristlichen Schmeichlern muglich wäre. Es ist ein klein Büchle, so das Papier wird angesehen, aber doch die ganz Summa einis christlichen Leben drinnen begriffen, so der Sinn vorstanden wird. Ich bin arm, habe nit anders, damit ich mein Dienst erzeige; so darfst du auch nit mehr, denn mit geistlichen Guttern gebessert werden. Damit ich mich deiner Heiligkeit befihle, die ihm behalt ewig Jesus Christus, Amen. Zu Wittenberg, 6. September 1520.

20. October.

N°. CCLXV.

An Michael Marx, Cistercienser in Celle.

L. ist ganz ruhig darüber, daß jetzt noch mehr, als vorher, seine Gegner wider ihn aufstehen; es sey in der Ordnung, daß die Mächtigen das Wort Gottes bekämpfen, und er thue nur seine Pflicht; auch sey er bereit, für das Evangelium zu leiden. Die Schrift de captivitate Babylonica war damals schon unterdrückt. Zuletzt beruhigt er seinen Freund wegen der Bekanntmachung seiner Briefe an ihn (deren er also schon mehrere geschrieben zu haben scheint)

" Aus der Cyprianischen Sammlung zu Gotha" bey Schütze II. 33.

Viro pio et religioso, Patri Michaëli Marx, Cellens. Cisterciens. Professori, in Christo charissimo.

Jesus.

Salutem in Domino. Quod in me insurgunt, mi Michaël charissime, adversarii magis, quam antea, vix credas, quam placeat. Neque enim superbior et audacior sum, quam dum me audio istis displicere. Sint Doctores, sint Episcopi, sint Principes: quid tum? Si per eos verbum Dei non impugnassent, verbum Dei non esset, cum scriptum sit: *Tremuerunt gentes, et populi meditati sunt inania. Adstiterunt reges terræ et principes convenerunt in unum adversus Deum, et adversus Christum ejus.* Ecce habes officium et studium Principum, Regum, Episcoporum erga verbum Christi: quid vis amplius? Summe dolerem, si me laudarent isti: quæ enim major miseria, quam illis placuisse. Sine, mi Michaël, omnia: Dei res abscondita et spiritualis est: non esse in publico, quales illi sunt (?). Tu vide, ut animam tuam serves in ista Babylone. Judicium Dei urget eos [a]), et terribiliter operatur, quod cæci non vident. *Sinite eos* (inquit) *cæci sunt et duces cæcorum.* Verbum Dei si viribus a manu hominum, aut eloquentia, aut ingeniis defendi debuisset, non

a) Sch. hat eas, was keinen Sinn gibt.

Christus peccatores ad hoc vocasset, nec ipse sanguine suo defendisset.' Ego facio, quod debeo. Gratis quæ accepi, trado etiam cum periculo vitæ, famæ, et rerum, imo et animæ. Scripsi domi, feci in sinceritate, cupiens omnes erudire, sicut me ipsum. Mundus sum a sanguine omnium, id quod gaudeo. Videbunt suo tempore, quem expulerint et persecuti sint.

Libellum *de captivitate Babylon.* prohibitum esse nihil curo. Quid istud referet mea, si omnes prohiberentur? Nihil scribam in eos, qui vi agunt nos, in rudes illos spermologos. Sufficit mihi veritatem docuisse, defendisse adversus eruditos, qui soli nocere queant. Libellum Thomæ Italum Rhadini [b]), Emseri esse, stilus et saliva consonat. Fiat voluntas Domini. Ego sic Satanas istos contemno, ut nisi tenerer hic, ultro Romam irem in despectum Satanæ et omnium furiarum. Quid, si occiderint? Non sum dignus quicquam pati in tam beata causa.

Literas meas quascunque ad te datas nihil refert, si deferantur quocunque: quæ tibi et omnibus palam fieri non metuo, quia sub conspectu Dei scribo: qui si probet, quid, si illi improbent? si improbet, quid, si illi probent? Rogo te, disce homines fortiter contemnere, dicente Christo: *cavete ab hominibus.* Magna res est, Deum habere propitium, et in eo confidere. Vale in Christo, charissime Michaël.

Ad Principem Georgium non scribam. Quid enim meis epistolis ante disputationem Lipsicam apud eum promoverim, mecum scis [c]). Si dignus est, audiet veritatem: si dignus non est, frustra laboratur. Wittembergæ, MDXX, vigilia 11000 Virginum.

T. Mart. Lutherus.

---

b) Sch. hat hier noch aut, welches den Sinn stört. Es ist die Schrift gemeint: Thomæ Rhadini Todischi ord. Prædic. ad illustriss. et invictiss. principes et populos Germaniæ in Mart. Luth. Witteb. ord. Eremit. nationis gloriam violantem, welche zu Rom 1520 erschien. Vgl. Br. a. Sp. v. 4. Nov.

c) Sch. hat satis, welches keinen Sinn gibt; viell. ist scis ausgefallen.

30. October.

N°. CCLXVI.

An Johann Friedrich, Herzog zu Sachsen.

Der Prinz Joh. Friedrich scheint L. in einem Briefe wegen der päbstlichen Bulle Muth eingesprochen zu haben: L. antwortet darauf, daß er fortfahren werde, zu predigen, zu lesen und zu schreiben, obschon seine Gegner mit Hülfe Herzog Georgs ihn von Wittenberg zu vertreiben suchten.

Aus dem Original in den Unsch. Nachr. 1735, S. 524. Walch XXI. 719.

Dem Durchleuchtigen und Hochgebornen Fürsten und Herrn, Herrn Johann Friedrich, Herzog zu Sachsen, Landgraf in Thüringen und Markgraf zu Meissen, meinem gnädigen Herrn.

Durchleuchtiger, Hochgeborner Fürst und Herr, E. F. G. seyn meine unterthänigste Gebet und Vermögen allzeit bevoran.

Gnädiger Herr, ich habe E. F. G. Schreiben empfangen, und mit sondern Freuden gelesen, darinnen vernommen E. F. G. sonderliche Gunst und Gnade zu mir unwirdiglich, auch den großen Willen und Lust zu der heiligen göttlichen Wahrheit. Und wiewohl ich zu gering bin solches Fleißes E. F. G. demüthig zu verschulden, will ich doch allezeit mein unterthänig Vermügens fleißig seyn, zu danken und Gott loben, der E. F. G. Herz und Muth zu solcher christlichen Meinung wolle stärken und erhalten. Daß auch E. F. G. sich der Sache so fest annimpt, und meinem gnädigsten Herrn Herzog Friedrich Kurfürst darin so emsig schreibet, macht mir eine sondere Hoffnung, daß Gott durch E. F. G. wird seinem Evangelio beystehen, wiewohl daß mich der Bullen*) in keinen Weg entsetzt, nichts desto weniger predigen, lesen und schreiben mir fürgenommen habe. Doch ich wohl einen Wahn hab empfangen, so die Leipzigschen vermochten, mich von Wittemberg treiben wurden, durch Mithülf Herzog Georg und Bischof zu Merseburg, welcher unsägliche Bittrigkeit gegen mir geschopfet, daß ich Gott lehren will hab heim gestellet (?). Denn ich wohl

*) Die päbstliche Bannbulle.

merke, wie sie nit müde, sondern E. F. G. Universität zu Wittemberg zu zerstören suchen, damit sie lang umbgangen, und nun mit Freuden achten, sie haben eine redlich Ursach uberkommen; was ihn Gott verhänget, mögen sie thun. Ich will des Spiels warten, wo es hinfällt. Hiermit will ich mich und zuvor der christlichen Wahrheit Sachen E. F. G. unterthäniglich befohlen haben, die uns Gott seliglich stärke und regiere nach seinem göttlichen Willen, Lob und Ehre, Amen. Zu Wittemberg, am Dienstag nach Simon und Judä, 1520.

E. F. G.
unterthäniger Capellan
D. Martinus Luther, Augustin.

---

30. October.

N°. CCLXVII.

An Joh. Greffendorf, herzoglichen Kämmerer in Weimar.

L. freut sich über G.'s guten Muth bey der Angelegenheit der Bulle, ungeachtet der Feindschaft des Herzog Georgs gegen ihn. Von der Aufnahme, welche die Bulle in Erfurt gefunden. L. selbst hat den besten Muth, obschon er fürchtet, auf Herzog Georgs Betrieb von Wittenberg vertrieben zu werden.

„Aus der Cyprianischen Sammlung zu Gotha" bey Schütze II. 35. Wir haben eine Abschrift „ex Msc. J. E. Gerhardi" im Cod. chart. 451. Bibl. Goth verglichen.

Imaginibus et eruditione spectato Viro, Johanni Greffendorf, Camerario ducali Saxonico, suo in Domino amico.

Salutem. Gaudeo, vobis esse tantum ingenii in bullosis illis tumultibus, mi Johannes. Certe Dux Georgius, cum Episcopo Merspurgensi, atra bile percitissimus, nihil non molitur in perniciem et meam et Universitatis. Eccius Erfordiæ Universitati mandavit Bullæ executionem, at illi contemserunt, quod non esset legitime insinuata. Petitus est ibidem ab aliquot studiosis accinctis, sed non comparuit. Dicitur lacrymis impetrasse Bullam et legationem suam, ne vacuus et inglorius rediret. Bulla Erfordiæ excusa venumque exposita, a studiosis discerpta, et in aquam projecta, dicentibus: *Bulla est, in aqua natet.* Accusati a bibliopola, et damni resarciendi acti, nihil passi sunt, dissimulante Consulatu hæc omnia. Spero, quod Bulla bullam attulerit, est aliud nihil. Ego eam insigniter contemno, nisi quod suspicio mihi fuit, auspiciis Ducis Georgii fore, ut Wittenberga pellerer: id quod in manum Dei refero. Fiat voluntas Domini. Legi exemplar literarum apostolicarum, seu apostaticarum, ad ducem Johannem *). Deus bone! quantus est spiritus vertiginis in his hominibus. Sed tu bene vale, et causam commendatam tibi habe. Wittembergæ, die 3. Cal. Novembris, MDXX.

Martinus Luther, August.

---

4. November.

N°. CCLXVIII.

An Spalatin.

L. freut sich, daß Sp. endlich sehe, daß man sich nicht auf Menschen verlassen könne; das Evangelium könne nicht durch die Fürsten verbreitet werden, und er verlange dafür nicht ihren Schutz, sondern arbeite nur dahin, daß sie es annähmen und selig würden. Von seinen Schriften gegen die Bulle, Herzog Georgs und des Bischofs von Merseburg Feindschaft, und der Schrift des Thomas Rhadinus, welche er Emsern zuschreibt. Er wolle seine Appellation erneuern, und an Herzog Georg und den Bischof von Merseburg schreiben. Der Prof. der hebr. Sprache Adrian ist Luthern feind geworden. Von der Aufnahme der Bulle in Erfurt.

Bey Aurifaber I. 287. b. Vgl. Cod. Jen. a. f. 100. Deutsch bey Walch XV. Anh. XXVII.

Eruditione et pietate insigni Viro, Domino Georgio Spalatino, a sacris Ducis Saxoniæ Electoris, suo in Domino.

---

*) Er meint wahrscheinlich Ecks (der sich Nuntius apostolicus unterschrieb) Schreiben an Herzog Johann, welches sich Wittenb. IX. 97 Jen. I. 234. Altenb. I. 511. Leipz. XVII. 317. Walch XV. 1878. findet.

Jesus.

Salutem. Et ego miror, quid intercedat, ut literas meas non accipias, mi Spalatine. Bis enim scripsi, et nihil ad te pervenisse sentio. Gaudeo te aliquando videre vanas spes Germanorum, ut discas non confidere in Principibus, et desinas pendere in judicio hominum, qui mea sive laudant sive damnant. Evangelium si esset tale, quod potentatibus [a]) mundi aut propagaretur aut servaretur, non illud piscatoribus Deus demandasset.

Non est, mi Spalatine, Principum et istius sæculi Pontificum tueri verbum Dei, nec ea gratia ullorum peto præsidium, cum potius oporteat eos assistere sibi adversus Dominum et adversus Christum ejus. Quod ago, ideo potius ago, ut ipsi suo in me officio verbum Dei demereantur, et salvi fiant per illud. Horum autem me miseret, qui audierunt et cognoverunt. Nam ii non possunt sine pernicie æterna ipsum negare, deserere et dissimulare, inter quos ne multi amicorum nobiscum inveniantur timendum est, et pro spiritu fortitudinis orandum.

Arduum est omnibus Pontificibus et Principibus dissentire, sed alia evadendi inferni et iræ divinæ non est reliqua via. Proinde vide, ne, qui in mea offendantur b) acerbitate, tales sint, qui verbi causam vilem habeant, et nescio quid humani cogitent. Qui enim pro dignitate rem æstimat, nihil mirum, si exclamaret et rumperetur. Ego, nisi tu sic urgeres, rem totam Deo committerem, ne plura, quam feci, facerem, cum sciam solius ejus consilio et opera rem agi oportere.

Edidi Latinam Antibullam*), quam mitto: cuditur et eadem vernacula **) in quibus, oro, ne te moveant, qui indigne ferunt, in imperia moderata debacchari. Moderata imperia non sunt Romani Pontificis imperia, quibus Christus extinguitur, et abnegatio fidei mandatur. Ego præ mera

a) Cod. Jen. potentibus.
b) Cod. Jen. offenduntur.

*) Die Schrift: adversus execrabilem Antichristi bullam.
**) Wider die Bulle des Endchrists.

indignitate rei brevis esse coactus sum. Ita me satanica ista bulla excruciat, pæneque in totum obticuissem. Quis enim Satan unquam tam impudenter ab initio mundi locutus est in Deum? Sed quid dicam? vincit me magnitudo horrendissimarum blasphemiarum istius bullæ, et id nemo observat. Prorsus persuasus sum, extremum diem adesse in limine, multis et potentibus argumentis: Antichristi regnum finiri incipit.

Dux Georgius totus in me insanit cum suis sophistis et Episcopo Mersburgensi. Video seditionem portendi per istam bullam incomponibilem, id quod decet officium Romanæ Curiæ. Emser edidit in me furias suas sub nomine Thomæ Rhadini Todisci, Romæque excudi curavit: et nunc Lipsiæ iis omnibus laus est insaniisse incredibili furia.

Non scribam privatim ad Principes, sed publica schedula appellationem innovabo, invocaturus ad adhæsionem quoslibet Germaniæ magnos et parvos, et rei indignitatem expositurus: deinde conscientiam cujusque conventurus, ne impiis istis monstris in hora mortis suæ obedivisse convincatur.

Cum Episcopo Moguntino nihil agam, sed Ducem Georgium et Episcopum Mersburgensem compellam, literis et vernacula (cum edita fuerit) Antibulla: non quod sperem, præfractos illos spiritus posse mitescere, sed ut meam conscientiam redimam, dum eis suum periculum aperuero. Impossibile est enim salvos fieri, qui huic Bullæ aut faverunt, aut non repugnaverunt *). Cætera Dominus viderit et vos.

De Adriano nostro eadem retulit nobis Egranus, sed et mihi factus est hostis, causans quod docuerim, opera bona nihil valere, sed solam fidem: vixque coërcitus est a publica mei infamia. Denique insultavit mihi, atque adeo provocavit homo indoctissimus in re theologica: inutilis est prorsus ac cito dimittendus. Lipsiam ivit forte cum Eccio pacturus **). Fiat voluntas Domini.

Erfordiensis Academia requisita ab Eccio imperiosissime, non admisit Bullam, causans illegitime insinuatam. Babenber-

*) Ein starker Ausdruck!

**) Man hat diese Worte auf Egranus beziehen wollen, der mit im Bann begriffen war; aber sie gehen offenbar auf Adrian. Vgl. Plank I. 332. und Spieker Lebensbeschr. Luthers I. 585.

gensis Episcopus eundem simili casu recusavit. Adolescentes Erfordiæ armati Eccium obsederunt, et bullas excusas frustulatim in aquam jecerunt, etc. nunc vere est bulla. Senatus ad hæc dissimulat: Moguntina curia nihil audet. Qua autem gloria Lipsiæ sit exceptus Eccius, credo te nosse, invisus pæne omnibus præter Principem et Episcopum. Tu fac, quod spiritus tibi dixerit, ac vale. Wittembergæ, quarta Novembris, anno MDXX.

Martinus Lutherus, August.

---

13. November.

N°. CCLXIX.

An Spalatin.

L. fürchtet sich vor der Bannbulle nicht. Melanchthon antwortet dem Thomas Rhadinus, und gedenkt bald Hochzeit zu machen. Luthern ist von einem gewissen Schmidberg in Eulenburg ein Vermächtniß gemacht worden, und er befindet sich an diesem Orte, indem er diesen Brief schreibt.

Bey Aurifaber II. 7. Vgl. Cod. Jen. a. f. 103. Deutsch bey Walch XXI. 721.

Pio et erudito Viro, D. Georgio Spalatino, a sacris principalibus Saxonici Herois, suo in Domino charissimo. a)

Jesus.

Salutem. Bullam, quam misisti, accepi, mi Spalatine, expectamusque reditum vestrum felicem quotidie, cum multis novitatibus et una vetustate, quæ est, aulam Carolinam nullius spei esse*). Gaudeo Huttenum prodiisse, atque utinam Marinum aut Aleandrum intercepisset**).

---

a) Nach Cod. Jen.

*) Spalatin befand sich damals mit dem Kurfürsten in den Niederlanden wegen der Krönung Karls V. zu Aachen.

**) Es sind die beiden päpstlichen Nuncien, welche zugleich mit Eck nach Deutschland kamen, Marinus Caracciolus und Hieron. Aleander, denen Hutten auflauerte, wie es scheint.

Excommunicatio bullatica nobis non timetur, quanquam Episcopos *) istos duos audiamus processuros, quos rursus et ego pulchre excipiam et insignibus suis ornabo. Dux Georgius furentissimus apud se paulum coërcitus esse dicitur externe. Philippus noster Melanchton respondet, sub nomine Faventini Didymi, Thomæ Rhadino, id est, Emsero personato **). Nuptiæ Philippi altera Catharinæ ***) erunt: ita festinare cogit linguarum malarum periculum.

D. Heinricus Schmidberg defunctus mihi legavit 100 florenos, quod mihi nulla causa magis placet, quam ut mortuus justus damnet vivos impios, ut sapiens ait, et habeant quod indignentur, qui Eccio ambitioso phialas et aurum in verbi Dei contumeliam obtulerunt: neque enim ego ambivi. Hoc jam altero signo monet eos Christus. Nam Eccii ignominiam Lipsiæ et Erfordiæ acceptam quis non inter opera Dei mirabilia censeat? Adhuc tamen perseverat induratus Pharao, ut multa signa fiant. Sed tu vide, ut spe bona fretus, omnia maledicorum contemnas. Christus ista cœpit, ipse perficiet etiam, me sive extincto, sive fugato. Ego nomine ejusdem D. Schmidberg vocatus in Eilenburg veni, et ille interim abiit ad ipsum Dominum. Dicitur constantissimus in fide Christi decessisse, atque adeo (quod illos magna cruce afficiet) meam doctrinam et observasse et publice commendasse. Vide ergo Christi præsentiam. Urget Antichristus Romanus, et Satan per ipsum: sed majorem se ostendit, qui in nobis est, eo, qui in mundo est.

Eadem fide Episcopus Vratislaviensis obiit, omnium Episcoporum hujus sæculi optimus. Multum perdit opinionis Episcopus Mersburgensis, et sanctula sanctitatula sua non sufficit pro operculo impietatis, qua Papæ plus statuit obe.

---

*) Der Bischof von Merseburg und Brandenburg (?). Daß letzterer auf der Reise nach Worms zum Reichstag durch Wittenberg kommen und die Bulle anschlagen lassen wolle, meldet Taubenheim. S. Walch XV. 1881 Sonst wurde die Bulle ohne Schwierigkeit in Freisingen und Eichstädt bekannt gemacht. S. Walch XV. 1905.

**) In folgender Schrift: Didymi Faventini adv. Thomam Placentinum pro M. L. Theologo oratio. Witeb. 4. Melancht. Opp. II. 38.

***) D. 26. November.

dire, quam Deo suo. Cætera ex aliis. Vale in Domino. Eilenbergæ, MDXX, tertia feria post Martini.

Martinus Luther.

---

17. November.

N°. CCLXX.

An Lazarus Spengler, Stadtschreiber zu Nürnberg.

L. widerlegt gewisse Gerüchte von Mißhelligkeit zwischen Melanchthon und Carlstadt, zwischen ihm und Erasmus, und meldet die Erneuerung seiner Appellation, wiewohl er die Bulle sehr verachtet.

Gedruckt nach einer Augsburger Abschrift im Supplement der Leipz. Th. S. 30. bey Walch XXI. 10. auch Unsch. N. 1759. 434.

Dem fursichtigen und weisen Lazaro Spengler, der Stadt Nürnberg Schreiber ꝛc. ꝛc. meinem besondern Herrn und Freunde.

Jesus.

Meinen Dienst ꝛc. Ehrbar und Weiser, mein lieber Herr und Freund. Euer Schreiben und großen Muth in christlicher Wahrheit hab ich mit sondern Freuden gelesen: Gott stärk euch und uns allesamt mit seinen Gnaden. Dank euch auch fleißig euer großen freundlichen Sorgen, so ihr von meinen und aller Wittemberger tragt. Ihr sollts aber gewißlich glauben, daß D. Carlstadt und Philipps aufs beste eins seyn; wiewohl weilangs einer auf ander Weise in der Schulen etwas sagt, denn der andere, daraus solche Rede vielleicht erwachsen seyn. Aber Magister Philippus ist von Gottes Gnaden so geschickt, daß er mit ihm keinen Gang haben wird. So ist mirs nie in meinen Sinn kommen, Verdruß oder Unlust wider Erasmum zu haben. Es hat mir wohl gefallen, daß er von mir will ungenennt seyn. Hab ihm auch drauf geschrieben*) und verheißen, sein nicht mehr also zu gedenken, noch keiner andern guten Freund, dieweil es

*) Dieser Brief findet sich nicht.

sie beschweret. Es haben die Leute wohl solchs Dings von mir zu richten und zu schreiben: drum wollt euch ihre Red nicht lassen anfechten. Erasmus und ich, wills Gott, wollen wohl eins bleiben. Das ist wohl wahr, daß ich mit Philippo in geheim zuweilen disputire, wie nah oder weit Erasmus von dem Weg sey; das hat er auch und jedermann von mir zu thun ungefährlich und freundlichen Gewalt. Ich will niemand am ersten angreifen; mir ist genug, mich, so ich angegriffen werde, beschützen. Ich laß itzt meine Appellation verneuert drucken Lateinisch und Deutsch *), wiewohl ichs nicht groß Noth hab geachtet: so gar öffentlich und unverschämt ist die Bulle in ihrem antichristischen Verdamniren. Wir wissen nicht, ob die Bischöfe exequiren werden. Wir haltens dafür, als seyn sie uns mit rechtlicher Weis überantwortet. Hiemit befehl ich mich euch für Gott, Amen. Zu Wittenberg, im 1520. Jahr, am Sonnabend nach St. Martini.

D. Martinus Luther, Aug.

---

28. November.

N°. CCLXXI.

An Joh. Lange.

L. erwartet von Herzog Georg Schlimmes, ist aber entschlossen, bey seiner Appellation zu verharren. Von des Kurfürsten Antwort auf die Anträge der päbstlichen Nuncien, und der Verbrennung der L. Bücher in Köln und Löwen.

„Aus der Cyprianischen Sammlung zu Gotha" bey Schütze II. 36.

Rever. Patri D. Joh. Lango, S. T. Magistro, Augustiniano Eremit. Erfordiensi, suo in Domino.

Salutem. Principem nostrum rediisse **) gaudemus, Rev. P. et te oro, ut pro causa nostra ores. Dux Georgius insanit,

---

*) Appellatio F. M. Lutheri a Pontifice Leone X. ad Concilium denuo repetita et innovata. Viteb. 4. Jen. II. 257. Deutsch Jen. I. 250. Walch XV. 1909.

**) Von Köln.

imo plus quam furit. Expectamus quotidie diras et fulmina ex illa parte. Nos cogitamus de adhæsione appellationis. Video rem in tumultum insignem tendere: Deus bene vertat. Legimus responsum Principis vestri [a]) datum Hieron. Aleandro et Marino, nuntiis Papæ, eruditum et acutum, ita ut nihil apud eum effecisse intelligamus. Mittam illud in tempore. Idem Aleander famoso, sed ingenioso libello incessitur multis vitiis *). Libellos meos exusserunt Colonienses et Lovanienses. Quid futurum sit, ignoramus. Vale in Domino. Vicarius ad Sternberg ivit, sequitur eum F. Johannes conversus. Wittenberg. MDXX, ante vigiliam Andreæ.

T. Mart. Luther.

---

29. November.

N°. CCLXXII.

An Spalatin.

L. will sich bald an die Vertheidigung der in der Bulle verdammten Artikel machen, welche Schrift er dem Fab. Feilitzsch zueignen will, und bittet daher um dessen Titel. Vgl. d. folg. Br. Wenn Sp. die Schrift nicht frey übersetzen wolle, so solle er ihm die Uebersetzung überlassen. Von L. erschien auch wirklich im März 1521. die deutsche Uebersetzung. (Walch XV. Einl. 112 No. 448. behauptet, Sp. habe auch eine Uebersetzung gefertigt, dieß beruht aber auf einem Mißverständniß der Stelle bey Seckendorf L. I. §. 78. p. 121., wo nur gesagt wird, Sp. sey geneigt gewesen, die Schrift zu übersetzen.)

Bey Aurifaber I. 293. b. Deutsch bey Walch XXI. 730.

---

a) Soll wohl heißen nostri. Es ist die Antwort, welche der Kurfürst Friedrich den päpstlichen Nuncien am 4. Nov. zu Köln gab, als sie in ihn drangen, die päpstliche Bulle zu vollziehen. Sie findet sich Jen. II. 315. vgl. Walch XV. 1920., und enthält eine sehr bestimmte Weigerung. Vgl. Plank I 334.

*) Aleander wurde in mehreren Satyren stark mitgenommen, z. B. in λιτανεια h. e. supplicatio ad D. O. M. pro Germania habita, in Opusc. satyr. ed. Strobel. 1784. 8.

Erudito et bono Viro, D. Magistro Georgio Spalatino, a sacris et literis principalibus Saxoniæ, suo in Domino.

Salutem. Dedi literas ad te in Grimmam eunti nuntio, mi Spalatine: nunc veniente V.*) Patre Jacobo, alias do, forte venturas citius quam illas. Articulos singulos damnatos a Bulla mox aggrediens suscipio defendendos singulos, sicut scripsisti, et a me peti intelligo. Cæterum, nisi tu multa libertate vernaculo redditurus es, atque majore, quam hactenus reddidisti: mihi provinciam istam relinque. Figuras enim et argutias sententiarum et disputationum nulla prorsus reddit interpretatio, nisi sit libera: ut taceam, spiritum autoris quam referre sit laboriosum. Non quod dubitem te id posse, cum sis mire facilis in reddendo, sed quod paulo captiviorem te, et nullam integram sententiam mutare te audentem video, id quod necessarium est.

Visum est autem id libelli sub nomine Fabiani Feilitsch edere, viri nobis mire commendati. Quare tu fac, titulum aulicum ejus mihi quantocius indices et Latine et Germanice. Et Germanica tu uteris: ego utranque nosse volo, pro judicio ad Latinam formandam: ita ego præibo, tu strenue sequeris. Parentes mei cum sororibus nuptias honorarunt Philippi, aliis honestissimis viris adjunctis imo et eruditissimis.

Rogo iterum, ut exemplum responsionis Principis habere mereamur. Illi enim ne secundo quidem legendum tradere volunt **). Cætera in literis prioribus ***) cum libello de libertate Christiana accipies. Vale, et ora pro me. Wittembergæ, vigilia Andreæ, anno MDXX.

Martinus Lutherus, August.

---

*) Näml. Ven. Walch übersetzt: euer.

**) Walch bezieht dieses auf den Handel mit den Domherrn in Wittenberg.

***) Dieser Brief ist verloren gegangen.

1. December. *)

N°. CCLXXIII.

An Fabian v. Feilitzsch.

L. eignet ihm die Schrift: Assertio omnium articulorum etc. zu. Was er oft bemerkt habe, daß unter den Laien mehr Einsicht als im Clerus sey, davon gebe F einen Beweis. Indem die Cleriker sich von Christo entfernt hätten, und seine Bücher verbrennten, anstatt sie zu prüfen und zu widerlegen, müsse er sich an die Laien wenden.

Zuerst besonders gedruckt: Assertio omnium articulorum per bullam Leonis X. novissimum damnatorum Witteb. 1520. 4 Dann in den Werken: Jen. II. 292. b Viteb. II. 99. Bey Strobel-Ranner p 62. Wir haben den ersten Druck verglichen. (Die deutsche Uebersetzung hat diese Zuschrift nicht.)

Viro imaginibus et pietate insigni, Fabiano Felici, Equiti Germano, suo in Domino Patrono, Mart. Luther in Christo salutem.

Quod sæpius sum antea testatus, Fabiane Felix, imo felicissime, esse et in laicis spiritum judicii et ardoris (ut cum Isaja dicam), vel tu maxime evincis et declaras, qui de re Christiana quam valeas pure, argute, pie, feliciterque et judicare et disserere, cum essemus Philippus meus et ego coram Eylenburgæ, quam egregium specimen ostendisti. Neque dubito in hac aula esse æmulos tibi quam plurimos, ita ut gaudeam plane, videns admirabile Dei consilium et judicium, quo cum perversis pervertitur et cum electis electus fit. Nos enim, qui de clero Domini sumus, et quos laicorum oportuit esse magistros, dum aversi dorsum dedimus Christo et Evangelio ejus, eadem mensura et ipse nobis dorsum vertit, ut sicut eum nos provocamus in eo, quod non est Deus, et in verbo, quod non est Evangelium, ita

*) Die Zuschrift ist vom 1. Dec., aber die Schrift, in welcher die Verbrennung der päpstlichen Decretalen erwähnt ist, welche am 10. Dec. geschah, muß später verfertigt und herausgegeben seyn.

rursus ipse nos provocat [a]) in iis, qui non sunt clerici, et in iis, qui non sunt magistri, laicis videlicet puram tribuens sui notitiam, nobis relinquens stultas nostras et impias opiniones. Justus es, Domine, et rectum judicium tuum.

Cum ergo hactenus multa et scripserim et dixerim, nescius tantam esse in pastoribus Israel cæcitatem, nihil merui tamen, nisi ut detraherent mihi, pro eo, ut me diligerent, et pro bono redderent malum, donec eo usque in suam ipsorum salutem insanirent, ut libellos meos publice damnarent et exurerent Coloniæ et Lovanii. Nam ii præ cæteris habent zelum Dei, sed non secundum scientiam. In qua re tantum abest, ut movear, ut me vehementer misereat cæcitatis et perditionis illorum, imo et puerilis stultitiæ. Quid enim facilius est, quam libros, quos redarguere non possis, exurere? Exussit impius rex Joakim libros Hieremiæ prophetæ, sed non in hoc justificabatur. Verum, ut dixi, pertinet et hoc ad perversitatem nostram et sensum reprobum, in quem nos tradit Deus, ut clerici veritatem damnemus, quam laici amplectuntur, et fiant sacerdotes, qui sacerdotes non sunt, laici, qui laici non sunt.

Quare visum est deinceps ad vos laicos, novum genus clericorum, scribere, et sub nominis tui felicitate (quod Deus faxit) feliciter ordiri, asserturus ac muniturus omnia illa, quæ incendiarii illi per Bullam sibi simillimam damnaverunt. Tu itaque hoc monumento me, imo Christianam doctrinam tibi et universæ nobilitati vestræ commendatam facito, ac vale. Wittembergæ, prima Decembris, MDXX.

---

7. December.

N°. CCLXXIV.

An Spalatin.

Zuerst über den Pfarrer in Lochau, auf welchen Sp., man sieht nicht warum? ungehalten war. Dieser scheint die Zueignung des Buchs assertio etc. an Feilitzsch hintertreiben zu wollen, aber das Buch war schon zum Theil

---

a) Sollte heißen provocet.

gedruckt. Auch scheint er oder Andere zu wünschen, daß die deutsche Uebersetzung dem Sickingen zugeeignet werde, was aber Andere widerrathen. Dem Grafen von Mansfeld denkt L. etwas zuzueignen.

Bey Buddeus p. 13. Vgl. Cod. Jen. a. f. 240. Deutsch bey Walch XXI. 731.

Viro pio et erudito, D. Georgio Spalatino, a sacris principalibus Saxoniæ, suo in τῷ χριστῷ Patrono.

Jesus.

Salutem. Mitto literas et scribo Pastori Lochensi, mi Spalatine, sed et tu fac, ut animum tuum paulo cohibeas, quod mihi toties mandas. Non statim ille in isto angulo tantum incendium suscitare poterit, cum nihil in orbem spargat. Accepi effigiunculam osseam. Fabiano Felici nuncupatus liber jam excusus erat ea parte, ut mutari non esset integrum: sed quid refert nuncupari ei, qui magis nunc vivit, quam antea? Francisco Siccingero non omnibus videtur vernaculus nuncupandus, ob cavendam, ut multorum, tum maxime Franciæ nobilitatis, invidiam. Disputo mecum, an Comitibus meis Mansfeldensibus aliquando aliquid nuncupem, cum id jamdudum optarint, et offendit me multitudo eorum. Videbitur [a]), quid consultius fuerit. Vale et ora pro me. Wittembergæ, MDXX, vigilia Conceptionis.

Martinus Luther, August.

---

10. December.

N°. CCLXXV.

An Spalatin.

L. meldet in einem sonderbaren zeitungsähnlichen Ton die Verbrennung des päpstlichen Rechtes und der päpstlichen Bulle. Fürbitte für den Prediger in Eulenburg, welcher von seinen Obern auf 8 Jahre Urlaub zu haben wünscht.

Bey Aurifaber I. 294. Vgl. Cod. Jen. a. f. 320. Deutsch bey Walch XXI 732.

---

a) Cod. Jen. zugleich: videbitis.

Erudito et pio Viro, Georgio Spalatino, a sacris principalibus, ac suo in Domino. [a])

Jesus.

Salutem. Anno MDXX, decima Decembris, hora nona, exusti sunt Wittembergæ ad orientalem portam, juxta S. Crucem, omnes libri Papæ: Decretum, Decretales, Sext. Clement. Extravagant. et Bulla novissima Leonis X.: item summa Angelica*), Chrysoprasus**) Eccii, et alia ejusdem autoris, Emseri, et quædam alia, quæ adjecta per alios sunt: ut videant incendiarii Papistæ non esse magnarum virium libros exurere, quos confutare non possunt. Hæc erunt nova.

Cæterum quod pro concionatore Eylenburgensi rogasti, ut faciam, nunc ecce facio. Petit enim, ut per te ex Principe illustrissimo impetrem, ut ei apud suos majores obtineat licentiam octo annorum agendi***), ubi velit, forte in studio attento, quod jam multis annis varie jactatus eorum mandatis, dignum sit aliquando quiete ad tempus frui pro suo commodo. Hoc nunc feci, et facio, rogans, ut et tu facias. En habes, quod voluisti. Vale. Anno MDXX, Wittembergæ, 10. Decembris.

Martinus Lutherus.

---

15. December.

N°. CCLXXVI.

An Spalatin.

L. übersendet von einem Werk von Hutten das dem Kurfürsten bestimmte Exemplar, und berichtet allerley Neuigkeiten.

---

a) Nach Cod. Jen.

---

*) Ein casuistisches Werk.

**] Chrysoprasus s de prædestinatione centuriæ sex. Aug. Vind. 1514.

***) „Daß er (der Kurfürst) für ihn bey seinen Obern Urlaub auswirke, 8 Jahre, wo er wolle, vielleicht in fleißigem Studium, zuzubringen;" nicht wie Walch übersetzt: „daß ihm erlaubet werde, 8 Tage bey seinen Obern zu leben, wo er wolle, vielleicht fleißig studiren."

Bey Aurifaber I. 294. b. Vgl. Cod. Jen. a. f. 104. Deutsch bey Walch XXI. 734.

Pio et erudito Viro, Domino Georgio Spalatino, a sacris principalibus, suo in Domino charissimo.

Jesus.

Salutem. En Hutteni librum *) ad me per Crotum **), ut vides, missum, mi Spalatine: Principi curabis suum reddi exemplar, ego meum teneo. Deus bone, quis finis harum novitatum? Papatum hactenus invictum incipio talem habere, qui convelli etiam possit ultra omnium spem: aut ultima dies instat. Credo, ad te jam dudum pervenisse exempla literarum, quæ repetiisti.

Scribit B. Adelmannus ***) Episcopum August. impulsu Eccii fuisse processurum adversus ipsum et alios, nisi Duces Bavariæ pro eo intervenissent. Ita furit inquietus iste homo. Scribit idem se ex homine digno fide accepisse, Parisienses theologos omnes articulos in Bulla damnatos censuisse christianissimos, præter duos, quos disputabiles haberent: idem ex inferioribus partibus ****) accepimus. Det Dominus ita esse et fore.

Galerus *****) Moguntinus mea publico edicto inhibuit Magdeburgi. Halberstadii eadem exusserunt, itidem Minores Cottbusenses. Asinus Alveldensis iterum in me scripsit******):

---

*) Wahrscheinlich Ulrichi de Hutten Equ. Germ. ad Carolum Imperatorem adversus intentatam sibi a Romanistis vim et injuriam conquestio. Ejusdem alia ad Principes ac viros Germaniæ de eadem re conquestio. Ejusdem ad Albertum Brandenburgensem et Friderichum Saxonum Ducem, Principes Electores, aliæque ad alios epistolæ. S. Ulrichi de Hutten Opp. ed. Münch. T. III. p. 577. sqq.

**) Der Mitverfasser der epistolæ obscurorum virorum, Crotius Rubeanus, der damals zu Erfurt Prof. und Rector der Universität war.

***) Bernhard Adelmann oder von Adelmannsfelden war von Eck mit in den Bann begriffen worden.

****) Aus den Niederlanden.

*****) Der Cardinal oder Erzbischof.

******) Wahrscheinlich Malagma optimum contra infirmitatem duorum virorum Fratris Joh. Loniceri, theologistæ, et Fr. M. Lutheri.

sed contemno, nec legere volo. Tu vale et pro me ora Dominum. Anno MDXX, octava Conceptionis.

Martinus Lutherus, August.

---

21. December.

N°. CCLXXVII.

An Spalatin.

Am 22. Nov. schrieben Kaiser Karls V. Minister Wilh. von Croy und Heinrich von Nassau und am 28. Nov. der Kaiser selbst an den Kurfürsten, daß er Luthern auf den Reichstag nach Worms mitbringen möge, wo er von gelehrten Leuten verhört werden solle. Der Kurfürst lehnte unter dem 20. Dec. dieses Gesuch ab, indem er zu verstehen gab, daß er L in Worms nicht für sicher hielt. Ehe der Kaiser diesen Brief erhielt, schrieb er an den Kurfürsten unter dem 17. Dec., daß er L. in Wittenberg lassen möchte, weil er vernommen hätte, daß die in der Bulle zugestandene Zeit bereits verflossen, und L. nun wirklich in den Bann verfallen sey. Sp. hatte L. gefragt, ob er willens sey in Worms zu erscheinen, und er antwortet: er wolle selbst krank nach W. reisen, und sey es auch auf die Gefahr seines Lebens, nur wünsche er, daß der Kaiser sich nicht mit seinem Blut beflecken möge; man solle Alles von ihm erwarten, nur nicht Flucht und Widerruf. Vgl. Plank I. 377 f.

Bey Aurifaber I. 296. Deutsch bey Walch XV. 2240 und XXI. 735. Wir vergleichen das Original im Cod. chart. 122. fol. Bibl. Goth.

Erudito et pio Viro, D. M. Georgio Spulatino, a sacris principalibus Saxoniæ, suo in Domino.

Jesus.

Salutem. Et ex Alstet exemplaria literarum et ex Kindelbrucken hodie accepi literas tuas, quibus responderi petis a me, quidnam facturus sim, si vocatus fuero a Cæsare Carolo, citra discrimen Evangelii et salutis publicæ, quod videas adversarios omnia moliri ad maturandum id negotii.

Ego vero, si vocatus fuero, quantum per me stabit, vel ægrotus advehar, si sanus venire non possem*). Neque

*) Aurif. possum.

enim dubitari fas est, a Domino me vocari, si Cæsar vocat. Porro si vi rem gesserint, sicut verisimile est (neque enim ut doceri velint, me vocandum curant) Domino commendanda est causa. Idem enim vivit et regnat, qui tres pueros in fornace regis Babylonis servavit. Quod si servare nolit, parva res est caput meum, si ad Christum comparetur, qui summa ignominia et omnium scandalo multorumque pernicie occisus est. Nam hic nullius discriminis, nullius salutis ratio habenda est: curandum potius contra, ne Evangelium, quod semel cœpimus, in ludibrio impiorum relinquamus, causamque demus adversariis gloriandi adversum nos, quod confiteri non audeamus, quæ docuimus, et sanguinem pro eo fundere metuamus, quam nostram ignaviam, et illorum jactantiam Christus misericors avertat, Amen.

Proinde etsi ita fieri oporteat, ut reges terræ et principes conveniant in unum, et cum gentibus et populis fremant adversus Dominum et adversus Christum ejus: tamen eodem Psalmo docet Spiritus, beatos fore, qui confidunt in eo. Nec solum hoc, verum et irridebit Dominus et subsannabit illos. Nostrum certe definire non est, ex vitane an ex morte mea plus minusve periculi sit orturum Evangelio et publicæ saluti. Scis, quod veritas Dei petra scandali est, posita in ruinam et resurrectionem multorum in Israel.

Nostræ autem nunc curæ id unicum est officium reliquum, ut oremus Dominum, ne Caroli imperium in meo aut ullius*) sanguine, pro impietate tuenda, primas operas cruentet: mallemque me (quod sæpius dixi) in solis Romanistarum manibus perire, ne ille cum suis in hanc causam involveretur. Scis, quæ miseria Sigismundum Imperatorem post occisum Huss consecuta sit, ut nihil deinde prosperum habuerit, sine prole obierit, et filius etiam filiæ postea Ladislaus perierit, et in generatione una deletum sit nomen ejus, uxor vero Barbara infamia reginarum evaserit, et alia, quæ te nosse credo. Si tamen ita fieri oportet, ut et ego non modo pontificibus, sed et gentibus tradar: fiat voluntas Domini, Amen.

---

*) Aurif. illius.

En habes meum consilium et animum. Omnia de me præsumas præter fugam et palinodiam: fugere ipse nolo, recantare multo minus. Ita me confortet Dominus Jesus. Neutrum enim sine periculo pietatis et multorum salutis facere possem. Remitto exemplaria, missurus suo tempore literas ad Principem *), sicut exemplari præscripsisti. Arbitratus sum hactenus omnia mea per aliorum manus ad aulam istam quam primum perferri: ideo nunc accipe, quanta sunt excusa. Nam vernacula jam juxta Latinam excuditur. Vale et esto robustus in Domino. Wittembergæ, die S' Thomæ Martyris (ut creditur a multis), anno MDXX.

Martinus Luther.

---

31. December.

N°. CCLXXVIII.

An Spalatin.

Unterstützung einer Bittschrift des Stadtraths von Kemberg um Erleichterung der Steuern; von der oft angeregten Wittwe u. a.

Bey Aurifaber I. 297. b. Vgl. Cod. Jen. a. f. 105. Deutsch bey Walch XXI. 737.

Viro docto et probo, Georgio Spalatino, a sacris principalibus Lochæ, suo in Christo Majori.

Jesus.

Salutem. Mittit hic Senatus Kembergensis supplicationem ad Principem, mi Spalatine, qua queritur opprimi per census iniquissimos: in qua re et tuum officium peto, quandoquidem potes sine periculo. Quod si illustriss. Princeps nollet toti sese negotio immergere (quod nec opus est), ut subito et vi rem mutet: saltem id impetrari adjuva, ut intelligant homines illi, sese in hoc habere Principis favorem et consensum.

---

*) S. d. Br. v. 25. Jan. 1521.

Miserrime enim populus exsugitur illic usura ista pessima, pessimoque peccandi exemplo magis indies augetur. Nam et sacerdotia et officia cultus divini, tum fraternitates quædam a) sacrilegis his censibus et impiis rapinis aluntur, quæ minime omnium oportuit. Deo et voluntati ejus scias te servire propriissima religione, quicquid tu ipse in hoc feceris, et per Principem fieri obtinueris.

Vidua ista revertitur, cujus domum ipse lustravi et vidi non frustra moveri Dominos Canonicos: est aliquid quod speratur ibi. Modum inquirendorum hæreticorum *) Hessus **) noster missurus erat Croto ***) in Italiam, si remisisses. Tu interim vale: sum occupatissimus, simul tentationibus obrutissimus. Wittembergæ, die S. Silvestri, anno MDXX.

Martinus Lutherus, August.

Im Spätjahr.

N°. CCLXXIX.

An Hieron. Mühlpfort, Stadtvogt in Zwickau.

Zuschrift der Schrift: von der Freyheit eines Christenmenschen. Wittenberg 1520. 4. (Uebersetzung der lateinischen: de libertate christiana). Oefter gedruckt, dann in den Werken: Wittenb. VII. 53. Eisl. I. 9. Altenb. I. 358. Leipz. XVII. 382. Walch XIX. 1206.

Dem fursichtigen und weisen Herrn, Hieronymo Muhlpfort, Stadtvogt zu Zwickau, meinem besondern gunstigen Freund und Patron, entbiete ich, genannt D. Martinus Luther, Augustiner, meine willige Dienst und alles Gutes.

Fursichtiger, weiser Herr, und gunstiger Freund. Der wirdig Magister Johann Egran, euer loblichen Stadt Prediger, hat

a) So und nicht quasdam muß es offenbar heißen.

*) Tractatulus quidam solennis de arte et modo inquirendi quoscunque hæreticos secundum consuetudinem R. Curiæ compositus a quadam legali Magistro nostro F. Ord. Præd. S. Schelhorn Amœn. litt. XI. p. 286.

**) Eobanus Hessus.

***) Vgl. die Anm. z. No. CCLXXVI.

mir hoch gepreiset euer Lieb und Lust, so ihr zu der heiligen Schrift traget: welch ihr auch emsiglich bekennet und fur den Menschen zu preisen nit nachlasset. Derhalben er begehrt, mich mit euch bekannt zu machen, bin ich gar leichtlich willig, und frohlich des bereit. Dann es mir eine sondere Freud ist, zu horen, wo die gottlich Wahrheit geliebt wird, der leider so viel, und die am meisten, die sich ihres Titels aufwerfen, mit aller Gewalt und List widerstreben. Wiewohl es also seyn muß, daß an Christum, zu einem Aergerniß und Zeichen gesetzt, dem widersprochen werden muß, viel sich stoßen, fallen und auferstehen mussen. Darumb hab ich anzuheben unser Kundschaft und Freundschaft, dieß Tractatel und Sermon euch wollen zuschreiben im Deutschen, welches ich Latinisch dem Papst hab zugeschrieben, damit fur iedermann meiner Lehre und Schreiben von dem Papstthumb nit ein vorweislich, als ich hoff, Ursache angezeigt. Befiehl mich hiemit euch und allesamt gottlichen Gnaden, Amen. Zu Wittenberg An. 1520.

Ohne Tag.

N°. CCLXXX.

An Petr. Mosellanus, Rector der Universität zu Leipzig.

M. hatte L. seine Unzufriedenheit über die von Leipzig gegen ihn und die Wittenberger Universität ausgehenden Feindseligkeiten zu erkennen gegeben, und dieser verspricht, daß man nicht Gleiches mit Gleichem vergelten werde. Aber er beklagt sich über die Leipziger, besonders über die daselbst gedruckte und dem dasigen Rath und Volke zugeeignete Schrift eines gewissen Mönchs.

„Aus der Börnerischen Sammlung zu Leipzig" bey Schütze II. 37.

Magnifico Lipsicæ Academiæ Rectori, Petro Mosellano, suo in Domino Majori.

Non est, quod metuas, mi Petre charissime. Quamquam enim Lipsia tua abunde merita sit sui traductionem[a]), quod

---

a) So und nicht traditionem muß man wohl lesen.

passim patitur scholam nostram sic infamari libellis: nec vos excusat, quasi non sit vobis in monachos potestas, qui in vestram gratiam omnia moliantur: tamen non reddemus malum. Lipsiam oportuit nominare, quod ipse monachus *) de ea in titulo vanissimo et superbissimo glorietur, deinde et senatui populoque Lipsiensi lingua vernacula eundem libellum dicarit. Præterea denuo excuditur apud vos, manente in eo nihilominus nostræ scholæ contumelia et blasphemia, maxime vero optimi Principis nostri insignis convicii nota. Te rogo, quamdiu putas permittendum sit, ut nostra patientia abutantur vestri? Nihil tale a nobis factum est. Lipsiæ semper ego timui, ne Academiæ istæ duæ ex odio antiquo tandem in arma ruerent: quod, nisi ego obstitissem, effecisset vel sola epistola Arnoldi tui prædecessoris Rectoris, omnium, quas vidi, procacissima et præfractissima. Fateor, felicius est lædi, quam lædere, verum et difficilius. Vos læditis, et non sentitis: nos læsos quoque jubetis, ne sentiamus. Hæc sic tecum loquor, optime Petre, non quod ulla scintilla mihi perierit mei in te amoris: imo hoc ipso magis accendisti, quod te unum saltem ostendis, qui ista sentiat et odiat: sed, ut habeas, quo coram tuis de nobis respondere queas. Fama, res, vita, anima mea quæritur per vestros, et miraculum censetur, si quid vel nuntiem b). Tu optime vale, et persevera Petrus noster. MDXX.

T. Mart. Luther.

Ohne Tag.

N°. CCLXXXI.

An Spalatin.

Ueber den Betrug eines gewissen Mönchs Günther Staupitz, von welchem etwas im Br. an Joh. Lange v. 13. April 1519. No. CXXXII. vorgekommen ist.

Bey Aurifaber I. 293. Vgl. Cod. Jen. a. f. 319. Deutsch bey Walch XXI. 729.

---

b) Sch. falsch nuntiam. Wahrsch. mutiam.

*) Der Franziscaner Aug. Alveld?

Guntherus Staupitius inventus est omnium nostrum suoque ipsius judicio, sese ingenti excessu nos lusisse: acescit[a]) mihi hoc jusculum, et tædium facit agendi in similibus causis. Quis enim crederet ullum tam audacem esse, præsertim talem, tam propinquum, qui tam crasse et impudenter nostram fidem falleret? Sed excusationi locum dedimus, quod ignoraverit utriusque partis pretium. Itaque expectamus illustrissimi Principis cassationem: quando et nos cassavimus omnia jam duplici jure et nomine.

---

a) Aurif. acessit.

1521.

14. Januar.

N°. CCLXXXII.

An Joh. Staupitz.

L. beruhigt St. über seine Angelegenheit durch Erinnerung an ein ehemals von ihm selbst ausgesprochenes Wort, und äussert sich mit Zuversicht über den kühnen Schritt der Verbrennung der Bulle. Uebrigens allerley Nachrichten.

Bey Aurifaber I. 298. b. Deutsch bey Walch XV. Anh. XX.

Ad D. Johannem Staupitium, Eremitarum S. Augustini Vicarium.

Jesus.

Salutem. Cum Augustæ essemus reverendissime Pater, inter cætera quæ de hac mea causa tractabamus, dicebas ad me: memor esto, frater, te ista in nomine Domini nostri Jesu Christi incepisse: quod verbum non a te, sed per te mihi dictum accepi, et memori valde mente repositum teneo.

Tuo itaque nunc te verbo isto peto: memor esto et tu, hoc te verbum ad me dixisse. Hactenus lusum est in ista re, serius instat, et, sicut tu dixisti, nisi Deus hoc perficiat, impossibile est perfici: plane in manu Dei jam sunt ista potentissime [a]), ut negare nemo queat. Quis hic consulit? quid cogitet homo? tumultus egregie tumultuatur, ut nisi extremo die sedari mihi posse non videatur. Tantum est animi ex utraque parte.

Non est Papatus sicut heri et nudius tertius: etiamsi excommunicet et exurat libellos, occidatque me ipsum, omni-

---

a) Viell. potentissimi, oder patentissime.

no aliquid portenti præ foribus est. Quam felix fuisset Papa, si mediis bonis componendæ pacis potius, quam vi et turbinibus perdendi Lutheri rem aggressus fuisset. Exussi libros Papæ et Bullam, primum trepidus et orans, sed nunc lætior, quam ullo alio totius vitæ meæ facto: pestilentiores enim sunt, quam credebam.

Scribit in me vernacula Emser *) Lipsiæ, ductu furentis in me Ducis Georgii, qui in aula impiissime contra me agere proposuit, spirans minarum et cædis.

Vocatus fui a Cæsare literis ad Principem datis: sed et hic recusavit, et ille mox aliis literis priores revocavit. Quid futurum sit, Deus novit. Vicarius noster Wenceslaus Nurmbergam ivit. Teschius est Grimmis, abiisse fertur: Deus servet eum. Apud nos florent omnia, sicut hactenus. Huttenus Bullam postulavit **) salsissimis notis in Papam, et varia in hanc rem meditatur.

Mea ter arserunt, Lovanii, Coloniæ, Moguntiæ: sed Moguntiæ cum magno contemtu atque adeo periculo comburentium. Thomas Murnar quoque in me scripsit furens ***). Nam Barfotum illum asinum Lipsensem ****) nihil moror. Vale, mi Pater, pro verbo Dei ac me ora: ego fluctibus his rapior et volvor. Wittembergæ, die Felicis, anno MDXXI.

Martinus Lutherus, August.

---

*) Er meint die Schrift: Wider das unchristliche Buch M. Luthers Augustiners an den deutschen Adel ausgangen Verlegung Hieronymi Emsers an gemeine hochlöbliche deutsche Nation. Leipz. 1521. 4. (am 20. Jan. vollender, wie am Ende bemerkt ist.)

**) Walch übersetzt: hat die B. verlanget. Der Sinn ist aber wohl: hat sie in Anspruch genommen oder verklagt. Er gab bekanntlich die Bulle mit Anmerkungen heraus. S. d. folg. Br. a. Sp.

***) M. schrieb: An den großmächtigsten und durchleuchtigsten Adel teutscher Nation, daß sie den christl. Glauben beschirmen wider den Zerstörer des Glaubens Christi M. Luther ꝛc. ꝛc. 1520. vgl. Waldau von Murners Leben und Schriften. Nürnberg 1775.

****) Viell. jener Mönch, von dessen Schmähschriften No. CCLXXX. die Rede war, worunter wahrsch. Aug. Alveld zu verstehen ist.

16. Januar.

N°. CCLXXXIII.

An Spalatin.

L. übersendet Sp. (der wahrscheinlich schon jetzt mit dem Kurfürsten auf dem Reichstag zu Worms war) einen Brief und einige Werke Huttens und seine assertio, deren Heftigkeit er entschuldigt. Mit Huttens kriegerischen Planen ist er unzufrieden. Er sieht es nicht gern, daß der Kaiser die Einladung nach Worms zurückgenommen hat. Von einer Unterredung mit dem Markgrafen von Brandenburg, dem Druck der Postille u. a. m.

Bey Aurifaber I. 332. b. Vgl. Cod Jen. a. f. 108. Deutsch bey Walch XV. Anh. LXV.

Ad Georgium Spalatinum, Christi servum, et a sacris Principis Electoris Saxoniæ.

Jesus.

Salutem. Mitto Hutteni literas *) ad me datas, cum Bulla aliisque ejusdem opusculis **), mi Spalatine, et omnia quæ vides, literas quoque Buceri, quarum unæ mihi redditæ sunt læsæ, ut cernis, forte attritu quodam nuntiorum. Assertio mea Latina ad te missa prius aliquot quaternionibus, nunc tota venit cum supplemento. Tu ne judices eam asperam, vernacula erit planior et simplicior. Necesse fuit Latinis stomachis aliquid interspargere salsamenti. Emser in me surrexit: Dominus consiliarius mihi esto.

Quid Huttenus petat, vides ***). Nollem vi et cæde pro Evangelio certari: ita scripsi ad hominem. Verbo victus est mundus, verbo servata est Ecclesia, etiam verbo reparabitur: sed et Antichristus, ut sine manu cœpit, ita sine manu conteretur per verbum. Mitto etiam epistolam meam

---

*) Vom 9. Dec. 1520.

**) Worunter Exclamatio in incendium Lutheranum.

***) Hutten hatte an Spalatin geschrieben, daß er den Kurfürsten ausforschen solle, ob er ihm und Sickingen im Nothfall in seinem Lande eine Zuflucht gestatten, und so ihre kriegerischen Plane begünstigen wolle.

ad Principem *). Cum dolore legi novissimas Caroli literas revocatorias prioris instituti: quid quæso illic spei esse potest, quum sic et sapiant et scribant? Fiat voluntas Domini.

Fui hodie visus Marchioni Brandenburgensi et sociis Principibus, vocatus et collocutus: videre enim hominem voluerunt. Centenarium aureorum mihi delegatum accepi per Taubenheimum: sed et Schartus 50 dedit, ut ego metuere incipiam, ne Deus hic præmiet: sed protestatus sum, me nolle sic satiari ab eo, aut statim reddam et profundam. Quid enim mihi et tantæ pecuniæ? Patri Priori dedi medium **), et hominem lætum feci.

Princeps junior secundo ad me scripsit gratiose, indicans patrui sui Principis nostri Electoris responsum super mea causa. Enarrationes Epistolarum et Evangeliorum typis datæ sunt: has sub nostri Principis nomine exire jubebo, nisi tu aliud consulueris. Nam tres sexterniones excusi sunt, primo adhuc dilato.

Doctor Henningus ***) Præpositus decumbit, desperata resurgendi virtute: item Tylo Denen ****) patitur: Dominus consulat eis. Alia non sunt nisi solita. Vale. Wittembergæ, die S. Marcelli Papæ, Martyris, anno MDXXI.

Martinus Lutherus, August.

---

21. Januar.

N°. CCLXXXIV.

An Spalatin.

L. übersendet den Anfang der Schrift: Grund und Ursach :c. :c. Von Emsers und Murners Schriften. Verwendung für Joh. Schwertfeger, daß ihm die Lehrstelle des Civilrechts übertragen werde.

Bey Aurifaber I. 300. b. Vgl. Cod. Jen. a. f. 109. Deutsch bey Walch XV. Anh. LVIII.

---

*) Vgl. Br. v. 21. Dec. v. J. Das ist wohl der Br. v. 25. Jan. Warum aber ist er von diesem spätern Datum?

**) Das heißt die Hälfte.

***) Henning Göden.

****) Wer ist dieser?

Erudito et pio Viro, D. Georgio Spalatino, a sacris principalibus Saxoniæ, suo in Christo. a)

Jesus.

Salutem. Credo ad te pervenisse aut mox perventura, mi Spalatine, quæ cum assertionibus articulorum ad te dedi per Taubenheimum: interim tuas ad Stromerum literas legimus. Vernacula Assertio sub typis formatur, cujus gustum mitto: melior est, quam sit Latina. Emser in me scribit Lipsiæ magno animo: Murnerum contemno.)

Præterea defuncto Præposito *), et alienato a nobis Wolfgango **), quin et Torgensem Doctorem lectione juris exonerandum audiens, rogo, intercessor et mediator bonus esto pro Johanne Schwerdfeger, qui si lectionem juris civilis, cui par esse etiam Philippo nostro videtur, obtinere posset, forte ratione vitæ mutata, e clero laicus fieret, quod et magis homini conveniret.

Hæc scribo suasu multorum bonorum: tu fac, quod spiraverit spiritus. Definitum ajunt apud Episcopos Misnensem et Mersburgensem b) Bullam exsequi: fiat voluntas Domini Alia non sunt apud nos: tu quotidie novis rebus obrueris Vale in Christo Domino nostro c), Amen. Wittembergæ anno MDXXI, die S. Agnetis Martyris.

Martinus Lutherus, August

---

21. Januar.

N°. CCLXXXV.

An Wenc. Link.

Ablehnung der Auffoderung, in einer Schrift zu erklären, daß er nicht gegen die weltliche Macht geschrieben, da solches unnöthig sey. Uebrigen allerley Nachrichten.

---

a) Nach Cod. Jen.

b) Aurif. Misnenses — Mersburgenses.

c) Cod. Jen. χριστῷ τῷ κυρίῳ ἡμῶν.

*) Henning Göden.

**) Wolfg. Stehlin.

Bey Aurifaber I. 299. b. Deutsch bey Walch XV. Anh. LXVI.

Ad Wenceslaum Lincum, Eremitarum S. Augustini Vicarium.

Jesus.

Salutem. Ex Mersburg tuas literas, R. Pater, accepi: quomodo autem potui scribere, cum nescirem, quo te raperet spiritus Dei? De eo, quod scripsisti, ut libello edito tester, me nihil contra principatum profanum scripsisse, miratus sum valde, cum in contrarium universa mea scripta vergant: sed quis omnium obstruat ora, cum mea legere nolint plurimi, una hac causa, quod audierint, non posse mea legi, et reprehendi, aut non credi. Quid hic faciam impudentibus?

Vocatus eram a Cæsare, et nunc revocata est eadem vocatio. Emser in me scribit: occurram bestiæ illi. Agit enim jussu Ducis Georgii sui furentis. De Teschio malum audivimus. Apud nos omnia, ut fuerunt. Ego meos centenarios aureorum accepi, et Priorem lætificavi in argento fortiusque in Domino.

Tu vale, et ora pro verbo, videns rem tumultuosissimo tumultu tumultuantem: forte hæc est inundatio illa prædicta anno 24. futura. Wittembergæ. Te salutat Philippus. Die Felicis, anno MDXXI.

T. Martinus Lutherus.

Im Januar.

N°. CCLXXXVI.

An H. E.

Zuschrift der Schrift gegen Emser: Auf des Bocks zu Leipzig Antwort D. M. Luther. Wittenb. 1521. Auf die Schrift: An den Bock zu Leipzig hatte Emser geantwortet: An den Stier zu Wittenberg, und auf diese Schrift antwortet nun L. mit der gegenwärtigen, auf welche dann Eck folgen ließ: „Auf des Stiers zu Wittenberg wüthende Replica." Da L. von Eck's Schrift: „Wider das unchristenlich Buch M. L." so spricht, daß dessen Erscheinung erst noch zu erwarten sey, und diese doch den 20. Jan. fertig wurde, so gehört dieser

Schriften-Wechsel noch in diesen oder den Anfang des folgenden Monats. Walch XVIII. Einl. 92. hat die Sache nicht deutlich dargestellt und ohne alle Zeitbestimmung. vgl. Unsch. Nachr. 1720. S. 197.

Wittenb. VII. 130. b. Jen. I. 418. Altenb. I. 558. Leipz. XVII. 611. Walch XVIII. 1539.

Dem festen und gestrengen H. E., meinem besondern gunstigen Herrn und Freund D. Martinus mein gutes Vormugen.

Gestrenger und fester Herr und Freund. Des Emser Quatern an den Stier zu Wittenberg hab ich neben Eur Schrift empfangen. Und wiewohl viel mir widerrathen, ihm als einem offentlichem Lugener und Lästerer zu antworten, hab ich doch nit wollen unterlassen, daß der Sau der Bauch nit zu groß wurd, ihm sein Lugen zuzueigen. Denn er wohl so ein grober Kopf ist, daß ob er schon eitel Lugen und nichts redlichs aufbringt, dennoch glauben dar, er habe rechte Sache und gewunnen: hats mir nit wollen ziemen, dieweil er alle seine Lugen zur Schmach meiner Lehre richtet, zu schweigen. Das allis hab ich Euch guter Meinung nit wollen vorhalten. Hiemit Gott befohlen.

22. Januar.

N°. CCLXXXVII.

An Spalatin.

L. wünscht, daß Carlstadt die erledigte Probstey, und Amsdorf das Archidiaconat in Wittenberg erhalten möge.

Bey Buddeus p. 14. Vgl. Cod. Jen. a. f. 110. Deutsch bey Walch XXI. 738.

Suo in Domino Georgio Spalatino, Viro bono et docto, Christi servo etc.

Jesus.

Salutem. Brevi intervallo binas ad te literas cum opusculis dedi, mi Spalatine: nescio, an pervenerint ante has. De Præposito novo deligendo, si Principi suggereres, ut Carolstadium signaret, et archidiaconatum ejus susciperet Amsdorfius, ut homo hic optimus pinguiore stipendio provideretur, non absurdum videretur: tamen in iis tuo utere consilio meliore. Cætera omnia e literis prioribus. Vale in Domino. Wittembergæ, 22. Januarii, MDXXI.

Martinus Lutherus, August.

---

25. Januar.

N°. CCLXXXVIII.

An den Kurfürsten Friedrich.

L. erklärt sich bereit, unter sicherm Geleite, nach Worms zu gehen, sich daselbst auf dem Reichstage vor gelehrten christlichen Schiedsrichtern zu verantworten, und zu zeigen, daß er, was er unternommen, nicht aus Muthwillen und Selbstsucht, sondern zur Rettung der in Mißbräuchen versunkenen katholischen Kirche unternommen habe.

Befindet sich lat. bey Aurifaber ep. Luth. I. 301. Viteb. II. 169. Deutsch Wittenb. IX. 101. Jen. I. 480. Altenb. I. 612. Leipz. XVII. 565. Walch XV. 2243. Da es unentschieden ist, welches das Original sey, wenigstens ob nicht das Deutsche ebenfalls von Luther herrühre, so geben wir beyde Texte.

Dem Durchleuchtigsten und Hochgebornen Fürsten und Herrn, Herrn Friedrichen, Herzogen zu Sachsen, des H. Röm. Reichs Kurfürst und Vicari, Landgrafen zu Thüringen, Markgrafen zu Meissen.

Meinem gnädigsten Herrn und Patron.

Jesus.

Durchleuchtigster, Hochgeborner Fürst, Gnädigster Herr! E. Kurf. Gn. ist mein armes Gebet und demüthig Dienst allzeit in Gehorsam zuvor.

Gnädigster Herr, E. K. F. G. gnädige Anzeigung, was Römischer Kaiserlicher und Hispanischer Königlicher Majestät, meins allergnädigsten Herrn, Bedenken und Meinung in meiner Sachen ist, hab ich allenthalben zu gar demüthigem Dank und Gefallen vernomen: welcher Gnaden gegen Kaiserl. Maj. und E. K. F. G. ich mich aufs unterthänigst bedanke. Und bin von Herzen erfreuet, daß Kaiserl. Maj. die Sache, die, ob Gott will, Gottes, gemeiner Christenheit, und der ganzen deutschen Nation, und nicht eins einigen Menschen, viel weniger mein eigen ist, zu seiner Kaiserl. Maj. nehmen will.

Darumb bin ich nochmals, wie bisher allewege, meinem vielfaltigen Erbieten nach, und sonderlich dem, das hievor im Druck ausgangen ist, deß Copey E. K. F. G. ich hiemit uberschicke, unterthäniglich erbütig, alles das zu thun und lassen, das ich mit Gott und christlichen Ehren thun mag, oder zu thun und lassen mit ehrbarn und christlichen und gnugsamen Ursachen der heiligen göttlichen Schrift geweist werde.

Derhalben in aller Unterthänigkeit bittend, E. K. F. G. wollen gegen Röm. Kais. Majest. mich aufs unterthänigst verbitten, mich mit gnugsamer Versicherung und freyem sichern Geleit für aller Gewalt, der ich mich merklich zu besorgen hab, gnädiglich zu versehen, und zu bestellen, daß die Sach fromen, gelehrten, verständigen, unverdächtigen und christlichen Männern, Geistlichen und Weltlichen, die in der Biblien wohl gegründet, und Verstand und Unterscheid der gottlichen und menschlichen Gesetzen und Gebote haben und wissen, zusampt mir mit Fleiß zu verhören, befohlen werd, umb Gottes Willen kein Gewalt wider mich, bis ich fur unchristlich und unrecht befunden werde, fürnehmen lassen; als ein weltlich Heupt der heiligen Christenheit darob seyn, daß mein Widerwärtigen, die Päpstischen, mitter Zeit ihres tobenden und unchristlichen Furnehmen wider mich, mit Verbrennung meiner Bücher und grimmigen Nachstellen nach meinem Leib, Ehr, Heil, Leben und Seligkeit, wiewohl unverhört und unuberwunden, abstellen; und so ich dawider zu Errettunge mehr der göttlichen evangelischen Wahrheit, denn meiner eigen nichtigen und unwirdigen Person, etwas gethan hätte, oder aber hinfür würde gedrungen und verursacht zu thun, mich solcher nöthigen Gegenwehre gnädiglich entschüldigt, und mich in gnädigen Schutz und Befehl, das göttlich Wort zu retten, zu haben, auch allergnädigster und gn. Herren seyn; wie denn zu hochgenannter Kaiserl. Maj. und E. K. F. G. ich mich dieser, und aller andern christlichen Kais. und Fürstl. Tugend und

Gnaden, als zu meinem allergnädigsten und gnädigsten Herrn, tröstlich versehe.

Denn ich bin in demüthigem Gehorsam bereit, so ich gnugsam Versicherung und ein frey Geleit auf und abe wieder in mein Gewahrsam erlang, auf nähest künftigen Reichstag zu Wormbs für gleichen gelahrten, fromen, und unverdächtigen Richtern fürzukomen, und mit Hülf des Allmächtigen mich dermaßen erzeigen und verantworten, daß männiglich in der Wahrheit erfahren soll, daß ich bisher nichts aus frevelem, unbedächtigen, ungeordeneten Willen und umb zeitlicher und weltlicher Ehre und Nutzung willen; sondern alles, das ich geschrieben und gelehret habe, meinem Gewissen, Eid und Pflichten nach, als ein armer Lehrer der H. Schrift, Gott zu Lob, zu Heil und Seligkeit gemeiner Christenheit, der ganzen deutschen Nation zu gut, zu Ausrottung der fährlichen Mißbräuch und Aberglauben, und zu einer Ledigung der ganzen heiligen Christenheit, aus so viel unendlichen, unzähligen, unchristlichen und verdammlichen tyrannischen Verkleinerung, Beschwerung, und Gotteslästerunge, fürgewandt und gethan habe.

Ew. K. F. G. wollen zusampt Röm. Kaiserl. Maj. ein christlichs Auge und Einsehen haben auf den hochbeschwerten Stand der ganzen Christenheit; das bin ich Kaiserl. Maj. und E. K. F. G. uber göttlich Mild und Gnade mit meinem armen Gebet gegen Gott zu verbitten allezeit, als der arm unterthänige Capellan, in aller Demuth schuldig und willig. Datum Wittemberg, am Tag Conversionis S. Pauli, im tausend fünfhundert und ein und zwenzigsten Jahr.

Ew. K. F. G.

gehorsamer unterthäniger

Capellan, Martinus Luther.

J e s u s.

Illustrissime Princeps, Domine clementissime, vestræ Electoriæ Gratiæ mea et oratio et humilia officia perpetuo sunt obedienter exposita. Gratiosissime Domine, Electoralis Gratiæ vestræ gratiosam notificationem, quæ Romanæ Cæsareæ et Catholicæ Regiæ Majestatis, Domini mei longe gratiosissimi, et mens et deliberatio in mea sit causa, undecunque plane humili gratitudine et voluptate intellexi. Pro qua gratia, ut Cæsareæ Majestati, ita Electorali Gratiæ vestræ, gratias quam humillimas ago: et ex corde gaudeo, Cæsaream Majestatem hanc causam, quæ, Christo teste, Dei, christiani orbis, Ecclesiæ catholicæ, et totius Germanicæ nationis, et non unius et privati est hominis peculiariter, multo minus mea proprie, ad suam Cæsaream Majestatem suscipere velle.

Itaque non minus jam, quam hactenus semper pro mea multiplici oblatione et protestatione, et præsertim ea, quæ typis excusa prodiit in publicum, cujus exemplum sive copiam Electorali Gratiæ vestræ transmitto, suppliciter offero [a]), me omnia et facturum et omissurum, quæ cum Deo et christiana dignitate facere potero, vel quæ facienda et omittenda honestis, certis et sufficientibus causis et rationibus sacrosanctæ divinæ Scripturæ docebor.

Quamobrem cum omni subjectione obsecro, ut Electoralis vestra Gratia erga Rom. Cæsaream Majestatem pro me suppliciter oret, ut me sufficienti securitate et libero securo conductu contra omnem vim, quam mihi timendam insigniter habeo, gratiose provideat, et curet, ut hæc causa a probis, eruditis, prudentibus, non suspectis et piis christianis viris, spiritualibus et sæcularibus, in Bibliis bene fundatis, et intelligentiam et discrimen divinarum et humanarum legum et præceptorum habentibus et scientibus, cognoscatur, simulque illis committat, ut diligenter me audiant: et propter Deum nullam vim contra me, donec parum christianus et iniquus et impius inveniar, proponi permittat: atque, ut sæculare caput sanctæ christianæ Ecclesiæ, det operam, ut mei adversarii, Romanæ sedis defensores, interea desistant a suo insano et impio proposito contra me, cum exustione meorum librorum, et ab impiis consiliis et conatibus furiosis, quibus meo corpori, dignitati, honori, saluti, vitæ et felicitati, quanquam me neque audito neque convicto, malitiose et furenter insidiantur: et, si vicissim pro defendenda magis divina evangelica veritate, quam mea propria

a) Vit. offerens.

nihili et indigna persona, quidquam factum esset, aut in posterum cogerer vel impellerer facere, me propter hujusmodi necessariam defensionem clementer excusatum, et in gratiosa defensione et commissione ad defendendum verbum Dei habeat: et uterque mei gratiosissimi Domini sitis, sicut ego de præfata serenissima S. Cæsarea Majestate et vestra Electorali Gratia mihi et hanc et omnes alias christianas imperiales et principales virtutes et gratias, ut de Dominis meis gratiosissimis confidenter polliceor et promitto.

Cæterum quod ad me attinet, paratissimus sum in humili obedientia, si sufficiens securamentum et liberum conductum ultro citroque iterum ad meam securitatem adsecutus fuero, ad proxime futurum conventum imperialem Wormatiæ habendum, coram æquis, doctis, probis, et non suspectis judicibus comparere, et cum adjutorio Dei omnipotentis me ita exhibere et excusare, ut omnes in veritate experiantur, me hactenus nihil ex temeraria, indeliberata et inordinata voluntate, aut propter temporalem et sæcularem honorem et utilitatem, sed, quicquid scripsi et docui, secundum meam conscientiam, juramentum et obligationem, ut indignum doctorem sanctæ Scripturæ, ad laudem et gloriam Dei, ad salutem et felicitatem Eccelesiæ catholicæ, bonumque et commodum totius Germanicæ nationis, ad evulsionem periculosarum abusionum et superstitionum, et ad liberationem totius christianæ reipublicæ, ex tot infinitis, innumerabilibus, impiis et damnabilibus tyrannicis dedecoribus, probris, gravaminibus et blasphemiis, proposuisse et fecisse.

Electoralis Gratia vestra dignetur una cum Rom. Cæsarea Majestate christianum oculum et respectum habere ad tam multis modis oneratum statum totius Christianitatis. Quod pro Cæsarea Majestate et Electorali Gratia vestra ultra divinam liberalitatem et gratiam meis miseris orationibus erga Deum orare semper, ut miser et subjectus capellanus, in omni humilitate sum et obligatus et paratus. Datum Wittembergæ, die Conversionis S. Pauli, anno MDXXI.

Electoralis Gratiæ vestræ

obediens et suplex Capellanus

Martinus Lutherus.

29. Januar.

N°. CCLXXXIX.

An Spalatin.

Kurzer Brief, an Antwort erinnernd, einen nächstens zu erwartenden versprechend, übrigens eine Fürbitte enthaltend.

Bey Buddeus p 14. Vgl. Cod. Jen. a. f. 110. Deutsch bey Walch XXI. 740.

Viro pio et docto, Georgio Spalatino, a sacris principalibus, Wormatiæ agenti, suo in Christo.

Jesus.

Salutem. Expectamus aliquando responsurum te, mi Spalatine. Nam hic præter ea, quæ percepisti, nihil novi habetur. De Præposito Carlstadio stulte nuper scripsi. Assertio vernacula *) quotidie formatur. Cæterum Magister Jodocus Morlin ad parochiam Westhusen nominatus pauperrimus est: optat per Christum tuam et meam intercessionem, ut quantum fieri potest, minori eum constet præsentatio in aula ista: ita rogo, roga et tu. Curabo, ut aliquid saltem parum habeat. Vale et Dominum pro me ora. Statim plura cum eo, qui certus est nuntius Doctoris Hieronymi. Wittembergæ MDXXI, quarto Calend. Februarii.

Martinus Luther.

Im Januar oder Februar.

N°. CCXC.

An Conrad Pellicanus.

Conrad Pellicanus (damals Gardian des Franciscaner Convents, späterhin theologischer Lector zu Basel) besorgte den Nachdruck der lutherischen Schriften in Basel, und ging auch damit um, dessen Operationes in Psalmos abdrucken zu lassen, welche auch wirklich erschienen, Basil. ap. Ad. Petri 1521. fol. L.

---

*) Grund und Ursach aller Artikel 2c.

gibt ihm einige Verbesserungen an, klagt über die Zerstreuung, in welcher er arbeiten müsse, und gesteht zuletzt seine Heftigkeit ein, welche P. gerügt hatte. Damals war er mit dem 22. Ps. beschäftigt.

Sonderbar, daß L. im Br. an Spalatin v. 17. Febr. mit dem Baseler Druck seines Psalters unzufrieden ist.

In Luth Operatr. in duas Psalmorum decades, Basil 1521. fol. ad calcem, in Riederers Nachrichten I 189. bey Strobel-Ranner p. 80. Viteb. III 556. aber sehr abweichend. Deutsch, noch anders Wittenb. III 275. Altenb II. 750. Leipz. V. 184. Walch IV. 1622.

Insigni pietate et eruditione Viro, Conrado Pellicano, Minoritano, suo in Christo Majori, Martinus Lutherus.

Quod mea sic prædicas, non agnosco: favori, timeo, nimium dederis. Mihi certe Psalterium meum nausea est: non tam ob sensum, quem arbitror esse genuinum, quam ob verbositatem, confusionem et indigestum cahos. Liber est enim, quem una eademque opera concipere, formare, alere et parere cogor, temporis et otii penuria. Jam diu cogito eum revocare. Voce enim viva multum auditoribus et lucis et gratiæ accedit, quantum cahos istud literarum neque habet, neque capit. Quod si non est excusus Psal. XI, velim deleas in fine*) ultimæ paginæ, literæ B. duodecim versus, cum tribus sequentibus versibus literæ C. Vides enim, quam ibi fœde erraverim in vocabulo מכינ. Raptus et occupatus tum fui, sicut sæpe alias, cogitationibus variis. Sum enim occupatissimus: duas conciones per diem habeo, Psalterium cogo, Postillas (quas vocant) molior, et hostibus respondeo, et Bullam utraque lingua impugno, meque defendo: ut literas taceam amicis reddendas, et conversationes domesticas fortuitasque. Jam quod oblitus, Psal. XIII. quicquid de verbo משכיל somniavi, per XXVI. versus dele, quæso. Dabo operam, ut verbis intelligendi explicandis simile negotium tribuam, quod verbis virtutis feci, Ps. XX. Multis aliis, sed levioris momenti, mendis scatet liber culpa typographi.

---

a) Am Rande steht: loquitur enim Lutherus de Vitebergensis exemplaris paginis.

Bene facis pro me orans: multis premor malis, et impedior a sacris, vita mea mihi crux est. Vicesimum primum psalmum*) אלי אלי in manibus habeo. Sperarem Psalterium consummandum, si pacem daret Christus, ut totus in eum incumberem. Nunc ne quarta quidem pars Psalterio servit, imo mera furta sunt temporis, quæ illi impendo. Recte mones modestiæ me: sentio et ipse, sed compos mei non sum, rapior nescio quo spiritu, cum nemini me male velle conscius sim: verum urgent etiam illi furiosissime, ut Satanam non satis observem. Itaque pro me ora Dominum, ut quod se et me, non quod illos decet, sapiam, loquar et scribam, ac bene vale in Christo. Wittemb. anno MDXXI. **)

Im Januar oder Februar.

N°. CCXCI.

An Wenc. Link.

Nach Berührung einer Ordensangelegenheit und Meldung von Neuigkeiten die Nachricht, daß die Päpstler seine Ankunft in Worms zu hintertreiben suchen.

Bey Aurifaber II. 8. Deutsch bey Walch XV. 2036.

Jesus.

Salutem. Conqueritur super te Prior noster, reverende Pater: uno eodemque die Procurator noster aufertur et Supprior, ut solus ferat nostrum onus, quod modo est majus, quam antea: tamen in hac re utriusque studio cedo. Dominus dirigat nos omnes.

Præpositus Henningius obiit, Emser in me furit Lipsiæ, alia non sunt apud nos nova: nam Hutteni opera in hanc rem edita credo apud vos esse. Expectamus autem quotidio

---

*) Nach hebräischer Zählung der XXII.

**) In der Wittenb. deutschen Ausg. ist das Schreiben ex Pathmo datirt, welches offenbar falsch ist. L. redet von seinen vielen Geschäften in Wittenberg und von der Widerlegung der Bulle.

nova ex Wormatia: non optant Papenses meum illuc adventum, sed simpliciter damnatum et perditum.

Scribit Spalatinus, Aleandrum fuisse ausum dicere: etiamsi vos Germani, qui minimum omnium dependitis æris Romano Pontifici, jugum servitutis Romanæ excusseritis, tamen curabimus, ut mutuis cædibus absumti vestro cruore pereatis. Hæc ille nova. Et hoc monstrum ali in nos a Romanis ego semper dixi et scripsi: nunc vide, ut pascat oves Christi Papa. Vale. Wittembergæ, anno MDXXI.

Tuus Martinus Lutherus.

---

9. Februar.

N°. CCXCII.

An Johann Staupitz.

Er war vom Papst beym Erzbischof von Salzburg als Anhänger Luthers verklagt worden, (vgl d. folg. Br.) und hatte sich in einem Schreiben dem Urtheil desselben unterworfen. L. ermahnt ihn zur Standhaftigkeit und zum Widerruf dieser feigen Erklärung, damit er nicht Christum verleugne.

Bey Aurifaber I. 303. Deutsch bey Walch XV. Anh. XXI.

Reverendo et optimo Viro, Johanni Staupitio, S. T. Magistro, Augustin. Eremitæ, suo in Domino Majori.

Salutem. Miror literas et libellos meos, R. P., ad te nondum pervenisse, quantum ex tuis literis capio. Ego sane aliis prædicans, reprobus fio: adeo me rapiunt a me ipso conversationes hominum. Quo spiritu autem adhuc tractem verbum Dei, vides ex iis, quæ mitto. Wormatiæ nihil contra me adhuc actum, etsi miro furore Papistæ moliantur [a]) mihi mala. Spalatinus scribit, tantum favoris Evangelio esse istic, ut me inauditum et inconvictum damnari non speret.

Emser Lipsiæ fronte deposita in me scripsit libellum solo uno mendacio refertum a principio usque in finem:

a) Aurif. falsch moliatur.

cogor huic portento respondere propter D. Georgium, qui illius insania inflatur *).

Non invitus audio, et te peti a Leone, ut et tu crucem, quam sic prædicasti, in exemplum erigas mundo. Non enim vellem tuo responso contentum esse lupum illum, quod plura ei tribueris, quam æquum sit. Sic enim ea interpretabitur, quasi in totum neges me et omnia mea, postquam eum judicem te passurum professus es. Unde si te Christus dilexerit, coget te ad revocationem hujus scripti, cum in ista Bulla damnarit omne, quicquid de misericordia Dei hactenus et docuisti et sapuisti.

Quod cum non ignoraris, videris mihi non sine Christi offensione eum pro judice advocare, quem vides hostili furore Christi adversarium in verbum gratiæ debacchari. Id enim tuum fuisset asserere, et eum hujus impietatis redarguere. Non enim hic tempus timendi, sed clamandi, ubi Dominus noster Jesus Christus damnatur, exuitur et blasphematur. Unde quantum tu me ad humilitatem exhortaris, tantum ego te ad superbiam exhortor. Tibi adest nimia humilitas, sicut mihi nimia superbia.

Verum seria res est: Christum videmus pati. Quod si hactenus tacendum et humiliandum fuit, nunc tamen, quando per totum orbem ipse optimus salvator, qui sese pro nobis dedit, ludibrium jactatur: obsecro, non certabimus pro eo? non objiciemus cervicem? Mi Pater, grandius est periculum, quam credant multi. Hic incipit currere Evangelium: *qui me confessus fuerit coram hominibus, confitebor et ego eum coram Patre meo: qui me erubuerit, erubescam et ego eum.*

Inveniar sane superbus, avarus, adulter, homicida, antipapa, et omnium vitiorum reus: modo impii silentii non arguar, dum Dominus patitur et dicit: *periit fuga a me, et non est, qui requirat animam meam: et considerabam ad dextram, et non erat, qui cognosceret me.* (Ps. 142, 6.) Spero enim ea confessione absolvendum ab omnibus peccatis meis. Unde et cornua erexi, in hoc idolum Romanum et verum Antichristum cum fiducia. Non est verbum pacis,

---

*) Vgl. d. Br. v. 14. Jan.

sed verbum gladii verbum Christi. Sed quid ego sus Minervam?

Fidentius hæc ad te scribo, quod valde timeo, ne inter Christum et Papam medius hæreas, quos vides tamen summa contentione contrarios esse. Oremus autem, ut Dominus Jesus spiritu oris sui destruat hunc filium perditionis propediem. Quod si tu non vis sequi, sine me ire et rapi: non tacebo (per Christi gratiam) portento huic sua portenta.

Vere nonnihil me contristavit ista tua submissio, et alium quendam mihi exhibuit, quam Staupitium illum gratiæ et crucis præconem. Quod si ante bullæ istius notitiam et Christi ignominiam sic fecisses: nihil contristasses.

Huttenus et multi alii fortiter scribunt pro me, et parantur indies cantica, quæ Babylonem istam parum delectabunt. Princeps noster, ut prudenter et fideliter, ita et constanter agit, cujus jussu assertiones istas utraque lingua edo.

Salutat te Philippus et auctiorem tibi spiritum imprecatur. Saluta quæso D. Ludovicum medicum, qui doctissime ad me scripsit. Non erat otium scribendi ad ipsum, cum tria prela solus ego occupare cogar. Vale in Domino, et ora pro me. Wittembergæ, die S. Apolloniæ, anno MDXXI.

Filius T. Martinus Lutherus.

---

17. Februar. *)

N°. CCXCIII.

An Spalatin.

Ueber den Tod zweyer Cardinäle, Staupitzens Anklage, L.'s neue Druck-Arbeiten, eine ihm aus Böhmen zugesandte Schrift und die böhmische Uebersetzung seiner zehen Gebote und seines Vater Unsers, u. a. m.

Bey Aurifaber I. 305. Vgl. Cod. Jen. a. f. 112. Deutsch bey Walch XXI. 745.

Suo in Domino Magistro Georgio Spalatino, Christi servo.

---

*) Wahrscheinlich den 10. Luther schrieb quadragesima statt quinquagesima.

Jesus.

Salutem. Mera [a]) Christi audacia, qui Cardinalem tantum in mediis audeat comitiis occidere [b]), non veritus creatorem neque creaturam. Scribit itidem in Hungaria subito periisse similem creaturam Wenceslaus noster.

Romanus Pontifex Staupitium nostrum accusavit ad Cardinalem Salzburgensem, ut mecum habentem. Ille respondit: nescio, an evellatur. Concilium illud bellum Florentinum edetur *), et articuli pro confessuris solandis **), etsi prela sint occupatissima. Pransus sum cum Duce Bugeslao Pomerano, qui et sermonem meum auscultavit hodie in parochia.

E Bohemia juvenis eruditus ad me dedit libellum, probare conatus, S Petrum nunquam venisse aut fuisse Romam, 18 conjecturis: sed non evincit. Miserunt præceptorium meum et orationem Dominicam versa in Bohemicam linguam, excusa typis suis, et valde promovent verbum inter suos.

Cætera ex Hieronymo ***) nostro. Vale, et causam Mœrlin commendatam habe. Expecto etiam responsum Principis pro quæstore Pelitzensi. Wittembergæ, dominica Quadragesima, anno MDXXI.

Martinus Luther, August.

---

17. Februar.

N°. CCXCIV.

An Spalatin.

Klage über verspätete oder verlorene Briefe. L. will Emsern antworten. Von Aurigallus Anstellung an Adrians Stelle, und dem Nachfolger P. Burkhards in der medicinischen Professur. Er sendet den Unterricht der Beichtkinder.

---

a) Cod. Jen. mira.

b) Cod. Jen. qui Caroli tantam in medii ardeat comitiis occidere.

*) Ich kenne diese Ausgabe nicht.

**) Unterricht der Beichtkinder.

***) Schurf.

und erzählt einen dem Papst geltenden satyrischen Aufzug der Wittenberger Studenten.

Bey Aurifaber I. 305. b. Vgl. Cod. Jen. a. f. 114. Deutsch bey Walch XXI. 747.

Domino Magistro Georgio Spalatino.

Jesus.

Salutem. Spero venisse tandem ad te et literas et libellos, mi Spalatine. Miror autem, quid intercedat obstaculi, quo minus jam diu acceperis, cum jam binas a te interim acceperim literas, et de acceptis nulla mentio. Jam Hutteno quoque quas scripsi copiosissimas, quis ventus abstulit? Quid moliar deinceps in scribendis et mittendis, nescio. Sex quaterniones jam antea ad te volare jussi, raptos e prelo madidos, sed claudicasse eos video: reliquos mitto, missurus, quos absolvet typus.

Emser virus suum in gratiam Ducis Georgii tandem evomuit. Cogor homini respondere solum ob mendacia impudentissima. Murnero nondum possum: et qui omnibus possem *)? Psalterium meum Basileæ excudit Adam Petrus, quod nollem **). Episcopus Mersburgensis exussit meos libros, homo sanctus Papæ servus.

Matthæus Adrianus licentiam discedendi petiit, cui dedimus statim. Itaque liberati sumus ab homine isto: utinam Aurogallus ei succedere mereatur. Præterea auditum est, Principem nostrum in locum D. Petri Burkhardi medici peregrinum quendam substiturum esse. Cum M. Augustinus Schurf jam diu solicitaverit, et nos pro eo: cur non e nostro gremio potius accipitur? Vel D. Stephanum Wildum, novellum generum antiqui quæstoris, si Augustino preces nostræ non impetraverint, dignum esset substitui: quod dico, ut suggeras, si opus sit, et potes, personas nostras idoneas.

Mitto confitentium institutiones ***), quas petiisti. Magdeburgi libellus Emseri in publico infamiæ loco affixus est

*) Vgl. d. Br. v. 14. und 21. Jan.

**) Vgl. Br. an Pellicanus No. CCXC.

***) Unterricht der Beichtkinder.

cum titulo: Talis liber tali loco dignus. Addunt additam virgam, quæ pœnam ejus significaret. Cæterum Lipsiæ regnat Emser, et multa potest et audet, ut qui finem statim sui sit facturus, more hominum istius generis.

Juventus nostra his diebus bacchanalibus nimis ludicre Papam personatum circumvexerunt sublimem et pompaticum: tandem in foro ad torrentem projecturis similes, fugitivum cum Cardinalibus, Episcopis familiisque suis in diversas partes oppidi disperserunt, et insecuti sunt, festivo valde et arguto invento. Dignus enim hostis Christi hoc ludibrio, qui summos reges, imo Christum ludificatur. Excuditur jam ea fabula versibus eruditis. D. Hieronymum credo tibi adesse hodie. Vale[a]). Dominica Invocavit, Wittembergæ, anno MDXXI.

Martinus Luther, August.

---

27. Februar.

N°. CCXCV.

An Spalatin.

L. übersendet die letztern Bogen der Schrift: Grund und Ursach rc. und vertheidigt sich gegen den Vorwurf der Bissigkeit. Vom Verbrennen seiner Bücher, der Schrift gegen Emser und andern Druckarbeiten, vom Leipziger Druck des Erasmischen Gutachtens.- Zuletzt Besorgnisse wegen der Folgen des Widerstandes, welchen die Römlinge dem Evangelium entgegen setzen.

Bey Aurifaber I. 307. Vgl. Cod. Jen. a. f. 111. Deutsch bey Walch XXI. 749.

Suo in Domino M. Georgio Spalatino. b)

Jesus.

Salutem. Assertionem vernaculam antea usque ad literam L. misi: supersunt L. M. N., quos mitto: ultimus finietur

---

a) Cod. Jen. Itaque vale.

b) Nach Cod. Jen.

sabbatho. Miror tam tarde reddi meas literas. De Confessionibus *) editum libellum ad te fert Scotus bibliopola.

Vide autem, ne et tu illis credas, qui me in scriptis meis arguunt mordacitatis nimiæ. Ii enim hoc arguunt, ut nomen meum polluant, cum aliud non possint: potissimum autem eos experior tales esse, qui non legunt, sed aliorum relata sequuntur: deinde vitia morderi assueti non sunt. Ego mihi nondum conscius sum tantæ, quantæ illi accusant furiæ. De iis satis.

Apud Mersburgenses et Misnenses nihil prodest liber confessuris datus: plaustra librorum meorum exurunt. Ita insaniunt sancticuli illi. Rhadinum Emser esse nondum dissuaseris, mi Spalatine: sunt et nobis argumenta. Quod autem illi respondeo, amicorum, non meum est consilium: ego eam [a]) contemseram bestiam, sed illis omnino visum est stulto respondere.

Accingor jam cantico Mariano dicando juniori Principi, ut tandem libello ipso respondeam literis suis novissimis et gratiosis ad me datis. Postillæ, quas vocant, absolutæ Epistolis et Evangeliis adventualibus, exibunt his nundinis Francofordiensibus, pro gustu aliquo, ut videam quid judicent de eo opere homines.

Non minus nos male habent excusa axiomata **) illa Erasmi et Principis nostri responsa ***) Lipsiæ, et nescio, ubi ista curata sunt, ignorantibus nobis atque adeo mirantibus, unde exemplaria habuerint: nostra penes nos sunt. Nihil est ergo, quod nos in hac re accuses, molestissime ferentes eas editiones, quæ et nobis metu et jactantia suspectos faciunt.

Olim Erasmus scripsit, nihil esse spei in Carolo sophistis et papistis obsesso. Dominus ipse verbi sui et autor et

a) Cod. enim.

* Den Unterricht der Beichtkinder? Den hatte er schon mit dem vorigen Briefe geschickt. (?)

** Nach der zu Cöln im November 1520. gehabten Unterredung mit dem Kurfürsten von Sachsen gab Erasmus dem Spalatin ein schriftliches Gutachten über Luthers Sache, welches sehr günstig ausfiel. Es findet sich Viteb. II. 121. und Jen. II 314

***) An die Päpstlichen Legaten, eben daselbst befindlich.

tutor est solus: placet tamen interim eorum furorem differri divino consilio, qui si perruperit, omnes fore divinant Bohemicæ similem seditionem, in nostros quoque clericos grassaturam. Ego sine culpa sum, qui hoc molitus fui, ut nobilitas Germaniæ non ferro, sed consiliis et edictis (quod facile possunt) Romanistis illis modum poneret. Nam contra imbellem vulgum Cleri idem est, ac contra fœminas et pueros bellare.

Sed metuo, ut furor Romanistarum patiatur se edictis et consiliis compescere, et ista insaniendi pertinacia ultro sibi malum accersat. De succentore januensi tibi Amsdorfius scribit jucunda. Vale, et pro me ora. Saluta aulicos nostros. Wittembergæ, penultima Februarii, anno MDXXI.

Martinus Luther, August.

---

3. März.

N°. CCXCVI.

An den Kurfürsten Friedrich.

L. widmet dem Kurfürsten seine Enarrationes Epistolarum et Evangeliorum mit der Erklärung, daß da er nach des Kurfürsten Wunsch und seiner eigenen Neigung gemäß sich gerne den friedlichen Studien zur Erbauung der Christen widmen möchte, seine Feinde ihm aber keine Ruhe ließen, er beydes zu vereinigen suche, und wie Nehemia mit der einen Hand das Schwert führen und mit der andern die Mauern Zions bauen wolle.

Gedruckt vor den Enarrationes Epistolarum et Evangeliorum, quas Postillas vocant, D. Mart. Lutheri. Wittemb. 1521. 4 Jen. II. 321. Aurifaber I. 308. Deutsch bey Walch XXI. 752. Wir haben die erste Edit. verglichen.

Illustrissimo Principi et Domino, D. Friderico imperii Electori, Duci Saxoniæ, Landgravio Thuringiæ, Marchioni Misniæ, Domino suo clementissimo, Martinus Lutherus August. gratiam et pacem a Domino nostro Jesu Christo.

Quod hactenus Celsitudinis tuæ votis, Princeps illustrissime et clementissime, respondere non potuerim, atque de die in diem magis causis sese mutuo gignentibus differre coactus fuerim: nescio cui referre debeam acceptum. Judicasti tu optimo quidem consilio, ut posthabitis rixosis, mordacibus et turbulentis scriptionibus, quibus jam tertium annum perdidi, sacris et placidis studiis inservirem, et juxta Psalterii elucidandi laborem enarrationes Epistolarum et Evangeliorum, quas vulgo postillas vocant, pro vulgo pastorum et populorum elaborarem: ratus hac ratione fore, ut mole horum operum occupatus, vel invitis adversariis, pacem haberem. Sic enim est ingenium tuum, secundum nomen tuum pacificum, ut non obscuris nec raris argumentis mihi declararis, quam molesto feras animo contentiones illas et quæstiones de lana (quod ajunt) caprina (liceat enim mihi sic contemnere magnifica illa quæstus ecclesiastici certamina, et cum Propheta Bethaven e Bethel facere).

Sed et ipsemet non facile dixerim, quam invitus his turbis jactatus, et a meis studiis avulsus fuerim, ut carni et sanguini meo non potuerim penitus imperare, quin importunas istas improborum procacitates asperius quam pro religione [a]) modestia tractarem. In qua re, ut non deprecor culpam, ita mihi veniam non negari spero ab ullo, qui saltem perpenderit, quantos Leones Moab, quantos Rabsaces Assyriorum, quantos denique extremæ virulentiæ Semeios unus ego tam diu sustinere compulsus fuerim, mei et multorum jactura, quibus in verbo Dei prodesse potuissem. Sic tamen in his procellis fluctuavit animus meus, ut nunquam desponderit [b]) spem potiundæ aliquando pacis, quo morem tuæ Celsitudini gererem: per quam Evangelio Christi, quod dubitari non potest, non parum contulit misericordia Dei.

At cum videam nunc spem meam fuisse merum hominis cogitatum et quotidie alto huic mari magno altius involvar, reptilibus innumeris, animalibus magnis cum parvis mutuas vires et operas jungentibus: simul video spei mei tentatione Satanam aliud nihil quæsivisse, quam ut sensu vanitatis meæ distentus, tandem in totum ab instituto meo alienus fierem, et ante migrandum esset in Babylonem, quam meæ Hierusa.

---

a) Wittb. religionis.
b) Jen. desponderis.

lem præsidium et victum providerem. Tam astuta est nequitia illius. Hoc considerans, recordatus sum sancti illius viri Nehemiæ, et relictis otiosis contemplationibus Esræ, scribæ doctissimi c), de pace desperare cœpi, ultro citroque me parans ad pacis et belli studia, una manu gladium apprehendens, Arabibus meis repugnaturus, et altera murum ædificaturus, ne si alteri tantum operi me impendero, neutrum implevero. Quando et Hieronymus dicit, tantum Ecclesiæ officere, qui adversariis non resistit, quantum in altera parte ædificat.

Et Apostolus mandat, ut episcopus non solum potens sit exhortari in doctrina sana, sed et contradicentes redarguere. Non quod me episcopum esse arbitrer, cum desint et opes et infula, quibus hodie constat episcopus: sed quod officium verbi qui implet, episcopi officium implet, quem oportet esse ambidextrum Ehud, et pinguissimum Aeglon sinistra bellace temporique belli parata, infixo pugione occidere. Et ego in mediis gladiis, bullis, tubis et classicis Papistarum, frustra me terrentibus, animosus contemtor, per Dei gratiam, pacis operi accingor, et enarrationes a tua Celsitudine petitas, in manus accipio. Quid enim non possim in eo, qui me confortat? Si vires meas metiri velim, ne uni quidem Psalterio me traderem, etiam septies Lutherus: tantum exigit is liber ingenii, eruditionis, diligentiæ, spiritus et gratiæ, ut taceam geminæ concionis munus. Nam de aliis occupationibus extra verbi ministerium nihil dico.

Vereor autem, ne hoc operis longe sit futurum spe inferius. Cum enim nihil sit sanctius in omnium corde Evangelii opinione, idque merito, cujus majestas inæstimabilis digne est adoranda: expectabitur forte a multis digna Evangelio enarratio, et e montium partu mus tandem fiet, et concepto ardore stipulam pariam. Non de eloquentia et Latini sermonis elegantia dico. Nam harum rerum ut sum imperitus, ita peritis prorsus non hæc laboro, sed de vulgo *) et iis, in quorum naribus spiritus est, qui excelsi

c) Ed. falsch doctissimo.

*) D. h. iis, qui de vulgo sunt.

reputantur apud Deum, ut Esajas dicit, quorum mihi judicium, utcunque sordide loquantur, formidabile est, in primis tuum, illustrissime Princeps, qui sacris literis non modo incomparabili studio et faves et inhias, sed ita formatus es, ut nulli theologo, vel ter maximo, non queas negotium facessere, si quæstiones duntaxat movere incipias: tantum abest, ut Romanenses fucis et nugis Bullarum suarum tibi imponant, aut impiis superstitionum legibus irretire queant, quo tamen crasso ludibrio nullum episcopum non penitus dementant hodie.

Satis autem fecero, si purissimo et simplicissimo Evangelii sensu, utcunque patefacto, insulsis et ineptis glossematibus quorundam occurrero, et pro fabulis et somniis saltem sola verba Dei sui, a sordibus humanis purgata, audire populus potuerit. Præter puritatem enim et sinceritatem sensus Evangelii, humiliori et populari captui attemperati, nihil promitto: sed an et hoc implevero, aliorum esto judicium: certe opiniones et quæstiones ad rem nihil pertinentes ex me nemo discet.

Suscipe ergo, illustrissime Princeps, obsequium istud meum, non tua dignitate, sed tua clementia pensandum: et Evangelio Christi, sicut facis, Fridericum, pium, magnum, Saxonem, Ducem, Electorem, nobis in Christi favore diu serva. Valeat T. C. in Christo, Amen. Wittembergæ, anno MDXXI, die 3. Martii.

Martinus Lutherus, August.

---

6. März.

N°. CCXCVII.

An Spalatin.

L. sendet die letzten Bogen der Schrift: Grund und Ursach ꝛc. und den Anfang der Postille, und gibt von seinen neuen Arbeiten und Widersachern Nachricht.

Bey Aurifaber I. 310. b. Vgl. Cod. Jen. a. f. 113. Deutsch bey Walch XV. Anh. LIX.

Erudito et bono Viro, D. Georgio Spalatino, Christi discipulo, suo in Domino. a)

Jesus.

Salutem. Calendis Martiis absoluta vernacula Assertio est, mi Spalatine: sed quando ad te perveniet? Hodie simul Postillæ prægustus, ut vides: tam tarde tibi redduntur nostra. In Emserum responsio nascitur *). Mariano cantico accingor, ut antea scripsi. Misi quaterniones vernaculæ Assertionis intercisim: nunc reliquos mitto. Lovanii nascitur mihi (ut factus sum certior) Latomus et sophistarum turba hostis. Duos Italos quoque scripsisse audio: Murner tres libros. Quid ista? Ne Hercules quidem contra duos. Verum culices sunt elephanti ista monstra.

Episcopum Misnensem male habet æs Schmidbergi **) et Fabiani ***) mihi legatum: misso nuper clanculum exploratore quopiam, sciscitatus est, verene Fabianus duo mihi millia aureorum legasset. Mersburgensis humilis superbiæ et sanctæ avaritiæ Episcopus pergit in obsequio, quod Deo præstat, occidendo Christum et verbum ejus. Nunquam credo sic furiose in ullum hominem de suggestis clamatum, sicut in me clamatur per Minores et Prædicatores: quod mire quam gaudeam. Sic enim se ipsos et vulgo produnt, et revelantur cogitationes cordium, posito contradictionis signo. Nova nulla alia. Tu ergo vale et Deum pro me ora. Wittembergæ, 6. Martii, anno MDXXI.

Martinus Luther, August.

---

a) Nach Cod. Jen.

*) Diese Streitschrift: Auf das überchristlich, übergeistlich und überkünstlich Buch Bock Emsers zu Leipzig Antwort D. M. L. darin auch Murners seins Gesellen gedacht wird, muß noch in diesem Monat erschienen seyn Vgl. oben im Jan. No. CCLXXXVI.

**) Vgl. No. CCLXIX.

***) Fab. v. Feilitzsch? Vgl. No. CCLXXXIII.

6. März.

N°. CCXCVIII.

An Joh. Lange.

Aehnlichen Inhalts mit dem vorigen. Merkwürdig ist, daß L. sich durch die Bulle für entbunden von den Mönchspflichten hält.

Bey Aurifaber I. 311. b. Deutsch bey Walch XV. Anh. LXVII.

Suo Johanni Lango, Theologo, Eremitano Erfurdiæ, in Domino charissimo.

Jesus.

Salutem. Has etsi occupatissimus scribo, mi Pater, solum, solum, ut tuas præoccuparem querelas, quod nihil ad te scribam, nullo alio prorsus urgente argumento: mitto simul nugas meas. In Emserum nascitur mihi responsio.

Murnar tres effudit in me libros: duo Itali quoque in me scripsisse feruntur: quorum nihil hactenus vidi. Sed et Lovanienses sub prelo habent, quod me petat. Tot ego petor unus hydris, et proverbium cogor evertere: ne Hercules quidem contra duos, cum ego contra decem. Gemina concio virum exigit, Psalterium tres viros, Postilla non minus, et præter hæc tot hostes, ut opuscula succisiva et epistolas familiares, tum colloquia et ministeria fraterna omittam. Nam ab ordinis et Papæ legibus solutus sum et excommunicatus autoritate Bullæ: quod gaudeo et amplector, nisi quod vestem et locum non relinquo.

Crotum et Jonam vide ut officiosissime salutes, curetisque, ut pro verbi ministerio oretis fortiter. Multa millia enim mactat Satan animarum per hanc satanissimam Bullam. Episcopus Misnensis plaustra librorum nostrorum congessit et exussit: itidem sancticulus ille*) Mersburgensis superbissime et avarissimæ humilitatis Episcopus. Bene vale in Christo. Wittembergæ. Philippus vos salutat. Sexta Martii, anno MDXXI.

Martinus Lutherus.

---

*) Aurif. hat illis (?).

Aleander, nuntius Apostaticus *), agit summis viribus Wormatiæ, ut imperiali censura feriar: sed nondum promovit quicquam.

---

7. März.

N°. CCXCIX.

An Wenc. Link.

L. will gegen Ambrosius Catharinus schreiben. Ausserdem Nachrichten.

Bey Aurifaber I. 312. Deutsch bey Walch XV. Anh. LX.

Ad Wenceslaum Lincum, Eremitarum S. Augustini Vicarium generalem.

Jesus.

Deus bone, quanta farrago insulsissimi istius Thomistæ Catharini! Respondebo ei paucis, ad summum quatuor quaternionibus. Libellos istos vernaculos meo nomine dabis Apothecario Stephano Hoffen, et gratias agas, oro, pro munere ad me misso. Scripsissem ei, sed occupatus vix ista dedi. Tibi alio nuntio Psalterium misi: jam iis vernaculis libris non eges.

Absoluta est Postilla per adventum: sed noluit edere chalcographus timens anteverti lucrum. Princeps e Wormatia scripsit ad me, ut intelligam, non esse adhuc rem in nido papistarum. Bulla Lipsiæ affixa stercore contaminata et lacerata est, idem Torgæ: sed et Dœblin idem factum cum subscriptione: Das Nest ist hie, die Vogel sind ausgeflogen. Emseri liber **) Magdeburgæ fixus in publico palo, quod Sack seu den Pranger vocant, appensis hinc et hinc duabus virgis seu scopis, adjecto titulo: Hic locus tali libro dignus. Præterea nihil novi apud nos. Tu ora pro me. 7. Martii, anno MDXXI.

Martinus Lutherus, August.

---

*) Wortspiel mit Apostolicus.

**) S. Br. v. 17. Febr.

7. März.

N°. CCC.

An Spalatin.

Empfehlung eines jungen Geistlichen und allerley Neuigkeiten.

Bey Aurifaber I 313. Vgl. Cod. Jen. a. f. 113. Deutsch bey Walch XV. Anh. LXI.

D. Georgio Spalatino, Viro pio et docto, suo in Christo charissimo. a)

Jesus.

Salutem. Hic juvenis Michael Creuzen bonæ indolis, mi Spalatine, et tua et mea opera uti voluit ad Principem nostrum clementissimum, pro sacerdotio quodam postulando: cui, ut non debui, ita nec volui officium denegare. Tu ergo curabis belle, ut tuo et meo (si quid sum) nomine promoveatur. Tu enim in aula esse et valere merito crederis.

Cæterum apud nos nulla nova, nisi quod indies Bulla fit contemtior. Nam Lipsiæ quid ei acciderit, scripsi antea. Dicitur et Torgæ fuisse affixa, sed clam, et mox lacerata. In Dœblin affixa mox constercorata et lacerata est: adscriptis his verbis: Das Nest ist hie, die Vogel sind ausgeflogen.

Dux Saxoniæ Henricus Fribergæ eam cum suis detestatur fortiter: dedi ad eum literas, sic enim desiderare mihi inde scribebatur. Rex Daciæ etiam persequitur Papistas, mandato dato Universitati suæ, ne mea damnarent. Ita retulit, quem illuc dedimus, D. Martinus, reversus ut promoveretur, rediturus illuc.

Emseri libro quid Magdeburgi acciderit, scripsi antea. Venit tandem e Norimberga Ambrosius Catharinus *), proh Deum, quam insulsus et stolidus Thomista! ut nos aliquando risu, aliquando b) tædio pæne enecet. Breviter ei respondebo, et Italicæ bestiæ bilem movebo.

a) Nach Cod. Jen.

b) Risu aliquando fehlt bey Aurif.

*) Vgl. No. CCCVIII.

Duo Comites Stolbergenses ad nos studii gratia venerunt. Tu vale, et pro me ora. Has effigies jussit Lucas a me subscribi, et ad te mitti: tu eas curabis. Jam paratur Antithesis figurata Christi et Papæ *), bonus et pro laicis liber. Wittembergæ, 7. Martii, anno MDXXI.

Martinus Luther, August.

---

10. März.

N°. CCCI.

An Herzog Johann Friedrich.

L. eignet ihm das Magnificat zu als Antwort auf das von ihm erhaltene Schreiben, indem er ihm zu Gemüthe führt, wie viel auf die Gottesfurcht eines Fürsten ankomme. Vgl. No. CCXCV.

Die Schrift erschien unter dem Titel: Das Magnificat verteutschet und ausgelegt durch D. Martinus Luther, Aug. Wittemberg (1521). Dann Wittenb. VI. 10. Jen. I. 450. Altenb. I. 755. Leipz. IX. 376. Walch VII. 1220.

Dem Durchleuchtigen und Hochgebornen Fursten und Herrn, Herrn Johanns Friedrich, Herzogen zu Sachsen, Landgraf in Thuringen, und Marggraf zu Meissen, meinem gnädigen Herrn und Patron.

Jesus.

Durchleuchtiger, Hochgeborner Furst, gnädiger Herr, E. F. G. seyn mein arme Gebet und Dienste bevor. Gnädiger Herr, ich hab E. F. G. gnädigs Schreiben, jungist mir uberantwort, unterthäniglich empfangen, und alles tröstliches Inhalts mit Freuden vernommen. Dieweil aber ich E. F. G. nu lange Zeit vorheissen und schuldig, das Magnificat zu vorklären, davon mich die ungeschickten Händel vieler Widdersacher so oft getrieben, hab ich E. F. G. Schriften zugleich mit diesem Buchlin furgenummen

---

*) Das Passionat Christi und Antichristi.

zu antworten, gedacht, es mocht mein Vorziehen die Länge mir ein Rothe und Scham zubringen, und der Behelf fernerer Ausrede sich nit reimen, damit ich nit verhinderte E. F. G. jungis Gemuth, das zur Liebe gottlicher Schrift geneigt, und durch weiter Ubung derselben mehr erhitzt und gestärkt wurd, zu wilchem ich E. F. G. wunsch gottlich Gnade und Beystand. Wie dann groß vonnothen, dieweil an eines solchen großen Fursten Person vieler Leut Heil liegt, so er, ihm selb genummen, von Gott gnädig regiert wird; widerumb, vieler Vorderben, so er, ihm selb gelassen, ungnädig regiert wird.

Denn obwohl aller Menschen Herzen in der allmächtigen Hand Gottes seyn, ists doch nit umbsonst allein von den Kunigen und Fursten gesagt: Das Herz des Kunigs ist in Gottis Hand, der kann es wenden, wo er hin will (Sprüchw. 21, 1). Damit Gott sein Furcht in die großen Herren treiben will, daß sie lernen sollen, wie gar nichts sie gedenken mugen, das Gott nit sonderlich ihn eingibt. Anderer Menschen Thun bringet nur ihn selb, oder gar wenigen Leuten Frummen odder Schaden; aber Herrn seyn nur darzu gesetzt, daß sie ander Leuten schädlich oder nützlich seyn, so viel mehr, so viel weiter sie regieren. Darumb auch die Schrift frumm, gottsfurchtige Fursten nennet Engel Gottis (1 Sam. 29, 9.), ja, auch Gotter (Ps. 82, 6.) Widerumb, schädliche Fursten nennet sie Lewen, (Zeph. 5, 5.) Drachen und wuethende Thier, (Jer. 51, 34.) wilche Gott selb heißet seiner vier Plagen eine, da er zählet Pestilenz, Theure, Krieg, wuthende Thier (Ezech. 14, 13—19.).

Dieweil denn ein menschlich Herz von Natur Fleisch und Blut, aus ihm selb sich leichtlich vormisset, und wo ihm Gewalt, Gut und Ehre darzu in die Hand geben, wirds durch solch stark Ursach zur Vormessenheit und allzufreyer Sicherheit vielmehr bewegt, daß es Gottis vorgisset, seiner Unterthanen nit achtet; und dieweil es Raum hat ohn Straf ubel zu thun, fähret es dahin, und wird ein Thier, thut nur was ihm gelustet, und ist mit Namen ein Herr, aber mit der That ein Unhuld: daß auch der weise Mann, Bias, wohl geredt hat: Magistratus virum ostendit: Regiment weiset aus, was einer fur ein Mann ist. Denn die Unterthanen duren (dürfen) nit heraus fahren fur Furcht der Uberkeit.

Darumb ists noth allen Uberherrn, dieweil sie Menschen nit haben zu furchten, daß sie Gott fur andern mehr furchten, ihn und seine Werk wohl erkennen, und mit Sorgen wandeln; wie St. Paulus sagt (Röm. 12, 8.): Wer do regiert, der sey sorgfältig.

Nu weiß ich in aller Schrift nichts, das so wohl hiezu dienet, als dieß heiliges Lied der hochgebenedeieten Mutter Gottes, wilchs wahrlich allen, die wohl regieren und heilsam Herrn seyn wollten, wohl zu lernen und zu behalten ist. Sie singet furwahr hierin aufs allerlieblichst von Gottisforcht, und was er fur ein Herr sey, zuvor wilch seine Werk seyn in denen hohen und niedrigen Ständen. Laß einen andern zuhoren seiner Metzen, die do singet ein weltlich Lied: dieser zuchtigen Jungfrauen horet billig zu ein Furst und Herr, die ihm ein geistlich, reines, heilsam Lied singt.

Es ist auch nit ein unbilliger Brauch, daß in allen Kirchen dieß Lied täglich in der Vesper, dazu mit sonderlicher, ziemlicher Weis fur andern Gesang gesungen wird. Dieselbige zarte Mutter Gottes wollt mir erwerben den Geist, der solchs ihr Gesang muge nutzlichen und grundlich auslegen, E. F. G. und uns allen heilsamen Vorstand und loblichs Leben daraus zu nehmen, und dadurch im ewigen Leben loben und singen mugen dieß ewige Magnificat; das helf uns Gott. Amen. Hiermit befihl ich mich E. F. G. unterthäniglich bittend, E. F. G. wollt mein gerings Vermugen mit gnädigem Willen annehmen. Zu Wittenberg am zehenten Tage Martii, Anno 1521.

E. F. G.
unterthäniger Capellan,
D. Martinus Luther.

---

19. März.

N°. CCCII.

An Spalatin.

Sp. hatte L. die Artikel zugeschickt, auf deren Widerrufung auf dem Reichstage zu Worms gedrungen werden würde: L. erklärt, daß an den Widerruf nicht zu denken sey, gern aber wolle er sich dem Opfertode darbieten. Zuletzt empfiehlt er Aurigallus zur hebräischen Professur in Wittenberg, und meldet, daß das Magnificat unter der Presse sey.

Bey Aurifaber I 313. b. Vgl. Cod. Jen. a. f. 116. Deutsch Wittenb. IX. 103. Jen. I. 482. Altenb. I. 711. Leipz. XVII. 569. Walch XV. 2052.

Suo in Domino Georgio Spalatino, Christi discipulo, Viro bono et docto.

Jesus.

Salutem. Articulos revocandos, mi Spalatine, et res gerendas a me præscriptas accepi. Tu ne dubites nihil me revocaturum, postquam video, non alio eos niti argumento, quam quod contra ritum et consuetudines Ecclesiæ (quam fingunt) scripserim. Respondebo ergo Carolo Imperatori, solius palinodiæ causa vocatum me, non venturum: quandoquidem idem sit, ac si jam illuc venissem et huc rediissem. Possem enim et hic revocare, si revocandum esset solum.

Cæterum si me ad occidendum deinceps vocare velit, et hac responsione imperii hostem me habuerit: offeram me venturum. Neque enim fugiam, Christo propitio, verbumve in acie reliquam. Certissimum autem habeo, illos non quieturos sanguinarios, donec occiderint me: quanquam hoc cupiam, ne in meo sanguine rei fiant, nisi Papistæ, si modo potero. Plane rursum facti sumus gentes, quales ante Christum fuimus: adeo Antichristus iste astutissimus regna, sæcula, in manu sua captiva tenet. Fiat voluntas Domini. Tu interim suade, quibus potes, ut scelerato malignantium concilio non participent.

M. Iodocus Morlin *) tres florenos D. Hieronymo pro scribarum pretio dedisse se dicit, daturus et alia, si opus fuerit: modo sciat, quantum adhuc addendum sit, quanquam inops et pauper satis sit.

De Hebraica lectione sæpius tractavimus, et nostro judicio Aurogallus huic professioni idoneus est, quem Principi illustrissimo poteris subindicare. Alia apud nos non sunt. Canticum Magnificat sub prelo nascitur: nescio, quando

*) S. d. Br. v. 29. Jan.

absolvetur. Vale in Domino, et saluta salutandos. Wittembergæ, feria 3. post Judica, quo die tuas posteriores accepi, anno MDXXI.

Martinus Lutherus, August.

Mandatum autem Cæsaris nondum vidi *).

Wahrscheinlich vom 19. März.

N°. CCCIII.

An den Kurfürsten Friedrich.

L.'s Erklärung an den Kurfürsten auf die ihm vorgelegten zu widerrufenden Artikel. (Vgl. den vorhergehenden Br.)

Wittenb. IX. 102. Jen. I. 481. Altenb. I. 651. Leipz. XVII. 568. Walch XV. 2054.

Jesus.

Durchleuchtigster, Hochgeborner Fürst, gnädigster Herr! E. K. F. G. unterthäniglich zu dienen, eröffne ich meine Meinung und Gutdünken auf die Artikel und Mittel, so mir durch E. K. F. G. angezeigt, hinzulegen den schweren Handel zwischen mir und dem päpstlichen Ablaß.

Zum ersten bin ich bereit, die römische Kirchen in aller Demuth zu ehren, und derselben nichts fürziehen, weder im Himel noch Erden, denn allein Gott selber und sein Wort; darumb ich gern ein Widerruf thun will, in welchem Stücke mein Irrthum angezeigt wird. Denn alle Stück stracks zu widerruffen, mag nicht geschehen.

Zum andern möcht ich nicht allein leiden, ja, auch wollte, daß ich nimer dürft predigen oder lehren. Denn mir darin weder Lust noch Liebe, weder Gut noch Ehre gelegen ist. Denn ich auch wohl weiß, daß Gottes Wort handeln, nicht leidlich ist

---

*) Wahrscheinlich das Interims-Mandat wegen der Auslieferung der Lutherischen Bücher an den Kaiser, das den 15. April zu Worms angeschlagen, aber schon vorher bekannt gemacht wurde.

auf Erden. Aber Gottes Geboten und Willen bin ich in dem bisher und noch unterworfen.

Zum dritten einen unverdächtigen Richter in der Sachen zu haben, ist all mein Begierd, und für mich; dazu auch nenne ich den hochwirdigsten in Gott ꝛc. Erzbischof zu Trier oder zu Salzburg, oder aber den Durchleuchtigen Herrn Philipps ꝛc. Bischofen zu Freisingen und Naumburg.

Zum vierten hat mich wohl längst bewegt, daß bei Papst Julius Zeiten neun Cardinäl mit allen ihrem Anhang nicht haben durchdringen mügen, und auch sonst vielmals Kaiser und Könige gedemüthiget sind: so hat mich doch wiederumb gestärkt, daß ich mich festiglich versehen, die römische Kirche würde und möchte nicht leiden die ungeschickten und schädlichen Predigten, so durch mein Disputation vom Ablaß angezeigt, sie auch nicht dulden oder handhaben, noch also das arme Volk Christi mit des Ablaß Schein verführen lassen.

Auch ist das ein schlecht Wunder, ob zu unsern Zeiten einer oder zween unterdruckt werden, in diesen letzten bösen Zeiten; so wir doch finden, daß zur Zeit Arii, des Ketzers, da die heilige Kirche noch neu und rein war, alle Bischofe von ihren Kirchen verjagt, und die Ketzer, mit Anhang des ganzen Reichs durch alle Welt, den einigen heiligen Athanasium verfolgeten. So denn Gott zur selben seligen Zeit solch in der Kirchen verhängt, ist mirs auch nicht groß Wunder, ob ich armer Mensch unterliegen muß. Aber die Wahrheit ist da blieben, und wird ewig bleiben.

Zum fünften die neu Decretal uber die Materien des Ablaß, itzt zu Rom ausgangen, ist mir für meinen Augen fast wunderlich. Zum ersten, daß sie nichts neues aufbringt. Zum andern, daß sie das alte fast dunkel und unverständlich erzählet, denn es fürhin in andern Decretalen erzählet ist. Zum dritten, daß sie nicht widerrufft die andern päpstlichen Gesetze, auf welche ich mich gegründet, und also im Widersprechen die Sach hangen läßt. Zum vierten, und das das allergrößte ist, daß sie nicht, wie alle ander Gesetz pflegen, einführt einigen Spruch der Schrift, der Lehrer oder Gesetze, oder Ursach, sondern allein bloße Wort hersetzt, darin ich gar nichts erhöret bin, und ganz nichts auf mein Schreiben und Bitte gelehret werde.

Und dieweil die Kirche schuldig ist, Ursach ihrer Lehre zu geben, als Sanct Peter (1. Epist. 3, 15.) gebeut, und verboten manchfältig, daß man nichts annehmen soll, es sey denn probirt, als St. Paulus (1. Theß. 5, 21.) sagt: so mag ich solche Decretal nicht erkennen als ein rechtschaffen und gnugsame Lehre der heiligen Kirchen, und mehr Gottes Geboten und Verboten gehorchen muß. Doch will ich sie nicht verwerfen; will sie aber auch nicht anbeten.

Ich fürchte auch, G. H., daß, dieweil zu unsern Zeiten die Schrift und alten Lehrer wieder herfürdringen, und man nu in aller Welt anhebt zu fragen, nicht was, sondern warumb dieß oder das gesagt, ob ich schon solche bloße Wort aufnähme und einen Widerruff thät, würde es nicht allein unglaubwirdig, sondern auch für einen Spott angesehen, und eine öffentliche Unehre der römischen Kirchen. Denn was sie ohn Grund sagt und handelt, das wird durch mein Widerruffen nicht Grund uberkomen.

Ich mag E. F. G. auf mein Gewissen sagen, daß ich, alle Ehre unangesehen, gerne wollt widerruffen, so ich nur Ursach meins Irrthums oder ihrer Wahrheit hören möcht. Ohn welche, so ich je widerruffen muß, will ichs mit Worten thun, und daneben sagen, daß ichs doch anders gläube im Herzen. Das wird ihnen aber eine schlechte Ehre seyn. Datum in Wittenberg, Anno 1521.

E. K. F. G.

unterthäniger Diener,
D. Martin Luther.

---

22. März.

N°. CCCIV.

An Nicolaus Hausmann.

Auf die Frage, ob H. die ihm angetragene Pfarrey in Zwickau annehmen solle, antwortet L., entweder solle er sie nicht annehmen, oder wenn er sie annehme, in den Kampf mit dem Papste treten.

Bey Aurifaber I. 315. Bey Walch ist dieser Brief nicht zu finden.

*Venerabili in Christo Fratri, D. Nicolao Hausmanno, servo Christi fideli in Niveo monte *), suo in Domino charissimo.*

Salutem. Accepi literas tuas, charissime Nicolae, quibus significas te vocari ad Cygneam**) pasturam, petisque consolationem a me homuncione. Tu nosti, quam sint hæc tempora periculosa, et plane tempus illud fugæ, de quo Christus prædixit. Est enim tempus, in quo doctrinam sanam non sustinent, et lupi pastores facti sunt: ut nulla nobis sit consolatio, nisi ut oremus Dominum, quo vel fugere possimus et nos, vel stare in his diebus malis. Quotidie magis experior, quam late et intime regnet Satan, ut horror sit mihi intendere in faciem Ecclesiæ: deinde eo mihi processit persuasio, ut nisi adversus Papæ et Episcoporum pugnent statuta et mandata summis viribus, per vitam et mortem, nemo possit salvus fieri. Mira forte et nova hæc tibi? sed sic est, charissime Nicolae. Si non cupis [a]), consolationis meæ capax non eris. Invenimus nos, prorsus Papam cum suis esse adversarium Christi, ut prædicare nemo possit, nisi qui curet oves illi subducere, et eum velut lupum abigere. Quod crimen, tu scis, quantis vociferationibus hodie jactetur esse schisma, hæresis et infinitum malum: sed quid faciamus? Alia non est ratio salutis hoc perditionis tempore.

Proinde, mi Nicolae, cum meum consilium, si malum sit, consultori pessimum esse oporteat: ego plane te liberi arbitrii esse hic permitto, tui periculo sino agere. Si pasturam assumis: Papæ et Episcoporum hostem te facies, illorum decretis resignans. Si non repugnaveris, Christi hostis eris. [b]) Non stat Christi fides cum illorum laqueis et fallaciis. In omnibus his tibi nihil præjudico: sicut sic mihi consultum velim, consulo [c]): tutius erat, aut non petere

---

a) Viell. capis.

b) Aurif ejus.

c) Soll wohl heißen: sicut mihi consultum velim, sic consulo.

---

*) Schneeberg.

**) Zwickau.

consilium, aut hoc datum pie et benigne ferre. Non habeo (Deum testor) aliud, in quo optime vale. Wittembergæ, undecimo Calendas Aprilis, anno MDXXI.

Tuus Martinus Lutherus, August.

---

24. März.

N°. CCCV.

An einen Ungenannten. *)

Ohne Sorgen für sich selbst, ist L. entschlossen, nicht den Widerruf zu leisten, den man in Worms von ihm verlangt.

Die Abschrift, aus welcher uns Hr. Prof. Veesenmeyer diesen Brief mitgetheilt, steht auf der Rückseite eines noch ungedruckten Briefs Seb. Dietrichs an Georg Vogler vom 4. Dec. 1540. Sie ist nicht von Voglers Hand, und sehr fehlerhaft. Wir geben sie mit Hrn. V. vermuthlichen Verbesserungen.

Salutem. Ad te non scribo, mi V. Pater: tua culpa est, qui dupliciter peccas, primum quod et tu non nisi semel scripseris, deinde quod nuntium non miseris, qui ferat ad te: alioquin ubi et unde ego inveniam in isto angulo mundi latens? Scribo, atque nunc et te rogo, ut non pro me, sed pro verbo Dei ores cum tuis. Nam pro me nihil solicitus sum, in cujus sanguine adhuc calescente (nuntium[a]) dictu) multa millia homicidarum in toto orbe facta sunt rea. Et sanctissimus ille adversarius Christi, generalissimus homicidarum auctor et magister, summis viribus instat, ut perdat me, Amen. Fiat voluntas Domini. Dabit mihi Christus meus spiritum, ut hos Satanæ ministros et contemnam vivens et vincam moriens. Fratri tuo Petro non mittis pecuniam, sicuti mihi narrat: tu vide, ut cures eum. Nova apud nos

a) Monstrum oder nocivum. V. Oder mirum?

*) Hr. Veesenmeyer vermuthet: an Joh. Lange, aber an diesen hatte L. unter d. 6. März geschrieben, es paßt also auf ihn nicht der Anfang des Briefs.

non sunt, et tu scripsisti, omnia mea ad vos b) esse vendita. Deinde e Wormatia citius, quam ego, audis, quæ de me agantur: laborant, ut revocem multos articulos. Sed revocatio mea erit ista: Papam prius dixi esse Christi vicarium, nunc revoco, et dico: Papa est Christi adversarius et apostolus Diaboli. Hoc me cogit ulla sceleratissima et sacrilegia c), qua Christum aperte damnant. Vale in Domino. Wittembergæ MDXXI, die Palmarum.

Martinus Luther, August.

---

29. März.

N°. CCCVI.

An Joh. Lange.

Am 24. oder 26. März *) erhielt L. das kaiserliche Vorladungsschreiben durch den kaiserl. Herold Caspar Sturm. Er meldet nun Joh. L., daß er ihn wahrscheinlich auf seiner Durchreise in Erfurt besuchen werde. Zugleich übersendet er die Schrift gegen Emser: Auf das überchristl. übergeistl. überkünstl. Buch des Bocks* Emser ꝛc. Wittenb 1521. 4. Vgl. Br. v. 6. März.

„Aus der Cyprianischen Sammlung zu Gotha," bey Schütze II. 41.

Salutem. Proxima feria quinta vel sexta apud te hospitabor, Rev. P. cum Ernholdo **) imperiali, qui me vocat ad Wormatiam, nisi periculum sit Erfordiam ingredi, aut casus ignotus impediat: tunc loquar plenius. Sic autem ex Isenaco ***) me recte sabbatho invenies. Gratias ago pro aureo

b) Viell. apud vos.

c) Viell. illa sceleratissima et sacrilega impietas.

*) Bey Walch XV. 2123. steht über dem Geleitsbrief Kaiser Karls V.: ist durch den Herold geantwort zu Wittenberg 24. März 1521. und Th. XXII. 2027. sagt Luther, er sey Dienstags in der Marterwoche (26. März) citirt worden.

**) Dem Herold.

***) Soll viell. heißen in I. Im Fall er Erfurt nicht betreten dürfte, solle er ihn am Samstag in Eisenach aufsuchen.

misso. Emserum meum asinum vides ut tractaverim. Vale. Feria sexta Passionis Christi, MDXXI.

T. Mart. Lutherus.

31. März.

N°. CCCVII.

An Johann Friedrich, Herzog von Sachsen.

Antwort auf eine theologische Frage nebst Uebersendung des Anfangs des Magnificat, welches wegen der bevorstehenden Reise nach Worms liegen bleiben müsse.

Gedruckt nach einer Abschrift von dem Original im Archiv zu Weimar, (das wir aber nicht zu Gesicht bekommen haben) im Suppl. der Leipz. Th. S. 30. und daraus bey Walch XXI. 11.

D. H. F. G. H. Ew. Fürstl. Gnaden Schrift und Inhalt habe ich unterthäniglich empfangen, nämlich von den guten Werken Christi und seinem Schlafen. Nun ists wahr, man lieset im Evangelio nicht mehr als einmal, daß er geschlafen habe, welches E. F. G. meldet. Sollt man aber alle seinen Schlaf geschrieben haben, was wollt vor ein Buch daraus worden seyn? Ist gnug, daß einmal angezeigt ist die natürliche wahre Menschheit in dem Stück. Er hat wohl mehrmal gebetet, gefast, gangen, geprediget, Wunderzeichen gethan, denn im Evangelio stehet, wie Joh. ult. klar schreibet: Etliche aber seyn geschrieben, uns zu lernen und gläubig zu machen rc. Daß aber er allezeit des Vaters Wohlgefallen gethan habe, ist wahr; es hat dem Vater sein Essen, Trinken, Schlafen, Alles wohlgefallen, als die allerhöchste Wunderwerke. Denn der Vater siehet nicht die Werke, sondern den Willen in Werken an, wie ich das im Buche von guten Werken habe überflüssig gelehret. Es ist nicht Noth zu gläuben, daß Christus am Kreuze den ganzen Psalm: Deus, Deus meus, respice, mündlich gebetet habe, doch auch nicht unchristlich, ob jemand das gläube. Es stehet das alles in gutem freyen Wahn eines jeglichen; denn die Schrift sagt nichts davon, so ist andern nicht Noth zu glauben.

Ich überschicke E. F. G. hiermit das angefangene Magnificat, der vierte Quatern lieget noch in der Presse, ich muß solches lassen verzogen werden bis auf meine Wiederfahrt; denn E. F. G. siehet, wie ich, auf den Reichstag gefordert, Alles muß liegen lassen. Hilft mir Gott wieder zu Hause, soll es E. F. G. gar schnell haben. Hiermit befehl ich mich E. F. G., welche Gott lasse seiner Gnaden befohlen seyn, Amen. Zu Wittenberg am Ostertage 1521.

unterthäniger
Martin Luther.

---

1. April.

N°. CCCVIII.

An Wenc. Link.

W. L. hatte L. die Schrift des Ambr. Catharinus *) von Nürnberg zugeschickt: nun richtet er auch an ihn die Widerlegung. Er zürnt gleichsam seinem Freunde, daß er ihm ein so schlechtes Buch zugeschickt, und äussert sich mit vieler Verachtung gegen seinen Gegner als Anhänger der Thomistischen Scholastik.

Zuschrift und Nachschrift der Schrift: Ad librum eximii Magistri nostri, Magistri Ambrosii Catharini, defensoris Silvestri Prieriatis acerrimi, responsio Martini Lutheri cum exposita visione Danielis VIII. de Antichristo Viteb. 1521 4. Dann Viteb. II. 141. Jen. II. 350. Ins Deutsche übersetzt von P. Speratus. Wittenb. 1524. 4. Wittenb. VII. 178. Altenb. I 653. Leipz. VII. 498. Walch XVIII. 1758.

Vincislao Linco, Augustinianæ familiæ Vicario, Ecclesiasti Nurnbergensis ecclesiæ, vere theologo, suo in Domino Majori, Mart. Lutherus salutem.

En tibi tuum Ambrosium Catharinum, Venerabilis in Christo Vincislae, novum illum Italiæ tam laudatæ partum, revera

---

*) Sie hatte den Titel: Ad Carolum Max. imp. et Hisp. regem F. Ambros. Catharini ord. præd. apologia pro veritate cath. ac. apostol. fidei ac doctrinæ adversus impia et valde pestifera Martini Lutheri dogmata. Flor. 1520.

insignem Silvestrini Registri consummatorem. Quid mihi (inquies) insulsum istum et stolidum, de quo bene diceres: toto non est corpore mica salis? Respondeo: et tu quid illum ad me misisti, ac non mox Pegnitio tuo aut Vulcano commendasti, ne tot horas mihi in eo legendo perderes, quas melius fuissem partitus in ludum aliquem circulatoris aut compotatiunculam, ut sic Italo sale me ipsum saliam, quam dum sterquilinium verborum verbosissimi et maledicissimi Thomistæ perlustro, in cœno isto pæne pereo miser. Talionis jure eum recipis, ne deinceps ejus generis portenta ad me venire cures, quasi non satis habeat Germania delirantium Ecciorum et Emserorum et infiniti vulgi sophistarum. Cave denique, ne et hoc ipsum stercus Endor regeras in me, alioqui per ipsam Catharinianam sapientiam juro, toties in te rejicietur, donec in te hæreat ultimo aut inter jactandum evanescat.

Rides et jocum existimas? Utinam ut ridenda est hujus Itali stoliditas, ita Germanorum nullus serio talis insipientiæ contagione corriperetur. At cum hactenus quicquid vel Italiæ vel Romæ nomine jactaretur, incredibili stupore loco numinis adoraverimus, idque homines illi egregie fastuosi et superciliosi sentirent, quasi perpetuum illis Germania ludibrium futura sit: impudenti fronte audent nobis adhuc quotidie fœdiora portenta obtrudere, adhuc bestias, adhuc barbaros, adhuc truncos nos esse sine fine somniant. Interim divina providentia tenebris palpabilibus obruti, non vident sese bis bestias fieri, qui cum rege suæ Babylonis tritico privati fœnum sicut bos comedunt. Prodiit enim Silvester, ac sicut sorex mutivit, ac mox periit: secutus est Cajetanus ille: sacratum implet numerum Catharinus, Thomistarum jam tertius. Hi Thomisticæ factionis in Italia proceres, e quibus alios omnes licebit æstimare. Neque enim e fæce vulgi prodeunt hi scarabæi, sed alto de sanguine Troës Trojæque astyanactes. Quid ipsos Trojanos æstimabimus, si tales eorum sunt Hectores?

Hoc vero unicum operæ fuit pretium legisse sordidissimorum libros, ut intelligeremus, quo ingenio, qua eruditione, qua modestia, qua denique humanitate illi nos sibi bestias comparaverint. Nam hunc Catharinum nulla fere torquet res acerbius, quam quod Silvestrum Italicum et laicos eruditos dixi. Ego autem plane illud verum nunc video, Thomistam purum esse asinum verum, sive sit Italus, sive Germanus. Et quid aliud fierent, qui non nisi unam Thomam legunt, vorant et in se (quod dicunt) transsubstantiant? Cui ut non invideo sanctimoniam a Papa sibi datam (quid enim non queat sanctificare sanctissimus), de quo incredibili fastu superbiunt, ita suam doctrinam prorsus inanem spiritus non dubito quandam iram Dei phialam in terram esse missam, ob quam tamen potissimum est canonisatus, ut quale esset meritum, talis ei canonisator contingeret. Non quod negem illum esse sanctum, quamvis revera hæretica doceat et plane Christi doctrinam vastet forte imprudens, sed quod doleam hujus autoritate falsos tot generosos animos fidelium Christi pro croceis amplecti stercora, ut Jeremias queritur.

Sed heus! quod pæne oblitus fueram, ne existimes, hac epistola me denuo redigi in tuam autoritatem, ne forte sanctissimus Vicarius Dei in terris mandet tibi, ut sanguine meo polluas manus tuas. Quod dico, ne et hic Catharinus contradictionem colligat, in qua observanda tam est ingeniosus et acutus, ut asini pæne æquet industriam.

Nachschrift.

In fine ad te revertor, mi Vincislae, satis abunde, ut credo, Catharinis meis obsecutus, quo videant, non negari a me quam plurima in scripturis de isto ipsorum principe et capite dici. Quod etiam eo libentius feci, quod meminerim, in captivitate Babylonica me promisisse alteram quandam revocationis partem, qualem exactores isti palinodiæ indomiti et inquieti papistæ hactenus non audierint. Id quod hac Danielis explanatione arbitror me præstitisse egregie. Volueram plura hujus Catharini confutare, præsertim illud, quod mihi homo suavissimus et acutissimus Thomista concedit, amorem esse priorem odio (sic ego enim docueram, odium peccati et contritionem ex amore justitiæ priore fluere): verum amorem illum ait esse amorem sui, quo sese homo diligit, ne pereat atque ita peccatum odiat, non videns insulsissimum caput, amorem hunc esse inordinatum, servilem, mercenarium, et plane illud, contra quod universa pugnat Scriptura. Scilicet tales sunt isti, contritores, satisfactores, confessores, ut amori isti, omnium vitiorum fonti, tribuant opus virtutis et odium peccati. O Thomistas, o Papistas, o Romanistas, deploratæ cæcitatis homines!

Sed quia totus liber non nisi cæcitate et confusissimis erroribus mendaciisque scatet, ut multas lernas superet unus, id quod omnes nostri, qui legunt, quantumvis barbari et bestiæ sint Germani, uno ore confitentur, sic enim et tu ipse judicasti explosione digniorem, quam confutatione: suspendo vela disputationis meæ. Quod si qua in eo esset etiam vis ingenii et eruditionis, tamen cum Daniel meus universum Papistarum regnum uno impetu devoravit, facile et hunc Catharinum eo regno maxime nitentem simul devorat. Quid faciet unicum folium adversus ventum, arborem cum radice evertentem?

Ad Silvestrum vero, quem inter hæc ad me misisti *), nihil aliud respondeo, quam quod ad replicam ejus olim respondi. Præter titulum enim, quo jactat, errata et argumenta Martini Lutheri discussa et trita etc. nihil facit. Deus bone, etiam Italia tam barbara et monstrifica ingenia tandem gignit? Nec habet infelix facierum rex alios defensores, quam hoc insulsissimos, rudissimos, indoctissimos nugatores? Quam feliciter enim theologiset Silvester, hinc æstimabis, quod ait de honestate esse, non de necessitate, diligere Deum ex toto corde, quod quid est aliud, quam abrogare et refigere universam legem Dei? O furorem, o impietatem inauditam! Atque utinam hic saltem legisset suum Aquinatem.

Hoc meo libro habent, quod agant homines loquaces et scribaces, nisi fallor, quamvis sperem, eo usque rem mihi perductam, ut superati mea perseverantia, solis clamoribus, furiis, fraudibus, viribus deinceps in me sint grassaturi, ut in hæreticum, qualem omnia sæcula non viderint. Obturabunt autem aures suas, sicut aspis illa, quæ vocem incantantis non audit. Nec hoc agent, ut scripturis contra

---

*) Welche Schrift kann er meinen? Die epitome war ja schon von L. widerlegt.

me pugnent, sed abolendum duntaxat de terra clamabunt. Verum ego scio et certus sum, Jesum Christum Dominum nostrum vivere et regnare, qua scientia et fiducia inflatus non timebo etiam multa millia Paparum. Major est enim, qui in nobis, quam qui in mundo est. Oremus igitur, ut Deus et pater Domini nostri Jesu Christi aliquando nos revisat secundum omnia mirabilia sua, et ostendat illum, quem promisit diem adventus filii sui, quo destruatur iniquus iste homo peccati et filius perditionis, faciatque tandem finem operationibus erroneis Satanæ, quibus proh dolor! omni momento multa millia animarum vastantur et ad infernum rapiuntur propter solam servandam abominationis et apostaticæ sedis tyrannidem. Dicat omnis populus Amen, Amen. Vale in Christo, mi Vincislae. Wittembergæ MDXXI, prima Aprilis [a]).

---

14. April.

N°. CCCIX.

An Spalatin.

L. meldet von Frankfurt aus, daß er auf dem Wege nach Worms sey, und trotz aller Gefahren daselbst einzutreffen gedenke.

Bey Aurifaber I. 314. b. Vgl. Cod. Jen. a. f. 133. Deutsch bey Walch XV. 2173.

Suo in Domino Magistro Georgio Spalatino, a sacris Saxoniæ Ducis in Christo.

Jesus.

Salutem. Venimus, mi Spalatine, etsi non uno morbo me Satan impedire molitus sit. Tota enim hac via ab Isenaco usque huc langui, et adhuc langueo, incognitis mihi antehac modis. Sed et mandatum Caroli esse in terrorem mei

a) Viteb. 25. Januar.

evulgatum intelligo *). Verum Christus vivit, et intrabimus Wormatiam invitis omnibus portis inferni et potentatibus[a]) æris. Mitto exemplaria literarum Cæsaris. Alias literas non est visum scribere, nisi primum præsens videro, quid agendum sit, ne forte inflemus Satanam, quem potius terrere et contemnere propositum est. Dispone ergo hospitium. Vale. Frankfordiæ, anno MDXXI.

Martinus Luther.

---

17. April.

N°. CCCX.

An Joh. Cuspinianus, Kaiserl. Rath.

L. bittet um C.'s Freundschaft, wie es scheint, zufolge einer mit dessen Bruder in Worms gemachten Bekanntschaft, und gibt von seinem ersten Verhör vor der Reichsversammlung Nachricht.

Aus dem Original, welches auf der Kais. Bibl. zu Wien aufbewahrt wird, in Gleichen Annal. eccles. Dresden 1730. 4. 3. Thl. S. 823.

Viro celeberrimo eruditissimoque, Domino Cuspiniano, Cæs. Maj. a libris Viennæ, suo in Domino, salutem etc.

Charitas tua, Cuspiniane celeberrime, facile mihi persuasit, ut e medio isto tumultu ad te auderem scribere, cum antea ob nominis tui celebritatem optarim tibi familiariter notus esse. Suscipe ergo et me in tuorum album, ut vera esse comprobem, quæ frater tuus mihi tam pleno ore cantavit.

Hac hora corám Cæsare et fratre Romano constiti interrogatus, an libros meos revocare velim. Ubi respondi, libros quidem esse meos, cæterum quid de revocatione statuam, cras dicturum, petita et data mihi non amplius spatii et temporis ad deliberandum parte. Verum ego ne apicem

---

a) Cod. Jen. potestatibus.

*) Das Interims-Mandat, am 15. April in Worms angeschlagen, wegen Auslieferung der L. Bücher.

quidem revocabo iterum, Christo quidem propitio. Vale, mi Cuspiniane charissime. Wormatiæ, f. 4. p. Quasimodogeniti MDXXI. *)

28. April.

N°. CCCXI.

An Lucas Cranach.

Auf der Rückreise von Worms meldet L. seinem Freunde, daß er irgendwo einen verborgenen Aufenthalt nehmen werde, und äussert sich über die Wormser Angelegenheiten. Er nimmt dann für eine kleine Zeit Abschied von den Wittenberger Freunden.

Wittenb. IX. 118. Jen. I. 513. Altenb. I. 731. Leipz. XVII. 595. Walch XV. 2319.

Dem fursichtigen Meister Lucas Cranach, Mahler zu Wittemberg, meinem lieben Gevattern und Freunde.

Jesus.

Meinen Dienst, lieber Gevatter Lucas. Ich segene und befehle euch Gott: ich laß mich einthun und verbergen, weiß selb noch nicht, wo. Und wiewohl ich lieber hätte von den Tyrannen, sonderlich von des wüthenden Herzog Georgen zu Sachsen Händen, den Tod erlitten, muß ich doch guter Leut Rath nicht verachten, bis zu seiner Zeit.

Man hat sich meiner Zukunft zu Wormbs nicht versehen, und wie mir das Geleit ist gehalten, wisset ihr alle wohl aus dem Verbot, das mir entgegen kam. Ich meinet, Kaiserliche Majestät sollt ein Doctor oder funfzig haben versammlet, und den Münch redlich uberwunden; so ist nichts mehr hie gehandelt, denn so viel: Sind die Bücher dein? Ja. Willt du sie widerruffen, oder nicht? Nein. So heb dich. O wir blinde Deutschen,

*) Dieses Datum (10. April) ist unrichtig; denn Luther kam erst Dienstag nach Miseric. Dom. d. 16. April zu Worms an, und der Brief ist vom Tage des ersten Verhörs am 17. April geschrieben.

wie kindisch handeln wir, und lassen uns so jämerlich die Romanisten äffen und narren.

Sagt meiner Gevattern, eurem lieben Weib, mein Gruß, und daß sie sich dieweil wohlgehabe. Es müssen die Jüden einmal singen: Jo, Jo, Jo! der Ostertag wird uns auch komen, so wöllen wir denn singen Allelujah. Es muß ein klein Zeit geschwiegen und gelitten seyn: Ein wenig sehet ihr mich nicht; und aber ein wenig so sehet ihr mich, spricht Christus (Joh. 16, 16.). Ich hoff, es soll itzt auch so gehen. Doch Gottes Wille, als der allerbeste, geschehe hierin, wie im Himel und Erden, Amen.

Grüßet mir Meister Christian *) und sein Weib, wollet auch dem Rath meinen großen Dank sagen fur die Fuhre **). Ist euch der Licentiat Feldkirch nicht gnugsam, mügt ihr Herr Amsdorf zum Prediger ersuchen, er wirds gerne thun. Ade, hiemit allesampt Gott befohlen, der behüt euer aller Verstand und Glauben in Christo für den römischen Wolfen und Drachen, mit ihrem Anhang, Amen. Zu Frankfort am Main, Sonntags Cantate, Anno 1521.

D. Martinus Luther.

---

28. April.

N°. CCCXII.

An den Kaiser Karl V.

Obgleich er in Worms nicht habe erlangen können, daß seine Schriften von kundigen Richtern geprüft würden, so danke er doch dem Kaiser für das freye und sichere Geleit, und sey noch immer erbötig, sich vor solchen Richtern zu stellen, und falls er aus der heil. Schrift widerlegt würde, zu widerrufen.

Bey Aurifaber I. 316. Viteb. II. 176. Deutsch Wittenb. IX. 113. Jen. I. 497. Altenb. I. 727. Leipz. XVII. 590. Walch XV. 2249 Wir

---

*) Christ. Beyer, damals Prof. und Bürgermeister zu Wittenberg, späterhin Kanzler am Hofe.

**) Der Rath von Wittenberg hatte für L. das Fuhrwerk besorgt.

haben eine alte Abschrift (viell. Concept) im Cod. chart. 122. f. Bibl. Goth. verglichen.

Gratiam et pacem cum omni subjectione sui, in Christo Jesu Domino nostro. Serenissime et invictissime Imperator, idem Domine clementissime, cum sacra tua Majestas me publica fide liberoque conductu evocasset Wormatiam, exploratura animum meum super libellis nomine meo editis, et ego cum omni humilitate coram S. Majestate tua universoque Ordine Imperii comparuissem, obediens per omnia: proponi mihi mandavit S. Majestas tua in primis, an libellos prædictos agnoscerem tanquam meos? et an revocare eos, vel in eis perseverare paratus essem, necne?

Ego vero, ubi meos esse agnovissem (modo nullius vel adversarii vel scioli ingenio et arte quidquam in eis inversum aut mutatum esset), indicavi cum reverentia et submissione multa, eum mihi esse animum, quod cum libellos meos claris et apertis sacris scripturis muniissem, mihi non esse *) integrum, neque æquum, neque ullo modo committendum, ut verbum Dei negarem et libellos meos eo pacto revocarem: rogans humiliter, ne S. Majestas tua me ad hujusmodi revocationem adigi pateretur ullo modo, sed hoc potius curaret, ut libelli mei, sive per se ipsam, sive per alios, etiam cujuscunque ordinis vel minimos (si quis posset) perlustrare, et errores, quos inesse causantur, literis divinis scilicet evangelicis et propheticis redarguere dignaretur: offerens me Christiana promtitudine, si redargutus et revictus de errore fuissem, omnia me revocaturum, et primum futurum, qui libellos meos igni traderem, et pedibus conculcarem.

Postulatum est autem et exactum a me super hæc omnia, ut simpliciter et plane responderem: paratus essem revocare, necne? Tum ego iterum, quam potui humillime respondi: quando conscientia mea literis divinis, quas adduxi in libellis meis, conclusa esset: nullo modo possem citra meliorem eruditionem quidquam revocare.

---

*) Müsse wohl esset heißen.

Tum aliquot Electores Principes aliique imperii Ordines mecum egerunt, ut libellos meos S. Majestatis [a]) et imperialium Ordinum cognitioni et judicio submitterem, quod et D. Cancellarius Badensis et D. Doctor Peutingerus apud me laboraverunt: obtuli me denuo, ut prius, modo per literas divinas, aut evidenti ratione docerer.

Tandem actum est, ut aliquot excerptos articulos universalis concilii judicio concederem et concrederem. Ego vero, qui semper et omnibus studiis humiliter paratus fui omnia facere et pati, quæ mihi essent possibilia, hoc unum non potui obtinere, christianissimum plane votum, ut verbum Dei mihi liberum et illigatum permaneret [b]), et libellos meos S. Majestatis tuæ Ordinibusque Imperii ea ratione submitterem, sive etiam concilii determinationi concrederem, ne quid adversus Evangelium Dei et a me submitteretur, et ab illis definiretur. Hic fuit controversiæ totius cardo.

Nam Deus, qui scrutator cordium [c]) est, testis mihi erit, esse me promtissimum obedire S. Majestati tuæ, sive per vitam, sive per mortem, sive per gloriam, sive per ignobilitatem, sive per lucrum, sive per damnum. Sic enim me sæpius obtuli, et adhuc offero, prorsus nihil excipiens, præterquam verbum Dei, in quo non solum vivit homo, ut Christus (Matth. IV.) docet, sed et angeli desiderant prospicere (1. Pet. I.). Quod cum sit super omnia, debet in omnibus liberrimum et illigatum haberi, ut Paulus docet. Et in humano arbitrio nunquam positum est, ipsum submittere et in periculum subjicere, quantalibet magnitudine, multitudine, doctrina, sanctitateque præpolleant homines: adeo, ut S. Paulus audeat (Gal. I.) exclamare et ingeminare: *Si nos aut Angelus de cœlo aliud vobis evangelisaverit, anathema sit*, et David: *nolite confidere in principibus, in filiis hominum in quibus non est salus.* Nec sibi ipsi quisquam sese submittere potest, dicente Salomone: *Stultus est, qui confidit in corde suo.* Et Jerem. XVII. *Maledictus, qui confidit in homine.*

---

a) Ms. + Tuæ.

b) Ms. maneret.

c) Ms. cordium scrutator.

Cæterum[d]) in rebus temporalibus, quibus cum verbo Dei et æternis bonis nihil est commune, mutuam invicem debemus fidem, quod illarum submissio, periculum et amissio nihil officiat saluti, quando et servatas tandem relinqui oportet. At in verbo Dei et æternis bonis id periculi Deus non patitur, ut homo homini illud submittat. Sibi enim soli submitti omnes et omnia intendit, ut qui solus gloriam veritatis habet, et veritas ipsa est, *omnis autem homo mendax et vanus*, ut Paulus Ro. III. egregie tractat: nec id injuria. Nam ea fides et submissio proprie est vera illa latria et adoratio Dei, ut S. Augustinus Enchiridii I. docet, quæ nulli creaturæ debeat exhiberi. Ideo enim S. Paulus nec angelos, nec seipsum, ac sine dubio nullum sanctorum sive in cœlo, sive in terra hac fide dignum censet, imo maledicit: neque illi tolerarent, nedum expeterent. Sic enim fidere homini[e]) in rebus salutis æternæ, est creaturam in propriam soli creatori debitam gloriam ponere.

Quare quam humillime supplico S. Majestati tuæ, ne hoc præjudicium verbi Dei existimet e mala suspicione natum, neque inclementius interpretetur. Ex prædictis enim scripturis mihi partum est, quibus omnis creatura merito cedit. Major est, inquit Augustinus, hujus Scripturæ autoritas, quam totius humani ingenii capacitas. Nam opinionem et fidem meam erga S. Majestatem tuam sinceriter probam poterit S. Majestas tua ex eo cognoscere facile, quod sub fide publica S. Majestati tuæ obedientissimus comparui: nihil veritus, quod scirem libellos[f]) per adversarios meos exustos, et interim edictum adversus me et libellos meos sub nomine S. Cæsareæ Majestatis tuæ publice multisque locis affixum esse. Quæ res non immerito pauperculum hunc monachum terruissent et retraxissent, nisi de Deo optimo maximo, S. Majestate tua et Ordinibus Imperii optima quæque præsumsissem, quæ et præsumo adhuc.

Quum ergo nulla via potuerim impetrare libellorum meorum e literis divinis refutationem g), coactusque sim

d) Ms. nam.

e) Ms. homini fidere.

f) Ms. + meos.

g) Ms. confutationem.

irrevictus discedere, totaque, ut dixi, controversia in eo fuerit, quod articulos erroneos, quos in libellis meis jactant, per Scripturas sanctas non placuit revincere, nec spem facere aut promittere, aliquando fore, ut libellorum meorum examen et cognitio per verbum Dei perageretur: nihilominus S. Majestati tuæ gratias ago quam humillime, quod fidem publicam et Wormatiæ strenue servarit, servandamque usque ad securam meam mansionem spoponderit: denuo S. Majestatem tuam per Christum obsecrans, ne patiatur me per adversarios opprimi, vim pati et damnari, cum toties me jam obtulerim, sicut christianum et obedientem hominem decet. Paratissimus enim sum adhuc sub fide S. Majestatis tuæ coram judicibus non suspectis, eruditis, liberis, tam profanis quam ecclesiasticis sisti, quo per S. Majestatem tuam, per imperii Ordines, per concilia, per doctores, sive quicunque possit ac velit docere h), libellosque meos et dogmata omnibus libentissime submittere, examen et judicium sustinere et acceptare: nulla re prorsus excepta, nisi solo verbo Dei, aperto, claro et liberrimo, quod merito omnibus superius, et omnium hominum judex permanere debet.

Hæc non mea solius causa, qui nullius sum pretii, sed totius Ecclesiæ nomine suppliciter oro, quæ ratio et movit, ut has literas post tergum remitterem. Ex toto enim corde S. Majestati tuæ, toti imperio et nobilissimæ nationi Germanicæ quam optime vellem consultum, et in gratia Dei omnes servari felices. Nec hactenus aliud quæsivi quam gloriam Dei et communem omnium salutem, nihil, quod mihi utile esset, considerans etiamnum, sive adversarii me condemnent i), sive minus. Si enim Dominus k) meus pro inimicis suis in cruce oravit: quanto magis ego pro S. Majestate tua, pro imperio toto, et charissimis meis majoribus totaque patria Germania, de quibus non nisi optime l)

---

h) Hier fehlt etwas in allen Ausg., auch in der deutschen Uebersetzung.
i) Ms. sive me adversarii damnent.
k) Ms. + Christus.
l) Viteb. Ms. optima.

spero, fretus hac prædicta m) mea exhibitione, cum gaudio et fiducia in Christo solicitus esse, orare, et obsecrare debeo.

His me S. Majestati tuæ commendo sub umbram alarum, quam Dominus Deus nobis salutariter et feliciter dirigat, et servet, Amen.

Datum Fridburgi, Dominica Cantate, anno MDXXI.

Sereniss. Majestatis tuæ,

deditissimus precator n).

Martinus Lutherus.

---

28. April.

N°. CCCXIII.

An die Kurfürsten, Fürsten und Stände des heil. Römischen Reichs.

Aehnlichen Inhalts, wie das vorige Schreiben.

Dieses Sendschreiben erschien besonders gedruckt unter dem Titel: Copia einer Missive, so D. Mart. Luther nach seinem Abschied zu Worms zurück an die Kurfürsten, Fürsten und Stände des heil. Röm. Reichs, daselbst versammlet, geschrieben hat. s. l. e. a. (s. Panzers Ann. der ältern deutschen Litt. 2. B. S. 28.) auch unter dem Titel: Ein Sendbrief von Doctor Martin Luther nach seinem Abschied von Wurmbs an die Ständ des heiligen Reichs, daselbst versammlet, von Friedburg geschickt im XXI. Jahr geschehen. s. l. e. a. ohne Luthers Wissen, daher er sich darüber beklagt, daß es falsch gedruckt sey. S. Br. a. Spalat. v. 10. Jun. No. CCCXXIV Deutsch findet sich dieses Schreiben in den Ausgaben Wittenb. IX. 113. Jen. I 499. Altenb. I. 727. Leipz. XVII. 590. Walch VX. 2256. Lat. übersetzt bey Aurif. I. 319. b. Viteb. II. 177. Wir geben den Text nach dem alten Drucke und der Wittenberg. Ausg., übergehn aber geringere Abweichungen.

Den hochwirdigsten und hochwirdigen in Gott, Durchleuchtigsten, Durchleuchtigen, hochgebornen Kurfürsten, Fürsten, Erzbischofen und Bischofen ehrwirdigen Prälaten,

---

m) Aurif Viteb. fiducia.

n) Ms. orator.

Edlen und wohlgebornen Grafen, Gestrengen, Ehrenfesten Ritterschaften und Edlen, und allen andern Ständen des heiligen Römischen Reichs, jetz auf dem Kaiserlichen Reichstag zu Worms versammlet, meinen Gnädigsten, Gnädigen und Günstigen Herren.

Jesus.

Gnädigisten, Gnädigen und Günstigen Herren! Euern Kurfürstlichen und andern Fürstlichen Gnaden und Gunsten seyen mein unterthäniges Gebet und Dienst allzeit zuvor ꝛc.

Gnädigsten, gnädige und günstige Herren! Nachdem die Röm. Kais. Maj. mich auf ihr frey, sicher und strack [a]) Geleit gen Worms beruffen, von mir Verkündigung meiner Bücher halben, die in meinem Namen ausgangen, zu empfahen, bin ich als der unterthänig Caplan für Kais. Maj. und Ständen des heiligen Reichs in Gehorsam erschienen.

Also hat mir Kaiserl. Maj. erstlich lassen fürhalten und anzeigen, ob ich mich zu berührten Büchern bekennet und [b]) dieselben widerruffen, oder darauf beharren woll oder nit? Hab ich nach unterthäniger Bekanntnuß der Bücher, so von mir gemacht, und durch meine Mißgünstigen, oder in andere Weg nit verkehret noch zu Nachtheil verändert, mich unterthäniglich vernehmen lassen: weil ich mein Schriften mit den klaren und lautern Worten Gottes bekräftigt, sey mir aufs höchst beschwerlich, auch unbillig und unmüglich, Gottes Wort zu verleugnen, und solche meine Bücher dermaßen zu widerruffen, und in Demuth gebeten, Kais. Maj. [c]) wölle mich zu solchem Widerspruch in keinen Weg lassen dringen, sondern mein Bücher und Schriften durch sich selbs, oder durch andere, auch die wenigsten, so es vermögen [d]), besichtigen, und die Irrung, so darinnen seyn sollen, durch göttliche, evangelische und prophetische Schrift verweisen; mit dem christlichen Erbieten, so ich erweiset [e]) wurd, daß ich sollt geirret

a) Wittenb. frey und sicher.

b) W. darnach, ob ich.

c) W. hab derwegen Kais. M. in aller D. gebeten.

d) W. entweder durch ihr K. M. selbs oder durch andere nicht so hohes, ja auch geringes Ansehens Personen, so dazu tüchtig und der Sach verständig.

e) W. überzeuget.

haben, wollt ich all Irrthum widerruffen, und der erst seyn, der meine Bücher wollt in das Feur werfen und mit Füßen darauf treten [f]).

Darauf ist von mir begehrt, ich wollt ein kurze, richtig Antwurt geben, ob ich wollt widerruffen, oder auf meinem Fürnehmen bleiben? Derhalben ich abermals [g]) und unterthäniglich geantwurt: dieweil mein Gewissen durch die göttliche Geschrift, so ich in meinen Büchern führe [h]), gefangen sey, so kann [i]) ich in keinen Weg, ohne Weisnuß durch die heilig göttlich Geschrift ichts widerruffen.

Also haben folgend etlich Kurfürsten und etlich aus den Ständen des heiligen Reichs mit mir gehandlet, ich sollt und wöllt meine Bücher auf Kaiserl. Maj. und der Ständ des heiligen Reichs Erkenntnuß [k]) stellen; wie darnach auch der Canzler von Baden und Doctor Peutinger von Augsburg gegen mir fürgewandt: also habe ich mich abermals erbotten, wie vor, wo ich durch göttliche Schrift, oder helle und klare Ursach unterweiset wurd.

Letztlich, daß ich etlich Artikel, aus meinen Büchern gezogen, dem Erkanntnuß eins Conciliums sollt vertrauen [l]), und ich alle Zeit und Weg in Unterthänigkeit willig gewest bin [m]) alles zu thun und zu lassen, das mir müglich: hat es sich endlich allein daran gestoßen, daß ich nit hab mügen diese christliche Maß erheben, daß Gottes Wort frey und unverbunden werd [n]) und daß ich meine Bücher auf Kaiserl. Maj. und des heiligen Reichs Ständ, oder eins künftigen Conciliums Erkanntnuß, Urtheil oder Determination [o]) also stellet, daß nichts wider das frey heilig

---

f) W. der mit Füßen auf meine Bücher wollt treten und in das Feuer werfen.

g) W habe ich abermals K. M. u. C. K. u. F. Gn. in aller Unterthänigkeit.

h) W. + überwunden und.

i) W. könne.

k) W. + und Urtheil.

l) W. letzlich, da von mir begehrt ward, ich sollte doch ... vertrauen.

m) W. und ich allezeit, wie zuvor, unterthänig und willig zu seyn mich erbote.

n) W. bliebe.

o) W. + weiter.

Gottes Wort darin von mir begeben, oder von ihnen beschlossen p) und erkannt wurd. Dann Gott, der alle Herzen erforscht (1. Chron. 29, 9.), ist mein Gezeug, daß ich Kais. Maj. Gehorsam zu leisten in allen Dingen q), es treff an Leben oder Sterben, Thun oder Lassen r), Ehr oder Schand, Gut oder Schaden, ganz willig und geflissen bin; hab mich deß auch zu vielmalen erbotten, und nochmals erbeut, nichts fürbehalten, dann allein das heilig Gottes Wort, darin nit allein des Menschen ewigs Leben, (wie Christus Matth. 4, 4. setzt), sunder auch der Engel Freud und Wunn stehet (1. Petri 1, 14.), welchs uber alle Dinge frey und unverbunden seyn soll und muß, als St. Paulus (2. Tim. 2, 9.) lehret, und s) in keins Menschen Gewalt stehet, sich desselben zu begeben, oder ihm fürzusetzen t) wie groß, viel, u) gelehrt und heilig sie immer seyn mögen, daß auch St. Paulus zu den Galatern am ersten darauf zweymal ruft und sagt: v) Wenn gleich ein Engel vom Himel, oder auch wir selbs, euch anders lehren wöllt, so sey es vermaledeit; und David im Psalter: x) Ihr sollt nit vertrauen Fürsten, noch in die Menschenkinder, in welchen doch kein Hülf ist y). Ja, auch niemand auf sich selbs begeben soll z), als Salomon (Sprüchw. 28, 26.) sagt: Der ist ein Narr der in sein Herz vertrauet aa); und Jerem. (17, 5.): Vermaledeit sey, der in ein Mensch vertraut bb). Dann cc) in zeitlichen Sachen, die Gottes Wort

p) W. + gesprochen.

q) W. + sie zu thun oder lassen.

r) W. — Thun oder Lassen.

s) W. + derhalb.

t) W. sich selbs oder andere Menschen ihm fürzusetzen.

u) W. + gewaltig.

v) W. also daß auch St. P. dar zweymal eraus fahren, und mit großem Ernst sich hören läßt.

x) W. Ps. 146.

y) W. Verlasset euch nicht auf Fürsten, sie sind Menschen, in welchen kein Heil ist.

z) W. Ja, auch niemand soll seine Hoffnung oder Zuversicht auf sich selbst setzen.

aa) W. Wer sich auf sein Herz verläßt, der ist ein Narr.

bb) W. Verflucht ist der Mann, der sich auf Menschen verläßt.

cc) W. — denn.

und ewige Güter nit betreffend, seind wir schuldig unter einander zu vertrauen, angesehen daß derselben Dinge Begeben, Fahr und Verlust, die wir doch zuletzt müssen fahren lassen, zu der Seligkeit unschädlich ist. Aber in Gottes Wort und ewigen Dingen kann [dd]) Gott nit leiden, daß man sich frey begeb und erwäg auf ein oder viel Menschen, sonder allein auf ihn selbst, der allein die Ehr und Namen hat und haben soll, daß er wahrhaftig und die Wahrheit selb ist, aber alle Menschen sind eitel [ee]) wie das St. Paulus ad Roman. meisterlich [ff]) fein einführt. Und ist das nit unbillig [gg]): dann solch Vertrauen und Wägen [hh]) ist das recht Anbetten und der eigentlich [ii]) Gottesdienst, als St. Augustinus lehret, welchs keiner Creatur soll erbotten werden. Dann [kk]) daher will St. Paulus keinen Engel vom Himel, auch nit sich selbs, auch ohnzweifelig kein Heilg im Himel und Erden [ll]) solichs Vertrauen wirdig achten noch geacht werden, ja auch vermaledeit [mm]). Es wurd auch kein Heilig gedulden, vielweniger begehren [nn]). Denn also vertrauen einem Menschen, in Dingen ewige Seligkeit betreffend, das ist nit anders, dann aus den Creaturen einen Abgott machen, und sie in die rechte eigen Ehr Gottes setzen.

Derhalben bitte ich unterthäniglich, E. Kurfürstlich Fürstlichen Gnaden und Gunsten wollen solchs mein Fürbehalten nit in Ungnaden, und als aus böser Mißtraue [oo]) erwägen und verstehen; sunder aus oben eingeführten heiligen Geschrift [pp]), der billig iedermann gehorsam ist und seyn soll. Dann mein unterthänigs Vertrauen und starke Zuversicht zu Kais. Maj. und E. Gnaden und Gunsten mag man aus dem leichtlich ermessen, daß ich auf Kaiserl. Maj. Erfodern und Geleit unterthäniglich

dd) W. + und will.

ee) W. Lügener und falsch sind.

ff) W. Wie St. P. diesen Spruch Röm. 3, 4. auch sehr.

gg) W. Und zwar billig.

hh) W. Beyfallen.

ii) W. und eigentlich der rechte.

kk) W. — dann.

ll) E. Dr. + sich (was keinen Sinn gibt).

mm) W. verflucht.

nn) W. + diese Ehre.

oo) W. + geschehen.

pp) W. + richten.

erschienen bin; wiewohl zuvor meine Bücher von meinen Abgünnern qq) verbrennt, und darüber ein Mandat wider mich und meine Schrift rr), in Kais. Maj. Namen, an vielen Orten angeschlagen worden ist: welchs billig ein solchen armen Münch ss) sollt zurück gejagt tt) haben, wo nit mein Herz zu Gott uu), Kais. Maj. und E. Kurfürstlichen und Fürstlichen Gnaden und dem ganzen Reich sich aller Gnaden und Guts unterthäniglich versehen hätt und noch versicht.

Dieweil ich dann in keinen Weg hab mügen erlangen, meine Schriften durch das göttlich Wort zu verlegen vv) und also hab ich müssen abscheiden xx), und der Mangel allein an dem gewest, daß man die irrigen Artikel, so in meinen Büchern seyn söllen, mit göttlichen Schriften nit hat wöllen erweisen oder verlegen, noch gestatten, bewilligen, oder mich vertrösten und zusagen, daß mein Bücher Erkündigung und Erkanntnuß mit Grund des heiligen Gottes Wort beschehen und ergehen sollte: dennoch thue ich Eur Kais. Maj. und E. Kurfürstlichen, Fürstlichen Gnaden und Gunsten unterthänigste Danksagung ihrer Erzeigung und freyen, sichern, graden, stracken Geleits, so sie mir in Wurmbs gehalten, und bis wiederumb in mein Gewahrsam zu halten, gnädiglich zuentbotten. Und ist an E. Kurfürstlichen, Fürstl. Gnaden und Gunsten abermals, umb Gottes Willen, mein unterthänigist Bitt, E. Kurfürstlichen und F. G. und Gunsten wöllen mich gegen Kaiserl. Maj. gnädiglich vorbitten, daß ihr Kais. Maj. uber mein vielfältigs vorigs und itzigs unterthänigs und christlichs Erbieten mich durch mein Abgünstigen nicht wölle vergewaltigen, verfolgen noch verdammen lassen; denn ich bin nochmals in Unterthänigkeit erbeutig, auf Kais. Maj. gnugsam Versicherung, fur unverdächtig, unparteyschen, gelehrten, geistlichen und weltlichen

qq) W. Widersachern.

rr) W. + und Bücher.

ss) W. + in diesem wichtigen Handel.

tt) W. getrieben.

uu) W. fürnehmlich zu Gott, darnach zu.

vv) And. Welch dann in keinen Weg hat mögen erlangen mein Schriften durch das göttlich Wort zu verleugnen. W. Gleichwol ist bey mir in keinem Wege zu erheben gewest, daß ich meine Schriften, durch göttlichs Wort bekräftigt, hätte verleugnen wollen.

xx) W. also daß ich endlich benöthigt von Worms abzuscheiden.

Richtern furzukommen, durch Kais. Maj. das Reich, die Concilien, die Doctores, oder wer das zu thun vermag, oder willig ist, mich unterweisen zu lassen, mein Lehre und Bücher iedermann williglich zu untergeben, und Erkanntnuß yy) zu leiden und anzunehmen; nichts ausgeschlossen, denn allein das heilig, frey, lauter und klar Wort Gottes, das billig soll obschweben, und aller Menschen Richter bleiben.

Darumb ich nit allein meinethalben, (an dem nichts gelegen ist), sunder von wegen des Heils gemeiner Christenheit, unterthäniglich bitt; welchs auch mich verursacht hat, diese mein unterthänige Schrift zuruck zu schicken. Dann ich von Herzen gerne wollte, daß Kais. Maj. dem heiligen Reich und gemeiner deutscher Nation geholfen, und sie in Gottes Gnaden seliglich erhalten wurden. Das ich bisher nächst Gottes Ehr und gemeiner Seligkeit der ganzen Christenheit und gar nichts des mein gesucht hab, und nochmals such zz), ob ich auch gleich durch meine Mißgunstige aaa) verdampt wurd. Denn weil Christus, mein Herr und Gott, fur seine Feind am Kreuz gebetten hat (Luc. 2, 34.), wie vielmehr ich für Kais. Maj. bbb) und das ganz heilig Reich, mein allerliebste Herren, Oberkeiten und deutschen Nation, zu denen ich mich aller Gnaden, zuvor auf vorigs und itzigs mein christlichs Erbieten, unterthäniglich und tröstlich versich, sorgen, bitten und beten soll. Befiehl ich hiemit mich in E. F. G. und Gunst in allem Gehorsam, welche E. Gnad und Gunst der allmächtig Gott, uns allen zu Heil und Trost, ihm laß gnädiglich befohlen seyn, Amen. Gegeben zu Friedburg ccc), am Sonntage Cantate, im 1521 Jahr.

E. Kurfürst. Fürst. Gna. und Gunst

unterthäniger Caplan
D. Martinus Luther.

---

yy) W. + und Urtheil.

zz) W. Denn ich ja niemals meinen eigen Nutz und Ehre, sondern allein die Ehre göttlichs Namens und der Christenheit Besserung und Seligkeit gesucht habe, und nochmals, ob Gott will, bis an mein Ende suchen will.

aaa) W. Widersacher.

bbb) W. + E. K. F. Gn. u. Gunsten.

ccc) Drey Ausgaben (bey Panzer a. a. O. No. 1169—1170.) haben das falsche Datum Freyburg in Meissen, wahrscheinlich durch den Irrthum des Nachdruckers.

29. April.

N°. CCCXIV.

An Spalatin.

L. sendet von Friedberg aus nach Worms die vorhergehenden Briefe, welche er wahrscheinlich auf Veranlassung des Kurfürsten geschrieben, meldet, daß er heute bis Grünberg reisen werde, und bestellt Grüße von sich und Amsdorf, seinem Begleiter.

Bey Aurifaber I. 323. b. Vgl. Cod. Jen. a. f. 117. Bey Walch habe ich diesen Brief nicht gefunden.

Manibus Magistri Spalatini Wormatiæ.

Jesus.

Salutem. Habes hic literas, quas exegisti, mi Spalatine: cætera tu curabis. Ernholdum dimisimus: hodie ad Gronbergium vehimur. Alia non sunt, quæ scribam: saluta omnes nostros, præcipue D. Joachimum et Ulrichum de Pappenheim, etiam nomine Amsdorfii, quos valedicere nequivimus abeuntes. Vale in Domino. Fridburgi, feria 2. post Cantate, mane, anno MDXXI.

Martinus Luther.

3. May.

N°. CCCXV.

An Albrecht, Grafen von Mansfeld.

In diesem aus Eisenach datirten Briefe gibt L. die Erzählung des Hergangs der Verhandlungen in Worms.

Dieses Sendschreiben erschien in einem gleichzeitigen Drucke unter dem Titel: Geschicht und Handlung Doctor Martinus Luther belangend die mit ihm aufgehalten ersten Reichstäg Caroli des fünften, Römischen Kaisers, zu Worms gehalten, und durch Doctorem Martinum selber dem hochgebornen Herrn, Herrn Grafen von Mansfeld, zugeschrieben. 1521. s. l. Auch unter dem Titel: Ein Missive so D. Mart. Luther nach seim

Abschied zu Worms eim gebornen Graufen seinem Vertrauten und Liebgehabten zugeschrieben hat seiner Handlung halben, die sich vor K. Maj. und von Kurfürsten und Stände des Reichs verlaufen haben. Im Jahr 1521. 4. 3 Bl. (Panzer Ann. d. ält. Deutschen Litt. S. 29. No. 1174.) Dann Wittenb. IX. 117. Jen. I. 502. Altenb. I. 732. Leipz. XVII. 585. Walch XV. 2292. Wir geben den Text nach der Urausgabe, die wir zuzweyt angeführt haben.

Edler und Wohlgeborner, Gnädiger Herr, E. Gnaden sey mein armes Gebet und Dienst allzeit zuvor. Gnädiger Herr! Es hat mir Herr Rudolph von Warzdorf befohlen, unter Wegen durch ein bestellten Boten zu schreiben die Geschicht, (so ichs also nennen soll), die mit mir zu Worms geschehen.

Und erstlich hat man meiner Zukunft gar nicht gewartet zu Worms; darumb auch ein Verbot entgegen geschickt, und mich im freyem Kaiserl. Gleit verdampt, ehe ich kommen bin und verhöret worden, darnach mich eilends abzufertigen [a]), vor Kaiserl. Majest. gefragt, ob ich meiner Bücher beständig [b]), oder widerruffen welle: darauf mein Antwort gethon, wie ich acht, Euer Gnad bekundigt [c]) sey. Alsbald hat Kaiserl. Maj. erbittert auf mich, mit eigener Hand ein ernstlich Mandat gefellet [d]), und den Reichsständen fürkommen lassen, wie sie gedeicht *) wider mich [e]) zu händeln, als einem christlichen Kaiser und Vogt des Glaubens, wider einen halsstarrigen, verstockten Ketzer gebührt, doch das Gleit vorhalten wellen.

Da seind etlich vom Reich ausgeschossen, mich zuvor gnädiglicher und freundlicher zu vormahnen, daß ich sollt mein Bücher und die Sach untergeben Kaiserl. Maj. und des Reichs Ständen; und bin allda gefordert für den Bischof zu Trier, Markgraf Joachim, Herzog Jörg von Sachsen, Bischof zu Augsburg, Deutschen Meister, Bischof von Brandenburg, Grauf Jörg von Wertheim, nnd zween von etlichen Städten. Do ist der Doctor, Canzler des Markgraufen zu Baden, aufgestanden, und fürwahr

a) Wittenb. befohlen. Als ich nun hinkommen, bin ich.

b) [illegible] beständig.

c) W. kund.

d) W. gestellt.

e) W. wie sie wider mich gedächten.

*) Gedächt oder gedäucht.

eine geschickte, wohlgestalte Vermahnung an mich gethan, daß ich bekennen muß, der Official von Trier, der vor Kaiserl. Maj. redt, ihm das Wasser nit reichen mag; und ist die Meinung gewest: Es sey nit die Meinung, daß man sich mit mir in Disputation begeben welle, sondern ein gnädige, treue, brüderliche Vermahnung aus christlichem Mitleiden an mich zu thun, nämlich, daß ich bedenken soll, was Unraths und Aufruhr daraus erwachsen würd, auch angesehen viel Aegernuß und Anstoß daraus entspringen; und [f]) die Oberkeit in Ehren zu halten, um brüderlicher Lieb willen viel Ding nachzulassen, und in allen Dingen das best fürzuwenden wäre; ob auch schon die Oberkeit zuweilen irret, doch ihr Gewalt damit nicht verloren wäre, dannoch schuldig ihnen unterthon zu seyn, und desgleichen.

Hab ich daruf geantwurtet: ich müg und well mich und meine Büecher nicht allein Kaiserl. Maj., sondern auch eim ieglichen Geringsten untergeben; aber doch vorbehalten, daß nicht etwas wider die heilige Evangelium erkennt und beschlossen wurd. Auch so hab ich noch nie gelehret, daß man Oberkeit verachten sollt, sie sey gut oder bös. Ich fecht auch den Papst nit an, noch das Concilium, ihres bösen Lebens oder Werks, sondern der falschen Lehr halben. Dann in falscher Lehr hört auf Gewalt und Gehorsam [g]). Und hab nämlich den Artikel angezeigt in Costenz verdampt: Tantum una est sancta, universalis Ecclesia, quæ est numerus Prædestinatorum. Diesen Artikel wollte ich nicht [h]) lassen verdampt seyn; denn er ist ein Artikel unsers Glaubens, da wir sagen: ich glaub ein heilig christliche Kirch. Deßgleichen seind Aergernuß in Werken zu meiden, aber in der Lehr müssen sie bleiben. Dann Gotts Wort ärgert allzeit die Großen, Weisen und Heiligen; wie auch Christus selb ist von Gott gemacht in signum contradictionis, und gesetzt in ein Fall vieler von Israel (Luc. 2, 34.). Darum künnt ich brüderlicher Liebe nichts weiters nachlassen, dann so viel dem Evangelio und Glauben leidenlich wäre.

Do nun hiemit nichts an mir geschaffen ward, hat mein G. Herr von Trier mich neben D. Hieronymo und Licentiaten Ams-

---

f) W. + daß.

g) W. + und Liebe.

h) Im alt. Dr. fehlt: wollte ich nicht, wider den Sinn.

dorf sonderlich zu sich genommen, und den Official mit D. Cochleas, Dechant zu Frankfurth, mit mir für sein Gnad allein mich lassen bestehen; aber es was ein losen Disputation, daß sie mich mit scharpfen Stichworten versuchten [i]), zu dem Ziel aber nit trafen. Ich sprach: der Papst wär kein Richter in Sachen, die Gotts Wort und Glauben betreffen; sondern ein [k]) Christenmensch müßt zusehen und richten, gleichwie er auch darnach leben und sterben muß: dann Glaub und Wort Gotts ist jedermann eigen in der ganzen Gmein. Das gründets ich auf St. Paul (1. Cor. 14.): Revelatum assidenti si fuerit, prior taceat. Aus welchem Spruch klar ist, daß der Meister dem Schüler folgen soll, so er es bessers hat in Gottes Worten. Und der Spruch blieb bestohn und steht noch, daß sie nichts darwider aussprachen. Also schieden wir von dannen.

Darnach ward [l]) zu mir verfügt der Canzler von Baden und Doctor Peutinger, mit mir aber zu handeln, mein Bücher zu untergeben Kais. Maj. ohn allen Vorbehalt; dann ich mich sollt des best zu ihnen versehen, sie wurden christenlich schließen. Da sie mich hart allhie drungen, stellet ichs auf ihr Gewissen, ob sie mir rathen wellten, daß ich so frey auf Kais. Maj. und andren trauen sollt, seintemal sie bereit mich verdampt, meine Bücher verbrennt; ob ich nicht redlich Ursach daraus hätt, mich besorgen, und den Vorbehalt billig verwendet, daß sie nichts wider das Evangelium beschließen; und ob die Ursach nichts wär, dannocht die heilige Geschrift verbeut auf Menschen vertrauen, wie Jer. 17. sagt: Maledictus qui confidit in hominem. Also schieden wir. Aber ich wollt untergeben mit dem Zusatz [m]), daß sie nicht wider Gott beschlussen. Den Zusatz trauten sie nit zu erheben.

Darnach ließ mich mein G. Herr von Trier allein zu sich auch allein fordren; dann seine F. G. fürwahr in dieser Sach sich ganz gut und mehr dann gnädig erzeiget, hätts geren gut gemacht. Hielt mir aber solchs für; antwurt ich wie vor, wüßt auch nit ander zu antwurten; also ließ er mich. Bald darauf

---

i) Alt. Dr. versuchtend, und so öfter.
k) W. + iglich.
l) W. + wieder.
m) Alt. Dr. Zusag.

kam der Official mit einem Graufen und Kais. Maj. Canzler, als einem Notarien, und entbotend mir von Kais. Maj.: Weil ich nit weichen wöllt von meinem Fürnehmen, sollt ich mich von dannen machen, und zwanzig Tag Geleit haben; Kais. Maj. wollt darnach thun, was sich gebühr gegen mir zu thun. Also danket ich Kais. Maj. und sprach: sicut Domino placuit, ita factum est; sit nomen Domini benedictum. Sie bunden mir auch ein, unter Wegen nichts zu predigen noch zu schreiben; sprach: ich will es alles thun, was Kais. Maj. gefällt, doch Gottes Wort will ich ohngebunden lassen, wie St. Pauls sagt: Verbum Dei non est alligatum.

Also bin ich gescheiden, und jetzt zu Eisenach, acht wohl, sie werden mich beschulden, ich hab das Gleit gebrochen mit predigen, zu Hirsfeld und Eisenach. Dann sie suchens gnau. Hiermit befiehl ich mich Euer Gnaden unterthäniglich. Eilends geschrieben in Eisenach. Die sanctæ Crucis MDXXI.

E. G.

Capellon
Martinus Luther.

Kolibri 360 GmbH
Ferdinand-Jühlke-Straße 7
99095 Erfurt, Deutschland
produktsicherheit@kolibri360.de